SUGIA - Beiheft 13

La force des choses ou l'épreuve 'nilo-saharienne'

Sprache und Geschichte in Afrika SUGIA - Beihefte

Herausgegeben an den Universitäten Köln, Bayreuth und Frankfurt

ISSN 0720-0986

Beiheft 13

RÜDIGER KÖPPE VERLAG KÖLN

Robert Nicolaï

La force des choses ou l'épreuve 'nilo-saharienne'
Questions sur les reconstructions archéologiques et l'évolution des langues

RÜDIGER KÖPPE VERLAG KÖLN

SUGIA-Beihefte erscheinen in loser Folge und werden herausgegeben an den Universitäten Köln, Bayreuth und Frankfurt

Verantwortlich für diesen Band:
Rainer Voßen (Frankfurt am Main)

Bibliografische Information Der Deutschen Bibliothek

Die Deutsche Bibliothek verzeichnet diese Publikation in der Deutschen Nationalbibliografie; detaillierte bibliografische Daten sind im Internet über http://dnb.ddb.de abrufbar.

ISBN 3-89645-099-9
ISSN 0720-0986

© 2003 Robert Nicolaï

RÜDIGER KÖPPE VERLAG
B.P. 45 06 43
50881 Cologne / Allemagne

www.koeppe.de

Tous droits réservés.

Production: Richarz Publikations-Service GmbH,
Sankt Augustin / Allemagne

Cet ouvrage a été publié avec le concours de l'Université de Nice-Sophia Antipolis et de l'UMR 6039 «Bases, corpus et langage»

Gedruckt auf säurefreiem und alterungsbeständigem Papier.
∞ Printed on acid-free paper which falls within the guidelines of the ANSI to ensure permanence and durability.

Pour Voltaire

Remerciements.

Ils sont si nombreux ceux qui m'ont aidé de leurs conseils, leur travail et leur amitié que j'ai du mal à y voir clair !

Je remercierai tout d'abord les courageux lecteurs de ces indigestes versions provisoires qui d'erreurs de raisonnement en données fautives, d'incohérences de présentation en lacunes documentaires, de fautes d'orthographe en maladresses de style, se sont fait voler une partie de leur temps. Ils m'ont prodigué leurs encouragements, leurs commentaires et leurs conseils et m'ont permis d'améliorer ma copie : France Cloarec-Heiss, Amina Mettouchi, Michel Denais, Zygmunt Frajzyngier, Dymitr Ibriszimow, Victor Porkhomovsky, Petr Zima sont de ceux-là.

Je remercierai aussi ceux qui m'ont généreusement donné accès à leur documentation personnelle, m'aidant ainsi à élaborer la base empirique même de mon travail : Catherine Taine-Cheikh, J. Heath, tous les contributeurs de SAHELIA et plus particulièrement mes Collègues du Réseau « Diffusion lexicale en zone sahelo-saharienne ».

Je remercierai encore ceux qui par leur secours ou leurs remarques pertinentes m'ont permis d'améliorer ce travail, tout particulièrement Karsten Brunk, Klaus Schubert et Marcel Villaume.

Je remercierai tout particulièrement Silke Speckner de son concours dans le domaine arabe et bien évidemment Sylvie Mellet et Rainer Vossen pour la constance et l'efficace de leur soutien.

Mais déjà ces remerciements (me) font problème ! Bien évidemment Michel Denais, Zygmunt Frajzyngier, Dymitr Ibriszimow, Victor Porkhomovsky, Petr Zima, par exemple, n'ont pas fait que lire des versions de travail ! Ils m'ont aussi fourni des données, ils m'ont aidé de leur compétence de spécialistes, et par leur amitié, ils m'ont soutenu dans mon projet d'écriture. Pascal Boyeldieu, Norbert Cyffer, Pierre Nougayrol, Valentin Vydrine (que je n'avais pas cité !) ont toujours répondu plus que gentiment aux appels que je leur adressais selon l'acuité de mon fébrile besoin documentaire du moment. Toujours pressant, toujours urgent...

Et puis il y tous les autres, que je n'ai pas nommés !

Finalement, peut-être vaut-il mieux ne plus rien préciser.

Nice, octobre 2002

PREFACE.

De quoi s'agit-il donc ?

D'« histoire » ? Oui mais sans documents. De « préhistoire » ? Certes mais sans objets retrouvés. De « philologie » ? Assurément mais sans textes. De « reconstruction » ? Sans doute mais sans garde-fous. De « généalogie » ? Evidemment mais de parents inconnus !

Et « l'évolutionnisme », cela peut-il servir ? Là, ça reste quand même un peu long comme échelle !

Et la « cognition » ? Cette fois c'est peut-être un peu court ! Ontogenèse et phylogenèse ! Vous connaissez ?

La comparaison des structures ? La comparaison des formes ? Les hypothèses sur les modalités du changement ? Le lexique ? La morphologie ?
Et ça me sert à quoi la sociolinguistique ? Qu'est-ce que je fais si les modèles classiques ne marchent pas ? Comment faire pour être sûr qu'ils ne marchent pas ? Etre sûr ! N'est-ce pas trop demander ?

Les hypothèses sur la valeur de mes hypothèses ? Mais qui va décider que mon approche est (bien) fondée ? Sur quels critères ? La cohérence avec ce que l'on croit que l'on sait déjà ? L'accord de la communauté des spécialistes ? Et après ?

Et si l'on essayait d'y « mettre les formes » :

Le discours sérieux implique une forme discursive sérieuse
La forme discursive est sérieuse
Donc le discours est sérieux !

Que penser de cet énoncé ? Qu'arrive-t-il lorsque la logique de tous les jours court-circuite le discours de la logique ? Qu'y a-t-il donc à falsifier ? Et quel est le rapport entre falsification de l'histoire et falsification de la théorie ? Que faire des effets de contexte ? Peut-on répondre à ces questions ? Que veut dire « répondre » ?

Quelques truismes encore, ou quelques « effets de mots » : une approche, même « fondée » ne rend pas nécessairement compte de la « réalité ».

Une « réalité » supposée référée à un état révolu n'est pas une réalité : c'est une construction. C'est vrai, il existe des constructions solides, et c'est tant mieux !

Une construction n'est pas une reconstruction. Mais, une reconstruction c'est aussi une construction. Décidément l'on ne saurait rien prouver ici !

D'ailleurs il n'y a rien à prouver.

Pas d'histoire, pas d'expérimentation, des formes, un renouvellement des formes. Comment font-ils pour repartir à zéro en conservant les restes ? On ne peut pas faire autrement !

Et le descripteur, comment fait-il ? Alors, ce monde, on le construit ?

Mais qu'est-ce que je fais avec tous ces mots ? Ces traces qu'ils instillent, ça s'explique comment ? Ca veut dire quoi ? Et finalement, qu'y a-t-il à dire ?

Et ce « style » ? Pourquoi donc déroger à l'académisme ? Qu'y a-t-il donc à (y) redire ? Qu'en eût dit Prokroustês ? Que puis-je en dire ?

Disons que je l'ai choisi. Et j'ai choisi de le choisir.

« *Il vient un temps où l'esprit aime mieux ce qui confirme son savoir que ce qui le contredit, où il aime mieux les réponses que les questions* » Cette réflexion du Bachelard de '*La formation de l'esprit scientifique*' serait-elle pertinente ici ? Y aurait-il lieu d'aller y voir de près ? Encore faudrait-il savoir de quoi il s'agit !

Et si l'on recommençait ?

SOMMAIRE

OUVERTURE *1*

PREMIERE PARTIE : CONTEXTE *3*
I. PROBLEMATIQUE. *5*
   I.1. Le propos.   *5*
      Le 'nilo-saharien' et sa sous-classification : résultats, outils et méthodes. *9*
   I.2. L'approche de Bender.   *11*
      Sous-classification : synthèse des résultats. *11*
      Outils et méthodes. *13*
      Isoglosses, en général. *15*
      Isoglosses et nilo-saharien. *17*
      En conclusion. *19*
      Rétentions et innovations partagées. *20*
      Construire un artefact. *21*
   I.3. L'approche de Chr. Ehret.   *23*
      Sous-classification : synthèse des résultats. *23*
      Les régularités phonétiques. *26*
      Les évidences morphologiques. *27*
      La question générale des cognats. *28*
      En conclusion. *29*

II. SONGHAY, NILO-SAHARIEN ET MODELE DES « CORRESPONDANCES ». *33*
   II.1. A la recherche du "soleil".   *34*
      Commentaire initial. *35*
      Question préjudicielle. *36*
  Analyse.   *38*
      Procédure. *38*
      Premier bouclage phonétique : le lexème songhay wéynòw. *39*
      *Deuxième bouclage phonétique : la correspondance générale PNS *w- = w-$_{Sgh}$.* *44*
      *Etude de la correspondance PNS *w- = w-$_{sgh}$.* *48*
      Correspondances problématiques. *48*
      Découpage morphologique erroné. *53*
      Troisième bouclage : du « lait » et de ses connexités. *55*
      Retour au deuxième bouclage. *58*
      *L'initiale de la racine *wìr.* *60*

Quatrième bouclage : songhay et 'moveable k'.	60
Reprise du quatrième bouclage.	80
Conclusion sur le 'moveable k' en songhay.	89
Cinquième bouclage : les articulations labiovélarisées.	90
Sortie du bouclage et retour à la racine *wìr.	94
La correspondance *r = r_{Sgh}.	94
Eléments ponctuels de réflexion sur l'entrée wìr.	96
Conclusion pratique.	97
Poursuite des recherches dans l'univers de la correspondance *w- = $w\text{-}_{Sgh}$.	97
Correspondances inacceptables.	97
Exploration dans l'univers féminin.	100
Fin de parcours.	105
II.2. A la recherche des traces du proto-phonème *ɓ$_{PNS}$.	123
Analyse.	124
Nouveau bouclage : le suffixe *-r-.	138
Conclusion sur le suffixe *-r-, et perspective.	149
Retour à la correspondance *ɓ$_{PNS}$ = b_{Sgh}.	150
Reprise à propos de l'entrée {1 *ɓà, *ɓà: « part »}.	154
II.3. Le commentaire : premier état.	156
1. Synthèse du « cheminement ».	156
2. Synthèse pratique.	158
3. Synthèse méthodologique.	160
L'étape dialectologique.	160
L'extension maximale de la diffusion potentielle des unités lexicales.	161
La logique arborescente non-maîtrisée.	162
PREMIERE LITOTE.	163
III. SONGHAY NILO-SAHARIEN ET MODELE DES « ISOGLOSSES ».	165
III.1. La « preuve morphologique ».	166
Présentation des isomorphes impliquant le songhay.	166
Considérations sur les pronoms.	171
Considérations sur les 'démonstratifs'.	174
Les rétentions majeures.	174
Rétentions simples.	175
Innovations.	176
Rapprochements limités (Uniques).	177
Conclusion sur les isomorphes.	178
III.2. La « preuve lexicale ».	179
Inventaire des Excellent isoglosses de Bender.	181

Excellent isoglosses : étude des données.	*184*
Isoglosse 1 : -ra	*184*
Isoglosse 2 : hari	*185*
Point de méthode numéro 1. Les comparaisons multilatérales.	*189*
Méthodologie de l'entretissage.	*190*
Isoglosse 3 : ber+e3	*193*
Le domaine de 'BEERI'.	*194*
Le domaine de 'FARU'.	*194*
Le domaine de 'BERE – BAR'.	*195*
Isoglosse 4 : bir+aw	*197*
Point de méthode numéro 2 : A propos des « affinités lexicales multilatérales », en général.	*200*
Isoglosse 5 : +bo+y1	*204*
Isoglosse 6 : bo+bo(w)	*205*
Isoglosse 7 : bonn+i	*206*
Isoglosse 8 : jer+e2	*208*
Isoglosse 9 : ar(y)+u	*210*
Isoglosse 10/51 : ko+kor	*213*
Isoglosse 11 : kor(+o)	*215*
Isoglosse 12 : k+ab+a1, k+amb+u1	*219*
Point de méthode numéro 3. Variations sur l'entretissage.	*222*
Rapprochements linéaires et rapprochements globaux.	*223*
Principe de découverte et « structure affine »	*225*
La structure affine de kàbè / kámbè / kámbú.	*227*
Domaine 1 « paume de la main / aile / embranchement / côté »	*229*
Autres domaines.	*231*
Domaine 6 « contraction / compression ».	*232*
Isoglosse 13 : go(o)r+u1	*234*
Construction d'une structure affine.	*234*
Domaine « vallée, ravin, creux, dépression ».	*236*
Domaine « crapaud, grenouille ».	*238*
Isoglosse 14 : ne	*239*
Construction d'une structure affine.	*240*
Domaine « dire ».	*240*
Domaine « intention ».	*240*
Isoglosse 15 : fat+i	*242*
Isoglosse 16 : zi+tit+i	*243*
III.3. Le commentaire : deuxième état.	*245*
Conclusion sur les isoglosses.	*245*
Outils pour l'analyse.	*246*

DEUXIEME LITOTE. 247

DEUXIEME PARTIE : ETUDE 249
INTERMEDE numéro 1 251

IV. SUITE, L'OBJET LINGUISTIQUE DU POINT DE VUE ARCHEOLOGIQUE. 253
    La modification continue. 253
    Le jeu de perspective. 253
    Limitations, dépassements et stratégies 254
    Approfondir l'étude. 255
    La triple pertinence. 258
  IV.1. Volet numéro1. Géographie et anthropologie d'une langue.   259
    Espaces géographiques, dialectaux et fonctionnalisation(s) des codes. 260
    Espaces sociolinguistiques et communicationnels. 267
    Questions de structure. L'aire de convergence mandé-songhay. 274
  IV.2. Volet numéro 2. Cohérences lexicales : pré-analyse.   279
    Hypothèse de travail. 279
    Cadrages. 281
    Horizon de l'inventaire. 292
    Choix des langues dans l'espace chamito-sémitique et nature du corpus. 294
    Premiers commentaires. 306
    Structures clivées et formes génériques. 308
    Remarques complémentaires sur les « emprunts arabes ».. 310
    Sur l'hypothèse de l'apparentement du songhay. 323
    Sur le nilo-saharien. 327
    Contre-plongée méthodologique. 328
  IV.3. Volet numéro 3. Stratifications.   330
    Approche de l'aire de convergence mandé-songhay. 332
    Affinités phonétiques et phonologiques. 333
    Le cas de la distinction {S-Aux-O-V} versus {S-Aux-V-O} en songhay. 338
  Excursus linguistique. 340
    Conclusion sur la distinction SOV / SVO. 347
    Directions. 350
  Sur l'hypothèse de l'appartenance du songhay, suite. 351

TROISIEME LITOTE. 355

INTERMEDE numéro 2 357

V. LE JEU DES « QUATRE COINS ». 359
Leçons. 360
   V.1. Opérations.   360
      Chaînage. 360
      Clôturage. 361
      Entretissage. 362
      Stratification des effets. 364
   V.2. Dimensions.   365
      Espace structural. 365
      Espace emblématique. 368
      Espace médian. 369
   V.3. Perspectives.   371
      Le petit bout de la lorgnette. 371

FINALE 373
  Le brigand qui coupait les pieds...   373

TROISIEME PARTIE : DONNEES 375
  VI.1. Inventaire comparatif des entrées présentées. 377
     Commentaire général de l'Inventaire comparatif.   378
  VI.2. Inventaire complémentaire : exploration lexicale. 499

ANNEXES. 527
  Carte 1 : Routes caravanières en Afrique saharienne et sub-saharienne.
     528
  Carte 2 : Les langues chamito-sémitiques en Afrique.   529
  Ethnolinguistic Situation in Bagudo Local Government.   530
  Récapitulatif des rapprochements analysés.   532
  Les Semantic Sets de L. Bender.   537
  Inventaire des entrées croisées avec les racines PNS de Ehret.   538

REFERENCES 545
  Classification des sources.   546
     Remarques complémentaire sur la nature des données. 546
  Inventaire des sources.   550
  Bibliographie.   557
  Liste des principales abréviations.   573
  Index   575

- modification des cadres pour intégrer des paramètres concernant l'analyse des situations dialectales (niveau « micro-analytique ») et l'étude des contacts de langues ;

- mise en évidence des processus utilisables pour modéliser ce qui se passe à un autre niveau défini comme « macro-analytique » ;

- prise en compte des dimensions linguistiques, sociolinguistiques et communicationnelles de la langue.

Je posais alors la pertinence des fonctions de véhicularisation, de vernacularisation ainsi que des fonctions interactives actualisées dans les échanges, qui conduisent potentiellement à la constitution, à la reconstitution et à la transformation de normes linguistiques car les dynamiques qu'elles manifestent contribuent à déterminer une modalité évolutive plutôt qu'une autre ; il s'agissait de proposer un modèle qui prenait en compte la dimension du plurilinguisme comme l'une des directives fondamentales dans l'évolution des langues. L'approche s'appuyait sur une comparaison nouvelle avec le touareg fondée sur un ensemble de 412 entrées qui montraient un nombre important de rapprochements qui n'avaient pas encore été tentés. Ils autorisaient une hypothèse d'apparentement multiple où le songhay était présenté comme ayant dû résulter d'un « mélange linguistique », d'une évolution au cours de laquelle une forme véhicularisée ou pidginisée de berbère se serait restructurée dans le cadre typologique des langues mandé parlées dans la région, donnant ainsi naissance au songhay. Empiriquement, j'assurais la vraisemblance de l'hypothèse par la référence à un modèle inversé (mais réduit) de cette évolution supposée : celui que fournit très concrètement l'existence des langues mixtes du songhay septentrional parlées par des populations d'origine berbère qui allient à un fond songhay originel une phonologie de type berbère et une syntaxe modifiée. L'approche se concluait en précisant que « *si l'hypothèse [...] avancée devait être infirmée, il faudrait alors trouver une autre voie d'explication pour rendre compte de l'importance des données touarègues dans la langue* » et en assurant enfin que « *même dans ce cas, il reste probable qu'un modèle intégrant dans ses présupposés théoriques la potentialité explicative d'une situation plurilingue sera plus adéquat pour cerner le type d'évolution complexe qui caractérise le songhay* ».

Aujourd'hui, cette hypothèse (qui, au même titre que d'autres, a contribué à la réflexion sur la façon d'articuler les questions de l'évolution des langues selon le modèle de la division continue avec les effets du plurilinguisme, des contacts de langues et l'incidence des fonctionnalités sociolinguistiques sur la forme des codes linguistiques) peut être re-élaborée et mieux fondée face aux travaux empiriques réalisés. Divers développements ont eu lieu au cours de la dernière décennie qui permettent d'approfondir la question ; ainsi, après m'être donné les moyens de la recherche empirique grâce à un important préalable de travail comparatif[4] il devient opportun d'ouvrir à nouveau la perspective. Les positions, les hypothèses et le cadre de description que j'avais développé restent valides, c'est-à-dire que la même attention au fait plurilingue et les mêmes assomptions en ce qui concerne les mélanges de langues sont de rigueur. Quant aux faits songhay proprement dits, les recherches effectuées me conduisent à en proposer une analyse élargie, plus élaborée et mieux documentée que celle que j'avais présentée. L'approche extensive des matériaux lexicaux recueillis dans l'ensemble de l'espace sahelo-saharien[5] permet en effet de poser autrement le problème et les nouveaux rapprochements que j'avais perçus à l'époque et interprétés comme l'effet d'un contact spécifique avec le touareg sont sans doute l'indice (l'image filtrée) de quelque chose de moins simple que ce que j'avais alors commencé à percevoir et que je présenterai ici. Il s'agira d'en tirer les conséquences.

Parallèlement, mon approche actuelle me conduit à développer un cadre de travail pour saisir les comparaisons concernant des faits référés à une échelle archéologique ce dont je n'avais pas encore compris la nécessité à l'époque. Le songhay trouve alors sa place comme une étude de cas dont l'intérêt, au-delà de son traitement particulier, sera d'ouvrir sur la question générale « qu'est ce que 'apparentement' veut dire ? », d'aider à préciser la distinction entre « saisie historique » et « saisie archéologique » et de poser quelques jalons théoriques et méthodologiques en ce sens.

Du point de vue de l'étude de cas donc, je changerai aussi ma modalité d'approche : après avoir appréhendé la spécificité des outils et concepts utilisés à l'arrière-plan je prendrai le temps de m'intéresser aux données qui ont été retenues dans les travaux les plus récents par les chercheurs qui ont pris position sur la structure généalogique du *phylum* nilo-saharien et qui y ont intégré le groupe des langues songhay. Cette approche apparemment ingrate et qu'on hésite parfois à conduire en raison à la fois de son côté fastidieux et du risque de polémique qu'elle contient puisqu'il s'agit, bien évidemment, de revenir sur des hypothèses avancées

---

[4] Cf. Le développement de *SAHELIA, base de données lexicales et dialectologiques sur la zone sahelo-saharienne* qui comprend environ 425000 entrées lexicales (actuellement partiellement consultable sur le site http:// sahelia.unice.fr).
[5] Etendu de l'Atlantique à la Mer Rouge…

par des collègues de travail, s'avèrera cependant très riche[6]. Il apparaîtra que l'ensemble quasi total des arguments linguistiques retenus depuis Greenberg pour justifier du rattachement du songhay au nilo-saharien pourrait bien être fallacieux. Presque rien ne résiste à la critique. Corrélativement je montrerai que si l'on procède à une étude appropriée, d'autres relations impliquant non seulement le touareg mais, de façon beaucoup plus intéressante, la plupart des langues appartenant au domaine chamito-sémitique[7] dans son ensemble apparaissent. Et ce constat demande d'élargir l'étude au-delà de son cadre initial pour qu'on puisse décider de ce que ces relations signifient. C'est ainsi que, pris avec quelque distance, ce qui est en jeu ce n'est pas tant la mise en cause des hypothèses de rattachement du songhay au nilo-saharien, même si cela conserve tout son sens[8] et que je le fais disons, par nécessité ; c'est surtout l'opportunité d'utiliser cette « étude de cas » pour re-élaborer dans toute sa généralité un cadre de description et une méthodologie propre pour aborder la question des apparentements linguistiques au niveau archéologique.

Projet qui prend son importance au moment où des énergies se focalisent sur des recherches à propos de l'origine des langues et du langage. Chemin faisant l'on percevra la possibilité de création de nouveaux objets linguistiques remplaçant ou modifiant les représentations héritées des conceptions étroitement généalogiques des études comparatives sur l'évolution des langues, le dessin de nouvelles

---

[6] C'est cependant le minimum d'égards que l'on doit à ceux qui se sont investis dans le domaine que faire l'effort de comprendre et critiquer 'positivement' (au sens d'Auguste Comte) leurs propres arguments.

[7] Après réflexion, je n'ai vu aucune raison de ne pas conserver le terme classique en français 'chamito-sémitique' pour nommer ce que l'on désigne assez souvent aujourd'hui sous le terme 'afro-asiatique', afrasian, etc., voire, 'lisramic'.

[8] Par exemple, Dimmendaal, dans un récent compte rendu de l'excellent ouvrage de Heath *A grammar of Koyra Chiini*, reconnaît (JALL, 22-1 : 108, 2001) que « *the genetic affiliations of the Songhay group are not clear* ». Il poursuit ensuite en précisant qu'il est « *personally deeply convinced that Nilo-Saharan and Niger-Congo are genetically related, and that Songhay, as well as other isolated groups, such as Mande, belong in this (Kongo-Saharan)) genetic grouping* ». Ce qui, en tant qu'opinion, est tout à fait respectable et correspond à une position plutôt orthodoxe par rapport à l'ensemble des opinions généralement avancées. Le tout est quand même de se demander si la question de l'apparentement du songhay est / doit être – tout simplement – une affaire « d'opinion » ou de travail de spécialistes. Dimmendaal cite le positionnement – plus prudent – de Heath dont les travaux sur le songhay doivent faire date pour leur qualité : « *... it might be advisable to defer reconsideration of the wider affiliation of the Songhay complex until we have better descriptions of several varieties within the complex, and thus do serious reconstruction of Proto-Songhay* ». On trouve ici la même attention que je demande envers l'étude la plus exhaustive possible de l'ensemble des données dialectologiques.

configurations d'apparentement[9] dans l'espace sahelo-saharien se manifestera peut-être. Par la « *force des choses* » ?

Le 'nilo-saharien' et sa sous-classification : résultats, outils et méthodes.

Les travaux de synthèse les plus récents concernant la classification du nilo-saharien sont ceux de Bender ([1995] 1997)[10] et de Ehret (2001). Ces auteurs se sont donnés le même but – rendre compte des relations internes à l'intérieur de l'ensemble des langues définies comme nilo-sahariennes – mais leurs résultats sont si divergents que l'on est conduit à se demander ce qu'il en est de la pertinence de l'apparentement. Pour Bender (1997 : 41) « *Nilo-Saharan distribution agrees very well with the Khartoum Mesolithic-Neolithic back to perhaps 30000 years B.P., and even today, herding and fishing are important in N-S subsistence as they were in the ancient Khartoum system. Even the separation of Songai is supported by this correlation, suggesting that it is ancient, as also appears to be the case by the linguistic divergence of Songai, separated from other N-S by Afrasian's Chadic Family* »[11] tandis que pour Ehret (2001 : 2) le songhay dérive d'un Proto-Sahelien qui aurait existé quelques siècles avant 6000 ans AC, lui-même issu d'un Proto-Saharo-Sahelian formé aux alentours de 7000 ans AC. Il note aussi « *The question of Songay's relationship can now be considered settled. It clearly fits within the family, not as a distant outlier or as some kind of hybrid, but as a strongly proven, integral member of one of the mid-level branchings of the family. Its membership is attested by great number of regularly corresponding reflexes of proto-Nilo-Saharan roots (...) and amply verified by morphology and pronoun derivations. (...). The fact that even elements often cited as evidence of Mande (Niger-Congo) connections for Songay are better explained as Nilo-Saharan in origin – e.g., certain verb*

---

[9] C'est l'intuition de ces nouveaux dessins et la conscience de ces transformations qui m'a conduit à procéder à la critique systématique de travaux dont par ailleurs le sérieux, conçu dans les cadres théoriques qui sont les leurs, est marqué au sceau de l'évidence. En tout état de cause et quelle que soit l'acuité avec laquelle je contesterai, de ci ou de là, la pertinence des hypothèses et des arguments récents concernant le songhay, je reconnaîtrai aussi l'impressionnant travail qui a été fait, et sans lequel le mien n'aurait d'ailleurs pas d'objet. C'est un peu aussi cela l'avancement de la recherche.

[10] Je renvoie à la deuxième édition de l'ouvrage ; sa première édition date de 1995.

[11] Il précise (1997 : 59) « *I will argue [...] for Songay as belonging to N-S with influence from Mande. Many recent publications by Nicolai (see esp. his 1990) argue for a complicated sociolinguistic scenario with Songay being a post-Creole with Berber base (see my review, Bender 1991b) which states that this explanation is sufficient but not necessary)* ».

markers, cited in Creissels 1981, [...], or the Songay[12] reflex of root 474, which we can now see to have been borrowed into Malinke-Bambara – tells us that it may have been Songay which influenced Mande in earlier eras, rather than the other way round » (Ehret, 2001 : 2).

Leurs options méthodologiques (focalisation sur la notion d'isoglosse pour le premier et sur celles de correspondance et de changement sémantique pour le second) sont également divergentes bien qu'ils partagent un certain nombre d'assomptions dont voici les plus essentielles :

- Il existe une famille nilo-saharienne.
- Le songhay est un membre de la famille nilo-saharienne.
- Il est possible de définir la place du songhay dans la famille nilo-saharienne.
- Les langues nilo-sahariennes en général et le songhay en particulier ont évolué selon des modèles qui privilégient la « division continue » et qui sont descriptibles par une analyse cladistique[13].
- Il n'est pas très utile de prendre en compte le détail dialectologique de l'évolution des langues considérées.

Ces assomptions[14] demandent un peu d'attention : Qu'est ce que cela implique au plan pratique ? Qu'est ce que cela induit au plan méthodologique ? Qu'est ce que cela introduit au plan théorique ? Comment peut-on, concrètement, évaluer les analyses proposées ? Avant d'examiner le détail d'une partie de leurs données et pour tenter d'apporter quelques éléments de réponse je présenterai les résultats atteints et les « outils et méthodes » utilisés[15].

---

[12] Personnellement, j'utilise la forme 'songhay', comme je l'ai toujours fait mais bien évidemment, en citation, je conserve l'orthographe originale retenue par les auteurs.

[13] Ce terme, bien connu des taxinomistes, désigne une analyse qui conduit à dresser un diagramme consistant en une série de dichotomies représentant les séparations successives d'une lignée monophylogénétique (cf. E. Mayr, 1989 : 227). Les études comparatives linguistiques fondées sur la recherche des innovations pour justifier des séparations de sous-groupes de langues tombent sous ce titre.

[14] Définies très exactement comme « mineures » de syllogismes non-posés.

[15] Cet ouvrage est pluricéphale, hélas ! On remarquera ainsi que les chapitres II et III sont (très) longs, à la limite du « supportable » pour qui n'est pas concerné par la « question nilo-saharienne » ; toutefois les écrire était une *nécessité* afin que la question puisse enfin être traitée, au fond ! Il s'ensuit que les lecteurs qui s'intéresseraient au renouvellement des hypothèses sur l'apparentement du songhay et/ou aux « ouvertures théoriques » qui découlent de cette approche sans s'intéresser pour autant à la « déconstruction » (interne au nilo-saharien) des résultats de Bender et de Ehret, pourraient sans doute passer directement à la deuxième partie ('*Etude*', chapitre IV et suivants) en omettant la lecture

Les deux présentations généalogiques qui suivent montrent la différence d'analyse de leurs auteurs et, ce qui en découle 'logiquement', leur désaccord quant aux hypothèses corrélatives concernant « l'âge » de la supposée « séparation des langues » bien que dans les deux cas cette division soit antérieure à 6000 ans AC.

I.2. L'approche de Bender.

Sous-classification : synthèse des résultats[16].

Le nilo-saharien est ici organisé en 12 groupes de langues structurés de la façon ci-dessous présentée :

A	Songay	G	Berta
B	Saharan	H	Kunama
C	Maba	I	Koman
D	For	J	Gumuz
E	East Sudanic	K	Kuliak
F	Central Sudanic	L	Kado

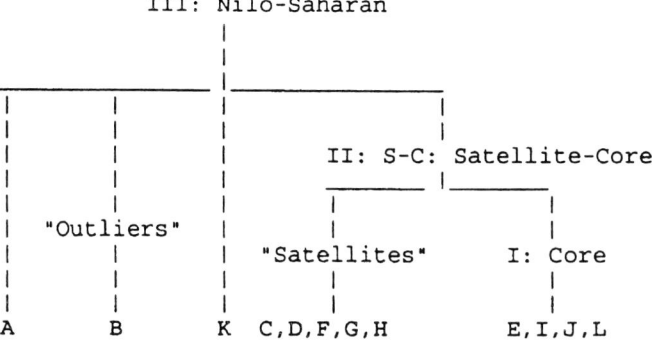

___

de ces chapitres II et III (tenant pour acquis leur contenu). Cependant la lecture des synthèses présentées à la fin de ces chapitres ('II.3. *Le commentaire : premier état*' et 'III.3. *Le commentaire : deuxième état*') ainsi que celle des trois '*Points de méthode*' du chapitre III pourraient être de quelque utilité.

[16] Bender (1997 : 64, 172).

Système consonantique de 19 consonnes :

b	d	d_2 ?	j	g
	t	t_2 ?		k, k^h
f	s			
m	n			ŋ
w			y	
	l, r			
	r_2 ?			

Système vocalique de 7 voyelles :

	i	u
	e/i	
	e	o
	a, au	

Commentaire :

L'auteur présente sa classification dans un espace organisé géographiquement de l'ouest vers l'est ; ainsi le groupe songhay, géographiquement situé à l'ouest, est catégorisé arbitrairement par (A) et le groupe kado est représenté par (L). Corrélativement il définit une hiérarchie à trois niveaux : celui des *Outliers* auxquels le songhay appartient (il s'agit de la division supposée être la plus ancienne dans l'ensemble nilo-saharien) et un groupe plus central appelé *Satellite-Core* qui se subdivise à son tour[17] en deux sous-ensembles.

---

[17] Ainsi, par exemple, les groupes East-Sudanic, Koman, Gumuz et Kado constituent le 'Core' c'est-à-dire le groupe des langues nilo-sahariennes qui entretiennent entre elles les liens les plus étroits.

Outils et méthodes.

Dans l'une de ses premières synthèses (1989) concernant le *phylum*[18] nilo-saharien Bender notait « *I am now trying to apply Sapir's program (though with « sound-meaning » correspondences only, not typological ones as Sapir seems to suggest) while keeping in mind the complications introduced by wave propagation* » et il proposait une comparaison entre les grammèmes[19] d'une centaine de langues nilo-sahariennes, précisant « *I tried to follow standard historical-comparative linguistic methods in seeking recurrent 'sound-meaning' correspondences, being wary of possibilities of chance convergence, symbolic representation (e.g., onomatopeia), diffusion, etc., with the key final decisions to be made on shared retentions versus innovations* ». Il soulignait encore en ouverture de sa recherche lexicale (1997) que sa classification génétique était établie « *on the least controversial method of shared morphological innovations* » mais que « *contrary to the views of some extremists* », il considérait que « *phonological and lexical isoglosses should also be pursued as evidence and that except in unusual cases, one should expect them to parallel the morphological classification to a large extent* »[20].

---

[18] « *phyla [...] are genetic families in the sense that all languages in a given phylum seem to be derive from a common source, while the separate phyla cannot at present be assumed to be related or are so remote in time from common sources that the evidence for relatedness have not yet been satisfactorily evaluated* » (Bender, 1997 : 7). La notion de *phylum* n'est pas équivalente à celle de famille : alors qu'une famille est définie par sa structure généalogique, aucune assurance de filiation généalogique n'est garantie dans un *phylum*. On utilise plutôt ce terme pour les regroupements à grande échelle (censés représenter des filiations très éloignées dans le temps) lorsque les données disponibles sont insuffisantes pour définir l'ensemble considéré comme une famille. Un *phylum* est donc un ensemble de langues ou de groupes de langues considérés comme étant apparentés entre eux dans la mesure où l'on y postule certains rapprochements que l'on n'envisage pas d'attribuer au hasard, mais dont aucune preuve ne permet de supposer que cet apparentement résulte d'une généalogie. En conséquence, les traits qui suggèrent l'existence d'un *phylum* peuvent tout aussi bien résulter d'autres types d'apparentement (typologiques, de contact, mélanges, etc.) induits par les plurilinguismes divers et les aléas de l'histoire. *A priori*, des langues mixtes et d'autres mélanges peuvent y trouver leur place. Toutefois il s'avère que le terme *phylum* est souvent retenu comme synonyme de famille de langues lorsque l'on s'intéresse à de grands ensembles de langues supposés s'être diversifiés aux époques les plus reculées et supposés avoir perdu, en conséquence, les caractères qui permettraient d'établir leur parenté généalogique ; probablement parce que l'habitude des conceptualisations liées à la notion de généalogie précontraint les façons de penser.

[19] Bender reprend le terme bien connu '*grammème*' qu'il redéfinit ainsi (1989 : 2) : « *I use the term 'grammeme' [...] as short form grammatical morpheme. Over the years I boiled down Nilo-Saharan grammemes to be investigated into seven major categories : I*

Finalement, après avoir mentionné que « *[g]enetic classification is the only method [...] which has the desirable properties of being necessarily exclusive (only one classification possible), exhaustive (every language has a place, even as only an isolate at some level), and non-arbitrary (based on common historical development). The coincidence of phonological and syntactico-semantic content is what guarantees this* » (1997 : 11), il synthétisait ses principes et sa méthode en quelques points (Bender, 1997 : 19) :

i. Both lexicon and morphology will be utilized ;

ii. « multilateral comparison » will be used as a useful heuristic [as Greenberg says "to see what should be compared"] prior to comparative method ;

iii. Comparative method including :

iiia. Phonological correspondence set up in tabular form ;

iiib. « Starred » proto-forms set up to serve as formulas accounting for the correspondences ;

iv. Language change will be viewed as grammar change (including phonology) ; the processes of change are « phonological change », « generalization », and various sporadic processes ; the term « sound change » and « analogy » will not be used ;

v. No teleology will be assumed : systematic simplification is not inevitable nor is there necessarily a consistent direction to change ;

vi. Symbolic forms such as nursery terms and those indicative of sounds actions will be excluded from the set of possible isoglosses ;

vii. Areal forms found in Nilo-Saharan but also in widespread parts of the neighboring African phyla (Afrasian or Niger-Congo) will be excluded by specific examination of the major branches of the latter two phyla in the comparative work.

Ces principes montrent qu'il porte la plus grande attention aux données et se propose de lier à la fois la *rigueur* de la méthode comparative et *l'heuristique* de la *mass-comparison*. Toutefois accepter d'utiliser des méthodes venues d'horizons divers pour réduire l'opacité des faits ne nécessite pas uniquement une attention aux données, cela demande aussi une attention aux implications du transfert et une réflexion sur la fonctionnalisation des concepts opératoires retenus. C'est à cet exercice un peu périlleux que je vais procéder en premier lieu. Les

---

Pronouns, II Demonstratives, III Interrogatives, IV Copulas, V Nouns, VI TMA (Tense-Mode-Aspect), VII Derivations ».

[20] Bender (1997 : 201 ; note 1, chapitre 2).

concepts opératoires utilisés ici sont ceux d'*isoglosse*, de *rétention* et d'*innovation*, empruntées à la linguistique historique au sens large.

Isoglosses, en général.

Bien connue en dialectologie, une isoglosse matérialise les frontières d'une modification linguistique. Elle délimite des aires par le pointage successif des formes concernées par la modification et l'on peut suivre de cette façon les limites de la diffusion géographique d'un caractère linguistique particulier, phonético-phonologique en général. Corrélativement, le regroupement des lignes de frontière en faisceaux permet de définir / reconnaître / caractériser des entités dialectales. C'est grâce à eux que l'on sait que la frontière qui trace les limites du passage du latin **k** (*campus*) au français **š** (*champ*) permet de distinguer l'aire picarde de l'aire française ou encore le domaine français du domaine occitan ; sa mise en relation avec d'autres lignes d'isoglosses permet de définir ces aires dialectales et/ou linguistiques.

Bien entendu, dans ce cadre dialectologique, l'établissement des lignes d'isoglosses n'a rien à voir avec l'établissement d'une preuve d'apparentement puisque *par définition* les formes qu'elles distinguent sont apparentées, leur fonction est simplement de matérialiser dans l'espace la limite de la transformation qui les a concernées ; il ne s'agit donc pas d'outils pour *établir* des parentés généalogiques. En revanche la prise en compte de leur répartition et de leur regroupement est utile pour élaborer des sous-classifications car les frontières ainsi établies ont toujours quelque chose à voir avec la diffusion des innovations linguistiques et le travail de sous-classification.

Etendu à l'étude du lexique et appliqué aux langues en contact apparentées ou non[21], le tracé d'isoglosses peut rendre compte de l'extension géographique de changements lexicaux et de ce fait il traduit aussi quelque chose de l'histoire culturelle et linguistique ou de l'expansion des langues mais là non plus il ne dit rien concernant les apparentements généalogiques. Pour reprendre les exemples des pionniers dans ce domaine la répartition des différentes formes phonétiques de « *coq* » ou de « *abeille* » établie sur le territoire français par Gilliéron montrait des phénomènes de diffusion et des conflits structuraux de formes lexicales, mais rien d'autre.

---

[21] On consultera avec intérêt l'*Atlas Linguarum Europae*, publié depuis 1983 à Assen (Pays-Bas), pour l'utilisation des isoglosses entre des langues généalogiquement non-apparentées.

Or à l'échelle archéologique et rapportée au contexte nilo-saharien, ce qui est désigné comme 'isoglosse' à une fonction différente. Dans ce cadre-là, la parenté généalogique initiale entre l'ensemble des langues comparées relève de l'hypothèse, elle n'est pas assurée, elle est à démontrer / établir. En conséquence, fournir des séries de rapprochements lexicaux entre les (groupes de) langues de cet ensemble ne donne pas du tout l'assurance que les formes mises en rapport sont bien des évolutions d'une même unité originelle ; on en fait seulement l'hypothèse puisqu'il n'y a pas d'étape qui ait *préalablement* assis le statut de parenté entre les groupes de langues concernés par l'isoglosse et accessoirement « construit » les régularités phonétiques utiles. Bien au contraire ce statut de parenté éventuel, *c'est l'ensemble des comparaisons multilatérales retenues dans l'isoglosse qui est censé l'établir*.

Matériellement, l'isoglosse résulte d'une comparaison multilatérale mettant en jeu des lexèmes reconnus comme étant phonétiquement et sémantiquement proches et dans cette optique, son établissement est censé confirmer / justifier *à la fois* l'hypothèse de la parenté généalogique des langues qui y participent et donner les éléments d'une sous-classification. Si les comparaisons multilatérales sont en nombre suffisamment important, que leur qualité est reconnue et qu'elles affectent la totalité de l'aire des langues considérées alors elles seront retenues comme un élément pour justifier l'apparentement de l'ensemble de ces (groupes de) langues ; en revanche si elles n'affectent que des sous-ensembles de langues dans cette aire, alors elles seront retenues comme critères de sous-classification. C'est là un avatar un peu plus structuré de la procédure de *mass-comparison* de Greenberg.

Pour résumer, ici la fonction des isoglosses est double et elle se distingue de celle que l'on connaît en dialectologie ; par exemple, ce n'est plus le tracé d'une frontière manifestant les limites d'une différenciation phonétique qui est pertinent mais la mise en rapport d'un ensemble de formes lexicales appartenant au plus grand nombre de langues des différents groupes linguistiques de l'aire considérée, constituant ainsi des aires définies par la présence d'ensembles lexicaux caractérisés par des affinités multilatérales. Le résultat est utilisé pour justifier l'hypothèse d'apparentement généalogique non seulement entre les langues qui l'attestent mais aussi entre les groupes de langues auxquels sont censées appartenir les langues qui l'attestent même si certaines n'y souscrivent pas[22], et cela par l'application d'une sorte de transitivité. La comparaison prend bien évidemment en compte l'existence des groupes et sous-groupes

---

[22] Dans ce cas on considèrera simplement que cette unité lexicale a dû être remplacée par une autre.

linguistiques déjà reconnus[23] et utilise de façon systématique cette transitivité.

Isoglosses et nilo-saharien.

Dans l'approche du nilo-saharien les isoglosses lexicales sont constituées par la mise en rapport d'entrées données *a priori* comme réflexes[24] d'une forme éventuellement reconstructible dont elles seraient dérivées et appartenant à des langues des différents groupes linguistiques (A, B, K // C, D, F, G, H // E, I, J, L)[25] supposés constituer le nilo-saharien. En conséquence la parenté, c'est-à-dire ici l'unité originelle, est bien postulée *a priori* entre les entrées qui la matérialisent et la fonction des isoglosses est bien de la confirmer et de la structurer. Elles deviennent donc du même coup *l'outil* de la construction *a posteriori* de cette même parenté. Ce double cheminement qui n'est pas logiquement correct reste cependant légitime et peut contribuer à emporter l'adhésion s'il est conforté par une quantité suffisamment importante de faits empiriques reconnus comme évidents comme cela semble être le cas en ce qui concerne le nilotique et quelques autres groupes intégrés dans le phylum. Mais à l'inverse, si le nombre des isoglosses qui peuvent être construits est faible, si leur qualité est discutable, si les faisceaux ne sont pas cohérents, alors elles perdent de leur intérêt et deviennent insuffisantes pour conforter une sous-classification et *a fortiori* toute parenté quelle qu'elle soit.

Regroupées en faisceaux, on sait que les isoglosses sont utilisées pour établir une frontière linguistique et/ou géographique et participer à

---

[23] C'est ainsi que dans l'ensemble nilo-saharien par exemple, les langues nilotiques, les langues sara-bongo-baguirmi, etc. sont des groupes linguistiques à l'intérieur desquels une parenté plus étroite et moins hypothétique est généralement reconnue. Il y a donc là aussi une hiérarchie d'hypothèses.

[24] J'utiliserai le terme '*réflexe*' plutôt que l'un ou l'autre des termes '*continuation*', '*aboutissement*', etc. que l'on trouve habituellement dans les études historiques (la linguistique romane par exemple) ; en effet, dans le contexte qui est celui de la recherche d'apparentement, utiliser des termes tels que 'continuation' suggère implicitement que la relation entre la forme supposée et la forme actuelle va de soi alors qu'elle est ici, **problématique ! Dans le cadre de recherches telles celles ici engagées, cette relation est** *a priori* potentielle : elle peut exister ou pas et, en tout état de cause, elle n'est jamais donnée et demande à être établie. C'est pourquoi l'emploi d'un terme tel que 'continuation', qui présuppose par son contenu la relation de filiation ne me paraît pas satisfaisant. Le terme 'réflexe' aura donc cette définition de « *mise en rapport avec un « étymon » potentiel sans présupposition d'une relation généalogique* ».

[25] On a noté précédemment que ces initiales correspondent à la classification des familles et groupes à l'intérieur du phylum nilo-saharien, voir le schéma précédent.

l'élaboration des sous-classifications : les différenciations ainsi montrées sont la trace des innovations structurantes dans la perspective d'une évolution arborescente. Mais là encore elles ne représenteraient de façon claire quelque chose d'important hormis le *constat* de la présence / absence de la forme, que si elles traduisaient une distinction régulière d'ordre phonétique ou morphologique explicable comme l'effet d'un changement linguistique identifié ou du moins suffisamment précis pour qu'on puisse en faire l'hypothèse avec quelque vraisemblance. Quant au simple critère de la présence / absence de la forme il pourrait autoriser une sous-classification fondée sur l'hypothèse de la perte / rétention du stock lexical – et c'est bien ce à quoi procède Bender. Mais là aussi ce ne serait guère que si la parenté initiale était *déjà* établie sur d'autres critères que la sous-classification serait pertinente.

Pour que la décision de retenir une isoglosse ne soit pas arbitraire Bender propose une méthodologie de sélection des entrées lexicales fondée à la fois sur un souci de rigueur, un pragmatisme résultant de la connaissance pratique du domaine et d'un rejet des « extrémismes »[26] ; et pour éviter les dérives subjectives il élabore un certain nombre d'exigences concernant la proximité sémantique et phonétique que les unités doivent avoir entre elles afin d'être retenues. Mais les problèmes ne sont pas résolus pour autant parce que, en l'absence de règles de correspondance et/ou de rapports sémantiques bien établis, ce souci de rigueur[27] conduit à construire les isoglosses sur le seul principe d'une quasi-identité phonétique et sémantique entre les formes de l'aire, et que cette exigence-là est fallacieuse. En effet il est courant de constater des cas où un rapprochement formel pourrait être fait mais où, malgré les apparences, il n'est pas valide alors que dans tel ou tel autre cas où l'on ne verrait *a priori* aucun lien entre des formes, il en existe cependant un qu'une analyse affinée pourrait faire surgir. On introduit arbitrairement des handicaps en ne retenant pas des rapprochements qu'une étude philologique aurait peut-être justifiés et le problème devient d'autant plus

---

[26] Bender (1997 : 175) « *It may not be possible to arrive at clear-cut criteria for allowable semantic range [...], so phonological regularity must take precedence. Experience in analyzing the data of a particular language phyla and geographical regions is the best pragmatic guide to semantic decisions and certainly various investigators must respect difference of opinion in these matters. I call on more neutral outside observation to weigh the evidence and contribute their input to the ongoing process of comparative Nilo-Saharan* ».

[27] C'est-à-dire *l'exigence affichée d'une méthode* pour supprimer tout « subjectivisme » dans la mise en relation des entrées.

aigu au fur et à mesure que l'on s'intéresse à des périodes plus « anciennes »[28].

En conclusion.

Si réduire *l'écart licite* entre les formes et les significations des lexèmes retenus dans l'isoglosse revient apparemment à conforter « l'objectivité » du rapprochement, cela revient *aussi* à limiter son intérêt, à lui ôter une partie de sa crédibilité, voire, dans certains cas à le rendre *contre-productif*, surtout lorsque qu'il concerne des périodes archéologiques très éloignées. La « bonne idée méthodologique » de la rigueur devient alors une « mauvaise idée pratique » car dans le même temps que, *par « construction »*, les isoglosses semblent devenir plus fiables puisqu'elles ne sont plus fondées que sur un différentiel minimal entre les unités qui les composent, elles perdent en vraisemblance à un autre niveau car, finalement, ce que l'on sait de l'évolution ne va pas toujours dans ce sens[29].

Dans son usage normal la distinction que trace la ligne d'isoglosse n'a pas à être évaluée en tant que *possible* ou non : elle est tout simplement *donnée* dans la mesure où l'unité qui la dérive n'est pas en question. Les écarts phonétiques et sémantiques qu'elle manifeste sont tout simplement des illustrations de l'évolution que l'on peut tenter d'expliquer par des raisons internes à la linguistique ou par des raisons externes selon la nature des faits et l'optique choisie. Et c'est parce qu'il n'en va pas ainsi à l'échelle archéologique qu'un certain nombre de positions méthodologiques apparemment raisonnables et saines se trouvent être fondées sur des cercles vicieux.

Les autres précautions de méthode que Bender met en œuvre[30], telles celles qui consistent à mettre à l'écart certaines isoglosses

---

[28] On connaît bien les exemples d'école qui de '*chevalerie*' à '*équitation*', de '*hippodrome*' à '*cavalcade*' sont référés à l'indo-européen *****eqwos**. Ces mêmes exemples suggèrent l'importance de la stratification lexicale et l'importance des emprunts successifs.

[29] On a ici affaire au pendant de la complexification des systèmes à laquelle la simple retenue des séries comparatives classiques pouvait conduire. Par ailleurs il est intéressant, de remarquer d'une part que les régularités phonétiques retenues par Bender ne montrent que peu de différenciation (alors que l'on sait, au niveau interdialectal par exemple, que des écarts importants sont attestés dans certains sous-systèmes) et d'autre part, qu'il existe des cas où les attestations contenues dans les isoglosses ne sont pas en accord avec les règles phonétiques supposées. Cela montre la difficulté et les limites de l'approche.

[30] Mais je précise qu'il ne s'agit pas que de Bender. Ce type de précaution méthodologique est largement utilisé : il correspond à un besoin nécessaire d'élaboration de critères auquel on se doit de répondre. En conséquence (faut-il le préciser !) citer

apparemment aréales ou illustrant des symbolismes phonétiques, sont tout autant problématiques car le fait qu'un lexème y participe n'est évidemment pas incompatible avec la généalogie.

Rétentions et innovations partagées.

Essayer d'identifier à l'intérieur d'un ensemble de langues données comme généalogiquement apparentées des sous-ensembles qui se distinguent par des innovations morphologiques partagées est l'un des critères les mieux reconnus pour établir une sous-classification. Cela suppose que les langues appartenant à l'ensemble résultent d'une évolution linéaire par division continue cohérente avec le modèle de l'arbre généalogique, éventuellement un peu distordu par l'effet de quelques phénomènes mineurs de convergence. Cette possibilité d'identifier des phénomènes en tant qu'innovations suppose que l'on puisse avoir quelques hypothèses assurées sur ce qu'était l'état antérieur, ce qui est possible lorsqu'on dispose d'une documentation écrite ou lorsque les données s'y prêtent que ce soit par leur nature structurale, par la richesse des comparaisons ou pour toute autre raison contingente ; c'est-à-dire lorsqu'il est aisé de formuler des hypothèses de chronologie relative et/ou lorsqu'une répartition dialectale ou linguistique s'impose par son évidence. Mais cela n'est pas toujours le cas.

On se demandera donc si l'élaboration d'hypothèses concernant des innovations partagées est significative lorsque l'on cherche à rendre compte des transformations linguistiques à l'échelle archéologique. Est-il pertinent, lorsque l'on s'intéresse à des évolutions dont les plus récentes seraient déjà censées être très largement antérieures aux tablettes sumériennes, de postuler des regroupements fondés sur de tels critères ? Et comment décider de ce qui est une innovation ou pas dans l'ensemble des différences linguistiques qui distinguent les (groupes de) langues lorsqu'il n'est pas possible de « suivre » le détail (plus ou moins précis) de l'évolution ?

Faut-il se fier à des hypothèses concernant la typologie des langues ? Faut-il s'appuyer sur des états de répartition géographique ? Quelle est alors la place des hypothèses « universalisantes », des considérations évolutionnistes ou des assomptions « cognitives » ?

S'il est évident qu'une critérologie doit intégrer ces données puisque les changements se propagent et que l'on sait qu'il existe des

---

Bender n'implique pas sa mise en cause personnelle. Le propos est beaucoup plus général.

phénomènes de grammaticalisation[31] il est aussi évident qu'elles ne peuvent pas à elles seules fonder les hypothèses de sous-classification lorsque l'on s'intéresse à ces périodes archéologiques. Or, la division du nilo-saharien, si elle correspondait à une réalité, serait ramenée par ceux qui la postulent à une date si ancienne qu'elle rend très problématique une sous-classification généalogique fondée sur la prise en compte d'innovations partagées dont il faut alors tout postuler.

Construire un artefact.

On est confronté là à un problème particulier : nous avons un *modèle* de l'évolution qui semble être justifié par de nombreuses études conduites à l'échelle historique ; il possède une *logique* et, comme toute « grammaire », il permet certaines hypothèses, il en interdit d'autres, et il reste neutre par rapport à d'autres encore. Ainsi dans le cadre d'un modèle de l'évolution des langues par division, l'élaboration d'une méthodologie de sous-classification fondée sur la prise en compte des innovations partagées (approche cladistique) est une « opération licite » qui se *déduit* directement des propositions de base. Les résultats de l'application de cette « opération licite » sont empiriquement soutenus par les faits lorsque l'on s'intéresse aux époques historiques mais ils ne le sont plus lorsque l'on transgresse cette limite... Toutefois il se trouve que la *représentation de l'opération* finit par avoir une telle force qu'elle peut apparaître à certains comme un *sine qua non* du travail sérieux et qu'il leur faut alors trouver une méthodologie pour justifier son application en l'absence des critères « normaux » de son utilisation. Autrement dit, il faut trouver un moyen accessoire pour justifier l'application de l'opération et donc la validité du résultat qu'elle construira. En l'absence de toute possibilité de reconstruction diachronique empiriquement documentée il faut définir d'autres types de critères, établir une méthode à laquelle se référer pour définir parmi les distinctions prises en compte, celles qui seront considérées comme des innovations de celles qui seront considérées comme des rétentions : la structure de la sous-classification en résultera.

Comment décider en quoi ces caractérisations vont ou ne vont pas de soi ? Pour le nilo-saharien, Bender répond à cette question cruciale par un algorithme assez simple. Pour un trait morphologique donné il distingue entre rétention et innovation sur la base de sa répartition dans les différents groupes qu'il propose : « *Grammemes which were found to occur in at least two isolates plus elsewhere (i.e. core plus satellites) were counted as retentions from N-S.* », et sur cette base il parvient à établir

---

[31] Cf. par exemple, les travaux de Heine (1997), Manessy (1995).

(Bender, 1991a : 4) « *a set of about 50 proposed retentional isomorphs which will serve to begin establishing Nilo-Saharan as a legitimate phylum in comparison with other proposed African phyla [...]. I have also arrived about 100 proposed innovational isomorphs which separate groups at different levels ranging from individual language families to sub-phyla. [...]* ». Notons que dans le même temps il reconnaît les difficultés de l'approche et souligne que « *[all] the proposed isomorphs are problematical and many are extremely so. Ultimately, the investigator has to make judgments about plausibility and fitting of overall patterns which emerge as one sifts and resifts the data, while trying to be objective and not force the data to support preconceptions or below under two headings : Retentions and Innovations* ». L'auteur affine ensuite son système en proposant de distinguer entre des innovations *versus* rétentions majeures et mineures, lesquelles sont différemment pondérées : « *I have divided the retentions into « major » or primary ones which involve systems and scored 2 or 3 point each in my count and the others, scoring one each* », et encore « *I found that most putative innovations occur in sets of proposed subfamilies which include one or more of the « isolates ». The number of sets which do not include any isolate is small and its analysis [...] is therefore not very revealing. Those sets which include more than one isolate were rejected as representing innovations. [...] I made rejected innovations make up most of the proposed Retentions above. The proposed innovations are divided, like the retentions, into « major » (systematic) and others* ».

On pourrait penser que par son « objectivité » cette approche limite les risques d'interprétation subjective dont Bender est conscient[32]. Mais ce n'est peut-être pas si simple : décider « mécaniquement » que tel trait est ou n'est pas une innovation en se fondant sur le seul critère de sa répartition dans des groupes linguistiques dont la cohérence, par ailleurs, n'est pas toujours évidente est assurément un problème. Ainsi, à la limite, le trait '*être présent dans l'isolat songhay*' est ici problématique et constitue une opération intellectuelle à haut risque puisque, justement, l'appartenance du songhay à l'ensemble n'est pas incontestable !... Mais cette caractérisation-là entrera néanmoins en ligne de compte pour définir les innovations et rétentions qui vont être retenues pour assurer l'appartenance et la place du songhay.

En conclusion, s'il est possible de reconnaître des « distinctions » entre les ensembles linguistiques étudiés, décider que certaines d'entre elles plutôt que d'autres *sont* des innovations est hasardeux. Si Bender semble avoir raison en ce sens que s'agissant de regroupements

---

[32] Il les mentionne à plusieurs reprises tout en reconnaissant que, au moins dans certains domaines, la différence d'opinion entre les chercheurs est quasi inévitable.

archéologiques il abandonne sans ambiguïté la « raison historique » devenue inopérante à cette échelle, l'arbitraire de son critère ne permet cependant pas de le retenir en l'état.

I.3. L'approche de Chr. Ehret.

Sous-classification : synthèse des résultats.

La présentation ci-dessous reprend la partie de la classification de l'auteur qui est utile pour le songhay.

    I. Koman
        A. *Gumuz*[33]
        B. Western Koman
    II. Sudanic
        A. Central Sudanic
        B. Northern Sudanic
            1. *Kunama*
            2. Saharo-Sahelian
                a. Saharan
                b. Sahelian
                    i. *For*
                    ii. Trans-Sahel
                          (1) Western Sahelian

                              (a) *Songay*

                              (b) Maban

                          (2) Eastern Sahelian
                              (a) Astaboran
                              (b) Kir-Abbaian
                              (c) Rub

---

[33] Les italiques signalent que, pour l'auteur, l'on a affaire à une langue et non pas à un sous-groupe de langues.

Système consonantique de 45 consonnes :

ɓ		ɗ	ɗ̣	ʄ
b	ḍ	d	ḍ	g
p	ṭ	t	ṭ	k
pʰ	ṭʰ	tʰ	ṭʰ	kʰ
p'	ṭ'	t'	ṭ'	k'
	θ	s, z	ṣ	
m		n	ɲ	ŋ
mb	nð	nd	nḍ	ŋg
w		y		
'w		'y		h
	ḷ	l, r		

Système vocalique de 14 voyelles :

i	u
i :	u :
e	o
e :	o :
ɛ	ɔ
ɛ :	ɔ :
a	a :

Système tonal à trois tons (haut, moyen et bas).

Racines à initiale consonantique de la forme CV ou CVC.
Racines à voyelle initiale de la forme VC, VCV ou VCVC.

Au plan morphologique un ensemble de 114 morphèmes (extensions verbales, suffixes et préfixes de dérivation nominale, marqueurs de cas, marqueurs d'aspect, marqueurs de conjugaison négative) est reconstruit, auxquels il faut rajouter le système des pronoms. Le songhay est concerné par 60 d'entre eux.

Commentaire :

L'essentiel des données songhay citées dans le *Nilo-Saharan Etymological Dictionary*[34] de l'auteur est issu de J.M. Ducroz et M.C. Charles (1978), certaines attestations ont également été relevées dans A. Prost (1956), ce qui n'exclut pas d'autres sources, cf. **moni** (entrée 159) ou le connectif -**n**- pour marquer le génitif (entrée 91)[35]. En conséquence, les sources utilisées sont de qualité mais restent toutefois limitées du point de vue songhay car ce sont uniquement les dialectes kaado[36] et songhay oriental, linguistiquement et géographiquement très proches l'un de l'autre, qui sont retenus. Il aurait été utile dans un certain nombre de cas de vérifier dans les autres dialectes (langues)[37] la présence des entrées utilisées afin de mieux justifier leur valeur pour le soutien de la relation de cognacité avec les autres entrées nilo-sahariennes.

A la différence de Bender, Ehret ne fait référence qu'aux principes les plus stricts de la linguistique comparative historique. C'est ainsi qu'il procède à une 'reconstruction historico-comparative' complète de l'ensemble du nilo-saharien, c'est-à-dire qu'il s'attache à mettre en évidence les schémas réguliers de correspondance phonétique à travers l'ensemble de la famille ; qu'il reconstruit la phonologie, la morphologie et le vocabulaire du proto-nilo-saharien (PNS), établit les changements phonétiques, morphologiques et sémantiques utiles pour définir une chronologie relative et ce faisant, propose une sous-classification arborescente de l'ensemble. Cette sous-classification se fonde très classiquement sur une analyse cladistique : « *The single substantive basis for the subgrouping of languages is the identification in them of shared innovations that are unlikely to have been borrowed from one to the other. If these innovations have not been spread by borrowing, then their mutual occurrence in the languages in question normally can be explained only by their earlier occurrence in the common ancestral language, the*

---

[34] Le songhay est concerné par 565 racines du *Nilo-Saharan Etymological Dictionary* sur les 1606 qu'il contient – ce qui est un nombre important – et les attestations qui les illustrent sont celles qui sont censées justifier la construction généalogique ; c'est pourquoi elles méritent une attention particulière.

[35] En ce qui concerne cette racine, Ehret attribue l'attestation à Prost. En fait elle n'existe pas dans le dictionnaire de cet auteur et il est probable qu'il s'agit d'une entrée comparative retenue par Greenberg dont on trouve l'origine dans le dictionnaire zarma de Marie (1914). En ce qui concerne le morphème de génitif, la référence semble être Nicolaï (1987a). Il faudra revenir sur ces unités dont la présence pose problème.

[36] Le kaado, dialecte songhay, dont il s'agit ici n'a évidemment rien à voir avec le groupe kado représenté par 'L' dans la classification de Bender.

[37] La (courte) tradition des études songhay privilégiait le terme 'dialecte' ; aujourd'hui il semble plus opportun, pour des raisons évidemment non linguistiques *stricto sensu*, de parler de 'langues'. J'utiliserai plus ou moins indistinctement les deux termes.

'neutre' au nominatif et à l'accusatif en grec et en latin que J. Nichols (1996 : 46) définit comme *multidimensional paradigmaticity*[39] :

		masculin	féminin	neutre
Latin	*nominatif*	-us	-a	-um
	accusatif	-um	-am	-um
Grec	*nominatif*	-os	(*)-aa	-on
	accusatif	-on	(*)-aan	-on

Il est évident que rien d'approchant ne lie le songhay à l'un ou à l'autre groupe des langues nilo-sahariennes.

La question générale des cognats.

La méthodologie utilisée n'est fonctionnelle que dans un cadre où la parenté initiale entre les langues *n'est pas en question*. Si ce n'est pas le cas, alors se pose le problème de la circularité et de l'auto-construction d'un apparentement global car *la méthode ne fonctionne pas comme une heuristique* pour établir cette parenté.

Lorsque les langues qui constituent un sous-ensemble sont reconnues comme apparentées sans contestation, le rapprochement avec une autre langue ou un autre sous-ensemble de langues est possible et la place du sous-ensemble rapproché peut éventuellement être définie par rapport à l'ensemble initial (cf. hittite et tokharien par rapport au bloc des langues indo-européennes). Mais ni Ehret, ni Bender ne procèdent ainsi : toutes les langues sont données *a priori* comme nilo-sahariennes et la construction proto-nilo-saharienne (PNS) est élaborée à partir de l'ensemble global, lequel se trouve contenir des langues, telles le songhay, pour lesquels l'apparentement est problématique[40]. A partir de là, la construction PNS globale va devenir dépendante de la validité des rapprochements litigieux puisqu'ils sont retenus dès le départ ; et cela à un impact sur la structuration de l'ensemble puisque les régularités et les caractéristiques formelles prises en compte pour caractériser l'ensemble

---

[39] Ce même auteur souligne aussi qu'aux premiers pas de la recherche d'apparentement (1992 : 48) « *[t]he evidence taken as probative of relatedness is not individual items but whole systems or subsystems with a good deal of internal paradigmaticity, ideally multiple paradigmaticity, and involving not only categories but particular shared markers for them* ».

[40] On peut toujours, bien évidemment, *décider* d'affirmer que cet apparentement *n'est pas* problématique. Le tout est de savoir si ce qui doit emporter l'adhésion est la force du « verbe », celle de « l'habitude », ou celle des « faits » !

global (isoglosses, correspondances) font aussi appel aux éléments des langues problématiques et ne sont donc pas indépendantes d'elles. Nous avons alors affaire à une construction potentiellement cohérente mais dont la légitimité n'est pas assurée. Cette critique quant au présupposé d'appartenance rejoint celle que j'ai introduite précédemment à propos de l'utilisation de la notion d'isoglosse telle que Bender la met en œuvre. En fait, il semble bien que sous des noms différents et avec des références différentes ce soit la même méthode d'approche globale qui soit retenue. La parenté généalogique est donc toujours *présupposée* – ce qui est normal – et cette présupposition se fonde sur un *caractère d'évidence* généré par la considération plus ou moins informelle d'un ensemble important de relations interlinguistiques concernant la morphologie, la phonologie et aussi le lexique. Seulement l'ensemble des relations n'est pas suffisamment important pour qu'il aille de soi aux yeux des spécialistes et qu'il ne soit pas mis en question. Le travail détaillé de comparaison et de reconstruction commence donc sur des bases fallacieuses.

En conclusion.

Je m'intéresserai dans le chapitre II à la manière dont la question de l'apparentement du songhay est à la fois abordée et occultée dans l'ouvrage de Ehret (2001) dont la position affichée fait référence à une sévère allégeance aux principes de la linguistique comparative historique, ensuite dans le chapitre III j'aborderai le travail de Bender (1997) qui approche les données en se fondant sur une méthode davantage orientée sur des considérations géographiques et quantitatives.

Mais quelle ligne de conduite tenir ?

Tout d'abord, *analyser quelques-uns des résultats* en se plaçant dans le cadre de la stricte observance des méthodes que définissent les auteurs, c'est-à-dire en retenant la pertinence de leurs outils théoriques et conceptuels[41] et en m'intéressant à leur application. Ensuite, *modifier ce cadre* en introduisant quelques principes complémentaires qui *a priori* ne mettent pas leurs outils en cause. Je pose trois principes. Le premier définit la hiérarchie de l'approche, les deux autres précisent ses modalités :

---

[41] Sans quoi aucune critique empirique constructive et documentée n'est possible.

- *Principe 1* – puisqu'une hypothèse d'apparentement généalogique (*construction seconde*) est fondée sur la mise en rapport d'ensembles d'éléments des langues comparées (*construction première*), les hypothèses de cognacité concernant les éléments lexicaux retenus dans ce procès doivent faire l'objet d'autant plus d'attention que la parenté généalogique postulée est « problématique »,

- *Principe 2* – l'ensemble de toutes les données dialectologiques disponibles doit être pris en compte,

- *Principe 3* – tout ce qui à des degrés divers pourrait traduire des « diffusions potentielles » ou des phénomènes aréaux doit être évalué.

Sur quoi s'appuyer ?

Il est difficile, et c'est sans doute une faiblesse naturelle des approches extensives, de maîtriser l'ensemble des données qui sont « manipulées » dans les « macro-comparaisons ». La réaction contre ce manque de maîtrise de l'information disponible parfois doublé d'une saisie par trop fragmentaire est une nécessité sur laquelle j'insiste au niveau méthodologique. A l'échelle envisagée, peu de chercheurs, pour des raisons pratiques évidentes, peuvent appréhender toutes les données qui leur seraient utiles non pas pour faire des hypothèses[42] mais pour les documenter et les justifier empiriquement. C'est pourquoi c'est uniquement en m'appuyant sur le domaine dont j'ai une connaissance détaillée que j'argumenterai. Il se trouve – et c'est une chance – qu'il s'agit du songhay dont la place problématique dans le nilo-saharien rendra plus « intéressant » le débat. Par ailleurs, je précise ici qu'en ce qui concerne l'étude des diffusions potentielles et des comparaisons que je serai amené à faire avec le sémitique, sans négliger l'arabe classique je m'intéresserai tout spécialement aux langues du contact géographique et du continent africain (ḥassāniyya, arabe marocain, arabe chwa, guèze) et ce ne sera qu'exceptionnellement que je ferai référence au sémitique ancien. En revanche je prendrai en compte un nombre important de langues berbères[43].

---

[42] L'imagination suffit souvent pour cela !
[43] Toutefois, comme on pourra le constater – et malgré mon évidente « qualité » de non-spécialiste en la matière – j'ai pris le risque de m'autoriser à ouvrir l'horizon vers l'espace égyptien en suggérant quelques comparaisons dans les chapitres I et II, et de

Malgré cela mon propos restera limité et sur des points que je n'ai évidemment pas reconnus, mes analyses peuvent être – et sont certainement au même titre que celles de ces auteurs – entachées d'erreurs et d'insuffisances : mais tout cela est peut-être inévitable. Il est important d'ouvrir le débat plutôt que de tenir pour acquis sans critique cet ensemble de résultats qui, s'il n'était évalué dans son détail ni au plan de la méthode, ni a celui de la théorie ni à celui des données, ressemblerait plutôt à un dogme de « croyance » qu'à un état de « connaissance scientifique »

---

façon plus nette bien que non systématiquement dans la troisième partie de l'ouvrage. Sous réserve de vérifications futures !

II. SONGHAY, NILO-SAHARIEN ET MODELE DES « CORRESPONDANCES ».

De la même façon que l'on dévide une pelote, je vais choisir *une entrée* – et une seule – dans l'ensemble dense que constitue l'ouvrage de Ehret (2001). Le point de départ ne sera donc pas arbitraire, toutefois je me suis astreint à ne pas sélectionner une « racine » qui soit critiquable sans appel du point de vue songhay et je me suis plutôt décidé en fonction des ouvertures que l'entrée choisie offrait pour continuer l'analyse. Je poursuis ensuite le plus exhaustivement possible la « logique » du cheminement qu'exige l'évaluation des hypothèses particulières induites par ce choix, c'est-à-dire que je procède à la vérification des données et des hypothèses dont la nécessité et la justesse sont impliquées pour que soient validées les propositions de l'auteur. Cette procédure ne permet pas de rendre compte de l'ouvrage – mais ce n'est pas là mon projet. En revanche à travers un dédale de vérifications ponctuelles mais détaillées, dépendantes de la seule « logique » de démonstration et des hypothèses de l'auteur[44], elle conduit à traiter d'un ensemble de données suffisamment important pour autoriser une évaluation globale des hypothèses d'apparentement avancées pour le songhay et ouvrir la discussion.

Ensuite, en relation avec la richesse attribuée au système consonantique PNS, je propose une deuxième étude ponctuelle concernant le proto-phonème PNS *ɓ. Il s'agit tout simplement de traiter la première consonne apparaissant dans l'ordre alphabétique. En effet, il se trouve que Ehret postule l'existence au niveau PNS de deux phonèmes (*b- et *ɓ-) qui renvoient tous les deux au b songhay, ce qui implique l'existence de deux chaînes de correspondances : *b- = b_{Sgh}- et *ɓ- = b_{Sgh}-. Je traiterai donc l'ensemble des données songhay censées être concernées par la correspondance *ɓ- = b_{Sgh}- afin d'apprécier dans quelle mesure est justifiée l'hypothèse de cette évolution par rapport au songhay. Les conclusions que j'en tirerai seront importantes pour évaluer la démarche générale de l'auteur dans la construction de son proto-système. Ce sera donc de la « montée en puissance » de la critique du traitement des faits songhay et de sa pertinence que découleront les conclusions à tirer. Lesquelles concerneront le songhay, bien entendu, mais au-delà, par la critique de la démarche, contribueront peut-être à renouveler une partie des perspectives.

---

[44] Et non pas de mon confort ou de mon désir particulier, éventuellement supposé être entaché de « subjectivité » !

II.1. A la recherche du "soleil".

Je commence l'étude avec l'analyse des données concernant la racine[45] {1392 *wà:yn « *fire* »}[46] du *Nilo-Saharan Etymological Dictionary* (ED) de Ehret. Cette entrée est intéressante parce que l'auteur fait l'hypothèse qu'elle manifeste une « *innovation sémantique* » ; or, comme je l'ai déjà souligné, mettre l'accent sur les innovations sémantiques dans l'élaboration de la sous-classification est l'une de ses revendications. L'innovation sémantique postulée (passage de « *feu* » à « *lumière du ciel* ») entre parmi celles qui lui permettent d'exclure de son *Eastern Sahelian* les groupes *Maban*, *Songay* et *Saharan*[47]. Le lexème songhay *(dialecte kaado)*[48] auquel réfère l'auteur est **wénòw** [sic] « soleil » et il précise dans ces termes son analyse : *stem + NS *w n. suff. ; East Sahelian semantic innovation ; shift of the primary focus of the root « fire » to « light in the sky »*.

Voici les données utiles :
Données ED[49] :

Sahara: teda, daza	wuni	fire[50]	
For	dèònàŋ, pl. kèènà	firestone	*-**ewon**-, regressive V height assim. of Ns *a- n. deriv. pref. + stem
Maban : Maba	aun	ash	NS *a- n. deriv. pref. + stem
Astab: Nub: Nobiin	ùnáttì	*moon*	< ***unarti**, stem + NS *r and t^h n. suff.
Astab: Nub: Nobiin	winji	*star*	stem + NS *s n. suff (< ***winz**- < ***wins**-, by voicing assim.)
Astab: Nub: Dongolawi	u:n, unatt-	*moon*	2nd shape: as in Nobiin ; probable loan < Nobiin

---

[45] Je reprends là le terme 'root' utilisé par Ehret.
[46] Le nombre correspond au numéro de l'entrée dans le *Nilo-Saharan Etymological Dictionary* de l'auteur, suivi de la reconstruction et de sa signification.
[47] Dans les tableaux présentés en illustration je conserverai la terminologie, les abréviations et les choix orthographiques des auteurs (cf. 'Songay', etc.).
[48] Ehret (2001 : 253) « *Songay (Ducroz and Charles 1978). The extensive lexical materials of this source are drawn from the Zerma dialect* [sic]… ».
[49] Pour toute entrée, le tableau « *Données ED* » comprend l'ensemble des attestations fournies par Ehret pour documenter sa racine et donc pour justifier la reconstruction (songhay excepté). Les formes sont présentées selon la hiérarchie des sous-classifications internes des branches et sous-branches (cf. astabaran, nubien, etc.) ; la colonne de droite contient les commentaires justificatifs ou explicatifs fournis par l'auteur. Dans ce tableau particulier, les italiques soulignent le changement sémantique postulé.
[50] Je conserverai les formes anglaises et italiennes pour la plupart des traductions données dans ces langues.

Astab: Nub: Dongolawi	wiss-	star	structure as in Nobiin reflex ; probable loan < Nobiin
Kir-Abb: Nil: Wnil: Ocolo	wɛni	afternoon	
Rub: Soo	wena'	lightning	stem + NS *-**ah** n. deriv. suff.
Rub: Soo	wɛna'	late afternoon	stem + NS *-**ah** n. deriv. suff.

Commentaire initial.

Disposer des données ne suffit pas. Pour avoir un avis sur les hypothèses avancées, sémantiques ou non, il faut encore que le dilemme ci-dessous[51] soit résolu :

1) s'il n'existe aucune racine proto-nilo-saharienne (PNS) qui corresponde à « *soleil* » et que par ailleurs l'on a la *certitude* – ou qu'il est avéré – qu'un rapprochement proposé entre deux lexèmes (l'un signifiant « X » et l'autre signifiant « *soleil* ») concerne bien les réflexes actuels d'une même racine PNS de signification supposée « X » (ou de signification très proche « X' »), alors cela suffit. Il convient tout simplement d'en prendre note et il n'y a *rien* à « critiquer » puisque *rien* n'est en question ! Cela relève du simple constat.

2) en revanche, si l'on n'est pas certain de l'existence d'une relation de cognacité entre les lexèmes et que *c'est **LE** rapprochement intenté* qui a pour fonction de justifier / fonder l'hypothèse de la racine commune alors il faut des arguments complémentaires pour la soutenir car, restreinte à elle-même, la seule « intuition » d'un changement sémantique, d'un « *shift of the primary focus of the root « fire » to « light in the sky »*, même s'il est attesté dans d'autres langues, même s'il est cohérent avec les suppositions d'une « sémantique naturelle » et/ou une « vraisemblance » affichée, n'est pas suffisante pour valider l'hypothèse.

Tout repose donc sur le statut préalable accordé à la *certitude* concernant la cognacité des lexèmes retenus pour l'élaboration de la construction étymologique : travail méthodique corrélatif et mise en évidence de régularités ayant sous-tendu la proposition de cognacité. Et cette connaissance est fondamentale parce qu'en fin d'analyse, lorsque ce qui sera en jeu portera non plus sur le rapport à définir entre quelques lexèmes (tenus pour *constructions premières*) mais sur la relation globale des régularités et rapprochements qui caractérisent les (groupes de) langues considéré(e)s (tenus pour *constructions secondes*) la question de fond aura encore cette double forme :

---

[51] Dont j'ai précédemment souligné la nature générale.

a) dans quelle mesure la *construction seconde* – qui prend sa valeur des *constructions premières* conduisant aux reconstructions étymologiques – est-elle une *représentation fiable* de l'évolution des langues appréhendées ou à l'inverse : dans quelle mesure n'est-elle qu'une *élaboration arbitraire*, une représentation induite par la sélection orientée *a priori* de rapprochements parfois mal fondés et souvent insuffisamment documentés, risquant par ces carences de masquer soit d'autres hypothèses, soit l'inanité du rapprochement lui-même ?

b) puisque la valeur des hypothèses classificatoires (définies comme *constructions secondes*) se jauge « au poids »[52], dans quelle mesure la « qualité de la preuve » est-elle ou n'est-elle pas prédéterminée par le travail de construction des rapprochements élémentaires (définis comme *constructions premières*) ? En effet, on sait que ces rapprochements élémentaires, en tant qu'arguments indépendants de validation de l'hypothèse globale, doivent être *qualitativement* bien établis avant d'être retenus. Et cela avec d'autant plus de rigueur que le plus souvent il n'est plus guère possible de faire autrement que de les « tenir pour corrects » lorsque, dans le deuxième temps de l'étude, ils sont donnés comme arguments pour valider l'hypothèse.

En effet, sauf exception le plus souvent improbable, ce n'est que sur la cohérence de ce deuxième temps, celui des *constructions secondes*, que porte l'évaluation des hypothèses classificatoires ; les *constructions premières* sur lesquelles ces hypothèses se fondent « normalement » étant – par définition et/ou par « contrainte pratique » – tenues pour (accordées comme) globalement acquises / correctes.

Question préjudicielle.

C'est pour ces raisons que, avant d'étudier le détail des données retenues pour justifier la sous-classification proposée (ici celle du songhay) il est nécessaire de revenir sur la question préjudicielle : celle de la parenté, donnée comme initiale.

Reprenant encore une fois la thématique que j'ai développée à la fin de l'introduction et les remarques précédentes je gloserai à nouveau la question : si au niveau global des langues comparées une relation de cognacité est posée *a priori* entre des entrées alors, dès le départ, il ne s'agit plus *que* de dégager les régularités qui permettront d'introduire des

---

[52] Entendons par là qu'un contre-exemple relevé « de temps en temps » ne la met pas en cause tandis qu'à l'inverse, la « *perception quantitative* » corrélative de la mise en évidence d'une direction générale organisant ou structurant les données (c'est-à-dire donnant « *sens* » à l'hypothèse) la conforte ; de fait elle est recherchée.

hypothèses concernant une sous-classification en se fondant sur l'inspection des formes mises en regard. Cette façon de procéder va de soi *lorsqu'il n'y a pas de contestation* à propos des hypothèses sur l'apparentement initial entre les langues comparées et *a fortiori* entre les entrées retenues. Mais dans le cas du nilo-saharien le problème est différent puisqu'*il y a* contestation pour des groupes de langues tel le songhay. Dans ces conditions[53] il importera de justifier – *en préalable* – la proposition initiale de l'apparentement généalogique à partir des comparaisons censées la fonder dans l'ensemble dont cette langue est supposé être partie prenante. On aurait pu penser que le travail de comparaison peut fonctionner à cette fin comme une *heuristique* or ce n'est pas le cas. *Il ne le peut pas*, sauf à introduire une *circularité* dans le raisonnement : c'est *parce que* l'on suppose *a priori* qu'il y a un apparentement généalogique que l'on va comparer les données *et ce faisant*, que l'on va *rechercher / construire* les/des relations dont la fonction est de « *prouver / justifier* » cet apparentement et/ou de le consolider !

Pour être encore plus concret on peut présenter ainsi le problème :

En l'absence de faits morphologiques nombreux, probants et croisés, de nature à emporter une adhésion sans réserve sur la probabilité d'un apparentement généalogique (telle, par exemple, la mise en rapport des morphèmes de classification nominale du bantou)[54],

- *si* les faits morphologiques susceptibles d'étayer l'hypothèse d'une parenté généalogique dans les données de deux (groupes de) langues sont limités à des éléments dont la valeur est faible (par exemple, quelques morphèmes plutôt monosyllabiques, distribués plus ou moins erratiquement et qui, pour certains d'entre eux, ont des formes et des fonctions qui autorisent une comparaison avec d'autres langues appartenant à des familles voisines données comme généalogiquement non-apparentées),

---

[53] A moins, bien sûr, de *décider* de balayer sans autre forme de procès les propositions contestataires, ce qui est un choix légitime du point de vue tactique ou stratégique mais non pas du point de vue scientifique.
[54] C'est ce que J. Nichols (1992 : 46) appelle la *multidimensional paradigmaticity*, voir *supra*.

- *si* les unités lexicales susceptibles d'être mises en relation manifestent des rapports mais que ceux-ci sont suffisamment peu nombreux ou erratiques pour qu'un linguiste ne puisse pas envisager sans ambiguïté une hypothèse de cognacité concernant l'ensemble,

- *alors* d'une part l'analyse a beaucoup de chances d'être soit circulaire, soit *a priori* ; d'autre part le « volontarisme » nécessairement mis en œuvre pour renforcer l'hypothèse est tel qu'il est susceptible d'entraîner une modification injustifiée des résultats par l'effet de son action[55].

Analyse.

Procédure.

Ehret ne s'en tient évidemment pas aux seuls rapprochements sémantiques, il entend bien – en bonne méthode – les croiser avec des régularités phonétiques strictes qu'il établit et s'appuyer corrélativement sur une identification des morphèmes et l'analyse y afférant. Je m'intéresserai donc, à propos de cette racine {1392 *wà:yn « *fire* »}, « *soleil* » en songhay, aux correspondances phonétiques qui sont données pour garantir le statut de cognacité entre les réflexes de la racine et je me laisserai ensuite guider, comme je l'ai mentionné, par la « logique » des nécessités de vérification des analyses subséquentes ; ce qui, ainsi qu'on le verra, ne va pas de soi en raison de la multiplicité des hypothèses que chaque proposition nouvelle implique à l'arrière-plan, de l'indétermination de beaucoup d'entre elles et de la sinuosité conjoncturelle du parcours imposé.

Concrètement, chaque tentative particulière de vérification de la valeur d'une hypothèse s'inscrira dans ce que j'appellerai un *bouclage* ; entendons par là que pour un point d'analyse donné, j'évaluerai dans une étude spécifique le concernant la justification empirique des hypothèses et des propositions présupposées qui y sont liées, c'est-à-dire l'ensemble des faits qui doivent être directement retenus pour rendre vraisemblable

---

[55] Ce qui ne correspond pas à un procès d'intention envers les auteurs. Tout au plus, à un procès de méthode !

l'hypothèse ponctuelle dont il s'agit[56]. Ceci étant, cette vérification « élémentaire » est rarement simple (possible ?) parce qu'à son tour, elle fait souvent appel à de nouveaux points d'analyse qui à leur tour encore, sauf à être eux-mêmes tenus pour acquis sans vérification, demandent l'application de la même procédure, c'est-à-dire la création d'un (ou de plusieurs) nouveau(x) *bouclage(s)*. Et ainsi de suite.

Il s'ensuit – et c'est une constante – que le travail de vérification se heurte à une limite naturelle de « faisabilité ». Tous les travaux extensifs conduits à grande échelle sont à un moment donné, touchés par cette limite[57] et l'on comprend la raison pour laquelle c'est le plus souvent au seul niveau de la *construction seconde* que l'évaluation des hypothèses est faite dans ce domaine. Enfin on est amené à considérer, par la « *force des choses* », que cette quasi-impossibilité pratique de vérification constitue un certain « coup de force sur les données ». La conclusion que l'on peut en tirer dépend tout simplement de la façon dont on réagit aux « coups de force » : les admettre comme la « normalité » ou bien les « dénoncer ». Trouver des biais pour les maîtriser ou suivre leur courant.

Premier bouclage phonétique : le lexème songhay *wéynòw*.

Ehret fonde l'hypothèse de cognacité d'un lexème en s'appuyant sur la conformité de son comportement par rapport aux régularités phonétiques identifiées et données pour acquises qui justifient la validité de la correspondance et lient l'ensemble des lexèmes attestés à la racine PNS. Ici la régularité postulée concerne la consonne initiale, elle est simple : *PNS *w- reste w- dans toutes les langues*. Parallèlement il propose des règles pour rendre compte de certaines évolutions

---

[56] Dit autrement, le *bouclage* est un espace à l'intérieur duquel je procède à une vérification avec une relative autonomie, vérification qui concerne une hypothèse qui doit être supposée valide pour que soit acceptée une hypothèse dépendante proposée à un autre niveau de l'analyse.

[57] Remarquons tout de suite (et je me hâte de le faire) que cela ne veut bien évidemment pas dire pour autant que les travaux extensifs en général n'ont aucune 'valeur scientifique'. Cela ne veut pas dire non plus que, lorsque leur 'valeur scientifique' n'est pas unanimement reconnue, ils sont totalement inutiles et n'apportent rien à la connaissance. Ils apportent *toujours* quelque chose, encore faut-il définir quoi exactement. Dans le pire des cas, ce sera uniquement une connaissance des processus d'auto-construction que le chercheur peut mettre en œuvre et faire éventuellement partager ; dans d'autres cas plus heureux ce sera, à travers l'effet d'écrasement que produit une analyse sélective et un changement d'échelle, le soulignement de dynamiques et de faits concernant les langues et les populations dont un cadre théorique encore à renouveler pourrait probablement rendre compte.

divergentes, le plus souvent conditionnées ; par exemple, la règle {PNS *we(:) > o(o) / #_# and / #_L, L = liquid}(Ehret, 2001 : 26) nous sera utile. Toutefois, avant d'entrer dans le vif du sujet il faut encore préciser la façon dont je vais procéder.

Point de méthode. Tout d'abord il me paraît nécessaire – à la différence d'Ehret – de prendre en compte *l'ensemble des données dialectales* et des analyses éventuelles y afférant quand elles existent[58] ; tout particulièrement lorsqu'il s'agit de travailler sur des langues isolées comme le songhay dont, par définition, l'apparentement généalogique est problématique (mon *Principe 2*). De plus et afin de ne pas précontraindre prématurément l'étude, il me paraît aussi nécessaire de chercher à identifier les entrées lexicales susceptibles d'être rapprochées dans les langues de contact plus ou moins proches afin *d'évaluer l'importance potentielle de phénomènes de diffusion* et la manière dont ils pourraient être retenus et interprétés dans l'analyse en cours (mon *Principe 3*). A ce stade il est utile d'introduire un *doute méthodologique* qui justifie à la fois un retour sur les données initiales et sur le procès de leur complémentation ; dans le même temps qu'il est important de s'interdire de faire un choix catégorique lorsque les critères de décision qui le légitimeraient font défaut. C'est pourquoi, systématiquement, je présenterai l'ensemble dialectalement diversifié des données songhay disponibles.

---

[58] Voir Zima (1993 : 420 et sv.) pour des considérations parallèles : « *une approche stratifiée est nécessaire lorsqu'il s'agit de mettre en évidence et d'analyser des rapprochements. Que leur origine soit l'interférence ou qu'elle soit autre, il est clair que leur explication et leur analyse doit prendre en compte la stratification dialectale* ».

Voici les données dialectales concernant **wéynòw** « *soleil* »[59] :

kaado	wéynòw ₍Dlb₎, wéynôw ₍Ayr₎[60]
songhay occid.	weyne
songhay orient.	weyna, waynow
songhay central[61]	ŋoyna / ŋwèená / woyna
zarma	wáynò
dendi	wéenù ₍Knd₎, wéynò ₍Djg₎, wáínù ₍Gay₎, wēīlù ₍Tnd₎
emghedeshie	uénu[62]
tadaksahak	wɛyni
tasawaq	wéynà

Je note aussi d'autres attestations relevées au titre de la diffusion potentielle. En l'état, elles semblent difficilement utilisables, aussi les laissera-t-on en attente pour s'attacher aux seules données dialectales songhay :

éthio-sémitique :

guèze	ḥaw, haw	fire
	ḥawaya	become dark >> (due to sunset), become gloomy, become evening
	ḥəwāy, ḥawāy	evening, the red glow of the evening sky, twilight
	wəʿya	burn (intr.), burn up, be consumed by fire, blaze

---

[59] L'ensemble des sources utilisées dans l'ensemble de ce travail a été collationné dans la base de données SAHELIA qui comprend l'ensemble de la documentation lexicale songhay disponible ainsi que plusieurs centaines d'autres langues de l'Afrique orientale et occidentale. Elle est actuellement accessible en consultation limitée sur le site http://sahelia.unice.fr et peut éventuellement, sous certaines conditions, être consultée plus largement.

[60] Les abréviations dans les tableaux de données correspondent à des variétés dialectales géographiquement situées ou font référence à des auteurs ; l'inventaire en est le suivant : Dlb = Dolbel, Ayr = Ayorou, Knd = Kandi, Djg = Djougou, Gay = Gaya, Tnd = Tanda, Hbr = Hombori, Gbr = Gabero, Sgh = Songhay, RN = R. Nicolaï, Brt = H. Barth (emghedeshie), Lac = P.F. Lacroix, Lks = J. Lukas, Mgn = A. Mijinguini, JH = J. Heath. On peut trouvera aussi les abrévations suivantes : Yrw = Yerwa, Blm = Bilma.

[61] Les exemples concernant le songhay central sont généralement donnés 'sans tons', non pas parce que ces dialectes n'en possèdent pas (ils en possèdent à l'instar du zarma ou du kaado) mais parce que les relevés actuellement disponibles ne sont pas assez fiables sur ce point particulier.

[62] Je conserve la transcription de Barth pour l'emghedeshie.

couchitique :

bilin. khamir	haū y	burn
agaw	hau y	burn

égyptien :

égyptien	wny, wyn	lumière

Remarques sur les variations interdialectales du songhay.

Avec quelques variations phonétiques, ce lexème **wéynòw** est attesté dans tous les dialectes mais on constatera l'existence en songhay central d'une forme **ŋoyna** qui contrevient apparemment à la régularité postulée *w- = w-$_{Sgh}$; il existe aussi d'autres lexèmes qui montrent une réalisation nasale vélaire initiale en rapport avec un w- ou avec un h- lorsque la voyelle subséquente est ouverte ou postérieure, comme le souligne le relevé ci-dessous.

signification	code	kaado	songhay occid.	songhay orient.	zarma	songhay central	dendi	sgh sept. (tsw)
manger	518	ŋá	ŋaa	ŋaa	ŋwă	ŋwă, ŋa $_{Hbr}$	ŋma	wá
épouse	1378	wàndè	wande	wande	wàndé	ŋande $_{Hbr}$	ŋwêm	
connaître	1405	wáaní	waani	waaney	wáaní	ŋaan	ŋmáání	uànen hàmu $_{Brt}$
appartenance	1406	wánè	wane	wane	wáné	ŋwane $_{Hbr}$	ŋwêm	wánè
soleil	1392	wéynòw	weyne	waynow	wáynò	ŋwèená	wéenù	wéynà
jeune fille[63]		hóndíyà	hondiya		wándíyó	hóndíyà	hónníyá	
guerre		wàngù	wangu, wongu	wangu, wongu	wàngù	ŋwangó	hòŋŋù	wàngù
concession	1398	wíndí		windi	wíndí	húndó	húnní	
refuser	1406	wénjè	wongu	wanji / wenji / winji	wángù	ŋwíngì ; wunji / wingi	húŋŋú	wángù

Quel enseignement tirer de cela ?

La mise en évidence de ces variations et la configuration particulière des attestations du songhay central suggèrent la potentialité d'une variation w- / h- / ŋw-. Toutefois en l'état des connaissances, rien ne permet d'asserter que les réalisations ŋ(w)- qui ne sont attestées que dans ce dialecte correspondent à la trace d'une forme rare et/ou résiduelle d'un segment proto-songhay qui aurait disparu de tous les dialectes à l'exception de quelques unités zarma et dendi ou, à l'inverse, que ces

---

[63] Les entrées non pourvues de codes sont des formes que Ehret n'a pas utilisées pour son *Nilo-Saharan Etymological Dictionary*.

réalisations représentent une innovation[64] ou encore tout autre chose qu'il resterait à établir. Ceci étant, même si les faits présentés sont limités et s'ils ne sont pas totalement clairs compte tenu de l'existence des variations intra-dialectales, ils ne peuvent pas être ignorés. Leur prise en compte, une hypothèse les concernant ou au moins le constat des faits est nécessaire pour que la valeur du rapprochement puisse être appréciée[65]. Tout au moins si c'est bien sur la régularité des correspondances que l'approche est fondée, et cela d'autant plus que la relation sémantique postulée n'est pas assurée « de droit ».

L'enseignement est donc multiple. Je le déclinerai ainsi :

- *Sur la méthode*. Sous peine d'occulter des pistes de recherche dont l'issue n'est jamais donnée *a priori* l'on ne peut pas se permettre lorsqu'elles existent et lorsqu'on se réfère à la méthode comparative classique, de négliger les sources et ressources lexicales et dialectologiques disponibles, même – et peut-être surtout – si l'on se donne pour objectif d'élaborer des hypothèses de parenté à longue distance concernant des macro-familles ou des *phyla* entiers[66].

- *Sur la constitution des hypothèses*. A la simple inspection des données dialectologiques l'hypothèse que l'entrée {**wéynòw** « *soleil* »} renvoie à un PNS *w- selon la correspondance postulée par Ehret est insuffisamment justifiée[67] du point de vue songhay, elle demanderait au moins d'être discutée à la lumière de l'ensemble des données disponibles ; ce qui n'est pas fait.

- *Sur la circularité*. Faire l'hypothèse d'une régularité existante en prenant appui sur un *maillon faible* (c'est-à-dire sur une langue dont le statut n'est pas déjà assuré par rapport à l'hypothèse de parenté) est fallacieux[68] *a priori* parce que l'hypothèse globale dépendra ainsi de la valeur de ce maillon faible. Il en irait tout autrement s'il s'agissait de vérifier le

---

[64] Dans ce cas, une comparaison interdialectale bien conduite pourrait peut-être permettre d'interpréter le phénomène comme le résultat d'un conditionnement dirigé par la consonne nasale intervocalique, présente dans tous les exemples. Je remercie Klaus Schubert d'avoir attiré mon attention sur ce point.
[65] En effet, il est toujours dommage de ne pas donner au lecteur les moyens de se faire une opinion.
[66] C'est ainsi qu'il aurait été malheureux de négliger dans le domaine indo-européen certaines correspondances particulières concernant les voyelles moyennes en sarde !
[67] Ce qui ne veut pas dire qu'elle est fausse.
[68] 'Fallacieux' a plusieurs sens en français. C'est bien évidemment au sens de « *illusoire, vain* » que je l'emploie et non pas à celui de « *qui est destiné à tromper, à égarer* » !

comportement du maillon faible par rapport à une hypothèse de régularité préalablement constituée sur des cas non-problématiques[69].

- *Sur la mise en faisceaux des hypothèses.* Il est évident, et c'est généralement un fait positif dans une analyse[70], que la convergence d'un ensemble d'hypothèses indépendantes vers un résultat particulier est un point fort pour la validation de ce résultat. Cependant cela n'a de sens que lorsque les hypothèses considérées sont sans failles ; si ce n'est pas le cas la validité du résultat est obérée par la somme des risques d'erreur que chacune des hypothèses implique.

Deuxième bouclage phonétique : la correspondance générale PNS *w- = w-$_{Sgh}$.

Qu'il soit explicable ou non, le manquement potentiel aux régularités phonétiques qu'on vient de constater au sujet de l'entrée **wéynòw** par l'examen de la documentation dialectale suggère qu'il est important de vérifier l'ensemble des données retenues pour justifier l'hypothèse de la correspondance générale stable PNS *w- = w-$_{Sgh}$.

Celle-ci est soutenue – au moins[71] – par les 24 « racines » présentées ci-dessous. Toujours selon la même procédure (documentation dialectale et évaluation potentielle de leur diffusion[72]) je vais tenter de les

---

[69] Pour prendre un exemple dans le domaine indo-européen auquel j'ai précédemment fait allusion : il était plus cohérent de vérifier le rapport du tokharien à l'indo-européen en le comparant aux reconstructions indo-européennes déjà fondées que d'imaginer de chercher *a priori* à dégager un proto-indo-européen par la comparaison directe entre toutes les langues disponibles supposées être « indo-européennes ». En effet, dans le premier cas l'on compare une entité problématique à une entité déjà élaborée qui ne l'est pas, et on en tire des conclusions ; dans le deuxième cas on met sur le même plan des entités problématiques et des entités qui ne sont pas en occultant cette dimension problématique dans une construction globalisante laquelle, par construction, ne peut pas valoir plus que ce que vaut l'hypothèse la plus faible sur la nature des entités liées par cette construction. Remarquons toutefois, au titre d'une décharge, que la chronologie des découvertes a permis aux indo-européanistes de ne pas avoir à se poser ce type de question.

[70] Ehret (2001 : p 2), voir la citation, *supra*.

[71] Je précise, et c'est valable pour tous les relevés quantitatifs effectués à partir de l'ouvrage de Ehret, qu'il est toujours possible d'avoir oublié telle ou telle entrée dans un comptage. J'espère simplement que j'ai su me situer au plus près des ordres de grandeur effectifs.

[72] D'une façon générale j'emploie le terme 'diffusion' dans un sens particulier où *je ne présuppose pas nécessairement une dynamique évolutive et une expansion référée à des processus renvoyés à l'histoire*. Je « constate » simplement la co-présence potentielle de formes. Le reste relève de l'hypothèse, à développer ou pas.

étudier afin d'analyser *comment* est justifiée par rapport aux données songhay cette correspondance qui, à l'instar de toutes les autres correspondances, a cette fonction cruciale *dans ce cadre méthodologique* : être l'argument fort pour l'établissement du statut de cognat entre les unités songhay et les autres unités nilo-sahariennes mises en relation[73].

*Inventaire des correspondances PNS *w- = w-$_{Sgh}$.*

code[74]	*PNS	signification	kaado	glose
1376	wànt, wàṇt	side of the body	wàndè	part of the body between the ribs and hip
1377	wàɲ, wāɲ	female	wèy	female
1378	wáṇt	woman	wàndè	wife
1381	wāp^h	to thrust aside	wòfè	to pull suddenly
1383	wár	to rise, go up	wárgá	to be big, thick, fat ; to grow bigger
1387	wàs	to grow large	wásà	to be wide
1388	wá:ṣ	to bubble	wáasú	bouillir en faisant du bruit
1389	wát	close friend, comrade	wàddè	comrade of the same age
1390	wáyéh, wá'yéh	ten	wéy	ten
1391	wa:y	to give off light	wéetè	morning
1392	wà:yn	fire	wénòw	sun
1395	wē:l	to shine, burn	óolé ; óoló	to be yellow ; yellow
1397	wēp^h	to lack strength, be weak	wòfè	to be weak, lack, strength
1398	wēnt / wīnt	to go round / to revolve	windì	to revolve around (something)
1400	wèr, wèd	mud	wirì	dung
1401	wéθ	to spill onto, wet down	wésí	to drain, scoop out (liquid)
1403	wé	you (pl.)	óo, ór	you (pl.)
1405	wé:n	to observe	wáaní	to know
1406	wèŋk	to disapprove of, deny	wénjè	to refuse, disobey
1408	wé:r	to crack, tear, split (intr.)	wáarú	to be cracked
1410	wéy	to die	wí	to kill
1415	wìr	to spill, flow out	kúrí	blood
1417	wís or wíṣ	to blow with the mouth	wísì	to whistle
1419	wí:y, wí:'y	to take loose, detach	wí	to cut grass, harvest grain

---

[73] Il est donc bien clair qu'il ne s'agit pas de se déterminer sur l'existence ou non d'une telle correspondance pour le « nilo-saharien en général », mais seulement sur sa pertinence par rapport au songhay !

[74] Les codes correspondent à ceux que l'auteur a attribués à ses racines. Ils sont conservés **pour faciliter la vérification des sources.**

Parmi ces 24 racines :

- plusieurs sont concernées par la même variation {w- / ŋw- / h-} que celle constatée pour la racine {1392 *wà:yn «*fire* »}, en conséquence, sans une analyse complémentaire elles ne peuvent pas justifier avec certitude cette correspondance *w- = w-$_{Sgh}$. C'est le cas des entrées : 1378, 1392, 1398, 1405, 1406,

- quelques-unes sont soutenues par une analyse morphologique que je juge erronée : 1400, 1415,

- d'autres sont fondées sur des données et des correspondances difficilement acceptables : 1381, 1395, 1403,

- certaines, à des niveaux différents, sont en compétition avec d'autres rapprochements fondés sur des formes aréalement attestées et pour quelques-unes, très largement présentes dans d'autres familles linguistiques (tout particulièrement en chamito-sémitique) : leur statut de cognat dans le cadre nilo-saharien est alors fragilisé et/ou à tout le moins, demanderait des analyses plus affinées en place de la simple 'affirmation' lapidaire : 1378, 1383, 1387, 1388, 1389, 1398, 1408, 1410 / 1419, 1415,

- certaines encore sont des attestations dialectales qui ne sont que marginalement relevées dans l'un ou l'autre des domaines songhay ou nilo-saharien, et pour lesquelles il serait important de chercher ce que signifie cette carence de distribution[75] : 1376, 1397, 1401,

- certaines enfin sont potentiellement marquées par une motivation onomatopéique et justifieraient de ce fait une attention supplémentaire : 654[76], 1417.

Finalement, cet inventaire ouvre sur de nombreuses questions que je tenterai en partie d'aborder mais, pour des raisons de clarté, je présente tout d'abord un premier état de conclusions avant de proposer le détail des arguments qui m'y ont conduits :

1. Il existe peut-être un ensemble d'unités qui illustre la possibilité d'une correspondance PNS *w- = w-$_{Sgh}$ mais l'étude dialectale permet de montrer que, si c'est le cas, elle ne concerne qu'une partie réduite de l'ensemble des mises en relation retenues par

---

[75] Ou bien la mentionner.
[76] Cette entrée, qui n'est pas notée dans l'inventaire précédent, sera toutefois traitée dans un *bouclage*.

Ehret pour l'établir et que par conséquent, elle devrait être mieux documentée pour rendre compte d'apparentes irrégularités que masque son approche globale.

2. La diffusion potentielle constatée pour certaines des entrées songhay retenues donne à penser qu'il est probable que cette correspondance ne porte pas uniquement sur des cognats. Des entrées qui résultent d'une diffusion lexicale peuvent aussi montrer la même correspondance et la question de ce que cette diffusion lexicale signifie doit alors être posée.

3. Les correspondances qui ne sont pas entachées par la critique sont en nombre très restreint ; leur utilisation pour soutenir l'hypothèse d'un apparentement du songhay dans les termes de l'auteur souffre donc dans sa crédibilité : les « preuves et données » n'ont plus la même signification.

Ces trois faiblesses[77], si elles ne mettent pas nécessairement en cause l'existence d'une correspondance affaiblissent drastiquement son statut et limitent l'efficience de son utilisation pour le soutien d'une hypothèse d'apparentement généalogique entre songhay et nilo-saharien.

---

[77] Qui peuvent se combiner.

Etude de la correspondance PNS *w- = w-$_{sgh}$.

On trouvera ici l'étude des reconstructions étymologiques (racines) relevées dans le précédent tableau assorties de la documentation utile et regroupées, dans certains cas, par types de problèmes.

Correspondances problématiques.

J'entends par là les hypothèses de correspondances qui, au même titre que celle qui justifie la racine {1392 *wà:yn « *fire* »}, sont concernées par la variation {w- / ŋw- / h-} ; dès le départ elles sont fragilisées par cela même en l'absence de décision sur la signification de cette variation. Les racines {1378[78] *wánṭ « *woman* », 1405 *wé:n « *to observe* », 1406 *wèŋk « *to disapprove of, deny* »} sont dans ce cas mais de plus, pour chacune d'elles, les commentaires qui suivent devront s'ajouter au commentaire global concernant la variation {w- / ŋw- / h-}.

L'entrée {1405 *wé:n « *to observe* »}.
Données ED :

Kunama	osso-	to explain, teach	*onso-, stem + NS *ṣ caus.
Astab : Nub : Dongolawi	wa:nd-	to appear, become visible, come in sight	stem + NS *t^h cont. (as intr. ?)
Kir-Abb: Nyimang	wɛn	to see	
Daju: East Daju	*aun-	eye	*awɛn-, NS *a- n. deriv. pref. + stem

Données songhay :

kaado	wáaní	savoir (vb.)
songhay occid.	waani	savoir, connaître
songhay orient.	wani / wan	connaître, être capable de
songhay central	ŋaan	connaître à fond qqch.
zarma	wáaní	savoir, connaître, savoir faire
dendi	ŋmáání	connaître, être près
emghedeshie	uànen hàmu	calomnier, insinuer

Commentaire :

Comme pour le lexème **wéynòw** « *soleil* » et peut-être de façon plus cruciale, on notera que la relation sémantique entre la signification de

---

[78] Pour des raisons d'organisation et d'économie dans la structure du texte, je traiterai plus bas de cette entrée et commencerai l'étude par la racine 1405.

l'entrée songhay et la reconstruction proposée « *to observe* » est loin d'être évidente. Toutefois Ehret ne traite pas directement ce point et ne mentionne ici aucun « changement sémantique », il renvoie seulement à son entrée {1486 **yē* « *eyes (suppl. pl. or dual)* »} « *for a parallel derivation of a verb for seeing from a noun referring to the eyes* » sous laquelle, grâce à l'adjonction d'un suffixe duratif (**n*), il propose dans son embranchement Kir-Abbaian d'autres rapprochements entre des substantifs référés à « *œil* » et des verbaux référés à « *savoir* ». Je n'ai aucun élément objectif qui me permette d'évaluer les faits Kir-Abbaian mais il est certain qu'en ce qui concerne le songhay la question de la validité du rapprochement sémantique est ouverte. Disons qu'elle ne me semble pas pouvoir être tranchée avec certitude.

Remarquons également qu'on pourrait tout aussi bien (sous réserve de dégager / poser la correspondance idoine et en se fondant sur le même rapport sémantique) songer à d'autres rapprochements avec le chamito-sémitique avec autant (ou aussi peu) de vraisemblance. Ce qui conduit à modaliser l'hypothèse.

Diffusion potentielle :
sémitique :

arabe	ʕayn	œil ; source
arabe marocain[79]	ʕyn	œil, source
arabe chwa[80]	nayala ; ʕaiyina	source ; échantillon, modèle
ḥassāniyya	ʕayn	œil ; puits artésien ; source

---

[79] En ce qui concerne cette variété dialectale, notée 'mghb' dans l'*Inventaire comparatif* du chapitre VI, je me suis contenté de procéder à la translittération du dictionnaire de Tedjini (1932), sans chercher à en vocaliser les entrées et en doublant le symbole de la consonne pour signifier le šadda ; les voyelles brèves ne sont donc pas mentionnées. J'ai cependant intercalé un '-' lorsqu'une ambiguïté concernant la structure de la racine risquait de se produire. Certaines entrées qui n'appartiennent au dictionnaire de Tedjini sont distinguée par un astérisque (*) placé après elle.

[80] A la différence de ce que j'ai fait pour les sources comparatives données en annexe, je n'ai pas mentionné les attestations d'arabe tchadien véhiculaire : elles auraient surchargé les tableaux sans gain appréciable d'information.

Modèle des correspondances : la correspondance *w- = w-$_{Sgh}$

éthio-sémitique[81] :		
guèze	ʕayn	eye, spring, source, tongue (of a balance), engraving (of a seal)
	ʕayyana, ʔayyana	contemplate, observe, perceive, view mentally, evaluate, examine, inspect, put in order (denominative)
harari	īn	eye
berbère :		
kabyle	ɛeyyen	donner le mauvais œil (Ar.)[82]
égyptien :		
démotique	wnḫ	révéler

L'entrée {1406 ***wèŋk** « *to disapprove of, deny* » }.
Données ED :

Koman: Uduk	wàk^h	to condemn, criticize, find fault with	
Csud : ECS	*wɛ	to not allow	
Kunama	ongorna-	to lie, take in	stem + NS *r n. suff. or iter. + NS *n dur. (or n. suff. with v. < earlier n.)

L'entrée kaado **wénjè** « *refuser, désobéir* » utilisée pour soutenir la reconstruction masque des faits moins simples qu'il n'y paraît. D'une part il existe une variation inter et intradialectale importante autour d'elle et d'autre part elle croise une distinction sémantique entre deux notions (chacune des deux pouvant être substantive ou verbale) parfois confondues comme en songhay occidental : « *refuser, désobéir, nier, contester* » et « *être en guerre, lutter, batailler, combattre* ».

Données songhay (a) :

kaado	wàŋgù	guerre, bataille, combat, armée
songhay orient.	wongu, waŋgu	bataille, guerre ; être en guerre, guerroyer
songhay central	ŋwaŋgu$_{RN}$, waŋgu$_{Hth}$	guerre, lutter

---

[81] On sait que l'éthio-sémitique « appartient » au sémitique, toutefois je le distinguerai dans les tableaux d'exemples qui présentent la diffusion potentielle sémitique afin d'en faciliter la lecture.

[82] Bien évidemment, l'on sait que le berbère a fait un nombre important d'emprunts à l'arabe, cf. par exemple, Chaker (1984 : 216 et suivantes) ; mais à cette étape de la recherche il n'est pas encore utile de distinguer ce qui est emprunt ou pas. C'est pourquoi je ne ferai plus cette distinction là.

zarma	wàŋgù / wòŋgù	guerre, être en guerre
emghedeshie	oöngú	guerre, expédition

Données songhay (b) :

kaado	wénjè_{Dbl,} wéɲjì	refuser, désobéir
songhay orient.	wanga ; wanji / wenji / / wonji / winji[83]	refuser ; se refuser à, haïr, détester
songhay central	wunji / wiŋgi	refuser
zarma	wánjì, wáŋgù ; wóɲjì / wóŋgù	refuser
tagdalt	wanʒin	refuser
tadaksahak	waɲjin	refuser

Données songhay (c) :

songhay occid.	waŋgu, woŋgu, woɲu	refuser, dire non (intr.), désobéir ; guerre, combat ; groupe de combat, armée
dendi	wòngù_{Gay}, hɔ̀ŋŋù / húŋŋú_{Djg}	refuser ; défendre, nier ; guerre
tasawaq	waŋgu	refuser ; guerre

Diffusion potentielle :

sémitique :

arabe chwa	hağam	accuser
ḥassāniyya	hǧəm	assaillir

berbère :

kabyle	hejjem	attaquer, s'élancer, se précipiter

couchitique :

somali	hujuum	attacco

sémitique :

arabe	hağara	contrarier, déranger, obstruer

éthio-sémitique :

guèze	hag^wla	be lost, be destroyed, perish, lose, make lose, waste, ruin, defraud, put off
tigrigna	ḥag^wälä	abandon, impoverish
amharique	agg^wälä	put off

---

[83] Généralement, les 'points virgules' distinguent des entrées différentes, soit qu'elles sont différenciées par les auteurs des dictionnaires, soit qu'elles aient été relevées par des auteurs différents. Les 'virgules' correspondent à des entrées équivalentes mais qui n'ont pas été présentées comme des variantes par les auteurs. Les 'barres obliques' signalent des variantes. Je reconnais toutefois qu'un certain flou existe dans cette présentation.

berbère[84] :

tahaggart	ouġi	refuser (ne pas vouloir)
	iġaou	ne rien gagner (ne faire aucun gain, ne faire aucun profit, ne rien obtenir) par une action quelconque
tamajaq[85]	unji$_{Alph}$ / unjəy	refuser de faire, ne pas vouloir
taneslemt	unjəy	refuser
tawellemmet	ugi / ugəy	refuser de faire, ne pas vouloir

Attestations complémentaires :

tawellemmet	aɣu ; aqqa (inf. de aɣu)	razzier, piller, prendre par force

Commentaire :

Les attestations chamito-sémitiques élargissent le champ des comparaisons possibles au titre de la diffusion potentielle car indépendamment du problème posé par le non-traitement de l'irrégularité {w- / ŋw- / h-} que montrent les faits dialectaux, l'existence de cette diffusion possible rend moins « évidente » l'hypothèse d'un rapport de cognacité entre l'entrée songhay et les lexèmes subsumés sous la racine *wèŋk. En effet la conjonction de la non-explication de l'irrégularité des correspondances dans l'espace songhay, d'un possible croisement sémantique et phonétique entre deux unités songhay, de l'éventualité de l'existence d'une probable diffusion potentielle[86] malaisément imputable à l'emprunt dans son acception classique rend difficilement justifiable sans explication complémentaire le regroupement des lexèmes songhay cités par Ehret pour le soutien de son hypothèse.

---

[84] Je regroupe ici, tout particulièrement pour le berbère, une série de formes qui ne renvoient pas à une même racine mais qui sont cependant susceptibles de se croiser aussi bien au plan phonétique que sémantique. Croisements que je constate pour le songhay (cf. le tableau ci-dessus 'Données songhay (c)').
[85] Je mentionne sous 'tamajaq' les formes collationnées dans le lexique de l'Alphabétisation du Niger qui retient la leçon de plusieurs variétés dialectales.
[86] Cette diffusion resterait cependant à analyser en détail car les attestations que je fournis ici témoignent probablement de croisements potentiels. D'une part les formes berbères soutiennent un rapprochement possible avec « *refuser, nier* » et d'autre part les formes sémitiques sont à rapprocher de la chaîne « *être en guerre, lutter, assaillir* » !

Découpage morphologique erroné.

Deux entrées sont concernées {1400 ***wèr**, ***wèd** « *mud* » ; 1415 ***wìr** « *to spill, flow out* »} ; elles ouvriront sur des bouclages qui, par la nécessité de leur ouverture souligneront les difficultés que j'ai précédemment mentionnées.

L'entrée {1400 ***wèr**, ***wèd** « *mud* »}.
Données ED :

Csud: MM	*wɔr	dung	loan from Enil, probably specifically from Bari
Kunama	orega	muddly, dirty	stem + KS *k adj. suff. ; v.< adj.
For	òòr	camel dung	
Maban: Maba	ura	clay	stem + NS *-ah n. suff. or *-a pl.
Kir-Abb.: Nil: PWNil	*wer	dung	
Kir-Abb.: Nil: PENil	- wɔr	dung	possible loanword from WNil

Commentaire de Ehret : « Possible Sahelian semantic shift to « *dung* » ; whether the Maba term supports or conterindicates this proposals is not clear. The gloss « *clay* » may well refer to the kind of blend of mud and dung which has common building and other uses in these regions, and so support it ».

Données songhay :

kaado	wìrì[87]	excrément, fumier, fiente
songhay occid.	wiri	excrément
songhay orient.	wiri	excréments
songhay central	wuru	excrément
zarma	wìrì ; wuri	excrément ; défécation
dendi	wìrì $_{Djg}$; wùrì $_{Gay}$	excrément

Ces données montrent que la forme **wìrì** est connue dans toutes les langues songhay méridionales avec la signification « *excrément, fumier, fiente* » toutefois l'hypothèse qui en fait le réflexe d'une racine PNS ***wèr**, ***wèd** paraît erronée parce que cette entrée peut être normalement dérivée à partir du lexème songhay **wáa** « *déféquer* » + suffixe nominalisateur -(i)ri.

---

[87] *Commentaire de Ehret* : « stem + NS *ih n.suff. ».

Attestations complémentaires :

kaado	waá	déféquer
songhay occid.	wa	déféquer, expulser les matières fécales
songhay orient.	waa	déféquer
songhay central	waa	déféquer
zarma	wáa	déféquer
dendi	wá $_{Djg}$; wá $_{Gay}$	déféquer

Il en résulte que **wìrì** demande à être mis en rapport avec l'entrée {1371 ***wá** « *to pour (trans.)* »} sous laquelle Ehret rassemble les lexèmes songhay **wá** « *déféquer* » mais aussi les deux unités **wà** « *lait* » et **wáày** « *traire* », et cela sans fournir de justification pour ce rapprochement formel et sémantique.

Je me propose donc de traiter ce point particulier dans un troisième bouclage en raison de sa pertinence pour la correspondance générale *w- = w$_{Sgh}$- tout autant que pour sa connexité avec le traitement de l'entrée {1400 ***wèr**, ***wèd** « *mud* »}. Voici les données partielles concernant la racine {1371 ***wá** « *to pour (trans.)* »} :

Données ED :

Kunama: Uduk	wei-, wai	to empty, pour very small solid things	stem + NS *'y ess. -ct.
Kanuri	wá	to fill	
For	dàwà ; déwá	rainwater ; dung (cow)	For **d**- n. sing. pref. + NS ***a**- n. deriv. pref. + stem
Songay	wá	to defecate	
Songay	wà	milk, milky sap of plant	stem NS *+ pVh n. deriv. suff.
Maban: Maba	wa:-	to pour	stem + NS *-**a** dispunc.
Astab: Nub: Dongolawi	wad	to draw blood from	stem + NS ***ṭ** caus.
Astab: Nub: Diling	oti	water ; wet	stem + NS ***t**^{h} n./adj. suff.
Kir-Abb: proto-Daju	*wad-	to swim	stem + NS ***t**^{h} cont
Kir-Abb:Nil: Enil:Ptunga	*-kɔɔt-	blood	NS ***k**^{h} n. pref. + stem NSud ***ṭ** n. deriv. suff.
Rub: Soo	ot	small stream	stem NS *+ **t**^{h} n. suff.
Rub: Ik	ot-	to pour	stem NS *+ **t**^{h} cont

Troisième bouclage : du « *lait* » et de ses connexités.

En ce qui concerne l'entrée « *lait* » l'étude dialectologique montre une distinction entre les dialectes méridionaux et septentrionaux : tandis que les premiers attestent l'initiale **w-** en accord avec la correspondance PNS *****w-** = **w-**$_{Sgh}$, les seconds présentent une différenciation propre au songhay septentrional (forme dissyllabique et initiale **hu**).

Songhay méridional :

kaado	wàa	lait, suc laiteux d'une plante
songhay occid.	waa	lait (généralement, c'est l'entrée peule **kosom** qui est utilisée)
songhay orient.	waa	lait ; suc laiteux
songhay central	waa	lait
zarma	wàa	lait
dendi	wàá $_{Djg}$; wà $_{Gay}$	lait

Songhay septentrional :

korandje[88]	hououa	lait aigre
emghedeshie	hùa	lait frais
tagdalt	huwa	lait
tadaksahak	huuwa $_{RN}$, u(w)wa $_{Lac}$	lait

Or celle-ci ne correspond pas à une régularité identifiée[89]. Il y donc peut-être ici un nouveau rapport interdialectal à reconnaître entre une séquence initiale {**h** + [voyelle postérieure]} et **w-**.

En conclusion :

Les correspondances concernant les unités songhay **wáa** « *déféquer* » et **wàa** « *lait* » regroupées par Ehret sont différentes ce qui ne permet pas de les retenir sous une même racine PNS sans explications complémentaires, d'autant plus que la dérivation sémantique entre les deux formes est non-évidente sinon douteuse. Au plan méthodologique on reconnaîtra là l'un de ces cas où la simple prise en considération des

---

[88] Les transcriptions korandje peuvent avoir trois origines distinctes : a) le relevé de Cancel (1908), c'est le cas de celle ici fournie (elles ne sont pas données en phonétique et se reconnaissent ainsi aisément) ; b) les entrées recueillies dans l'ouvrage de D. Champault (1969), elles sont transcrites phonétiquement selon les règles usuelles ; c) des transcriptions, également notées phonétiquement que j'ai moi-même faites à partir d'enregistrements de terrain que D. Champault m'avait obligeamment donnés.

[89] Cette variation **hu-** / **w-** n'est pas pour autant un fait erratique ou une simple erreur de transcription dans un « vieux » document, ni le fait d'un linguiste « amateur », ce qui aurait pu aider à comprendre qu'on la négligeât.

données dialectales connues dans la littérature spécialisée aurait conduit à tempérer ou à orienter autrement les hypothèses[90].

Parallèlement, il est possible de trouver ailleurs des indices susceptibles d'être mis en rapport avec les formes septentrionales. Ainsi la forme **wàa** n'est plus utilisée en songhay occidental pour désigner le lait où elle a été remplacée par l'emprunt peul '**kosom**' tandis que Dupuis Yacouba[91] atteste dans son lexique, en tant que (idiome de l'Est) la forme **huwa** « *nourrir* ». Il y aurait peut-être matière, si des recherches complémentaires faisaient apparaître des données plus substantielles, à un rapprochement intéressant avec les formes du songhay septentrional et dans ce cas la différenciation sémantique sous-jacente (*lait* ⇔ *nourrir*) serait (?) plus aisément justifiable que celle supposée par Ehret entre le substantif « *lait* » et le verbe « *déféquer* ». Cette mise en relation pourrait aussi trouver un écho dans l'espace sahelo-saharien, en teda par exemple qui connaît (accessoirement ?) l'entrée **owi** « *nourrice* », mais plus sérieusement les attestations ci-dessous suggèreraient une recherche concernant les domaines sémitique[92], couchitique et tchadique[93].

Diffusion potentielle concernant « lait ».
sémitique :

arabe	ḥalaba	lait
arabe marocain	ḥlb ; ḥlīb	traire ; lait
arabe chwa	ḥaleb ; (?) ḥibb	traire ; pis, mamelle
ḥassāniyya	ḥlīb	lait nouveau

éthio-sémitique :

guèze	ḥalaba	milk
harari	ḥay (<ḥlb)	milk
guragué	eb	milk

couchitique :

afar	(?) ukwa	avoir du lait
	(?) angu	sein, lait maternel
beja	'a̱	lait
somali	ḥalab-la'	lait

---

[90] De fait le rapprochement sémantique litigieux *lait* ⇔ *déféquer* n'a probablement pas lieu d'être.
[91] Ce lexique est bien évidemment ancien et des dictionnaires plus récents ne donnent pas la forme en question ; je retiens toutefois la leçon de Dupuis-Yacouba parce qu'il avait une connaissance suffisante du milieu et de la langue.
[92] Des indices existent qui montrent un rapport lexical particulier avec le couchitique et l'éthio-sémitique au moins dans certains domaines comme celui de l'élevage : c'est ainsi par exemple que le terme pour désigner la brebis 'fèejì' trouve aisément une image dans ces domaines. Mais tout cela demande une étude qui reste encore à faire !
[93] Jungraithmayr & Ibriszimow (1994. I : 20), voir aussi Skinner (1996).

gor	uluwa	lait
bur	ùwa	lait

tchadique[94] :

bura-pela	uʔwa	breast
daba	wà	breast
fali	uwaʕ	breast
higi-nkafa	waʕ	breast
migama	hàlīp	lait frais

Diffusion potentielle concernant « déféquer ».
éthio-sémitique :

guèze	ʕəbā	dung
amharique	əbät	dung

Cette exploration de l'horizon et ces « rapprochements d'ouverture » ont surtout une raison d'être *méthodologique* et *heuristique* car la nécessité de justification de l'hypothèse ne doit pas se fonder sur *la seule recherche de sa confirmation* à travers l'accumulation d'arguments « *pour* », il est au moins aussi important *d'œuvrer pour son infirmation* (ce qui veut dire que l'on doit chercher à explorer d'autres hypothèses afin de voir de quelle manière elles « résistent »). En effet, en l'absence de cette recherche d'arguments « *contre* » on aboutit nécessairement à un *rétrécissement structurel* de l'horizon, potentiellement sclérosant et finalement contre-factuel pour le développement de la recherche[95].

Ainsi, les ouvertures implicites que j'introduis lors de chaque présentation d'un tableau de *diffusion potentielle* soulignent l'intérêt qu'il pourrait y avoir à développer des recherches complémentaires et systématiques visant à vérifier si « quelque chose » peut être avancé à propos de *régularités potentielles* les concernant par rapport au songhay. En l'occurrence, elles portent ici sur la mise en rapport d'un **w**- songhay avec des entrées relevant du domaine chamito-sémitique dont les consonnes initiales sont articulées autour de **h**, **ḥ**, éventuellement ʕ, suivies d'un élément marqué par la labialité[96]. Précisons que cela ne veut pas dire que je développe ici une hypothèse alternative dont la caricature

---

[94] Jungraithmayr & Ibriszimow (1994. I : 20) soulignent que « *The notion of 'breast' is closely related to that of 'milk' ; this is why in a number of languages the lexical reflex for both notions is the same* ».
[95] D'une certaine façon, dans un domaine non-expérimental et difficilement « falsifiable », cela correspond à une « hygiène popperienne » !
[96] Cf. les potentialités de diffusion suggérées dans le tableau précédent.

serait « le songhay est une langue chamito-sémitique » ! Cela implique seulement que :

- l'apparentement du songhay est une question qui est encore ouverte dans sa direction comme dans ce que l'on peut entendre par le terme « apparentement »,
- l'on n'est pas assuré sans travail complémentaire qu'il puisse être traité correctement dans les cadres de la méthode comparative classique,
- les représentations généalogiques dépendantes de ce cadre d'analyse sont peut-être fallacieuses dans ce contexte particulier,
- il faut se donner les moyens de tenir compte des trois points ci-dessus !

Conclusion sur **wàa** « *lait* ».

A ce stade, je ne propose aucune hypothèse précise concernant l'origine, le sémantisme initial et la diffusion d'une forme songhay **huwa / wàa** mais il est certain qu'il faudra y revenir et qu'aucune hypothèse sérieuse ne pourra être proposée avant que n'aie été exploré de façon plus systématique que cela n'est fait aujourd'hui *l'ensemble des données* susceptibles d'être liées à ces correspondances éventuelles. Je ne conclus donc *que* sur la mise en évidence d'un problème, mais l'apparente complexification qui en résulte me paraît être, en elle-même, une « avancée » de la recherche.

Retour au deuxième bouclage.

Revenons maintenant aux entrées retenues pour illustrer la correspondance PNS *w- = w-$_{Sgh}$.

L'entrée {1415 *wìr « *to spill, flow out* »}.

Données ED :

Csud: PCS	*wi	to flow	
Kunama	aura	rain	NS *a- n. deriv. pref. + stem
Sah: Kanuri	wùràl	to rinse out (H)	stem + NS *-a dispunc. + NS *l iter.
For	ùrté	slimy	stem + NS *t^h n./adj. suff. ; semantics: "to flow"> "to be runny, wet" > "be slimy"

Astab: Nub: Dongolawi	uru	great water, river ; to wash out	stem + NS *-Vh n. deriv. suff. ; stem + NS *w punc.
Kir-Abb: Dinik	uru	well	stem + NS *-Vh n. deriv. suff.
Kir-Abb: proto-Daju	*wuR	to drink	
Rub: Ik	kwirid	slippery	NS *k^h n. pref. + stem NS *d adj. suff. ; semantics: as in For adj.

C'est le lexème kaado **kúrí** « *sang* » qui est utilisé au titre du 'Songay' pour justifier la racine. Les données dialectales sont les suivantes :

Songhay méridional :

kaado	kúrí
songhay occid.	kuri
songhay orient.	kuri
songhay central	kuru
zarma	kúrí
dendi	kpííRì $_{Djg}$; kúrí $_{Gay}$; kwìì$_{Tnd}$

Songhay septentrional :

korandje	kudi
emghedeshie	kujì
tagdalt	kuudu
tadaksahak	kuden
tasawaq	kuuzi

Indépendamment de l'écart sémantique entre « *sang* » et « *to spill, flow out* » Ehret justifie la présence du réflexe songhay signifiant « *sang* » en se fondant sur l'hypothèse que ce lexème songhay est préfixé par un morphème *k^h- (il s'agit du '*moveable k*' de Greenberg[97]). Or non seulement l'étude de la diffusion des formes (en ce qui concerne le songhay) affaiblit cette hypothèse pour cette attestation particulière comme pour l'ensemble du songhay mais de plus, sans examen complémentaire la comparaison interdialectale conduit à refuser la correspondance *r = r$_{Sgh}$ retenue par l'auteur pour justifier la deuxième consonne de la racine ! Je traiterai successivement ces deux points.

---

[97] Greenberg (1981).

*L'initiale de la racine *wìr.*

Le tableau du songhay méridional montre la présence d'une consonne labiovélaire initiale en dendi et la valeur des correspondances postulées se trouve donc encore une fois posée par rapport à cette articulation. Mais le problème est double car ce n'est pas seulement la correspondance PNS *w- = w-$_{Sgh}$ qui est en question, c'est le complexe phonétique que forme le représentant de *w- avec ce supposé '*moveable k*' que Greenberg avait postulé pour le nilo-saharien. En analysant l'entrée comme {NS *k^h + wìr} Ehret souscrit à cette hypothèse et ne tient compte à aucun moment de ce que pourrait impliquer pour la construction des correspondances la présence de phonèmes labiovélaires dans certains dialectes songhay ; en effet le kaado qu'il utilise comme source (qui atteste **kúrí**) ne les connaît pas[98]. La cognacité du lexème songhay avec les autres entrées regroupées sous sa racine *wìr* dépend donc en partie du bien fondé de cette analyse. Pour documenter l'étude deux bouclages sont nécessaires : l'un concerne l'existence du '*moveable k*' et l'autre celle de l'articulation labiovélaire.

Quatrième bouclage : songhay et 'moveable k'.

Je viens de noter que la possibilité d'utiliser cette entrée {1415 ***wìr** « *to spill, flow out* »} pour soutenir l'existence d'une correspondance PNS *w- = w-$_{Sgh}$ se fonde sur un découpage morphologique supposant la présence en songhay du '*moveable k*'. Or celle-ci n'est pas évidente car l'inventaire des attestations soutenant l'hypothèse de son existence est très faible (environ une douzaine de lexèmes)[99] et par ailleurs l'étude de leur diffusion potentielle risque de rendre l'analyse douteuse pour beaucoup d'entre eux. Le tableau ci-dessous présente les données.

---

[98] Mais la dynamique concernant ce phénomène a été décrite phonologiquement et dialectologiquement dans tout son détail. Cf. Nicolaï (1981 : 53-60). *A priori*, je remarque donc à nouveau l'un de ces cas où un minimum d'information sur les travaux conduits dans le domaine songhay au cours des vingt dernières années aurait probablement conduit l'auteur à enrichir sa réflexion.

[99] Ce qui n'est pas beaucoup pour la trace d'un morphème. Situation différente, par exemple, de celle du kanuri où les attestations d'un préfixe nominalisateur (non-productif aujourd'hui) censées illustrer l'ancien '*moveable k*' semblent être représentées à la hauteur de ce que l'on peut attendre d'un ancien morphème (cf. Cyffer, 1997, 1998).

Attestations songhay concernant *k^h-*.

108a	mà:ws	finger, toe	**kòmsì**	foot of cattle	NS *k^h n. pref. + stem
108b	mà:ws	finger, toe	**móosì**[100]	nail, claw	
116	me:yt'	to cover up	**cèmsé**	tortoise shell ; potsherds, calabash sherds	<***kemse**<**kemiise**, NS *k^h n. pref. + stem
248	ná:	what, that	**cin**	what?	NS *k^h n. pref. + stem (***ki-n-**)
275a	nún	heat	**kónnì ; kónnù**	heat, fever ; to be hot	NS *k^h n. pref. + stem *Commentaire* : Apparent shared morphologicaly innovated noun in Kanuri anf Songay, ***kɔnunuh**, or else ***nunuh** in Kanuri, Songay and Temein, meaning probably « *heat* », with both Kanuri and Songay independently adding the NS *k^h noun prefix.
275b	nún	heat	**nùnèy**	fire	
569	peh	hand	**kàbè**	hand	NS *k^h n. pref. + stem
656	pʰùh	lungs	**kúfú**	lung	NS *k^h n. pref. + stem, probably here as particularizer, i.e. « *lung* » as opposed to « *lungs* » *Commentaire* : The probable derivation of this root from 654 [**pʰù** « *to blow (with the mouth)* »] suggest that at some earlier, pre-proto-Nilo-Saharan point in time, the meaning of the underlying verb was *« to breathe »*. In its Saharan shape, this root was borrowed early into the Chadic branch of the Afroasiatic language family
1288	āró, àró	white	**kàaró ; kàarêy**	white ; to be white	NS *k^h n./adj. pref. + stem

---

[100] La présence des formes ne commençant pas par **k-** résulte de l'hypothèse du '*moveable k*' elle-même : certaines racines attestées en songhay montreraient *à la fois* une forme avec le préfixe ***k^h-**, et d'autres sans lui.

1369d	wá	<< third person indefinite pronoun >>	kóy	agent of action ; owner	NS *k^h n. pref. + stem + NS *y n. suff. Probable Northern Sudanic innovation
1415	wìr	to spill, flow out	kúrí	blood	NS *k^h n. pref. + stem
1422	'wa:r	large carnivore, especially leopard or hyena	kóorò	hyena	NS *k^h n. pref. stem
1492	yēh	to lie (down)	kàaý	ancestor	NS *k^h n. pref. + NS *a- n. deriv. pref. + stem (*k^h-aa-yi) ; semantics : *one has die.* Semantic innovation dating at least to the Sahelian and possibly to the Saharo-Sahelian stage
1592a	á:d, há:d	stem, stalk	káari	stem (of water-lily)	
1592b	á:d, há:d	stem, stalk	káari	field in third year of cultivation	

Pour des raisons de méthode je vais traiter de manière extensive les entrées concernées par ce bouclage car l'hypothèse du *'moveable k'* introduite par Greenberg me paraît emblématique pour l'appartenance au nilo-saharien dans le même temps que son introduction non fondée me semble être, à son tour, exemplaire d'une procédure circulaire sociologiquement validée et scientifiquement inacceptable. C'est donc aussi un cas d'école.

Les entrée {108a et 108b **máwɲ** « *finger, toe* »}.

Entrée 108a.
Données songhay :

kaado	kòmsí ; kòmsì	pied de bétail ; patte d'animal
songhay occid.	kobsi	pied ou patte d'un animal, sabot de bœuf, de cheval, de mouton, de chèvre ; tête de bétail en général
songhay orient.	kobsi / kawʃi	vache en unité de compte ; pieds de bête (les quatre) ou d'oiseau ; par ext. une tête de bétail ; sabot, bovin
songhay central	ca-kobsu	pied d'animal
zarma	kòbsí, kòmsí, kòpsí	patte, un animal pris dans un ensemble ; donner un coup de patte en parlant d'un animal
dendi	kabsi	pied d'animal

Diffusion potentielle :
sémitique :

akkadien[101]	kabāsu ; kibsu	fouler, éteindre ; trace
	qimṣu	knee, shin
arabe	kbs	to exert pressure ; press, squeeze, to attach
éthio-sémitique :		
guèze	q^{w}əyṣ, q^{w}əṣ	leg, shin, shinbone, thigh
amharique	kebt	patte d'animal ; animal sur pied, etc. (largement attesté en composition)
couchitique :		
oromo	kensa	griffes, serres, sabot de cheval
somali	gommod, gomoʃ	piede del cammello

Entrée 108b.
Données songhay :

kaado	móosí	ongle
zarma	mòosí	ongle
korandje	el mouchi	rasoir
tagdalt	almuuʃi, alm'ooʃi	rasoir
tadaksahak	almooʃi	rasoir ; couteau de bras

---

[101] Dans certains cas où je n'ai pas su trouver d'unité comparable dans les langues sémitiques actuelles géographiquement voisines, si j'ai cru reconnaître une forme « intéressante » en sémitique ancien, alors je la propose. Cela peut contribuer à donner une assurance quant à sa présence en sémitique, une information sur son sémantisme ou une indication sur son phonétisme.

Diffusion potentielle[102] :
sémitique :

arabe	mūsā	rasoir
arabe marocain	mws	canif, petit couteau
arabe chwa	mūs	rasoir
ḥassāniyya	mūs	rasoir (couteau)

berbère :

kabyle	elmus, tamuseṭṭ	couteau
tamazight	lmus ; lamwas	couteau
tawellemmet	əlmoʃi	couteau

couchitique :

afar	mussa	petit couteau
somali	muus	rasoio

tchadique :

hawsa	almoosàa ; almooʃi	couteau

Données complémentaires :
nilo-saharien :

ayki	mús	lame de rasoir, couteau à incision
gula-sara	mū́s	rasoir
ateso	mweso	rasoir

bantou :

bangala	músa	rasoir

Commentaire :

En ce qui concerne l'entrée 108a, comme le montrent les exemples, le sémantisme du lexème songhay n'est pas celui retenu pour l'entrée PNS « *finger, toe* » ; en revanche les attestations identifiées en éthio-sémitique et en couchitique affichent un sémantisme voisin[103]. De plus la première consonne du groupe consonantique interne **-ms-** que retient Ehret est généralement interprétée pour le songhay comme une consonne en position faible de coda très souvent réalisée en variation intra et interdialectale avec **b** et **w**. La forme de base est d'ailleurs plus souvent

---

[102] En berbère comme en hawsa ou en songhay septentrional il s'agit bien, évidemment d'un « emprunt arabe ».
[103] Cf. ma précédente note sur ce thème. Je rappelle que les attestations généralement fournies concernant le sémitique ancien n'ont pas d'autre fonction que de viser à souligner l'ancienneté de la forme dans le monde sémitique. Alors que, parfois, je ne l'ai pas recensée dans mes ressources sur l'arabe contemporain. Corrélativement, cela **confirme qu'il ne s'agit pas d'un « emprunt » aux langues négro-africaines du contact.**

b que **m**[104], etc., c'est *****kobsi** qu'il faudrait supposer en songhay et non pas *****komsi**, ce qui affaiblit encore l'hypothèse[105]. Quant à l'entrée 108b, je n'ai pu la relever qu'en kaado et zarma pour le songhay méridional et il y a probablement lieu de penser qu'il s'agit d'un emprunt arabe au sens classique du terme, on remarque (cf. les données complémentaires) qu'elle est présente dans des langues appartenant à d'autres familles généalogiques[106].

Il s'ensuit que l'hypothèse de l'existence d'un lexème songhay **móosí** « ongle » réflexe d'une racine PNS *****máwɲ** « *finger, toe* » et celle du lexème songhay **kòmsí** « *pied de bétail ; patte d'animal* » considéré comme l'occurrence de ce même réflexe précédé du '*moveable k*' manque de crédibilité sur tous les points.

L'entrée {116 *****me:yt'** « *to cover up* »}.

Données songhay :

kaado	cèmsé	tesson, débris de calebasse, de poterie ; carapace de tortue
songhay occid.	cebsu	fragment de marmite ou d'écuelle qui sert à ramasser les ordures
songhay orient.	cewso ; cebsay	morceau de calebasse ou autre pour épuiser l'eau dans une barque
zarma	cámsé	morceau d'ustensile de cuisine cassé ; griffe, ongle, écaille, carapace, sabot, corne du sabot
dendi$_{Djg}$	tyènsí	récipient métallique, conserve, boîte de sardines ; morceau de calebasse
dendi$_{Gay}$	cámsé	ongle
korandje	tebsi	morceau de calebasse
tasawaq	kabsi	morceau de calebasse

Diffusion potentielle :
sémitique :

arabe marocain	tbsīl, tbāsl (pl.)	assiette, plat
ḥassāniyya	tabsīl	assiette

---

[104] Nicolaï (1977, 1981).
[105] Bien évidemment l'on se doutera qu'une mise en rapport directe entre **qimṣu**$_{Akk}$ et **kòmsí**$_{Sgh}$ n'aurait pas de sens.
[106] Par ailleurs « l'ambiguïté sémantique » de cette entrée qui *a priori* peut renvoyer à la fois à des dérivations vers « rasoir » et vers « *pied d'animal > animal* » doit être soulignée.

berbère :

kabyle	aḍebsi ; taḍebsit	disque, plat (ustensile) ; assiette

atlantique :

bassari	tyémb	vaisselle

En songhay, la signification apparemment la plus fondamentale pour cette entrée n'est pas « *cover up* », elle ne renvoie à aucun sémantisme verbal mais plutôt à la désignation d'un instrument matériel (variable) utilisé pour ramasser de menus 'objets' (des ordures, par exemple). Si un rapprochement devait être fait celui suggéré avec le ḥassāniyya et le kabyle me paraîtrait plus cohérent. Quant à l'exemple bassari, erratique par rapport à l'ensemble des rapprochements qui sont proposés ici, il souligne tout simplement que l'extension de l'entrée en question dépasse le cadre sémitique et berbère. Là aussi l'hypothèse du '*moveable k*' est difficilement acceptable et les mêmes remarques concernant les groupes consonantiques -ms- que celles précédemment émises peuvent être introduites.

L'entrée {248 *ná : « *what, that* »}.

Ehret fait référence à un lexème **cin** « *what ?* » qui n'existe pas en kaado et n'est attesté qu'en songhay oriental en tant que forme réduite de **ma-cin** « *quoi ?* ». Cet exemple est intéressant : l'auteur le retient parce qu'il analyse la forme comme {NS *k^h- n. pref. + stem (*ki-n-)}, or cette analyse n'est pas mieux fondée que les précédentes. En effet, le morphème qui traduit l'interrogation en songhay est **ma** – comme dans les langues chamito-sémitiques – et non par **cin**. On connaît – selon les dialectes et les types de questionnements (humains, objets ; pourquoi, comment, où, etc.) – les formes **mate, macin, may, man, marje**, etc., dont il est aisé de trouver la description dans la littérature, mais toutes ces formes possèdent l'élément stable '**ma**' en rapport avec la signification « *questionnement* ». Il est aussi vrai que le songhay oriental atteste une forme réduite **cin** toutefois elle peut toujours être remplacée par la forme pleine. La seule attestation hors du domaine oriental que j'ai pu relever pour '**macin**' a été recueillie dans le lexique de R. Caillé : **makin makin**? « *qu'est ce que c'est ?* », elle a donc une certaine valeur « historique » mais, dans la mesure où elle n'a jamais été dialectalement confirmée par aucun autre dictionnaire en ce qui concerne le songhay occidental, il n'y a guère lieu de la retenir[107]. En conséquence, se fonder pour la comparaison avec le nilo-saharien sur une forme songhay réduite censée signifier « what ? » caractérisée justement par l'absence de ce **ma** et qui, de plus, n'est attestée que dans un seul dialecte n'est peut-être pas une très bonne idée !

Si l'on désire quelques rapprochements potentiels concernant **cin** c'est peut-être au domaine arabe qu'il faudrait s'intéresser : il existe en arabe tchadien l'adverbe interrogatif **cunū**, contraction de **ca'n** et de **hū** [son affaire ?]. On y trouve aussi des formes **c̄in** (cf. **cin hālak** « *comment vas-tu ?* »). Cela ne veut évidemment pas dire que la forme songhay **macin** est nécessairement la combinaison de deux morphèmes chamito-sémitiques : **ma** et **cin** ! Cela veut tout simplement dire que la séquence songhay **macin** mérite plus d'attention qu'on ne lui en a accordé. Et surtout, que la rattacher à un PNS ****nà:** « *what* » par une opération qui revient à supprimer le morphème interrogatif songhay **ma**, puis à analyser le segment **cin** restant (variable et peu distribué) comme la combinaison du '*moveable k*' et d'un morphème PNS interrogatif '**nà:*' dont rien ne subsiste en songhay est certainement une hypothèse brillante, mais à laquelle beaucoup de chercheurs ne se rangeront pas !

Nous avons là l'exemple d'une hypothèse « construite » dont aucun élément ne sort indemne de la critique mais qui, par l'apparente rigueur de sa construction affichée, est susceptible de donner le change : il est donc méthodologiquement important d'éviter la *politique du joker*. J'entends souligner par cette image de la « *politique du joker* » les dangers d'un projet de démonstration qui, lorsque les pièces manquent, autorise l'introduction d'une carte particulière disponible à toutes fins utiles dont l'utilisation permet d'arriver – malgré tout – au but visé. Ici, la *carte joker* est le '*moveable k*' dont l'utilisation, contre toute vraisemblance en songhay, permet d'« assurer » pour cette langue des étymologies qui vont conforter des régularités largement problématiques. Alors que rien ne justifiait qu'on les introduisît[108] !

---

[107] Tout en considérant qu'elle est l'indice qu'un questionnement sous cette forme devait, malgré tout, être assez répandu dans la zone véhiculaire du songhay, sans quoi, Caillé n'aurait pas pu l'attester.

[108] Il faut cependant noter – et c'est tout à fait important – que dénoncer la *politique du joker* ne revient pas à dénoncer la bonne foi des chercheurs qui l'utilisent (Ehret en l'occurrence !). Nous sommes **tous**, à un moment donné des victimes de cette *politique du joker*. Mais la seule façon de prévenir ses effets est encore d'œuvrer pour en être conscient !

*Diffusion potentielle du morphème **ma** « quoi ? »* :
sémitique :

arabe	am, amā ; māḏā ; maṯā	est-ce que ? (archaïque), est-ce que... ne... pas ? ; quoi ?, qu'est-ce-que ? ; quand ?

éthio-sémitique :

guèze	mi	what ?
	mannu	who ?

berbère :

tahaggart, kabyle, tawellemmet	ma	que ?, quoi ?, est-ce que ?

couchitique :

afar	maa	qui ? quoi ?
somali	maḥaa	what

égyptien :

a. égyptien	m	what ?, who ?

tchadique :

hawsa	mee, mii	what?

Les entrée {275a et 275b ***nún** « heat »}.

Je présente à la suite les unes des autres les données concernées par la présence de *k^h, puis celles concernées par son absence.

275a (présence de *k^h).
Données songhay :

kaado	kónní ; kónnù ; kóróŋ	chaleur ; être chaud, être fiévreux
songhay occid.	konno ; koron	chaud ; chaleur, saison chaude, rapide, agité
songhay orient.	konni / korni ; koron	chaleur ; saison chaude
songhay central	korno, konno, koroŋ	saison sèche ; chaleur
zarma	kónní ; kóróŋ	chaleur, fièvre ; être chaud
dendi	kɔ́nní	être chaud, brûlant, chaud
emghedeshie	kɔ̀rno ; kornò	chaleur ; chaud
tagdalt	qɔrra	chaleur du feu
tadaksahak	korra	chaleur
tasawaq	qorno, korno	chaud ; chaleur

Diffusion potentielle :
sémitique :

arabe	ḥarra	be hot
	ḥarita	être irritable, irascible
arabe marocain	ḥarr-	chaleur
	ḫrūr	piment pilé, poivre
arabe chwa	ḥarr	avoir chaud
	ḥarrarāt	pickles condiments épices

éthio-sémitique :

guèze	ḥrr, ḥarra, ḥarara	burn (intr.) be ablaze, be hot, be grilled
	qrḥ ; qāraḥa	burn, be hot
harari	ḥarära	be hot

couchitique :

oromo	aru	be charred
	korani	charbon de bois, combustible
ṭembaro	harūrre	be hot

tchadique

mubi	kòrú	devenir chaud
	kèrít	chaud < **kòrú** (v.) devenir chaud

275b (absence de *k^h*).
Données songhay :

kaado	nùnèy	feu
songhay occid.	nuune	feu ; incendie ; marque au fer rouge sur les animaux
songhay orient.	nuune	feu, fièvre
songhay central	nuunu	feu
zarma	nùunè	feu
dendi	nìnè $_{Djg}$, nùùnè $_{Gay}$, nūnē̄$_{Tnd}$	feu
tasawaq	nuunay	fumée
tagdalt	nuunu	fumée
tadaksahak	nun'en	fumée
tasawaq	nunen	fumée

Diffusion potentielle :
sémitique :

arabe	nadaʔa	put over a fire (meat)
éthio-sémitique :		
guèze	ndd, nadda, nadada (yəndəd)	burn (fire, anger), blaze, flame, become aflame, be inflamed, be on fire, burn up
amharique	näddäda	burn
couchitique:		
beja	ɲaɲe	fire heat
omotique	nowa	fire heat

A propos de cette entrée Ehret note ce qui suit : « *Apparent shared morphologically innovated noun in Kanuri and Songay, *kɔnunuh, or else *nunuh in Kanuri, Songay and Temein, meaning probably « heat », with both Kanuri and Songay independently adding the NS *k^h noun prefix* ». En raison du peu de crédibilité que, dans l'état actuel des connaissances, j'attribue à l'actualisation en songhay du '*moveable k*', cette hypothèse me paraît pouvoir n'être que difficilement tenue. Le fait de ne trouver des formes avec **k-** qu'en saharien est un indice limitatif qui plaide plutôt pour une diffusion lexicale de la forme dans l'aire géographique partagée avec le songhay. Par ailleurs, un peu d'attention aux données dialectales rassemblées dans le tableau '275a (présence de k^h)' ci-dessus aurait permis de remarquer que l'on a affaire non pas à une forme '**konn-**' mais à une forme '**korn-**' tandis que les faits de diffusion potentielle dans le domaine chamito-sémitique, s'ils traduisaient autre chose qu'un fait de hasard, souligneraient alors la possibilité de supposer une forme ***ḥrr / *qrr > korr**[109]. Tout cela rend d'autant plus improbable la référence à une construction {***k^h + nún**}.

Parallèlement les recherches sur la diffusion potentielle du lexème songhay **nùnèy**, et donc sur la racine (275b) **nún** « *heat* », ne donnent pas de résultats probants. Ainsi, sauf à retenir avec Ehret un rapprochement avec le lexème temein **nunu** « *soleil* », l'entrée songhay **nùnèy** « *feu* » pourrait appartenir à l'ensemble des quelques rares unités lexicales potentiellement référées à un fonds songhay (ou local ?) « endogène », fonds – établi par défaut – dont on ne peut rien dire tant que son existence même ne sera pas soutenue par un relevé lexical défini permettant de le soumettre à une analyse dont le but serait de le traiter en tant que tel.

---

[109] Voir aussi les remarques de Jungraithmayr & Ibriszimow (1994. I : 12) sur ce point.

Remarquons encore, sans entrer dans le détail parce que ce n'est pas directement pertinent pour le propos, que les racines songhay rapprochées dans le tableau ci-dessous montrent quelques structurations formelles et peut-être quelques croisements sémantiques qu'il serait également intéressant de traiter en rapport avec une dynamique synchronique de construction et avec la diffusion potentielle dans un cadre restructuré :

- *korn dont le sémantisme tourne autour de : « *chaleur ; être chaud, être fiévreux ; rapide, vif, agité* »
- *horn qui atteste les sémantismes « *être amer, sévère, salé ; être douloureux, grave, sérieux ; avoir mal* »
- *kort qui atteste les sémantismes « *déchirer, fendre, inciser, couper en lanières ; crever, traverser (trans.), tailler ; vacciner* »
- *hort qui atteste les sémantismes « *être fort, piquant, cuisant, amer ; avoir un goût de piment très fort ; brûlant en parlant du soleil ; gourmander, gronder, maltraiter, rudoyer* »

Diffusion potentielle autour de *kort :
sémitique :

arabe	ğaraza, ğazara	tear, bite
éthio-sémitique :		
guèze	gʷaraṣa	make an incision in the flesh in order to cup, bite
	garaza	cut
	qaraṣa, qʷaraṣa	incise, scar, scalp, engrave, carve, cut, chisel, shear, shave
amharique	garrätä	cut a vein in the forehead in order to bleed or cup a person
	gärräzä	circumcise

En effet, au plan phonétique l'existence d'un possible rapport **k // h** éventuellement médiatisé par ḥ, ḫ comme le suggèrent les attestations sémitiques, éthio-sémitiques et couchitiques[110] pourrait être étudiée et, en tout état de cause comme on vient de le montrer, l'existence de ces racines attestées à des degrés divers dans l'espace chamito-sémitique donne moins de chances à une étymologie référant les entrées songhay **kónnù ; kóróŋ** à une racine PNS *{k^h + nún}.

---

[110] Bien évidemment, cela ne prendrait sens que si une étude lexicale étendue sur ce point était entreprise, mais c'est une direction intéressante.

L'entrée {569 *pɛh « *hand* »}.

L'hypothèse qui revient à lier l'entrée songhay **kàbè** « main » à la racine 569 ci-dessus mentionnée a le mérite de l'originalité. D'après les attestations relevées dans ED c'est de la comparaison avec le koman (uduk), le kunama et le saharien (zaghawa) que l'auteur l'induit. Toutefois, pour être retenue, il faudrait qu'elle puisse rendre compte de l'important stock lexical qui, dans l'ensemble du domaine chamito-sémitique et toutes époques confondues (de l'akkadien à l'arabe), atteste avec des racines bilitaires **KB**, **KF**, etc. organisées autour de significations entrecroisées renvoyant aux notions « *main, bras, aile, etc.* » et dérivées. Je ne fournis pas les données pour éviter une trop grande redondance car elles seront présentées lors de l'étude de l'isoglosse 12 de Bender[111].

L'entrée {1369 *wá << *third person indefinite pronoun* >>}.

Autour d'une forme *wá << *third person indefinite pronoun* >> Ehret regroupe non seulement le démonstratif **wó** mais aussi un « determinate marker » -(a)w- en rapport avec le défini -awo, -awey du songhay oriental, les dérivatifs « *agentifs* » -kow, -kom et enfin l'entrée **koy** « *agent of action, owner* ».

Une des raisons de ces rapprochements – et c'est celle qui est pertinente ici – c'est son analyse des unités songhay à initiale **k-** comme représentant {NS *k^h n. pref. + stem + NS *y n. suff.}. Or, ainsi que les faits dendi permettent de l'établir, c'est une séquence à initiale labiovélarisée suivie d'une voyelle moyenne antérieure qu'il faut reconstruire au niveau interdialectal soit donc : *k^we. Par ailleurs aucune donnée susceptible d'illustrer correctement une diffusion potentielle n'a pu être relevée[112].

---

[111] Cf. chapitre III.2.
[112] On trouve toutefois en baatonum les entrées : **kpéébèèrì** « *Dieu* » [maître + grand] ; **kpàà yērō** « *propriétaire* », pour le premier il y a tout lieu de penser qu'il s'agit d'emprunt. L'étymologie du deuxième est plus incertaine.

Données songhay :

kaado	kóy	possesseur, maître de ..., chef
	kêe	propriétaire de
songhay occid.	koy	propriétaire, chef, maître, agent. Joint à un mot, il indique l'idée de propriétaire ou d'agent
songhay orient.	koy	propriétaire, maître de (avec un substantif comme complément)
songhay central	koy	propriétaire ; type
zarma	kôy, kóy	propriétaire ; chef, roi
dendi	kóî$_{Gay}$; kpéỳ$_{Djg}$; kwĕi$_{Tnd}$	chef, roi
tasawaq	-koy	possesseur

Cette forme qui se trouve représentée dans tous les dialectes songhay a une valeur substantive mais connaît aussi un fonctionnement en tant que suffixe dérivé signifiant l'« *agent* » et surtout le « *maître* » et le « *propriétaire* » de ce qui est désigné par le substantif joint (cf. aussi les formes traditionnelles désignant « Dieu » (**írkòy**) et le « *chef / roi / maître / sultan...* » (**kòkòy**)). Dans l'état actuel des connaissances il me semble prématuré de développer à son sujet toute autre hypothèse que celle qui consiste à considérer qu'il s'agit là d'autre chose que de l'une de ces unités qui paraissent irréductibles et que j'affecte, pour l'instant, à un *fonds lexical endogène*. Tout se passe donc comme si l'hypothèse de la présence ici d'un complexe manifestant une actualisation du '*moveable k*' relevait de « l'auto-proclamation » !

L'entrée {656 *p^hùh « *lungs* »}.

Ehret dérive le lexème songhay **kúfú** comme {NS *k^h n. pref. + *p^hù} et il suppose que la racine {656 *p^hùh « *lungs* »} est une probable dérivation de sa racine {654 *p^hù « *to blow (with the mouth)* »}, suggérant que « *at some earlier, pre-proto-Nilo-Saharan point in time, the meaning of the underlying verb was « to breathe ». In its Saharan shape, this root was borrowed early into the Chadic branch of the Afroasiatic language family* ». Par ailleurs plusieurs variations interdialectales reconnues en songhay conduisent à lier ces deux racines à une troisième entrée {1060 *k^húmp^h « *to foam, froth, billow, bubble* »} qu'il met en rapport avec l'entrée kaado **kúmfù** « *faire de l'écume, de la mousse* ». Voici les données utiles :

{654 *pʰù « to blow (with the mouth) »}.
Données ED :

Csud: PCS	*pu	to blow (with the mouth), breathe	
Kunama	fu-	to blow, puff	
Sah: Kanuri	fù	to blow (with mouth)	
For	fu-	to blow	
Kir-Abb: Gaam	fúú-	to blow out, exhale	
Rub: Ik	fút-	to blow	stem + NS tʰ cont.

{656 *pʰùh « lungs »}.
Données ED[113] :

CSud: ECS	*pu	lung	
Kunama	futa	lung	stem + NS *tʰ n. suff., possibly originally conveying a singulative sense
Sah: kanuri	fúfù	lung	redup. stem (as coll.?)
Kir-Abb: Nil: Wnil: Naath	puaʈ, puoʈ	lung	stem + NS *ʈ n. suff., *pu-aʈ, probably originally a singulative formation
Kir-Abb: SNil: Kalenjin	*pwa:n	lungs	stem + NS n n. suff. (*pu-a:n), possibly originally as a pl.

Données songhay (a) :

kúfú	kaado	poumon, écume
kufu	songhay occid.	écume, mousse ; bulles (dans le thé, etc.) ; écumer, mousser, se savonner ; frotter (dans le bain) (trans.)
kufu	songhay orient.	mousse, écume ; mousser, faire de l'écume ; fermenter (bulles de fermentation)
kuufu	songhay central	bulles, mousse (de savon, de thé)

---

[113] Notons aussi que si l'on s'en tient à l'hypothèse d'une racine sans *kʰ, il pourrait être intéressant de constater (très loin du domaine songhay, bien évidemment), que l'égyptien qui connaît kff « baver » possède aussi wfa « poumon » qui se retrouve dans le copte ⲟⲩⲟϧ, ⲟⲩⲟⲃ « poumon »; forme que Vycichl (1983 : 241) postule comme étant sans rapport avec ce que l'on trouve en berbère (aff « gonfler »). dans un autre domaine, penser encore aux reconstructions 'bantou commun' *-pèèm-, *-púúm- « breathe ».

kùfú	zarma	écume ; bave ; poumon ; foie
kùfú	dendi	écume, mousse, poumons
takəffe	tagdalt	bave
tak'əffan	tadaksahak	bave
takuffe	tasawaq	écume (de bouillon)

Diffusion potentielle (a) :

éthio-sémitique :

guèze	kafʔa	become blunt, become dull (eye), become obtuse, weakened
amharique	käffa	be bad
harari	kuuf	poumon
argobba	häfa	poumon ; foie

berbère :

tahaggart	əkkəffəw ; əkəf	mousser ; se gonfler, être gonflé (ballon)
	ekef	être gonflé, se gonfler (suj. : pers., an. ch.)
kabyle	iḵuftan	écume
	kkuffet, kkefḵef	écumer
	sḵuffet	faire enrager
tamazight	akuffiikuffann / ifuffann	écume, mousse blanchâtre des liquides ; bave d'animal échauffé
tawellemmet	təkəffe	mousse, écume

mandé :

soso	jòofôo	poumon
maninka	jɔ̀fɔ́	poumon
mandinka	kùufukaafa	poumon

atlantique :

peul	y̌uufa ; y̌uufe ; guufe ; nguufo	se gonfler, écumer, mousser

{1060 *kʰúmpʰ « to foam, froth, billow, bubble »}[114].
Données ED :

Csud: ECS	*kpu	to billow	
Sah: kanuri	kóp	ideophone of pouring out of a foamy liquid	
Astab: Nub: Diling	kub	to foam, froth	
Kir-Abb: Gaam	kúá	bubbles, froth, foam	stem + NS *-ah n. deriv. suff.
Rub: Ik	kúfá, kúfúkúfá	to drizzle	2nd entry : redup. stem as iter.

Données songhay (b) :

kaado	kúmfù	faire de l'écume, de la mousse
songhay occid.	kumbu	poumons
songhay orient.	kumbu	poumon ; péripneumonie des bovidés ; pneumonie
songhay central	kumbu	poumon

Diffusion potentielle (b) :
éthio-sémitique :

argobba	komfa	poumon ; foie (cf. häfa)

couchitique :

afar	qunxuffe ; qùnxuf	crachat, salive

égyptien :

a.égyptien	ḫnp	respirer (l'air)

tchadique :

hawsa	kumfā	mousse

mandé :

soso	xùnfá	mousser

atlantique :

peul	puufam ; kumpa	écume, embrun

Sous la racine PNS {656 *pʰùh « *lungs* »} Ehret introduit le lexème songhay **kúfú** « *poumons, écume* » mais la justification n'est pas claire : l'étude dialectologique interne au songhay et celle de la diffusion potentielle montre l'existence de lexèmes affichant un parallélisme suffisant pour que l'idée d'interpréter **kúfú** comme résultant d'une séquence {*kʰ + stem} suggère quelque prudence, en effet on constate dans certains dialectes songhay méridionaux (occidental, oriental, central

---

[114] Ehret met cette racine en rapport avec l'entrée kaado **kúmfù** « *faire de l'écume, de la mousse* ».

et kaado) deux unités lexicales et deux sémantismes[115] qui ne sont pas distingués dans les autres dialectes du même ensemble (zarma, dendi) ; les unités lexicales se différencient par la présence d'une occlusive nasale qui précède la consonne labiale intervocalique **kufu** // **kumbu/kumfu** quant au sémantisme, les formes avec l'occlusive nasale signifient « *poumons* » tandis que les autres renvoient à « *mousse, écume ; mousser, faire de l'écume ; fermenter (bulles de fermentation)* », sauf en kaado où ces significations sont inversées. Dans les dialectes songhay méridionaux qui ne font pas la distinction (zarma et dendi) seule la forme **kúfú** est attestée et elle retient les deux significations. Enfin les dialectes septentrionaux attestent la forme que l'on retrouve en tawellemmet mais aussi en tamazight et en kabyle[116].

On constate donc des croisements (confusions ou diversifications). *A priori* ils montrent une proximité mais sans autoriser – sur leur simple inspection – de supposer une direction évolutive quelconque, de reconnaître l'existence d'une ou deux formes originelles ou encore de supputer sur leur évolution sémantique. On constate seulement l'existence d'un champ de variation.

Si l'on s'intéresse aux faits de diffusion potentielle, on remarque un phénomène similaire : l'éthio-sémitique atteste la variation **f / mf** mais ne connaît que la signification « *poumon* » tandis que le berbère retient « *bave, écume, mousse* ». Le hawsa **kumfā** atteste **-mf-** mais à l'inverse du songhay en général (ou plus exactement à l'instar du kaado) il connaît la signification « *mousse* ». Pour synthétiser, on constate que l'ensemble des données disponibles montre la généralité de la variabilité sémantique « *poumon // écume / bave* » et celle de la variabilité phonétique **f // mf/mb** dont on retrouve des traces du couchitique au mandé, de l'éthio-sémitique au peul.

Je tirerai de cela les conclusions suivantes :

1) Il y a peu de chances que le lexème songhay **kúfú** soit décomposable dans les termes d'une occurrence du '*moveable k*' suivi de la racine.

2) Corrélativement, la séparation stricte introduite par Ehret entre d'une part deux reconstructions données comme dérivées ({654 *$p^h\grave{u}$* « *to blow (with the mouth)* »} et {656 *$p^h\grave{u}h$* « *lungs* »}) et d'autre part la

---

[115] C'est ce que Ehret retient en distinguant entre ses racines {656 *$p^h\grave{u}h$* « *lungs* »} et {1060 *$k^h\acute{u}mp^h$* « *to foam, froth, billow, bubble* »}.
[116] Elles ne sont donc pas pertinentes à ce niveau d'analyse et relèvent de l'étude interne du lexique propre au songhay septentrional.

reconstruction {1060 *k^{h}úmp^h « *to foam, froth, billow, bubble* »} est suspecte puisque ce qui justifiait le rapprochement entre 654 « *to blow (with mouth)* » et 656 « *lungs* » était justement l'hypothèse du '*moveable-k*'. En revanche l'éventualité de rapprochements entre les unités 656 « *lungs* » (cf. Kd : **kúfú** « *poumon, écume* ») et 1060 « *to foam, froth, billow, bubble* » (cf. Kd : **kúmfù** « *faire de l'écume, de la mousse* ») que suggèrent les comparaisons interdialectales et les diffusions potentielles que j'ai dégagées mérite d'être approfondie.

3) L'existence des variations phonétiques et sémantiques telles celles qui viennent d'être identifiées demande une attention particulière avant toute analyse visant à reconstruire un cheminement linéaire pour des formes et des significations parce que les faits attestés au plan dialectal sont l'indice d'une labilité dont il est important de rendre compte en raison de sa non-conformité aux attendus du modèle théorique utilisé.

4) L'entrée en « résonance », pour prendre un terme imagé, de formes phonétiques dotées d'une potentielle valeur idéophonique et de certaines catégories de significations est susceptible d'avoir des effets sur l'évolution[117] des formes dans la langue qui les atteste ; il importe donc de traiter les données sans occulter l'incidence possible de ces faits.

Ouverture : sémantique, idéophonie et (re)constructions.

Les trois derniers des points ci-dessus autorisent l'ouverture d'un plus ample débat sur ces questions de sémantique dans le cas particulier d'univers phonétiquement marqués par une dimension idéophonique. Il n'est cependant guère possible de le développer ici, aussi vais-je me contenter de l'introduire, dans toute sa naïveté.

Lorsqu'il s'agit de rendre compte ou à tout le moins de s'intéresser à des apparentements à longue distance le plus souvent évalués à plus de 10 000 ans et en l'absence de toutes justifications empiriques bien fondées, comment peut-on admettre que l'on puisse assurer de façon déterministe et avec quelque certitude un cheminement linéaire conduisant à une étymologie appuyée sur l'existence de supposés réflexes, constitués par les formes actuelles de la langue et leur rapport « posé » à une racine donnée dans toute sa concrétude reconstruite ? Et cela alors même que

---

[117] C'est la première raison pour laquelle beaucoup de comparatistes se donnent comme point de méthode de ne pas utiliser autant que possible les formes susceptibles d'être d'origine onomatopéïque ou tentent de les utiliser avec discernement. Pour une réflexion plus concrète sur un cas, voir Blench (1997).

nous avons affaire, à l'échelle du présent, à des ensembles de formes suffisamment proches pour que se manifestent entre elles des variations sémantiques et phonétiques qui sont à la fois intuitivement perceptibles (et descriptibles) par les locuteurs et descripteurs et matériellement analysables par les dialectologues ?

Autrement dit, comment peut-on penser, tout au moins dans des domaines lexicaux qui par la nature de leur expression phonique et par celle de leur champ de signification sont considérés comme sensibles à l'idéophonie et à la synesthésie, que l'on puisse sans risque et sans précaution particulière, sur la seule hypothèse de la régularité postulée des changements phonétiques (ici construite plutôt que constatée), sur des durées aussi longues, assurer quelque chose sans introduire comme modérateur cette variable idéophonique. Alors que la simple inspection des faits dialectaux montre déjà l'existence de phénomènes de variation ?

Je précise toutefois qu'il y a une différence entre reconnaître la réalité de l'existence de matrices idéophoniques potentielles dans le matériel lexical des langues (que des expériences statistiques peuvent ou non valider) et *l'hypothèse lourde* qui reviendrait à assurer la motivation généralisée du lexique des langues par rapport à ces matrices (contre la réalité même d'une partie du développement des systèmes symboliques en général). L'existence de matrices idéophoniques me paraît justifiée par ailleurs et elle n'est probablement pas identifiable de façon stricte à la structure particulière que serait une matrice onomatopéique, par exemple[118]. Elle peut être activée ou inactive ; une fois activée, elle peut être déterminée par des données contextuelles et des contingences diverses (de nature sociale, psychosociale, pragmatique, historique, culturelle…)[119]. S'il est « évident » que certains domaines phonétiques et sémantiques sont sensibles à l'idéophonie ce n'est pas pour autant que le travail détaillé sur les régularités phonétiques ne les concerne pas et qu'il faut *a priori* les exclure d'une analyse, il est seulement souhaitable d'avoir une attention particulière à ce type de données et de moduler les hypothèses les concernant en fonction de cette spécificité. Bien évidemment, les mêmes postulats concernant la régularité des

---

[118] Il y a une réflexion à reprendre sur la motivation que la visée étroite des théories du « signe-référence » a occultée ou « tabouisée », selon les cas. On pensera à Sapir (1929) ; en France, un Fonagy ou un Guiraud ont abordé cette question. Certaines approches cognitives actuelles semblent aussi la retrouver sans toujours faire appel aux travaux qui les ont précédées. En ce qui me concerne, on pourra trouver quelques idées en rapport avec ce thème in Nicolaï (1982, 1984, 1990, 2000).

[119] C'est pourquoi, bien que le coq français fasse cocorico, ce qui est étymologiquement une affaire complexe et culturellement spécifique, il saura s'insérer parmi les façons générales de se manifester propres aux gallinacés mâles ; lesquelles sont concernées par l'idéophonie.

changements et l'organisation cladistique de l'évolution s'appliquent sur ces données et interfèrent avec.

Reprise du quatrième bouclage.

L'entrée {1288 *āró, *àró « *white* »}.

Données ED :

Kunama	ara	white	
Astab: Nara	eren-	white	stem + NS *n modif. suff. ; with regressive V assim. (a> e/#\Ce)
Astab: Taman: Tama	ará	yellow	stem + NS *-Vh n./adj. deriv. suff.
Astab: Nub: Dongolawi	aro	white	

Comme pour les exemples précédents remarquons que le rapprochement intenté repose sur une circularité : c'est *parce qu'il* est supposé l'existence en songhay du '*moveable k*' que la forme kaado **kàarêy** est mise en rapport avec les entrées kunama et astabaran, ce qui est censé contribuer à assurer le statut de ce '*moveable k*' en songhay, et au-delà, à justifier l'appartenance de cette langue au nilo-saharien ; on remarquera que le rapprochement est faiblement illustré comme le montre le tableau. Comme tous les rapprochements de cette nature il pourrait contribuer à conforter, corroborer, un fait déjà établi mais en l'absence de la justification initiale ce type de rapprochement reste fallacieux ; par ailleurs la question posée par la présence de l'articulation labiovélaire en dendi n'est pas plus traitée ici que dans les autres exemples concernés et enfin, la présence de lexèmes manifestant un certain parallélisme que montre le tableau de la diffusion potentielle contribue à révoquer en suspicion cette entrée.

Données songhay :

kaado	kàarêy[120]	être blanc ; blancheur
songhay occid.	koray, korey	être blanc (intr.), blanc
songhay orient.	karey, kaaray	blanc ; être blanc ; en parlant du ciel, être découvert, pur, s'éclaircir ; en parlant de la lune : pleine lune
songhay central	kaarey	blanc ; être blanc
zarma	kwàarây	être blanc

---

[120] *Commentaire de Ehret* : NS *k^h n./adj. pref. + stem.

Modèle des correspondances : la correspondance *w- = w-$_{Sgh}$ 81

dendi$_{Djg}$	kóáràì $_{Gay}$; kpááRè$_{Djg}$; kwā:yē$_{Tnd}$	blanc, pâle
emghedeshie	koraì	blanc
korandje	qoari	blanc
tagdalt	kooray	blanc
tadaksahak	koor'ey	blanc
tasawaq	koray (kwarɛy)	blanc ; tissu blanc (toute nature)
Attestations complémentaires :		
kaado	kàarù	poudre des os brûlés, chaux, kaolin
songhay occid.	karo	boule de blanc fabriqué avec des os calcinés, servant à blanchir et à sécher les doigts des fileuses de coton
songhay orient.	karao	être un peu blanc, blanchâtre, se dit de la peau non graissée en saison froide
zarma	kàarú	calcaire
	kwàarí	bourgeons blancs qui apparaissent sur les tiges de mil

Diffusion potentielle :
sémitique :

arabe	karra (II)	nettoyer, purifier; améliorer, affiner
arabe chwa	kar	très blanc
éthio-sémitique		
guèze	qadawa	be pure, be neat, be tidy, be good-looking, be excellent, smell good
	qədəw	pure, clear, neat, tidy, delicate, dainty, good-looking, excellent, precious, choicest, that has a good smell, sweet-smelling
tigré	qädä	smell sweetly, be fragrant
couchitique :		
afar	qado	couvercle ; être blanc, être clair, être évident
	qìdi	blancheur, blanc
tchadique :		
mokilko	kàrkár / kár	blanc

mandé :

azer	ġolle ; ḳule, ḳulle	blanc
soninké	kura ; xulle	être blanc, clair
	kuraba	chaux
bozo	kwa̱ ou kuo̱	blancheur ; blanchir, devenir blanc ; blanc, de teinte claire

L'entrée { 1422 *'wa:r « *large carnivore, especially leopard or hyena* »}.

Données ED :

Koman: Uduk	wārē	spotted	stem + NS *-eh n./adj. deriv. suff.
Csud: PCS	*wa	wild animal	
Csud: ECS	*ka'wa	leopard	NS *k^h n. pref. + stem
Kir-Abb: proto-Daju	*oRai	animal	stem + NS *y n. suff.
Kir-Abb: Nil: Wnil: Jyang	koor	lion	NS *k^h n. pref. + stem
Kir-Abb: Nil: PENil	*-waru	spotted carnivore	Bari : NS *k^h n. pref. + stem

Données songhay :

kaado	kóorò	hyène
songhay occid.	kooro	hyène
songhay orient.	kooro ; (ŋ)koro	hyène
songhay central	koro/u	hyène
zarma	kóorò	hyène
dendi	kóóRò ; kɔɔrɔ$_{RN}$	hyène
korandje	kwora	hyène

La simple inspection des données de Ehret montre les limites de la comparaison et la laxité des rapprochements sémantiques retenus. Oubliant le fait qu'une hyène n'a pas grand chose de comparable avec un lion ou un léopard[121], on peut toujours par synecdoque, métonymie ou tout autre procédé de mise en rapport, justifier un passage entre « *leopard* » et « *spotted* » ; on peut toujours par une analyse plus ou moins argumentée ou par le simple jeu de la *politique du joker* conforter ce rapprochement par la présence/absence du '*moveable k*', etc. et, tout simplement parce qu'on les a retenues par les biais sus-mentionnés, constater l'existence de régularités que l'on a de grandes chances d'avoir introduites. On peut encore, à la considération de leur nombre, les juger significatives et en tirer des conclusions mais dans ce cas l'on doit aussi s'attendre à ce que ces conclusions soient obérées par la conjonction des limitations que chacune des possibilités d'action ci-dessus mentionnées impliquent dans

---

[121] Pas plus dans les classifications scientifiques que dans les contes ou les traditions culturelles !

l'élaboration non-raisonnée de constructions à vocation étymologique. Voici quelques données utiles à la réflexion.

Diffusion potentielle :
berbère :

tawellemmet	ăγorăy	hyène mâle

couchitique:

beja	galāba̱	hyène tachetée
	kara^y	hyène
somali	waraba	hyène tachetée

tchadique :

hawsa	kuuraa ; gùrùngù	hyène

saharien :

kanuri	karê ; kare$_{Lks}$	hyène (tachetée)

mandé :

samo	kùrùfúní	hyène
bisa	gölo ; kulé	cynhyène

L'entrée {1492 *yēh « to lie (down) »}.

Données ED :

Csud: PCS	*yɛ	to lie, be still, stay in place	
Kunama	i-	to go down, descend	
Zaghawa	e	to lie	
Sah: proto-Kanem	*yes-	to kill	stem + NS *s, caus. (> Kanuri [z] / V_V
Sah: Tubu	yit-	to kill	stem + NS *ʈ / ʈ'
Maban: Maba	-y-	to die	
Astab: Taman	*yi-	to die	
Astab: Taman: Tama	iŋa	corpse	stem + NS *ŋ n. suff.
Kir-Abb: Nil: Enil: Lotuko-Maa	*-yé	to die	

Commentaire de Ehret : NS *k^h n. pref. + NS *a- n. deriv. pref. + stem (*k^h-aa-yi) ; semantics : *one has die*. Semantic innovation Sahelian or Saharo-Sahelian.

Pour illustrer sa racine Ehret retient l'entrée kaado **kàay** « ancêtre » qui s'accorde avec la forme qu'il reconstruit mais il ne retient pas la forme **kàagà** relevée dans ce même dialecte ainsi qu'en songhay occidental, oriental et central. Or, l'existence des formes avec [g] demande une explication car elles ne se justifient pas par rapport aux correspondances qui sont censées lier la racine PNS aux lexèmes songhay et il n'est pas évident qu'elles résultent d'une réduplication à valeur hypocoristique. Par ailleurs les dérivations sémantiques retenues sont difficiles à admettre, tout particulièrement si l'on prend la peine de les mettre en rapport avec d'autres entrées, telles **kàají** signifiant « *racine d'arbre* » et les notions qui en sont dérivables.

La justification de la présence du '*moveable k*' est donc absente mais de plus, l'on ne voit pas à part l'effet d'une propension à généraliser de façon immodérée la pratique de la *politique du joker*, ce qui autoriserait une mise en relation que ni les données sémantiques, ni les données phonétiques ne permettent de retenir.

Données songhay :

kaado	kàay	ancêtre
	kàagà	grand-parent, ancêtre
songhay occid.	kaaga	grand-parent
	kaaya	hériter ; héritage
songhay orient.	kaaga	ancêtres, grand-parents
songhay central	kaage	grand-mère, grand-père
zarma	kàayì	ancêtre
dendi	kàì$_{Gay}$; kàýkàý$_{Djg}$	ancêtre
emghedeshie	ankàkà	grand-père
tasawaq	kaaka	grand-père

Diffusion potentielle :
couchitique :

oromo	akkakayu	grand-père, ancêtres

tchadique :

hawsa	kàakaa	grand-parent
migama	kàakâ / kàakángèe	arrière-grand-père, aïeul

mandé :

soninké	xeye ; xiye, xaye	hériter ; héritage
	xooxo	aïeul(e), arrière grand-père
bozo	kyɛɛ	héritage ; hériter de qqn. ; arriver à destination
soso	kéă	héritage
maninka	ké	héritage
samo	...	héritage

atlantique :

peul	kaakaaji'en ; kaakiraaɓe	ancêtres

saharien :

kanuri	kaká ; kαgα$_{Lks}$; kaɣa$_{Mng}$	grand-parent

bantou :

bantou commun	*-kààká	grandparent

Remarques sur l'utilisation des références du « bantou commun ».

L'exemple ci-dessus montre que je propose occasionnellement des « rapprochements de surface » avec les reconstructions bien connues du bantou commun. Cela ne veut bien évidemment pas dire qu'il y a là l'hypothèse d'un rapport nécessaire et d'une potentielle relation généalogique ! Une forme comme *-kààká peut, bien évidemment, être sans lien avec celle identifiée dans les domaines tchadique, couchitique[122] ou songhay ; elle peut résulter d'un « emprunt » plus ou moins culturel (cf. la forme *-bàabá « *father* » qui est également reconstruite pour le « bantou commun » et dont la généralité est bien connue !) ; elle pourrait aussi être référée à une forme plus ou moins « universelle » du type de certaines unités que j'appréhenderai au chapitre IV.2 sous le titre de « formes génériques », lesquelles peuvent être résulter de processus de construction divers, etc. Elle peut enfin, sur un autre plan d'analyse, être renvoyée à un fonds lexical de nature aréale, plus ou moins évident, plus ou moins vaste. Par ailleurs, je n'ai pas étudié la diffusion lexicale interne à l'espace bantou des entrées que je retiens, et sans cette analyse, il est difficile de faire quelque hypothèse intéressante. c'est donc uniquement pour montrer l'ouverture potentielle du domaine considéré plutôt que pour tirer une conclusion hâtive que je présente ces entrées[123]. Au titre d'un premier pointage.

---

[122] A un certain niveau l'on pourrait envisager de dire « la même chose » à propos des rapprochements entre chamito-sémitique et songhay ; mais là, ce serait leur présence « massive » qui poserait un autre problème.

[123] On conclura ici à l'importance dans ce domaine des projets conjoignant les spécialités et les compétences !

Données complémentaires : le sémantisme de « racine ».
Données songhay :

kaado	kàají	nerf, racine
songhay orient.	kaaji	racines
zarma	kàají	racine, nerf ; racine d'arbre ; vaisseau
emghedeshie	ikëuan	racine
tasawaq	akiyo	racines

Diffusion potentielle :
berbère :

tahaggart	éké	toute racine (de végétal quelconque), petite ou grande, fraîche ou sèche, comestible ou non

couchitique :

oromo	kaya	encens

saharien :

kanuri$_{Yrw}$	kaaji ; kagaji ; kajiji	encens
kanuri$_{Blm}$	kadjidji ; kogu	parfum, aromate ; racine

L'entrée {1592 *á:d, *há:d « *stem, stalk* »}.

Deux lexèmes kaado : **káarì** « *field in third year of cultivation* » et **kăarì** « *stem (of water-lily)* » sont proposés pour cette racine mais ce n'est que par un seul rapprochement avec le for que la comparaison est illustrée (fondée) (For : **áár** « *shaft (of spear)wood firewood* »). Comme je l'ai précisé dans le traitement précédent on notera que la signification « *racine* » est donnée par la forme **kàají** dans ce dialecte, quant à la signification « *nénuphar, igname* » c'est par le lexème **dùndù** qu'elle est rendue.

Ceci étant ces deux exemples ont un statut différent : l'entrée **káarì** « *champ (troisième année de culture)* » n'est attestée qu'en kaado qui connaît également une autre entrée **kàarì** « *dessèchement, sécheresse* » et cette dernière pourrait rappeler de nombreuses formes que je signale au titre d'une diffusion potentielle. Si ce rapprochement était justifié alors la signification « *champ (troisième année de culture)* » serait plutôt à rapporter à cette notion de « *dessèchement* » qui elle, est largement répandue. Ce qui modifie l'horizon. Voici les données :

Diffusion potentielle :
sémitique :

arabe	ḥarrah	stony area ; volcanic country, lava field

éthio-sémitique :

guèze	krr, karra, karara	be dry, dry up (spring) land
	karar, karir	dry
amharique	kärrärä	become hard, dry out
	(tän)karrärä	lie on one's back
harari	kärära	become stiff

berbère :

tahaggart	iṛar	être sec, se sécher (suj. : pers., an., ch.) ; se dit de tout ce qui peut être sec ; par ext. être desséché, se dessécher
	ăṛar	foin (herbes séchées provenant de plantes non persistantes)
	téṛerṛert	aire (pour battre le grain) ; par ext. lieu où se réuniront tous les humains pour le jugement dernier (au moment de la résurrection des morts)
	eṛrou	dessécher légèrement à la surface (en faisant passer une flamme à peu de distance au dessus) du pain
kabyle	sγer	rendre dur, durcir (trans., rendre dur), rendre insensible ; faire sécher
	qqaṛ	être dur ; être immobilisé, être insensible ; être racorni ; être, devenir raide ; être sec
	taγeṛt, aγuṛaṛ	sécheresse
tamazight	krem / šrem	se dessécher, être sec ; se faner, s'étioler, être rabougri, se rabougrir
	kurrem	être froid ; avoir froid ; refroidir ; être frais, fraîchir
	ʕâgər	infécond, stérile
tawellemmet	əγar	foin
	iγar ; əqqar	être sec, être dur
	asəγər	sécher, étaler

tchadique :

bidaya	karay	sécher les cultures ; tarir
	kàràayà	sécheresse
	kàràγ	soif

mandé :

bozo	kerę	tarir, sécher ; échouage ; s'échouer
	kaari	sobriété
soso	kɔ̀rí	dessécher, tarir
	ìxárà, xárá	sécher
maninka	yàrán	sec
mandinka	jàa ; jàari	sécher ; sec
bisa	gyir	sec, dur (choses) ; mort (homme)

saharien :

tubu	cɔrdu ; ncordo ; njordo ; ŋkyorro	sec
	cɔr ; ncor ; ŋkyor	sécher
teda	njordar, njorce	sécher
	njoro	sec
daza	njordé ; ntchordo	sec
	njorder, njortçi	sécher

Corrélativement l'entrée **káarì** existe aussi en songhay où elle n'a pas la signification « *stem (of water-lily)* » que lui donne Ehret mais celle de « *tige de mil, chaume, tige séchée* ».

Données songhay :

kaado	kǎarì	tige de mil
songhay occid.	kaari	tige de mil ou d'autres graminées géantes, pouvoir se passer de qqch.
songhay orient.	kaari	tige de mil
	kwaari, kaala	bambou
	kakari	tiges de mil, choses légères
songhay central	kowri/u	tige, tige de mil
zarma	kwáarì, kwãarì	tige, tige de mil
dendi	kpááRì$_{Djg}$, kóáì$_{Gay}$	chaume, tige séchée, tige de mil
	kààlá$_{Djg}$, káálá$_{Gay}$	bambou
tadaksahak	kakari	tige de mil

Diffusion potentielle :
tchadique :

hawsa	goorà	bambou
	karaa	tige ; tige de mil
	kwaagirii	canne à sucre

mandé :

soninké	xore	bambou

saharien :

teda	kaŋali	tige

En conclusion il est peut-être possible de distinguer entre les unités, l'une correspondant à la signification « *tige de mil (séchée)* » et l'autre correspondant à « *bambou* » mais, sans analyse complémentaire, tout cela n'est qu'un ensemble d'hypothèses mal assurées. La seule chose qui reste à peu près certaine c'est qu'il y a peu de chances que les formes songhay que Ehret lie à sa racine s'expliquent correctement par l'effet de l'adjonction d'un '*moveable k*'. Et donc qu'elles soient valides pour les buts qui sont les siens.

Conclusion sur le 'moveable k' en songhay.

Après avoir traité dans ce bouclage les douze attestations songhay censées illustrer la présence du '*moveable k*' dans cette langue ma conclusion est la suivante : aucune de ces attestations n'est justifiée correctement et donc aucune ne peut être retenue. En conséquence toutes les reconstructions qui les impliquent sont fallacieuses et/ou peuvent dans quelques cas rares, être en accord avec la « réalité », mais par pur hasard ! On se doutera que l'absence en songhay – même à l'état résiduel – de ce « trait formel » censé être caractéristique des langues nilo-sahariennes n'est évidemment pas un argument positif pour conforter l'affiliation généalogique de cette langue à cette famille dans le sens traditionnel que l'on donne à ce terme.

Cinquième bouclage : les articulations labiovélarisées.

J'aborde maintenant un nouveau point problématique : celui de l'articulation labio-vélarisée en songhay. Pour cela je présente les racines PNS de Ehret dont les réflexes songhay sont caractérisés par la présence de consonnes occlusives labiovélaires (Tableau 1a) impliquant ou non le *'moveable k'* et j'y adjoins le reliquat des entrées concernées par les labiovélaires (Tableau 1b).

Tableau 1a : Données ED concernées par une articulation labiovélaire en dendi[124].

1070	kʰ > k	kʰwé:k'	to get up	koy (kpèy̌)	to depart, go, leave a place	stem + *-i itive Probable Sudan semantic innovation
1288		āró, àró	white	kaaro ; kaarey (kpááRè)	white ; to be white	NS *kʰ n./adj. pref. + stem songay adj. + NS *'y ess. -act. as deadj.
1369d		wá	« third person indefinite pronoun »	koy	agent of action ; owner	NS *kʰ n. pref. + stem + NS *y n. suff. Probable Northern Sudanic innovation
1415		wìr	to spill, flow out	kuri (kpííRì)	blood	NS *kʰ n. pref. stem
1592a		á:d, há:d	stem, stalk	kaari (kpááRì)	stem (of water-lily)	NS *kʰ n. pref. stem

Tableau 1b[125] : Autres entrées dendi concernées par une articulation labiovélaire.

kpaásì	ami
kpánnà	nuque
kpálánnà	tourterelle
kpeénè	encore
kpaáRà	pays, région, ville, village
kpálbá	bouteille
kpaánìyaà	aiguille longue
kpàý	boubou, chemise, vêtement d'homme

---

[124] Je rappelle que le dendi est le dialecte songhay qui atteste les articulations labiovélaires dans la plupart des parlers qui le composent.
[125] Données relevées en dendi de Djougou.

kpééRɛ̀	bouclier
kpèsèRɛ̀	incliner, légèrement déplacer
kpiísò	musaraigne
kpàllò	noyau
kpákpà	palme
kpátákú	planche de bois
kpétè-kpétè	purée
gbé	travail
gbeèrí	démis, foulé

Commentaire :
1) dans le Tableau 1a, le morphème NS *k^h- est illustré par cinq entrées {*k^w- (1070, 1288, 1369, 1415, 1592)} sur les douze disponibles, ce qui implique que les sept dernières connaissent *k- et non pas *k^w-. En conséquence le *'moveable k'* PNS, s'il avait une existence en songhay, y serait représenté par deux séries distinctes de correspondances ({NS *k^h-$_1$ = Sgh *k^w-} et {NS *k^h-$_2$ = Sgh *k-}) et non pas par une ; parce qu'il ne semble pas évident de dire que *k^w- correspond à une séquence *k^h + w- sans expliquer aussi pourquoi des cas tels que *kóorò* « *hyène* » traité dans le précédent bouclage, que Ehret analyse comme [NS *k^h n. pref. + 'wa:r], ne souscrivent pas à cette même régularité. Tout cela demande des explications sauf si l'on pouvait prouver / montrer que les consonnes labiovélarisées reconstruites pour le songhay[126] peuvent être dérivées de consonnes non-labiovélarisées ou correspondent à des lexèmes empruntés. Ce qui n'est pas fait pour l'instant.

2) Le fait que cela « ne soit pas fait » ne veut pas dire que ce n'est pas « faisable » ! Par exemple, il est intéressant de remarquer dans le Tableau 1b que le dendi connaît effectivement des lexèmes à initiale labiovélaire qui semblent être des emprunts aux langues de contact (cf. **kpaásì**, **kpétè-kpétè**, **kpákpà**, etc.) et qu'il atteste pour « *bouteille* » une forme **kpálbá** qui suppose la reconstruction d'un phonème labiovélarisé. Or ce que l'on sait de cette entrée largement répandue hors de la zone de contact permet de considérer qu'elle ne possédait probablement pas de 'k^w' originellement, comme les attestations suivantes, fournies au titre de la **diffusion**, le donnent à penser ; qui montrent toutefois des manifestations labiovélarisées en éthio-sémitique, berbère ou hawsa, sur lesquelles je ne statuerai évidemment pas :

---

[126] Se référer sur ce point à Nicolaï (1981 : 54-56). Voir aussi Nicolaï (1990 : 35-36) pour un commentaire sur le traitement par Greenberg de la question des labiovélaires en dendi.

Données songhay :

kaado	kólbéy ; kùlbà[127]	bouteille, flacon, récipient fermé (boîte) ; gourde
songhay occid.	kulba	calebasse servant de récipient au karité, au miel, etc.
songhay orient.	kulba	grande calebasse, bouteille ; gourde
songhay central	kulbu	gourde
zarma	kùlbà	gourde
dendi$_{Djg}$	kpóló bà / kpálábà / kúRúbà	gourde, bouteille
dendi$_{Gay}$	kóálíbá	bouteille
tadaksahak	kulb'u	gourde
tasawaq	kilwa	gourde
	asaqqalabu	marmite calebasse utilisée comme instrument de musique

Diffusion potentielle :

sémitique :

arabe	ǧilbāb	long, flowing outer garment
arabe chwa	gālib, (gawālib)	moule ; forme (pour chaussures)

éthio-sémitique :

guèze	galaba	hide ; catch fish, capture
	qalaba	swerve, turn over, overthrow, turn in all directions
	galbaba	veil, cover, envelop, wrap in clothes, blindfold, smear, anoint
tigrigna	gälläbä	cover, conceal
amharique	gälläbä	catch fish, make a net to catch fish
	g^{w}älläbä	cover a drum or a basket with leather
harari	gulub bāya	cover the head with cloth

couchitique :

oromo	gōläbä	cover a basket with hide

berbère :

tahaggart	ăkerebreb	récipient en cuir durci en forme de bouteille
	ăṛrebben	petit récipient à beurre sphérique, en cuir, sans goulot
kabyle	aqaleb / lqaleb, taqalebt	cuvette ; moule (forme)
	aġ^{w}rab	sacoche

---

[127] On trouve aussi en kaado l'entrée **kùlà** « *gourde sans col, calebasse à petite ouverture* » et c'est celle qu'utilise Ehret : {1058 *k^{h}ùl, *k^{h}ūl « *kind of gourd* »}. Sans information complémentaire, elle ne concerne pas le cas ici traité.

| tamazight | lqalb ; leqwalb | moule, moule pour fabriquer des briques, produit moulé (savon, sucre) |

tchadique :

| hawsa | kwalba, kwalabaa | bouteille de verre, vase |

atlantique :

| peul | kolbaaru / kolbaaji | bouteille |
| bassari | xălămb | calebasse recousue |

mandé :

| soninké | xulumba | calebasse de moyenne dimension |
| bisa | kolma | bouteille, flacon |

voltaïque :

| baatonum | kparubá | bouteille |

saharien :

kanuri	kalva, kolva	bouteille de verre
	kərvi	seau en cuir pour tirer de l'eau
	kálwá, kólwá ; kálwo	bottle ; récipient (pour l'eau ou la nourriture)

Dans ce cas d'espèce l'explication de la présence de k^w- / kp- en dendi passe certainement par l'emprunt ou plus probablement par la réinterprétation phonétique d'une unité lexicale désignant un artefact éminemment échangeable et transportable[128] soit à travers le « modèle » hawsa (dans ce cas l'articulation se sera durcie par le même mouvement que j'ai décrit antérieurement) (Nicolaï, 1981), soit par le baatonum.

Il n'est pas utile d'entrer dans le détail[129] mais simplement de montrer que l'approche attentive et documentée des faits de langue (même en restant sur le seul plan lexical) ouvre sur des analyses intéressantes[130]. Ici les remarques pourraient déboucher sinon sur la remise en cause du moins sur la re-élaboration et l'approfondissement des hypothèses que j'avais antérieurement conduites sur ce thème de l'articulation labiovélaire en songhay ; ce qui, à mon avis, ne justifie pas d'occulter toute prise en compte des variations dialectales, sous peine d'introduire des difficultés telles celles reconnues dans le précédent bouclage.

---

[128] On aura aussi noté sa présence en saharien attestée par le kanuri.
[129] Qui risquerait de nous amener trop loin, y compris sur les questions de « diffusion lexicale » au sens de Chen & Wang (1975).
[130] Corrélativement, elle montre aussi la fragilité des approches lexicales.

Sortie du bouclage et retour à la racine *wìr.

Les précédentes analyses sont certainement suffisantes pour montrer les limites de l'étymologie proposée pour le lexème kúrí signifiant « *sang* » en songhay mais je crois utile cependant d'aborder le deuxième problème parce qu'il illustre l'importance qu'il y a à prendre en considération des faits dialectaux.

Rappel des données songhay :

Songhay méridional :

kaado	kúrí	sang
songhay occid.	kuri	sang
songhay orient.	kuri	sang
songhay central	kuru	sang
zarma	kúrí	sang
dendi	kpííRì $_{Djg}$; kúrí $_{Gay}$; kwìr $_{Tnd}$	sang

Songhay septentrional :

korandje	kudi	sang
emghedeshie	kujì	sang
tagdalt	kuudu	sang
tadaksahak	kuden	sang
tasawaq	kuuzi	sang

*La correspondance *r = r_{Sgh}.*

L'étude dialectologique du deuxième segment consonantique de l'entrée songhay permet de mettre en évidence une correspondance $r_{Sgh\ Mérid}$ = {**d, j, z**} $_{Sgh\ Sept}$ entre les entrées du songhay méridional et celles du songhay septentrional. Celle-ci, reconnue depuis longtemps[131], aurait pu représenter, selon une suggestion de Lacroix, un ancien phonème ***d**, hypothèse que j'ai discutée et que je n'ai finalement pas retenue pour le *songhay préalable* car l'on peut mettre en évidence dans ce cadre une complémentarité de distribution qui autorise à interpréter plus simplement ces réflexes comme des évolutions du phonème *d[132]. En conséquence et en s'en tenant aux régularités définies par Ehret, une reconstruction avec

---

[131] Lacroix (1969), Nicolaï (1981).
[132] Nicolaï (1981 : 74 - 84).

PNS ***r** est évidemment fautive : nous devrions soit avoir une reconstruction ***d**, soit pour le moins une reconstruction avec un deuxième phonème ***r₂** qui justifierait cette correspondance particulière.

On reconnaît donc, une fois de plus, un cas où la seule prise en compte de la littérature existante sur le sujet aurait évité une proposition erronée ou enrichi cette littérature d'un commentaire explicatif.

La diffusion potentielle :

Un autre problème récurrent concerne la diffusion potentielle des unités retenues comme racines nilo-sahariennes car s'il est vrai qu'il n'est pas impossible de supposer un rapprochement entre l'entrée songhay et les entrées nilotiques[133] il reste tout aussi vrai que, hors du domaine nilo-saharien et avant toute analyse concernant les régularités phonétiques, les reconstructions de Guthrie (*-gìdá ; -*gàdí « *sang* ») ou de Meeussen (*gi̠dá « *sang* ») ne sont pas, *a priori*, plus éloignées du songhay que la supposée racine {1415 ***wìr** « *to spill, flow out* »} et elles sont sémantiquement plus satisfaisantes. On relève aussi des formes proches dans un certain nombre de langues mandé ce qui incite à poursuivre le questionnement sur ce que cela signifie et à orienter conjoncturellement la recherche de régularités phonétiques possibles hors du domaine nilo-saharien[134].

mandé :

soso	wùlí	sang
maninka	jèlí ; jélí	sang ; plaie, blessure
mandinka	ajoli	sang
djula	jòli ; jóli	sang ; plaie
kelinga	jyéérè	sang

---

[133] Des rapprochements, suggestifs, peuvent être intentés ailleurs dans l'espace nilo-saharien (cf. les rapprochements suivants avec le saharien : **gɛrɛ**$_{tubu}$, **gore**, **gere**$_{teda}$, **géré**$_{daza}$ « *sang* »).

[134] Cela ne veut pas évidemment pas dire que c'est sur des « ressemblances » qu'il convient de se fonder – le débat n'est pas là. Cela veut tout simplement dire qu'il convient d'appréhender l'ensemble du champ des rapprochements possibles pour documenter et argumenter au mieux les hypothèses.

Eléments ponctuels de réflexion sur l'entrée **wìr**.

Dans la logique arborescente bien connue si un rapport de cognacité devait être introduit entre les entrées Niger-Congo[135] et l'entrée songhay **kúrí** (sans préjuger de ce qu'il signifie réellement au plan de la généalogie des langues) et si de plus l'on désirait (à titre d'exercice d'école) conserver l'hypothèse du '*moveable k*' et la logique 'généalogique'[136], il faudrait supposer que cette entrée (munie de son préfixe) avait été empruntée à une étape ancienne de la construction Niger-Congo puisqu'elle semble concerner aussi bien le mandé que le bantou ! Et cela demande d'autres justifications. Et si ce n'est pas le cas il faudrait encore supposer des emprunts de vocabulaire fondamental (ce qui est toujours possible mais manque de crédibilité lorsque l'emprunt reste étroitement limité à quelques entrées au point de ressembler à une explication *ad hoc*) ou encore, en bonne « logique », il faudrait revenir sur l'hypothèse et faire appel au hasard, ce qui ne se 'démontre' pas. A moins de considérer finalement qu'il y a bien ici une utilisation *ad hoc* de l'hypothèse du '*moveable k*' dont la validité en ce qui concerne le songhay reste douteuse comme on a pu le constater.

En conclusion l'hypothèse retenue par Ehret n'a pas de fondement justifiable en l'état. On remarquera que Bender (1997 : 134) a aussi reconnu les rapprochements avec le mandé et le tubu (isoglosse 323, *Items Linking N-S and N-C*) mais il n'en fait pas moins la même analyse que Ehret en retenant l'hypothèse du '*moveable k*' (*(k+)Or+i*). Par ailleurs, face à la « proto-signification » fournie par Ehret « *to spill, flow out* » (laquelle mérite certainement un commentaire dans son rapport sémantique au songhay « *sang* » bien que je ne l'ai pas fait ici) il définit l'unité dans un autre champ sémantique « *blood, red1, white or yellow2* » ; tout cela donne quelque idée de la liberté des rapprochements sémantiques « possibles » et corrélativement, de la laxité potentielle dans la construction des hypothèses de rapprochements « pensables ».

---

[135] J'utilise cette terminologie parce qu'elle est « pratique » pour renvoyer à des regroupements de langues mais je n'en assume pas la signification généalogique dans ses termes traditionnels.
[136] Ce qui supposerait que la question de sa potentielle double correspondance manifestée en songhay 'k^w/k' ait été résolue.

Conclusion pratique.

Je ne trouve pas que l'on soit fondé à interpréter le lexème songhay **kúrí** dans des termes qui le ramènent à {NS *k^h + *wìr*}. En conséquence il ne saurait soutenir correctement la correspondance PNS *w- = w-$_{Sgh}$.

Poursuite des recherches dans l'univers de la correspondance *w- = w-$_{Sgh}$.

Les rapprochements qui vont suivre tombent sous le coup d'une autre critique. Ils sont moins nombreux mais restent symptomatiques d'une approche trop cursive des données.

Correspondances inacceptables.

Trois racines {1395 *wē:l « *to shine, burn* » ; 1403 *wé « *you (pl.)* » ; 1381 *wòfè « *tirer soudainement* »} illustreront ce cas de figure. La reconstruction et la régularité des deux premières sont formellement justifiées par la règle contextuelle {PNS *we(:) > o(o) / #_# and / #_L, L = liquid.}[137] que donne Ehret mais cela ne peut pas être accepté. Le traitement de la dernière racine **wòfè**, quant à lui, permettra un nouvel élargissement du débat.

Entrées concernées par la règle contextuelle :

L'entrée {1395 *wē:l « *to shine, burn* »}.
Données songhay :

kaado	óolé $_{Dlb}$; óolè $_{Ayr}$	être jaune ; jaune (robe de vache)
songhay orient.	wolè ; woolel $_{Gbr}$	jaune
songhay central	oola$_{RN}$; ʔo:la$_{JH}$	jaune ; être jaune
zarma	oolay $_{RN}$	jaune

En songhay très peu de lexèmes commencent par une initiale vocalique postérieure, c'est pourtant le cas de **óolé** mais cela s'explique

---

[137] Ehret (2001 : règle 19, p. 26).

par un emprunt (cf. le peul : **oolɗum** ; **ooluɗum** « *jaune* »[138]). Cette unité semble effectivement être un emprunt utilisé en kaado et en songhay central que l'on retrouve sporadiquement en songhay oriental, particulièrement chez les Gabero qui sont « ethniquement » peuls. Evidemment, ce statut d'emprunt est un mauvais point pour qui voudrait justifier de la cognacité de cette entrée par rapport à l'ensemble nilo-saharien ! Notons aussi qu'une forme voisine se retrouve aussi en bambara, en bozo (et probablement ailleurs) où **wɔlɔ** signifie « *feuilles servant à teindre en jaune (anogeissus leiocarpus)* », ce qui réfère également à la « *couleur* ».

L'entrée {1403 *wé « *you (pl.)* »}.
    Ehret propose cette racine comme forme originelle pour le pronom de deuxième personne et postule que la forme avec 'r' du songhay correspond à une racine **war**, composée de la racine + **r** n. suff. comme dans sa reconstruction nubienne (*wir).

Données songhay :

kaado	óo ; óròŋ	vous (pronom locutif récepteur, forme simplifiée de **or**) ; vous (pronom locutif récepteur, forme emphatique)
songhay occid.	war ; wor ; yer	pronom personnel de la 2ème personne du pluriel, vous le vôtre
songhay orient.	war / wara	vous (2 pl.)
songhay central	wara	vous (2 pl.)
zarma	áràŋ	vous (2 pl.)
emghedeshie	índu(da	vous (2 pl.)
korandje	n'd'iou	vous (2 pl.)
tadaksahak	andi	vous (2 pl.)
tagdalt	anʒi	vous (2 pl.)
tasawaq	índì, wà	vous (2 pl.)

Diffusion potentielle :
sémitique :

arabe	ʔanta, ʔanti	you
éthio-sémitique :		
guèze	ʔanta, ʔanti	you

---

[138] En fulfulde de Maacina cet adjectif sert pour désigner la robe claire des vaches ; on l'utilise également pour désigner la couleur claire de la peau humaine (Vydrine : communication personnelle).

En fait – et les correspondances interdialectales le montrent – il est évident en songhay que le 'r' dont il est question correspond à la même unité *d que j'ai déjà mentionnée à propos du lexème songhay **kúrí** et que cela ne cadre pas avec la correspondance proposée ; mais le point essentiel n'est encore pas là, il est plutôt dans le fait que la règle contextuelle (qui est censée justifier la validité de la régularité permettant de rapporter les attestations songhay commençant par #o- à la correspondance postulée *w- = w-) n'est soutenue *que par une entrée dont le statut d'emprunt local est manifeste et par une autre correspondant à la forme réduite d'un pronom personnel*[139]. En conséquence, non seulement la régularité n'est justifiée que par deux exemples mais ceux-ci sont mal adaptés à leur objectif, ce qui ne peut pas ne pas donner un caractère *ad hoc* à cette justification.

On retrouve donc ici un exemple de circularité où une règle est posée à partir de données inadéquates qui, par leur nécessaire et évident accord de construction avec elle, sont censées justifier une proposition plus générale. C'est ce même sophisme qui fonde une grande partie des hypothèses ici discutées.

L'entrée {1381 ***wāp**^{h} « *to thrust aside* »}.

Données songhay :

kaado	wòfè	tirer soudainement	*Commentaire de Ehret :* stem + sgh -e ext. (proposed NS *a dispunc. + NS *-i itive. Sahelian semantic innovation : shift in the direction of action from away from the speaker to toward the speaker

Données ED :

Koman: Uduk	wùp^h àp^{h}ó'	to attack (one person), to fall upon someone	áp^{h}ó' "on top"
Kunama	ofai-	to step aside, get out of way	stem + NS *'y ess. -act. as intr.
Sah: Kanuri	wóp	to flip over, throw down to floor, defeat, surprise	
Kir-Abb:Nil:Enil:Maasai	-wúáp	to snatch	

---

[139] Et le pronom connaît par ailleurs d'autres réalisations dialectales qui ne souscrivent pas à cette règle.

Le problème posé par cette racine est que le réflexe songhay qui l'illustre n'est bien attesté *que* en kaado[140]. Par ailleurs il existe certains rapprochements au titre de la diffusion potentielle qui pourraient être exploités :

Diffusion potentielle :
couchitique :

somali	wif	rapido passaggio di qn. o qs.
	wiif	girare rapidamente

égyptien :

a.égyptien	iᶜf	retordre (linge), presser (vin)
copte	ⲱϧ, ⲱϧⲉ	retordre

mandé :

mandinka	wàfu	tirer violemment ; marcher très vite à grands pas

Exploration dans l'univers féminin.

Les deux entrées suivantes {1377 ***wàɲ**, ***wāɲ** «*female*»} (kaado : **wèy** «*femelle*») et {1378 ***wánṯ** «*woman*»} (kaado : **wàndè** «*épouse*») seront traitées en parallèle car elles participent d'un même champ sémantique et montrent une proximité suffisante pour que l'on puisse se questionner sur le rapport qu'elles entretiennent : elles pourraient se dériver l'une de l'autre et c'est ce que Ehret postule en analysant {1378 ***wánṯ** «*woman*»} comme l'extension de la racine {1377 ***wàɲ**, ***wāɲ** «*female*»} + {NS *ṯ / ṯ n. suff.}, mais l'on peut aussi aller plus loin et adjoindre à cet ensemble l'entrée {**hóndí** «*jeune fille vierge ; fille*»}[141]. Voici les données :

---

[140] Ceci étant, la rareté d'attestations n'est pas en elle-même suffisante pour ne pas retenir une unité. J'ai pu aussi le relever en zarma mais uniquement dans le dictionnaire de I. A. Umaru, *Zarma ciine kaamus kayna*, Niamey (sans date) alors qu'une documentation lexicale importante existe sur cette langue : cet ouvrage intègre apparemment l'ensemble des entrées zarma connues à Niamey ainsi qu'une partie des néologismes construits dans le cadre des organismes œuvrant pour la promotion des langues nationales. Notons encore que l'on trouve en songhay des formes sémantiquement et phonétiquement voisines (cf. **yòbù** «*retirer du fourreau, tirer à soi avec force, dégainer*», **hóobù** «*dégainer, retirer du fourreau, tirer d'une botte ; cueillir des feuilles*») qui mériteraient d'être étudiées en parallèle.

[141] Elle pourrait être synchroniquement analysée comme une dérivation de la racine 1378 + suffixe diminutif -(i)yow.

Modèle des correspondances : la correspondance *w- = w-$_{Sgh}$ 101

L'entrée {1377 *wàɲ, *wāɲ « *female* »}.

Données ED :

For	dwanya	woman	
Kir-Abb: Nil: Wnil: Ocolo	wanyo	father'sister	
Kir-Abb: Nil: Centr. Kal	*kwaɲ	woman	NS *k^h n. pref. + stem

Données songhay :

kaado	wèy	femelle
songhay occid.	wey	femelle, femme, fille, amante ; vouloir, désirer
songhay orient.	wey / way	femme
songhay central	woy	femme
zarma	wày	femme, femelle
dendi	wèý ; wèyyá	femme, épouse ; femelle
emghedeshie	uei	femme
korandje	oui	femme
tagdalt	wɛy	épouse
tadaksahak	wɛy	épouse ; femme

L'entrée {**hóndí** « *jeune fille vierge ; fille* »} ➔ variation w ⇔ h.
(Pas de données ED)

Données songhay :

kaado	hóndí	jeune fille vierge ; fille
songhay occid.	hondya ; wandiya	jeune fille pubère
songhay orient.	hondiaw	jeune fille ou femme n'ayant pas encore enfanté
	handiya	jeune fille
songhay central	hondiya / hondiyow	fille (à l'âge de puberté)
zarma	wóndíyó, wándíyó	jeune fille ; femme non mariée, femme vierge ; copine, fiancée
dendi	wèndìyá$_{Djg}$; wòndìá$_{Gay}$; wāndìò$_{Tnd}$	jeune fille

L'entrée {1378 *wánṯ « woman »} ➔ variation w ⇔ ŋ(w) ⇔ h.

Données ED :

| Kir-Abb: Gaam | ɔ́ɔ́d | woman | |

Données songhay :

kaado	wàndè[142]	femme, épouse
songhay occid.	wande, wonde	épouse
songhay orient.	wande	femme au sens d'épouse
songhay central	ŋande	épouse
zarma	wàndé	femme ; épouse
dendi	wàndé$_{Gay}$, wāndɛ̀ı$_{Tnd}$	épouse
zarma	wándíyó	femme non-mariée, femme vierge
dendi $_{Djg}$	wèndìyá	jeune fille

Commentaire :

Chacune de ces entrées montre un comportement différent : l'entrée « *femelle* » est cohérente avec la correspondance *w = w, celle pour « *épouse* » est en accord avec la variation w ⇔ ŋw ⇔ h et celle pour « *jeune fille* » satisfait à une variation w ⇔ h. En conséquence si l'on fait l'hypothèse qu'il s'agit des réflexes d'une même racine, il faut rendre compte de sa différenciation ; à l'inverse, si elles ne sont pas les réflexes de la même racine alors – en s'en tenant aux deux lexèmes retenus – l'hypothèse est prise en défaut. Corrélativement si la diversification devait s'expliquer par un conditionnement particulier l'analyse devrait porter, au-delà du présent exemple, sur l'ensemble des entrées concernées par cette « famille » de mouvements phonétiques dont certaines ont été mentionnées plus haut. Mais l'analyse passe aussi par l'étude de la diffusion lexicale. Voici les données :

---

[142] *Commentaire de Ehret* : stem + *NS **-eh** n. deriv. suff. accounts for tone lowering.

Diffusion potentielle :
sémitique :

arabe	unṯā	femme, femelle
arabe marocain	unṯā	femelle
arabe chwa	ʕāwīn, ʕaīn, awīn	femmes
	unti, anāti ; unesa ; nitāya, intāya	femelle
	anṯāya ; anāṯi	femelle, femme
ḥassāniyya	unṯā / neyṯi	femelle

éthio-sémitique :

guèze	ʔanəst	woman, wife, femelle ; serves also as sex marker with animals

berbère :

tahaggart	tounté[143]	être de sexe féminin (pers., an., végétal de sexe féminin, mot de genre féminin)
kabyle	ennta	femelle ; féminin (de sexe) ; sexe féminin
tamazight	tameṭṭuṭṭ	femme, épouse
tawellemmet	anṭuṭ	épouse
	tanṭut	femme ; femme, épouse
	tawtəmt	femelle (en général)

couchitique :

oromo	naddi ; nitti	épouse, femme
agaw / khamir	iwna	woman
omotique / she	wana	woman

tchadique :

hawsa	tamàta	féminin ; femelle

Données complémentaires nilotiques :

datooga buradiga	húda	fillette ; fille
	hú:da/háwê:ga	fille
	hú:diya	sœur aînée
datooga bajuta	hú:da	fille
	háwê:ga	filles
datooga bianjera	hura / hawé:ga	fille
datooga rutigenga	húra / hawé:ga	fille

---

[143] Je conserve généralement la notation de Ch. de Foucauld.

Ces tableaux montrent un rapprochement possible avec le chamito-sémitique au moins en ce qui concerne l'entrée **wàndè**[144]. Les critiques que j'ai prodiguées envers une partie des mises en rapport précédentes montrent à quel point il devient « presque aisé » de trouver des rapprochements pour la justifier lorsqu'une hypothèse d'apparentement est posée *a priori*, et à quel point les mises en rapport peuvent être trompeuses et circulaires. Cela peut aussi s'appliquer à mes propres analyses ! En conséquence, dans un premier temps, si l'on ne retient pas *a priori* l'hypothèse du rattachement du songhay au nilo-saharien il ne faut évidemment pas la remplacer *ipso facto* par une autre hypothèse avant d'avoir examiné l'ensemble des données disponibles dans leur détail ; ce qui reste à faire. Il convient donc d'être modeste et de s'en tenir à ce qui suit :

- les rapprochements intentés avec le nilo-saharien sont plutôt faibles et fondés sur peu de données,

- les données songhay montrent des faits de variation qui demandent explication mais il n'est pas possible pour l'instant d'en rendre compte ni du point de vue interne, ni du point de vue de la comparaison nilo-saharienne,

- les rapprochements concernant la diffusion potentielle ouvrent – et de façon apparemment massive – sur le domaine chamito-sémitique sans que l'on puisse pour autant avoir une idée « acceptable » de ce que cela peut signifier avant que l'examen de l'ensemble des données pertinentes n'ait été achevé et que la question d'éventuelles régularités phonétiques les concernant n'ait été abordée.

Ainsi, seule une poursuite des comparaisons, une « déstructuration » du cadre d'analyse et une réflexion critique sur les modèles pourrait conduire à proposer avec quelque crédibilité des éléments d'hypothèses plus affinés pour rendre compte de l'état des choses, enrichir le débat et développer les connaissances.

---

[144] Il s'agit-là, *a priori*, d'un vocabulaire « essentiellement » 'fondamental' censé ne guère s'emprunter (cf. « *femme* » !)… A moins que, à l'opposé, il ne s'agisse de vocabulaire « éminemment » 'culturel' (cf. « *épouse* » !).

Fin de parcours.

On trouvera dans ce qui suit, cursivement présenté et commenté, le reliquat des candidats songhay susceptibles de justifier la correspondance PNS *w- = w-$_{Sgh}$ que je m'étais donné pour but d'évaluer.

L'entrée {1387 ***wàs** « *to grow large* »}.

Données songhay :

| kaado | wásà[145] | être large, être vaste | |

Données ED :

Koman: Uduk	wàs	to tassel, of corn	
Kunama	ossako-	to increase, augment	stem + NS *k^h iter. > dur.
Sah: Kanuri	wásəm	yawning ; to yawn	stem + NS *m n. suff. ; v. < n.
For	wassiye	wide	stem + NS *'y adj. suff., with usual For gemin. of medial C of adj.
Rub: Ik	was-úk'ót	to stand	semantics: *grow > rise* W *stand*

Comme l'entrée **wòfè** ci-dessus traitée le lexème **wásà** n'est attesté qu'en kaado et au titre de la diffusion potentielle il peut être rapproché des données ci-dessous.

Diffusion potentielle :
sémitique :

arabe	wassaʕa	élargir
arabe marocain	w-ss-ʕ	élargir, rendre vaste
arabe chwa	wisiʕ	être large
	wuṣaʕ	estimation ou étendue
ḥassāniyya	wāsəʕ	ample, large ; spacieux
	wəsʕʕ	ampleur, largeur
	wessaʕ	écarter ; élargir
	usāʕ, yūsāʕ	être, devenir large ; être, devenir spacieux

---

[145] *Commentaire de Ehret :* Saharo-Sahelian semantic innovation.

berbère :

kabyle	ewsɛɛ	être à l'aise ; écarter les jambes ; prendre élan ; être ample ; être trop vaste
tamazight	wsɛɛ	être large, vaste, spacieux, ample, s'élargir

couchitique :

| somali | waasaʕ | largo ; camminare pesantemente |

tchadique :

bidiya	waas	enfler ; gonfler
mokilko	wàasé	grossir, s'épanouir
	wàsí	large
mubi	wàasàgé	gonfler, enfler (furoncle)

En conclusion la justification de **wásà** comme réflexe de la racine PNS ***wàs** n'est pas évidente ; je reconnais plutôt là une racine largement attestée[146] dans l'espace chamito-sémitique. A ce premier stade de l'étude l'on pourrait « imaginer » que certains dialectes songhay (le kaado en l'occurrence) ont dû l'emprunter mais aussi quelques autres langues en contact avec le chamito-sémitique, tel le soninké, le aiki (cf. {soninké : **waso** « *pleinitude, satisfaction* » ; aiki : **wòsí** « *large* »}) et probablement bien d'autres que je n'ai pas répertoriées. Le soutien de cette entrée pour justifier une correspondance PNS *w- = w-$_{Sgh}$ est donc faible.

L'entrée {1388 ***wá:ṣ** « *to bubble* »}.

Données ED :

Koman: Uduk	àwùš	foam, bubble	NS *a- n. deriv. pref. + stem
Koman: Uduk	àwùšá	frothy, bubbly	Uduk n. + NS *-ah n./adj. deriv. suff.
Astab: Nub: Dongolawi	wa:s	to boil (intr.)	loan from language in which NS *ṣ > s

A la différence de la précédente cette entrée est bien représentée dans tous les dialectes songhay, son sémantisme est stable et les extensions vers les notions de « *colère* » ou de « *rapidité* » sont « sans surprises » ; elle souscrit correctement à la correspondance PNS *w- = w-$_{Sgh}$ mais elle montre aussi une forte diffusion dans l'espace chamito-sémitique. Et cela est suffisant pour que son statut de racine PNS demande à être plus attentivement considéré.

---

[146] On trouve tout aussi bien en ancien égyptien la forme **wsḫ** « *être large ; être à l'aise ; largeur* ».

Données songhay :

kaado	wáasú[147]	bouillir ; bouillir en faisant du bruit
songhay occid.	wasu	bouillir ; être fâché, en colère
songhay orient.	waasu	fondre ; bouillir
songhay central	wasu	bouillir
zarma	wáasú ; wáasí	bouillir, se presser, être rapide ; marcher rapidement, rapidité
dendi	wáasù Djg ; wáasú Gay	bouillir, écumer ; marcher vite
tagdalt	waṣ, was	bouillir
tadaksahak	was	bouillir
tasawaq	was	bouillir

Diffusion potentielle[148] :
sémitique :

	ašša	s'agiter, bouillir de colère
arabe	hazhaza	shake, quiver
	ḥāṣa	s'enfuir, se sauver, s'échapper
arabe chwa	waswas	murmurer ou murmure
	wazzaʕ	distribuer
ḥassāniyya	veyyaḍ	faire bouillir
	veyḍ	bouillonnement ; ébullition
	vāḍ	bouillonner
éthio-sémitique :		
guèze	ḥws, ḥosa	move (intr.), shake (intr.), wag, agitate, mix
	wzz, ʔaswazaza	wander about aimlessly
	wazwaza	agitate, shake
	wəzwāze	swinging
amharique	(h)awwäsä	mix, stir
	wäzäwwäzä	shake, agitate
berbère :		
tahaggart	ǎous	bouillir (être en ébullition)
kabyle	wecwec	crépiter, pétiller
	wezzeɛ	éparpiller ; répandre ; être éparpillé ; éclater en paroles

---

[147] *Commentaire de Ehret* : stem + NS *-uh ven.
[148] Dans ce tableau comme dans d'autres qui suivront je présente des formes référées à des racines montrant des sémantismes et des phonétismes potentiellement dérivables les uns des autres, sans préjuger d'un rapport de dérivation qui relèverait d'une étude interne au groupe des langues en question. Le rapport introduit avec le songhay est ici « global » ; et il ne peut en être autrement au niveau de l'étape actuelle qui n'est jamais qu'une 'pré-analyse' !

tamazight	wezzeɛ	se partager, en tirant au sort, la viande d'un animal de boucherie acheté en commun, débiter de la viande ; dilapider, ruiner
taneslemt	əwəs	bouillir
tawellemmet	ewes	bouillir
	əwəṣ ; əwəs	bouillir, bouillonner
couchitique :		
afar	iwiswise	hésiter, être indécis, flotter ; être déprimé
	waswas (waswaàsa) ; wiswas (wiswaàsa)	hésitation ; trouble
	wès-exce	vagabonder, faire des méandres, serpenter
somali	waswaas	esitare ; essere dubbioso ; essere incerto ; essere indeciso ; sospettare di qn. o qs.
qemant	wäzäwäz	move continually
tchadique :		
bidiya	wis	bouger ; mélanger ; remuer
migama	wìssò	bouger
mokilko	ʼáwìzá / ʼâwzá ; ʼáwìzìtá	remuer

L'entrée {1389 *wát « close friend »}.

Données ED :

Kunama	koda	friend, comrade	NS *kʰ n. pref. + stem
Kir-Abb: Nil: Wnil: Ocolo	wat	comrade of same age	probable *ward-, stem + Nsud *ṭ n. suff.

Données songhay :

kaado	wáddè	camarade de même âge ; membre de la même classe d'âge
songhay occid.	alwadda ; wallaya / walliya	camarades, compagnons d'âge (des deux sexes) ; être l'aide, l'ami de qqn.
songhay orient.	alwadde ; wadda, wadde	groupe d'âge ; personnes de même génération, groupe d'âge
zarma	wáddè	camarade de même âge
dendi Gay	wáddè	égal par la taille

Diffusion potentielle :
sémitique :

arabe	wadda	love, like, want
	ʕuḍw	member, limb, organ, member (of organisation)
arabe marocain	w-dd-	amour, affection
arabe chwa	uduʔ	membre
éthio-sémitique :		
guèze	wdd, wadda	put into, join together, insert, lay a foundation, establish firmly
amharique	wäddädä	love
harari	wädäda	agree with one another, join together (intr.), concur

atlantique :

peul	waada	faire ensemble

Poser que cette entrée est une racine PNS demande une justification particulière car d'une part l'entrée ED est peu documentée dans l'espace nilo-saharien et d'autre part l'ensemble de données ci-dessus proposé mérite quelque attention[149]. Là encore, le statut de racine PNS est trop faiblement justifié.

L'entrée {1398 **wēnt** / **wīnt** « *to go round / to revolve* »}.

Données ED :

Astab: Nub: Dongolawi	wɛd	to spin (cotton)	
Astab: Nub: Dongolawi	widɛ	to turn, turn around	2nd stem + NS *'y ess.-act.
Kir-Abb: Nil: PWNil	*wɛn / *win	to go around (def./indef.)	

Données songhay :

kaado	wíndí	concession (terrain), quartier
	wíndí	récolter le fonio
	wìndí	tourner autour de qqch., se promener
songhay occid.	windi	tourner, rouler ; encercler ; entourer, faire le tour, concession

---

[149] La forme des entrées fournies en variante en songhay occidental et oriental suggère, bien évidemment, l'existence de croisements possibles avec l'entrée arabe **walad**.

songhay orient.	windi	cueillir le fonio
	windi	tourner autour, faire des cercles ; se promener, faire un tour
	windi	cour, carré, concession ; clôture en séko formant cour
zarma	wìndí	tourner autour, tourner ; se promener
	wíndí	concession ; enceinte, clôture, enclos renfermant des cases dans un village
dendi	wúndí Gay ; wùndí Gay	concession, natte ronde ; contourner

L'entrée **wíndí** est bien connue en songhay et réfère toujours à un « *mouvement circulaire* », une notion de « *aller-retour* » et donc de « *clôture* » ; toutefois il est probable qu'il s'agit d'une forme dérivée figée. Dans cette hypothèse la forme de base pourrait être une forme proche de *wil- dont les attestations ci-dessous seraient issues.

Données songhay complémentaires :

songhay occid.	wulli : willi	revenir, retourner ; rabattre, faire revenir, retourner
	wiliwili	faire tourner, tourner sur soi-même
	weelu, weeli	se retourner, tourner vite ; tourner
	walwal	bouillir, parler sans discontinuer ; liquide qui bout
songhay orient.	wi	corder à deux brins ou même à un en roulant sur la cuisse
	willi	tourner ; retourner ; reprendre une répudiée
	wili wili	faire tourner en l'air, faire des moulinets
	walwal, wulwul	sourdre, commencer à entrer (eau) ; aller rapidement, se hâter
zarma	wìllì	tourner sur soi-même
korandje	aouiri	haie ; clôture
tagdalt	awəliiwəl	remuer
tabarog	wəlawəla	donner qqch. à qqn. en échange de confiance, voter
tadaksahak	assəwwəliiwəl	remuer
tasawaq	waluwalu	donner qqch. à qqn. en échange de confiance, voter
	yiwal	tourner la tête

Parallèlement, une racine **WL** est largement représentée dans tout l'espace chamito-sémitique et au-delà comme les attestations ci-dessous le montrent ; il resterait à analyser l'ensemble dans son détail mais cela suggère d'ores et déjà que l'hypothèse d'une racine PNS **wēnt / *wīnt** demande à être davantage justifiée.

Diffusion potentielle :
sémitique :

arabe	ʕāda (ʕwd)	return, come back to
arabe chwa	ʕād	retourner ; revenir à un lieu

éthio-sémitique :

guèze	ʕwd, ʕoda	go around, turn around, circle, encircle, encompass, surround, circulate, revolve, turn
	ʕawd, ʔawd	circle, cycle, circumference, threshing floor, court, hall, judgment seat, tribunal, court of law, judgment, assembly, council, district environs, neighborhood, vicinity, area, period of time
	walwala	doubt, hesitate
	wlw, ʔawlawa	move (tongue), flutter, flap

berbère :

tahaggart	ăoul	être tourné, se tourner, tourner (changer de direction)
	ouelei	faire retour au propriétaire après lui avoir été pris injustement
kabyle	welli	retourner
tamazight	lley ; lli-lley	tourner, osciller, se balancer ; brandir, agiter en l'air ; avoir des vertiges
	wellu ; wella	faire une chute, tomber, rouler en tombant
tawellemmet	walawala	donner qqch. à qqn. en échange de confiance, voter
	əwəl ; ewel	tourner, changer de direction, être penché, faire des cabrioles, gambades ; tourner, etc.
	ənwəl, əwəl	tourner (autour de soi-même)

couchitique :

afar	lìlli-hee	tourner pour regarder en arrière
	lilìm-edḥe	vaciller
	lalo	flottement

mandé :

bozo	wyeru	tournoiement ; tournoyer
bisa	hihila	tourner de côté et d'autre

voltaïque :

| baatonum | wúrà | retourner |

nilotique :

bari	wit	tourner
dinka	wèl, wèlic	retourner

proto-nilotique ₍Rottland₎	wɪr	tourner autour

L'entrée {1417 **wís**, **wíṣ** « *to blow with the mouth* »}.

A la fois en raison de sa diffusion potentielle et de sa probable valeur idéophonique cette entrée ne fait pas un bon candidat pour le soutien de la correspondance. Voici les données :

Données ED :

Astab: Taman: Tama	wi:s-	to whisper	V lengthening regular here, or recording error ?
Astab: Taman: Tama	wi:siw-	to whistle	stem + NS *w punc.
Kir-Abb: proto-Daju	*uus	to blow	
Kir-Abb: Nil: Snil: Kalenjin	*us	to blow	loan, expected *wit or *wic

Données songhay :

kaado	wísì ₍Dbl₎, wìsì ₍Ayr₎	siffler
songhay orient.	wisi	siffler ; exciter « kss kss », les hommes à danser
songhay central	wisi	siffler
zarma	wísì	détourner la tête en signe de dégoût

Diffusion potentielle :

sémitique :

arabe	waswās	insinuation diabolique ; doute
arabe chwa	wašwaš ; waswas	bruisser ou bruissement ; murmurer ou murmure

éthio-sémitique :

guèze	wśʔ, ʔwśəʔa	answer, respond, respond in chant, speak, hearken (that is respond to a prayer)

berbère :

tamazight	weswes	être inquiet, être angoissé, obsédé, anxieux
	weṣṣa	recommander, faire des recommandations, conseiller, charger de

couchitique:

saho	was	blow (n)

atlantique :

wolof	walis	siffler avec la bouche ; siffler pour appeler
badiaranké	wis	grincer

L'entrée {1376 *wànt, *wànṭ « *side of the body* »}.

Données ED :

For	nundaŋ	side (of the body)	stem + NS *ŋ n. suff.
For	nòndòŋ	kidney	For **n-** sing. pref. + stem + probably **-oŋ sing. suff. ...
Rub: Soo	watan	ribs, side	

Le lexème **wàndè** « *partie du corps entre les côtes et les hanches* » auquel Ehret se réfère ici pour le songhay n'est attesté *que* dans le dictionnaire kaado de Ducroz & Charles ; en conséquence il est hasardeux, sans vérification complémentaire, d'en faire le réflexe songhay d'une racine PNS *wànt, *wànṭ. D'autres alternatives pourraient être envisagées dont certaines auraient davantage de vraisemblance. Par exemple, celle qui traiterait cette entrée comme une forme figée dérivable de la locution **gámè + nda** (cf. **X + nda**).

Je donne ci-dessous les données songhay concernant l'entrée **gámè** susceptibles de conforter une telle analyse :

Données songhay complémentaires :

kaado	gámè	milieu, centre, tronc du corps humain
songhay occid.	game, gam ; gama	milieu, entre, parmi, au milieu de ; entourer
songhay orient.	game, gam	milieu de ; moyen, entre les deux ; ligne de séparation, limite de deux champs
songhay central	gamu	entre, parmi ; milieu, intérieur
zarma	gámè	entre, milieu
dendi	gámè	entre
tasawaq	gama ; game+nda	entre ; frontière

Bien évidemment il faudrait aussi supposer un affaiblissement **g > w**. Sur ce point les travaux existants pourraient suggérer des pistes possibles (cf. l'amuïssement de g_{Sgh} en position intervocalique[150]). Toutefois une telle hypothèse ne pourrait pas être crédible sans une justification pour l'établir au plan morphologique. Je la suggère donc

---

[150] Nicolaï (1981 : 70-75).

comme une direction de recherche possible, sans la retenir pour un fait. Parallèlement on trouve aussi en sémitique (cf. Leslau : 1987) des formes qui pourraient être utilisée pour rejeter cette même analyse.

sémitique :

soqotri	ʔid	toward
ḥarsasu	wede	toward

éthio-sémitique :

guèze	waʔ(ə)da, wəʔda	where, in the place along
amharique	wādā	toward

L'entrée {1397 *wēp^h « *to lack strength, be weak* »}.

Comme la précédente cette entrée est faiblement représentée en songhay puisqu'elle n'est attestée qu'en kaado (**wófè** « *n'avoir pas de force, être faible* »), en conséquence sa pertinence en tant que réflexe de la racine PNS *wēp^h est l'objet des mêmes questions que celles qui se posent pour les autres entrées qui sont dans le même cas.

Données ED :

Koman: Uduk	ūp^h	women (suppl. pl.)	
Koman: Sn Koman	*hap^h	she	Komo **hap** ; etc.
Koman: Komo	-p	gender marker in feminine 3rd person pronouns	
Csus: PCS	*we	to wear out, weaken	

Elle pourrait aussi être rapprochée d'entrées connues dans l'espace chamito-sémitique comme le suggère le tableau de sa diffusion potentielle.

Diffusion potentielle :

sémitique :

arabe	hafā	faire un faux pas, mélanger, faire échouer
arabe chwa	ḫāf ; hāf	gâcher, avarier (maïs ou céréales) (intr.) ; se flétrir ; périr
	wafa ; itwaffā	décharger (dette ; obligation) ; mourir
ḥassāniyya	wefi	fin, fait d'être terminé
	uve yowve	se terminer ; être terminé ; achever
	weffe iweffi	terminer ; mettre fin à

berbère :

tahaggart	ăouf	être frapper de terreur panique par (une pers., un an., une ch.), être frappé de terreur panique
	ăggouf	épouvantail (sorte de mannequin mis dans les champs,…)
kabyle	weffi, tweffi	mourir sans postérité
	ḥaf / ḥuf, enḥaf	se donner de la peine
	eḥfu	être usé
tamazight	haf	être épuisé, éreinté ; s'éreinter, être exténué

L'entrée {1383 *wár « *to rise, go up* »}.

Le lexème **wárgá** est bien connu en songhay mais l'analyse qui en est proposée afin de justifier sa présence parmi les réflexes de la racine ***wár** demande des explications. L'existence des formes kabyle et mandé ci-dessous mentionnées sont *a priori* phonétiquement et sémantiquement plus proches et si, finalement, l'on devait supposer une dérivation sémantique, je ne vois pas que celle qui lierait « *large, gros, vaste* » à « *fesses* » soit moins « vraisemblable » et/ou « naturelle » que celle qui conduirait à « *to ride, go up* » ![151] En conclusion ce rapprochement ne semble pas être mieux justifié que les précédents.

Données ED :

Kunama	ori-	to go up	
Sah: Kanuri	wár	to recover from long illness	
For	*wair-	to spread out	stem with NS *-I itive
Astab:Nub: Dogonlawi	waris	to stretch, extend	stem + NS *-I itive + NS *s prog.
Kir-Abb: Nyimang	wɔ̀rɔ̀, Dinik ór	tête	semantics : *top part of body*
Rub:Soo	ora'	to scatter	stem + NS *-a dispunc.

---

[151] Pour en rester aux allusions « correctes », tous les Français savent bien qu'un 'camion' n'est jamais qu'un 'gros cul' !

Données songhay :

kaado	wárgá[152]	être gros, grossir
songhay occid.	worgo ; woro	gros, gras, épais ; large, solide
songhay orient.	warga	être gros, gros
songhay central	warga	grossir ; être gros
zarma	wàrgó ; wárgá	gros ; être gros, grossir
dendi	wáRgá ; wēygā$_{Tnd}$	gras, gros ; grossir, devenir / être gras
tagdalt	warɣa	gros
tadaksahak	warɣa	gros
tasawaq	warɣa	gros

Diffusion potentielle :

sémitique :

arabe	abğar	personne corpulente
arabe chwa	wərk, dim. ureyk	fesse

éthio-sémitique :

guèze	bagara	grow, become physically developed
amharique	bäggärä	become physically developed
argobba	bägära, fägära	fesses

berbère :

kabyle	werrek	abonder, être plein, regorger

mandé :

soninké	baraxato	grossir
bozo	waa	être large, vaste
	waagu ; waaga	large vaste ; largeur, être large
mandinka	wàra	être grand

L'entrée {1390 ***wáyéh**, ***wá'yéh** « *ten* »}.

Données songhay :

kaado	wéy	dix
songhay occid.	a-wey	dix
songhay orient.	wey, i-wey	dix
songhay central	woy	dix
zarma	ì-wáy	dix
dendi	wéỳ	dix

C'est uniquement sur la base d'un lien postulé entre le songhay **wey** « *dix* » et le for **weye** « *ten* » que semble reposer l'hypothèse de cette

---

[152] *Commentaire de Ehret* : stem + NS ***k-** suff. ; v. < presumed earlier adj.

racine. Si c'est le cas c'est probablement insuffisant. Je n'ai pas trouvé de rapprochements au plan de sa diffusion potentielle c'est pourquoi je retiens cette entrée parmi celles susceptibles d'appartenir à un *fonds lexical endogène*. La faiblesse est due, cette fois, non pas à un manque de représentation dans le domaine songhay mais à sa carence en nilo-saharien !

L'entrée {1391 *wa:y « *to give off light* »}.

Données ED :

Csud:PCS	*wɛ	to be alight	
Kir-Abb:Nil:Enil:Bari	wɛ-'ya	to make white	
Kir-Abb:Nil:Snil:Elgon Kal	*wa:c	to flash (of lightning)	
Rub: Ik	wídzeekw	afternoon	stem + NS *y n. suff.(>Prub *j > IK **dz**) + Rub sing. suffixe

Données songhay :

kaado	wéetè[153]	matinée vers dix heures ; passer la matinée
songhay orient.	weyta$_{Prost}$; weete	matinée vers dix heures
songhay central	weete	faire demi-journée
zarma	wéetè	matinée ; travailler la matinée ; passer la matinée

saharien :

kanuri$_{Bilma}$	watu	nuitée
kanuri$_{Yerwa}$	watə́	rejoindre le matin ; passer la nuit

Comme le montre le tableau, cette entrée bien connue en songhay méridional n'est attestée qu'au centre géographique de l'aire songhayphone et n'existe ni en songhay occidental, ni en dendi, ni en songhay septentrional. En ce qui concerne sa diffusion on peut relever une forme avec une signification proche en kanuri (Bilma et Yerwa) mais nulle part ailleurs. Cela étant, le rapprochement n'est guère satisfaisant car l'hypothèse de l'adjonction d'un suffixe t^h-, sans autre justification que celle d'accorder l'entrée songhay à la racine PNS moyennant un changement sémantique manifeste mais non signalé et non traité pourrait

---

[153] *Commentaire de Ehret* : stem + NS *t^h n. suff.

bien relever de la *politique du joker* que j'ai précédemment stigmatisée à propos de l'utilisation du '*moveable k*' !

L'entrée {1401 ***wéθ** « *to spill onto, wet down* »}.

Données ED :

Koman: Uduk	wús	to wash (clothes)	
For	wese	wet	stem + NS *-Vh n./adj. deriv. suff.
Astab: Nub: Dongolawi	uss-	to defecate	
Kir-Abb: proto-Daju	*ošo	year ; reany season	stem + *-Vh n. deriv. suff.
Kir-Abb: Nil ; Wnil:Ocolo	wɛt̪	to pain, smear on, cover with grease	
Rub: Soo	wéθit-	to fill	stem + NS *tʰ cont.

Commentaire de Ehret : possible Sahelian semantic shift to « *dung* » ; whether the Maba term supports or counterindicates the proposal is unclear. The gloss « *clay* » may well refer to the kind of blend of mud and dung which has common building and other uses in thes regions, and so support it.

Données songhay :

| kaado | wésí | épuiser, assécher, écoper |
| zarma | wàsì | épuiser |

Voici un autre lexème peu représenté en songhay ; à part le kaado je ne l'ai trouvé que dans le dictionnaire zarma de Isufu Umaru et les changements sémantiques assumés sont très lâches ; il me semble donc difficile d'accepter comme allant de soi sur la base d'un rapprochement aussi faiblement soutenu que ce lexème songhay est une évolution de la racine PNS postulée.

Ceci étant, non pas pour le « poser » mais seulement pour indiquer une voie possible, il est intéressant de mettre cette entrée en relation avec le lexème songhay **bàsù** « *vider, sortir de son gîte* » qui possède une signification voisine et un phonétisme facilement dérivé ; il s'agirait alors d'un rapport (**b** ⇔ **w**) qui n'aurait d'intérêt que s'il se trouvait corroboré par d'autres rapprochements que je n'ai pas identifiés pour l'instant. En conséquence ce que je mentionne n'a pas le statut d'hypothèse : il s'agit d'une simple direction de recherche dans un domaine où, compte tenu de l'absence d'hypothèses globales correctement justifiées, les perspectives restent encore largement ouvertes. On trouvera ci-dessous les données auxquelles je fais référence et le champ de diffusion potentielle susceptible d'y être lié.

L'entrée {565 ***pá:ṣ, *pā:ṣ** « *to remove, take out or off, put out* »} ➔ correspondance PNS***p=b**.

Données ED :

Koman: Uduk	páš	to give (salt, dates, sesame)	
Koman: Uduk	páš … iš	to lighten load or amount on shelf (**iš** Refl.)	
For	faas-	to wipe	semantics : *to remove by wiping*
Kir-Abb: Nil: SNil: Kalenjin	*pa:c	to strip off	
Rub: Ik	báts-	to peel, remove shell	Prub *ṣ > Ik ts / V_

Sahelian semantic innovation : to remove so as to leave bare. *Eastern Sahelian semantic innovation :* to leave bare specifically by stripping off outer covering layer.

Données songhay :

kaado	bàsù	vider, sortir de son gîte
songhay occid.	baasu	seau pour puiser de l'eau dans un puits, par ext. le puits lui-même ; puiser
songhay orient.	basu	verser en projetant, déborder ; épuiser l'eau
songhay central	baasitaga	vide
zarma	bàsù	faire sortir en vidant, en tirant ; vider une fosse
korandje	bazyu	puisettes
tagdalt	baasu	puisette
tadaksahak	baaʃi	puisette
tasawaq	baasu	puisette

Diffusion potentielle :
sémitique :

arabe	yabisa	be dry
	yabis	sec, aride
arabe chwa	yabès	sécher
ḥassāniyya	yābəs	aride, sec ; dessécher ; sécher (trans.), assécher
éthio-sémitique :		
guèze	yabsa	be dry, be arid, dry up, be withered (hand)
tigrigna	yäbəs	dry land
amharique	yäbs (from Geez)	

L'entrée {1408 **wé:r** « *to crack, tear, split (intr.)* »}.

Données ED :

Csud:ECS	wɛ	to open	
For	kóór	spear	NS *k^h n. préf. + stem
Astab: PNub	*orr-	to tear apart	gemin. C as intens.?
Kir-Abb: Gaam	wɛ̀ɛ̀r	crack	n.< v. by tone shift
Rub:Wn Rub	*or	hole	probable **awɛr**

Données songhay :

kaado	wáarú[154]	être fissuré, crevassé ; se fendiller ; motte de terre (champ de riz)
songhay orent.	waaru	se fendre, se craqueler, se crevasser ; être fendu (terre, mur), fissuré ; fente de la terre, d'un mur, fissure ; fente
zarma	wáarú	se fissurer ; être fissuré, crevassé
dendi$_{Gaya}$	wáárú	fendre

Diffusion potentielle :
sémitique :

arabe	waʕara	be rugged, uneven
éthio-sémitique :		
guèze	waʕara	be rough, be coarse, be amazing, be amazed, be overawed, change, transform

Comme {1391 ***wa:y*** « *to give off light* »} cette entrée n'est attestée que dans la zone centrale du domaine songhay[155] et le possible rapprochement avec le sémitique, s'il était confirmé, affaiblirait le soutien de la correspondance PNS **w-** = **w-**$_{Sgh}$.

Les entrées {1410 **wéy** « *to die* » – 1419 **wí:y**, **wí:'y** « *to take loose, detach* »}.

Ces deux racines partagent un sémantisme commun qui n'a pas de raison d'être clivé en songhay : l'entrée est commune à tout le domaine et elle souscrit correctement à la correspondance **w-** = **w-**$_{Sgh}$, comme le montrent les données.

---

[154] *Commentaire de Ehret* : stem + NS ***-uh*** ven. (or possibly allomorph of NS ***w*** punc. ?).

[155] Le dendi de Gaya est la variété de cette langue la plus proche du zarma.

Données ED (1410) :

Koman: Sn Koman	*wɛy	to die	Uduk **wú** ; Komo **wíi** ; Opo **wee**, **wɛy**
Koman: Gule	-wɔi	to die	
Csud: PCS	*we	to die	
Kunama	wi-	to be quiet, disappear	
Maban: Maba	-w-	to kill	
Rub: Ik	iw-	to beat	

Données ED (1419) :

Kunama	wia-	to separate the chaff from the grain, especially sorghum
Sah: Kanuri	wí, yí	to untie, loosen
For	uy-	to peel, skin, scrape, hoe clean
Kir-Abb: Nil: Wnil:Ocol	wiy	to leave, leave behind, abandon, let alone

Données songhay :

kaado	wíi	tuer, assassiner, éteindre, couper l'herbe, récolter le mil
songhay occid.	wii	tuer, faire mourir ; éteindre (lumière, feu)
songhay orient.	wi	tuer, faire mourir ; éteindre ; couper au ras ; fermer
songhay central	wii	tuer, éteindre
zarma	wíi	tuer, éteindre ; égorger ; effacer, éteindre ; moissonner, récolter
dendi	wí	supprimer, tuer ; ajourner, éteindre
korandje	oui	tuer
tagdalt	wi	tuer
tadaksahak	wi	tuer
tasawaq	wi	tuer

Cependant, elle est aussi concernée par la diffusion bien que cette fois ce ne soit pas dans l'espace chamito-sémitique que les rapprochements se situent mais dans les espaces mandé, bantou, etc. Ce qui n'est pas sans rappeler une partie de la distribution potentielle de la racine {1415 ***wir** « *spill, flow out* »}.

Diffusion potentielle :
mandé :

bozo	wyɛ	assassinat ; tuer
	wyɛya ; waa	tuer
samo	wí	briser ; casser ; détruire, démolir ; éclater ; fendre
	...	mourir

atlantique :

peul	yuwa	poignarder, piquer

voltaïque :

baatonum	gbí	mourir ; s'éteindre (lumière, feu) ; s'arrêter (moteur)

bantou :

bantou commun	*-kú ; *-kí-	mourir
swahili	ua ; kuua	tuer

nilo-saharien :

bagiro	w-ɔ̀yɛ̀	mourir ; être abîmé ; oublier
gula-sara	ōyō; ōi	mourir
gula-zura	ōì/óī	mourir
gula-kara	uyu	mourir

oubanguien :

sango	kwi	mourir
	kûi ; kpï	cadavre, épave, mourir ; mourir

Ce relevé suggère que si les attestations baatonum, sango et peut-être swahili ont une pertinence, alors l'éventualité d'une correspondance : **kp** = **gb** = **w** pourrait être envisageable et devrait être recherchée. Parallèlement la possibilité d'un rapport avec la correspondance potentielle k^w = **k** notée à propos du traitement de l'entrée songhay **kúrí** « *sang* » devrait aussi être recherchée. Pour toutes ces raisons, cette unité est probablement – pour le songhay – un mauvais candidat au statut de racine proto-nilo-saharienne.

II.2. A la recherche des traces du proto-phonème *ɓ$_{PNS}$.

Ce qui va suivre aura un intérêt à la fois pour l'étude des apparentements du songhay et pour la compréhension des mécanismes susceptibles de conduire à l'*auto-construction* de correspondances phonétiques.

Le phonème ɓ n'existant pas en songhay je vais m'intéresser à la question de savoir dans quelle mesure les entrées songhay rapportées à des racines reconstruites avec ce proto-phonème justifient réellement leur participation à la correspondance ainsi posée et y répondre revient à analyser le lien existant entre ces entrées songhay et les autres entrées retenues pour chacune des comparaisons ; à tout le moins, cela revient à évaluer dans quelle mesure la proposition de considérer ces entrées comme des cognats est vraisemblable compte tenu des connaissances existantes. L'inventaire des racines impliquant *ɓ$_{PNS}$ et liées à des entrées songhay est réduit, il ne comprend que les dix unités ci-dessous que je traiterai en conservant le même mode d'exposition que celui que j'ai précédemment utilisé[156].

Inventaire des racines traitées :

Reconstructions PNS (ED)		attestations kaado
{1, ɓà, ɓà: « *part* »}	bàa	*part*
{12, ɓé:h « *leave* »}	bâ ; bâa	*aimer, vouloir, valoir mieux, être préférable*
{15, ɓìh, ɓì:h « *sore, ulcer, wound* »}	bì	*plaie*
{17, ɓíθ « *to slice thin* »}	bísôw	*acacia raddiana et acacia dipchrostachys ninerea*
{19, ɓòɓ « *to be much* »}	bóbòw	*nombreux, beaucoup (adv.)*
{20, ɓōh « *misfortune, bad happening* »}	bònè$_{Dbl}$; bòné$_{Ayr}$; bónè	*être malheureux ; malheur*
{23, ɓó:r, ɓó:d « *to be good* »}	bòorí	*bonté, beauté ; être beau, bon, bien*
{26, ɓɔ̀k^h « *to be worried by, upset by* »}	bákárá ; bákâr	*avoir pitié*
{27, ɓɔ̄k^h « *to soak (trans.)* »}	bàkà	*mettre qqch. à tremper ; platée ; portion de nourriture*
{28, ɓú: « *to stay* »}	búu	*mourir*

---

[156] Le problème posé est donc identique à celui précédemment abordé. En revanche, il y a une différence dans l'approche puisque je procède cette fois en partant de la première entrée du dictionnaire et de la première correspondance fournie pour explorer extensivement toutes les entrées songhay retenues afin d'illustrer les correspondances {*ɓ- = b-$_{Sgh}$}. Cela permet, sur la base d'une autre « logique », de ne pas m'impliquer dans le détail du choix des unités traitées.

Je présente tout d'abord le commentaire concernant le domaine songhay suivi de l'analyse de l'espace de diffusion de l'entrée, je conclurai ensuite avec quelques remarques de méthode.

Commentaire :
1) la forme **bâ**[159] du songhay méridional correspond à **báyà** en tasawaq, **'baya** dans les autres dialectes septentrionaux. Cela pourrait renvoyer à une entrée ***báyà** ou peut-être ***bágà** dans ce qui serait un « proto-songhay »[160] car on a pu montrer par une analyse dialectologique que le songhay a connu un phénomène d'amuïssement de l'articulation vélaire sonore entre deux voyelles homophones qui a affecté les dialectes de façon variable, conduisant entre autre à la création de voyelles longues[161], tandis que le schème tonal était retenu[162] sous la forme d'un ton flottant[163]. Le lexème monosyllabique **bâ** manifeste cet amuïssement et conserve le ton descendant qui fournit la preuve de l'ancienne structure dissyllabique du lexème. Ceci étant on peut remarquer que certaines formes dialectales conservent des traces de cette consonne vélaire, c'est le cas dans quelques constructions (cf. songhay oriental : 3Sg0 /bag-aa/) ou dans quelques formes nominales (cf. **baji, baay-ey** « *amour, volonté* » également attestés en songhay oriental, à Jenné et peut-être aussi ailleurs). L'on supposera que dans ces cas la présence d'un suffixe nominalisateur (-i, -ey) a créé les conditions du maintien de l'articulation consonantique : on sait que la consonne vélaire sonore subsiste sans s'amuïr si elle ne se trouve pas placée entre deux voyelles homophones. Notons encore que les documents du 19ème siècle ou du début du 20ème siècle, malgré leur fiabilité limitée, semblent encore fournir des indices utiles (cf. R. Caillé **abague** « *je veux* », A. Raffenel **bâga** « *aimer, désirer* »).

2) Il résulte de ce qui précède que l'on ne voit pas comment la forme phonétique songhay pourrait être rapportée à une reconstruction ***ɓé:h**, en

---

[159] Notons que dans les dialectes ne possédant pas de tons (songhay occidental tout particulièrement) cette forme devient homonyme de la forme **bágá** « *casser, crever un objet, briser…* ».

[160] Autrement dit, ce que j'avais mis en évidence sous le nom de *songhay préalable*, cf. Nicolaï (1981). Il n'y a évidemment pas nécessairement identité entre une forme du songhay préalable qui résulte tout simplement d'une induction à partir des langues actuelles et la « forme originelle » dont les entrées actuelles sont les « réflexes » effectifs ; cf. Nicolaï (1996) pour une réflexion sur ce thème.

[161] Ce qui ne veut pas dire que les voyelles longues du songhay sont nées de l'actualisation de ce processus ! C'est même une contre-vérité.

[162] Nicolaï (1981 : 70-74).

[163] Cf. Hima (2001) pour quelques développements sur ce sujet.

effet la consonne finale de la racine à laquelle serait rapportée l'entrée songhay ne peut pas être *h car d'après les règles de correspondance élaborées par Ehret ce devrait être l'une ou l'autre des consonnes suivantes : *ɟ, *g ou *k[164]. Parallèlement le choix de la consonne initiale *ɓ au lieu de *b n'a aucun sens en songhay puisque si l'on s'en tient aux données présentées, il n'a pas d'autre explication que la référence à la reconstruction Proto-Central-Sudanic *ɓɛ « *to depart* » et l'*a priori* de l'hypothèse de sa cognacité à cette unité ; c'est donc, semble-t-il, pour une raison qui relève de la circularité propre à la comparaison tentée que cette initiale b- est rapportée à un proto-phonème *ɓ-. Opération qui serait licite et riche d'enseignements si l'entrée considérée était effectivement un cognat mais qui s'avère fallacieuse si ce statut n'est pas justifié, ce que l'étude des données phonétiques semble confirmer.

3) Corrélativement la question sémantique est posée car le lien entre la signification « *to leave* » attribuée à la racine PNS et la chaîne « *aimer, vouloir, valoir mieux, être préférable ; chérir, désir* » attesté par les entrées songhay demande des explications. Pour le justifier Ehret postule une « *possible Northern Sudanic semantic innovation* »[165] puis une dérivation sémantique à partir de la racine dans le sens de « *letting / allowing* ». La chaîne sémantique impliquée, qui pourrait éventuellement être discutée si l'entrée souscrivait aux régularités phonétiques posées, paraît gratuite dans le cas présent où ce serait *elle*[166], finalement, qui aurait à soutenir l'hypothèse !

4) On peut également s'intéresser à l'entrée **bèejè** car c'est peut-être elle qui contribue à justifier dans la racine de Ehret la reconstruction d'une voyelle moyenne et longue (*é:). Le kaado[167] atteste **bèejè** que l'on relève également dans Haïdara et *alii* (1992) mais que l'on ne retrouve (à ma

---

[164] Cf. le tableau 2.10 '*Non-initial consonant correspondences of Nilo-Saharan*', Ehret (2001 : 30-33).
[165] Voici le commentaire : « *Possible Northern Sudanic semantic innovation: The semantic derivation, common among the world's languages, of the sense of letting / allowing / leaving-free-to-do from verbs with the concrete sense "to leave", appears on the surface, or is the implied prior meaning, in all the reflexes except these of Central Sudanic and Bertha and can thus be presumed to have a long-existing secondary usage of the verb* ».
[166] Indépendamment de sa 'non-évidence' !
[167] On remarquera que la forme donnée à Dolbel par Ducroz & Charles (1978) est confirmée à Ayorou par Hanafiou (1995), ce qui donne une plus grande sécurité quant à la validité de l'attestation.

connaissance) dans aucun autre dictionnaire existant[168]. Ehret retient la forme qu'il justifie par l'adjonction au radical verbal d'un suffixe proto-nilo-saharien *intensif* (**k**), or une telle suggestion reste inexploitable tout d'abord parce que le statut du radical est lui-même en question comme cela vient d'être montré et accessoirement parce que l'attestation, tout en étant valide, reste limitée dans l'espace songhay. Il sera peut-être utile de tenter de mettre en rapport cette entrée avec les attestations parallèles que l'on peut trouver dans certaines langues mandé[169], ce qui renvoie à l'étude de la diffusion potentielle. Enfin on notera que la valeur hypocoristique qui sous-tend cette dernière entrée n'en fait pas un candidat[170] très sûr.

La diffusion lexicale :

On peut identifier dans le voisinage plus ou moins immédiat du songhay des rapprochements avec l'arabe, le berbère, le mandé et certaines langues ouest-atlantiques (wolof, manjako) ; les formes rapprochées montrent toutes une deuxième radicale consonantique vélaire ou post-vélaire et connaissent *exactement* le même sémantisme que celui qui caractérise les lexèmes songhay.

Diffusion potentielle :
sémitique :

arabe	bġy	vouloir
arabe marocain	bġā	vouloir
ḥassāniyya	bqa ; bġa	aimer
	beġi	désir

berbère :

tahaggart	oubak	avoir l'intention
kabyle	beqqu ; lebγi	désir, vouloir (subst.)
	bγu	désirer, prétendre, souhaiter, avoir intention, vouloir
tawellemmet	ubak	avoir l'intention de vouloir, vouloir faire qqch., être sur le point de

mandé :

bozo	baara	femme préférée
mandinka	báji	gâter un enfant, enfant unique

---

[168] Ce qui ne veut évidemment pas dire qu'elle n'existe pas ! Il est toutefois important de noter que le lexique de Haïdara (1992) a une finalité en rapport avec l'alphabétisation des adultes ; il s'agit d'un lexique qui retient très largement des formes empruntées.
[169] Cf. mandinka : **báji** *gâter un enfant, enfant unique* (Creissels, 1982).
[170] Qu'en pensez vous my sweet honey ?

atlantique :

wolof	baax	être bon
	bëgg	aimer, vouloir, avoir envie
manjako	bëɲal	amour

Conclusion.

Ces données suggèrent des conclusions que j'ai déjà avancées ailleurs : qu'un approfondissement de la recherche dans le domaine de la généalogie des langues nilo-sahariennes mérite d'être fait ; que cet approfondissement demande à la fois une prise en compte plus attentive des données, la considération des travaux dialectologiques existants lorsqu'ils sont disponibles, une réflexion plus développée sur les phénomènes de diffusion lexicale et le non-rejet *a priori* des hypothèses alternatives qui fournissent quelque lumière sur les points faibles de l'analyse. Cela suggère aussi une réflexion méthodologique plus aiguë sur la façon dont sont construites les représentations généalogiques et dont peuvent être utilisés, et éventuellement étendus, les outils de la linguistique comparative historique. Cela suggère enfin qu'il est important de prendre la mesure des faits qui conduisent à ne plus ignorer les possibles de l'évolution qui ne s'insèrent pas directement dans les présupposés d'une approche historique cladistique considérée comme la seule ressource explicative pour rendre compte de l'évolution des langues[171].

L'entrée {15 *ɓìh, *ɓì:h « *sore, ulcer, wound* »}.

Données ED :

Koman: Uduk	àbí	pus	NS *a- attrib. + stem

Données songhay :

kaado	bìi	plaie
songhay central	bii ; biyo	plaie ; cicatrice ; blessure
zarma	bìi	plaie
dendi	bì	plaie, blessure

La base de comparaison qui fonde le rapprochement ne repose que sur la seule forme uduk (Koman) **àbí** « *pus* » ce qui la rend

---

[171] Bien évidemment, on veut bien supposer que toutes les unités lexicales songhay retenues par Ehret ne posent pas les mêmes problèmes que celle dont je viens de traiter.

particulièrement faible[172]. Au plan de la diffusion potentielle des lexèmes, on remarque en rapport avec une racine **BY** que le berbère connaît des unités susceptibles d'être comparées au songhay comme le montreront les attestations ci-dessous présentées. Il est peut-être aussi possible de trouver des entrées proches dans certaines langues mandé (soso, bozo, …) sans que, *a priori*, on puisse en tirer quelques conclusions. Voici les données :

Diffusion potentielle :
berbère :

kabyle	ebbi	couper ; pincer
tamazight	bbey ; bbi-ey	couper, trancher, rompre ; déchirer, user ; couper un vêtement, couper sur un patron, tailler, pincer, couper en pinçant et *pass*.
	ubuy	action de couper, de trancher, de déchirer, de pincer, coupure, pincement, déchirure

mandé :

bozo	byɛ	incision, tatouage
soso	bárí	guérir ; plaie
	fíi ; fíifátì	plaie ; cicatrice

Parallèlement on notera l'existence d'une autre forme qui connaît un deuxième élément consonantique 's' et une articulation vocalique postérieure au lieu d'antérieure, son sémantisme est dérivable. Je présente ci-dessous les données la concernant car il n'est pas impossible que des recherches ultérieures ne permettent pas de dégager un lien entre les deux unités qui, par ailleurs, se trouvent partager la même diffusion lexicale dans l'espace berbère.

Données songhay :

kaado	bùsbùsù	cicatrice tribale (sp.)
songhay oriental	busa	cicatrice, marque indiquant l'ethnie
tagdalt	abuwus	blessure (cicatrice)
tasawaq	aabus ; buwus	plaie, blessure ; être blessé

---

[172] Corrélativement, je ne vois pas, à partir de cet unique exemple, la raison qui conduit à présupposer une occlusive *ɓ- en PNS ; sauf à admettre, ce qui est probablement le cas, que la forme proposée pour l'uduk contient une erreur de transcription et qu'il s'agit en fait de **àɓí**. Je n'ai pas vérifié.

Diffusion potentielle :
éthio-sémitique :

guèze	byṣ, beṣa	separate, cut in equal parts, choose
amharique	baččä (bṣy > bč)	be separated

berbère :

tahaggart	bouis	être blessé, se blesser ; se dit uniquement si il y a écoulement de sang, mais pour toute blessure de ce type d'une personne ou d'un animal
taneslemt	abuyəs	blessure
tawellemmet	abus	blessure

mandé :

samo	búsú dà .. má	blesser
	bùsèré	blessure
	búsú	faire du mal, tomber malade, maladie, porc-épic

L'entrée {17 *ɓiθ « *to slice thin* »}.

Données ED :

Csud: Moru-Madi	ɓiti	fishing spear	loan from Enil, probably from early Bari
Kunama	*biši-	to mince	
Astab: Taman: Tama	bissi	knife	stem + NS *-Vh n. deriv suff.
Kir-Abb: Nil: PWNil	biṯ	fishing spear	
Kir-Abb: Nil:Wnil: Ocolo	beṯ	sharp	
Kir-Abb: Nil: Bari	ɓiti	fishing spear	

Données songhay :

kaado	bísôw[173]	acacia raddiana et acacia dipchrostachys ninerea
songhay occid.	biso/aw	acacia ataxacantha
songhay orient.	bisaw	grand acacia, acacia tortilis
songhay central	bisi/u	espèce d'arbre épineux

Peyre de Fabrègue (*Flore du Niger*)	bilsa	acacia nilotica var. nilotica ; acacia nilotica var. adansonii ; acacia raddiana
	bisaw	acacia tortilis subsp. raddiana ; dichrostachys cinerea

---

[173] Et non pas **ɓísôw** !

L'entrée songhay retenue est une dénomination de la flore sahélienne ce qui, pour des raisons méthodologiques, prédispose à un peu plus d'attention. Ehret justifie son rapprochement en supposant *a Sahelian semantic innovation*. Le rapprochement sémantique qu'il faut admettre et tout particulièrement le cheminement conduisant au songhay, sans être impossible, n'est pas suffisant pour justifier d'utiliser cette entrée à ce (premier) niveau d'analyse. En tout état de cause, si ce sémantisme doit être retenu, alors il peut tout aussi bien être référé au guèze et n'est peut-être pas sans rapport avec le rapprochement précédent !

Diffusion potentielle :
éthio-sémitique :

guèze	basˤa	flay alive
	baṣṣala	tear, lacerate, cut, separate, strip, peel, dissolve
amharique	bässa	perforate, puncture

mandé :

mandinka	báransaŋ	un arbre épineux (sorte d'acacia, remarquable par le fait qu'il perd ses feuilles en saison des pluies)
djula	balasa / balaza	acacia
bisa	bisi	arbre moyen à feuilles allongées, appelé Yoalgha en mossi. Serait Grewia mollis

L'entrée {19 *ɓòɓ « to be much »}.

Données ED :

Csud: PCS	*ɓo	to be big	
Kunama	bubia	all	
Kir-Abb: Nil: Wnil: Ocolo	bop	large but not the largest	
Rub: Ik	ɓoɓ-	to be deep	

Données songhay (a) :

kaado	bóbôw$_{Dbl}$; bóbôw$_{Ayr}$	nombreux, beaucoup (adv.)
songhay occid.	bow ; bobow	être excessif, être nombreux
songhay orient.	boobo	être nombreux ; être beaucoup ; nombreux ; beaucoup
songhay central	boobo(w)	beaucoup

zarma	íbòobò	beaucoup
dendi	bóbòò	beaucoup, nombreux
emghedeshie	babò	beaucoup
korandje	hibo hibbo	beaucoup
tadaksahak	bobo	beaucoup
tasawaq	baw ; bobo	beaucoup, être nombreux ; beaucoup, nombreux

Données songhay (b) :

kaado	báa	être nombreux, être beaucoup
songhay occid.	ba	nombreux
songhay orient.	ba	être beaucoup
songhay central	baa	être nombreux, beaucoup
zarma	báa	être abondant, nombreux
dendi	bàyó ; bà	beaucoup (substance non-comptable) ; croître, grandir

Cette entrée est très largement répandue, elle correspond à l'isoglosse 6 de Bender (1997). Bien évidemment une évolution ɓ > b concernant le songhay aurait du sens tout d'abord si la relation de cognacité du songhay avec le Central Sudanic et le Rub était justifiée, ce qui n'est pas établi, mais surtout si l'importante diffusion lexicale qui est liée à cette forme trouvait une explication. En son absence il est difficile de tenir ce rapprochement pour significatif. Je me contente de fournir un inventaire de données collationnées au titre de la diffusion lexicale potentielle.

Diffusion lexicale potentielle :

arabe	ʕabl	gros, épais
	ʕabay	être rempli, épais, trop épais
	ʕabbā	fill
	ʕubāb	vagues gonflées (mer)

berbère :

tahaggart	belel	avoir tout en abondance (le sujet étant une pers. ou un anim.) ; par ext. être parfaitement fait, être parfaitement entretenu, ne manquer de rien (le sujet étant une chose)
kabyle	abelbul	gros (adj.)
	bbelbel	être gros ; être replet
tawellemmet	bălăl	avoir tout en abondance, être à l'aise (personne / animal)

couchitique :

oromo	bala	large, grand ; largeur
	baye	beaucoup, abondant

tchadique :

hawsa	bàbbaa	ancien, énorme ; grand, gros, important, principal, vaste ; grand ; supérieur
	balbàlaawàa	beaucoup (faire beaucoup)

mandé[174] :

bozo	pa ; paa	être plein, être rassasié ; remplir
djula	bèlebele	gros
	bo	gros ; important ; ample...
mandinka	báa	très grand
maninka	bá	dér. augmentatif : grand, important
soso	ràgbóò	rendre gros, agrandir
bisa	bololo	très nombreux (en parlant de choses vivantes : moutons, etc.)

atlantique :

wolof	bare ; bari	être nombreux, être abondant

Entrées complémentaires.

saharien :

tubu	bwo	gros, gras, replet ; grand
	bo	grand ; haut
	bɔ	être nombreux
	bil	plus
	bu, bwi	grand
daza	bwo	grand

nilo-saharien :

fur	àppá	gros, grand
yulu	pér	plein

adamawa :

day	bààbò	beaucoup

bantou :

bantou commun	*-bʉd-	become numerous (*or* plentiful)

---

[174] Vydrine (2001a) propose les deux entrées suivantes : ***BIG-1** : looma **bala/wala** *big* ; jeri **bala(n)** *vi grow, vt increase* ; dzuun **blà**.
*BIG-2 : soso **bèlebélè** ; mogofin **bélebele** ; lele **bèlebele** ; koranko **bèlebele** ; nyokolo maninka **belebele** *adj very big ;* xasonka **bèlebele-ba** *adj very big ;* kagoro **bèlebele-ba** *adj big ;* maninka **bèlebéle** *adj big, large ; fat, stout ; important, serious ; n large object ;* bamana **bèlebéle** *adj big, large ; fat, stout ; strong, firm ; important, serious ; n large object ; important object, phenomenon, person* ; bobo **bèlèbélê** *n big robust man.*

Modèle des correspondances : le proto-phonème ɓ-$_{Sgh}$

L'entrée {20 *ɓōh « *misfortune, bad happening* »}.

Données ED :

Koman: Uduk	ɓō'áɓō	capable of bewitching
Kunama	baa, baya, baha	bad
Sah: Kanuri	kàvə́nè	blow, damage ; sorrow
Kir-Abb: Nil: PENil	*ibon-	to divine, work magic
Kir-Abb: Nil: PENil	*pɑn	to bewitch

Commentaire de Ehret : Saharo-Sahelian morphological and semantic innovation.

Données songhay :

kaado	bònè$_{Dbl}$; bòné$_{Ayr}$; bónè	être malheureux ; malheur
songhay occid.	bone	malheur ; mal ; trouble, malchance, problème ; évènement malheureux
songhay orient.	bone	malheur
songhay central	bone	malheur, dommage
zarma	bónè ; bòné	malheur, être frappé par un malheur ; subir un malheur

Cette entrée est bien représentée en songhay méridional sauf en dendi où le seul exemple est fourni par le parler de la région de Gaya (N. Tersis, 1968), frontalière du zarma. En revanche elle est répandue (avec des valeurs verbales, nominales et adjectivales) en peul (du Fouta-Djalon au Niger et au Burkina, en wolof et en mandé (mandinka, maninka, djula, samo, soso, soninké, bozo…) ; elle sera aussi utilement comparée aux attestations éthio-sémitiques (guèze : **bḥn, bhn**). Il y a donc lieu de poser la question de la validité de sa relation supposée à la racine PNS **ɓōh** de laquelle Ehret la dérive par l'adjonction d'un hypothétique ***n** duratif.

Diffusion potentielle :

éthio-sémitique :

guèze	bḫn, tabəḫna	be extinguished, be lost
	bāhnana, bāḫnana	vanish, go to waste, evaporate, withdraw, escape, perish

mandé :

azer	banente	gâté
soninké	bono	être gâté, avarié, abîmé, nuisible, cruel, méchant
bozo	bɔnɛ	malheur
soso	bɔnɔ́	avoir un dommage
maninka	bɔnɔ́n	subir une perte
mandinka	bòno	perdre
djula	bɔní / bɔnɔ	perdre ; malheur ; perte

atlantique :

peul	bone / boneeji	difficulté, douleur, malheur, dommage, mal
	bonna ; bona	gâter, abîmer ; être mauvais, méchant
	bonnere / bonne ; wonɗa ; wonna	dégât, dommage, malheur
wolof	bon	mauvais

saharien :

kanuri	bone	mal, malheur

L'entrée {23 *ɓó:r, *ɓó:d « to be good »}.

Données ED :

Koman: Uduk	ɓóráɓōr	good
Kir-Abb: Surmic: DM	aɓunn-	good
Kir-Abb: Nil: Enil: Bari	ɓɔrɔ-ja	to bless

Données songhay :

kaado	bòorí	bonté, beauté ; être beau, bon, bien
songhay occid.	bori / boyro / borio	être beau ; bien ; bon ; attirant
songhay orient.	boori	être bon, bien ; beauté
songhay central	bori ; boori	être beau (belle) ; être bon(ne) ; beauté
zarma	bòorí	être bon, beau, joli
dendi	bòòRí	beau, bon, être bien

Le lexème songhay correspondant à cette racine est connu dans toutes les langues méridionales[175] mais il n'est pas attesté en songhay septentrional ; il s'agit d'une entrée qui, *a priori*, semble être spécifiquement songhay et pour laquelle on ne trouve pas de rapprochements intéressants au plan d'une possible diffusion lexicale ; l'éventualité de son rapprochement avec le nilotique n'est cependant pas impossible (cf. la reconstruction proto-nilotique de Rottland *bɛr) mais ce n'est qu'après un tour d'horizon complet de l'ensemble des données permettant d'évaluer la densité de l'ensemble des rapprochements que l'on pourrait suggérer l'hypothèse d'un rapport au nilo-saharien plutôt que d'un effet du hasard. Pour l'instant, à part le Kir-Abbaian et le Koman[176], aucune autre mise en relation n'est relevée parmi l'ensemble des langues nilo-sahariennes, en conséquence je préfère pour l'instant rattacher cette entrée au *fonds lexical endogène* dont j'ai précédemment mentionné l'existence possible.

Cependant, au titre de pistes éventuelles et bien qu'il ne soit pas certain que leurs caractéristiques phonétiques et/ou sémantiques sont suffisantes pour les retenir sérieusement, je présenterai les quelques entrées suivantes référées à des « racines » et des sémantismes distingués.

Diffusion potentielle :
sémitique :

arabe	bariha	se rétablir (malade) reprendre bonne mine
	barağ	beauté, grandeur, éclat (de l'œil); (V) se montrer dans tous ses atours (femme)
	birru	piété, bonté
	bhr	briller, éblouir
arabe marocain	bāhr	brillant
éthio-sémitique :		
guèze	barha	shine, be bright, be light, light up, be clear
	bəruh	bright, shining, shiny, brilliant, lit, splendid, clear (voice), cheerful, happy
	bəʕla	be rich, be wealthy
couchitique :		
afar	bilʕa	élégance, éclat

---

[175] Remarquons aussi que l'on trouve quelques variations interdialectales autour de la voyelle de la première syllabe (o / o: / oy) dont le statut n'est pas encore défini.
[176] Il est vrai que dans la perspective ici retenue ce n'est pas l'évaluation de l'importance de la représentation actuelle des formes qui est censée être pertinente ; toutefois, lorsque la cognacité n'est pas certaine (ou est en question) alors la prise en considération de cette importance est un indice utile.

L'entrée {26 *ɓɔkʰ « to be worried by, upset by »}.

Données ED :

Sah: Kanuri	bàgê	state of soulish depression caused by absence of spouse	
For	bagi	shame	
Kir-Abb: Daju: Sila	ɓag-	to fear	
Kir-Abb: Nil: PWNil	*bok	to fear	
Rb: Ik	bog-	to surprise	loan (expected *ɓɔk-)

Commentaire de Ehret : Apparent Kir semantic innovation.

Données songhay :

kaado	bákárá[177] ; bákáréy	avoir pitié ; pitié
zarma	bákáráy	pitié
dendi	bákáráí$_{Gay}$	pitié

On notera en premier lieu que les rapprochements sémantiques proposés par Ehret n'ont rien d'évidents et que les lexèmes songhay retenus ne le sont qu'à travers l'hypothèse qu'il s'agit de formes dérivées par l'adjonction d'un '*deverbative complement suffix*' *-r- (morphème 42)[178]. Il est donc utile d'apprécier cette hypothèse, ce que je vais faire dans un bouclage approprié.

Nouveau bouclage : le suffixe *-r-.

Il existe aujourd'hui en songhay des suffixes déverbatifs formés avec -r- : (valeur résultative), en voici quelques exemples :

-ri (suffixe bien attesté)			
ŋwǎa	manger	ŋwǎarì	nourriture
dúmbú	couper	dùmbàri	morceau
dùmá	semer	dùmàrì	semence
fàabù	maigrir	fàabírì	maigreur
kàajì	gratter	kàajírì	démangeaison
cìná	construire	cìnàrì	construction
bîi	être noir	biiri	noiceur
wòŋgù	faire la guerre	wòŋgâarí	guerrier
súŋgáy	suer	sùŋgâarí	bouton de transpiration

---

[177] *Commentaire de Ehret* : stem + NS *r n.suff. (« pity »), with n. converted to v.
[178] Ehret (2001 : 163).

-rè (suffixe peu attesté)			
dìi	attraper, saisir	dǐirè	arrestation
dùu	avoir, posséder	dǔurè	richesse
-rey (suffixe peu attesté)			
mày	commander	máyráy	commandement
báy	connaître	báyráy	connaissance

Sous le chapeau '*42. r (*-r(a), *-ur) deverbative complement suffix*' (2001 : 163), Ehret retient cet inventaire en tant que '*deverbative patient [-(i)ri]*' mais il le complète par deux autres suffixes reconstruits :
 -*VrV, -*uru '*deverbative complement*' illustré par cinq exemples (roots 26, 428, 608, 1284, 1553),
 -*eri '*associative (noun < noun)*' illustré par un exemple (root 355).

Voici les données :

-*VrV, -*uru 'deverbative complement' :

{26, ɓɔ̀kʰ « *to be worried by, upset by* »}.	bákárá ; bákáréy	avoir pitié ; pitié
{428 *ɟwé:b or *ɟwé:ɓ « *to burn (trans.)* »}	gòobéré	provoquer un incendie de case
{608 *pʰár « *to call out* »}	fàrgàrà$_{Dbl}$; fáwrè$_{Ayr}$	tonner ; gronder (tonnerre)
{1284 *rwíkʰ « *to speak, especially forcefully ; to pester, bother verbally* »}	dúkkúrù ; dúkkúrì	se mettre en colère ; rancune
{1553 *hámp « *to be afraid* »}	hámbúrú	craindre, avoir peur
-*eri 'associative (noun< noun) :		
{355 *nḍōkʰ « *anus* »}	zékérì$_{Dbl}$; zàkàrì$_{Ayr}$	fesse ; derrière, fesses

Un problème se pose pour ces unités qui, synchroniquement, n'ont aucune raison d'être analysées comme des dérivés : avons nous affaire à des unités qui par la présence d'un -r- en troisième radicale attestent la trace d'un ancien morphème PNS disparu, ou bien s'agit-il d'un traitement *ad hoc* qui par un système de justification(s) circulaire(s) et/ou dans le but de conforter / généraliser un double jeu d'hypothèses (apparentement du songhay et réalité des morphèmes PNS -*VrV, -*uru et -*eri) joue la carte de la *politique du joker* ? Pour qu'il ne s'agisse pas d'un traitement *ad hoc* deux conditions doivent être remplies, l'une qualitative et l'autre quantitative :

1) il faut qu'il soit avéré que les mises en rapport entre ces unités et les autres unités retenues pour établir la racine ne sont pas contestables du point de vue de la relation de cognacité censée les réunir ;

2) il faut aussi (puisque ce qui est en question est l'hypothèse de l'existence d'un morphème PNS) qu'un nombre significatif d'entrées songhay reconnues sans ambiguïté comme cognats attestent effectivement la trace de ce morphème.

Par ailleurs l'hypothèse prendrait d'autant plus d'intérêt et semblerait d'autant moins *ad hoc* que l'on pourrait trouver quelque explication complémentaire qui permette de comprendre s'il y a ou non un rapport entre le morphème *-iri qui correspond à un morphème songhay actuel et ces morphèmes PNS supposés qui ont perdu leur fonction et sont simplement supposés. Je traiterai à la suite ces six racines du point de vue de l'hypothèse de cognacité puis, je conclurai sur l'hypothèse du suffixe.

*Recherche sur la cognacité des entrées songhay impliquant *-VrV.*

L'entrée {428 *ɠwé:b, *ɠwé:ɓ « *to burn (trans.)* »}.

Données ED :

Csud ; ECS	*gɓwi	to burn	

Données songhay :

kaado	gòobéré[179]	provoquer un incendie de case
zarma	gòobáré	incendie

Diffusion potentielle :
tchadique :

hawsa	gòobaraa	incendie
dangaleat	kobire	burn (trans.) with large flame

Notons aussi quelques autres mises en rapport (hw : **gawāro** « *anything burnt black* », angas : **gyerep**) proposées par Skinner[180].

---

[179] *Commentaire de Ehret* : stem + NS *r iter. (as intens ?).
[180] Qui suggère même des rapprochements avec le sémitique ; toutefois il est probable que ces derniers demanderaient aussi à être justifiés.

Commentaire :

Les attestations concernant cette racine sont en nombre très limité car à part l'entrée songhay qui est en question elle n'est justifiée que par une seule reconstruction East-Central-Sudanic, la forme songhay elle-même n'a été relevée qu'en zarma et en kaado[181] ; on trouve également des rapprochements étroits avec des langues tchadiques comme le montrent les exemples fournis. Il y aurait donc peut-être quelque vraisemblance à supposer que le lexème songhay ait été emprunté au hawsa, dans ce cas l'entrée songhay ne serait évidemment pas dérivable de la racine PNS supposée et l'hypothèse de la présence du *-r qui permet de justifier cette mise en rapport tomberait d'elle-même.

L'entrée {608 *p^hár « *to call out* »}.

Données ED :

Kunama	farana	noisy laughter	
Sah: Kanuri	fár	to slander	
Kir-Abb: Gaam	fɔ́r	to greet	
Kir-Abb: Nil: Wnil: Naath	par	to mourn	
Kir-Abb: Nil: Enil: Maasai	- ɪpárr	to ask	

Données songhay :

kaado	fàrgárà[182]$_{Dbl}$; fáwrè$_{Ayr}$	tonner ; gronder (tonnerre)
songhay orient.	fawra (falawra)	lumière vive ; lueur de feu de brousse
songhay central	fergelo ; ferje, ferjer(e)	tonnerre ; éclair, frapper
zarma	fáwrè	bruit de qqch. qui se casse ; tonnerre

La comparaison interdialectale des formes songhay montre l'existence d'une différenciation interne manifestée par un affaiblissement de l'occlusive vélaire et une métathèse ainsi que l'illustre le tableau des données. Parallèlement on relève dans l'espace chamito-sémitique des formes qui entrent exactement dans le même champ de signification et connaissent un phonétisme proche. Voici les données :

---

[181] Ce qui n'est pas beaucoup mais n'est pas nécessairement un facteur négatif.
[182] *Commentaire de Ehret* : stem + NS *k intens. + NS *r n. suff. (with v. < n.).

Diffusion potentielle :
sémitique :

arabe	barq, barqa	éclair, foudre
arabe marocain	brq	éclair, briller
arabe chwa	barq	éclair
ḥassāniyya	br̥ag	éclair

éthio-sémitique :

guèze	baraqa	flash, lighten, scintillate, shine, become shining, sparkle
harari	beraaq	foudre, éclairs
argobba	beraq	éclair ; tonnerre, foudre

berbère :

kabyle	lebr̥aq	éclair
	ebr̥eq	passer comme un éclair

couchitique :

afar	falaalakite	éclairer, lancer des éclairs
	falaalako	éclair
	beleeleko	éclair, scintillement ; action de tourner autour
oromo	bakaka	éclairs, coup de foudre

tchadique :

hawsa	wàlak, wàlƙiyā	éclair
mubi	bàrrágà	éclairs

Il est vrai que, pour être exploités correctement, ces rapprochements demanderaient que l'on ait inventorié sinon la totalité du moins une importante partie de l'ensemble des autres rapprochements lexicaux songhay impliquant le domaine chamito-sémitique afin d'appréhender ce qu'il en est de la diffusion des formes et de la nature des éventuelles régularités phonétiques ou « macro-régularités phonétiques » (compte tenu de la variation **b/f**) que la comparaison mettra en évidence, connaissance qui est nécessaire à toute recherche d'explication[183] et à toute élaboration d'hypothèses. Mais même en l'état, je ne vois guère de raison d'établir un lien entre une racine PNS *p^hár et les entrées songhay qui sont censées l'illustrer, ainsi la question de l'adjonction à cette entrée songhay du morphème PNS tombe d'elle-même.

---

[183] On relève aussi quelques attestations hors de l'espace chamito-sémitique, en mandé (cf. soninké : **fallanqaci** « *tonner* ») mais également dans le domaine nilo-saharien (cf. aiki : **bàrrák** « *éclair* »).

L'entrée {1284 **rwík**ʰ « *to speak, especially forcefully ; to pester, bother verbally* »}.

Données ED :

Koman: uduk	rùk	to abuse with words	
Csud: PCS	*ru	to speak	
Csud: PCS	*ru, *ri	name	
Csud: PCS	kɔru	speech, talk, language	
Astab: Nub: Dongoloawi	u:kk-	to bark, bawl	
Kir-Abb: Nil: Enil: Teso	-ru	to crow, sing (of birds)	loan from Csud (C# > Ø)
Rub: Ik	irúk-	to sing	

Données songhay (a) :

kaado	dúkkúrù ; dúkkúrì	se mettre en colère ; rancune
songhay occid.	dukur ; dookorey	être fâché, en colère, se fâcher ; mépriser
songhay orient.	dukur	être mécontent, se fâcher ; être fâché
songhay central	dukkuri	être fâché(e), colère ; malheur
zarma	dúkùr ; dúkùrí	avoir de la rancune, s'énerver ; rancune
dendi	dúkûî	rancune

Données songhay (b) :

kaado	dúkà	faire des reproches à qqn., faire du bruit en parlant ; crier après qqn.
songhay occid.	duko	parler haut, se disputer
songhay orient.	duka	sermonner, admonester ; faire du bruit ; bruit
songhay central	duka	bruit
zarma	dúkà	gronder

Les données montrent l'existence de deux formes distinguées par la présence ou l'absence de -r- ce qui *a priori* pourrait conforter l'existence du suffixe -r- supposé par Ehret, toutefois ce n'est qu'une analyse détaillée qui permettrait de trouver des arguments pour établir si cette consonne peut être interprétée comme un suffixe PNS ou non. Admettre qu'il s'agit d'un suffixe PNS suppose que le lexème auquel il est rattaché a un statut de cognat ou d'emprunt ancien et qu'il est suffisamment « intégré » pour que cette adjonction soit possible.

Commentaire :
Si l'on s'en tient avec précision à la correspondance postulée par Ehret (*r-$_{PNS}$ = *r-$_{Sgh}$) l'entrée songhay devrait attester non pas un d- mais un r-. Il y a donc là une apparente irrégularité qui se complique par le fait que *r *initial n'existe pas aujourd'hui en songhay*. Ainsi en admettant que

la relation soit correcte, il aurait été utile d'approcher le traitement particulier de cette question qui éventuellement pourrait « justifier » la présence de -d- en place de -r-. Ce qui n'est pas fait[184]. En conséquence la mise en rapport proposée reste mal étayée. On pourrait, malgré tout, considérer cela comme un détail ou un fait secondaire si d'autres considérations issues de l'examen de la diffusion lexicale de cette entrée ne venaient pas s'y ajouter.

Approche de la diffusion lexicale :

L'examen des données montre que cette entrée est bien présente en berbère et en sémitique et qu'elle se manifeste souvent par une racine trilitère ; l'on peut constater une très grande connexité entre les significations des entrées retenues au titre de la diffusion lexicale et les entrées songhay. Il en résulte que, sans explications complémentaires, rien ne permet d'accepter un rattachement de **dúkkúrù** à la racine PNS proposée. Interpréter cette forme comme le résultat d'une combinaison avec le morphème -*r- PNS est une hypothèse qui vaut ce que vaudrait l'hypothèse de la cognacité de l'entrée songhay avec la racine PNS et le fait de constater une variation autour de la présence / absence de -r- en songhay est insuffisant pour la rapporter à un suffixe -*r- PNS.

Diffusion potentielle :
sémitique[185] :

arabe	ṭahara	sigh, groan
	ḏakara	remember, mention
arabe marocain	ḏākr	rappeler, converser avec qqn.
ḥassāniyya	ḏekkar	rappeler qqch. à qqn.
éthio-sémitique :		
guèze	ṭəhra	roar, snort, rage
tigré	ṭähara	rage, grow wild
guèze	zakara	remember, recollect, be mindful of, remind, bring to memory
tigré	zäkra	remember, recall

---

[184] C'est un trait « aréal » ; il caractérise aussi de nombreuses langues mandé ; cf. chapitre IV.
[185] Comme on peut le constater, j'ai mis en regard du songhay deux racines formellement et sémantiquement distinctes. l'analyse du rapport potentiel qu'elles sont susceptibles d'entretenir avec le songhay est à faire, et son résultat n'est pas donné d'avance !

Modèle des correspondances : le proto-phonème ɓ-*Sgh*

berbère :

tahaggart	adker	irritation (colère persistante) ; ne se dit que de l'irritation de Dieu ou d'une pers. contre une autre ; se dit de toute irritation, juste ou injuste, quelle soit sa cause
kabyle	dekkʷeṛ	abuser ; berner
tamazight	dakr / dašr ; ddakar	causer, parler, débattre, défendre un point de vue, converser
taneslemt	adḳă	colère
tawellemmet	adkər	colère
	dakare	groupe de guerriers marchant à pied dans un rezzou

mandé :

bozo	duko	dispute ; se disputer, se chamailler

voltaïque :

baatonum	dàákàrì	pensées, réflexion ; prudence, attention

saharien :

teda	tok, gok	battre et se battre
daza	tugur, gur	battre et se battre

L'entrée {1553 ***hámp** « *to be afraid* »}.

Données ED :

Kunama	abbare-	to be afraid	
Rub: Soo	ab-	to be afraid	

Données songhay :

kaado	hámbúrú	craindre, avoir peur
songhay occid.	hambur	craindre, avoir peur de... ; crainte, peur
songhay orient.	humbur	avoir peur, crainte ; faire peur, effrayer
songhay central	hamburu	avoir peur de
zarma	húmbúrú ; hámbúrú	avoir peur
dendi	hámbúRù	craindre, peur avoir
emghedeshie	hàmbarì	peureux
tagdalt	hâŋbara	avoir peur
tadaksahak	haŋbara	avoir peur
tasawaq	hæmbiri	avoir peur

tadaksahak	ibrar	mauvais (adj.)

La reconstruction ***hámp** est fondée sur un nombre réduit de langues (kunama et soo) tandis que les données diversifiées rassemblées en sémitique, éthio-sémitique comme en berbère, suggèrent d'autres potentialités de rapprochements qui incitent à ouvrir la réflexion ; mais parce qu'elle dépasse le cadre de ce que je souhaite montrer[186] je ne l'engagerai pas dans son détail. On notera seulement que nombre d'attestations montrent, avec le même sémantisme, une variation sur la racine. Certains spécialistes[187] ont proposé un cadre théorique pour appréhender ce phénomène et tenté de formaliser sa dynamique à travers des notions panchroniques telles que matrice et étymon ; on conçoit en effet qu'une approche diachronique, sauf à (se) masquer l'évidence des dynamiques manifestées dans les données, ne puisse se passer d'une réflexion dans ce domaine mais sa généralité dépasse la question du chamito-sémitique[188], même si le jeu morphologique particulier que connaissent ou ont connu la plupart des langues dépendantes de cette famille en fait un exemple instructif. En ce qui concerne la valeur de l'entrée songhay, les données présentées sont suffisantes pour que l'hypothèse d'un lien généalogique avec la racine PNS soit révoquée en doute.

---

[186] En ce qui concerne le sémitique ancien et l'éthio-sémitique, D. Cohen relève en ougaritique **brḫ**, canaanite (phénicien, punique) **brḥ** « *fuir ?* » ; heb. **bāraḥ** « *traverser de biais, fuir* » ; araméen (judéo-palestinien) **bᵊraḥ** « *fuir* » ; Ar. **baraḥa** « *partir quitter sa place ; passer de droite à gauche (gibier)* » ; Ar. **waraɛa** « *fear* » ; SAr. **barbaɛ** « *frighten* ». Enfin W. Leslau note le guèze **barɛa** « *tremble, shake, be agitated* », et sous la racine **BRƐ** il mentionne le tigre **bärɛa, bär'a** « *craindre* ».

[187] Bohas (1997) pour le sémitique.

[188] D'autres auteurs, tels Guiraud (1967) ont également abordé ces questions en se fondant sur d'autres critères. Il y a donc ici un important champ de phénomènes à explorer dont le cadre général reste encore à définir. Et un travail corrélatif à engager dont les bases ne sont pas encore nettement définies. Voir aussi Nicolaï (1990, 2000) pour quelques considérations sur ces thèmes et *infra* (chapitre IV.2) les développements à propos des *formes génériques*.

Diffusion potentielle[189] :
sémitique :

arabe	hrb	fuir
	rhb[190]	craindre
	rʔb	avoir peur
arabe marocain	hrb	fuir, s'enfuir
	rʔb	s'effrayer
arabe chwa	harab	fuir, s'enfuir, déserter
	raʕab, riʕib	être effrayé ; craindre
	irhāb	intimidation
ḥassāniyya	hṛab	s'échapper, fuir ; prendre la fuite
	ṛawwaʕ	effrayer ; épouvanter ; terroriser
	ṛheb ya- vlān	impressionner qqn.
éthio-sémitique :		
guèze	bāḥrara, bāhrara barʕa	be startled, fear, be frightened, bolt tremble, shake be agitated
tigrigna	ʔabāḥrärä, ʔabāhrärä	be frightened, startle
berbère :		
kabyle	ehreḇ	être intimidé
	erḥeb	être craintif ; déguerpir ; filer (partir) ; être timide
	lhiba	crainte ; terreur
	habi	redouter ; être timide ; être craintif
	ammar	de crainte de ; de peur que
	abrabri	couard ; craintif
	bberḇer	être craintif ; être peureux
tamazight	rheb	être effrayé, s'alarmer, être craintif
	rɛeb	être effaré, stupéfait, ahuri, émerveillé, saisi
	lhiba / lhibt	crainte, peur mêlée de respect, gravité, sérieux
	hbeḍ	être terrorisé, épouvanté, effrayé, être paralysé de peur ; se tapir, se dissimuler à même le sol, se blottir

---

[189] Ici comme dans de nombreux autres cas je fournis *a priori* plusieurs racines susceptibles d'être mises en rapport avec le songhay, sans préjuger de leurs relations à l'intérieur du chamito-sémitique.

[190] En raison de la contrainte particulière liée à l'absence de /r/ en initiale de lexème en songhay il faut s'attendre à des modifications spécifiques sur ce point lorsque l'on a afffaire à des entrées chamito-sémitiques qui possèdent une première radicale 'r'.

L'entrée {355 *nḍōkʰ « *anus* »}.

Données ED :

Csud: ECS	*nẓɔ	anus	
Sah: Kanuri	kànzə́gə̀	hip, hipbone, waist	

Données songhay (a) :

kaado	zékérì$_{Dbl}$; zàkàrì$_{Ayr}$[191]	fesse ; derrière, fesses
songhay orient.	zakara ; zakari	région lombaire et fesses
songhay central	zekere	fesse ; partie inférieure d'une plante

Données songhay (b) :

songhay occid.	jaku	déféquer

    Comme la précédente cette racine PNS est peu documentée (reconstruction ECS et kanuri). L'entrée songhay retenue n'est pas attestée dans l'ensemble de l'aire songhayphone. Quant à la forme apparemment proche de la racine PNS supposée que j'atteste pour le songhay occidental (**jaku** « *déféquer* »)[192], elle est d'extension limitée et peut être rapprochée avec au moins autant de vraisemblance du ḥassāniyya et de l'arabe chwa, ce qui limite son intérêt pour une mise en rapport avec le nilo-saharien.

    Au plan de la diffusion potentielle les formes berbères ci-dessous montrent un certain parallélisme phonétique et sémantique[193].

Diffusion potentielle :
sémitique :

arabe chwa	zagg	déféquer
ḥassāniyya	zəkk (grossier)	cul

berbère :

tamazight	tazukt	cuisse, fesse, hanche, flanc
tawellemmet	təzuk	fesse

---

[191] *Commentaire de Ehret* : stem + NS *r n. suff. ; regressive V assim., *zokeri > *zekeri.
[192] Le songhay occidental a connu une évolution phonétique **z > j** ; en conséquence *zaku > **jaku**.
[193] J'ai aussi pu relever pour le tchadique l'entrée bidiya **dookírnyà** « *derrière d'une guenon* ». Mais comme je n'ai trouvé rien d'autre dans le domaine tchadique, il ne me semble pas utile de mentionner cela ailleurs que dans cette note.

kabyle	zzukrerr	lambiner ; traîner (rester en arrière, flâner)
	zzuyeṛ	traîner (tirer)
tamazight	zzuġr	traîner, tirer, entraîner, remorquer

Enfin les exemples sahariens suivants attestent d'autres rapprochements.

saharien :

kanuri	tawul	fesses
	duguli_Blm ; duguli_Yrw	fesse, cul
	duwulél	bottom ; buttocks
tubu	saga	vers l'arrière ; verso d'une feuille, face postérieure ; après (adv.) ; de retour
	sagadɛ	séant, derrière ; de derrière
	sagata	reculer, céder, se retirer, se replier
teda	sahe, sigei	dernier ; derrière (anatomie)
	segedi, šigei, šigedi	après (lieu et temps) ; en retard ; derrière (anatomie)
	sigeiti, sigeici	être le dernier
daza	saga	après (lieu et temps) ; derrière (anatomie) ; ensuite

Pour conclure, l'hypothèse qui revient à analyser l'entrée songhay **zékérì** comme le réflexe d'une racine PNS ***nḍōkʰ** + ***-r-** paraît difficilement justifiable.

Conclusion sur le suffixe *-r-, et perspective.

Aucun des exemples retenus pour illustrer en songhay la trace des morphèmes -*VrV, -*uru *'deverbative complement'* et -*eri *'associative (noun< noun)'* que Ehret a établi pour le PNS ne résiste correctement à la critique. Aucune des entrées proposées ne peut être sérieusement retenue comme cognat. Toutes montrent avec une force plus ou moins probante – mais toujours supérieure à celle qui est censée les rattacher aux données nilo-sahariennes – un lien possible, plus ou moins étroit, avec le domaine chamito-sémitique.

La conclusion est double :

1) il devient de plus en plus évident au fur et à mesure que l'analyse des données se poursuit qu'il sera nécessaire de reprendre l'ensemble de toutes les comparaisons lexicales impliquant le songhay et le chamito-sémitique avant de tenter de nouvelles hypothèses ;

2) il devient de plus en plus évident que les hypothèses concernant la « signification » de la « notion de parenté » risquent de sortir modifiées de l'analyse.

Retour à la correspondance *ɓ$_{PNS}$ = b$_{Sgh}$.

L'entrée {26 *ɓɔk^h « *to be worried by, upset by* »} (suite).

Compte tenu de ce qui précède l'entrée songhay **bákárá** « av*oir pitié* » qui a motivé le précédent bouclage ne saurait être interprétée dans le sens proposé et les données concernant sa diffusion potentielle appuient cette analyse.

Diffusion potentielle concernant :
sémitique :

arabe	raḥima	have mercy, be merciful
arabe chwa	raḥam	avoir pitié

éthio-sémitique :

guèze	maḥara, məḥra	have compassion, be compassionate, show mercy, have mercy, have pity, pardon
argobba	marä	forgive pardon
harari	bäraḥ baaya	avoir pitié

berbère :

kabyle	erḥem	faire miséricorde
tamazight	rraḥim	miséricordieux, clément (Dieu)
	rḥem	avoir en sa miséricorde, être clément (Dieu)
	abaqqar ; ibaqqarn	grand malheur, misère (employé dans des injures)

mandé :

soso	màkínìkìnì	être pitoyable
djula	makari	avoir pitié ; pitié
kelinga	màkári	pitié

Commentaire :

Les données éthio-sémitiques se distinguent des autres données sémitiques par une métathèse[194] que Leslau attribue au sémitique dès ses attestations les plus anciennes et la question du rapport avec **m** est cruciale mais reste en suspens. On remarquera quelques attestations impliquant **b-** mais tout cela demande une étude complémentaire. Ainsi la racine harari connaît une première radicale '**b**' mais cette langue atteste aussi une forme empruntée à l'arabe[195] (**raḥmät** « *pitié, compassion* »), quant à l'entrée tamazight **abaqqar**[196], elle est intéressante de ce même point de vue. Compte tenu d'une nécessaire modification de l'ordre des consonnes en raison de la contrainte qui pèse sur **r** initial, un rapprochement avec le songhay peut être suggéré mais sans qu'il soit avéré pour autant, dans le même temps qu'il est intéressant de relever la forme des lexèmes mandé qui montrent un phonétisme proche des entrées éthio-sémitiques. Finalement, en raison de tous ces indices, je conclurai que la mise en relation entre la racine PNS proposée par Ehret et le songhay demande à être reprise.

L'entrée {27 *ɓɔkʰ « *to soak (trans.)* »}.

Données ED :

Csud: PCE	*ɓɔ	liquid, fluid	
Kir-Abb: Gaam	bəin-	to filter, sieve	
Kir-Abb: Nil: Wnil: Ocolo	bɔk	to wash out, undermine (by water)	
Rub: Ik	bókɔny	river bank	

La signification de cette racine est organisée autour de la notion de « *tremper, mouiller* » (soutenue essentiellement par « *liquide, fluide* » en Central-Sudanic, « *filtrer* » en Gaam, « *nettoyer par lavage, user, miner* » en Ocolo) et l'entrée songhay avec sa signification de « *mettre quelque chose à tremper* » pourrait s'insérer dans le même champ sémantique,

---

[194] Leslau (1987) note « metathesis in Ar. **raḥima** « *have mercy, be merciful* », SAr. **rḥm**, Heb. **rāḥam** « *love, have compassion* » ; Aram-Syr **rəḥem**, Ug. **rḥm**, Akk. **rêmu** ».

[195] Bien évidemment, l'on sait que le harari est une langue urbaine, avec tout ce que cela implique.

[196] Rapportée à l'arabe **fiqr** « *pauvreté* » par Taïfi (1991). Ce lien potentiel, tout autant que le rapport plus générale **b** / **f** mériterait une attention particulière.

toutefois un peu d'attention montre que le champ sémantique concerné par le songhay est différent :

Données songhay :

kaado	bàkà	mettre qqch. à tremper ; platée ; portion de nourriture
songhay occid.	baka	grosse tartine, boulette
songhay orient.	baka	bouchée, tartine
songhay central	bako	boule de pâte
zarma	bàkà	laisser tremper ; platée ; ustensile avec lequel on enlève la nourriture de la marmite
dendi	báká	boule de pâte

Diffusion potentielle[197] :
sémitique :

arabe (?)	bqˤ (II)	tacher, salir
	baqbaqa	glouglou d'eau
arabe chwa	bugga	gorgée, dose de liquide

éthio-sémitique :

guèze	baqbaq, in ʔanbaqbaqa	cause to gargle, bubble

berbère :

tahaggart	ebek	se mettre dans la bouche (n'importe quel aliment, remède, etc. sec et en poudre)
kabyle	abakʷer	contenance de la main
	bbeɣ	mettre dans ; plonger
tawellemmet	əbək	se mettre dans la bouche (une substance en poudre ou en grain)

couchitique :

afar	bokka	mie de pain
oromo	baka	fondre, se fondre, entrer en fusion
	buko	pâte à pain

mandé :

soso	baxaa	rendre pâteux par cuisson

Une unité comparable est bien attestée en berbère avec une signification conforme à celle du songhay et on la retrouve aussi en couchitique ; les significations des entrées sémitiques sont plus éloignées mais les dérivations pourraient être acceptables. Quant à l'entrée soso, elle

---

[197] Ici comme en de nombreux autres endroits, j'ai bien évidemment conscience de l'hétérogénéité des rapprochements proposés. Mais à ce stade de l'étude, le champ des rapprochements potentiellement possibles *doit* être ouvert – tout simplement. Il s'agit ensuite de le « rétrécir » en fonction des analyses !

est peut-être due au hasard mais il conviendrait d'explorer attentivement l'espace lexical mandé pour décider sur ce point.

En conclusion, ces données lexicales sont suffisantes pour mettre en doute l'hypothèse qui ferait du songhay **bàkà** un réflexe de la racine PNS *ɓɔ̃kʰ.

L'entrée {28 *ɓú: « *to stay* »}.

Données ED :

Csud: ECS	*ɓu	to stay
Sah: Kanuri	bún	spending the night
Sah: Kanuri	búné	night
For	bu-	to get tired
Astab: Nub: Dongolawi	bu:	to be, exist
Kir-Abb: Nil: Wnil: Naath	but	to stay all day

Données songhay :

kaado	búu	mourir
songhay occid.	bu(n)	mourir ; être mort ; être usé ; s'éteindre (feu), être éteint
songhay orient.	buu	mourir ; être fini, terminé ; être mort, être sans force, être sec (sécher) ; être enlevé (récoltes que l'on anéantit ou tue, le verbe employé étant **wi**)
	buna	mort, sans force (de **bu** / **bun**)
songhay central	buu	mourir
zarma	búu ; bunè$_{Marie}$	mourir ; rabougri
dendi	bú	mourir, être mort
emghedeshie	abùn ; ai-bu	cadavre ; mourir
korandje	bouen	mourir
tagdalt	bun	mourir
tadaksahak	bun	mourir
tasawaq	bun	mourir ; être émoussé

L'étude dialectologique des données songhay montre que l'on doit partir pour la comparaison de la forme '**bun**' et non pas de l'entrée kaado **búu**, par ailleurs les relations sémantiques entre les entrées ne sont pas évidentes. Postuler dans ce cas un « changement sémantique » est ... la moindre des choses si l'on part de « *to stay* » (!) ; mais ce n'est en aucun cas satisfaisant. En revanche les rapprochements ci-dessous présentés pourraient avoir davantage de vraisemblance, que ce soit au plan phonétique ou sémantique, même s'ils restent limités.

Diffusion potentielle :
sémitique :

arabe	afana	épuiser (une femelle en la trayant trop), (V) décroître, s'affaiblir
	afina	se gâter (nourriture)
arabe marocain	fānī-at	éphémère
	fnā	s'anéantir, trépasser
	ʔfnā	anéantir
ḥassāniyya	vāni	éphémère
	vne	exterminer, périr

berbère :

kabyle	efnu	finir ; être réduit à ; être commandé par les circonstances
	lfani	éphémère ; périssable
	efneɛ	être passé ; passer ; advenir
tamazight	lefna	néant, anéantissement, fin du monde
	fnu	passer, finir, disparaître, périr

mandé :

soso	bún	piquer, tuer
djula	bani	décès ; mort

Je conclus donc que, comme les précédentes, cette dernière entrée n'a pas une place justifiée parmi les reconstructions PNS à initiale '*ɓ'.

Reprise à propos de l'entrée {1 *ɓà, *ɓà: « *part* »}.

Cette entrée était la première des dix racines retenues pour justifier l'hypothèse de l'existence d'un *ɓ-PNS concernant le songhay ; le rapprochement proposé ne se heurtait à aucun contre-exemple car les rapprochements alternatifs donnés au titre d'une diffusion potentielle (arabe : bāʔ « *cubit* » ; guèze : bāʔ « *palm of the hand, cubit* ») ne suffisaient pas, à eux seuls, pour mettre en cause l'hypothèse du réflexe nilo-saharien. Par ailleurs rien dans la comparaison interne des faits songhay ne justifiait une hypothèse permettant de le dériver d'un proto-phonème *ɓ-PNS ou d'induire l'existence d'une telle unité, c'était donc uniquement sur la base des comparaisons avec les langues données comme apparentées que la justification pouvait se fonder. J'avais alors conclu que le rattachement de l'entrée songhay à cette racine PNS n'était pas impossible mais qu'il était crucialement fonction de l'analyse de l'ensemble des données pertinentes retenues pour la justification globale de cette correspondance.

A l'issue de l'examen des dix racines concernées il est devenu possible de décider : *aucune* des entrées retenues n'est assez forte pour justifier l'hypothèse de l'apparentement au nilo-saharien. Pour chacune d'elle l'on peut trouver des rapprochements référés à une autre famille de langues, autrement dit l'hypothèse de cognacité qui justifierait la légitimité des rapprochements et la valeur de réflexe nilo-saharien des lexèmes songhay retenus n'est pas assurée. Dans ces conditions, le rattachement ou non d'une entrée songhay à une racine PNS caractérisée par *ɓ-$_{PNS}$ n'est plus une conséquence pouvant être légitimement inférée de la comparaison de l'ensemble des données apparentées mais une simple *opération d'opportunité* pour justifier une mise en cohérence *a posteriori* en décidant de « construire » des schémas de régularités ayant pour fonction de valider l'ensemble. Cet exemple montre ainsi l'importance essentielle des choix initiaux faits *a priori* et de *la façon dont des correspondances fictives peuvent être construites à l'insu de ceux qui les établissent*[198]. L'analyse des *constructions premières* à laquelle je me suis attaché est évidemment nécessaire mais les critères de leur évaluation ne dépendent pas toujours des seuls faits les concernant directement : la décision à propos de leur place et leur valeur par rapport à l'analyse globale en cours est indéterminée, c'est-à-dire qu'elle dépend non pas des caractéristiques de l'entrée considérée mais des résultats qui se manifestent au niveau de l'ensemble auquel elle participe, comme c'est le cas de cette entrée {1 *ɓà, *ɓà: « *part* »}. L'on comprend peut-être mieux ce qui donne la force des « idées initiales » dans le même temps que l'on peut davantage cerner leur extrême fragilité.

---

[198] Pour son intérêt dans l'histoire de ce type de recherche, on se souviendra que, en son temps, Lilias Homburger, visant à prouver une toute autre filiation, avait « établi » avec l'apparente rigueur que demandait une publication de la Société Linguistique de Paris, la « régularité » des correspondances entre le copte et le mandé, concluant que « *[l]e vocabulaire et la morphologie du copte et du mandé se recouvrent ; l'évolution phonétique à laquelle les mots mandés doivent leurs formes était amorcée en copte ainsi que les modifications d'ordre syntaxique. Le mandé, qu'on cite volontiers comme un exemple typique de langue négro-africaine, apparaît avec évidence comme un représentant moderne du copte. Il reste à déterminer l'époque de la séparation et la voie par laquelle la langue a été transportée.* » (1931 : 54). C'est sans doute une « évidence » du même type que « l'apparente rigueur méthodologique » mise en œuvre par Ehret permet de construire.

II.3. Le commentaire : premier état.

A l'issue de cette première phase d'exploration il faut faire le point. Premier constat : il est vrai que les hypothèses concernant l'appartenance du songhay se sont trouvées un peu secouées dans le voyage sans que je n'aie offert de « planche de secours », mais ce n'était pas le but poursuivi ici que de les remplacer sans autre forme de procès par d'autres hypothèses alternatives fondées sur les mêmes principes. En revanche la recherche d'approfondissement de la réflexion générale, l'exigence de fonder l'approche sur une documentation empirique maximale et la volonté de lier cette élaboration d'hypothèses à une démarche critique auront certainement œuvré pour enrichir un débat dont, finalement, l'issue n'est plus simplement de *décider* si le songhay est ou n'est pas *nilo-saharien* et quelle est *exactement* sa place dans cette construction. Cela aura tout autant permis de réfléchir sur ce que *veut dire* « être une langue nilo-saharienne » ou d'une façon plus générale, « être apparenté à ». Mais soyons plus concret et reprenons, en trois points, le fil initial.

1. Synthèse du « cheminement ».

Après avoir distingué entre ce qu'il faut entendre comme *construction première* et *construction seconde* j'ai décidé de m'engager dans une double étape de vérification de ces *constructions premières*. Mais plutôt que de procéder à une présentation exhaustive que sa longueur aurait assimilée à un travail sans fin (sans issue ?) j'ai choisi d'une part, de traiter exhaustivement une seule des racines parmi les quelques 565 qui mettent le songhay à contribution dans le *Nilo-Saharan Etymological Dictionary* de Ehret (il s'agissait de l'entrée **wà:yn** « *fire* ») et d'autre part, d'analyser dans sa totalité les attestations susceptibles de justifier du point de vue songhay l'existence de l'un des proto-phonèmes supposés pour le PNS qui aurait disparu dans cette langue. J'ai choisi le premier de la liste : le proto-phonème *ɓ, confondu avec *b.

Sur le premier point je n'ai pas décidé de partir d'une des racines les plus contestables, au contraire, le lexème songhay **wéynòw** est plutôt un « bon candidat » pour le nilo-saharien et il résiste assez bien à la critique. Toutefois une irrégularité apparente au plan de la dialectologie songhay a permis d'ouvrir le questionnement sur la régularité de la correspondance générale PNS *w = w_{sgh} que les données dialectales songhay semblaient réfuter (en ce qui concerne cette langue) et l'étude systématique des données qui s'en est suivie a conduit à une « montée en puissance » de la critique au fur et à mesure du développement de l'analyse. En effet, après avoir souligné un point faible j'ai noté que cette tentative de réfutation pourrait / pouvait à son tour être écartée s'il s'avérait – et ce n'est pas impossible du tout ! – que les nasales vélaires et labiovélaires qui contreviennent à la régularité trouvaient une explication « locale ». Dans ce cas l'entrée **wéynòw** serait / était à nouveau – et c'est peut-être effectivement le cas – un bon support pour la correspondance postulée. Mais l'étude des autres lexèmes retenus pour la soutenir a montré de nombreuses autres faiblesses ce qui a fini par fragiliser la correspondance indépendamment du fait que l'entrée songhay **wéynòw** y souscrive régulièrement ou non puisque *in fine*, c'est aussi sur l'évaluation quantitative de l'ensemble des régularités correctes que les hypothèses de *construction seconde* se fondent. Tout un chacun étant libre ensuite de tirer sa leçon de ce traitement.

A un autre temps de l'approche, l'étude de l'entrée songhay **kúrí** « *sang* » a conduit à de nouveaux points : la possibilité d'analyser les données songhay en rapport avec l'hypothèse du '*moveable k*' a introduit un questionnement au plan morphologique et celle de la présence initiale de consonnes labiovélarisées en songhay a permis de déboucher sur d'autres ouvertures. Enfin j'ai attiré l'attention sur les effets possibles de structurations idéophoniques potentiellement actualisables et probablement identifiables lors de la mise en évidence d'ensembles de données sémantiquement et phonétiquement stratifiés.

Sur le deuxième point, je suis parti de l'inventaire des dix entrées songhay concernées par la correspondance *$ɓ_{PNS}$ = b_{Sgh} afin d'évaluer la valeur de l'hypothèse de cognacité les concernant puisque c'est sur le préalable de l'existence de cette relation de cognacité que l'hypothèse du rapprochement devenait significative. De fait, selon mon analyse, aucune des entrées censées être les réflexes de formes *$ɓ_{PNS}$ … n'a résisté à la critique. En revanche, de la même façon que l'étude sur « *soleil* » avait ouvert un bouclage pour traiter du '*moveable k*' en songhay, cette étude a conduit à traiter de l'existence de deux reconstructions de morphèmes autour d'un « formant » *-r-, et cela a encore une fois débouché sur le constat de la non-validité pour le songhay de cette reconstruction morphologique.

De ce fait, les deux approches initialement axées sur l'analyse des régularités phonétiques se trouvent avoir mis en cause certaines des propositions de reconstruction morphologique utilisées pour soutenir les hypothèses d'apparentement.

A chaque fois l'initiale certitude de l'hypothèse a été mise à mal[199]. On en tire l'enseignement que, dans les cas problématiques, il est rare que l'on puisse décider de la valeur d'une *construction première* en termes catégoriques, par conséquent la valeur d'une *construction seconde* ne se définira pas non plus de façon catégorique : ce sera plutôt la capacité offerte ou non de distinguer entre une hypothèse spéculative et d'autres éventualités d'hypothèses qui sera pertinente. Il y a donc un travail à faire sur l'évaluation relative des hypothèses plutôt qu'un travail sur leur confirmation / infirmation, c'est certainement plus modeste mais aussi plus réaliste. Cela montre aussi l'intérêt et les limites de l'application rigide d'une méthode non pas en lui assénant les coups de boutoir d'« attaques » externes contre lesquelles ses tenants peuvent toujours se prémunir (ne serait-ce qu'en *décidant* de les ignorer) mais par une approche interne qui par la stricte application des principes initialement affichés, conduit à son « implosion » et à celle du cadre théorique présupposé ; permettant alors de les repenser.

Dans les cas difficiles la garantie contre l'implosion de la méthode passe soit par un abandon de l'attention aux données empiriques ce qui lui fait alors perdre toute valeur, soit par la modification continuelle de ses outils ce qui peut transformer sa nature. Ainsi, principes théoriques et méthodologiques sont bien des *outils conjoncturels* qui s'évaluent au fur et à mesure de leur utilisation et les avancées les plus positives pour le développement des « idées générales » sont peut-être celles qui tendent « méthodologiquement (?) » de conjoindre *un projet de mise en forme des données empiriques* (rendre étroitement compte des faits) et *un projet de modification de l'outillage* appliqué à ce projet. Dans les deux cas la tension pour percevoir les carences des outils d'analyse conceptuelle et la tension pour obtenir *la couverture maximale des données* empiriques doivent être à leur maximum.

2. Synthèse pratique.

L'étude concrète, appliquée, et un tantinet fastidieuse de ces racines PNS aura aussi montré l'intérêt qu'il y aurait à procéder à une révision des correspondances retenues par Ehret, bien qu'il soit évident que certaines de ces racines (dont probablement celle dont je suis parti) puissent peut-être avoir quelque intérêt. Le système phonologique nilo-saharien que définit Ehret est complexe, tout particulièrement en ce

---

[199] Ce qui veut dire que, au plan de la méthode comme à celui de la théorie, l'on ne saurait s'en tenir uniquement à de grands principes, sauf à les « tester / vérifier » très concrètement par le détail des données.

qui concerne l'inventaire consonantique ; on lierait volontiers cette richesse au fait que les jeux de variantes conduisant à l'identification de séries osculentes n'ont pas été établis mais une telle explication technique ne vaut que lorsqu'il est certain que l'on a affaire à des cognats[200], comme le montre tout aussi bien l'étude des supposés réflexes de PNS *ɓ. Parallèlement, dans la mesure où le jeu des hypothèses possibles pour dire « quelque chose » sur ce que montre (ou ne montre pas) le songhay est probablement plus grand que celui, somme toute limité, que prédéfinit l'horizon nilo-saharien, il serait aussi intéressant d'étudier la possibilité d'établir des régularités potentielles par rapport aux données chamito-sémitiques ; en précisant, bien entendu, que cela ne veut pas dire que l'on doive nécessairement faire l'hypothèse que le songhay EST une langue chamito-sémitique ! Les rapports particuliers entre les données songhay et les langues chamito-sémitiques doivent être analysés en détail et commencent à l'être mais dans l'état actuel on ne sait pas encore avec certitude ce qu'ils permettent de dire. Ou à tout le moins ce qu'ils permettent de dire, tout en relevant désormais de « l'hypothèse légitime », demande encore élaboration et vérification.

On conçoit maintenant l'utilité d'actualiser le scénario que j'avais initialement proposé (Nicolaï,1990), fondé sur l'hypothèse d'une origine créole du songhay à partir d'une base lexicale berbère. Il était l'indicateur de l'existence de la difficulté, largement occultée à l'époque, concernant « l'évidence » non-critiquée de l'apparentement de la langue à la famille nilo-saharienne. Comme je l'ai déjà précisé, la pauvreté de l'argumentation soutenant cette hypothèse avait bien été signalée vingt ans plus tôt par Lacroix (1969) mais cela n'avait pas pour autant conduit à une quelconque prise en compte. A part cela mon approche a peut-être eu l'avantage de montrer une direction de rapprochement là où l'on ne pensait pas en trouver en soulignant l'importance de l'apport berbère à un

---

[200] En revanche, comme je l'ai déjà précisé, lorsque la décision de considérer ou non une entrée comme cognat *est un enjeu*, il y a un risque que la correspondance supposée soit « construite » par le chercheur sans être fondée.

niveau ancien de la formation de la langue[201]. De mon point de vue le débat ne fait que commencer et son issue n'est pas donnée d'avance[202].

Il serait aussi intéressant d'apprécier les traces lexicales susceptibles d'impliquer le Niger-Congo sans omettre, ainsi que je l'ai souligné en parlant de *fonds lexical endogène*, les traces de ressources lexicales non-attribuées qui pourraient également exister[203]... Sans oublier non plus tous les rapprochements lexicaux qui dans la recherche en rapport avec le nilo-saharien proprement dit n'ont pas été invalidés et pourraient donc trouver leur origine de ce côté-là. Et il y en a ! L'étude devrait donc être approfondie *dans toutes ces directions* mais les réponses ne sont pas encore données. Et – faut-il le préciser encore – il est certain que cela passe par la relativisation des représentations de la généalogie des langues qui sont à l'arrière-plan des travaux de synthèse actuellement disponibles, ce qui ne veut pas dire que la perspective généalogique soit sans signification, même dans les cas problématiques.

3. Synthèse méthodologique.

L'étape dialectologique.

A tous les moments de l'étude l'importance du détail dialectologique concernant les « sous-branches » (ici le songhay) est apparue, et chaque fois c'est en regard de considérations internes à la « sous-branche » étudiée que la critique a pu se construire. Il ne s'agit pas pour autant de penser – dans une logique arborescente – que l'étape dialectologique **est** le premier pas d'une reconstruction. **Ce n'est pas le cas.** La variation dialectale permet plutôt de comprendre et de mettre en évidence des dynamiques qui relèvent tout autant de la réalité synchronique : les phénomènes de koinè, les conséquences du contact des langues, des faits de véhicularisation, de vernacularisation ou de pidginisation, les dynamiques de restructuration idéophoniques, sont

---

[201] Dans cette perspective il conviendrait toujours d'élaborer, confirmer, conforter ou infirmer dans la mesure du possible l'hypothèse du rapport avec le domaine chamito-sémitique, en général ; cela pourrait conduire à mettre en évidence, au niveau lexical, des « substrats linguistiques » aujourd'hui disparus dans la zone considérée, des phénomènes d'emprunt massif ou encore telle ou telle autre configuration d'émergence, sans exclusive. Le chapitre IV apportera des éléments pour enrichir cette question.
[202] C'est bien pourquoi je ne propose pas ici une « affiliation de rechange ». Il me semble important de dépasser le conditionnement qui renvoie comme unique alternative à la dichotomie : « proposer une solution » *versus* « 'ignorer' le problème posé ».
[203] Sous réserve qu'une analyse ultérieure plus appropriée ne permette pas de les « attribuer » à l'un ou à l'autre des groupements de langues concernés par l'analyse.

souvent identifiés – et théorisés – à ce stade où la question des apparentements ne se pose pas mais où une compréhension de la dynamique des langues peut se mettre en place dont l'intérêt est majeur pour l'analyse de leur évolution et l'enrichissement de la question des apparentements. Toutefois les enseignements et les résultats de l'approche dialectologique ne peuvent pas ne pas orienter les hypothèses de la reconstruction vers des propositions empiriquement mieux fondées.

L'extension maximale de la diffusion potentielle des unités lexicales.

La prise en compte de l'extension maximale de la diffusion potentielle des unités dialectales est aussi une nécessité méthodologique essentielle[204]. Son occultation au premier temps de l'analyse a pour conséquence d'imposer une limitation de l'horizon des hypothèses, c'est ainsi que l'ensemble des potentialités de rapprochements que j'ai présenté ci-dessus et des directions à explorer qu'il suggère ne peut pas apparaître si l'on décide *a priori* (?) de se limiter au domaine nilo-saharien[205] !

Ceci étant il va de soi que la reconnaissance d'un fait de diffusion potentielle n'est pas en lui-même explicatif : on peut avoir affaire à des phénomènes classiques d'emprunt, à des effets de convergence, à des parallélismes évolutifs ou à bien d'autres dynamiques. Il n'en est pas moins important d'en prendre la mesure et l'on peut s'attendre à ce que cela aide à mieux appréhender la trace des dynamiques anthropologiques qui contribuent à l'évolution des types fonctionnels de langues et de leurs formes structurelles. Au-delà du lexique cela ouvre la question de l'approche sémantique et morpho-syntaxique tout autant que celle des phénomènes de Sprachbünde et de contact dont l'occultation a probablement conduit à fausser beaucoup d'explications possibles de l'évolution des langues ; en général bien sûr, mais tout particulièrement pour le cas dont je traite.

---

[204] Même s'il est vrai qu'en raison du caractère particulier du travail permettant de la mettre en évidence, son intérêt et les propositions qu'elle permet d'induire dans chaque cas d'espèce sont sujettes à remise en question.
[205] L'esprit humain est souvent ainsi fait qu'il tend à classifier *a priori*, pour com-prendre (?), sous le sceau du A et du non-A. Que la classification soit exclusive ou participative ne change rien au fait que les choix sont prédéterminés par le nombre de branches de l'alternative posée.

La logique arborescente non-maîtrisée.

Parallèlement, il faut aujourd'hui souligner les dangers d'une exploitation des modèles qui se fonde sur une pratique aberrante du point de vue de la recherche empirique ; l'exemple actuel des hypothèses monogénétiques sur l'origine des langues en fournit une bonne illustration. Non pas parce qu'elles posent cette question, mais par la façon dont elles la traitent !

PREMIERE LITOTE.

Je reprendrai tout simplement l'une de mes remarques plus anciennes en disant que la résolution de la question de l'apparentement du songhay, et *a fortiori* celle de sa place au sein d'une sous-classification à proposer, est encore devant nous.

III. SONGHAY NILO-SAHARIEN ET MODELE DES
« ISOGLOSSES ».

On sait que c'est en se fondant sur un jeu d'isomorphes (isoglosses morphologiques) et d'isoglosses lexicales organisées en plusieurs sous-ensembles (*Excellent, Good*, etc.) que Bender (1997) structure ses hypothèses concernant le nilo-saharien[206]. Pour satisfaire au maximum de prudence méthodologique il introduit plusieurs catégories d'isoglosses lexicales[207] et le songhay n'est concerné que par celles qu'il retient sous le terme de *Outliers* ; il s'agit de ses catégories A1, A2 et A3 définies respectivement comme *Excellent, Good* et *Fair isoglosses* en fonction de leur distribution dans l'espace nilo-saharien. Je m'intéresserai uniquement à l'ensemble des *Excellent* parce que – par définition – ce sont elles qui, dans sa perspective, sont les éléments les plus importants pour justifier de l'apparentement du songhay. Ainsi, à l'issue de l'analyse s'il se trouve que les « candidats » dont il est postulé qu'ils sont les *meilleurs* supports de l'hypothèse d'apparentement du songhay au nilo-saharien sont récusés ou fortement affaiblis dans ce rôle, alors celle-ci méritera d'être revue sans même qu'il soit nécessaire de prendre en compte l'ensemble des autres données dont la valeur pour le support des hypothèses est jugé moins forte. Mais dans un premier temps je rendrai compte des isomorphes qu'il retient pour sa démonstration car l'auteur attache une valeur particulière aux comparaisons de morphèmes.

---

[206] Cf. *supra*, chapitre I.2.
[207] En ce qui concerne ses données lexicales et la façon dont il les organise, il précise la méthode utilisée : « *Working mainly with a data base of over 600 basic lexicals items (plus some synonyms and related forms) [...] I collected and recorded the corresponding forms from about 115 N-S languages. It happens that these fall into four numerically comparables groups : Nilotic [...], other East Sudanic [...], Central Sudanic [...], and all other N-S* ».

III.1. La « preuve morphologique ».

Retenant de la méthode comparative classique le postulat de l'importance des innovations morphologiques partagées comme critère pour l'élaboration d'une sous-classification, Bender (1989) s'attache à mettre en évidence une série d'*isomorphes*, c'est-à-dire à identifier des (groupes de) langues ou des aires distingués grâce à une comparaison de morphèmes dont l'organisation définira la structuration qu'il propose pour le nilo-saharien. Dans le même souci de rigueur que j'ai mentionné, il classe ses propositions concernant la morphologie (soit les *grammèmes* qu'il retient pour justifier les isomorphes qui montrent la cohérence du nilo-saharien) selon une appréciation de leur qualité et/ou de leur importance. Il distingue alors entre la catégorie des *Major retentions* et celle des *Other retentions* et donne à sept traits qui portent sur les pronoms et les démonstratifs le statut de *Major retentions* ; quatre d'entre eux concernent le songhay, ce sont donc ceux-là qui (lui) fournissent les meilleurs arguments pour la cohérence globale du nilo-saharien et, par voie de conséquence du moins, pour justifier de l'insertion du songhay dans le phylum, compte tenu de la position de *Outlier* qu'il lui attribue. Corrélativement il définit la catégorie des *Innovations* également sur des critères de répartition et il la sous-catégorise en *Major innovations* et *Innovations*. Enfin, il ajoute une troisième catégorie dite *Uniques* qui comprend des rapprochements ayant une répartition insuffisante pour être placés dans l'une ou l'autre des précédentes catégories d'isomorphes.

Présentation des isomorphes impliquant le songhay.

Les données concernant le songhay ne sont pas très nombreuses en conséquence il est possible de les traiter systématiquement ; on trouvera donc ci-dessous les données utiles y compris celles qui sont définies comme des innovations[208], puis leur commentaire catégorie par catégorie.

Pour des raisons de cohérence je conserve la classification, la terminologie, les abréviations[209], les intitulés des règles et l'ensemble de la présentation de Bender. L'effort de lecture supplémentaire sera compensé par une plus grande facilité de vérification des données.

---

[208] En effet, comme je l'ai noté plus haut, la distinction *innovation / rétention* n'est établie que sur une critérologie fondée sur l'existence des formes pertinentes dans les groupes linguistiques ; en conséquence, il suffit de reconnaître l'existence d'une de ces formes dans une langue appartenant à un groupe critique, ou bien de modifier l'exigence concernant la distribution pour changer le statut des formes. C'est pourquoi, *a priori*, je prends en considération toutes les comparaisons.

[209] La signification des abréviations (cf. pron., dem., 1sg.prn., etc.) est évidente ou se déduit aisément du contexte de leur emploi.

Le modèle des « isoglosses » : approche morphologique

Isomorphes	major retentions (R)	retentions (R)	major innovations (I)	innovations (I)	uniques (U)
Songhay	4	20	0	8	4
Total Nilo-Sahar	7	39	17	35	35

(*) Données songhay[210]			outliers				satellites				core				
			A	B	H	K	C	D	Fp	Fc	G	Ek	En	I	J	L
Pronoun personal markers, Dem, Sing/Plur.																
R1 (major)	pron. pattern a/i/e		x		x	x		x	x	x	x	x	x	x		
R4 (major)	dem. pattern near/far o/i	wo/din di/wɔ	x		x		x				x	x	x			x
R3 (major)	singular a/plural i or its "polar opposite"	i/a	x	x	x											
R6 (major)	dem. pattern to/away A/U	kanda / konda, yenda	x	x		x		x		x	x	x	x	?		
R8	1 sg.prn. akʷai	agey, a(i)	x		x		x				x		x		x	
R9	2 sg.prn. ini	ni(n)	x	x	x				x	?		x	x	x		
R10	3 sg.prn. h, k	(ŋg)a	x										x	x	x	
I8	Pron. sg. l, r		x						x				x			
I14	Prn. pl. r		x									x	x			

---

[210] L'ensemble de la schématisation utilisée dans ces tableaux est repris de Bender. Les lettres A, B, … correspondent à sa sous-classification du N-S ; je rappelle leur signification :

A: Songhai	B: Saharan	H: Kunama	K: Kuliak	C: Maba	D: For	Fp: Central-Sudanic	Fc: Central-Sudanic	G: Berta	Ek: East-Sudanic	En: East-Sudanic	I: Koman	J: Gumuz	L: Kado

Les doubles lignes séparent *Outliers*, *Satellites* et *Core* (cf. supra, le schéma de classification nilo-saharienne de Bender). Les *Major retentions* (R1, R3, R4, R6) sont précisées (*Major*). Les isomorphes présentées en italique sont celles pour lesquelles on peut établir des rapprochements hors du nilo-saharien, en mandé ou en berbère.

Données songhay			outliers			satellites					core				
			A	B	H	K	C	D	Fp	Fc	G	Ek	En	I	J	L
Pronoun or noun case markers																
R17	Locative R	*-ra, -la*	x	x	x			x	x							
Demonstrative formative																
R19	Demon. K	*kaŋ* (referential ?, relative ?)	x				x			x						x
R21	Demon. N	*ne / no*[211]	x		x			x	x	x		x		x		
R22	Demon. T	*di (?)*	x	x			x	x	x	x	x	x				x
R23 /I28	Demon. W	*wo*	x		x		x									
R24 /I29	Demon. Y	*hendi, yɔŋgo*	x									x				x
I17	Dem. pl. *yom*	*yaŋ, -yom*	x					x	x							

Données songhay			outliers			satellites					core				
			A	B	H	K	C	D	Fp	Fc	G	Ek	En	I	J	L
III. Interrogatives (what ?, who ?, which ?, where ?, when ?, why ?...) : *mal-, man, mar-, mat-, may, (i)fo*																
R27	formant interrogatif *f, b*	*(i)fo*	x	x								x				
R31	interrogatif pl.N	*mal-, man, mar-, mat-, may*	x	x		x		x								
U24	interr. *maT-*	*mata*	x													x

---

[211] Dans cette catégorie (*here/there*), on peut aussi trouver des rapprochement avec le hawsa (**nan** « *voici, ici* »), le wolof **nee** « *démonstratif éloigné* ».

Le modèle des « isoglosses » : approche morphologique 169

Données songhay		outliers				satellites					core				
		A	B	H	K	C	D	Fp	Fc	G	Ek	En	I	J	L
IV. Copulas and connectives (existence, identity, attributive, possessive, « become » (=Bec.) : *bara ~ go, ga, no, t(y)i* ; Bec. : *te*															
R32	Copule K	*go, ga*	x	x	x	x	x	x	x	x	x	x	x	x	x	
R34	Copule T	*t(y)i*	x	x	x	x	x		x	x		x	x	x		
R35	Copule (y)e		x	x			x	x	x	x		x	x	x		x
U21	cop. BAR	*bara*	x									x				
V. Nouns (**Gender** (masc./fem.) : *ar(u)/wey*) ; (**Number** : sg./pl. : def. -o, indf. -a) ; (**Case** : Nom./Gen./Loc. : -/-/-la, -ra)															
R3 (major)	sg./pl. *a/i*	*-o, -a / -(a)y (-yaŋ, -yom)*	x	x	x											
I25	Nom fem genre *i, y*	*ar(u)/wey*	x					x				x	x	x		
VI. Verbs (**TMA** : Past or Perfect/Present or Imperfect/Future : *a- ~ o-/-ga, na, oo-/ -ga, la, ka*) ; (Prog. or Cont. / Hab. or Narr. / Cond. : *go(ga), go ka/ go(ga), za* /irreal. : *ma*) ; (**Negatives** : verbal/imperative/ Non-vb. : *mana, si, ..., manti*)[212]															
R36	Cont./Prog	*go (ga), go ka / go (ga), za / irreal : ma*	x	x	x									x		
R37	futur K	*ka*	x	x	x	x		x	x			x	x	x		
R41	Marqueur négatif *mV*	*mana, manti*			x	x						x	x	x	x	
I37	temps futur L	*la*	x						x	x	x	x	x			x
I43	négatif S	*si*	x								x			x		

---

[212] On notera avec intérêt un rapport possible avec la négation **ma** … **ši** en arabe maghrébin, qui mériterait quelque attention ! Cf. Marçais (1977) ; des rapprochements dans cette direction n'ont – bien évidemment – encore jamais été envisagés !

Données songhay			outliers				satellites					core				
			A	B	H	K	C	D	Fp	Fc	G	Ek	En	I	J	L
VII. Derived forms (Nouns : Rel.-Adj./Abst. Agt. : *-(nta)/*-kɔ(m), -kaw, ma(y), tɛrɛ) ; (vb.n./Infin./ Other : -ey, kpɛ, mi, *ri*, -yan/-/Qual. : tarey) ; (Verbs : Caus. –T.V. Intens./Pas.-I.v. Recip. – Refl. : *-andi*, -ka/-a) ; (Other : Dat. ; Instr. : -se ; -ka, -(ir)gi, ri)																
R43	Dérivatifs nom. L	*-ri (?)*	x	x			x	x								
R45	Causatif K	-ka	x	x					x		?	x		x	x	
R46	Causatif T	-andi	x	x		x		?		x	x	x	x			
I46	Causat. -NT	-andi	x				x						x			
U22	Interr. form : *ma(y)al*	may, malla ; mate	x					x								
U23	Dériv. nom. m[213]	agent. *-ma(y), mey* ; infinit. *-mi*	x											x	x	

Commentaire :

Il est évident, et cela a été souvent dit, qu'il est dangereux d'établir des comparaisons fondées sur des schèmes phonématiques très courts comme ceux que fournissent les pronoms car ces éléments ont généralement subi au cours du temps des modifications considérables et peuvent résulter de convergences entre des éléments qui n'ont entre eux aucun lien généalogique[214]. Mais il est aussi bien connu que sous le poids de la tradition comparative, les mises en rapport concernant la morphologie sont validées de plus de crédit que celles concernant le lexique, tout particulièrement parce que les morphèmes sont censés s'emprunter difficilement[215]. Il y a donc ici une double contrainte que

---

[213] Suffixe nominalisateur à valeur résultative : **fàr** « *cultiver* » >> (zarma) **fǎrmì** « *culture* » ; (songhay orient.) **farma** « *sarclage* » ; (kaado) **bérè** « *convertir, changer* » >> **bárméy** « *monnaie* ». Toutefois, il n'est pas du tout certain que ce dernier exemple 'bárméy' résulte réellement d'une dérivation : il est en effet possible de supposer une autre analyse, comme l'ensemble des exemples retenus autour d'une 'entité chamito-sémitique' **brm** pourrait le laisser envisager !

[214] Skinner (1996 : XI) note « *Particles and pronouns have, on the whole been excluded. The former, because the range of meaning is too wide even within one language ; the latter because [...] and both, because they tend to be minimal forms, which makes even intelligent speculation of little value* ».

[215] Bender (1989 : 3) le souligne en citant Anttila (1972 : 303) « *…the more morphological signs (grammatical markers) are involved, the better guarantee we have against borrowing…* » .

Le modèle des « isoglosses » : approche morphologique 171

résolvait dans le cadre des études classiques la recherche philologique et l'élaboration d'une grammaire comparée, autant de projets qui perdent leur sens lorsqu'on s'intéresse aux langues sans traditions écrites et que l'on vise des périodes préhistoriques. Bender fonde ses principales isomorphes sur des *systèmes* de pronoms et de démonstratifs ; cette tentative qui consiste à considérer des schémas d'opposition plutôt que des unités simples (cf. R1, R4, R6) est sans doute (avec la notion de *pattern*) l'une des meilleures façons de se garder de l'arbitraire des comparaisons isolées, toutefois cela ne saurait être concluant que sur des schémas d'alternance incontestables.

Considérations sur les pronoms.

Les données mentionnées par Bender sont les suivantes :

R1		Pronom personnel Pi : 1ère, 2éme et 3ème personne sont caractérisées par les voyelles **a/i/e** respectivement (3ème **e** est moins fréquente que les autres)	(R3)[216]

Marqueurs de pronom personnels	R8	1ère pers. sg. pron. **ak^{w}ai**[217] (quelquefois le pluriel est aussi fondé sur ce schéma)	(R1)
	R9	2ème pers. sg. pron. **ini** (quelquefois aussi le pluriel)	(R2)
	R10	3ème sg. pron. **h, k**	*(In.8)*

Pronoms	I8	1ère sg. **l, r**	(A,G,J)
	I14	Pron. pl. **r**	A,Ek,G)

En ce qui concerne (R1) il postule (1989 : 5) que « *a pronominal pattern of 1st person **a**, 2nd **i**, 3rd **e** is common in Nilo-Saharan, especially in the singular* » or il ne semble pas que le songhay souscrive à ce rapport vocalique car seuls les morphèmes emphatiques et non-emphatiques de 2e personne sg. (**nin** et **ni**) sont correctement placés dans ce schéma, quant aux deux morphèmes pronominaux « *1 sg* » emphatique **agey** et non-emphatique **ay** ils s'opposent respectivement aux formes **ŋga** « *3 sg* »

---

[216] Les références données dans cette colonne correspondent au classement de Bender (1989) où il détaille son analyse des pronoms et des démonstratifs.
[217] Bien évidemment, dans ce tableau comme dans les suivants, les formes données sont celles proposées par Bender au niveau de son analyse. Ce ne sont pas les formes effectivement réalisées en songhay.

et a « *3 sg* »[218]. En conséquence, si le songhay souscrivait à un schéma général d'alternance de ce type il aurait la forme { e – i – a }, soit l'inverse de celui proposé. Notons aussi que pour les pronoms non-emphatiques de troisième personne il est possible de trouver d'autres rapprochements en dehors du nilo-saharien : ainsi le rapport entre à « *3 sg* » et ì « *3 pl* » se retrouve en mandé (djula d'Odienné, Wassoulou, mandingue, soninké, soso, sembla, bozo, etc.) comme cela a été plusieurs fois signalé[219] ; parallèlement un rapprochement concernant le pronom 3ème pers. pl. **i** peut être fait avec le soso, le djula d'Odjenné, le soninke ou le sorogama. Et l'on pourrait y voir un intéressant schéma (**a – i**). Par ailleurs sur la base du consonantisme[220] (cf. Tableau des isomorphes) Bender retient les trois pronoms personnels du singulier (R8, R9, R10), or il ne manque pas de langues africaines susceptibles de connaître un pronom de deuxième personne fondé sur une forme '**ni**'[221] ; quant aux deux autres personnes, le rapport qui les lie est ténu comme le montrent les exemples de la 'Table 2' (reprise de Bender) dans laquelle j'ai entouré les formes utiles. Ce n'est qu'avec le koman que, avec quelque bonne volonté, l'on trouverait éventuellement une homologie. L'auteur propose enfin deux innovations impliquant le songhay avec des formes (**r ~ l**) pour les pronoms « *1 sg* » (I8) et « *1 pl* » (I14) mais la suggestion me parait hasardeuse[222] et ne saurait guère être retenue.

Je conclurai donc en considérant que les éléments fournis pour soutenir qu'une comparaison basée sur les pronoms personnels puisse fonder le rattachement du songhay au nilo-saharien sont notoirement très insuffisants, et cela d'autant plus que cette comparaison n'est pas présentée comme un simple élément adjuvant mais comme *le plus fort atout* de la « preuve ».

---

[218] Il est vrai que l'on trouve en dendi la forme áà « *1ᵉ sg.* » qui s'oppose à la forme àà « *3ᵉ sg* » (Zima 1994 : 23), mais il s'agit d'évolutions secondaires propres au dendi qui a fortement innové dans le domaine de la morphologie comme dans celui de la phonologie. Il en va de même pour les formes ó et ò qui s'expliquent par la combinaison du pronom avec le morphème du progressif.
[219] Le pronom 3ème pers. sg. à est bien représenté dans les langues de toutes les branches mandé, cf. Creissels (1981), Nicolaï (1984), Vydrine (2001a).
[220] Puisque, comme on vient de le voir, le schéma vocalique n'est pas validé.
[221] Ainsi Lacroix (1969), critiquant Greenberg sur ce point notait « *on pourrait plus valablement établir un rapprochement avec certaines langues gur où la 2ᵉ P.S. présente des formes tout aussi comparables (kirma : ni, n ; dagbani, mampruli, hanga : ɲini ; talni : ɲen ; safalaba : ɛne ; sisala : nna ; lyele, lamba : n ; kabré, kotokoli : ɲa, etc.)* ».
[222] Bender (1989 : 3) « *Forms in **r ~ l** are found in the pl. of family A (**ir(i)**) and in the sg. of G (**ali**) and J (**ara~ada** ; also in 1 pl. ex. **aila**)* ».

Le modèle des « isoglosses » : approche morphologique

Table 2
INDEPENDENT PRONOUNS OF NILO-SAHARAN

	A	B	C	D	Ek[2]	En	Fc
Sg. 1	agey, a(i) (ó)	T, (t>s) (ai) (kɔwu)	ama, amɔ	ká(i)	(w)oi (a(i),e, ag)	(n)an(a) (γan, ŋga)	má(a)
2	ni(n) (ú)	nV, (la) (t)	(me, mi, mɔ, maŋ, muuŋ)	ji, dzi	(i(i), 'iŋa, Ir, ar(i))	(n)in (y)on (iŋgi, jin)	(y)í(i) (ki, ni)
3[3]	(ŋg)a (ð)	tV, (yi) (la, mere)	ti, te (sɔi)	ie, dze	(ter, tar, tIb, en ano, esi)	en(na) (nɛ, nono, iš)	né, na(a) (mo, wu)
Pl. 1[3]	(ir)(i)	tu, to (t>s) (yandi)	mi(mɛ) (máŋ)	kí	agga, oga (w)u(i) (ar(í), ay wa(ŋ))	(n)aga (won, kon) (kat, ay	c, j, s, ze(ge) (mak-maj-)
2	war(aŋ) wa, (wo)	nV	ki(kɛ) (káŋ)	bí, wí	iŋ('ŋa), (u(r), ni igwo, ai)	Vg- (kit, kik, ɔkwa	si(ŋ)-ge (jikke)
3	ŋg(i) ngey (ú)	tV, (ko, ku, mura	(w)i(wɛ) ʌmmʌʌ (waŋ)	ie-ŋ(a) dzo	a(i)ŋ- (ter, tar, tiba, esiŋ)	(ye)gɛn (sa, ca aŋa)	je, yɛ (naake, niiŋge)
sg./pl.	a/i -/r	e/a |-/-ndi	-/ŋ, k	(a/i|(-/ŋ)	I/u (-/a) (-/g, k)	n/g, k, (t)	(n)/ -sV,-ge,-ke -je
Acc.	-kar	pl. -a; t-, (n)	mb, nd	gi, si-	(g, (ku)ŋ, Iŋ, di)	∅	∅
Gen.	∅	r, l (k, n, o, s, t)	(-n)	d/k, -ŋ	n,ŋ (r) (ð)/u) pl. g, k	n, (d)/g, k (i/u)	n, ŋ, t, ɓɛ gà,k

	Fp[2]	G	H	I	J	K	L
Sg. 1	(á)mé (úmú)	álì	abá	aga, aka (wo)	ada, ara	ŋka, ay(a)	a?a(ŋ)
2	(í)mí (i)ni (yi, (m)umu)	ŋgò	ená (ina)	ay, ?e (aan, ik)	ama	bi, piya	ɔ?ɔ (u?uŋ)
3[3]	-nda ((i)nɛ, kɛ ɛtɛ, si)	ŋinè	unú(m) (ad, at-)	ha- ah(ʷo)	ntsi, ica, ikiet	i?i, ɔgɔ (àay)
Pl. 1[3]	àmà (amu, agâ)	háʊaŋ	-mme	ana, amo (anog)	akwa, aila	(ŋg)in(ia) (nkwa, mis)	aŋ(ŋ)a, oŋɔ (au)
2	àmì (a)ni (mumu, igî)	háʊù	em(m)e	um, om	akʸa	bita, biyo pitia	aga
3	íyè (ile, igi, sini)	mérèe	im(m)e (unumme)	hun, on	mmama	nta, it(ia)	ɛgɛ, àay
sg./pl.	hi/lo (i/a, m/g)	ŋ/r, haθ-	a/e	-/m, u, o	-/-	-/i, t	Af. ?/ŋ | ŋ/g, k
Acc.	∅	g, k	k(?) -si	g,k	∅	i, ikᵃ	∅
Gen.	n, r, ndr (ɓɛ, pl. s)	ŋ	b, m (ŋ)ŋ	m, b, p	m, b, p	d, i, (o)	m, d̪

Ce tableau (Table 2) est repris directement de l'ouvrage de Bender et il fournit l'ensemble des données qu'il a utilisé pour fonder ses hypothèses sur le système des pronoms. J'ai seulement encerclé les données utiles pour les rapprochements où le songhay est concerné, ce qui permet de constater sans équivoque la faiblesse du support empirique.

Considérations sur les 'démonstratifs'.

De l'ensemble d'unités ci-dessous que Bender catégorise comme 'grammèmes démonstratifs'[223] il pose que les deux isomorphes (R4 et R6) sont caractérisées comme des rétentions majeures tandis que les autres sont marquées par un évident éparpillement. Je vais me contenter de noter quelques problèmes et de rappeler que certaines des unités prises en compte peuvent être rapprochées de façon tout aussi convaincante de groupes de langues n'appartenant pas au nilo-saharien.

this / that	yonder	relative	referential	determiner definite	here / there	sg./pl.	to/away
wo / din ; di / wɔ	(hendi, yongo)	kaŋ	(kaŋ)	-o, -a	ne / no, ya (yongo)	-o, -a / -(a)ey 'y (-yaŋ, -yom)	(a/ɔ ?) (kanda / kɔnda, yenda)

Les rétentions majeures.

L'isomorphe R3 suggère l'existence d'un schème **a / i** « *singulier / pluriel* », indépendamment de sa brièveté il n'est attesté que dans les *Outliers*, ce qui n'est intéressant que si l'on est certain que ces *Outliers* sont effectivement ce que Bender postule qu'ils sont[224]. L'isomorphe R4 concernant les démonstratifs de proximité et d'éloignement suppose l'existence d'un schéma d'opposition **o / i**, ce n'est pas une mauvaise idée en soi mais en ce qui concerne le songhay il me semble utile de rappeler que les morphèmes démonstratifs, tout particulièrement **wo**, sont aussi répandus en mandé[225], en berbère[226] et

---

[223] Bender (1989 : 9) : « *Demonstrative is used broadly to include the categories [...] near/far/yonder, relative marker, referential, [...] determiner or definite, here/there, sg./pl. of any of the above, to/away markers in the verb* ».
[224] C'est plutôt l'adjonction d'un élément -y qui marquerait la pluralisation. L'existence d'une opposition ne me paraît pas réaliste. Par ailleurs supposer aussi l'inverse de cette opposition est un jeu formel qui ne renforce pas la crédibilité de l'isomorphe.
[225] Creissels (1981), Nicolaï (1984). Vydrine postule un proto-mandingue *wŏ (mandinka wò *that*, -o *specific article* ; xasonka wò *that*, -o *specific article* ; kagoro ò *that*, ò *specific article* ; maninka wŏ, ŏ, bamana wŏ, ŏ, kong jula -o, kong jula ò).
[226] Nicolaï (1990).

au-delà ; cela affaiblit fortement l'hypothèse dans la mesure où les isomorphes précédentes concernant les pronoms personnels manquaient aussi de crédibilité. Quant à l'isomorphe R6 qui se fonde sur l'hypothèse de l'existence d'un schéma d'alternance concernant l'opposition entre « *to* » **A** / « *away* » **U**, elle ne semble pas être valable en songhay ; en effet l'on connaît dans cette langue les verbes dérivés **kanda** « *amener* », **konda** / **koynda** (songhay occidental) « *emporter* » construits avec les verbes **ka** « *venir* », **koy** « *aller* » suivi de **-nda** « *avec* »[227] et ce sont ces constructions que Bender interprète dans les termes d'une opposition formelle **A/O** : **a/o** (~ **o/a**, **a/u**, etc.) tout en remarquant que l'on trouve aussi **a/o** et **i/o** en E, F, I et K et même **a/i** en E et F[228], mais ce n'est qu'apparence car la « construction en **-nda** » est beaucoup plus générale et s'applique à de nombreux autres verbes. En conséquence la distinction « *to* » / « *away* » n'est qu'un effet secondaire de cette construction générale. On ne peut donc pas insérer les faits songhay dans le schéma d'alternance « *to* » **A** / « *away* » **U** que postule Bender tout simplement parce qu'il n'est pas fondé pour cette langue, ce qui ne préjuge pas de l'intérêt éventuel de ce schéma pour l'ensemble des langues nilo-sahariennes, proprement dites.

Rétentions simples.

D'autres rapprochements également interprétés comme des rétentions sont proposés mais nombre d'entre eux concernent des morphèmes qui sont aussi comparables avec le mandé ; c'est le cas du locatif (R17), des interrogatifs (R31), des copules et auxiliaires verbaux (R32, R34, R36, R41) ; cf. Tableau ci-dessous :

Pronoms ou marqueurs de cas nominaux	*R17*	Locatif **-la, -ra** Il s'agit d'un suffixe qui est par ailleurs, très répandu dans le domaine mandé. On trouvera dans le traitement de l'isoglosse lexicale 1 le commentaire approprié à son sujet.

---

[227] Heath (1999 : 168) rend ainsi compte de ces formes « *In a number of cases, sequences that may once have had the form [VERB [nda X]] have been reshaped as [VERB-nda X]* » et d'autres verbes sont concernés (cf. **willi** « *retourner* », **kate** « *apporter* », **hāā** « *demander* », **sawa** « *être égal* », **fey** « *séparer* », etc.
[228] Il en tire la conclusion que « *[b]ecause of the intertwining, it does not seem possible at this point to sort out whether any of this can be considered as shared innovation* ».

Interrogatifs	R27	Formant interrogatif **f, b (i)fo**[229]
	R31	Interrogatif pl. **N mal-, man, mar-, mat-, may**. L'ensemble de ces interrogatifs, fondé la séquence ma + consonne se retrouve tout aussi bien dans les langues chamito-sémitique (cf. *supra*) qu'en mandé.
Copules et connectifs	*R32*	Copule **K go, ga** ; affirmation d'existence
	R34	Copule **T t(y)i** ; affirmation d'une identité
	R35	Copule **(y)e** Les formes concernées par R32 et R34 sont également bien représentées en mandé
Verbes	*R36*	Cont./Prog. **go (ga), go ka / go (ga), za**[230] / irreal : **ma** Il est également possible de rapprocher ces formes avec le mandé
	R37	futur **K ka**[231]
	R41	Marqueur négatif **mV mana, manti**
Formes dérivées	R43	Noms dérivatifs **L**[232]
	R45	Causatif **K -kɔ(m)**
	R46	Causatif **T -a(nta)**

Innovations.

Bender note assez peu d'innovations pour le songhay et celles qu'il propose semblent aussi poser des problèmes.

Noms	I25	Nom fém genre **i, y**	(A,C,I,J,L)
Verbes	I37	Temps futur **L la**	(A,Ek,En,Fp,Fc,G,I,L)
	I43	Négatif **S si** Ce morphème pourrait tout aussi bien être comparé à son équivalent en mandé	(A,G,I)
Dérivatifs	I46	Causatif **NT -andi** Ici aussi, la comparaison avec le mandé s'impose	(A,C,I)

---

[229] La question du rapport de ce formant avec le numéral homophone « *un* » peut se poser, cf. par exemple, Heath (1999 : 235). En tout état de cause la réponse n'est pas nécessairement la même dans une perspective diachronique que dans l'analyse synchronique du système.

[230] Prost (1956) note à propos de **za** que ce duratif « *provient sans doute de formes temporelles avec za signifiant 'depuis'* » et remarque que « *dans une phrase comme* **za né da hala héti** *« depuis ici jusque là »*, *il y a continuité d'une action indiquée. d'où la valeur de* **za**, *avec le progressif, pour indiquer le continuité d'une action* ». Voir aussi Heath (1999 : 313-14) à propos de de la *prolongation* **zaa** *clause*.

[231] Prost (96) parle de futur avec le verbe **ka** « venir » suivi d'un autre verbe relié par la particule **ka** dont la fonction est d'indiquer « *la succession des actions en dépendance l'une de l'autre* » (ex. **a ga ka k'a beeri** « il viendra piocher ») ; ce que Heath (1999 : 200) décrit avec la construction **ga kaa ka VP** (Impf 'go' Infin VP) incluant **kaa** « venir » comme verbe sériel : ex. **ay ga kaa ka koy** « *I'll go there (some day)* ».

[232] Suffixe nominalisateur à valeur résultative : **cìná** « *construire* » >> **cìnàrì** « *construction* ».

Deux d'entre elles (I43, I46) concernent respectivement le morphème de négation et le factitif et comme la plupart des autres éléments verbaux comparés ces formes se retrouvent aussi en mandé. Ainsi du point de vue songhay, on pourrait trouver là un bon exemple de l'arbitraire du mode de détermination de ce qui est interprété comme 'innovation' ou comme 'rétention' car, de l'ensemble des éléments à fonction verbale retenus dans les isomorphes qui quasiment tous ont une image en mandé, une partie est donnée comme rétention et l'autre comme innovation.

L'innovation (I37) qui concerne le futur **L** (**la**) n'est pas une forme courante ; Prost (1956 : 97) note que la particule **la** correspond à un futur éloigné d'emploi plutôt restreint et Heath (1999 : 201) ne l'a pas trouvée à Gao mais plutôt à Bamba, et uniquement dans la conjugaison positive, le futur négatif (1999 : 377) étant exprimé comme un imperfectif négatif. Cela ne met pas en question son existence mais il n'est pas certain que la cooccurrence de la forme en **L** du songhay avec celles mentionnées en Ek, En, Fp, Fc, G, I, L ait une signification importante.

Enfin les formes retenues par l'isomorphe I25 **ar(u)** / **wey** sont en songhay les lexèmes qui désignent « *l'homme* » et « *la femme* » ; ils entrent en composition soit comme 'déterminés', soit comme 'déterminants' et c'est dans cette dernière fonction qu'ils sont utilisés pour distinguer entre 'mâle' et 'femelle' dans la dénomination de certains animaux. Il ne s'agit donc pas de grammèmes mais d'un procédé lexical d'application limité pour indiquer le sexe (plutôt que le genre) de ces animaux.

Rapprochements limités (*Uniques*).

Finalement, Bender donne encore quelques comparaisons dans la catégorie *Uniques* qui comme les précédentes concernent de nombreuses formes également susceptibles d'être référées au mandé ou au berbère. Et le reliquat est insuffisant pour fonder une hypothèse d'affiliation généalogique.

copula BAR	U21	Songay-zarma : **bara** Le rapprochement avec le mandé s'impose ici	A, En
Formes [233] interrogatives **ma(y)al** Formant interrogatif **maT-**	U22 U24	Songay : **may, malla** ; zerma : **mate** mata	A, (Fc) A,L
Dérivatif nominal **m**	U23	Songay abstract, agent : -**ma(y)**, mey, infinitive -**mi**	A,I,J

Conclusion sur les isomorphes.

On retient de cette présentation que :

- D'une façon générale, les isomorphes concernant le songhay ne sont pas très nombreuses.

- Celles qui sont censées avoir la plus forte valeur de preuve (les *Major retentions*) sont très mal assurées soit parce qu'elles sont fondées sur des faits non avérés (R1), soit parce qu'elles s'appuient sur des interprétations discutables (R6), soit parce qu'elles ne sont pas spécifiques du nilo-saharien (R4).

- Plus des trois-quarts des isomorphes pourraient tout aussi bien être rapprochées du chamito-sémitique (par la forme des déictiques) ou du mandé (par les marqueurs de la morphologie verbale et de la dérivation).

En conséquence, avant même d'appréhender la distribution des isomorphes en vue d'une sous-classification, en s'en tenant à la simple inspection détaillée des données songhay et à celles des données mandé et chamito-sémitiques, l'hypothèse d'un rapport de parenté généalogique avec le nilo-saharien ne me semble pas pouvoir être retenue sur cette base ; indépendamment de ce que pourrait faire ressortir une analyse plus spécifique portant sur les composantes des autres familles nilo-sahariennes mises en rapport ; pour la critique desquelles, ainsi que je l'ai déjà précisé, je n'ai pas de compétence.

---

[233] Comme cela a été noté à propos de l'entrée 248 de Ehret et de l'isomorphe R31, ces formes en **ma-** existent en chamito-sémitique, l'on ne comprend d'ailleurs pas très bien pourquoi, apparemment, elles sont classées dans deux catégories à la fois.

III.2. La « preuve lexicale ».

Je suivrai l'auteur le plus précisément possible y compris dans le détail / dédale de sa terminologie[234] et je jouerai ce jeu pour la présentation de chaque isoglosse, toutefois dans quelques cas je me libèrerai de cette contrainte et j'adopterai une autre stratégie de présentation en raison de la richesse des matériaux, de leur valeur d'exemplarité[235] et finalement, afin de faire émerger un certain nombre de propositions de nature méthodologique. Le tableau qui suit présente l'inventaire par catégories de ces isoglosses lexicales, ce sont les seize premières que je me propose d'étudier :

A : N-S Isoglosses	Catégorisation	Total	Isoglosse impliquant le songhay
A.1	*Excellent isoglosses*	*16*	*16*
A.2	*Good isoglosses*	*72*	*49*
A.3	*Fair Isoglosses*	*85*	*40*
A.4	Satellite-Core isoglosses	26	0
A.5	Core-Group Isoglosses	59	6
B.	Symbolic Items	21	14
C.	Areal Items	25	11
D.	Items linking N-S and Niger-Congo	26	13
E.	Items linking N-S and Afrasian	26	20
X.	Nilo-saharan fragments	566	101
270 entrées prennent en compte le songhay dont 169 ont statut d'isoglosse et 105 appartiennent aux isoglosses (A1, A2, A3) qui sont concernées par des hypothèses d'ordre généalogique impliquant le songhay.			

---

[234] J'ai déjà noté qu'il s'agit là d'une précaution nécessaire pour éviter le risque de « glissement interprétatif » entre le travail étudié et le commentaire même s'il se trouve que cela demande un effort supplémentaire au lecteur ; car il n'y a pas d'autre moyen « sérieux » que celui-là pour discuter le détail des données songhay qu'il utilise. Au reste, je préciserai succinctement les éléments essentiels qui fondent la démarche de l'auteur.

[235] Enfin, je préciserai encore que, quelle que soit l'hypothèse à laquelle je parviens en ce qui concerne les données songhay, mes commentaires ne mettent pas en question l'approche des auteurs dans le cadre qui est le leur : il est probable que celle-ci garde sa valeur lorsque les groupes linguistiques sur lesquels elle s'applique ne font pas l'objet de controverse.

Explicitation du tableau :

La distinction en trois sous-groupes (A1, A2, A3) correspond à une évaluation de l'isoglosse du point de vue de l'importance de son actualisation dans les langues qui participent à son établissement, ainsi :

- A1 : comprend 16 isoglosses définies de telle façon que les réflexes qui les illustrent sont trouvés à la fois dans toutes les langues périphériques du phylum {Songhai(A), Saharan(B), Kuliak(K)} et dans sa partie centrale *Satellite-Core* (S-C) – qui correspond à l'ensemble des groupes de langues *Satellites* {Maba(C), For(D), Central-Sudanic(F), Berta(G), Kunama(H)} et à celui des groupes de langue *Core* {East-Sudanic(E), Koman(I), Gumuz(J), Kado(L)}. Ces isoglosses sont ainsi les plus importantes du point de vue ici retenu, ce sont les *Excellent isoglosses*,

- A2 : comprend 72 isoglosses (dont 49 impliquent le songhay) qui incluent trois des familles {Songhai(A), Saharan(B), Kuliak(K), S-C}. Ce sont les *Good isoglosses*,

- A3 : comprend 85 isoglosses (dont 40 impliquent le songhay) qui n'ont plus des réflexes que dans deux des familles {Songhai(A), Saharan(B), Kuliak(K), S-C} ; il s'agit des *Fair isoglosses*.

A côté de cela il y a deux autres ensembles plus réduits : le premier (A4) concerne uniquement les langues qu'il regroupe dans l'arborescence II de son schéma *Satellite-Core* et le deuxième (A5) qui est limité au groupe I *Core* ; par définition le songhay n'est pas concerné par eux. Parallèlement, il assure son approche au niveau méthodologique en notant qu'il ne suffit pas de montrer qu'une forme existe en nilo-saharien mais qu'il est également nécessaire de voir si elle est répandue au-delà, et il propose pour cela plusieurs ensembles de contrôle :

B. concerne les formes réputées symboliques,

C. regroupe les entrées partagées par plusieurs phyla et ayant de ce fait une valeur aréale,

D. contient les entrées susceptibles d'être aussi attestées dans les langues Niger-Congo,

E. rassemble les entrées susceptibles d'être aussi attestées dans les langues 'Afrasian'.

Il faut ajouter à cela les *Nilo-Saharan fragments*. Bender retient dans ce dernier ensemble des formes relevées dans les données d'au moins deux familles mais dont les représentations et/ou les distributions ne permettent pas de leur attribuer le statut d'isoglosse selon sa critérologie ; cette catégorie semble avoir un statut à peu près équivalent à celui de la catégorie *Uniques* pour les isomorphes.

Bien évidemment la présence d'une entrée dans l'un ou l'autre des ensembles de contrôle B, C, D ou E n'est pas un élément positif pour l'hypothèse d'un apparentement du songhay (et des langues définies comme *Outliers*) au nilo-saharien. Seule la participation aux isoglosses A1, A2, A3 sont des éléments positifs.

Afin d'apprécier la valeur des rapprochements je rappelle que je présenterai seulement, mais en détail, les données concernées par la catégorie A1 des *Excellent isoglosses* dont je reprends ci-dessus l'inventaire en lui conservant sa structure pour une évidente question d'homogénéité[236].

Inventaire des *Excellent isoglosses* de Bender.

Glosse	code	valeurs liées et ensemble sémantique associé	traduction minimale	attestations en songhay
**ar+	1	belly ; inside, liver, outside, intestines, hearth (7) (4 : *internal organs, inside, outside*)	ventre	G: ra1 ; Z: ya1
**ar+	2	rain ; water, river, lake, rainy season (10) (12 : *water, sky*)	pluie	G,Z: har+i1
**bEr	3	work = cultivate ; build, make = mold = create, change, hoe, dig (8) (40 : *work/cultivation/smithy, actions*)	travailler = cultiver	G,K: ber+e3
**BER	4	stick ; spear, arrow, bow, branch, stem (10) (39 : *tree/wood*)	bâton	G,K: bir+aw3,4

---

[236] ** signifie « *all of A, B, K, S-C occur* », * signifie « *three families occur* » ; le chiffre entre parenthèses qui suit la description sémantique de l'entrée correspond au nombre de groupes linguistiques dans lesquels est attestée l'isoglosse ; la notation entre parenthèses qui suit (nombre : 'concepts') correspond à la/une chaîne sémantique définie par Bender, et qui sert de référence pour la justification de l'entrée. L'ensemble de ces chaines sémantiques (50) est fourni en annexe. Les exemples songhay sont ceux donnés par l'auteur. Les lettres G, K, Z signifient respectivement Gao, Kaado, Zarma.

**+bi ~=bo	5	wing ; shoulder, neck (8) (11 : *bodily appendages*)	aile	G: bo+yl
**+bi ~=bo	5	wing ; claw, foot = leg, hand = arm, head, thigh (8) (31 : *neck, back part of body*)	aile	G: bo+yl
**bo	6	many ; all, big, deep, long (8) (1 : *quantity, size, distance*)	beaucoup, plusieurs	bo+bo(w)
**bo/an	7	ashes ; dust, earth, charcoal, swamp (8) (2 : *earth-like and locus*)	cendres	G: bonn+i
**der?	8	rib ; horn, side (7) (9 : *bone/horn*)	côte	K: jer+e2
**er+	9	brother ; man or male, friend, bear child, mother (8) (35 : *persons*)	frère	G,K,Z: ar(y)+ul
**+kor+	10	follow ; enter, exit, hunt or chase, dance, return, rise, turn (7) (14 : *motions*)	suivre	G: ko+kor
**kor2+	11	elbow ; claw, foot, hand or arm, finger (10) (11 : *bodily appendages*)	épaule	G: kor(+o)
**k+O b+	12	horn ; rib, bone (9) (9 : *bone/horn*)	corne	G: k+ab+al
**kuR	13	lake ; river, well, water (8) (12 *water, sky*)	lac	K: go(o)r+ul
**nV	14	say ; ask or pray, count, insult, call (10) (36 : *speech and oral events*)	dire	G,K,Z: ne
**Pat	15	many ; all or completely, long, very (8) (1 : *quantity, size, distance*)	beaucoup, plusieurs	G: fat+i
**tI+t+	16	fall or descend ; go, jump, dance, follow, return, walk (10) (14 : *motions*)	chuter ou descendre	G: zi+tit+i

Je procèderai en suivant l'ordre ci-dessous :

- une '*analyse*' est censée rendre compte de la situation de l'entrée à l'intérieur de l'espace songhay en décrivant de façon variable son extension géographique et les différenciations phonétiques qu'elle connaît, je proposerai lorsque cela sera justifié quelques '*compléments*' pour illustrer certaines dérivations morphologiques et les extensions sémantiques attestées.

- une étude des '*parallélismes et concomitances*'[237]. Sous ce titre un peu contraint je présenterai :

---

[237] Variation sur le thème précédent de la *diffusion potentielle* !

- des potentialités de rapprochements *internes* entre l'entrée songhay retenue dans l'isoglosse et d'autres entrées songhay non-retenues mais manifestant un phonétisme et un sémantisme voisin, bien qu'il ne soit pas possible de dériver les uns des autres les lexèmes considérés par le biais de la comparaison dialectologique ;

- des potentialités de rapprochements *externes* avec des langues d'autres groupes linguistiques. Je proposerai systématiquement ceux qui relèvent du domaine chamito-sémitique et je tiendrai compte, mais sans systématiquement les noter, des rapprochements avec certaines langues ouest-atlantiques (wolof, peul), avec le mandé mais aussi avec le saharien qui est le groupe nilo-saharien géographiquement voisin du songhay et sur le statut duquel il y aurait peut-être aussi eu lieu de revenir. Occasionnellement je mentionnerai enfin certains autres rapprochements sans toujours me déterminer sur leur utilité.

Le titre *'parallélismes et concomitances'* a été choisi afin de ne rien présupposer quant à « l'étymologie » des formes ni quant à la nature de l'apparentement dont ces comparaisons multilatérales pourraient permettre de rendre compte étant bien entendu, comme je n'ai cessé de le mentionner, qu'un apparentement n'est pas nécessairement « génétique »[238]. La façon de présenter ces données est donc liée à une réflexion que je tenterai de développer au fur et à mesure que des difficultés concrètes surgiront dans l'analyse ou la présentation des faits ; je m'essaierai à tirer de ces difficultés un enseignement théorique ou méthodologique, à valoir pour la recherche de relations interlinguistiques à l'échelle archéologique. Cette réflexion dont l'émergence était peut-être déjà sensible dans la précédente approche de l'application du modèle des correspondances sera présentée au fil de l'étude dans un certain nombre de *points de méthode* qui parfois feront le « pont » de la méthode à la théorie, ce qui expliquera pourquoi, au cours du texte, la présentation des faits sera souple et transgressera souvent le schéma que j'ai proposé[239]. Cela résulte, certes, des différences liées à la plus ou moins grande richesse de la documentation car certaines entrées sont étayées par plus de données que d'autres, mais aussi d'un parti pris : celui d'utiliser au maximum certaines données pour leur valeur d'exemplarité.

---

[238] Au sens anglo-saxon du terme.
[239] Il m'arrivera même dans quelques cas de « l'oublier » complètement, ce schéma !

Excellent isoglosses[240] : étude des données.

Isoglosse 1 : -ra

Isoglosse 1.	Référence songhay : -ra « *dans* »
**ar+	belly, inside, liver, outside, intestines, hearth (7) ; G: ra1 ; Z: ya1
SS4	*internal organs, inside, outside*

Analyse.

La forme **-rà**[241] est une postposition à valeur locative[242] dont la signification est « *dans, dedans, en, à l'intérieur de, sur, parmi* », elle est connue en kaado, songhay oriental, songhay occidental et zarma mais n'est pas attestée en songhay septentrional, dendi et songhay central où la seule forme usitée est la postposition **kúná** « *à l'intérieur de* », qui est aussi utilisée dans les dialectes employant **-rà** et semble liée au lexème **kúná** dont la valeur générale est « *bas-ventre, sexe (par pudeur) ; ceinture, ventre* »[243]. Hors du domaine nilo-saharien[244] le suffixe **-ra / -la** est très répandu dans toute la famille mandé et l'on trouve des formes voisines telle que **raxe** en soninké et en azer[245].

---

[240] Chaque tableau d'isoglosse reprend les données et références de Bender ainsi que la codification qui leur a attribuée (les astérisques marquent la « qualité » de l'isoglosse, la siglaison SS... indique la référence au *Semantic Set* auquel l'entrée est rattachée. Sans nécessairement les présenter sous forme de tableaux comme dans le précédent chapitre, je tiendrai compte de *l'ensemble des dialectes songhay* que je noterai éventuellement comme suit pour pouvoir m'y référer dans le corps du texte :
- *Songhay méridional* (SM) : kaado (K), songhay occidental (Oc), songhay oriental (Or), songhay central (C), zarma (Z), dendi (D) ;
- *Songhay septentrional* (SS) : emghedeshie (E), belbali (B), tagdalt et tabarog (Tg), tadaksahak (Td), tasawaq (Ts).
[241] -la en kaado et à Djenné.
[242] Parfois allative (Heath, 1999).
[243] Par ailleurs, **kúná** peut être référé à une « forme générique » KUN sur laquelle je ne reviendrai pas ici mais qui a aussi une très large extension (cf. Nicolaï, 1990 : 51-52).
[244] Remarquons que dans le domaine saharien la forme tubu **arɔ** « *Inneres* » (*intérieur*) fournie par Lukas semble être isolée et ne pas englober le sémantisme « *Bauch* » (*ventre*) et que le tubu utilise dans ce sens la forme **kəsbi**, c'est la forme **curo** ou **suro** que l'on relève en kanuri selon les dialectes (**suro** : Yerwa ; **curo** : Bilma, Manga, ...) avec l'ensemble du sémantisme attribué à l'isoglosse.
[245] Creissels (1981), Nicolaï (1984 : 134). Vydrine (2001a) note : « P.Manding *__Dɔ́__, mandinka **tó** *pp in (general locative meaning)* ; xasonka **tó** *pp in ; on ; among ; because of ; morph verbal prefix*, kagoro **tó** *pp in (general locative meaning) ; among ; morph*

Le modèle des « isoglosses » : approche lexicale 185

Commentaire :
Bender insère cette entrée dans un *'Semantic Set'* (SS) « *organes internes, intérieur, extérieur* » or, à la différence de ce qui serait le cas pour la forme alternative **kúná**[246], rien ne permet, ni en songhay ni en mandé, de lier le suffixe **-rà** à un tel sémantisme. D'autre part la reconnaissance ancienne[247] de la relation du songhay **-rà** avec le mandé change le statut de cette unité et devrait conduire à la reclasser dans la catégorie D (*Items Linking N-S and N-C*), lui faisant alors perdre le statut de *Excellent isoglosse*[248].

Isoglosse 2 : hari

Isoglosse 2.	Référence songhay : **hari** « *eau* »
**ar+	rain, water, river, lake, rainy season (10)
(SS12)	*water, sky*

Analyse.
L'entrée **hari** est attestée dans tout le domaine songhay avec le sémantisme de « *eau, liquide, suc, jus, fluide, etc.* » et la valeur particulière « *river* » et « *lake* » n'est pas retenue sauf dans des composés (cf. **hárízúrú** [eau + courir] « *cours d'eau, rigole, gouttière, vallée, ravin* ») ; il en va de même pour le sémantisme « *pluie* ». Parmi les

---

verbal prefix, maninka **dɔ́**, **rɔ́/nɔ́** *pp in, into, out of* ; *morph verbal prefix*, bamana (dial.) **rɔ́/lɔ́/nɔ**, **rá** *pp locative meaning* ; *morph verbal prefix* ».
[246] Notons aussi in Nicolaï (1990), le rapprochement 241 avec tg. **ɔynɔs** « *entourer, entièrement, enfermer entièrement* ». Je ne le développe pas ici parce que sa forme n'est pas en rapport avec l'isoglosse considérée.
[247] Creissels (1981), Nicolaï (1984).
[248] Corrélativement, Bender fourni une attestation zarma **ya** qui ne semble guère avoir de rapport phonétique avec les formes de l'isoglosse et que, par ailleurs, je n'ai pas su retrouver de façon certaine. En effet il existe deux entrées lexicales **ya(a)**, la première, dont l'existence est attestée en dendi, zarma et kaado qui signifie « *inondation* », n'a guère de rapport avec le sémantisme retenu dans l'isoglosse ; la deuxième pourrait s'y rattacher, il s'agit d'une forme **yá** relevée dans le travail de N. Tersis (1968) sur le parler de Gaya et c'est la seule attestation avec cette valeur. En conséquence, si c'est bien une telle forme que Bender a retenue, alors il est imprudent de s'en servir dans la mesure où elle n'est absolument pas corroborée par d'autres attestations dans l'un ou l'autre des nombreux relevés lexicaux disponibles aujourd'hui. Par ailleurs, ce dialecte, effectivement plus proche du zarma que du dendi, a connu une évolution conditionnée de /r/ vers /y/.

extensions attestées, Dupuis-Yacouba[249] avait relevé la signification « *esprit, intelligence* » à Tombouctou, Haïdara donne « *sperme* » et Prost avait ajouté dans le complément de son dictionnaire (1977) la valeur de « *bénéfice* »[250], il semble donc que la métaphore du « *principe vital* » participe à la signification de cette unité. Enfin, du point de vue phonétique on notera qu'en songhay septentrional la forme ne comporte pas l'aspirée glottale. Exemples :

emghedeshie	àri
korandje	eïri, iri
tagdalt	ee'ran
tadaksahak	ari'yen
tasawaq	áarí

Parallélismes et concomitances externes.

Il n'est pas impossible que cette unité lexicale ait une extension hors du domaine nilo-saharien et l'on trouve en chamito-sémitique des racines au sémantisme et au phonétisme voisin[251], elles ne servent pas directement à désigner « *l'eau* » mais ont toutes un rapport avec la notion de « *liquidité* ». On relève en arabe l'idée de « *irrigation* » ou « *abreuvement* » au sens propre ou figuré autour d'une racine **RWY** :

sémitique :		
arabe	riyy, rayy	irrigation d'un terrain
	rawiya	drink one's fill
arabe chwa	arwa	irriguer
	turᶜa ; turaᶜ	canal ; canal d'irrigation
	riwā	rassasié de boisson, avoir assez bu
	rāwiya	outre
ḥassāniyya	rewyān	abreuvé à satiété
	ṛwe	être abreuvé à satiété ; boire à satiété ; être désaltéré
	rwe (cl. rare)	conter

---

[249] Les auteurs de relevés lexicaux et/ou de dictionnaires sont recensés en annexe.
[250] Exemples : **yana du hari** « *je n'ai pas eu de bénéfice* » ; **wo manti hari** « *ça n'est pas du bénéfice* ».
[251] J'avais dans Nicolaï (1990 : 129) introduit un rapprochement (171), que je commentais comme « mal justifié » entre le songhay **hari** et le touareg **əngəy** « *eau, pluie* ». Aujourd'hui, il m'apparaît évident qu'il était effectivement « mal justifié » ! Ce que la présente analyse souligne amplement.

Le modèle des « isoglosses » : approche lexicale

éthio-sémitique :		
guèze	rawaya, rawya	drink, one's fill, be satisfied with drink, be watered
	ʔarwaya	give to drink, make drink, quench thirst, saturate, inebriate, water, irrigate

Pour le berbère, le tamazight atteste une racine **RW** « *eau, humidité* », une racine **RWY** avec les significations de « *mélanger, troubler, délayer* » et une racine **ḤRY** qui renvoie au sémantisme de « *liquide* » ou « *rendre liquide* » avec des extensions spécialisées vers les notions de « *couches* » et de « *nurserie* » :

tamazight	r̥rwa	eau de la pluie, pluie, humidité du sol ; bouillon pour arroser le couscous
	r̥wu	être arrosé, être saturé d'eau (terre), être humide (sol)
	arway	mélange, trouble, brouille ; cri, vacarme (iziyan)
	rwey	remuer, mêler, mélanger, troubler, délayer et pass.
	ḥrury	être délayé, abondamment humecté, visqueux ; fluide, liquide
	aḥraray	liquide, fluide. pl.: flux diarrhéique, selles molles
	ḥrey	essuyer (un enfant), changer les couches (à un bébé)

Le kabyle connaît des sémantismes voisins : **RW** renvoie à l'idée de « *humidité du sol et de saturation plutôt positive* » et **RWY** possède les mêmes valeurs qu'en tamazight ainsi qu'une racine **ḤRY** autour de laquelle je n'ai pas trouvé[252] les extensions vers la « *nurserie* » dans les attestations que j'ai collationnées, mais qui atteste cependant d'autres extensions vers « *liquide épais, bouillie et action de presser (donc de réduire en bouillie)* » :

---

[252] Ou pas su trouver ! Il en va bien évidemment toujours ainsi lorsqu'on travaille dans un domaine dont on n'est pas un spécialiste averti. C'est pourquoi il est nécessaire, autant que faire se peut, d'envisager des recherches collectives afin de limiter les risques de « ne pas trouver » et donc de construire sur des bases fallacieuses.

kabyle	eṛṛwa	humidité du sol
	eṛwu	être rassasié ; être saturé
	arway	mélange pour soigner
	erwi	mêler ; être mêlé et en mauvais état ; remuer pour mélanger
	ḥherḥer	être liquide
	aḥrir ; taḥrirt	liquide épais (subst. et adj.) ; bouillie (subst.), purée

Le touareg possède une racine **RWY** avec des extensions vers les notions (résultatives ?) de désordre et d'éparpillement[253] :

tahaggart	eroui	être mêlé, mêler une composition liquide ou demi-liquide qlc. en la remuant
	meheroui	s'éparpiller, être éparpillé ; s'éparpiller, être éparpillé en désordre
tawellemmet	araway	pétrir, délayer

Quant au tchadique, il connaît la forme **ruwaa** « *water* »[254] que Skinner (1996) met en relation avec **rāfi** / **rāhi** « *stream, source of water* » :

hawsa	ruwaa	eau, pluie ; faire répandre (les nouvelles)
bidaya	rùwàayo ; ruway	bouillon ; bouillonner, faire le bouillon
migama	rùwáàbà / rùbáàbà	lait acide
mokilko	rùwáaba	lait tourné

En couchitique, on trouve les entrées suivantes :

afar	àruq (àruqu)	humidité
	aruqe	afféterie, devenir mouillé devenir humide
somali	haro	lago ; grande distesa di acqua piovana
	harowsad	lago

Hors de l'espace chamito-sémitique et bien que de façon moins systématique, l'on peut aussi relever des formes proches en mandé ou dans d'autres langues de l'Afrique occidentale comme le bisa **harè** « *mare* », **yor** « *mouiller faire tremper* », ou encore le baatonum **wáàra** « *se mouiller* ».

---

[253] Dont il est peut-être permis de penser, en vue de vérifications ultérieures, qu'elles ne sont pas absentes des parlers berbères non-touareg.
[254] Voir cependant Jungraithmayr & Ibriszimow (1994. I : 176).

Commentaire :
L'on notera que la forme et le sémantisme de la proto-forme de Bender ne sont *a priori* ni plus proches ni plus éloignés des formes songhay que celles que j'ai fournies ici[255], par ailleurs la différenciation entre le songhay septentrional et méridional en ce qui concerne la présence de **h** initial qui ne correspond à aucun traitement phonétique régulier entre les deux groupes de langues est intéressante car ce sont trois racines liées dont l'une possède Ḥ en première radicale que je mets en relation ; toutefois il est prématuré de tirer des conclusions phonétiques avant d'avoir appréhendé l'ensemble des mises en rapport qui concernent ce type de consonnes. Ceci étant, si ce parallélisme est significatif alors il est évident que cette isoglosse nilo-saharienne n'a aucune validité pour soutenir une hypothèse d'apparentement généalogique concernant le songhay à l'intérieur du *phylum*. Dans les termes de Bender elle serait aréale et donc à classifier dans ses catégories C, D ou E[256].

Point de méthode numéro 1. Les comparaisons multilatérales.

Puisque je procède tout au long de cettte étude à des *comparaisons multilatérales* formellement identiques à celle qui précède, je crois nécessaire de préciser le type de validité que je leur attribue.

On distinguera entre ce qui relève des *opérations* et ce qui relève des *faits de langue* :

- Le chercheur définit les critères de validité des comparaisons multilatérales interlinguistiques qui lui permettent de construire ses *isoglosses* ; ils peuvent être plus ou moins stricts[257], l'important est de savoir ce qu'ils sont censés autoriser et éviter en tant que procédure heuristique.
- Le résultat de l'application de ces opérations (si elles sont correctement conduites et si elles sont bien définies et validées au plan théorique, c'est-à-dire si elles ne font pas que traduire la subjectivité du linguiste) est censé mettre en évidence des ensembles lexicaux fondés sur des *affinités*

---

[255] On pourra remarquer que Rottland a aussi reconstruit pour le nilotique une forme **araar* « mare »).
[256] Je ne choisis généralement pas entre ces catégories car l'important dans ma perspective est uniquement la mise en cause de l'appartenance des isoglosses considérées à la catégorie A.
[257] Cf. *supra*, chapitre I.2, mes remarques sur les exigences de Bender.

multilatérales interlinguistiques, lesquels sont des faits de langues. Le tout est aussi de savoir ce qu'ils signifient[258].

Que dire donc des affinités potentielles ? Tout d'abord les prendre pour ce qu'elles sont, c'est-à-dire de simples mises en rapport subjectives et pré-théoriques qui ne préjugent de rien d'autre que de la capacité organisatrice et classificatoire des individus face à un donné avec lequel ils ont à se colleter, qui traduisent certainement quelque chose lié à l'histoire *et* à l'évolution des langues mais qui se trouve être « écrasé » par l'échelle de saisie des phénomènes, la contingence de l'histoire *et* l'effet inséparable d'auto-construction qui est corrélatif de sa mise en évidence.

En conséquence : ne pas prendre pour des « réalités de langue » ce qui n'est peut-être qu'une construction intellectuelle indépendante *mais*, *parallèlement*, ne pas perdre de vue que ces résultats *peuvent* avoir une valeur d'indice pour l'analyse des faits de langue et de l'évolution. Il serait caricatural de refuser d'admettre que certaines ressemblances caractérisent les langues apparentées mais il faut donner une *fonction* à l'opération conduite et un *statut* aux résultats obtenus. Cela passe par une étude des données aux différentes « focales » possibles : visée archéologique bien sûr mais aussi approche dialectologique détaillée, etc. Cependant avant d'avancer des propositions dans ce sens, qui sont de nature théorique, et pour qu'elles soient davantage ancrées sur la description empirique, j'achèverai l'étude des seize isoglosses que j'ai retenues, me contentant de préciser une méthodologie.

Méthodologie de l'entretissage.

L'approche de l'isoglosse suppose la recherche d'un approfondissement corrélatif des espaces lexicaux et sémantiques mis en rapport, selon une perspective plus proche de celle pointée par Fronzaroli (1974) que de celle retenue par Wilkins (1996) et, éventuellement, si les données l'autorisent, par un approfondissement des espaces phonético-phonologiques et morpho-syntaxiques. Il va de soi que des comparaisons lexicales élémentaires fondées sur de simples ressemblances formelles et sémantiques entre des unités ne valident pas une parenté généalogique mais en revanche la mise en évidence dans chaque langue et ensuite la mise en regard au niveau interlinguistique d'ensembles d'unités lexicales, eux-mêmes *stratifiés,* permet de mieux asseoir les hypothèses à partir de

---

[258] Ces réflexions s'appuient sur une discussion particulièrement fructueuse que j'ai eue avec Fr. Rottland et qui s'est poursuivie largement au-delà des articles qu'elle met en jeu (Nicolaï : 1994, Rottland : 1997).

l'état actuel de la langue en les liant à une induction de ce qui dans le présent, semble être la « signification essentielle » des unités retenues et en appréciant le jeu formel qui affecte et lie leur phonétisme. Certes, ces « significations essentielles » et ces formes phonétiques, je le souligne encore, n'ont aucune prétention à correspondre à des « reconstructions », toutefois on peut penser que – arbitraire pour arbitraire – elles sont au moins des constructions sémiotiques et formelles fondées en langue et renvoient potentiellement à des « familles de formes »[259]. De ce fait, en tant qu'images potentielles de l'évolution elles sont des objets licites pour entrer dans des comparaisons si l'on parvient à les insérer dans un *entretissage interlinguistique*, à justifier leur existence et à critiquer leurs formes.

J'appellerai *entretissage interlinguistique* une comparaison qui met dans un rapport d'homologie deux ou plusieurs ensembles d'unités si possible eux-mêmes entretissés, appartenant respectivement à deux ou plusieurs langues et corrélés plus ou moins arbitrairement aux plans sémantique et formel. Par exemple, du point de vue de la linguistique historique, mettre en rapport les racines tamazight ṚW, RWY et ḤRY, soit doit être justifié par un traitement approprié sur les dérivations supposées, soit n'a aucun sens généalogique. Du point de vue archéologique il en va différemment parce que l'on ne pose pas *a priori* que les régularités des lois phonétiques sont directement saisissables comme elles sont souvent censées l'être à l'échelle historique et que, en revanche, l'on retient que l'exigence de fonder la comparaison sur la quasi-identité sémantique des formes est un leurre.

Il s'agit alors de tenter de faire apparaître une *structuration lexicale clivée* et fortement organisée susceptible de trouver une *image* également clivée et organisée dans les autres langues comparées. Cela présuppose que l'on accepte le postulat théorique que la structure lexicale des langues est fondée sur des dynamiques structurelles induisant clivages et organisations d'univers et que *l'on admette la réalité potentielle d'un niveau linguistique en rapport, dont les propriétés dynamiques restent à investiguer.*

Il est donc bien clair que dans le traitement de l'isoglosse précédente, la mise en rapport des différentes racines dans chacune des langues du domaine chamito-sémitique ne peut pas être soutenue sans contestation par une hypothèse de filiation historique et des reconstructions et il en va de même des rapprochements entre les différentes extensions sémantiques ; toutefois un tel ensemble de rapprochements dont je dis volontiers qu'il est *arbitrairement construit,*

---

[259] Macro-sémantismes, macro-phonétismes, proto-sémantismes, proto-phonétismes, formes génériques, etc. Il n'y a pas de terminologie bien fixée.

s'il se trouve – dans le présent – posséder une image (plus ou moins déformée) dans un autre (ou plusieurs autres) ensemble(s) de langues pourrait traduire autre chose que la seule subjectivité du chercheur[260]. Si de plus il est possible de trouver non pas un cas mais un nombre important de cas de même nature pour illustrer le même type de *relation-image*, alors, tout en ne discutant pas sur le poids de « subjectivité éventuelle » de chacun des ensembles d'unités mis en regard, la possibilité formelle de l'entretissage interlinguistique ainsi manifestée *dans son indépendance par rapport aux objets entretissés* en tant qu'elle n'est définie *que* par un rapport, me paraît susceptible de rendre compte d'autre chose : c'est-à-dire de la possibilité d'une parenté d'un certain type qui intègre / traduit à la fois des effets de l'évolution linguistique *et* des effets de construction sémiotique et qui, par conséquent, dit quelque chose du *passé linguistique* retenu à un niveau archéologique, dit quelque chose des *modalités cognitives générales* de construction des langues et quelque chose encore des *constructions anthropologico-sémantiques* construites, retenues et transmises par la succession des populations qui ont utilisé ces langues. Ce n'est donc pas la mise en évidence d'une parenté généalogique au sens classique qui est visée ici mais celle d'*un autre type d'apparentement* dont il faut établir la nature, sérier et analyser les composantes, et qu'il n'est pas évident de modéliser par un arbre généalogique. Il reste ensuite à interpréter concrètement ces résultats dans le cadre d'une véritable approche archéologique qui, comme on le sait, « fait feu de tout bois ».

En conclusion, on notera que *l'opération pratique* de comparaison ici conduite n'est formellement pas très différente de celle qui est appliquée dans la *mass-comparison* de Greenberg, seulement son domaine d'application, son fondement théorique, son objectif et subséquemment, sa signification sont définis autrement.

---

[260] A l'intérieur de l'ensemble des attestations présentées dans le domaine chamito-sémitique, par exemple, cela est évident : les trois racines tamazight mentionnées précédemment trouvent leur image en kabyle, puis la retrouvent partiellement en sémitique, etc.

Isoglosse 3 : ber+e3

Isoglosse 3.	Référence songhay : G,K: **ber**+e3
**bEr	work = cultivate ; build, make = mold = create, change, hoe, dig (8)
(SS40)	*work/cultivation/smithy, actions*

voir aussi : 99. **ber**+ « *pour or sprinkle ; spread* (4) ».

Cette isoglosse pose deux problèmes : le premier concerne son extension et le second son sémantisme. Il s'agit en effet d'une forme largement répandue en songhay et ailleurs, ce que Bender remarque en citant le mandé[261] mais sans en tirer aucune conclusion quant à sa classification possible en C (*Areal Items*), en D (*Items linking N-S and N-C*) ou en E.

Analyse.

Le sémantisme :
La chaîne sémantique proposée par Bender renvoie à plusieurs entrées possibles, tout d'abord deux unités voisines interconnectées dans certaines langues[262] : **BAR - BERE** « *changer / échanger – tourner / retourner* ». Ce sont celles-là qu'il a retenues[263] mais je crois nécessaire d'y ajouter deux autres unités qu'il n'a pas mentionnées et qui s'intègrent pourtant normalement à sa chaîne sémantique, il s'agit de **BEERI** « *abattre / piocher / défricher* » et de **FARI** « *sarcler / cultiver / champ* ». Ce n'est donc non pas une entrée qui est en question mais quatre, que je présenterai en mettant en évidence les parallélismes et concomitances externes qui les concernent[264]... Ce qui, pour des raisons méthodologiques, revient à mettre en œuvre un « *principe d'entretissage maximum* » !

---

[261] Bender (1997 : 77) « *Note Mn ba(a)ra (coïncidence ?)* ».
[262] C'est ainsi que la perte de l'opposition **e** ~**a** en zarma conduit à la confusion des deux unités dans cette langue.
[263] Cf. kaado : **bèrè** « *retourner qqch., convertir, changer, déguiser* ».
[264] Etant bien entendu, faut-il le rappeler, que cela ne préjuge pas d'une relation généalogique. Disons même que l'indépendance généalogique des unités retenues dans l'entretissage, si celui-ci trouve une image dans les langues comparées, est un élément beaucoup plus intéressant pour l'interprétation future au niveau archéologique.

Le domaine de 'BEERI'.

En rapport avec la signification « *piocher, bêcher, labourer, défricher, cultiver, couper, abattre* » il existe dans toutes les langues du songhay méridional – mais pas en songhay septentrional – une forme **béerí** (cf. Kd : **béerí** « *abattre ; piocher, labourer, défricher, d'où cultiver* ») ; elle possède toujours une voyelle longue[265].

Parallélismes et concomitances externes.

Dans le domaine chamito-sémitique on trouve une racine **BḤR** attestée en sémitique, éthio-sémitique et berbère qui peut être rapprochée et offre un intéressant parallélisme[266] : Gz : **br(w)** « *creuser, piocher* », **baᶜara** « *one by one, pick out* » ; Tmz : **abḥir** ; **ibḥirn** « *jardin, verger* » ; Kbl : **tibḥirt** « *jardin potager* », « *pluck* » **abeḥḥar** « *jardinier* » ; **beḥḥer** « *cultiver un grand jardin* » ; l'arabe maghrébin connaît aussi **baḥḥar** « *cultiver un jardin* », **baḥira** « *potager, plaine basse* », (cf. Ar : (**bḥr**) **baḥrat**)[267].

Le domaine de 'FARU'.

Tous les dialectes méridionaux[268] possèdent les formes **fàr**, **fàrù** « *labourer, cultiver avec la hilaire, sarcler* » et des duplications

---

[265] La forme **beri** est attestée en songhay occidental par Dupuis-Yacouba (1917) mais l'on sait qu'il ne notait jamais la longueur vocalique. En songhay oriental, il est vrai que Prost (1956) note une forme brève dans des composés ou dérivés tels **beri-guru** « *houe* », **berikaw** « *piocheur* », **beruma** « *piochage* » mais il mentionne la longueur partout ailleurs. K. Williamson (1967) note aussi la forme brève dans les exemples d'une rapide esquisse phonologique. Les documents anciens concernant le zarma, cf. Westermann (1920-21), Marie (1914), ne notent pas non plus la longueur mais les travaux plus récent, cf. Haïdara (1992), Heath (1999), Umaru Isufi, Zima (1994), Tersis (1968), notent la voyelle longue dans tous les dialectes. Remarquons toutefois que, à côté d'une forme **béerì** « *1) couper qqch. avec un couteau ou une hâche 2) remuer la terre avec une pioche* », Isufi atteste pour le zarma la forme **bélé** « *couper une feuille avec une lame tranchante* » qui pourrait être un emprunt au kanuri (**béli** « *couteau, rasoir* »).
[266] En effet, il est peut-être intéressant, si le rapprochement s'avère justifié, de réfléchir au rapport entre la longueur vocalique du songhay et le ḥ chamito-sémitique.
[267] Remarquons aussi qu'en rapport avec cette forme, Bender a noté **bar+e** pour le kanuri et **bere4** pour le teda, unités qui sont intégrées dans le champ sémantique de « *labour, labourer, biner, piocher, sarcler* ».
[268] Mais pas en songhay septentrional sauf en emghedeshie. Aujourd'hui les formes du songhay septentrional sont issues du stock touareg : tsw : **tawaguz** « *champ* » ; **yigiyeq** « *cultiver* » ; tgd, tbr : **tawagoz** ; tdk : **tawagust**.

introduisant une différenciation sémantique ou une valeur fréquentative : **fàrfàrù** « *cultiver pour un salaire* », **fafari** « *enlever les mauvaises herbes, décortiquer* »[269] (Oc), **farfar** « *sarcler* » (Or). Il existe aussi la forme **fàrì** « *champ cultivé, jardin* » qui connaît des variations dialectales au niveau de la longueur vocalique, (cf. Oc, Zrm, Kd : **fàrì** ; Or, Dd : **fàarì**).

Parallélismes et concomitances externes.

Plusieurs rapprochements en rapport avec le sémantisme de **FARU** sont possibles autour de **FḤR**[270] (cf. Ar : **faḥara** « *dig, notch, cut* » ; Gz : **faḥara** « *dig, dig up, bury* » ; Amh : **farä**)[271].

Le domaine de 'BERE – BAR'.

Cette entrée ne subsume pas un champ sémantique mais deux : **BAR** « *changer / échanger* » et **BERE**[272] « *tourner / retourner* » et l'on constate qu'ils sont distingués dans tout le domaine songhay méridional et septentrional par la valeur de la voyelle de la première syllabe[273] même s'il arrive que parfois les significations des entrées se recoupent.

Données songhay (a) :

kaado	bérè	retourner qqch., convertir, changer, déguiser
songh. occid.	bere	tourner, retourner, transverser
songh. orient.	bèré	tourner, changer de lieu, passer sur, atteindre, recouvrir, transvaser, vider
songh. central	bere	faire le tour de (qqch.) ; se transformer ; renverser qqch. ; changer
dendi	béRè	tourner, se transformer, changer
songh. sept. (tsw)	bed/rɛ	renverser qqch.

---

[269] La question de la relation avec d'autres formes telles que **fefere** (Oc) « *décortiquer* », etc. se pose, bien évidemment.
[270] Dont il est peut-être aussi intéressant de souligner le rapport avec **BḤR**, à un autre niveau.
[271] Mais l'on trouve aussi des rapprochements intéressants avec le mandé. Sous l'entrée '*field of rice*', Vydrine mentionne : soso **fàré** *cultivated area* ; mandinka, xasonka **fàra** ; kagoro **fàra** ; maninka **fàrá** *river valley* ; soninke **fara** *irrigated field*.
[272] Nicolaï (1990 : 96 (32)).
[273] Sauf en zarma ou la distinction entre les voyelles brèves **e** et **a** a disparu au profit de **a**, cf. Nicolaï (1976, 1981 : 190).

Données songhay (b) :

kaado	bárè	retourner, renverser
songh. occid.	bar	changer, échanger, monnayer
songh. orient.	bar	changer, troquer, échanger, monnayer
songh. central	baru	échanger
dendi	bááRú	échanger l'argent
songh. sept. (tsw)	barey	échanger ; échange

Données songhay (c) :

zarma	bárè	retourner, tourner, changer, transvaser

Parallélismes et concomitances externes.

Des rapprochements sont possibles autour des deux formes **BAR** et **BERE** qui semblent appartenir à un morphosémantisme large et très répandu ; ainsi on trouve en éthio-sémitique et couchitique la racine **BRY** (cf. Gz : **bry**, **tabāraya** « *follow successively, do by turns, alternate with one another, relay one another* » ; Couch. saho : **baray** « *alternation* » ; afar : **ubruke** « *rouler sur le sol, se tordre sur le sol* ») tandis que le berbère autour d'une notion de « *mettre en boule* » éventuellement renforcée par une dimension « *fréquentative* »[274] atteste **BRZ**, **BRḲ** (cf. Kbl : **brurez**, **bberḳuḳes** « *être en boulettes, grains* »[275]. Des rapprochements sont également possibles dans le domaine mandé (soso, mandingue, djula, bozo, ...).

Commentaire :

La situation est plus complexe que ne le donnent à penser les exemples fournis par Bender, parallèlement la chaîne sémantique qu'il retient n'a pas la cohérence empirique souhaitée pour le songhay puisque ce sont plusieurs chaînes sémantiques et plusieurs entrées indépendantes qui se trouvent concernées et que toutes dépassent largement le cadre du nilo-saharien. En conséquence il n'est pas opportun de conserver cette isoglosse dans la catégorie des *Excellent isoglosses* mais de la scinder en au moins deux groupes de deux unités distinctes et d'en reporter les parties dans la catégorie E, compte tenu de leur présence potentielle dans le domaine chamito-sémitique.

---

[274] Notons que si l'on désire approfondir le morphosémantisme global qui est ici sous-jacent on peut trouver dans Cohen (1970) des éléments intéressants, mais dont la prise en compte dépasse largement le propos de ce travail.

[275] Penser aussi au touareg **băllăw** « *revenir, retourner* », **əbəl** « *entourer de tous côtés, par extension : ourler* ».

Isoglosse 4 : bir+aw[276]

Isoglosse 4.	Référence songhay : G, K **bir+aw** « *arc* »
**bEr	stick, spear, arrow, bow, branch, stem (10)
(SS39)	*tree, wood*

En présentant cette isoglosse Bender s'interroge sur son éventuel statut aréal, mentionne le mandé et fait référence à une discussion tenue en 1993[277] mais les questions alors posées méritent encore d'être discutées en détail.

Analyse.
La référence songhay de Bender est inattendue car **bir+aw** « *arc* » demande – actuellement[278] – à être interprété comme une forme dérivée à partir du verbe **bírí** « *tirer une flèche* » (« *piquer* » en songhay occidental et dendi). Cette dérivation n'est pas très productive mais elle est attestée avec plusieurs verbes d'action ou d'état pour former des nominaux sémantiquement liés (cf. **dìrà** « *marcher* », **màntέ** « *castrer* », **dànà** « *être aveugle* », **jàrè** « *porter* », **ɲálá** « *briller* », …) ; dans l'analyse synchronique, l'on suppose que la forme verbale est liée à la forme nominale **bìrí** « *os, arête de poisson* » qui correspond en songhay méridional au sémantisme de « *os dur plutôt long, plutôt acéré* »[279].

Pour les substantifs, les significations principales sont « *os, arête de poisson ; flèche, arc* » et pour les verbes « *piquer ; tirer une flèche* ». Les rapprochements « *os / flèche ; arc* », « *piquer / tirer une flèche* » sont

---

[276] Nicolaï (1990 : 98 (39)).
[277] Bender : « *This item was discussed as part of a more general BIRI at Prague Round Table on Lexical Diffusion in Sub-saharan Africa (Aug. 1993). I do not accept for now the extension to include 'root, fibre, etc.', though the possibility remains open (see #98 :* bar+ ~bir+ : *root, hair, snake, worm (5) ; SS21 : hair-like, snake-like*) ».
[278] 'actuellement', parce que, avant analyse, *rien* n'assure que la « *rationalisation* » qui *fait* de cette unité une forme dérivée dans le système contemporain du songhay soit diachroniquement fondée : elle pourrait tout aussi bien résulter d'une *réinterpation contemporaine* des unités lexicales !
[279] Voir toutefois la reconstruction tchadique de Jungraithmayr & Ibriszimow : si le rapport potentiel de leur reconstruction avec la forme songhay que je mets en relation était confirmé, il « exemplifierait » cette importante distinction qualitative (d'ordre théorique et méthodologique) entre une *reconstruction* « *interne* » fondée sur la comparaison d'un existant (cf. Nicolaï, 1996c) et visant à une reconstruction rationnelle dans le présent, et une *reconstruction archéologique* fondée sur la comparaison de phénomènes appréhendés en vue d'une systématisation concernant des formes contingentes, censées être la trace concrète de faits révolus.

/ deviennent assez évidents... A partir du moment où l'on est certain de l'identité phonétique des formes rapprochées. Remarquons aussi que la désignation « *os* » ne réfère pas à n'importe quel « *os* » : il s'agit d'un « *os dur et long* », et pas nécessairement entier (ni 'spongieux', ni 'plat', ni 'rond'). C'est tout autant un fragment ou une esquille sous réserve qu'elle conserve ses caractéristiques de « *dur, long, acéré* » lesquelles restent les éléments stables car elles caractérisent à la fois 'la flèche', 'l'arête' et ... certains 'os'[280]. Le détail des attestations méridionales montre les principales dérivations sémantiques :

- songhay méridional :

BIRI	kaado	zarma	orient.	occid.	dendi	central
	os, arête de poisson	os, squelette	os	os, arête, noyau	os, arête de poisson	os
				piquer ; piqûre	piquer (scorpion, abeille)	
	tirer une flèche ; atteindre d'une ...	tirer une flèche	lancer une flèche		tirer une flèche	

- songhay septentrional :
« *os* » : tsw : **biŋzi** / **bạyzi**, tdk : **bidi**, tgd : **biʒi**, tbr : **biizi**, ghds : **binji**.

Du point de vue phonétique la distinction entre songhay méridional et septentrional est régulière, il s'agit de la correspondance **d-r** en position intervocalique que j'ai précédemment rappelée à propos des racines 1403 et 1415 de Ehret ; c'est donc *__bidi__ qui doit être reconstruit au niveau interdialectal et c'est cette forme, et non pas **biri**, qui aurait dû être retenue dans l'isoglosse nilo-saharienne[281] de Bender.

Parallélismes et concomitances externes.

Il existe en chamito-sémitique une racine **BD**, **BT** bien connue, D. Cohen l'a présentée pour le sémitique comme « *une des séquences radicales [...] qui entrent dans la constitution de nombreuses racines ayant pour valeur fondamentale la notion de "couper" ; associée le plus*

---

[280] Toutefois des extensions sont possibles et, dans un deuxième temps, il peut s'agir de n'importe quel 'os' (cf. 'vertèbre'...).
[281] Ce qui contrevient aux correspondances postulées par Bender au niveau d'un proto-nilo-saharien ; cf. Bender (1997 : 68).

souvent aux notions connexes de "séparer, fendre, percer, disperser, etc." ». Et encore : « *Souvent aussi ces notions s'accompagnent, pour les mêmes racines et éventuellement pour les mêmes langues, de celles de "jaillir, suinter (à travers une brèche), poindre, germer", parfois de celles de "creuser, fouiller, rechercher, examiner". Dans un certain nombre de cas les racines ont leurs deux dernières radicales semblables. Mais il est plus fréquent [...] que les radicales complémentaires soient des liquides [...], des semi-voyelles, parfois d'autres consonnes [...]. Il peut s'agir soit de biconsonnes étoffées, soit de variantes par échange de consonnes de localisation voisine, soit souvent de croisements avec d'autres racines de sens voisin* ». L'on conçoit ainsi des possibilités de rapprochements avec des éléments de justification phonétique et sémantique suffisants pour être discutés. Exemples :

sémitique :

arabe[282]	badaʕa	cut off > separate (or put aside) decide
	barā, yabrī	sharpen a pencil
arabe marocain	brā, ybrī	tailler
arabe tchadien	barra, yibirr	tailler un roseau pour écrire

éthio-sémitique :

guèze	brr, barra	pierce, penetrate, go through
amharique	bärrärä	pierce, make a hole in a water jug

berbère :

tahaggart	ebed ; ebḍu ; ebet ; fedey	trouer ; se séparer ; faire sauter (en coupant) ; percé (avoir un petit trou)
kabyle	ebḍu	partager, séparer, être divisé
tamazight	bḍey	crever, suppurer (abcès, plaie), percer, être percé, jaillir (source, eau)
tawellemmet	əbəḍ	trouer, percer

couchitique :

afar	botoʕiyya	fendage, coupe
beja	bedid	os de l'avant-bras, soit le radius, soit le cubitus
somali	burur	broken piece

tchadique[283] :

chad	*b_2rw	arrow, bow
kera	aɓɔːrɔ	arrow
musgum , masa	báraw	arrow

---

[282] Leslau note aussi **brr** « *erupt* » pour le sudarabique épigraphique avec cette remarque « *perhaps also Heb.* **bārūr** *in* ḥeṣ bārūr *a penetrating arrow* ».

[283] Jungraithmayr & Ibriszimow (1994. I : 1) notent « *'Arrow' is a typical culture word the reflexes of which have spread from one or more – mostly non-Chadic – sources throughout the Chadic speaking area. 'Bow' and 'arrow' obviously form one semantic unit since b_2rw is the common root for both* ».

Commentaire :
Indépendamment du fait que l'attestation retenue pour illustrer la participation du songhay à cette isoglosse n'est pas la meilleure on constate au plan phonétique que la reconstruction nilo-saharienne n'est pas cohérente avec la reconstruction que le songhay permet d'établir et, au plan sémantique, que les champs retenus pour le nilo-saharien n'ont pas de rapports évidents avec ceux identifiés en songhay. Par ailleurs, les extensions potentielles vers le domaine chamito-sémitique que la comparaison autorise plaident en faveur d'une classification plus large de l'unité.

Point de méthode numéro 2 : A propos des « affinités lexicales multilatérales », en général.

Les *affinités lexicales* concernent en général des séries distinguées par une légère différenciation phonétique (cf. sourd / sonore ; occlusif / constrictif, etc.)[284]. Par exemple à l'intérieur d'une même langue et sur la base de la « relation sémantique potentielle »[285] qu'elles sont susceptibles d'entretenir, on peut être tenté de rapprocher des séries de lexèmes songhay à initiale labiale (**b** — **f**) comme je l'ai montré ailleurs[286], le cas limite est évidemment celui où il n'y a pas de distinction phonétique (une unité polysémique ou deux unités homophones ?). Ainsi on vient de voir que le lexique songhay connaît une même forme phonétique [biri] qui renvoie à deux séries de signification, l'une verbale (**BIRI$_1$** « *percer, tirer une flèche* ») et l'autre substantive (**BIRI$_2$** « *os, arête, flèche, arc* ») ; *a priori* le lien entre elles n'est pas justifié empiriquement comme il pourrait l'être par une régularité morphologique (un phénomène d'alternance, ou une variation tonale régulière qui

---

[284] Penser aux analyses conduites par Guiraud (1967) sur le lexique français.
[285] Bien que cette relation soit très « subjective ». Voir Nicolaï (1996) pour des considérations sur ces ensembles sémantiques potentiels. Voir aussi chapitre IV et V.
[286] Pour mémoire : « *bouillie, boue, préparation liquide* » peut caractériser la série {**bita** « *être pâteux, en bouillie* » ; **bibita** « *préparation de mil proche de la bouillie* » ; **betbeta** « *bouillie peu épaisse (sp.)* » ; **botogo, bokoto** « *boue, argile, marne* »} et la série {**foto** « *bouillie de farine et brisure* » ; **fotofoto** « *mets préparé avec du riz écrasé en farine* » ; **fotogo/fotogu** « *être liquide, être surabondant* »}. De même, dans la même langue mais dans un autre domaine sémantique, on a pu remarquer qu'une notion de « *filage, enroulement, mouvement circulaire de la main* » peut caractériser {**bibiri** « *corder, rouler entre ses doigts* »} et aussi {**fifiri** « *remuer la sauce en tournant un batonnet* »}, etc. Voir aussi *infra*, chapitre IV.

caractériserait / systématiserait le passage entre nominaux et verbaux dans la langue, etc.) qui donnerait l'assurance qu'il s'agit bien là d'une même forme radicale, et *donc* que la différenciation sémantique qui les affecte résulte (au moins en partie) de *l'effet* de ce jeu morphologique ; il n'est pas non plus garanti qu'il ne résulte pas d'attractions et de confusions sémantiques et phonétiques qu'une étude philologique ici impossible eût éventuellement permis de mettre à jour[287]. Nous avons affaire à une *affinité multilatérale intralinguistique*.

En l'absence de justification empirique évidente, l'on peut toutefois se demander dans quelle mesure serait justifiée l'extrême exigence de « rigueur » qui conduirait à mettre en doute le rapport entre **BIRI**$_1$ et **BIRI**$_2$ car si le rapport n'existait pas l'on devrait s'attendre à ce que les locuteurs *l'inventent*. Et il importe aussi de rendre compte et de « théoriser » cette dynamique-là qui ne peut se contenter d'être renvoyée à la seule explication de l'étymologie populaire conçue comme *erreur* d'analyse : ce sont des effets de cette « invention » que traduisent les phénomènes généraux et continus d'attraction et de confusion sémantique ou phonétique ou autres croisements auxquels j'ai fait allusion. Il faut donc à la fois « *intégrer / accepter le risque d'erreur* » et « *augmenter la vigilance archéologique* » ; entendons par là l'attention maximale portée aux données, dans le cadrage initial proposé à la recherche, et hors de ce cadre !

De la même façon et en procédant à des comparaisons lexicales étendues hors du domaine songhay Bender a lié cette même entité **BIRI** à une forme ****bEr** donnée comme reconstruction nilo-saharienne avec la signification « *speer, arrow, bow, branch, stem* », mais l'on vient de voir qu'elle peut / pourrait aussi bien être rapprochée de cette racine **BD, BT** bien connue en chamito-sémitique et signifiant « *couper, etc.* » que j'ai mentionnée ci-dessus. On a là une *affinité multilatérale interlinguistique*, d'autant plus problématique que si l'on s'en tient aux résultats généralement retenus, elle concerne des formes référées à deux familles linguistiques indépendantes.

---

[287] On soulignera avec intérêt les remarques de Jungraithmayr & Ibriszimow (1994. I : 45) concernant les reconstructions liées à 'cut'. Par ailleurs, au plan *interlinguistique*, l'existence face aux évolutions d'une racine chamito-sémitique BD, BT d'attestations arabes telles que : **ibār, ibar, ibra** « *aiguille, aiguillon, tige de fer pointue piqure, dard* » ; **barā, yabri** « *to sharpen a pencil* », montrent la potentialité de glissements / croisements sémantiques ; mais ceux-ci ne peuvent être correctement pris en compte que dans le cadre d'une hypothèse préalable (à objectiver) concernant ce à quoi nous avons (pensons avoir) affaire en songhay. C'est aussi cela l'objet du débat : la distinction *intralinguistique / interlinguistique* n'est jamais quelque chose d'aussi bien assuré qu'il pourrait y paraître.

Retenant cette dimension problématique Rottland (1997) notait un *effet de paradoxe* dont voici l'enchaînement :

I. En se plaçant dans la perspective d'une recherche d'apparentement généalogique et lorsque nous sommes confrontés à des affinités multilatérales interlinguistiques, si toutes les affinités proposées sont « vraies » (« contradiction empirique » manifestée par le 'double rattachement' de **BIRI** au nilo-saharien et au chamito-sémitique), alors *nous n'avons pas de base théorique (« modèle ») pour rendre compte de ce qu'elles représentent*[288].
II. La résolution du problème réside dans la distinction de deux objets d'étude : celui de la *linguistique historique* (*historical linguistics*) dont le but est l'identification des procès linguistiques avec une référence concrète au temps et à l'espace[289], et celui de la *linguistique évolutive* (*evolutionary linguistics*) qui s'intéresse à la généralité de ces procès et utilise leurs occurrences concrètes uniquement comme des occurrences illustratives. Le dilemme pourrait donc disparaître si l'on s'attache à ne pas mélanger pas les pertinences et si l'on sait distinguer les domaines de recherche.

Mais les choses sont-elles aussi simples ? Quelle est la nature de l'indépendance entre les deux domaines ? L'étude historique[290] peut-elle exister sans informations évolutionistes ? De simples opérations telles que comprendre la nature ou la direction d'un changement postulé, reconnaître la régularité, la banalité ou la rareté de tel ou tel autre fait empiriquement attesté impliquent une référence à l'étude évolutioniste. Le projet de séparation disciplinaire est donc davantage un principe (un vœu ?) formel de bonne méthode qu'une réalité pratique et s'il y a indépendance entre les objectifs et les méthodes, voire, les 'disciplines', en revanche, il y a un

---

[288] Rottland fonde cette assertion sur la considération suivante : nos concepts ne fonctionnent que si certains peuvent être falsifiés ou si du moins, si nous pouvons classer les différentes propositions sur une échelle de probabilité ; si l'on ne peut pas faire ça, c'est-à-dire si les évidences pour établir les relations ont la même force, alors les différentes hypothèses s'invalident les unes par les autres : la combinaison de différentes hypothèses fortes, mais incompatibles entre elles les invalident toutes. Personnellement, je pense qu'il y a là une erreur : *on ne falsifie pas un concept*, mais *des faits* ! Ou plutôt des propositions sur les faits construits. Les concepts sont infalsifiables par définition. En revanche, ils peuvent conduire à des élaborations contradictoires et dans ce cas, il faut « en tenir compte » : changer de concepts, revoir le cadre de la description ou, tout simplement, « interpréter » le résultat. Puisqu'il est bien évident qu'on ne changera pas la réalité et que notre approche (de type 'historique') n'est ni expérimentale, ni formelle !
[289] « *What happened in which language, when and where ?* » précise l'auteur (1997 : 177).
[290] Entendons par là celle qui pose les questions « *Qu'est-ce qui est arrivé ? Dans quelle langue ? Quand et où ?* », ci-dessus notées.

nécessaire partage des données (pas des faits construits !). Par ailleurs est-il certain qu'une linguistique évolutive (qui ne peut pas se fonder sur autre chose que sur l'analyse de « faits historiques ») puisse être appréhendée dans des schémas strictement « poppériens » ?

En raison de l'importance de ces croisements il convient de partager le point de vue de Rottland concernant les précautions de méthode et la nécessité d'un resserrement de la recherche généalogique des langues sur ses principes propres car la réflexion sur les outils qu'elle utilise, les objets qu'elle construit et les connaissances empiriques qu'elle rend disponibles sont certainement les meilleurs atouts pour élargir les questionnements sans dissoudre son objet. Mais pour revenir sur la « contradiction empirique », l'on *doit* prendre acte qu'il n'y a pas de modèle dans le cadre d'une approche généalogique pour rendre compte de ce qui est constaté car le modèle arborescent précontraint l'analyse et crée l'effet de paradoxe.

*Ainsi dans le même temps – et sans se référer à des exigences falsificatrices qui, ici, n'ont pas leur pertinence – on **peut** en déduire qu'il faut en construire un.* L'ouverture archéologique est un essai dans ce sens : il n'y a pas nécessairement contradiction dans une apparente « double appartenance » d'une langue au nilo-saharien et au chamito-sémitique si *le type de parenté* qui est en jeu ne fait que traduire la réalité d'une évolution des langues *à un autre niveau de pertinence*. Ensuite l'analyse de l'apparent paradoxe peut-être fructueuse pour apprécier (conjoncturellement) l'adéquation de l'un ou de l'autre niveau de pertinence pour l'« explication » de la réalité supposée.

Sur un autre plan force est de constater (et le cas du songhay l'illustre) que les connaissances retenues comme « faits » ne sont pas toujours construites selon un même modèle et il apparaît qu'en situation de pénurie de données empiriques et tant qu'aucune contradiction n'apparaît, l'on accepte apparemment sans trop de questions tous les résultats qui confortent l'hypothèse initiale[291] – quelle qu'elle soit. Eventuellement on retient aussi des résultats indépendants sous réserve qu'ils n'introduisent pas d'incohérences ou d'invraisemblances par rapport aux autres résultats connus, conduisant alors à un apparent

---

[291] L'hétérogénéité (sinon l'hétéroclite) reste « masqué(e) » tant que ces hypothèses confortent les résultats déjà établis. Finalement il n'est pas inutile – et avec d'autant plus de force que la perspective de recherche n'est pas expérimentale – de songer aussi aux développements de Bachelard (1947) sur les obstacles épistémologiques et la formation de l'esprit scientifique.

approfondissement ou à une augmentation du potentiel de connaissances empiriques disponibles[292].

Isoglosse 5 : +bo+y1

Isoglosse 5.	Référence songhay : G +bo+y1
**+bi ~=bo	wing ; claw, foot = leg, hand = arm, head, thigh (8) wing ; shoulder, neck (8)
(SS11)	*bodily appendages*
(SS31)	*neck, back part of the body*

Bender illustre cette isoglosse par une forme +bo+y1 relevée en songhay oriental[293] mais il ne me semble pas que cette entrée soit satisfaisante car du point de vue de sa répartition, la forme **boy**[294] avec la signification « *ongle / griffe, sabot* » (le plus souvent attestée dans des composés précisant qu'il s'agit du pied ou de la main : **kobe-boy** « *ongle de la main* » ; **cee-boy** « *ongle du pied* ») ne semble exister qu'en songhay occidental, oriental et central ; elle n'est connue ni en zarma, ni en kaado, ni en dendi ni en songhay septentrional. Il s'agit donc d'une unité à distribution dialectale et géographique limitée. Du point de vue sémantique aucune des autres dérivations des deux ensembles sémantiques que Bender lie à cette forme {« *wing, claw, foot = leg, hand = arm, head, thigh* » ; « *wing, shoulder, neck* »} n'est attestée par un phonétisme proche de **boy**. Le rapprochement est donc plutôt faible ce qui réduit son poids dans une comparaison globale.

Commentaire :
Cette isoglosse est attestée mais elle est faiblement représentée en songhay. Il n'est pas justifié, comme c'était le cas pour les précédentes, de la reclasser dans une autre catégorie d'isoglosses, toutefois sa faiblesse en songhay n'en fait pas un élément de preuve très convaincant.

---

[292] On durcit les arêtes du schéma !
[293] Probablement dans Prost (1956).
[294] Et non pas **bo+y**, car l'on ne voit pas ce qui permet de supposer ici une division morphématique ou une structuration en formants, sauf si celle-ci était évidente dans les autres langues concernées par l'isoglosse et que corrélativement le rapprochement avec le songhay ne posait pas de problème. Ce qui n'est pas le cas.

Isoglosse 6 : bo+bo(w)[295]

Isoglosse 6.	Référence songhay G,K,Z : **bo+bo(w)**
**bo	many, all, big, deep, long (8)
(SS1)	*quantity, size, distance*

A la différence de la précédente, cette isoglosse est bien représentée dans tous les dialectes songhay avec un phonétisme proche de **ba / bo(w)** qu'il faudrait peut-être renvoyer à une reconstruction ***bal**. Du point de vue sémantique elle est liée à la notion de « *quantité* » et non pas à celle de « *taille* » ou de « *distance* ». L'entrée simple, **bow** « *être nombreux, beaucoup* », est attestée en songhay occidental et septentrional ; l'on trouve plutôt **ba** en songhay oriental, central, kaado, zarma et dendi qui connaît également une forme **bàyó** « *beaucoup* ». Une forme rédupliquée, **bóbò(w)** « *nombreux, beaucoup* », est généralement utilisée en fonction adjectivale ou adverbiale mais elle fonctionne aussi en tant que verbe et s'insère dans les dérivations appropriées[296].

Parallélismes et concomitances externes.

L'entrée est très répandue et il existe des formes comparables dans plusieurs des familles linguistiques voisines comme le montrent les tableaux qui ont été présentés pour illustrer l'entrée {19 ***ɓòɓ** « *to be much* »} de Ehret. En conséquence, la forme très générale à laquelle réfère cette isoglosse ne la prédispose pas à justifier un rapport privilégié avec le nilo-saharien, c'est donc en tant que forme aréale qu'elle devrait être présentée.

---

[295] Nicolaï (1990 : 99 (43)).
[296] On notera qu'elle croise aussi deux autres unités référées à un sémantisme proche (**béerì**$_{Kd}$ « *être grand* », **beeray**$_{Oc}$ « *honneur, respect* », etc.). Voir *infra* la notion de *structure affine* pour une « instrumentalisation » possible de ces croisements potentiels.

Isoglosse 7 : bonn+i[297]

Isoglosse 7.	Référence songhay G : **bonn+i**
**bo/an	ashes, dust, earth, charcoal, swamp (8)
(SS2)	*earth-like and locus*

La référence **bonni**[298] dont l'emploi est limité au songhay oriental et au zarma[299] est probablement celle que Greenberg avait prise pour exemple[300] en parallèle avec **borhon**, et comme cette dernière ce ne me semble pas être une forme simple[301] comme le suggèrent les formes du songhay oriental. On trouve par ailleurs des formes signifiant « *cendre chaude // griller dans la cendre chaude* » qui possèdent une deuxième consonne **r** ou **l** et d'autres avec **t**.

Données songhay :
formes avec **nasale** :

songhay orient.	bonni / borhon ; bolhonno ; borhonnu	cendres du foyer, cendre et braises, cendres chaudes ; place du foyer (cuisine) ; sable chaud où un feu était allumé (used for lightly cooking intestines, etc.)
dendi$_{Gay}$	bónnú	braise
zarma	bónnú	cendres chaudes

---

[297] Cf. aussi, les rapprochements autour de **boosu** ; Nicolaï (1990 : 100 (48, 49)) qui pourraient être repris ici.
[298] A la considération des données et du champ sémantique retenu par Bender, une première question se pose : l'expérience montre qu'il faut généralement distinguer entre « *cendre chaude* » et « *cendre froide* » et que les extensions sémantiques liées à ces unités ne se recoupent généralement pas. Or la forme **bonni** « *cendres chaudes, place chaude du foyer, braises* » ne me paraît cohérente ni avec le champ sémantique retenu « *earth-like and locus* », ni avec la chaîne des désignations (*ashes ; dust, earth, charcoal, swamp*) qui, tous deux, paraissent se rapporter davantage à une notion de « *cendre froide* ». Il y a donc peut-être ici un problème.
[299] Il est vrai que **bónnú** est également attesté dans le dendi de Gaya par N. Tersis (1968) mais ce dialecte est linguistiquement très proche du zarma dont il est frontalier et il pourrait s'agir d'un emprunt interdialectal car la forme n'a, à ce jour, été relevée dans aucun autre parler dendi.
[300] Peut-être dans Prost (1956).
[301] Cf. les attestations de Haïdara et Heath. Cette unité pourrait peut-être se dériver d'une forme **bul + korn +** . L'adjectif **korno** « *chaud* », assimilé en **konno** est courant ; de plus il pourrait y avoir une contamination par l'adjectif **horno > honno** « *amer* » et parfois « *chaud* » au sens de « *pimenté* » (cf. Or. *wa honu* « *lait caillé* »). Mais cela n'est peut-être pas aussi simple car la forme la plus attestée est **hortu > hottu** et non pas **honnu** !

formes avec **liquide** :

kaado	búrôw, búròw	cendres
	búrbúrè	griller dans la cendre
songhay occid.	bulbul, bolbol	cendre chaude
songhay occid.	burbur, bubur	griller dans la cendre chaude
songhay orient.	buburey	flamber, griller à feu nu, noircir au feu, carboniser en surface
zarma	búrbúré	griller qqch. dans de la cendre
	búráw	un tas de braises qui commence à se transformer en cendre

formes avec **t** :

orient	bata	cuire sous la cendre
	batabata	sortir (ou mûrir) par endroits
zarma	bàtà	griller qqch. dans de la cendre chaude

Parallélismes et concomitances externes.

Divers rapprochements semblent possibles avec le sémitique, le tchadique, le couchitique ou le mandé mais beaucoup impliquent des différences sémantiques (« *poussière, brume* », etc.). Les attestations qui suivent sont à mettre en rapport avec la notion de « *cendre* »... à laquelle la « *poussière* » et ce qu'elle implique pourrait être liée[302] :

sémitique :

arabe	bassa ; baṭṭa ; biš-at (coll.)	s'émietter, pulvériser qqch. ; disperser, soulever la poussière ; cendre, poussière fine
arabe chwa	abarbar	poussière
tchadique.		
*chad	bt	cendres
bidaya	bùrúntùlle	poussière
migama	bùrúntùllé	poussière
bidaya	bùtò	cendres
mubi	bùt	farine

Skinner mentionne **būda** « *haze* » ; P.W.Chadic ***bawṭa*** « *fog* » ; NB *ba'ta ; P.WN *-buda « *rain* » tandis que Jungraithmayr & Ibriszimow reconstruisent *bt- , soulignent cette même distinction entre 'cendre chaude' et 'froide' et suggèrent un rapport probable avec le couchitique *bAdAn tout en notant la possibilité de rapprochements avec quelques langues nilotiques et le songhay[303].

---

[302] C'est cette dernière valeur que l'on peut reconnaître en particulier dans l'ensemble du domaine bantou et dans le mandé.
[303] Ils notent également (1994. I : 2) que « *we are dealing with an old areal lexical item* ».

couchitique :

oromo	barabada	cendres chaudes

mandé :

maninka	bùudí, bùurí	dust, powder ; sawdust
	bùrunburu	suspended sediment ; dust (resting on the earth
mandinka	bùruu, bùtu(u)	cuire à la cendre
	bùutu, bùuti	cendres
bambara	bùrubúru,	suspended sediment ; dust (resting on the earth

Ainsi cette isoglosse que Bender (1997 : 78) caractérise comme « *intermeshed sets in both phonology and semantics* » devrait être restructurée et classifiée dans les catégories C ou D.

Isoglosse 8 : jer+e2[304]

Isoglosse 8.	Référence songhay K: **jer+e2**
**der?	rib ; horn, side (7)
(SS9)	*bone/horn*

(*Weak set. A Kaado* jer+e *may be part of another set with palatal. D For : the d- may be singular prefix.*)

Bender attache un point d'interrogation à la forme reconstruite de cette entrée et il a raison de le faire en ce qui concerne le songhay[305] ; du point de vue sémantique le songhay ne retient ni la notion de « *horn* » ni celle de « *rib* », seule est prise en compte celle de « *side* »[306], apparemment elle recouvre plusieurs sémantismes : « *partie, moitié, côté, flanc, près de* » ; « *les uns... les autres* » ; il existe aussi des formes voisines concernées par les champs sémantiques « *s'appuyer contre quelque chose, s'adosser ; porter, transporter ; lever, soulever, charger* », mais je ne les développerai pas ici.

---

[304] Nicolaï (1990 : 134 (196)) et 105 (64).
[305] Rottland reconstruit **dVr** ; *dier « *milieu* » pour le proto-nilotique.
[306] C'est généralement le lexème songhay **cèráw** qui est utilisé pour « *côte* » ; il y a ici un parallélisme (et un clivage ?) intéressant.

Données songhay :

kaado	jérè	partie, côté ; moitié
	jèrêy...jèrêy	les uns...les autres, certains...certaines
songhay occid.	jere	côté, morceau, moitié, portion, une partie, à côté de
songhay orient.	jere	moitié, partie, part, un certain nombre de, quelques uns
songhay central	jer	moitié, partie, certain(e)s
zarma	járè ; járgá	à côté de, moitié, partie
dendi	jɛrɛ$_{Djg}$ járè$_{Gay}$	partie, moitié
emghedeshie	gère	moitié
tasawaq	jere	près de ; moitié

Parallélismes et concomitances externes.

Il est possible de trouver différentes racines chamito-sémitiques susceptibles d'être rapprochées, tout particulièrement si l'on s'attache à une possible extension sémantique liant «*partie, moitié*» avec «*entre, au milieu, parmi*» et que l'on retient cette «variation potentielle» entre ǧ et ġ / g. On relève aussi des attestations en mandé (cf. bisa : **gyèren** «*du côté de*»).

sémitique :		
arabe	ǧār	voisin
arabe tchadien	ǧār	voisin
	ǧāwar	être le voisin, côtoyer, jouxter, habiter à côté
	ǧire	voisinage
ḥassāniyya	ǧāṛ	voisin
éthio-sémitique :		
guèze	gwr, tāgawara	dwell together in a neighborly way, live in the vicinity, be a neighbor, be near
amharique	g^{w}edən	flanc, côté, côte
harari	qurra	voisinage, près, proche, récent
berbère :		
tahaggart	ġir	entre ; par ext. entre lui/elle
	ġéréġéré	milieu ; moyenne (ni petit ni grand, ni bon ni mauvais, etc.)
kabyle	ljaṛ	voisin
tamazight	adžar	voisin
tamazight	ger / yer / žar / inger	entre
kabyle	ger, gar	entre
tawellemmet	ǧăr, gər, jer	entre ; au milieu, centre de ; parmi / mutuellement entre

couchitique :

afar	gude	milieu, taille
	gwod	côté, bord, marge
oromo	giddu	milieu
	ger	côté
beja	gwod	côté, bord, marge

Commentaire :
Cette isoglosse est certainement plus complexe que ne le montrent les exemples précédents. Comme l'a remarqué Bender il y a une question à poser concernant les formes palatales de la consonne initiale (certaines des entrées chamito-sémitiques retenues ont une initiale ǧ, j, corrélativement il serait intéressant d'apprécier le parallélisme entre ces unités et les entrées songhay **cèrè**, **cèráw**, etc. Mais, en tout état de cause, l'isoglosse est bien concernée par des extensions au-delà de la sphère nilo-saharienne.

Isoglosse 9 : ar(y)+u[307]

Isoglosse 9.	Référence songhay K,Z,G : **ar(y)+u**
**er+	brother, man or male, friend, bear child, mother (8)
(SS35)	*Persons*

Les exemples qui suivent montrent que le sémantisme connu en songhay concerne uniquement « *man or male* », il y a donc là une notion stable et elle est utilisée dans plusieurs lexèmes composés dont certains sont très courants et fonctionnent aussi comme pseudo-morphèmes de dérivation dans la désignation de quelques animaux mâles[308]. Du point de vue formel on remarque l'absence de consonne aspirée initiale dans certains dialectes.

---

[307] Nicolaï (1990 : 91 (13)).
[308] Cf. sur ce point mon commentaire concernant l'isomorphe I25, *supra*, chapitre III.1.

Données songhay :

kaado	àrù	mâle
songh sept	aaru	adulte, mâle, homme, mari
zarma	àrù	tout être vivant de sexe masculin ; homme ; courageux
songh orient	aru	homme mâle (vir)
songh central	har / haru	homme, héros
songh occid.	har	homme, mâle
dendi	hàrù[309]	mari

Parallélismes et concomitances internes.

A côté de cette entrée et à l'intérieur du domaine songhay il est possible d'explorer d'autres champs sémantiques tel celui lié à la forme **'yàarú'** référée à la chaîne sémantique « *courage, virilité ; force puissance ; taureau* »[310] ci-dessous présentée au titre d'une extension potentielle.

Données songhay :

kaado	yàarù	taureau, être courageux
songhay occid.	yaaru	taureau
songhay orient.	yaaru	taureau, être brave
songhay central	yaaru	taureau, courage
zarma	yàarú	être courageux, brave
dendi	yààRù	puissant, fort

Parallélismes et concomitances externes.

On trouve dans le domaine chamito-sémitique des formes qu'il est intéressant de mettre en rapport si l'on retient une dérivation sémantique « *mâle, animal sauvage, force, virilité, engendrement* ». D. Cohen note sous l'entrée 'RW/Y : *'arw- (désigne des bêtes sauvages diverses selon les dialectes) et cite l'akkadien, le canaanite, l'araméen, mais aussi l'arabe et l'éthiopien.

---

[309] Remarquons que Zima donne la forme **hàRì** là où je n'ai trouvé que **hàrù**. Ce n'est probablement pas très grave !
[310] Rottland propose la forme ***eeR** « *taureau* » pour le proto-nilotique.

sémitique :

akkadien	arwiu	mâle (gazelle ou chèvre chamoisée)

éthio-sémitique :

guèze	ʔarwe	animal, wild animal, beast, wild beast, reptile
	ʔaḫur	ram[311]

couchitique :

afar	aûr, awur	taureau
oromo	awaro	mâle stérile
somali	aur	étalon
	aar, lion	audace

tchadique :

hawsa	yārò̠	enfant ; domestique ; garçon ; gosse ; jeune ; petit(e)

On relèvera également une dérivation possible en berbère autour du sémantisme « *enfanter, engendrer, avoir une progéniture* » :

sémitique :

akkadien	erū	être enceinte

berbère :

tahaggart	arou	enfanter
	ărraou	masc. : enfant de sexe masculin ; fém. : enfant de sexe féminin
	rour	fils (d'un h., d'une f., d'un an.)
kabyle	arew	enfanter, accoucher, mettre bas ; produire, donner des fruits
tamazight	arew	mettre au monde
tawellemmet	arəw	engendrer, accoucher de, mettre bas ; produire (fruit)

Et enfin une autre « piste » mérite d'être mentionnée qui concerne le copte et pourrait rendre compte de la présence de la consonne aspirée

égyptien :

démotique	ḫl	jeune ; garcon, serviteur, esclave
copte	ϩⲁⲗ	serviteur, servante, esclave

Commentaire :

Ces données, même « erratiques », me semblent suffisantes pour considérer que cette isoglosse trouve sa place ailleurs que dans la catégorie des *Excellent Isoglosses*.

---

[311] Leslau note ce qui suit « perhaps related to Tgr. **wəhər** '*bull*'. The comparison with **awra** '*male*' suggested by d'Abbadie is doubtful. The root is common with cushitic : **awur, aûr** is to be identified with Amh. **awra**. For Cushitic *ʼawr-, see Sasse 46 ».

Isoglosse 10/51 : ko+kor[312]

Isoglosse 10 Isoglosse 51	Référence songhay G : **ko+kor** Référence songhay G : **kor+**a ; Z : **ko+kor+**o
+kor+ ***kor+	follow ; enter, exit, hunt or chase, dance, return, rise, turn (7) after ; afternoon, before, time, yesterday (6)
(SS14) (SS28)	*Motions* *Celestial, time*

Si l'on s'en tient à l'isoglosse 10 on ne relève pas directement une forme 'koro' dont **kokor(o)** serait une duplication partielle à valeur fréquentative ou d'intensité ; il est toutefois probable qu'il faille la supposer, peut-être à partir de la forme **kora** « *derrière, fond de, cul, arrière de la barque, etc.* » que je n'ai pas retrouvée dans d'autres dialectes et que Bender cite pour l'isoglosse 51. En songhay oriental[313] l'entrée **kokor(o)** signifie « *s'attarder, rester en arrière, suivre* », c'est probablement la même unité que l'on trouve dans tous les dialectes méridionaux avec la signification de « *être en retard, être le dernier*[314] » et la forme est également utilisée en fonction adjectivale (« *dernier, récent* ») et substantive (« *extrémité, retard, fin* »). En conséquence il ne semble pas évident que les champs sémantiques auxquels Bender a lié cette entrée soient pertinents en ce qui concerne le songhay, le champ sémantique 14 « *Motions* » est si vaste qu'il ne représente plus rien d'utile, en revanche on vient de suggérer un lien entre les attestations de l'isoglosse 10 et celles de l'isoglosse 51 ; l'exemple zarma que fournit Bender est à rattacher directement à l'exemple donné pour l'isoglosse 10. Le 'fil d'Ariane' est la relation entre '*follow*' (donc « être en arrière ») et '*after*', quant à l'entrée **kora** « *derrière, fond de, cul, arrière de la barque, etc.* », son sémantisme s'intègre sans difficulté dans le champ. Autrement dit, il faut extraire les deux termes '*follow*' et '*after*' des deux chaînes sémantiques de Bender pour reconstituer une chaîne adéquate en ce qui concerne les données songhay.

---

[312] Nicolaï (1990 : 121 (135)).
[313] Noté 'G' par Bender.
[314] Et donc aussi « *le plus récent* ».

Données songhay (a) :

kaado	kòkòrù	être en retard
S. occid.	kokor(o)	être le dernier ; avoir lieu en dernier lieu ; dernier, récent
S. orient	kokor(o) kokorè	s'attarder, rester en arrière, suivre ; dernier, final, ensuite, en dernier lieu ; ensuite, par après
	kora	postérieur, dernier
songhay central	kokoru	être le dernier (la dernière), faire ensuite
zarma	kòkòr(ò)	être en retard, être le dernier ; ensuite, après ; dernier
dendi	kòkòrò, kòkòRò	être en arrière ; dernier ; retard, fin, bout

J'adjoins aussi à cette isoglosse recomposée la forme **kódò** « *benjamin, dernier-né, cadet* » qui renvoie à la notion de « *dernier, en dernier lieu, etc.* ».

Données songhay (b) :

kaado	kódò	dernier-né ; benjamin
songhay occid.	koda	dernier-né d'une famille, benjamin
songhay orient.	koddo	dernier-né, dernière-née, benjamin
songhay central	kodda	benjamin
zarma	kódò	benjamin, dernier-né, cadet
dendi$_{Gay}$	kóádâ	cadet

Parallélismes et concomitances externes.

Face à cet ensemble il est aussi possible de mettre en rapport des données bien documentées en ce qui concerne les langues chamito-sémitiques mais l'on peut également faire d'autres rapprochements dans l'espace occidental.

sémitique :

arabe	qdy	terminer
arabe marocain	qḍa *	terminer
arabe chwa	aḫḫar	retarder, remettre, différer
ḥassāniyya	aḫḫaṛ	ajourner, retarder ; faire reculer
berbère :		
tahaggart	ămâhrai	survivant (de ses proches), homme qui survit à tous ses frères, ou à tous ses enfants, ou à tous ses parents proches
	ămehrou	retardataire (homme qui est toujours en arrière des autres) ; enfant né à long intervalle après ses frères et sœurs
	tăhrei	temps d'après (temps postérieur)

Le modèle des « isoglosses » : approche lexicale   215

	tehraiet	fin, dernière partie, partie ou moment qui vient après toutes (tous) les autres, dernier moment (dans le temps)
kabyle	aneggaru, aseġʷri	dernier
	taneggarut	enfin, finalement
	eġʷri	rester en arrière, finir par, en venir à

couchitique :

somali	koraʃo, koranwaa	non poter aspettare qn. o qs.

tchadique :

hawsa	jiràa	attendre, attente

mandé :

azer	koda, ḳoda	cul, derrière ; le dernier
	kokone	puîné
bozo	korɛ	attente ; attendre
	xɔrɔ fa	derrière, après
	kodda	cadet, puîné

atlantique :

wolof	yéexal	retarder

Commentaire :

Une fois encore, les données *a priori* susceptibles de justifier l'intégration du songhay dans l'ensemble nilo-saharien doivent être revues : les deux isoglosses de Bender trouvent une image dans l'espace chamito-sémitique et devraient s'insérer dans les catégories C ou D.

Isoglosse 11 : kor(+o)

Isoglosse 11	Référence songhay G : **kor(+o)**
**kor2+	elbow ; claw, foot, hand or arm, finger (10)
(SS11)	*bodily appendages*

Isoglosse 320	Référence songhay G : **hon+koro** [kɔŋ + kɔr ?]
kon+ ?	elbow ; knee, claw or finger, hand (8)
(SS11)	*bodily appendages*

éthio-sémitique :		
guèze	kʷərnāʕ	elbow, forearm
	kerebeeza	organes génitaux féminins
amharique	keree	hanche, os a la base de la colonne vertébrale ou de la queue ; os iliaque
harari	kuruʔ ; kooraʔa	avant-bras, coudée : mesurer en coudées
argobba	kərra	bras, coude
berbère:		
tahaggart	aṛil	bras (tout entier, de l'épaule à la main) ; coudée
	ăkeḍiil	vagin (de femme exclusivement)
kabyle	iɣir / iɣiṛ	épaule, haut du bras
	ɛeqqʷed	être articulé
	aqerquṛ	anus, cul, derrière (subst.)
tamazight	iġil / aġil	bras, avant-bras ; membre antérieur, coudée
	akwrrɛi	patte, pied d'animal ; grand pied (péjoratif)
	kwrrɛɛ	donner un coup à la cheville, à la jambe, au pied
	qerred	s'accroupir, se blottir, s'asseoir sur ses talons
	aqermim	hanche, os de la hanche, flanc
tawellemmet	aɣil	coudée ; à droite
couchitique :		
afar	kororriyo	accroupissement
	kaḍaḍ (kwoḍaḍ)	base du crâne, pied d'une montagne
oromo	jalatta	je suis tordu, courbé
	chikille	coude (bras)
	koronyo	cheville (pied)
somali	gundho	base, fondo ; estremità
	qurqur	base posteriore del collo ; ciascuna delle due estremità dell'arco
bilin	ingerā	partie postérieure, dos
agaw	angir	partie postérieure, dos
tchadique :		
mubi	kòrkòr / kùróokúr	coude du bras
migama	kòrân	croupe
bidiya	gùrgùm	bassin d'animal
	kùkùm	bassin humain
	gúrko	souche
	gùrùŋ	vagin
hawsa	gatò, gūtsū	vagin

Commentaire :

La comparaison peut aller au-delà de l'espace chamito-sémitique et il s'agit probablement d'une forme aréale[318] car il est aisé de trouver des attestations dans d'autres langues régionales et même dans les reconstructions du bantou commun.

mandé :

soninké	guruda	souche, tronc d'arbre
bozo	kuraa	hanche
soso	xɔ́r	fond, fesses

voltaïque :

baatonum	korū	bas, base, derrière, fesses, (fig.) fond d'un problème

bantou commun	*-kɔ́kòdà	coude
	*-kɔ́dɔ̀	souche

Cette profusion de rapprochements montre l'incertitude de l'analyse dans le même temps qu'elle permet de confirmer que l'on n'en est qu'au stade préliminaire. Leur existence n'en reste pas moins suffisante pour souligner l'importance des extensions hors du domaine nilo-saharien et cela est suffisant pour suggérer qu'en ce qui concerne le songhay cette isoglosse ne correspond probablement pas à la classification '*Excellent*' que Bender lui a attribuée.

Isoglosse 12 : k+ab+a1, k+amb+u1[319]

Isoglosse 12.	Référence songhay G : **k+ab+a1** ; Z : **k+amb+u1**
**k+Ob+	horn, rib, bone (9)
(SS9)	*bone / horn*

A propos de cette isoglosse, Bender souligne : « *Areal form ? Note Mn* **kɔw**, *Bantu* **-kupa**, **Ch g-p ~k'p*(a). *But note also no -l- in forms outside S-C of N-S.* ». En ce qui concerne le songhay je ne vois pas très bien où Bender a trouvé une signification « *horn, rib* » ou « *bone* » en

---

[318] Etant bien entendu qu'il faudra bien se poser la question de ce que « aréal » veut dire au-delà de la signification intuitive du terme.
[319] Nicolaï (1990 : 120 (131, 132, 133) ; 136 (204) ; 139 (216)).

rapport avec un champ sémantique « *bone / horn* » à propos de formes comme **kaba** et **kambu** car si l'on prend l'ensemble des formes songhay susceptibles d'être concernées, on trouve ce qui suit :

- une entrée dont la signification de base est « *main, bras* », puis ce qui peut y ressembler où y être lié « *manche de vêtement, branche d'arbre, etc.* ». Cette forme est clivée autour d'une distinction **b / mb** (Kd : **kàbè**, Or : **kaba**, Zrm : **kàbè**, **kàmbè**, Oc, Sept : **kamba**, Cent : **kambe**) et celle-ci semble être parfois liée à une différenciation sémantique dans certains dialectes (cf. Kd : **kàbè** « *bras, main* » **kàmbè** « *embranchement, ramification* »). Notons aussi qu'à côté de **kamba**, le songhay occidental et le songhay central attestent une forme **kobe** avec la signification « *doigt* »[320] bien que, plus généralement, la désignation du doigt se fasse par le biais d'un composé (adjonction de **-izè** « *fils de* ») ; on relève donc des formes telles que Zrm : **kàmbáyzè**, Or : **kabize**, Cent : **kobiize**, etc.

- une entrée **kambey** « *prendre avec soi, mener, accompagner, etc.* ».

- une entrée **kámbú**[321] dont la signification est « *côté, flanc ; vers, direction* » et qui peut aussi avoir des valeurs verbales telles (Oc) « *côtoyer, se déplacer le long d'un cours d'eau* ».

En revanche il relève dans ses *N-S fragments* les formes **kamb-** « *hand, elbow* » et **kokob** « *put, shake* » qui ne semblent pas être sans rapport avec les précédentes et retient aussi parmi ses *Areal terms* une entrée **gab + u** ; **gabb + u** « *coup hit ; cut, split, ax* » (Isoglosse 291). Enfin il place dans les isoglosses *Linking NS and Afrasian* une entrée **gab + u** « *bird, egg, buzzard or vulture* » (Isoglosse 343) qu'il est peut-être intéressant de lier aux précédentes.

Soit :

Isoglosse 291. Areal terms	Référence songhay G : **gab+u**, Z : **gabb+u**
kOb +	coup hit ; cut, split, ax (6)
(SS15)	*cut, hit, pierce, swim*

---

[320] Et aussi une certaine catégorie de riz. Finalement, c'est peut-être par cette forme, qui peut aussi être référée à « *ongle* », que Bender justifie le lien avec « *horn* » !
[321] Notons qu'on trouve aussi la forme **kàmbù** « *pinces, tenailles* » dans les dialectes méridionaux et le kaado atteste **kàmbù** « *hymen* ».

Isoglosse 343. Linking NS and Afrasian	Référence songhay Z : **gab+u**
***kabr/l**	bird ; egg, buzzard or vulture (5)
(SS5)	*flying animals*

NS Fragment	A : **kamb-** C : **gam-, gem**	main, coude (SS11 *hand, elbow*)
	A : **kokob, kokop** I : **ko-ko**	mettre, secouer (SS49 *put, shake*)

Je mentionne enfin la forme ***kɛpkɛp** « *aile (d'oiseau)* » reconstruite par Rottland pour le proto-nilotique et les formes proches données par Guthrie :

bantou commun	*-kóápà, *-kápòà, *-kápì	aisselle
	*-càpì	doigt

Point de méthode numéro 3. Variations sur l'entretissage.

Il peut être intéressant d'aborder *globalement* l'ensemble de ces données car elles constituent un bon exemple pour illustrer la construction de ce que j'appelle une *structure entretissée*. Une fois synthétisé, l'ensemble des données songhay croisées peut être représenté dans le tableau ci-dessous :

Sgh	Kaado	S.occ	S.or	Cent	Zrm	Dendi	S.sept
bras, main	kàbè	kamba	kaba, (kambe)		kàmbè, (kàbè)	kāmbē$_{Tnd}$	k(y)amba
embranch. sépar.	kámbè, kámbà	kamba	kaba		kámbà	kámbâ	
prendre avec soi		kamba	kambey				kamba
côté, bord	kámbú	kambu	kaba		kámbú	kàmmù ; kámbû	k(y)amba
doigt		kobe ; kobe-eje	kabize ; kambiize	kobi:ze	kàmbáyzè	kameŋze	
battre des mains ; secouer	kòbí ; kókóbé	kobi ; kokow/ kokobu	kobi ; kokob / kokop	kobi	kobi ; kókóbé	kobi ; kòkòbé	kokob
heurter			cabu	cebu, kebu	càbù	cébù, cobu	
frapper légère.		kofi, cefi, cafu, cefu			kòfù ; kòfi	cɔfi	
saisir au vol, brusq.	gébù		kafu		gábáy	gàbù	
rapace	gábù, gébí	algab, algow, gab	gabu	gabu	gábù	gábù, gàw´	
force tenir fort	gáabì gàabù	gaabi gaabu	gaabi gaabu	gaabi	gáábì	gáábì	gaabi ; gy/jabi
hymen	kàmbù						
porte	gámbù	gambu	gambu		gámbù	gàmbú	
pinces	kámbù	kambu	kambi		kámbù	kàmmú ; kámbù	
contracter	kàmî				kàmí	kàmí (*cligner*)	
serrer, compres.	káŋkám	kankam	kankam	kaŋkam	kàŋkàm	kàmkám	
forcer, contraindre	gáŋgàm					kánkám	
téter			kamkam	kankam		kaŋkam	kaŋkam

Il manifeste ainsi un *entretissage* qui est construit par une « *opération de chaînage* » conduite *a posteriori* au plan sémantique et phonétique ; appelons un *enchaînement* le résultat de cette opération. Au premier abord il s'agit de *l'opération la plus stigmatisée qui soit* puisque *l'on sait très bien* que c'est de cette façon-là qu'on peut arriver à relier « *n'importe quoi avec n'importe quoi* » ! Toutefois ici, après avoir relié « *n'importe quoi avec n'importe quoi* » il s'agit encore de retenir le résultat obtenu, pour ce qu'il est (une construction arbitraire) *et* de se donner pour tâche de vérifier dans quelle mesure il est possible de lui trouver une *image*, la plus précise possible, dans les langues mises en rapport. En fait, il s'agit de transformer un « *principe de n'importe quoi* » en « *principe de découverte* » car si la construction arbitraire élaborée par le linguiste se « révèle » dans d'autres langues et se manifeste dans le détail de sa stratification, de ses formes et des corrélations qu'elle manifeste, alors il est probable qu'elle rend compte d'autre chose que du simple hasard ou du permanent phénomène d'auto-construction, bien que ce dernier – toujours présent – ne puisse pas être éliminé. Et là, c'est à un entrecroisement de pertinences explicatives que l'on doit faire face. La tâche nouvelle est donc *d'appréhender ces résultats* et de *réfléchir à ce qu'ils signifient*[322]. Les deux explicitations qui suivent sont un pas dans cette direction.

Rapprochements linéaires et rapprochements globaux.

Des *rapprochements linéaires*, inscrits ou non dans une structure entretissée, sont les mises en rapport les plus souhaitées et les plus attendues : il s'agit de comparer terme à terme des unités lexicales sur la validité (ou la vraisemblance) du / des rapprochement(s) desquels il semble possible *a priori* de se déterminer. Des *rapprochements globaux* peuvent être constitués par des ensembles de rapprochements linéaires nettement identifiés, et dans ce cas ils démultiplient l'intérêt de ces rapprochements linéaires, mais ils peuvent aussi être plus particuliers. Je distinguerai méthodologiquement entre des *rapprochements globaux déterministes* qui correspondent effectivement à la mise en regard **d'ensemble de rapprochements linéaires, et des** *rapprochements globaux non-déterministes* qui mettent en rapport des ensembles d'unités appartenant à des langues différentes sans qu'ils aient été (ou pu être) analysés préalablement en termes de rapprochements linéaires.

---

[322] Tout en gardant à l'esprit la limite évidente et déjà mentionnée concernant les éventualités constantes de croisements sémantiques et phonétiques dont il est quasiment impossible d'évaluer l'action.

Dans ces derniers cas, la valeur de démonstration du rapprochement global ne porte pas de façon stricte sur la mise en évidence de relations référées à des filiations à vocation « généalogiques » ; ce qui est retenu est un domaine de rapprochements potentiels qui est susceptible d'être analysé au moins partiellement comme une structure de rapprochements linéaires mais qui peut aussi ne montrer qu'une structure de rapprochements qui reste non-déterministe. L'organisation alors manifestée peut traduire l'existence de structures lexicales stratifiées propres aux langues mises en rapport ; ces structures sont susceptibles de résulter de la stratification de croisements successifs de formes, de variations phonétiques et sémantiques diverses conduisant à introduire un *rapport global* non plus entre des unités lexicales nettement identifiées telles qu'elles peuvent être saisies à travers des rapprochements linéaires, mais entre *des macro-structures, à la fois floues et prégnantes*, dont la mise en évidence corrélative dans les langues comparées est utile pour l'analyse mais qui n'a cependant pas la même valeur / fonction dans le développement des hypothèses. Tout particulièrement, en tant qu'effets secondaires, elles sont susceptibles de brouiller et de masquer les éventuelles « *causalités* » qu'une étude « linéaire » se donnerait pour but de reconnaître. Corrélativement, l'impossibilité de mettre en évidence des rapprochements linéaires peut conduire au « *gonflement subjectif* » de la mise en rapport elle-même. Autant l'on peut s'attendre à ce qu'une macro-structure définie par des rapprochements globaux non-linéaires se manifeste dynamiquement dans les langues comme un *attracteur* conduisant à son renforcement, autant l'on peut s'attendre à ce que les chercheurs qui tentent de l'objectiver soient limités dans leur démarche par l'absence de critères de détermination stricte, et donc par le risque de décision subjective qui en découle. Risque qui, en lui-même, est la *preuve* de la fonction d'attracteur de la structure, dès le moment où elle est reconnue.

En conséquence, *il importe* de mettre en évidence ces rapprochements globaux non-déterministes *en les prenant pour ce qu'ils sont* ; il importe ensuite, dans la mesure du possible, *de tenter de les structurer en tant que rapprochements globaux déterministes* et l'analyse du niveau de réussite dans cette tentative-là est alors un élément important pour développer et nuancer les hypothèses sur le rapport qu'entretiennent entre elles les langues comparées. Dans tous les cas, cette prise en compte ouvre sur une étape de recherche plus affinée, et donc plus satisfaisante, que celle qui se construirait sur le simple rejet ou masquage des phénomènes de cette nature.

Principe de découverte et « structure affine ».

Si d'une part, en partant d'une unité quelconque, mais bien structurée lexicalement dans une langue donnée, on construit arbitrairement *sur les données de cette langue un système de relations formelles – contextuellement justifiées – et si d'autre part, il est possible de construire dans d'autres langues mises en regard le même système de relations formelles en conservant le même rapport entre les sémantismes et les phonétismes des unités, alors on fera l'hypothèse que cet isomorphisme traduit une parenté archéologique dont la nature est ensuite à évaluer par des outils appropriés. On crée ainsi une* « structure affine » *dont l'explication est à trouver.*

La précision sur la nature « *contextuellement justifiée* » des relations formelles construites est importante : J'entends par là que le chercheur va mettre en place une *cohérence locale, contingente*, qui n'a pas d'autre fonction que de justifier dans le « ici et maintenant » de son approche la structuration qu'il construit pour matérialiser la structure affine qu'il établit[323]. Cette cohérence locale ne peut pas être totalement gratuite car elle se fonde nécessairement non seulement sur *des détails contingents manifestés par le lexique* de la langue mais aussi sur des connaissances acquises et des principes cognitifs partagés ; toutefois je pense que cela est sans incidence sur les résultats de la recherche des images de la structure affine dans les langues mises en regard puisque, en dernière analyse, ce sera un simple *rapport formel* qui sera retenu. D'autre part, je pense que l'activation de ces connaissances intuitives (connaissances acquises et principes cognitifs partagés) dans la construction de la forme sont des aides à la recherche[324]. En effet autant il est évident que *l'on ne peut pas* reconstruire à partir du présent les conditionnements du passé sur la seule base d'une « logique » et de la connaissance de quelques types de mouvements de nature linguistique dont la pertinence est établie, autant il est évident qu'*aucun dynamisme n'a pu se produire sans la participation de tels mouvements*.

---

[323] Il ne s'agit donc pas d'identifier des *universaux* cognitifs ou typologiques, bien au contraire c'est la mise en rapport de caractères les plus spécifiques et les plus singuliers possibles qui est recherchée ; exigence que, bien évidemment, partage aussi la linguistique historique.
[324] Sans pour autant retenir son approche comme « l'exemple » à suivre, il est intéressant de rappeler les réflexions de Hadamard (1959) sur la psychologie de l'invention dans le domaine mathématique.

Ceci étant, un *principe de découverte* n'est pas un *principe de démonstration* : la 'démonstration' que quelque chose d'empiriquement descriptible est en rapport avec ce que suggèrent les résultats de l'application du principe de découverte, c'est-à-dire que la *structure affine* dégagée *n'est pas* qu'une construction de l'esprit, ne peut se faire que par *le retour le plus précis possible* à l'analyse détaillée des données linguistiques par les outils – classiques – qui sont les siens.

Donc, si l'entretissage est riche, entendons par là, s'il est organisé et structuré en faisceaux d'enchaînements et si l'on peut reconnaître dans les langues mises en regard une image qui lui corresponde, alors on peut penser que ce n'est pas le fait du hasard, même s'il ne s'agit que d'un *rapprochement global non-déterministe*. Au risque d'être répétitif je soulignerai encore que l'on ne considèrera pas pour autant qu'il s'agit d'une filiation généalogique puisque pour établir cela il existe des méthodes et que, justement, elles n'ont pas donné de résultat dans le cas considéré. Je supposerai tout simplement avoir affaire à un effet de cette *parenté archéologique* que la comparaison multilatérale permet de postuler à travers le dégagement et l'analyse d'un entretissage caractérisé par la structure affine. Cette dernière demande ensuite à être étudiée concrètement dans son détail avec l'ensemble des autres structures du même type et en rapport avec l'ensemble des considérations indépendantes et conjoncturelles qu'il est possible de croiser ; et cela afin de parvenir à des hypothèses concrètes et utiles sur la nature de ce qui est mis en évidence et sur ce que cela permet de dire quant au passé « situé »[325] de ce qui est analysé, mais aussi, sur un plan parallèle, quant au comportement et à l'évolution des langues.

La parenté archéologique se traduira à travers la mise en évidence et l'analyse d'ensembles structurés d'affinités multilatérales censés résulter de l'interaction de dynamiques connues dont la plus évidente est celle de la *filiation généalogique* mais dont l'importance n'est pas plus grande d'un point de vue théorique que celle des *effets du contact des langues* et des impacts en retour des *construits anthropologiques* élaborés au cours de l'évolution ; sans oublier *l'effet de représentation* que le chercheur applique, éventuellement à son insu. Et il y a donc lieu de faire... un état des lieux !

---

[325] J'entends par 'passé « situé »' la représentation la plus événementielle et la plus concrète possible à laquelle nous pouvons avoir accès.

La structure affine *de **kàbè** / **kámbè** / **kámbú**.*

Pour l'exemple et de façon (presque) arbitraire je construirai non pas un mais deux *enchaînements* parallèles, soit donc un enchaînement d'enchaînements. Le premier, organisé autour des six domaines ci-dessous, est repris de ce qui précède[326] et les « strates » qui le constituent sont notoirement composées d'unités lexicales référées à des racines / étymons distingué(e)s :

Enchaînement A	chaînage sémantique	chaînage formel (exemples kaado)
1	*paume de la main / aile / embranchement / côté*	kàbè / kámbè / kámbú
2	*applaudir/ taper / secouer / griffer*	kobi
3	*saisie rapide, accrochage*	gébù
4	*force / tension / saisie*	gáabì / gàabù
5	*passage étroit / ouverture*	gámbù // kàmbù
6	*-contraction / compression*	kàmîi

Le second, organisé selon le même schéma, permettra de montrer que malgré tout, on ne peut pas trouver n'importe quoi n'importe où ; il est organisé autour des cinq domaines / strates suivant(e)s :

Enchaînement B	chaînage sémantique	chaînage formel (exemples kaado)
1	*mâcher / avaler / mordre / morceler*	kàamà
2	*cacher / recouvrir / s'accroupir*	gúm
3	*emballer / replier / piège*	kúmsì
4	*nouer / attacher / envelopper*	kúŋsûm
5	*trouver / ramasser / recueillir*	kúmná

Compte tenu de mes commentaires précédents, on se doutera que je ne poserai pas la question de leur rapport en termes de filiation dont je ne reconnais pas ici la pertinence dans son acception traditionnelle. Je constaterai seulement que, *de facto*, ces enchaînements « articulent » un espace lexical suffisamment important et suffisamment différencié pour que l'on puisse penser que toute *structure affine* qui pourrait être reproduite dans une ou plusieurs autres langues mises en rapport demanderait, afin d'être justifiée, que l'on ajoute autre chose à l'explication que des considérations sur le hasard et/ou la subjectivité du chercheur. La nature de l'explication dépendra bien évidemment de la qualité de l'image affine, de l'analyse détaillée des formes qu'elle met en

---

[326] Je précise que la numérotation des enchaînements est simplement « classificatoire » : elle n'implique aucun ordre hiérarchique quel qu'il soit !

jeu et de leur organisation à tous les niveaux : linguistique, géographique, anthropologique, etc. Disons que cette dernière approche analytique et interprétative, si une analogie devait être tentée, correspondrait à la « *philologie* » de la méthode, laquelle passe par une tentative de transformation d'une structure de *rapprochements globaux non-déterministes* en une structure de *rapprochements globaux déterministes*.

Image de l'enchaînement 2.

chaînage sémantique	songhay	tahaggart	tawellemmet	tamazight	kabyle	ḥassāniy.
bouche, museau, gueule, bec				aqmu		
dévorer, trop manger					sqemqem	
mâcher, croquer	kàamà ; kooma ; qɔɣom (sept.)					
entamer, ébrécher, arracher ; découper en petits morceaux				gẓem / gedẓem	qeccem	
mordre, mordiller		egzem (*égorger*)		qežžem	egzem	
être morcelé					qzuzem	
cacher, recouvrir, s'accroupir ; couver ; se courber ; renverser ; piège (sp.)	gúm ; gúmgúm				ɣumm ; qqim	kemmen
se couvrir, être couvert, nuageux (temps, ciel)				ġemmem	ɣʷemm, ɣʷemmem	
emballer, ramasser, replier, contracter	kúmsì ; kúusí		aɣəm		wemmes	kəmše
nouet					tawemmust	
serrer					eḥmez ḥmz	
piège	kumsey					
envelopper, nouer, attacher ; piège (sp.)	kúŋsûm				eḥmez ḥmz ; ekmec ; wemmes	
emballer, paquet					takumma ; awemmus	
trouve, ramasser ; recueillir	kúmná					
amasser ; accumuler					egmem	gemmen

Parallélismes et concomitances externes.

En première analyse et en s'en tenant aux données songhay les différenciations sémantiques sembleraient résulter de l'adjonction de certains morphèmes dérivatifs (alternances -a / -u / -ey) et dans une faible mesure de la fonctionnalisation de l'amuïssement supposé d'une labiale nasale (**kambe / kabe**) [327], mais cette hypothèse *a priori* banale ne résiste pas à une étude détaillée qui prendrait en compte les faits attestés dans l'ensemble des langues avec lesquelles il est possible d'introduire des rapprochements. On trouve en effet des parallélismes aussi bien parmi les langues sémitiques, chamitiques, couchitiques, égyptiennes, tchadiques, que mandé ou bantoues et cette isoglosse est l'une de celles qui possèdent la répartition linguistique la plus large.

Les faits chamito-sémitiques présentent un intéressant parallèle puisque l'on peut constater dans de nombreuses langues l'existence non pas d'une forme susceptible d'être mise en rapport, mais de trois. On note en sémitique une distinction entre « *paume de la main* » / « *aile* » / « *côté* » corrélative d'une distinction entre les consonantismes **KP / GB / KNP** et en éthio-sémitique cela correspond à **KF / GB / KNF** ; la répartition est moins nette en couchitique mais l'on y trouve aussi les traces d'une telle stratification.

Domaine 1 « paume de la main / aile / embranchement / côté »[328].

sémitique :	akk[329]	aram	ugar	heb	mand	syr	sud.e	sud	arab	hsn	schw
main	KP	KP	KP	KP	KP (KF)	KP		KF	KF	KF	KF
côté		GB		GB	GMB	GMB	KNF	JN	JNB	GF (?)	GF (?)
aile		KNP	KNP	KNP	KNP		KNP		KNF	KNF	

éthio-sémitique :	gz	amh	tgn	couchitique :	orom	bilin	kham	qab	qemt
main	KF	KF	KB		GB				
côté	GB	GB	GB		KB	GB	GB		
aile	KNF	KNF	KNF			KNF	KF	KNF	KMB

---

[327] Cf. la 'pertinente' remarque de Hodge (1987 : 18) « *Of interest [...] is the similarity of* *kap- *hand* *kanp- *or* *kanap- *wing. It appears that* wing *is a nasalized* hand, *anatomically unlikely as that may seem.* » …
[328] C'est pour montrer à la fois l'enracinement « historique » et l'importance de son extension que je présente, tout particulièrement pour cette isoglosse, des illustrations concernant le sémitique ancien. Alors que, *a priori*, elles ne sont pas directement utiles au propos.
[329] On trouvera à la suite, dans le tableau détaillé, le développement des abréviations concernant les noms de langues.

sémitique :		
akkadien	kappu	aile, paume de la main
araméen	kappaa	paume de la main
	gabbaa	côté
	kənap	aile
ougaritique	kp	paume de la main
	knp	aile
hébreu	kap	paume de la main
	gabbe	> in **lv-gabbe** : à côté de, à propos de
	kaanaap	aile
mandéen	kapa	paume de la main
	keff	dos de la main
	gamba	côté
	kanpa	aile
syriaque	kappaa	paume de la main
	gabbaa	côté
	kənəpaa	aile
sudarab. épigr.	knf	côté, bord
sudarabique	kaff	paume de la main
	ğanb	côté
	kanaf	aile
ḥassāniyya	keff	paume
	gve (gvā-)	à l'envers ; verso
arabe	kaff	paume de la main
	ğanb	côté
	kanaf	aile
arabe marocain	k-ff-	paume de la main
	kumm-	manche de vêtement
arabe chwa	kaff	paume de la main
	gefa	revers de la main
	ğānib	côté
éthio-sémitique :		
guèze	kāf	heel, palm of hand, sole of foot ; probably transcription of Heb. **kap** 'palm of hand'
	kənf	wing, fin (of fish), branch of tree, border (of garment, land)
	gabo	side, flank, rib, loins
tigrigna	kebdi ʔid	paume de la main (« ventre de la main »)
	gobo	côté, flanc
	kənfi	aile
amharique	kaf	paume de la main
	jəmb	côté
	kənf	aile ; nageoire ; branche

Le modèle des « isoglosses » : approche lexicale   231

couchitique :

oromo	gaba	main, bras ; autorité ; occasion ; temps
	kaba	attraper, saisir, tenir ; arrestation
	kàbu	côté
bilin	gabaa	côté
	kanfe	aile
khambata	gebaa	côté
	kuff	aile
qemant	kembi	aile (?)

Autres domaines.

sémitique :		sgh	har	hsn	chw	éthio-sémitique :	gz	amh	tgr	tgn
	battre des mains ; secouer	kobi ; kokob								
	frapper légèrement	kofi								
	heurter	kebu		nekkeb						
	saisir	gebu		gbaḏ	gabad					
	dérober			l̥gef						
	rapace	gabu		ˤgāb	ˤugāb, ˤagāb		gippa	gemb	gab	gab
	tenir fort	gaabu	qiwwa	quwwe						

berbère :		sgh	hgr	wlm	kbl	tmz
	battre des mains ; secouer	kobi ; kokob				
	frapper légèrement	kofi				
	heurter	kebu		ənkəb // nk̥əf		
	saisir	gebu			elqef	leqqef
	rapace	gabu				
	tenir fort	gaabu		akbab	lqewwa	lqewwa

couchitique :	sgh	afar	oromo	beja	égyptien :	égypt	copte
battre des mains ; secouer	kobi ; kokob			kaf			
frapper légèrement	kofi	kaffat					
heurter	kebu						
saisir	gebu	qawe				ḫfa, gp	čōpe
rapace	gabu						
tenir fort	gaabu	guwwat	jabba				qom

Domaine 6 « contraction / compression ».

sémitique :

ḥassāniyya	kemkem	replier sans soin, entasser
arabe chwa	ḫama	saisir, attraper

berbère :

tahaggart	ekmem	être serré, se serrer, presser, serrer
kabyle	takumma	brassée
	rrukkem	être serré, être tassé
tamazight	kemmem	amasser, ramasser qqch. et le porter sur les bras
	tukkimt	brassée, fardeau, charge qu'on porte sur les bras
tawellemmet	ḳămmăt, aḳəmmi	ramasser
	əḳməm	serrer, entourer étroitement, être serré

berbère :

kabyle	ekcem	pénétrer
tamazight	akem	entrer, pénétrer, s'introduire ; déflorer
	kšem / gwžem	entrer, rentrer (intr.) s'introduire, pénétrer

berbère :

tahaggart	enkeb	serrer (une pers., un an., une ch.)
tamazight	akkuf	s'arracher, se déraciner ; s'enlever
taneslemt	ənkəf	heurter
tawellemmet	ḳăbkăb	frapper à la porte d'une maison
	ənkəb	heurter
	nḳəf	heurter, se heurter à, contre ; se rencontrer ; être fou
	inkəf	frapper d'un coup sec et bref

tchadique :

hawsa	gḗfḕ	côté ; bord ; endroit

Skinner cite Orel & Stolbova (1995) *ḥaf- « *bank* » et mentionne **gaggāfa** « *bank* » ; les *Chadic Lexical Roots* attestent les formes suivantes :

*lele	kàbù / kàb-	hand
*kabalai	kə̀bà	hand
*jimbin	ɠàmá	hand
*mburke	líí ɠə̀móó	hand
*pa'a	kamani / kəmaŋ	hand
*kariya	kə́m	hand
*tsagu	ɠánə̊	hand 'arm'
*hawsa	káámùù	hand, 'arm length'

Question de « *corne* ».

Bien que n'ayant rien relevé en songhay concernant ce rapprochement, je présente l'ensemble de données ci-dessous appartenant à l'espace chamito-sémitique, qui peut être mis en rapport avec cette isoglosse 12 (**k+Ob+ « *horn / rib* ») :

couchitique :

| oromo | gafa | corne |

proto-tchadique :

*mubi	géébí / gèèbí	horn
*jegu	gééfó	horn
*migama	gâ:pè	horn
*dangla	g̀ɑ̀ɑpì	horn
*kera	gàw	horn
*yedina	kāmi / kàmì	horn
*zaar	kàpo	horn

tchadique :

hawsa	ɠàhoo	corne, ventouse
bidiya	geepínò	corne
migama	gáápú / gáàpè / gàapá	corne
mubi	gèébí / gàabàp	corne

Commentaire :

Pour contrebalancer la longueur de la présentation son commentaire sera bref. En réponse à la question que pose Bender : '*Areal form ?'* il convient bien évidemment de répondre oui sans hésiter ; tout en remarquant, comme je l'ai déjà noté, qu'il sera important de savoir ce que cela veut dire, si l'on veut éviter de dire cela pour ne rien dire.

Isoglosse 13 : go(o)r+u1[330]

Isoglosse 13.	Référence songhay K: **go(o)r+u1**
**kuR	lake ; river, well, water (8)
(SS12)	*water, sky*

Analyse.

L'entrée **gòorù** que le songhay septentrional a remplacé par des lexèmes touareg est connue dans tous les dialectes méridionaux où, semble-t-il, sa signification renvoie plus généralement à « *rivière, vallée, dépression de terrain* » ce qui entraîne la signification de « *cours d'eau* », éventuellement « *marigot* », bien que plus couramment il y ait un terme pour désigner les mares (**bàŋgù**) tout comme il en existe un pour désigner LE fleuve (**ísà**). Ainsi **gòorù** peut entrer en composition pour désigner un ruisseau (Or : **goorudandi**) ou une mare (Dd : **hàRí gòRɔ́**).

Données songhay :

kaado	gòorù	vallée ; rivière, ravin
songhay occid.	gorru	grande dépression de terrain, chenal
songhay orient.	gooru	marigot ; rigole
songhay central	gooro	cours d'eau
zarma	gòorù	rivière, ravin
dendi	gòiú	vallée
tadaksahak	ajer'aw	fleuve, plan d'eau
tasawaq	agaraw	cours d'eau permanent
	aɣlal	dépression ; terrain où l'eau s'écoule en plusieurs directions, cf. cuvette

Construction d'une structure affine.

On évaluera l'intérêt de cette isoglosse pour le rattachement du songhay au nilo-saharien en organisant autour d'elle une structure affine. Pour cela, je retiendrai *a priori* deux enchaînements : celui qui vient d'être suggéré ci-dessus autour de « *rivière, vallée, dépression de terrain* » et un

---

[330] Nicolaï (1990 : 124 (151) ; 141 (225)).

autre organisé autour de « *crapaud, grenouille* » représenté par une forme **kòoró**[331]. Ils n'ont rien en commun de linguistique, ils sont seulement caractérisés au plan formel par une propriété arbitraire (mais stable), la séquence {[vélaire] + voyelle postérieure + [liquide]}. Je ne m'intéresserai donc pas à rechercher je ne sais trop quelle filiation le rapport entre les deux implique, tout simplement je chercherai à établir si ce rapport entre les deux enchaînements *se retrouve* d'une façon plus ou moins stable dans l'ensemble des langues comparées afin que, dans un deuxième temps, la question de la façon dont le rapport est actualisé dans l'espace géographique et linguistique considéré puisse être posée. Car les réponses susceptibles d'être apportées sur ce point peuvent avoir de l'importance au plan archéologique.

Les données songhay de l'enchaînement **kòoró** « *crapaud, grenouille* » :

kaado	kórbótó	crapaud
songhay occid.	kormata ; korbata ; korombaata ; ŋkɔrɔmbata	crapaud, grenouille
songhay orient.	kormata / ŋkormata ; kormoto	crapaud
	nkorokoro	gros crapaud
songhay central	aŋkooru	grenouille, crapaud
zarma	kòoró ; kòrbòtó	crapaud
	kodoro	sorte de crapaud
dendi	kóRmòtó ; kòlibátá	crapaud

songhay sept.	q/koora	crapaud
	aguru	crapaud

On retiendra *a priori* une forme **ŋkooro** proche de celle actualisée en songhay central et l'on constatera l'existence d'une variation intra et interdialectale importante qui semble fondée sur le traitement du terme en composition avec un élément '**bata** / **boto**' auquel je n'ai pas su attribuer une signification justifiée mais qui pourrait avoir un rapport avec les entrées suivantes :

---

[331] Que Bender a retenu parmi ses *Nilo-Saharan Fragments* (comparaison avec D : gɔrɔŋ). Il s'agit probablement d'une forme d'origine onomatopéique.

kaado	bòtògò	boue, argile, marne
songhay occid.	boto-boto	marécage ; marécageux ; vaseux
	botonte	vaseux ; boueux
	batakara	argile amassée dans un bas-fond après la pluie
songhay orient.	batakara	argile amassée dans un bas-fond par la pluie, boue
zarma	bòtògó	boue ; argile
dendi	bòtògó	argile

Parallélismes et concomitances externes.

Les rapprochements possibles sont importants dans l'espace chamito-sémitique où l'on peut retrouver un parallélisme d'enchaînements tout d'abord autour de la notion centrale de « *vallée, ravin, creux, dépression* » ouvrant par là aux désignations de « *rivière, mare, zone marécageuse, etc.* » puis probablement vers d'autres désignations dépendantes telles « *dégouliner, etc.* », et ensuite autour de la désignation « *crapaud, grenouille* ».

Domaine « vallée, ravin, creux, dépression ».

sémitique :

arabe	ʕaqala	collect, **maʕqula** 'place that retains rain water'
	qarāra, qaʕr	terre, dépression
	karw	tranchée
arabe chwa	gurēr	terre lézardée près d'une rivière
	ḫōr	ravin formé par les pluies
	ḥarr	fuir (eau) ; dégoutter, dégouliner (liquide)
	ġirig	couler ; noyer (intr.)
	gargūra	creux
ḥassāniyya	grāṛa	zone marécageuse
	gowd	dépression entre deux dunes
	ġāṛ	fosse, trou ; tunnel (trou) ; grotte, caverne ; tanière, terrier
	ḥarze	collet (ravin, défilé) ; couloir, col (en montagne)
	ġrīg	naufrage, noyade ; partie profonde d'un fleuve, …
	ġrəg	faire naufrage, se noyer, s'enfoncer dans l'eau

éthio-sémitique :			
guèze		ʕaqala	gather, (trans., intr.), be collected
		ʔaʕqala	gather water in a basin or in a reservoir, cause to gather water (<Ar.)
		ʕaql	lake, pool
harari		kuuri	étang, réservoir d'eau
		gälu	endroit en creux sur un sol élevé
berbère :			
tahaggart		ăġôuras	vallée
		ăġelhok	petite dépression du sol où l'eau de pluie se conserve
		teeġert	ruisseau (filet d'eau permanent ou à peu près permanent
		éġérᵊou	mer ; par ext. lac ; fleuve très large (comme le Niger ou le Nil)
		éġérir	creux de terrain formé par l'eau dans le lit des vallées
		ărerrôur	élargissement très grand de vallée, à sol uni et dur, en plaine
tamazight		ġerreg	être profond, creux
		ġreq	être profond, creux ; se noyer, sombrer, s'enliser, couler (intr.), s'enfoncer
kabyle		ɣɣurres	être creux
		qirr	couler, s'enfoncer
		eɣreq	s'enfoncer ; sombrer
		exʷreḍ	creuser profond, affouiller, tourner en creux, au tour ; façonner en creux
		axʷriḍ	chemin creux, sentier encaissé
		axerdus	ravin sombre ; souterrain ; cave
		axerṭuṭ	mauvais chemin
tawellemmet		əɣarus	puits profond
		eğărăw ; ağărew	fleuve ; le fleuve Niger ; océan, vaste étendue d'eau, grand lac
		agirer	creux de terrain formé par l'eau
couchitique :			
afar		golo	gorge dans laquelle coule le dàbba, vallée
		kori	canal
somali		kellil	canale
tchadique :			
hawsa		gulbii	fleuve, rivière, ruisseau, étang
		kwarèe, kwarìì	vallée
		kòoramàa	cours d'eau de saison des pluies, courant d'eau
		kuwàara	fleuve, mer

Skinner note les trois entrées suivantes : **gurbi** « *hole* » (*indentation*) ? < **gur-** « *place* » + **bi** ; **guri, wuri** « *place* » ? ; **kwari, kware** « *valley, furrow* » cf. **gurbi, ƙorama**[332].

Domaine « crapaud, grenouille ».

sémitique :

arabe	qirra ; qarra	grenouille
arabe chwa	gargūr ; gergūr	escargot d'eau ; crapaud
ḥassāniyya	ǧrān	crapaud, grenouille

éthio-sémitique :

guèze	qʷarnanaʕāt, qʷarnānəʕāt	frog, snail
	ṭənqur, ṭənqʷər	animal, grenouille (sp.)
	qāqer	grenouille
tigrigna	qʷerʕo, qʷərʕo, qʷəro, qurʕo	grenouille, crapaud
	ṭənqʷəraʕ, ṭənqura	grenouille, crapaud
	ʔənqurʕob, ʔənqoroʕ	grenouille
tigré	ʔanqorəʕ, ʔənqorəʕ, qorəʕ	grenouille
amharique	ənqʷərar	grenouille, crapaud
	qərnanot	grenouille
	gʷərt, gurṭ	crapaud, grenouille (sp.)
harari	anquraaraḥti	grenouille

berbère :

tahaggart	ăǧerou	grenouille
kabyle	amqerqur	crapaud, grenouille
tamazight	agru / ažru	grenouille ; crapaud
tawellemmet	aguru ; agəru	grenouille, crapaud

couchitique :

oromo	qərarit	grenouille
bilin	qʷaraʕ	grenouille

égyptien :

a. égyptien	ḳrr ; qrr	grenouille
copte	krour	crapaud

---

[332] Référence Orel & Stolbova : ***xar-, *kur-*** « *river* » ***wur-*** « *hole, water* ».

tchadique :

hawsa	kwaɗɗòo, kwàɗō	crapaud, grenouille
	ƙōzō	crapaud

Complément critique :
domaine bantou :

bantou commun	*-kédè	frog

Commentaire :
Les données songhay de l'isoglosse 13 peuvent être mises sans difficulté en rapport avec les entrées correspondantes dans l'espace chamito-sémitique, il ne s'agit donc pas d'une isoglosse caractéristique du nilo-saharien ; corrélativement l'isomorphisme manifesté par la structure affine introduit un champ de données et une ouverture pour des analyses ultérieures. Par ailleurs, d'un point de vue méthodologique, la possibilité de mise en rapport de **kòoró** « *grenouille* » avec des formes référées à une reconstruction 'bantou commun' limite / modifie, bien évidemment, les hypothèses possibles : le rapport avec le chamito-sémitique n'est plus exclusif et il faut éventuellement *en tirer des conséquences* pour l'analyse de cette entrée 'grenouille' quant au niveau de pertinence de son « placement dans la structure affine » !

Isoglosse 14 : ne[333]

Isoglosse 14.	Référence songhay G,K,Z : **ne**
**nV	say ; ask or pray, count, insult, call (10)
(SS36)	*speech and oral events*

Comme les précédentes cette entrée est reflétée dans l'espace chamito-sémitique. Je construirai une structure affine en intégrant l'entrée songhay '**hani**' « *intention, avoir l'intention* » retenue comme un emprunt arabe par certains auteurs (Prost, Ducroz, Heath). Notons que la proximité sémantique des deux entrées est évidente comme le suggère la chaîne sémantique {*désirer – avoir l'intention de – proposer – dire*}, en conséquence la structure affine envisagée ici n'a pas le même degré d'arbitraire que la précédente où le rapport de proximité liant la 'rivière' et la 'grenouille', s'il se conçoit au plan du monde naturel, ne semble pas s'inscrire dans un chaînage linguistique.

---

[333] Nicolaï (1990 : 155 (289)).

Construction d'une structure affine.

Domaine « dire ».

kaado	nêe	dire
songhay occid.	ne	dire
songhay orient.	nee	dire
songhay central	ne	dire
zarma	nêe	dire

Domaine « intention ».

kaado	hànnîi	intention ; avoir l'intention
songhay occid.	annia	simplicité ; franchise
songhay orient.	aɲɲa, anniya	sentiment ; attention ; avoir l'intention de
songhay central	anniya / annya	désir, intention
zarma	ànníyà	avoir la volonté, l'intention, de faire qqch.
dendi	nííyà	élan
songh. sept. (tsw)	anniya	volonté

Parallélismes et concomitances externes.

Domaine « dire ».

sémitique :

arabe	nīya	intention
arabe chwa	ʕana	vouloir dire
	nawa	vouloir dire ; avoir l'intention ; proposer ; résoudre ; être sur le point de ; pousser (ou faire pousser), grandir ; tenter, essayer
ḥassāniyya	nwe yənwi	avoir l'intention de
	ʕne yəʕni / yaʕni	concerner

berbère :

tahaggart	enn	dire
kabyle	ini	poser une question, demander ; prononcer la profession de foi, dire
	anew	répandre une nouvelle ; être divulgué
tamazight	ini ; nni-nna	dire, prononcer, raconter, conter ; appeler, nommer, surnommer ; questionner, demander
taneslemt	ănn	dire
tawellemmet	ănn, ăɳɳu	dire, (indiquer à quelqu'un)

Domaine « intention ».

sémitique :

arabe	ʔan-nīya	intention
ḥassāniyya	niyye	désir, projet, intention, but

éthio-sémitique :

harari	niya	Intention (<Ar.)

berbère :

tahaggart	enniet	bonne foi ; bonne volonté ; volonté
kabyle	enwu, stenwi	avoir l'intention ; penser ; croire
	εɛnu	avoir pour préoccupation ; avoir intention ; avoir pour but ; aborder
	εɛnni	solliciter ; priant en intercession ; intercéder ; s'adresser
	εan	s'inquiéter ; se soucier
tamazight	menna	souhaiter, désirer, aspirer à
	nwu ; nwi-a	penser, croire, avoir à l'idée, avoir l'intention, escompter
	ɛnu ; ɛni-a, ur-ɛni	croire, penser, supposer, présumer

couchitique :

afar	niya	cœur, siège des affections, volonté ; souhait
	niyaate	convoiter, vouloir, espérer
	niyat	espoir
oromo	hinafa	envie, envier

tchadique :

hawsa	ànniyàa	attention, effort
	niyyàa	volonté ; intention ; vouloir, être décidé, faire un effort

Commentaire :

Ces rapprochements suggèrent que l'isoglosse dépasse largement le cadre nilo-saharien, d'autre part le choix d'insérer '**hani**' dans la structure affine conduit à poser la question des emprunts arabes. Il est évident que si cette entrée est un emprunt arabe au sens que l'on donne habituellement à ce terme alors le renforcement de « preuve » qu'est censé apporter le parallélisme constitutif de la structure affine est sans intérêt. Mais encore faut-il être certain que nous avons *effectivement* affaire à un emprunt arabe, au sens habituel !

La réalité de l'emprunt ne fait pas de doute dans le cas du vocabulaire religieux, dans celui de certaines réalités marchandes et économiques et également, indépendamment de la nature des désignations, lorsque des traits de la morphologie arabe se trouvent intégrés dans la forme empruntée (cf. l'article **al-**, **an-**, etc.). L'attribution hypothétique à l'arabe des formes « ressemblant » à des entrées arabes est dotée d'un coefficient maximal de vraisemblance lorsque les hypothèses sur la langue sont telles qu'il est retenu / posé que le même stock lexical n'est pas partagé entre la langue emprunteuse et la langue empruntée, ce qui est « logiquement » le cas si l'on ne fait aucun lien entre le lexique actualisé dans le domaine songhay et celui actualisé dans le domaine chamito-sémitique, par exemple. C'est aussi, bien évidemment, le cas lorsqu'il existe des connaissances préalables concernant les régularités phonétiques qui permettent de justifier formellement l'hypothèse. Mais *si l'éventualité d'un tel lien devient l'objet de la question* alors le statut *a priori* des formes « ressemblant » à l'arabe mais qui ne sont pas pour autant reconnues comme des emprunts « évidents » est plus problématique. Certaines d'entre elles, éventuellement modifiées dans leur forme, pourraient tout aussi bien appartenir au même stock lexical qui se manifeste dans l'espace chamito-sémitique et que partage l'arabe sans pour autant être des « emprunts arabes ». L'analyse fine et détaillée des évolutions phonétiques et de leur régularité[334] est donc importante ici, comme ailleurs.

Isoglosse 15 : fat+i

Isoglosse 15.	Référence songhay G : **fat+i**
**Pat	many ; all or completely, long, very (8)
(SS1)	*quantity, size, distance*

Analyse.

Cette isoglosse est sans grand intérêt : la forme à laquelle Bender semble se référer n'est attestée qu'en songhay oriental, certainement par Prost qui atteste aussi **pet** « *rassasié complètement* » tandis que Haïdara consigne **petu, fetu, metu, fet, met** « *idéophone : rempli jusqu'à ras bord* ». Il s'agit probablement d'une forme à base idéophonique qui soit est d'un emploi limité, soit n'a pas été souvent relevée en raison de son caractère idéophonique. Il est possible de noter quelques attestations rares qui seraient susceptibles d'être rapprochées, mais cela reste très pauvre.

---

[334] Cf. par exemple, les travaux de S. Baldi dans ce domaine ; voir aussi, *infra*, chapitre IV.2 pour un développement du thème.

| songhay orient. | faati / fati yada | être beaucoup, être répandu |
| | petu, fetu, metu, fet, met | idéophone : rempli jusqu'à ras bord |

Parallélismes et concomitances externes.

tchadique :

| mokilko | pèlèlé | rempli, plein |
| | pútùtú | idéophone employé avec **'òBé**, v. **'òBí** ; indique qu'on verse en grande quantité |

mandé :

| bozo | pat̲a | rempli |

| proto-nilotique | put- | être plein |
| yulu | pér | plein |

| bantou commun | pét | surpasser ; aller devant ; (aller SW, CE) ; passer |

Commentaire :

Du point de vue songhay, cette isoglosse ne semble pas avoir sa place dans la catégorie *Excellent Isoglosses* et devrait être intégrée dans la catégorie B.

Isoglosse 16 : zi+tit+i

Isoglosse 16.	Référence songhay G : **zi+tit+i**
**tI+t+	fall or descend, go, jump, dance, follow, return, walk(10)
(SS14)	*motions*

Analyse.

Cette dernière isoglosse est également très mal attestée en songhay, cette fois encore c'est uniquement en songhay oriental que j'ai relevé la forme et le découpage morphologique auquel Bender la soumet ne me paraît pas s'expliquer. Compte-tenu de ce que l'on sait de la construction des lexèmes en songhay il semblerait que l'on ait affaire à une semi-duplication à partir d'une forme 'ziti' qui n'a pas été relevée à l'état isolé mais qui pourrait peut-être correspondre à l'entrée **jiti**, plus connue dans l'ensemble du songhay méridional. A moins qu'il ne faille songer à la forme **zilititi** qui est donnée en variation avec **zititi** avec la signification de « *chanceler, vaciller* ». Dans ce cas il faudrait peut-être partir de l'hypothèse d'une forme **ziliti**. On trouvera ci-dessous les attestations utiles ; à celles qui semblent être celles auxquelles Bender fait appel j'ai adjoint quelques autres qui pourraient être rapprochées. Mais l'inventaire reste réduit :

kaado	zínní	se pencher pour tomber, démarrer avec difficulté
songhay orient.	zititi / zilititi	chanceler, vaciller ; tomber progressivement comme un gros arbre... ou un djinn (très grand)
	jinnita	pente ; glisser sur la pente
	zinni / zinini	avoir la tête qui tourne

songhay orient.	zinji	secouer, bouger, trembler
zarma	zìnjí	secouer
dendi	zúllì	incliner

Commentaire :

Je n'approfondirai pas l'étude de cette dernière isoglosse car je n'ai pas trouvé de rapprochements intéressants susceptibles d'être présentés. Je noterai seulement que si la base de comparaison avec les autres membres de l'isoglosse est bien la forme **tI+t** que Bender suggère alors, en fonction du peu de crédibilité d'un tel découpage, de la laxité de la chaîne sémantique qui la soutient et de la faible représentation de cette forme dans l'ensemble dialectal songhay, il y a peu de chances qu'il s'agisse d'une unité qui mérite d'être retenue comme *Excellent isoglosse*.

III.3. Le commentaire : deuxième état.

Conclusion sur les isoglosses.

Aucune parmi les seize *Excellent isoglosses* proposées par Bender n'est suffisamment fondée du point de vue songhay pour justifier de continuer à considérer comme une hypothèse tant soit peu crédible l'apparentement de cette langue au nilo-saharien ; en revanche, ainsi que j'ai déjà pu commencer à le montrer lors de l'étude des données de Ehret, on aura remarqué de très nombreuses affinités lexicales avec les langues du domaine chamito-sémitique. Il reste à interpréter ce qu'elles signifient et pour cela il importe de poursuivre la comparaison.

Sur la base des résultats actuels tout se passe comme si une partie importante du lexique songhay pouvait, d'une façon globale, être mise en rapport avec un lexique relevant, disons, pour simplifier, de la « mouvance chamito-sémitique ». Entendons par là ce que montrent les comparaisons multilatérales auxquelles je viens de procéder : c'est-à-dire que l'on constate de très nombreux rapprochements qu'il est difficile d'attribuer au seul hasard, à l'emprunt au sens « classique » ou au seul « bon vouloir » du chercheur et que, dans ce premier temps, il ne semble pas possible de dégager simplement des régularités phonétiques qui permettraient de considérer que l'on a affaire à une relation généalogique simple. En tout état de cause il apparaît déjà qu'une partie importante des relations qui sont en question sont probablement anciennes.

Sur le plan de ses ressources lexicales et compte tenu des comparaisons qui ont pu être faites pour l'instant *ce n'est apparemment pas avec les langues tchadiques que le songhay montre les affinités les plus étroites* ; il y aurait toutefois lieu de détailler les rapprochements qui mettent en cause non pas un simple rapport songhay-hawsa mais une potentialité de relation plus ancienne (bien que plus « floue ») qui pourrait être appréhendée par l'étude des reconstructions lexicales tchadiques, référées à l'espace de diffusion des langues qui ont permis de les établir. On pourra ainsi supposer l'existence d'un apparentement avec le domaine chamito-sémitique mais dont la nature ne peut certainement pas être précisée en l'absence de travaux complémentaires ; ce seront des études plus affinées et plus extensives qui permettront d'approfondir la question. Concrètement, le nombre, la qualité, la nature et la forme précise des structures affines susceptibles d'être mises en évidence devraient être l'un des outils à utiliser pour justifier des hypothèses argumentées. Il y a d'ailleurs de fortes chances pour que l'approfondissement de la question conduise à la 'mise en cause' d'autres apparentements dans cet espace africain sub-saharien.

Retournons donc à la perspective : l'idée de l'apparentement du songhay au nilo-saharien ne paraît plus pouvoir être retenue aussi aisément désormais, cependant elle n'est certainement pas remplaçable par une hypothèse aussi simple que celle que j'avais proposée en 1990 et il devient évident que ce que l'on constate aujourd'hui conduit à sa révision partielle : l'importance de l'apport chamito-sémitique est largement confirmée par l'étude lexicale au-delà du domaine du touareg, l'importance de l'apport mandé n'est pas non plus remise en question, seulement il convient de le mettre davantage en relation avec une aire de diffusion régionale dont la stratification reste encore à analyser dans son ensemble[335] et il faut intégrer cette *dimension stratificationnelle* dans l'analyse. On a aussi pu montrer l'existence de régularités globales qui, pour être interprétées, demandent la poursuite, la reprise et l'approfondissement des recherches empiriques sur l'ensemble des langues de l'espace africain puisque l'exploration qui précède n'a été conduite que sur l'entretissage des seize premières isoglosses de Bender et uniquement du point de vue songhay.

Outils pour l'analyse.

Finalement, ce type d'étude sur de semblables aires de diffusion est sans doute aujourd'hui l'ouverture la plus prometteuse pour comprendre les dynamiques linguistiques à travers (ou malgré) leur écrasement de fait. Pour apprécier leurs effets il faut donc poursuivre le travail sur l'ensemble du lexique afin d'obtenir un état de connaissance des données suffisamment précis pour l'élaboration d'hypothèses plus fines. En tout état de cause il ne saurait plus s'agir uniquement de hasard ou de constructions subjectives[336]. On peut supposer que l'analyse doive passer par un travail plus détaillé sur chacun des ensembles structuraux identifiés (les structures entretissées), puis par une étude globale en rapport avec les espaces géographiques et linguistiques dans lesquels ils s'insèrent (familles et groupes linguistiques définis généalogiquement, répartition et densité de ces structures). J'ai pour cela proposé quelques principes et quelques outils, forgé quelques concepts à vocation opératoire et surtout, j'ai cherché à les expérimenter concrètement pour aboutir au résultat partiel d'aujourd'hui.

Les trois « points de méthode » que j'ai développés précédemment résument un premier état des réflexions pratiques induites par l'étude concrète des données.

---

[335] Cf. chapitre IV et V.
[336] En effet le hasard serait alors bien trop orienté et le chercheur bien trop ingénieux... (Même si, dans mon immodestie, il s'agissait (encore) de moi !).

DEUXIEME LITOTE.

Je reprendrai tout simplement l'une de mes remarques plus anciennes en disant que la résolution de la question de l'apparentement du songhay, et *a fortiori* celle de sa place au sein d'une sous-classification à proposer, est encore devant nous.

DEUXIEME PARTIE : ETUDE

> Nimmt man auch keine gemeinschaftliche Abstammung der Sprachen ursprünglich an, so mag doch leicht später kein Stamm unvermischt geblieben seyn. Es muss daher als Maxime in der Sprachforschung gelten, solange nach Zusammenhang zu suchen, als irgend eine Spur davon erkennbar ist, und bei jeder einzelnen Sprache wohl zu prüfen, ob sie aus Einem Gusse selbständig geformt, oder in grammatischer, oder lexicalischer Bildung mit Fremdem, und auf welche Weise vermischt ist ?[337]

Wilhelm von Humboldt

---

[337] *Über das vergleichende Sprachstudium in Beziehung auf die verschiedenen Epochen der Sprachentwicklung.* Fragment du texte lu en séance publique le 29 juin 1820. Première édition : *Abhandlungen der historisch-philologischen Klasse der Königlich-preussischen Akademie der Wissenschaften aus den Jahren 1820-1821* (1822).

INTERMEDE numéro 1[338]

Dix oiseaux migrateurs en vol triangulaire, une escarpolette, une voile de foc pour aider au voyage : sur la Lune, il y a donc du vent.
L'Homme, assis, tenue de voyage, chapeau, houppelande et bottines à talons, dirige un attelage arachnéen qui, placidement, l'emporte. En bas, tout en bas, trois caravelles ou galions, je ne sais pas très bien, affrontent une mer tumultueuse, contrastant avec la sérénité du ciel.

On ne projette que ce qu'on croit !

---

[338] *L'Homme dans la Lune*, Francis Godwin. Bibliothèque nationale de France. Réserve des livres rares et précieux. F. Piot et I. Guignare, 1648, Paris, France - Résac Y2.11.116.

IV. SUITE, L'OBJET LINGUISTIQUE DU POINT DE VUE ARCHEOLOGIQUE.

La modification continue.

Ce qui est donné comme matériau pour une approche d'archéologie linguistique est sans rapport avec l'objet archéologique que l'on trouve à partir de fouilles et qui, tout autant par la situation du champ de fouille et sa place dans ce champ que par ses caractéristiques intrinsèques, ouvre à des hypothèses qui s'articulent aux états de connaissances reconnus pour les corroborer ou les mettre en cause et contribue à brosser ainsi l'hypothétique tableau d'un passé. Et cela pour la raison que, à la différence des artefacts enfouis dans les strates d'un terrain, les éléments de la langue n'ont jamais cessé d'être utilisés : en conséquence ils portent potentiellement la trace de leur continuelle transformation. Il ne nous est jamais donné, hors du domaine très limité défini par l'usage de l'écriture, d'avoir affaire à autre chose comme indice qu'à des transformations d'un inatteignable passé. C'est probablement par ce caractère particulier des données linguistiques qu'il faut apprécier l'intérêt et les limites d'une entreprise « archéologique » d'élaboration de connaissances en ce qui concerne les langues, leurs transformations et leurs évolutions.

Le jeu de perspective.

C'est du présent de l'objet transformé, et uniquement de ce présent, que le passé archéologique est inféré. Il ne s'agit jamais d'une reconstruction mais plutôt d'une construction. Celle-ci utilise, bien entendu, l'ensemble des connaissances, des données et des outils théoriques et méthodologiques existants mais elle n'en est pas moins une simple projection. Ce constat est important pour définir la nature de ce qui est élaboré : ainsi, on ne *décrypte* pas un état du passé des langues, on *construit rétroactivement* un objet qui appréhende dans le présent des éléments transformés de ce passé en les insérant, à partir de rationalisations fondées sur des opérations logiques, des hypothèses théoriques et des séries de constructions locales plus ou moins limitées, dans une description dont la cohérence globale est dépendante elle-même de l'état d'avancement des constructions locales et des possibilités de leur mise en cohérence.

Dans les cas où l'on possède quelques éléments de documentation écrite la situation n'est pas fondamentalement différente : l'approche archéologique commence toujours à l'étape subséquente à celle qui utilise les informations scripturales les plus anciennes. Toutefois, on imagine bien que cette frontière théorique reste floue et l'on conçoit aisément des espaces de transition à l'intérieur desquels la documentation historique est de moins en moins riche tandis que la part d'hypothèse est de plus en plus forte.

Limitations, dépassements et stratégies.

Lorsque l'on atteint les limites de l'approche historique on se trouve donc en état de carence théorique et méthodologique, c'est pourquoi toute tentative qui envisage de pérenniser une pratique de recherche sans vraiment prendre la mesure des spécificités / caractéristiques / régularités de l'objet nouveau auquel elle a affaire, sans renouveler le cadre de son analyse et sans réévaluer la fonctionnalité de ses concepts, risque de passer à coté de l'essentiel, à savoir, rendre compte de ses données et satisfaire à son projet de description empirique. C'est, à mon avis, ce à quoi a conduit l'approche initiée par Greenberg et, bien évidemment, les développements récents et fortement médiatisés autour des perspectives de Ruhlen et de Cavalli-Sforza[339]. En effet, d'une part ces auteurs souscrivent aux mêmes présupposés théoriques concernant la division continue et l'évolution des langues que l'approche comparative classique a suggérée et d'autre part, ils abordent leurs données avec la même naïveté que n'importe quel utilisateur « ordinaire » de la langue[340]. Ils ne théorisent ni leur pratique qui leur semble « évidente et aller de soi », ni leur objet qui leur semble « donné » et dont ils ne cherchent pas à appréhender les propriétés intrinsèques.

Dans certains cas on remarque des réflexes de prudence méthodologique qui reviennent à imposer des règles de méthode et des contraintes d'analyse fondées sur l'expérience comme garde-fou à toute dérive ; mais celles-là, nécessaires dans leur principe, sont souvent inadaptées, comme je l'ai montré avec l'exemple du songhay, en raison de l'absence de réflexion approfondie sur la *nature* des objets appréhendés et face à ce que l'on est autorisé à supposer des possibles de l'évolution. Elles risquent même de rendre contre-productive l'activité de recherche, ce qui est justement le cas – à mon avis – dans le domaine songhay. Mais

---

[339] Cf. Nicolaï (2000) pour une présentation détaillée de ce qu'impliquent la prise en compte non-critique de ces hypothèses.
[340] Quitte à en faire, le cas échéant, une « qualité ».

cela ne veut pas dire qu'il ne faut avoir ni règles de méthode ni contraintes d'analyse !

Dans d'autres cas on fait apparemment appel à des principes nouveaux ; c'est ainsi que la prise en compte de la dimension quantitative qui caractérise ces approches semble parfois appeler un traitement statistique. Or l'utilisation extensive des données linguistiques au niveau archéologique ne souscrit pas sans aménagement aux exigences d'un tel traitement et cela en raison même de leur nature linguistique qu'il convient justement d'appréhender et d'expliciter[341]. Les appels aux règles du calcul statistique sont donc sans objet réel dans ce contexte d'utilisation et d'ailleurs, sauf en tant que position de principe, je ne connais aucune étude d'envergure qui ait réellement utilisé ces outils autrement que comme faire-valoir. On se trouve ainsi dans la situation soit de souscrire à l'application de la méthode comparative classique mais de la trouver inadéquate pour rendre compte de l'objet étudié, soit de souscrire à son rejet comme ceux qui contestent son application, tout en reconnaissant dans le même temps que les pratiques de substitution sont également inadéquates pour rendre compte de l'objet de leur étude ! Cela demande donc soit de cesser toute activité « sérieuse » en ce domaine, soit de procéder à un renouvellement méthodologique et théorique fondé sur l'exploitation d'un travail empirique effectif.

Approfondir l'étude.

A travers deux études ponctuelles et suivant une procédure « imposée » dans le but d'éviter tout débordement subjectif dans le choix des données critiquées, ce qui précède aura donc montré les limites des hypothèses concernant le rattachement du songhay au nilo-saharien et l'importance d'un probable fonds lexical chamito-sémitique dans cette langue. Mais les lexèmes étudiés ne l'ont été que parce que les auteurs qui s'intéressaient à la sous-classification du nilo-saharien ont pensé qu'ils illustraient un rapprochement dans ce cadre, or ce n'est pas seulement dans les données utilisées pour justifier du rapprochement avec le nilo-saharien que l'on trouve une présence lexicale « affiliable » au chamito-sémitique, c'est dans tout le lexique songhay. On pourrait songer à s'étonner d'un tel résultat, cependant il se conçoit : l'intérêt d'une hypothèse et le développement d'une recherche dépendent souvent de la valeur supposée d'une hypothèse préalable. C'est pourquoi si le songhay

---

[341] Mais aussi en raison des modalités inhérentes à leur sélection qui intègrent les effets d'une interaction forte entre ce qui est retenu, les « descripteurs » eux-mêmes et les conséquences de la contingence de leur collation.

est donné / pensé *a priori* comme l'évolution subséquente d'une arborescence nilo-saharienne dans un univers de conceptualisation prédéterminé par les principes de la division continue des langues alors il s'ensuit que les traces les plus évidentes de langues chamito-sémitiques qu'il pourrait attester ne peuvent être logiquement retenues **que** comme des emprunts plus ou moins massifs à l'arabe, au berbère ou au tchadique, voire au couchitique ou à l'égyptien[342]. A moins, lorsqu'il s'agit d'entrées largement diffusées par ailleurs, qu'elles ne soient exclues *a priori* de l'étude pour raison de 'bonne méthode'. Quant aux traces les moins évidentes, par définition elles ne seront pas recherchées – et donc pas trouvées – tout simplement parce que cette recherche-là n'est pas censée être significative (n'a pas de sens !) dans le cadre préalablement établi.

Ceci étant, le résultat actuel des recherches ne permet pas d'aller très loin au-delà du simple constat de la présence de ce matériau potentiellement chamito-sémitique dans le lexique songhay et l'on n'est en mesure que de proposer quelques hypothèses. Rien ne permet de dire[343] avec certitude si ce que l'on constate, ou croit constater, traduit le résultat d'une situation de contact et d'emprunt massif sur la longue durée ayant conduit à la modification profonde d'une langue préexistante, s'il résulte de l'appropriation par des populations négro-africaines d'une variété véhiculaire ou de la forme pidginisée d'une langue chamito-sémitique particulière[344], ou bien d'une ancienne *lingua franca* à base chamito-sémitique qui aurait perdurée dans l'espace sahelo-saharien et que des populations locales se seraient appropriées en lui imposant les schémas de leurs langues originelles. On peut en effet concevoir que l'origine / les origines supposée(s) du fonds lexical chamito-sémitique ne

---

[342] C'est là, par exemple, que prend place l'étude bien connue des « mots voyageurs », ces quelques formes qui telles les cailloux du Petit Poucet sont censées nous aider à retrouver la trace de nos errements (pré)historiques, et qui paraissent faire … le tour du monde ! Cf. M. Cohen (1927) pour une exploration de quelques-uns de ces « indices ».
[343] Sous réserve que les rapprochements soient justifiés.
[344] Cette question de la pidginisation a quelquefois été soulevée, cf. les remarques de Hodge (1976 : 55) à propos du Lisramic (afroasiatique) : « *The most extrem form of other language influence to be considered as an alternative to genetic relationship is that of pidginization* ». Il rappelait les hypothèses concernant l'égyptien, mentionnait son rejet de l'hypothèse (*there is too much survival of morphology in Egyptian for it to have been of pidgin origine*) et concluait que « *[t]he pidgin possibility is one which must constantly be borne in mind in Lisramic comparative work (contra, Welmers 1970)* ». Bien évidemment, il ne faut pas pour autant faire de LA « pidginisation » LE principe explicatif de toute situation qui ne s'intégrerait pas dans le schéma généalogique classique. Pour l'instant cette notion de « pidginisation » est encore un « modèle métaphorique » et simplificateur, malgré l'importance des travaux déjà conduits en créolistique et sur les contacts de langues.

puisse(nt) faire l'objet d'hypothèse sérieuse qu'**après** *un travail préparatoire d'analyse des données* tel celui que je m'apprête à faire : Avons-nous affaire à une base sémitique ancienne, une variété éthio-sémitique, un fonds berbère ? A quelque chose d'indifférencié (indifférenciable) de ce point de vue ? Quelle est la place respective des fonds berbère et sémitique qu'il n'est pas toujours aisé de distinguer ? Y a-t-il une présence lexicale couchitique ? Et dans ce cas que représente-t-elle ? Quelle est l'importance et l'intérêt des quelques rapprochements apparents avec l'égyptien ? Dans quelle mesure les langues sahariennes proches partagent-elles une partie importante ou spécifique de ce fonds lexical et qu'est-ce que cela peut traduire ? Qu'en est-il du rapport avec les langues tchadiques et tout particulièrement avec l'autre grand véhiculaire voisin qu'est le hawsa ? Que signifie l'ensemble des unités lexicales rattachées à cette supposée base chamito-sémitique qui se retrouve également largement diffusée dans l'ensemble des langues négro-africaines voisines (mandé, atlantique ou sahariennes en l'occurrence) ? Notons sans attendre qu'*aucune* de ces questions n'implique une réponse qui puisse nécessairement conduire à intégrer le songhay dans une conceptualisation généalogique des familles linguistiques citées et que, par ailleurs, l'effort ici fait pour mettre en évidence les rapprochements possibles avec le domaine chamito-sémitique ne doit pas masquer l'existence des données susceptibles d'être référées à d'autres sources, telles le domaine Niger-Congo. Toutes ces questions sont ouvertes.

Face à ces orientations il s'agit de développer des argumentations critiques empiriquement fondées, méthodologiquement étayées et théoriquement argumentées[345]. Il s'agit d'une part de dépasser les simples remarques pointillistes et d'autre part de refuser les « procès d'intention »[346]. C'est ainsi, afin de fixer les idées à partir de quelques exemples, qu'il est intéressant de constater que le nom du cheval, **bàrí** en songhay, comme en kanuri (**fȝr**) ou ayki (**plá**) pourrait renvoyer plutôt à l'égyptien **ibr** qu'à l'arabe **frs**. Mais *cela ne veut pas dire* que l'on cherche à « démontrer / prouver » la parenté généalogique du songhay et

---

[345] Pratiquement, le travail qui est devant nous consiste *à ne pas accepter de refuser de percevoir* des directions possibles de recherche susceptibles de trouver un support dans les données lorsque des structurations significatives deviennent perceptibles ; que la tendance au *refus* résulte d'un *souci* de ne pas mettre en cause des « régularités » supposées bien établies ou de la *crainte* de leurs « impliqués », sociaux ou scientifiques.
[346] Et si l'auteur était subrepticement atteint par le syndrome « Cheikh Anta Diop » (! ?) : agir conformément selon les énoncés qui motivent cette note et à la précédente peut conduire à récuser deux « tabous scientifico-sociaux » ! Ce qui, comme toute enfreinte, peut avoir un coût.

de l'égyptien ancien ! Il est également intéressant de constater que le nom du mouton (**fèejì**) en songhay peut être rapproché du berbère (hgr : **eyfed** « *moutons en général* » ; **ăbaġouġ** « *mouton déjà sevré* ») mais pourrait tout autant renvoyer à un terme connu en éthio-sémitique (gz : **baggaʕ** « *sheep, ram* ») et en couchitique (Leslau, 1979 : 134) bien qu'il soit apparemment non-attesté dans le reste du sémitique. Par ailleurs, aller au-delà du constat sur ces points ne pourrait devenir significatif qu'à deux conditions : tout d'abord avoir exploité l'ensemble du lexique de la faune sauvage et domestique et vérifié comment, en songhay, sont généralement nommés les animaux (emprunts lexicaux, constructions par composition, etc.) ; ensuite avoir réfléchi sur les dynamiques lexicales en général et leur mode de constitution et de transformation en contexte plurilingue.

La triple pertinence.

Concrètement, ce chapitre sera organisé en trois volets.

Le premier proposera une information générale sur le songhay afin que l'ensemble de sa situation anthropologico-linguistique soit une donnée disponible utilisable dans l'élaboration d'hypothèses le concernant car pas plus que l'on ne peut utiliser correctement les données lexicales sans une étude dialectologique et comparative des attestations recensées, l'on ne peut envisager des propositions documentées d'hypothèses sur la dynamique et l'évolution d'une langue ou d'un groupe de langues sans avoir préalablement connaissance de son espace d'actualisation et des dynamiques qu'il manifeste.

Le deuxième développera l'étude lexicale et il aura pour fonction de proposer des bases empiriques pour dessiner les nouvelles perspectives qui se profilent une fois que l'on aura pu / su replacer les acquis essentiels de la linguistique historique dans un cadre de travail où ils continueront d'être productifs, plutôt que de devenir sclérosants par l'imposition de schémas explicatifs donnés *a priori*.

Le troisième analysera un certain nombre de faits aréaux dans l'espace de convergence dit « mandé-songhay » et contribuera à mettre en évidence une partie des stratifications induites par les différents types de contacts qui se sont manifestés.

L'ensemble aura pour fonction non pas de proposer LA solution au problème de l'apparentement du songhay mais de transformer les bases des questionnements et de les réorienter en ouvrant le champ des possibles.

IV.1. Volet numéro1. Géographie et anthropologie d'une langue.

A défaut d'information historique ancienne il ne convient plus de traiter du songhay sans avoir une information élémentaire géographique et anthropologique à son sujet ; cette connaissance préalable est le minimum utile à mettre en relation avec des hypothèses sur son origine et son évolution : on ne saurait se contenter de l'application mécanique de modèles *a priori* et d'un comptage d'entités sélectionnées selon tel ou tel paradigme variable. Ce qui suit aura cette fonction.

Le domaine songhay considéré dans sa globalité ne possède aucune homogénéité sociolinguistique et hormis la division entre les sous-ensembles méridional et septentrional sa différenciation interne reste faible, c'est pourquoi il est important de le situer par rapport aux espaces linguistiques, géographiques, sociaux, économiques et politiques auxquels il participe : autant de facteurs déterminants pour comprendre son usage, sa fonctionnalisation, les dynamiques dans lesquelles il s'inscrit, autant d'informations utiles pour l'élaboration d'hypothèses concernant sa préhistoire et son évolution.

Du point de vue géographique, tout l'espace sahélien qui s'étend de part et d'autre de la Boucle du fleuve Niger, limité au Sud par le Gourma et au Nord par le Sahara, est caractérisé par le contact entre des populations très différentes, arabo-berbères et négro-africaines. On identifie là des variétés linguistiques de l'arabe (ḥassāniyya, arabe maghrébin), du berbère (kabyle, tamazight, touareg), du mandé (soninké, mandingue, etc.) et la quasi-totalité du songhay, sans oublier les autres grandes langues véhiculaires que sont le peul et, plus à l'est, le hawsa et l'arabe tchadien. Bien évidemment ces langues n'ont ni la même importance ni le même statut, certaines ne connaissent qu'un emploi vernaculaire, tel le bozo, tandis que d'autres bénéficient d'un usage largement étendu au-delà des frontières communautaires et fonctionnent comme langues véhiculaires. Cette nécessité de la communication intercommunautaire est évidente car, indépendamment de la voie fluviale, la région a toujours été un pont, une zone d'échange entre l'Afrique Blanche et l'Afrique Noire ce qu'atteste la présence d'étapes, de marchés et de centres urbains à vocation commerciale, politique ou religieuse comme Djenné, Mopti, Tombouctou ou Gao, pour ne citer ceux qui sont situés le long du fleuve ou dans sa proximité immédiate ; et encore Menaka, Agadès ou In-Gall pour ceux situés à l'est du fleuve ou dans l'Azawaq (cf. Annexe : Cartes 1 et 2).

Hors de l'espace nord-sahélien, dans le sud, le songhay s'étend jusqu'à la zone soudanaise avec le zarma et le dendi qui garde toujours cette fonction de langue véhiculaire dans un autre espace linguistique. Nous sommes donc dans un espace toujours plurilingue mais les fonctions de ce plurilinguisme peuvent être très différenciées, je reviendrai sur ce point car la question débattue n'a pas beaucoup de sens si elle est saisie hors de son contexte géographique, historique, social et politique. Les fonctions sociolinguistiques de ces langues ou dialectes sont variables : langue véhiculaire prédominante permettant la communication étendue dans les parties occidentale et orientale, ancienne langue véhiculaire réappropriée pour un usage strictement vernaculaire avec le songhay septentrional, le marensé du Burkina Faso (Louda, Tougouri, etc.) ou le korandje de Tabelbala[347], langue également véhiculaire mais non prédominante dans le sud, en pays dendi ; langue ayant une dimension nationale et politique dans certains Etats mais simple langue communautaire (grégaire ou ethnique) en d'autres lieux.

Espaces géographiques, dialectaux et fonctionnalisation(s) des codes.

Dans un premier temps en me fondant à la fois sur des critères géographiques et linguistiques je vais présenter une structuration de cet espace songhay en entités distinctes, tout en précisant qu'elles restent dialectalement différenciées, sociologiquement stratifiées, ethniquement composites, économiquement diversifiées.

1) *Songhay oriental*[348] *(Bamba, Bourem, Gao, Ansongo, Est du Gourma malien, (rive droite du fleuve, etc.).*

Il s'agit d'un espace sahélien avec toute la complexité de son articulation entre sédentaires et nomades, urbains et villageois[349]. La principale entité dialectale reconnue et décrite dans cette aire a été la variété urbaine de Gao (première description Prost (1956), dernière en date Heath (1999a)). Linguistiquement, c'est l'une des variétés de référence bien qu'elle ne connaisse pas le système tonal de la langue. D'autres formes dialectales rattachées à cette même unité peuvent être reconnues et se distinguent par quelques traits mineurs ; certaines peuvent

---

[347] Tilmatine (1991, 1996) pour une présentation du contexte actuel d'emploi du korandje.
[348] Des travaux récents, effectués par Heath (1999a, b), fournissent une documentation importante sur le songhay occidental et oriental (essentiellement le koyraciini – orthographié 'koyrachiini' par l'auteur – de Tombouctou et le koroboro de Gao).
[349] On peut se référer à Gallais (1975) pour une claire présentation de la condition sahelienne dans le Gourma.

avoir conservé des traits d'un état de langue plus ancien telle l'absence de palatalisation des sifflantes devant les voyelles antérieures alors que la palatalisation s'est généralisée et phonologisée à Gao, tandis que d'autres, comme la variété de Bamba sont phonétiquement marquées par l'influence touarègue (Nicolaï, 1978 ; Heath, 1999a). Certaines de ces variétés sont utilisées par des nomades qui ont abandonné leur langue d'origine et adopté le songhay, c'est le cas des peuls *Baazi* et des peuls *Gabero*[350] qui se distinguent cependant dans leur usage de la langue par la non-palatalisation des sifflantes et la présence des séquences **rt**, **rd**, **rn** en place de **tt**, **dd**, **rr** ou **nn** ; c'est encore le cas du tout petit groupement des *Kel Alkaseybaten*[351] que sa tradition d'origine renvoie aux invasions marocaines du 15ème siècle et qui parle une forme de songhay possédant plusieurs traits archaïques : les Alkaseybaten ont conservé en particulier le -**g**- intervocalique dans de nombreux trisyllabes alors que cette consonne s'est largement amuïe dans tout le songhay oriental. D'autres groupes enfin, tels les *Fulankriabé* qui transitent entre Bamba et Hombori sont peu connus ; ils ont été décrits comme une population de petits nomades peuls du Gourma et à ma connaissance, aucune étude sociolinguistique n'a été faite à leur sujet. On retiendra qu'ils semblent avoir abandonné l'usage du peul et adopté le touareg dans le cadre d'un rapport de dépendance classique dans la région et que corrélativement, ils utilisent une variété de songhay oriental comme langue véhiculaire (Gallais, 1975 ; Nicolaï, 1979 : 35)[352], bien que les travaux les plus récents donnent à penser qu'au

---

[350] Notons que des groupements gabero se sont sédentarisés très loin de cette zone, jusque sur les rives du Nil Bleu, au Soudan, cf. Abu Manga (1993 : 15) « *The bulk of the Songhai speakers* [env. 8500] *of the Blue Nile [...] they live in five inter-related villages on both sides of the Blue Nile near Sennar (ca. 300 kms of Khartoum)* ».

[351] Une présentation des Kel Alkaseybaten se trouve dans Barral (1977 : 26-32).

[352] Je n'ai pas effectué personnellement d'enquête dans cette population, je me réfère ici au travail de Jérôme Marie sur 'Les Foulankriabé du Hombori', in Gallais (1975 : 152 et sv.), qui est une très bonne présentation de la situation humaine et géographique : « *les Foulankriabé sont des groupes peuls ayant pénétré très tôt dans le Gourma, avant le 19ème siècle et qui ont dû accepter d'être dominés par les tribus tamacheq qui se partagent militairement le Gourma* ». L'auteur précise encore « *Si les Foulankriabé parlent ordinairement le tamacheq, certains écrivent même en tifinar, la langue sonraï est utilisée couramment dans les relations avec les paysans ou l'administration. Quant au peul originel, il n'en reste pas de trace, exception faite pour les noms des vaches* ». Notons que cette caractéristique de l'usage des termes peuls pour la dénomination des vaches se retrouve aussi dans le parler des Gabero. Toutefois, Heath (1999 : 381) ne parle pas de cet usage du touareg dans cette population, il note seulement que « *there is some interseker (or perhaps intervillage) grammatical variation in Fulan Kirya speech that may point to a nonuniform demographic history* ». Tout cela montre la complexité et la variabilité des usages du songhay dans cette partie du Sahel. Des études sociolinguistiques sérieuses et détaillées seraient certainement nécessaires pour que l'on

moins certaines fractions d'entre eux tendraient peut-être à utiliser le songhay comme vernaculaire (Heath, 1999a).

2) *Songhay nigérien (Kaado, Kurtey, Wogo (Bourra ; Sawani, Tessa, Sinder ; Zaria)), Ayorou, Tillabéri, Tera).*
Cet espace est aussi composite. Linguistiquement le songhay ici utilisé (le kaado) est peut-être plus « conservateur » que les variétés du songhay oriental ; par exemple il connaît toujours le système tonal qui n'existe pas plus en amont du fleuve. Il connaît aussi, bien évidemment, des variations dialectales[353] qui n'entravent jamais l'intercompréhension et que des études dialectologiques détaillées permettraient de mieux mettre en évidence. Au niveau des populations la dimension composite de l'ensemble est tout aussi évidente : nous avons affaire à un complexe dans lequel interagissent des populations du fleuve (Wogo et Sorko qui naviguent de Gao à Zaria, Kaado du fleuve, émigration historique de Gao à la suite des attaques marocaines) avec des populations des rives gurma et hawsa (touarègues, peules), et tout cela sur un fond de population gurmanché. Des assimilations linguistiques se sont aussi produites, c'est ainsi que les peuls Kurtey sont maintenant songhayphones[354]. Il est important de noter, ce qui est valable pour l'ensemble des espaces considérés, que les qualificatifs tels que 'touareg', 'peul', etc., s'ils correspondent à des modes d'existence, à des schémas culturels et économiques ou encore à des entités linguistiques globales, ne sont pas liés pour autant, dans le détail des contacts vécus à des entités homogènes : les rapports sont rarement simples et les jeux d'alliances et d'allégeances coupent souvent à travers les entités recouvertes par ces désignations. On peut très bien être allié à une fraction touarègue et en guerre contre une autre, etc. Et tout aussi bien, cela peut changer très vite.

3) *Zarma (Zarmatarey, Zarmaganda, enclaves au Nigéria).*
Il s'agit de l'autre composante de l'ensemble culturel songhay-zarma, dont, selon certaines traditions, les origines mythiques se trouvent à Tindirma au Mali et qui, elle aussi, aurait résulté de plusieurs vagues migratoires[355]. Linguistiquement, toutes les variétés dialectales du zarma connaissent un système tonal que j'ai tendance à prendre pour système de référence ; la langue possède aussi des occlusives

---

puisse avoir quelque idée du statut effectif des variétés recueillies à travers l'enquête linguistique de terrain.
[353] Cf. les remarques de Prost (1956) et aussi celles de Hanafiou (1995).
[354] Pour une approche ethnographique et anthropologique de cette région on peut se référer à Olivier de Sardan (1969, 1969b, 1976).
[355] Pour les travaux récents sur l'histoire des populations zarma, je renvoie à Gado (1980).

labiovélarisées, connaît un système vocalique qui se distingue par la perte de l'opposition phonologique entre /a/ bref et /e/ bref et manifeste une évolution de /h/ vers /f/ devant les voyelles postérieures. Le premier aperçu sur cette langue qui est avec le hawsa l'un des principaux idiomes de la capitale du Niger, date de 1914 (Marie, 1914) ; aujourd'hui plusieurs descriptions linguistiques universitaires en ont été faites. L'intercompréhension avec le kaado et le songhay oriental est toujours conservée.

Le contact avec le hawsa est évident et il est probable qu'il fut l'un des éléments qui ont favorisé la rétention des consonnes labiovélarisées. Massivement représenté dans le Zarmatarey (région de Dosso) et le Zarmaganda (région de Ouallam) le zarma est aussi présent en quelques lieux du nord de la Nigéria[356] ; à part le hawsa, il se trouve en contact avec les autres langues qui sont utilisées par les populations régionales (dans le nord : Touareg, Peuls, Hawsa ; dans le sud : Hawsa, Dendi, Kyanga, Busa, Peuls, etc.).

4) *Songhay central (Hombori, Ouest du Gourma malien, Gourma des Monts, Sahel voltaïque).*

Cet espace connaît des variétés dialectales marquées par le contact et un usage de la langue en tant que véhiculaire pour l'ensemble des échanges intercommunautaires. Il comprend la variété de songhay parlée à Hombori[357] mais je lui adjoins pour l'instant les variétés parlées dans différentes localités du Gourma des Monts (cf. les villages perchés du Dalla-Boni)[358] à l'est de Douentza, non loin de Bandiagara. Je lui adjoins également les variantes parlées dans les villages de Tinié, Filio, etc. dans le nord du Sahel voltaïque, non loin de la frontière entre Mali et Burkina. Suivant les lieux les principaux contacts linguistiques se font tout autant

---

[356] Cf. dans les Annexes : Appendix 1, (repris de Dobronravin : 2000) qui donne un état de la complexité ethnique et linguistique de la région.
[357] Dont la population se serait détachée de Gao vers le 15ème siècle. Notons ici des travaux en cours de Heath (1999a : 6), qui a recueilli récemment quelques informations sur le parler de Kikara, l'un de ces villages. On trouve aussi une description géographique de Kikara et sa région in : Gallais (1975 : 134 - 39).
[358] Gallais (1975 : 134) note qu'on trouve dans cette région « *des Songhay Maïga, déjà influents au temps de la grandeur des Askya, renforcés probablement par les fuyards de Gao lors de la conquête marocaine. De l'ère songhay demeurent six villages accrochés à la Falaise Nord du Plateau de Dall et une grande partie de la toponymie : en particulier 'Gandamia' qui désigne la plaine située au Nord-est de Douentza* ». Les travaux en cours de Heath devraient apporter une documentation complémentaire sur ces variétés dialectales.

avec le peul ou le touareg qu'avec le dogon. Quelques remarques phonologiques ont été faites sur le homborien et le songhay de Tinié[359].

5) *Marensé (Villages dans le Sahel Burkinabé).*

Je place ici les parlers que l'on peut entendre dans différents villages dits « marensé » épars au nord de Kaya dans le Sahel voltaïque tels que Louda ou Wanobia[360]. Ces variétés semblent avoir un statut sociolinguistique différent. Elles sont l'idiome de populations sédentaires insérées dans le monde mossi et qui en ont adopté les signes extérieurs ; ces populations parlent songhay pour leur communication interne et ont une même activité économique, celle de teinturiers à l'indigo. Il semblerait d'après certaines traditions qu'il s'agisse de populations songhay (Maïga) ayant quitté le Hombori après des conflits avec les Peuls[361]. La langue de ces marensé est marquée par le contact avec le mooré, elle connaît par exemple une spirantisation de l'occlusive vélaire sonore ; d'autre part, elle connaît aussi une harmonisation vocalique très nette qui ne se retrouve dans aucun autre dialecte songhay avec cette amplitude[362], toutefois celle-ci est dirigée selon des règles proches du système peul et non pas de celui du mooré.

6) *Songhay occidental (Tombouctou, Goundam, Djenné, Araouane, Delta intérieur, etc.).*

Les variétés parlées dans cet espace dont la frontière se situe à la hauteur d'Arnasey se distinguent nettement des autres variétés de la langue au plan de la morpho-syntaxe ({ordre S+aux+V+O}, formes du défini [-**di**] et du pluriel [-**yo**], etc.) et de la phonologie (absence d'opposition s~z, absence de système tonal). C'est bien évidemment la langue de Tombouctou, de Goundam et sa variante de Djenné qui est aussi utilisée dans tout le Delta intérieur comme véhiculaire et qui est aussi parlée dans cette même fonction par la communauté maure d'Araouane[363] située une centaine de kilomètres au nord de Tombouctou, où la confusion caractéristique du songhay occidental entre ce qui correspond aux phonèmes /**j**/ et /**z**/ ne semble pas être réalisée[364] et où l'on trouve aussi

---

[359] Cf. Nicolaï (1979) ; Tinié est connu depuis le passage de H. Barth dans la région, son informateur songhay était d'ailleurs issu de ce village.
[360] Notons qu'il existe aussi d'autres villages marensé dans la région ; ceux qui sont nommés ne sont que ceux dans lesquels j'ai enquêté.
[361] Source : enregistrements de terrain.
[362] A part le marensé, c'est en kaado qu'elle se manifeste le plus clairement.
[363] Déjà signalé par Dupuis-Yacouba (1917 : 11).
[364] Fait qui montre certainement l'ancienneté de la fonction véhiculaire de la langue dans cette région. Cf. Nicolaï (1980).

des phénomènes de contamination par le ḥassāniyya, en particulier avec l'emphatisation de certaines occlusives apicales.

7) *Dendi (Sud du Niger, Nord du Bénin, Kebbi et Sokoto).*
Le dendi est connu dans l'extrême sud du Niger (Gaya, Karimama, Tanda), dans le Nord du Bénin (Kandi, Djougou, Parakou) et dans les Etats nigérians de Kebbi et de Sokoto. Il est bien évidemment parlé par les Dendi – groupes d'origine songhay qui selon certaines traditions, seraient venus du Nord à la suite de la défaite de Gao sous la poussée marocaine, et par quelques autres populations qui l'ont adopté ; mais il fonctionne aussi comme langue véhiculaire dans tout cet espace régional fortement multilingue où voisinent le peul, le kyanga, le busa, le hawsa, le baatonum, le zarma, etc.[365]

La forme de la langue n'est pas homogène, ce que l'on connaît de la variété nigérienne de Karimama, Gaya et Tanda diffère fortement de ce qui est parlé au Bénin et l'on n'a pas d'indications dialectologiques sur ce qui est parlé au Kebbi et au Sokoto. Par ailleurs des populations ont essaimé jusqu'au Ghana où l'on trouve quelques villages dendi, tels Salaga qui connaît une communauté émigrée de Djougou (Zima, 1975). De plus il est possible que nous ayons affaire à un tissu social hétérogène et certains aspects de l'hypothèse avancée par Lovejoy (1978). sur l'origine Wangara des populations dendi mérite quelque attention de ce point de vue.

Au plan linguistique, et en s'en tenant au dendi du Bénin, on sait qu'il a subi une forte contamination par les langues de contact ce qui le distingue de façon très importante des variétés zarma géographiquement voisines. Il connaît une opposition de degré entre les voyelles moyennes qui n'est réalisée nulle part en songhay sauf à Djenné et il a perdu l'opposition entre les liquides l et r ; d'autre part, il possède des occlusives labiovélaires[366], autant de traits qui le rapprochent des langues du contact comme le baatonum (bariba).

8) *Songhay septentrional (Menaka, Filingué, Abalak et Aderamboukane ; In Gall, Teggidam-tessemt, (*Takedda // Azelik), Azawaq, *Agadès).*
Je regroupe sous ce terme ce que l'on a appelé par ailleurs les langues mixtes (tasawaq, tagdalt, emghedeshie, tadaksahak, tabarog). Il s'agit de langues parlées par différentes populations apparemment caucasoïdes appartenant actuellement au monde nomade touareg. La

---
[365] Se rapporter à Dobronravin (2000 : 91 et sv.).
[366] Voir Greenberg (1983) pour une approche de ce phénomène du point de vue aréal. Voir aussi Nicolaï (1990) pour un commentaire sur cette approche.

tasawaq[367] est utilisée par les sédentaires Isawaghen[368] qui occupent l'oasis de In-Gall et le village des salines de Teggida-n-Tessemt, la tagdalt est l'idiome des nomades igdalen[369] tandis que leurs dépendants iberogan parlent une variété voisine, la tabarog ; tous nomadisent dans l'Azawaq et dans le triangle Agadès-Tahoua-Tanout. Notons que l'emghedeshie, la langue d'Agadès très proche de la tasawaq, n'existe plus aujourd'hui, les seuls documents disponibles sont les relevés qu'en en a fait Barth au milieu du 19ème siècle ; la toponymie de la ville en conserve cependant des traces tandis que des hypothèses archéologiques et ethnographiques récentes (cf. Bernus, Gouletquer, etc.) donneraient à penser que cette même variété de songhay aurait pu être utilisée dans les cités détruites de Takedda et d'Azelik. Une autre variété, la tadaksahak est parlée par les tribus idaksahak qui nomadisent plus à l'ouest, entre Filingué, Abala et Menaka, mais aussi ailleurs ; certaines d'entre elles ayant aussi établi leur campement à Direbangou, près de Sebangou et Ansongo. Plus récemment, suite à divers aléas économico-politiques, on a même pu reconnaître l'existence d'une implantation à Tamanrasset[370]. On ne peut faire autrement que d'admettre que ces populations, plurilingues, tout en conservant l'usage du touareg, ont inversé les fonctionnalités sociolinguistiques des codes qu'ils utilisaient lorsque l'on constate que le songhay est devenu la langue maternelle de leur communauté. Parallèlement on ne peut pas ne pas remarquer l'existence d'une rupture normative qui a conduit à modifier drastiquement les structures de la langue.

9) *Songhay saharien (oasis de Tabelbala, dans le Sud-Est algérien).*
Il s'agit du korandje que je classe habituellement avec les autres langues du songhay septentrional mais qu'il est peut être utile de distinguer en raison à la fois de sa situation excentrée et des contacts particuliers qui l'ont marqué. Les seuls documents publiés donnant des informations linguistiques concrètes sur cette langue sont un travail du début du 20ème siècle par le Lt. Cancel (1908), une grosse étude ethnographique de Dominique Champault et une synthèse récente de M. Tilmatine (1996 : 163-197). Ce que j'en ai pu écouter sur bandes enregistrées confirme la parenté avec les autres langues mixtes tout en

---

[367] A tort ou à raison, mais en accord avec une habitude que j'ai prise il y a longtemps de cela, je décline au féminin les noms des langues touarègues (tawellemmet, taneslemt, tayrt, etc.) et des langues mixtes touarègues-songhay (tasawaq, tagdalt, tadaksahak, tabarog).

[368] Les Touareg de l'Oudalan nomment **isăwăyăn** les Hawsa ; Sudlow (2001 : 262).

[369] L'on pourrait peut-être suggérer une mise en rapport avec les 'Goddâla' du Tarikh El-Fettach (p. 27) ou encore les 'Beni Djoddala' de El-Bekri (p. 324). Mais cela, évidemment, ne relève que de l'hypothèse ! Cf. Nicolaï (1985), Chaker (1995).

[370] Regula Christiansen, communication personnelle.

montrant une contamination beaucoup plus forte par l'arabe (environ 30% d'après D. Champault) qui est la langue de grande extension dans cette région. Pour l'ensemble de ces langues septentrionales, nous avons certainement affaire à des formes vernacularisées d'une ancienne variété de songhay fonctionnant comme langue véhiculaire régionale[371].

Espaces sociolinguistiques et communicationnels.

Au terme de cette présentation une synthèse concernant les fonctionnalités du songhay en général est possible, je noterai les points suivants :
- tout d'abord, ce qui est une constante de l'ensemble de sa zone géographique, il s'insère dans un *contexte où le plurilinguisme est toujours présent*. Tout au moins le contact avec des populations non-songhayphones est traditionnel que ce soit au point de vue économique, historique ou politique ;
- il a fonctionné et fonctionne encore comme *langue véhiculaire* dans tous les espaces où il est actuellement présent, même si ce n'est plus en tant que véhiculaire dominant ;
- si, dans les espaces régionaux précédemment inventoriés il est effectivement la langue de différents groupes qui participent aux mêmes structures économiques, politiques, et qui se reconnaissent par rapport à un même arrière-plan de traditions historico-culturelles, *il n'est cependant jamais assignable à un « groupe ethnique »* particulier ;
- suite à son utilisation en tant que langue véhiculaire par un certain nombre de communautés ethniques, des phénomènes d'appropriation se sont manifestés qui ont conduit dans certains cas à transformer en langues vernaculaires propres à ces groupes ce qui n'était auparavant qu'un simple outil de communication pour la communauté étendue ;
- ces transformations ne se sont pas produites sans laisser des *traces* dans les formes du code, ainsi toute une série de faits de *contamination linguistique*[372] peut être constatée ;

---

[371] Il a parfois été mentionné la présence d'une forme de songhay qui serait utilisée à usage interne de certaines communautés du sud marocain dans la région du Tafilalelt ; personnellement je n'ai aucune information là-dessus et rien n'a jamais pu être confirmé. Cela n'est pas impossible mais toutefois, en l'absence de documentation cela ne peut pas être retenu.
[372] Je renvoie ici à une distinction ancienne que j'avais faite (à propos du dendi) entre *'convergence proprement dite'* et *'convergence par contamination'* : cette dernière

- dans tous les espaces considérés il existe des variétés dialectales et des variétés sociales.

Appréhendés d'une autre façon, on pourrait classifier aujourd'hui les « *emplois du songhay* » en distinguant entre les usages, lesquels ne sont pas exclusifs les uns des autres. Soit donc les usages suivants :

- urbain (Jenné, Gao, Tombouctou, *Agadès, ...) ;
- non-urbain mais sédentaire (le pays kaado, les différents *hinterlands* des centres urbains) ;
- nomade en tant que langue véhiculaire (Boucle du Niger, Gourma) ;
- sédentaire en tant que langue véhiculaire (pays dendi) ;
- « grégaire » en zone nomade (Igdalen, Iberogan, Idaksahak), sédentaire (villages marensé du Burkina, oasis de In-Gall, Tabelbala) ou situation d'émigration et d'immigration (Ghana, Soudan, etc.).

Koinè potentielle ?

A cela il convient encore d'ajouter ce qui relève des dynamiques sociales, économiques et politiques contemporaines liées à l'histoire, à l'urbanisation et à l'émergence des Etats-Nations et identités reconstituées : langues officielles, langues nationales, langues d'alphabétisation, etc. Dans ces fonctions nouvelles, si l'émergence d'une *koinè* devait se produire c'est peut-être là qu'elle se matérialiserait car dans l'état actuel des connaissances et au niveau d'une perception[373] globale on ne saurait aujourd'hui parler de *koinè* (au sens d'une forme supra-dialectale utilisée pour la communication étendue dans l'espace même de son emploi dialectal) à propos de l'une ou l'autre des formes actuelles du songhay. Même s'il est évident comme j'ai essayé de le suggérer, qu'il eût une importance commerciale et « diplomatique » dans

---

correspondait au cas où, apparemment, une langue évoluerait 'de façon importante' au contact d'une autre en rompant avec ses potentialités évolutives propres pour se conformer aux schémas des langues de contact ; manifestant la conjonction d'une série de modifications formelles allant toutes vers une convergence avec les langues du contact et dépassant ce qu'on pourrait « normalement » attendre d'une simple dynamique structurelle orientée dans ce sens ! Ce qui est finalement plutôt peu précis, quoi que l'on puisse entendre par ce terme.

[373] Il faut en effet tenir compte ici d'éventuels « effets de focale » car, en ce qui concerne les échelles réduites, nous manquons certainement d'études sociolinguistiques détaillées sur les fonctionnalités des codes et la caractérisation du répertoire des entités communautaires. Ce qui me conduit à relativiser toute affirmation.

sa région jusqu'au début du siècle, que sa fonction véhiculaire est encore reconnue et qu'il y a une vraie différenciation dialectale des formes de la langue dans chacun des espaces considérés. En effet, si une *koinè* est définie comme initialement fondée sur un dialecte donné – critère historique – cela ne correspond à aucune situation actuelle ; par ailleurs considérer d'un point de vue linguistique que l'un des dialectes songhay actuels possède les traits de différents dialectes n'a pas beaucoup de sens car tous les dialectes partagent des traits (et des innovations) avec la plupart des autres. Attribuer dans l'un ou l'autre dialecte, tel ou tel trait (innovation) à l'influence d'un dialecte voisin plutôt qu'à une évolution propre au sous-ensemble dialectal qu'ils pourraient / auraient pu éventuellement constituer avec lui n'est jamais évident. Enfin un critère de simplification / réduction linguistique n'est pas non plus efficace car il se trouve que d'une part l'ensemble songhay possède en lui-même une structure relativement simple avec peu de morphologie à la différence de la plupart des langues voisines (peul, touareg, hawsa ou autres langues du contact), et d'autre part la/les variété(s) supposée(s) être la/les plus anciennement véhicularisée(s) qui a/ont conduit aux formes actuelles du dendi ou du songhay occidental se sont revernacularisées et ce faisant, linguistiquement complexifiées et restructurées, gardant cependant leurs fonctions locales de langues véhiculaires Ces langues-là (dendi et songhay occidental) montrent donc à la fois les traces d'une rupture formelle avec les dialectes plus centraux (songhay oriental, kaado) et les effets d'une restructuration à travers un contact avec ces dialectes qui semble n'avoir jamais été interrompu (cf. Nicolaï, 1980, 1982, 1983, 1987a).

Au-delà de la description d'un code et de certaines de ses variantes formelles éventuellement renvoyées à des usages sociologiquement référés et pour « décider » de ce à quoi nous avons affaire aujourd'hui, il y a d'autres limites à prendre en compte car il nous manque une approche plus approfondie des usages actuels de la langue qui mettrait en évidence la nature des répertoires dialectaux (?) (actifs ou passifs) des communautés à travers l'emploi effectif qu'elles en font. Appréhender la stratification, la richesse, et somme toute l'organisation et la fonctionnalisation de ces répertoires dans leurs usages et leurs représentations, situer ce que l'on décrit éventuellement comme des registres ou autres niveaux et usages est un travail sociolinguistique qui me semble un dépassement nécessaire de la simple recension des références socio-historiques et des inévitables pré-catégorisations initiales du premier travail de « terrain ». Autrement dit, aucun approfondissement de la situation sociolinguistique tel celui auquel s'était livré Lacroix dans son approche du peul au Nord-Cameroun n'a été effectué à ce jour en ce qui concerne le domaine songhay[374] ce qui limitera certainement la portée des remarques futures à propos des hypothèses sur le passé. Par ailleurs il faut bien reconnaître que les approches méthodologiques encore souvent utilisées en Afrique pour l'élaboration de descriptions linguistiques monographiques ou comparatives ne permettent généralement pas d'appréhender la question. En effet, le contexte anthropologique n'est pas abordé : entendons par là l'ensemble des questionnements qui font appel aux *données contextuelles* (sociologiques, historiques, économiques, culturelles) déterminantes dans le choix, l'emploi et l'actualisation des variétés disponibles dans les répertoires linguistiques partagés à l'intérieur du tissu communautaire[375].

Véhicularisation et revernacularisation.

La considération de la forme actuelle des dialectes liée à une réflexion socio-historique a pu autoriser l'hypothèse d'une stratification fonctionnelle ancienne dans l'usage du songhay (1983). La question-type était la suivante : est-il possible de reconnaître le résultat de l'évolution d'anciens créoles dans des langues possédant actuellement une fonction vernaculaire et munies d'une fonction véhiculaire plutôt réduite mais réelle ?[376] Question que je complétais par cette autre : que doit-on entendre exactement par 'créole' dans des situations qui n'ont pas de rapports évidents avec celles qui ont permis l'introduction « historique » du terme ?

Sans reprendre le détail de l'argumentation (1982, 1983) fournie (car l'on peut toujours s'y reporter) je rappellerai mes conclusions :

Dans l'ensemble songhay il est possible de distinguer deux blocs différenciés par rapport à leurs anciennes fonctions sociolinguistiques supposées, lesquels ne recoupent pas la distinction actuelle entre les deux sous-ensembles du songhay septentrional et du songhay méridional. Cela conduit à la division ci-dessous :
- le songhay-zarma (SZ), *groupe dialectal endocentré* composé par le songhay oriental, le kaado et le zarma, à l'intérieur duquel l'intercompréhension est complète ; la désignation 'endocentré' veut dire que l'on ne trouve dans ce sous-ensemble que très peu de traits

---

[374] Il faut toutefois mentionner les travaux de C. Canut (1996a, b) en ce qui concerne la régulation des usages et des dynamiques linguistiques au Mali, hors du pays songhay, qui cependant, n'ont pas été faits dans ce but.
[375] Dans le domaine africain, Zima notait dès 1975 cette limitation des descriptions linguistiques.
[376] La réflexion que j'avais initiée dans ce domaine semble commencer à se développer ; c'est ainsi que Heath, dans ses travaux récents, note que la forme des dialectes orientaux et occidentaux du songhay pourraient être résulter d'une créolisation partielle !

susceptibles d'être analysés comme le résultat d'une contamination par une langue voisine ;
- le songhay véhiculaire, *groupe dialectal exocentré*, bloc constitué par les autres dialectes (songhay occidental, septentrional, dendi,[377] ...) et caractérisé à la fois par divers traits pouvant être interprétés comme une réduction, en particulier la perte du spécifique dans la détermination nominale[378].

A l'échelle « historique » il est à peu près évident qu'une forme véhiculaire du songhay distincte du SZ, s'est développée sur les bords du fleuve Niger et s'est propagée le long des voies caravanières servant de *lingua franca* et probablement aussi, à certaines époques (celle de l'Empire Songhay étant la plus évidente), de langue d'organisation politique. Il est fort probable que ce véhiculaire se soit développé très tôt, peut être existait-il déjà lors de la fondation de Tombouctou car compte tenu de sa fonction économique, il n'y a aucune raison de supposer que son développement ait été directement lié à la croissance de l'Empire Songhay et ait attendu son expansion politique ; le fait qu'il ait pu être retenu par de nombreuses communautés qui l'ont conservé comme première langue incite à croire que ses fonctions dépassaient largement la relation de marché. Ainsi la présence prépondérante de Gao (métropole parlant le SZ) dans le commerce transsaharien qui ne décroît qu'au 14ème siècle et le fait, souligné par des travaux indépendants, que des groupements originellement berbèrophones tels les Igdalen, songhayphones, se trouvaient déjà dans la région d'Aïr dès le 10ème ou le 11ème siècle, conduit à penser que l'utilisation du songhay comme véhiculaire a dû s'étendre sur plusieurs siècles.

Une division de l'ensemble dialectal actuel peut ainsi être postulée en un premier sous-ensemble qui correspond aux évolutions d'une forme

---

[377] La question du songhay central reste pendante ; j'avais regroupé sous ce terme le songhay de Hombori, les variantes marensé du Burkina Faso et le songhay de Tinié. De fait, les travaux sur cet ensemble ne sont pas pour l'instant suffisamment avancés pour que des propositions, même seulement classificatoires, puissent être assurées.

[378] La modification consiste en la perte du morphème *-o/a* « *spécifique singulier* » et du morphème *-ay* « *spécifique pluriel* ». La notion de « *spécifique* » ou de « *défini* » est alors rendue par un démonstratif : *di(n)* en songhay occidental et en dendi, mais l'ordre séquentiel est différent dans les deux dialectes, tandis qu'en songhay septentrional l'élément démonstratif est **yo** ou **ayo** selon les dialectes :

Dendi :	**fuyõmdi**	« *maisons là* »
Songhay occid. :	**baridiyo**	« *chevaux* »
Songhay Spt. (tsw) :	**huggu yo**	« *maison là* »

Tout se passe comme si la réduction avait agi partout, mais les moyens mis en œuvre pour remplacer la distinction perdue ne sont pas exactement les mêmes et ne présentent pas le même stade évolutif. Notons également, ce qui peut être important, que l'absence d'article caractérise l'ensemble des dialectes berbères !

vernaculaire du songhay (le songhay A) formé par les dialectes qui n'ont pas connu la simplification du système des déterminants et un second composé des dialectes issus de l'évolution d'une forme véhiculaire de cette langue (le songhay B). Cette distinction entre deux variétés fonctionnellement différenciées, superposées en certains lieux et contemporaines l'une de l'autre, renvoie à un procès de *glissement latéral* que j'ai présenté par ailleurs (Nicolaï, 1990).

Cette distinction ne suffit cependant pas pour expliquer l'état actuel des dialectes (cf. Nicolaï, 1989) ; pour rendre compte de leur forme actuelle on doit admettre en effet que des formes du songhay véhiculaire se sont *(re)vernacularisées*[379] et que les populations qui les utilisaient, nécessairement bilingues à l'origine, si elles n'ont pas abandonné l'usage de leur langue maternelle initiale ont, à tout le moins pour certaines d'entre elles, *modifié l'ordre et la nature des fonctions sociolinguistiques attribuées aux codes de leur répertoire*, comme je l'ai précédemment suggéré.

Ce changement de fonction dans les répertoires des communautés qui utilisaient le songhay véhiculaire ne peut pas ne pas avoir eu d'incidence sur son code. Un processus de contamination *accompagne* ici la (re)vernacularisation et traduit une situation où en s'appropriant la langue véhiculaire pour leur usage interne les locuteurs modifient leur système de références normatives ; ils appliquent au code les normes phonétiques, langagières et discursives de la pratique vernaculaire courante dans leur communauté originelle avant de développer des normes propres et créent de ce fait une *rupture* par rapport à la transmission de la tradition normative du songhay. Il peut en effet y avoir continuité dans la transmission du matériau linguistique (les formes matérielles du code)[380] et/ou dans la transmission des modes de structuration typologique (organisation phonologique et morpho-syntaxique) sans qu'il y ait pour autant continuité de la transmission des traditions normatives qui s'appliquent sur la langue. Ces ruptures de la tradition normative peuvent être appréhendées concrètement pour peu qu'on fasse une analyse appropriée.

---

[379] Certaines acceptions courantes du terme 'créolisation' réfèrent à la même chose, ce qui veut dire que d'aucuns pourraient tout aussi bien parler de *formes créolisées* de la langue. Cela montre le flou des questions terminologiques et de la définition des notions / concepts. Par ailleurs, on se réfèrera avec profit aux réflexions de Passeron (1991 : 60-63) quant à la nature des concepts socio-historiques dont des termes tels que 'créolisation', etc. sont des exemplaires : « *le sens des abstractions ou des typologies historiques ne peut jamais être désindexé de « contextes » qui sont [...] pris en compte par désignation* (deixis), *c'est-à-dire référés énumérativement dans leur singularité globale, comme configurations non susceptibles d'être épuisées par analyse et construction de propriétés pures [...] les concepts socio-historiques sont des mixtes logiques* » ('*semi-noms propres*' ou '*noms communs imparfaits*').

[380] C'est cette continuité-là, pour l'essentiel établie sur l'étude des formes matérielles, qui a toujours servi pour la mise en évidence de la parenté généalogique.

Dans le même temps, dans la mesure où les communautés conservent certains liens entre elles, on doit considérer la maintenance reconnue (supposée ?) du contact avec la variété centrale et la norme ; et si quelque chose ressemblant à un processus de koinéisation pouvait être reconnu c'est dans ce contexte qu'il se développerait, bien que je ne trouve pas qu'il soit pertinent de souscrire à une telle interprétation ici. Il me paraît plus adapté de rendre compte de l'un ou l'autre des états du songhay occidental ou du dendi en retenant tout simplement l'utilisation de la langue dans la fonction étendue de langue véhiculaire, laquelle aura entraîné une étape de simplification corrélative de cet emploi tout en se restructurant à travers une étape de *nativisation* qui se traduit par sa vernacularisation effectuée dans le cadre d'une situation de contact plurilingue et pluridialectale inscrite dans la durée. La variabilité concernant la nature du lien conservé par rapport aux « dialectes centraux » (et donc aux normes de leur usage) laisse alors sa marque dans la langue comme en attestent des différences en ce qui concerne l'effet des langues de contact lorsque l'on compare les structures des langues périphériques (exocentrées) qui résultent de la vernacularisation et de la créolisation de formes véhiculaires : dendi, songhay occidental, marensé et songhay septentrional. Les deux premiers ont conservé un contact différencié mais régulier avec le bloc central tandis que le dernier (le songhay septentrional) se trouve avoir été coupé de cette base, ce qui aura conduit ses locuteurs, bilingues, à actualiser les processus d'une évolution tout à fait divergente déterminée par les langues du contact, la plus « évidente » étant « l'autre langue » de leur propre répertoire !

Mais tout cela est peut-être encore plus complexe car[381] on peut constater que ces dialectes endocentrés fonctionnent aussi dans la partie orientale du Gourma comme langue véhiculaire, ainsi « *[l]orsqu'un Tamasheq ou un Maure rencontre un Peul sur le marché de Gao, ils parlent songhay* » (C. Canut, 1996a : 165). De la même façon qu'elle se pose à l'intérieur de l'ensemble occidental, la question de la véhicularité continue donc à se poser pour le songhay oriental comme je l'ai précédemment noté à propos des Fulankriabé, Gabero ou Alkaseybaten et, finalement, pour tous les locuteurs qui transitent dans le triangle Bamba – Ansongo – Hombori, et qui parlent des variétés du songhay oriental[382].

---

[381] Indépendamment de la distinction entre songhay A et B et de l'évaluation des liens conservés entre les communautés actualisant les dialectes exocentrés (référés au songhay B) et les communautés actualisant les dialectes centraux (les dialectes endocentrés, référés au songhay A).

[382] Le statut de ces variétés ne saurait cependant être clairement établi si l'on n'a pas une idée correcte du répertoire des locuteurs, des fonctionnalités des langues, de la variabilité interne de leurs usages et de la richesse et des modalités d'utilisation de leurs registres.

Questions de structure. L'aire de convergence mandé-songhay.

Ces fonctionnalités sociolinguistiques que soulignent les différenciations internes au groupe songhay et que prédéterminent la stratification anthropologique constatée ne sont certainement pas les seuls phénomènes utiles pour réfléchir à l'impact des fonctionnalités sociolinguistiques sur la forme des langues ; il est aussi intéressant de mettre en relation le songhay, toutes langues confondues, et les langues voisines, tout particulièrement celles du mandé nord-ouest[383] car l'on peut établir en effet que le songhay et le mandé nord-ouest participent à une même aire de convergence.

On change alors d'échelle et de niveau d'analyse : le centre d'intérêt devient les aires d'affinités[384] et ce qu'elles peuvent traduire. Les affinités entre songhay et mandé sont très claires[385] : elles concernent plusieurs langues dans un domaine géographique partie contigu et partie superposé et, par certaines caractéristiques, elles s'étendent à une aire occidentale plus vaste. Sans entrer dans l'analyse détaillée des faits j'inventorie quelques-unes des caractéristiques les plus évidentes du phénomène :

- affinités phonético-phonologiques : système tonal à deux valeurs, statut défectif de /r/ à l'initiale de lexème ;
- affinités morpho-syntaxiques : dérivation suffixale, structure {S + aux + O + V}, constructions génitives selon l'ordre {déterminant + déterminé} et constructions adjectivales selon l'ordre {qualifié + qualifiant} ;
- affinités morphologiques : même système de composition lexicale et de création de relateurs à partir du lexique ;
- affinités sémantico-pragmatiques : parallélisme des découpages sémantiques et conceptuels.

Structuration morphologique. Du point de vue typologique les formes morphologiques et syntaxiques du songhay sont très proches de celles des langues du mandé nord-ouest ; les caractéristiques les plus pertinentes sont la simplicité de cette morphologie : peu de phénomènes de rection, pas de phénomènes de classification nominale, pas de

---

[383] Je retiens sous ce terme des langues que Kastenholz (1996) classe dans les sous-branches North-Western (soninké, bozo, etc.) et Central (langues mandingues) de son Western Mande.
[384] Je ne préfère pas parler, à ce stade, d'aires de convergences parce que ce terme présuppose une direction et une dynamique sur laquelle il faut se déterminer au préalable.
[385] Par exemple : Heine (1970), Nicolaï (2000).

phénomènes d'alternance et une structuration fortement analytique dans la succession des unités de la langue.

Au-delà de ces généralités, lorsque l'on entre dans le détail de l'analyse[386] on constate bien évidemment, comme pour toute langue, une certaine complexité et des variations interdialectales qui peuvent être importantes. On connaît par exemple la différenciation typologique concernant l'ordre syntaxique qui distingue le songhay occidental et le songhay septentrional du reste du domaine et sur laquelle je reviendrai ; on connaît aussi les évolutions qui séparent les différentes langues de l'ensemble, mais toutes ces différenciations peuvent s'expliquer dans le cadre songhay et traduisent des évolutions qui pour certaines résultent des conséquences de leur usage véhiculaire (distinction { S + aux + O + V } *versus* {S + aux + V + O}) et pour d'autres, résultent d'effets d'appropriation et de reconstitution de normes, tout particulièrement dans les variétés qui se sont autonomisées et constituent aujourd'hui des formes dialectales indépendantes.

Structuration lexicale. Il ne semble pas exister en songhay un fonds lexical aussi riche et différencié que celui que connaît le touareg voisin, par exemple, mais sa malléabilité permet l'élaboration du stock lexical là où c'est utile. Cela se fait essentiellement par les processus suivants :

- *Composition.* L'existence d'une composition très productive donne une grande souplesse au lexique songhay et la construction lexicale par néologisme à partir de ces ressources est importante.
- *Emprunt.* Le lexique emprunté, que ce soit à l'arabe, aux langues européennes, au hawsa ou à d'autres langues est quantitativement important.
- *Détachement.* Ce que j'entends par là demande une explication afin de ne pas être confondu avec l'emprunt lexical proprement dit. Il s'agit d'un processus qui traduit la dynamique propre aux populations plurilingues qui s'approprient le songhay. Ces populations-là complètent le vocabulaire de la langue lorsque c'est nécessaire par l'adjonction de leurs ressources lexicales propres[387]. C'est ainsi que les populations gabero (d'origine peule) ont intégré en songhay la totalité du vocabulaire très différencié qu'elles possèdent pour nommer les animaux d'élevage (cf. le tableau

---

[386] Des travaux récents, cf. Heath (1999a, b), permettent de compléter et d'approfondir les connaissances en ce qui concerne la morpho-syntaxe du songhay.
[387] De ce point de vue une étude sur le vocabulaire de la faune aquatique, en rapport avec le bozo, par exemple, demanderait à être faite.

ci-dessous) ; c'est également ainsi que les populations du songhay septentrional ont conservé dans les domaines où les carences du songhay étaient évidentes, l'ensemble du lexique concernant les détails de la vie nomade (Nicolaï, 1987a).

Exemples (songhay oriental et détachement du lexique peul) :

Formes générales.

adabba	animaux
alman	bétail, spécialement petit bétail : moutons et chèvres
haw	bovidé, bœuf, vache
hancin	chèvre, caprin
bari	cheval
farka	âne
feeji	mouton
hansi	chien
yo	chameau
ciraw	oiseau
hamni	mouches

Formes spécifiques.

yaru	taureau
daazu	bœuf castré
yeeji	bœuf porteur
ɲala, zan	génisse
heraw	chevrette
molgo	mouton à poil, pas à laine
gaaru	bélier
gurmey	agnelle qui n'a jamais porté
tefa	jument qui a porté
danda	cheval rouge (et non balzane)

tataaru	araignée
gani	pou
noni	chenille, ver, insecte
dusu	termites
kaarey	crocodile ordinaire
kooro	hyène
tatagey	autruche

| tarkundey | éléphant |
| bura | girafe |

Emprunts.

akoolan	rat palmiste « euxerus erythropus »
aku	perroquet
ayu	lamantin Manatus senegalensis
allahamari	cheval de couleur rouge
soboro	moustique

Composition.

hari ham	poisson

jindaru	bouc
barigu	étalon
feejiwey	brebis

ganji farka	hippotrague « âne de brousse »
ganji haila	lion « chat de brousse »
ham karji	porc-épic « viande à épines »
ciraw bi	pintade « oiseau noir »
ciraw karey	aigrette « oiseau blanc »
weyna nzurey	ombrette « belle-mère du soleil »
ganda karfo	serpent « corde de terre »

Détachement.

baleere / bale	bovin noir
daakre / daace	bovin blanc au cou tacheté
daakre-bale / daace-bale	bovin blanc au cou tacheté de noir
daakre-sinje / daace-sinje	bovin blanc au cou tacheté de rouge
daakre-woole / daace-woole	bovin blanc au cou tacheté de jaune
dargre / darje	bovin rouge ou noir ou jaune à la bande blanche de la face aux pis
dargre-bale / darje-bale	bovin noir à la bande blanche de la face aux pis
dargre-singe / darje-sinje	bovin rouge à la bande blanche de la face aux pis
dargre-woole / darje-woole	bovin jaune à la bande blanche de la face aux pis
fellere / felle	bovin noir à la face blanche

fellere-sinje / felle-sinje	bovin rouge à la face blanche
furde / fure	bovin blanc
norde / noore	bovin blanc aux petites taches noires
norde-woole / noore-woole	bovin blanc aux petites taches jaunes
sayeere / saye	bovin rouge aux poils blancs infimes
sindre / sinje	bovin rouge, rougeaud
toddre / todde	bovin blanc aux quelques grosses taches
toddre-sinje / todde-sinje	bovin blanc aux quelques grosses taches rouges
toddre-woole / todde-woole	bovin blanc aux quelques grosses taches jaunes
waagre-bale / waaje-bale	bovin blanc aux côtés tachetés de noir
waagre-sinje / waaje-sinje	bovin blanc aux côtés tachetés de rouge
waagre-woole / waaje-woole	bovin blanc aux côtés tachetés de jaune
waawarde / waaware	bovin norde/noore avec les taches rouges formant une bande sur les côtés
wolde / woole	bovin jaune

IV.2. Volet numéro 2. Cohérences lexicales : pré-analyse.

J'ai commencé à montrer la possibilité d'une relation (qui reste à définir) entre le songhay et le fonds lexical chamito-sémitique mais encore faut-il faire l'inventaire des données susceptibles d'être concernées par ce rapport. Dans un premier temps il importe de rassembler ce stock lexical dont on ne sait pas grand chose et pour lequel l'on ne dispose pas d'hypothèses précises sur ce qu'il signifie ; l'on doit toutefois s'attendre à ce qu'elles soient importantes pour comprendre la préhistoire de la région et à ce que l'étude de cas ainsi fournie soit utile pour la réflexion sur les apparentements linguistiques en général. Finalement, ce sera ce travail et l'analyse du contexte anthropologique global qui permettra de soutenir les premières hypothèses concernant la genèse de la langue et, à partir de la complexité de l'état actuel, de comprendre les modalités de son évolution.

Je préciserai ci-dessous l'hypothèse de travail sur laquelle se fonde cette approche, présenterai une partie des données lexicales pertinentes et spécifierai – en termes de *cadrages* – les facteurs lexico-sémantiques, structurels, phonétiques, stratificationnels, cognitifs, géographiques et historiques dont la connaissance est importante pour appréhender et évaluer les rapprochements interlinguistiques. L'ensemble des unités lexicales considérées est détaillé dans la troisième partie de l'ouvrage.

Hypothèse de travail.

Si, avant toute tentative de justification des relations lexicales entre le songhay et les langues chamito-sémitiques avec lesquelles il est comparé l'on peut mettre en évidence un nombre très important de rapprochements lexicaux potentiels concernant l'ensemble des domaines les plus endogènes et les plus autonomes du lexique de la langue[388] et que, de plus, ceux-ci entrent dans des espaces de dénomination essentiels et forment des structures lexicales denses et stratifiées[389] qui articulent des champs sémantiques réputés réfractaires à l'emprunt tels que ceux des mouvements, des actions, des attitudes habituelles. S'il apparaît que ces mises en relation concernent l'ensemble du lexique des référenciations et des qualifications de base, alors *elles doivent témoigner d'une « parenté »* dont la nature – pas nécessairement généalogique – est encore à définir. Autrement dit, si une présence lexicale chamito-sémitique se trouve être

---

[388] C'est-à-dire les moins sujets à l'emprunt lexical.
[389] J'appelle 'structure stratifiée' l'organisation interne d'un champ lexico-sémantique selon ses modalisations propres, par exemple pour la vision : {« *regarder, voir, observer, fixer, surveiller* », etc.}, pour la parole : {« *parler, dire, conter, appeler, causer* », etc.}.

largement confirmée dans le vocabulaire usuel et si de plus elle manifeste une stratification dans les différents champs de dénomination de la vie ordinaire alors il sera difficile d'attribuer simplement son existence à l'emprunt[390] lexical au sens classique, fût-il massif. Et la nécessité d'une étude approfondie pour tenter d'en rendre compte deviendra évidente.

On doit donc envisager l'approche détaillée du vocabulaire concerné par la présence lexicale chamito-sémitique. Dans le cas de langues telles celles du groupe songhay (où aucune mise en rapport concernant des traits morphologiques structurellement organisés n'est possible) cette étude aura une *fonction stratégique* supplémentaire : la densité, la stratification et l'organisation sémantique des structures lexicales retenues *a priori* pour la comparaison initiale remplaceront la reconnaissance préalable d'une *multiplicité paradigmatique initiale* qui, dans la perspective classique de la linguistique historique, était fondée sur la multiplicité des croisements dans le domaine de la morphologie. Corrélativement, *l'impossibilité même de fonder l'étude sur une base morphologique* fournit la preuve que le type d'apparentement qui sera trouvé à l'issue de l'analyse *ne pourra pas* être représenté par une structuration arborescente et *ne résulte pas d'une filiation généalogique* au sens classique. Je justifie sur cette base-là ma recherche de cognats. Ainsi, mis à part l'« incompressible » pourcentage d'erreurs qu'il faut bien s'attendre à relever dans mes données, il faudra accepter de trouver une explication « non-généalogique » et non réduite à un simple effet d'auto-construction pour rendre compte d'une partie importante de ces rapprochements lexicaux[391]. Cela passe par l'analyse détaillée du matériau lexical et porte sur plusieurs points :

- la reconnaissance préalable de schémas de variation phonétique, d'organisation des domaines sémantiques et des champs lexicaux,
- la recherche quantitative et qualitative concernant l'existence d'une liaison plus ou moins forte avec le lexique de l'une ou de l'autre des (familles de) langues du contact (cf. le berbère en général ou, plus précisément, le touareg, le kabyle, le

---

[390] Et cela vaut bien une 'liste' ! Même s'il est vrai que l'on peut toujours s'attendre à avoir retenu dans l'ensemble quelques attestations susceptibles d'être interprétées comme des « emprunts ».

[391] Pas plus que Bender ou Ehret, je ne suis à l'abri de l'erreur et de l'auto-construction. J'essaie seulement d'être conscient de ce risque et d'en limiter les effets. Au reste, on peut, bien sûr, *décider* que tous les rapprochements qui suivent sont fallacieux et résultent d'une construction de l'auteur. C'est évidemment possible. Mais dans ce cas, lorsque la densité des rapprochements atteint un tel seuil, alors cela peut relever de l'œuvre d'art (au sens de 'ouvrage d'art' !).

tamazight ; l'arabe en général, ou plus précisément le ḥassāniyya, l'arabe marocain, l'arabe tchadien, l'éthio-sémitique ; le tchadique, voire, le couchitique),
- la recherche pour apprécier dans quelle mesure certains sous-ensembles du vocabulaire sont susceptibles de référer à telle ou telle source linguistique,
- la recherche sur les éventuels croisements de sources et les probables (effets de) stratification(s) dont ne peut pas ne pas témoigner le vocabulaire.

Cadrages.

1) facteurs lexico-sémantiques.

Je me fonderai sur l'analyse de plusieurs « espaces de dénomination ». En les classant dans un ordre qui, du point de vue humain, va du plus endogène au plus exogène, du moins contextualisé au plus contextualisé, je retiendrai les suivants : le corps (cf. *bouche, œil, main, ventre*, etc.), les manifestations non-volontaires du corps et les excrétions / sécrétions qui y sont liées (cf. *suer, uriner, baver*, etc.), les actions volontaires sans finalité prédéfinies (cf. *courir, marcher, sauter*, etc.), les actions volontaires référées à une finalité prédéfinie (cf. *poursuivre, tirer quelque chose, piler*, etc.), les dénominations de l'environnement et des matières (cf. *dune, ciel, rivière, vache, mil, fer*, etc.), la dénomination des statuts et relations sociales (cf. *père, cousin, mariage, épouse, esclave*, etc.), les qualifications générales (cf. *grand, petit, froid, beau*, etc.), les artefacts (cf. *miroir, sac, bouteille, village*, etc.). Ces espaces sont organisés de façon à définir des découpages conceptuels suffisamment larges pour mettre en évidence l'existence de champs lexicaux multiples et stratifiés[392]. Toutefois ils ne seront pas considérés comme des *catégories* et ne permettront pas de définir une classification des unités lexico-sémantiques, *a fortiori*, une partition des unités du vocabulaire. En revanche, ils peuvent être retenus comme *dimensions* pertinentes dans l'analyse des entrées et, bien évidemment, la plupart des unités lexicales sont susceptibles d'être concernées par plusieurs dimensions. Ainsi le songhay **kárjí** « *épine* » réfère aux unités chwa **ġaras** « *planter* » ; **garas** « *piquer, mordre* » ; **ġaraz** « *coudre,*

---

[392] Il s'agit, occasionnellement, d'établir un isomorphisme sur l'ensemble ainsi constitué : ces 'domaines' sont construits pour fonctionner potentiellement comme des structures affines au sens que j'ai développé dans le précédent chapitre.

couture »[393] ; **kàrfù** « *lien, corde, bride* » renvoie à la tawellemmet **əkrəf** « *emballer, attacher des bagages* » ; **wàasù** « *mettre à part, écarter quelque chose, mettre à côté* » retrouve le ḥassāniyya **waṣṣa** « *léguer* » ou la tahaggart **aous** « *payer comme redevance annuelle fixe politique ou religieuse* ». De même, la variation entre l'acception transitive ou intransitive d'une action verbale peut la faire passer d'une dimension de l'action sans but défini (cf. *courir*, etc.) à une dimension de l'action finalisée (cf. *fuir, poursuivre*, etc.). Les quelques exemples qui illustrent ce phénomène bien connu de la dynamique lexicale montrent ainsi l'inanité d'une approche lexicaliste fondée sur la notion de 'liste *a priori*'. S'il est vrai que le pré-découpage conceptuel que ces listes induisent n'a pas nécessairement d'effets négatifs évidents dans la toute première phase d'une recherche lexicale, dès lors que l'on envisage un approfondissement de l'étude il est important de ne plus s'y plier sous peine d'obtenir des résultats sans rapport avec ce dont ils sont censés vouloir rendre compte.

2) Contraintes méthodologiques.

Il conviendra donc de se départir de l'idée de « liste lexicale » élémentaire[394] conçue comme outil heuristique ; une liste lexicale – le plus souvent élaborée à partir d'une conceptualisation exogène au domaine linguistique et socio-anthropologique considéré – propose en se fondant sur d'apparents « universaux conceptuels », une grille de recherche. Mais une telle « grille » est tout autant un « fil conducteur » qu'un « système d'œillères » car un pré-découpage est nécessairement actualisé, qui conduit d'une part à surexploiter les dimensions cognitives générales et l'univers socio-anthropologique des « chercheurs », et d'autre part à sous-utiliser les champs conceptuels et les relations culturelles (contingentes ou non) que recouvrent les entrées considérées dans l'univers culturel, social et « contextualisé » des significations locales possibles / disponibles[395].

Tout se passe comme si les listes lexicales et les acceptions retenues pour les termes qui les composent étaient en rapport direct avec une sorte de schéma universel qui permettrait au chercheur de « décider » de la pertinence d'un rapprochement potentiel en fonction d'une catégorisation donnée *a priori* et de quelques connaissances plus ou moins

---

[393] Et non pas à une séquence **kar** « *frapper* » + **-ji** « *instrumental* » !

[394] Du type 'liste de Swadesh'. Je précise toutefois que la réflexion de M. Swadesh (1961) est plus réfléchie que ce que la simple référence « technique » à la notion de 'liste' ne le donne à penser !

[395] Des travaux approfondis (et qui n'ont rien à voir avec la recherche comparative) tels ceux conduits par P. Roulon-Doko, par exemple, montrent une voie pour appréhender l'espace ethnolinguistique, sémantique et lexical au plus près d'une saisie endogène (cf. P. Roulon-Doko, 2001a, 2001b).

aléatoires sur les « contingences et spécificités locales ». Il n'en va certainement pas ainsi et une réflexion sur ce que l'on peut appréhender comme des représentations prototypiques est nécessaire ; en effet, celles-ci ne sauraient être simplement ramenées à d'élémentaires « universaux cognitifs » ou quelque autre concept dérivé. L'examen attentif dans le présent des extensions sémantiques possibles des formes lexicales, incluant *de facto* l'étude concrète des dynamiques de dénomination qui, pour certaines d'entre elles sont culturellement motivées, est une voie de recherche fructueuse dont les résultats pourraient aider à mieux soutenir des hypothèses de rapprochement.

3) facteurs structurels.

L'idée de rechercher en songhay la présence d'un possible fonds chamito-sémitique met en lumière le fait que cette langue dont la morphologie est plutôt analytique possède un lexique qui ne souscrit pas aux schémas morphologiques des langues chamito-sémitiques. Autrement dit, la notion de 'racine' en songhay ne correspond pas à une organisation fonctionnelle liant une structure radicale essentiellement consonantique et des schèmes morphologiques permettant par leur conjonction de décliner un ensemble potentiel de vocables et définissant une famille de mots par cette opération[396]. Conséquemment, c'est uniquement en tant que « vocables opaques » que les entrées sont actualisées et l'on peut / doit s'attendre à ce que cette opacification[397] conduise à une modification plus drastique de la phonétique de leurs formes car la non-nécessité d'avoir à les « articuler » dans des schèmes morphologiques a pour conséquence d'introduire une

---

[396] On sait par ailleurs que le couchitique et le berbère (cf. D. Cohen, 2001: 42) n'excluent pas les éléments vocaliques de la racine. Ce qui est toutefois différent de la réduction des lexèmes à des « vocables opaques ».

[397] Des langues comme le songhay septentrional face au touareg, mais aussi le turku, le kinubi ou le Juba-Arabic face à l'arabe, illustrent nettement ce phénomène ; toutefois ces dernières sont des variétés pidginisées assez récentes de l'arabe qui ne se sont développées au Tchad et au sud du Soudan qu'à la fin du 19ème siècle. Ceci étant, il est intéressant de mentionner que des variétés pidginisées de l'arabe pourraient avoir effectivement existé au 11ème siècle (et probablement avant). Thomason & Elgibali (1986) analysent ainsi un fragment de texte rapporté par El-Bekri concernant le 'Maridi Arabic'. Ils précisent que ce fragment [qui n'est pas dans l'édition française de Slane] a été trouvé « *only in a printed copy of al-Bakri located in the national library of Egypt in Cairo ; this copy is dated 1943, but we do not know who compiled it or – more importantly – what its manuscript source was* » et que leurs analyses « *are hightly tentative in several places* » ; concluant qu'il devait s'agir d'un pidgin à base arabe parlé en Mauritanie. Toutefois, ce qui dans leur commentaire suggère des rapprochements (lexicaux et syntaxiques) avec le songhay est fondé sur des bases bien trop fragiles pour pouvoir être retenu. Remarquons encore que Owens (1996 : 132) suggère que la source du texte de Maridi de El-Bekri serait plutôt la Haute vallée du Nil et que, dans ce cas, « *it would indicate the presence of Arabic-based pidgins in the region for nearly a thousand years* ».

« usure globale » de ces unités opacifiées[398]. Les exemples qui suivent, choisis sans ambiguïté parmi des formes proche de l'arabe, montrent les effets de « dé-consonantification » des vocables lorsque des consonnes faibles ou inexistantes dans le système songhay sont en jeu : **dóolè** « *forcer, contraindre* » (**dwl, dlʔ**) ; **lĕebù** « *être paralysé* » (**ʕyb**) ; **kóosú** « *râcler, gratter ; écoper l'eau dans une pirogue* » (**ḥsw**) ; **lóogó** « *lécher* » (**lġw**) ; **lútú** « *boucher, calfater, être sourd* » (**lwṯ**) ; **sóotè** « *cravacher* » (**swṯ**) ; **màasù** « *retrousser, relever un habit, curer un puisard en grattant* » (**msḥ**) ; **béerí** « *piocher, labourer ; abattre* » (**bḥr**) ; **sòogà** « *fiancé* » (**šwq**) ; **săy** « *semer à la volée, couler (liquide), verser* » (**šʕy**). Notons encore que dans les langues méridionales qui connaissent un système tonal, tout particulièrement dans le stock posé comme « emprunt arabe » mais aussi au-delà, on peut identifier à travers la présence d'un ton modulé, généralement montant, la trace d'une consonne irréalisable dans le système phonologique songhay (cf. Zrm : **lĕebù, săy**)[399].

4) facteurs phonétiques.

Deux processus en rapport avec deux arrière-plans distingués (*a priori* monolingue *versus* plurilingue) contribuent à l'élaboration dynamique d'espaces de variation phonétique :

- celui qui dirige les évolutions phonétiques classiques, c'est-à-dire celles qui résultent d'une évolution endogène de la langue en rapport ou non avec la combinatoire des phonèmes (déplacement de points d'articulation, modification de la sonorité, de la tension, etc.) ;
- celui qui dirige les phénomènes de recouvrements phonétiques, c'est-à-dire, en contexte plurilingue, les évolutions qui résultent de la réinterprétation d'un système d'une langue par celui d'une autre (sous-différenciations, sur-différenciations, etc.), soit donc une évolution exogène.

Les effets du premier processus ont largement été mis en évidence sur l'ensemble des langues songhay (Nicolaï, 1980), je n'y reviendrai pas. En ce qui concerne le second, les différences dans l'inventaire phonétique entre songhay et langues chamito-sémitiques permettent de cerner ses

---

[398] *A contrario*, l'étonnante faiblesse dans la différenciation de la forme des mots que l'on peut constater de l'akkadien aux langues sémitiques actuelles, doit peut-être quelque chose à l'action de ce jeu morphologique.
[399] A l'inverse la présence d'un ton modulé peut éventuellement être un indice pour 'subodorer' un éventuel amuïssement !

effets à travers les procès de recouvrements[400] du songhay par les systèmes de ces langues[401]. Ces recouvrements fonctionnent comme des espaces potentiels de variation phonétique et fournissent des indications importantes pour les comparaisons. Disons qu'ils sont *a priori* utiles pour évaluer la vraisemblance de certaines mises en rapport, toutefois, leur intérêt ne va guère au-delà de la concrétisation d'un cadre initial pour servir à une ré-analyse ultérieure des données, effectuée dans le but d'apprécier les effets et la nature des stratifications (emprunts, ré-emprunts, dynamiques internes, etc.) susceptibles de les avoir affectées.

Le tableau suivant, qui reprend et développe les régularités reconnues par Baldi (1994), présente une approximation du recouvrement du songhay par l'arabe dans les mots de même « racine ».

songhay	arabe	songhay	arabe
b	b	l	d, l, (r)
d	ẓ, ḍ, d, ḏ, ṭ	r	r
j	ǧ, q	y	y
g	ġ, q, ḥ, ḫ (k)	w	ḥ, ʕ, w, ʔ
t	t, ṭ, ṯ, d, ḍ, ḏ	f	f
c	t, š, k, ty, ǧ	s	s, š, ṣ, ḏ̣
k	q, k, ḫ, ġ, (ḥ)	z	ǧ, z, ẓ, ḏ̣
m	m	h	ʔ, ḥ, ḫ, h
n	n	Ø	ʔ, ʕ, ḥ, q, ġ, h
ɲ		Vnas	ḥ, ʕ

A son inspection, on constate par rapport à l'arabe l'absence des consonnes inter-dentales, des consonnes emphatiques, de la spirante vélaire sonore, de la consonne uvulaire, des deux pharyngales ; de plus le songhay ne possède pas la spirante vélaire sourde ni l'occlusion glottale. Toutefois un tel tableau n'est qu'indicatif car il existe aussi des variations qui sont dépendantes de la place des consonnes dans le mot tandis que par ailleurs, les phénomènes d'amuïssement induisent des modifications vocaliques et prosodiques, et cela d'une façon d'autant plus évidente que les radicales des racines chamito-sémitiques manifestées en songhay ne sont plus déterminées par la structuration morphologique caractéristique des langues de cette famille. On note encore que des croisements (exemple : {Ø, w, h}$_{sgh}$ – {ʔ}$_{sem}$) et des regroupements (exemple : {h}$_{sgh}$ – { ḥ, ʔ, ḫ, h }$_{sem}$) peuvent traduire des phénomènes de stratification des emprunts et des variations interdialectales.

---

[400] Cf. Jullien de Pommerol (1997) pour les recouvrements de l'arabe tchadien par l'arabe classique.
[401] Cf. Baldi (1994) pour le traitement phonétique des emprunts arabes en songhay.

Précisons enfin que, pour des raisons évidentes, il n'est pas souhaitable à ce stade de justifier des règles de correspondance (le risque en est caricatural et il est fortement envisageable dans un contexte sans 'histoire' ; homologue à celui que l'on prendrait en introduisant à partir du français l'hypothèse de l'existence en latin de deux phonèmes vélaires sourds, justifiée sur la base des correspondances régulières suivantes : {*k_1 : « *cavalier, carrosse*, etc. » ; *k_2 : « *chevalier, charrette, cheval*, etc. »}). Ce ne pourrait être que *a posteriori*, après que la présente mise en forme eut permis de proposer quelques hypothèses de travail, que la pertinence et les limites d'efficacité d'une recherche de correspondances à fin de reconstruction pourraient être établies.

5) facteurs stratificationnels.

S'intéressant à la structure des racines verbo-nominales en touareg et plus particulièrement aux contraintes dirigeant l'interdiction de radicales apparentées (cf. **f-b-m** ; **t-d-ḍ** ; **k-g-ɣ**, etc.) dans une même racine, Prasse[402] notait que « *les séries de consonnes apparentées apparaissent comme des unités supérieures, des espèces de « superphonèmes », dont la sourde, la sonore, et l'emphatique ne sont que des variantes* » et il soulignait que « *[c]'est un fait dont il vaudra la peine de tenir compte en essayant de dresser des correspondances phonologiques chamito-sémitiques* », citant à titre d'exemple « *quelques paires de mots dont la parenté n'est guère à écarter, même si dans les termes de nos phonèmes habituels ils [ont] des racines différentes* » :

bələɣləɣ = fələɣləɣ	faire entendre un son cristallin et coulant
efəssi = mér. ebəssi	salut
əfsy = əbsy (mér. aussi əbsək)	désagréable
rəbənbən = rəfənfən	barbouiller

En fait ces rapports sont bien connus dans les langues berbères mais ils sont tout aussi reconnus en songhay ; dans les langues sémitiques où peut-être plus qu'ailleurs l'on a conscience de la notion de 'racine', leur existence est également attestée[403] (cf. Ar : **baʕaqa** ; **baqqa** « *split* » --- **faqaʕa** « *pierce* », etc.). Les quelques exemples ci-dessous concernant '**f**⇔**b**' illustrent les faits.

---

[402] Prasse (1972 : 108-111). Pour les exemples, je me limite aux seules attestations concernant **f/b**.
[403] Greenberg (1950 : 162-181).

tahaggart :

ebet // feḍei	faire sauter (en coupant) // être percé ; se percer (récipient)
denba // denfou	corbeille à fond percé d'un petit trou
elgâleb // elṛelaf	moule à balles ou à briques // enveloppe protégeant la batterie de fusil
esteb // estef	être vanné, vanner // être extrait, s'extraire

kabyle :

ezreb // zerref	accélérer, se dépêcher, brusquer, précipiter
kʷebbel // ɣʷellef	emmitoufler
mḥelbab // mḥelfaf	se débattre
abelluḍ // aflus	gland
lḅaqi // fakk	restant ; être terminé

tamazight :

buḥ // fuḥ	sentir mauvais, puer
bḥes // fḥes	être crevassé, fissuré, gercé, se gercer
tabuqst // fekkes < bekkes	longue frange de la ceinture de femme ; se ceinturer, se ceindre
tabeġdañt // tafeġdañt	hémorroïde
abeṣṣar // afeṣṣar	aveugle
bḍu // wḍa	tomber, dégringoler, faire une chute

tawellemmet :

ənkəb // nkəf	heurter // heurter, se heurter à, contre
taɣənibt // teɣnaf	flûte

songhay :

kaado	bídí // foto	variole
	cébú // kòfêe	raser la tête, coiffer // couper les cheveux
	démbé // donfo, denfu	canari pour le couscous
	bíbírí // fífírí	faire une corde // tourner la sauce
	bòtògò // fòtògò	boue, banco // être liquide, surabondant
	ʒeb // zéfè // zim	frapper un coup // frapper avec un coupe-coupe // frapper
songhay occid.	biri // foti // pétí	tirer une flèche, piquer // casser // couper, casser
	butu // fitu	couper ; déchirer // peler en petites lamelles
	kobi // kofi	frapper des mains, applaudir // frapper légèrement qqn.
	jobu // jafa	friche, champ envahi par les herbes // tailler ou sculpter ; biner
	bidi-bidi // fífíítà	**petite graminée (gazon) // éruption de boutons**
	kumbu // kúmfù	poumons // faire de l'écume, de la mousse
songhay orient.	bita // foto	bouillie plus fine que foto // bouillie de farine et brisures
zarma	sòobú // sòofú	fil de trame d'un tissu // bobine de fil de coton

Pour le songhay, cette relation que l'on peut postuler entre les deux phonèmes phonétiquement proches **f** et **b** ne repose sur *aucune* correspondance interdialectale établie. Toutefois, lorsque l'identité sémantique n'est pas respectée, la possibilité du rapprochement est suggérée par l'existence d'*un nombre important de mises en relation internes au lexique* entre des lexèmes qui appartiennent à un même champ sémantique et qui s'organisent autour d'une même « notion », bien évidemment « (re)construite / (re)trouvée » dans/par l'opération de mise en relation[404]. Le rapport entre ces lexèmes se fonde donc sur cette différence phonétique[405] 'f⇔b' et il est peu probable qu'il ne résulte que du hasard, même si aucune explication diachronique ne permet d'en rendre compte.

Voici quelques exemples[406] arbitrairement reformulés en termes de champs notionnels :

- notion de « *bouillie, boue, préparation liquide* » :
- **bita** *"être pâteux, en bouillie"* ; **betbeta** *"bouillie peu épaisse (sp.)"* ; **botogo, bokoto** *"boue, argile, marne"* ; **batakara** *"boue, la terre mouillée ou l'argile des bas-fonds"*
- **foto** *"bouillie de farine et brisure"* ; **fotofoto** *"mets préparé avec du riz écrasé en farine"* ; **fotogo** / **fotogu** *"être liquide, être surabondant"*

- notion de « *filage, enroulement* » :
- **bibiri** *"corder, rouler entre ses doigts"*
- **fifiri** *"tourner la sauce"*

- notion de « *percement ouverture* » :
- **biri** *"tirer une flèche, os, arête"* ; **bidi** *"variole"*
- **foto** *"variole"* ; **fiti** *"sauter, se débattre"* ; **fifiti** *"couvert de petits boutons"*

- notion de « *éclater, gratter* » :
- **birgi** *"bale de mil, faire voler la terre avec le pied"* ; **birji** *"agiter, troubler, remuer"*
- **firkiti** *"frétiller, éclat de bois, bouger bruyamment"*, etc.

- notion de « *arrachage* » :
- **zebu** *"raboter, écorcher"* ; **zabu** *"enlever un peu, gauler"*
- **zefe** *"frapper avec un coupe-coupe"* ; **zifa** *"cultiver"*

---

[404] Sans pour autant être nécessairement référés à un même étymon !
[405] Cf. en particulier, Nicolaï (1996a : 27-52).
[406] Par ailleurs il est important d'évaluer l'importance du risque « d'auto-construction » qui est – irrémédiablement, semble-t-il – lié au moins au premier stade de l'élaboration d'hypothèses dans ce domaine flou ! Mais de mon point de vue le risque encouru est moins pénalisant que celui d'ignorer les possibles. L'important est de *ne pas donner un statut de fait établi* à ce qui n'est qu'une *potentialité à explorer*.

Tout se passe *a priori* comme si une structure de variation se manifestait dans un cadre stable défini par un proto-sémantisme et un proto-phonétisme sur lequel il faudra réfléchir, et il y a lieu de se demander ce qu'une telle structure de variation peut traduire : est-elle une *construction résultante* restructurant les données *a posteriori* (dans ce cas l'étymologie populaire est un exemple de sa manifestation) ? Résultante ou non, fonctionne-t-elle comme « *attracteur* » par rapport à des formes actualisées dans la contingence ? Un tel processus continu de réinterprétation potentielle des données est certainement à l'œuvre dans toute synchronie de langue.

Il y a donc à distinguer différents niveaux de « stratification » :

- celui qui relève d'actualisations évènementielles (j'entends par là les variations formelles et sémantiques susceptibles de s'expliquer par des successions d'emprunts et de ré-emprunts d'une même unité)[407],
- celui qui renvoie à une cristallisation contingente, par exemple l'actualisation d'un espace stratificationnel en rapport avec des « macro-structures phonétiques » du type de celles mentionnées par Prasse (**f / b, ḥ / k, g / q / g**, etc.), ou bien « d'extensions sémantiques » du type « *poumon, souffler, écume* », etc. que peuvent suggérer les exemples traités autour des racines 656 // 1060 de Ehret[408],
- celui qui concerne une filiation étymologique, une explication historique (*a priori* inatteignable lorsqu'il s'agit de langues sans traditions écrites) ou plus simplement une explication fondée sur l'identification d'une variation dialectologique particulière.

6) Contraintes « cognitivo-universelles ».

Je reprends sous ce titre une réflexion que j'avais déjà amorcée (Nicolaï, 1990) avec les notions de *formes génériques*, espaces formels et sémantiques « *construits* » fondés sur des considérations « morphosémantiques » et susceptibles de se manifester comme *attracteurs* pouvant catalyser de nouvelles « formes » dans les champs qu'ils constituent. Ces espaces formels sont nombreux et n'ont pas de rapport nécessaire avec une motivation onomatopéïque (Cf. Nicolaï : 1987b). On peut penser qu'ils sont en partie la conséquence d'effets de stratification lexicale tels ceux que j'ai mentionnés aux points précédents

---

[407] En tant que cas limite, penser à l'éventualité d'une relation entre les entrées songhay **dòon** « *chanter* » et **àlàadân** « *muezzim* » en rapport avec ʔḍn *appeler à la prière, chanter (coq)*.
[408] Cf. *supra*.

(impliquant le développement et la stabilisation d'une structure de variation en rapport avec un proto / macro-sémantisme et un proto / macro-phonétisme). Dans ce cas il est certainement utile de recadrer le questionnement en rapport avec une recherche « généraliste » concernant la mise en œuvre de processus de catégorisation fondés sur une perception prototypique des espaces lexicaux et phonologiques, pour peu qu'on intègre cette perception à une dynamique incluant les facteurs anthropologiques et sociaux, les phénomènes d'élaboration de normes et la donnée fondamentale que constitue l'existence d'une communauté stratifiée et potentiellement plurilingue comme cadre d'actualisation de ces dynamiques[409].

Mais concrètement, nous pouvons constater que dans certains cas, nous avons affaire à des formes dotées d'une telle généralité à travers les langues du monde qu'elles sont plutôt un handicap qu'une aide pour le soutien d'hypothèses d'apparentements ; sauf si l'on peut ponctuellement mettre en évidence des correspondances ou peut-être des structures affines strictes. Il en va ainsi pour de nombreux champs lexicaux, tels ceux, bien connus, liés aux notions de « *courbure* » ou de « *rotondité* »[410] et aux formes **GR**, **GL**, etc., ceux liés aux notions de « *recouvrir / enfermer* » liés à des formes **KN**, **QM**, etc. ou encore le champ lexical de « *coup* » articulé autour d'une structure **K/G** + voyelle + **R/D**[411].

De telles constructions recouvrent à l'évidence certaines familles ou parties de familles de mots identifiables autour d'un « étymon » donné, mais la mise en relation qui les manifeste ne repose que sur une appréciation subjective de la ressemblance. Est-ce suffisant pour les invalider et pour nier leur importance ? Je ne le pense pas. Au contraire, leur reconnaissance est intéressante *pour la méthodologie de la recherche* et elle peut l'être aussi *pour la compréhension de certains dynamismes lexicaux* (renouvellement des formes, néologie, etc.). En effet, il existe dans toutes les langues des *matrices* de construction lexicale dotées d'un potentiel dynamique propre ; certaines sont de nature structurale (composition, dérivation, duplication, mise en syntagme), d'autres sont « anthropologico-culturelles », d'autres encore mettent à contribution les

---

[409] Cf. les approches de Bybee (1994, 2000), Langacker (2000), etc. qui balisent certains aspects de la réflexion cognitive.

[410] Cf. M. Cohen (1927), etc. mais il faut aussi mentionner Paulette Galand-Pernet (1984) et L. Galand (1997) qui soulignent à la fois la dimension « problématique » de ces questions et leur importance.

[411] Mais tout aussi bien la structure inversée et bien connue **TK**, etc. (cf. Guiraud, 1967) que l'on peut retrouver tout aussi bien en sémitique (cf. **taqqa** « *craquer, éclater* », **takka** « *couper, retrancher qqch.* » ; **daqqa** « *concasser, réduire en poudre, piler, pilonner* » ; **dakka** « *démolir, détruire, pilonner* » ; **ṭaqqa** « *craquer, produire un son sec* », etc.), voire en égyptien (démotique) dqʿ « *strike* » ! Ce qui suggère qu'il ne faut pas s'intéresser à ces questions sans se munir de précautions particulières.

potentialités propres d'un stock lexical indépendant (arabe, anglais, etc.). Mais dans le même temps l'on peut s'attendre à ce que la construction lexicale puisse s'appuyer d'une façon non marginale sur les formes génériques identifiables dans la langue en tant qu'elles constituent (elles aussi) des structures de variation potentielle et des *ressources sémiotiques* mobilisables pour une dynamique de transformation des formes. Corrélativement la dynamique alors mise en œuvre contribue au développement de ces « matrices » particulières, ce qui permet peut-être de mieux comprendre le phénomène « d'inflation lexicale » qui se manifeste autour de certains morphosémantismes bien connus.

Quelle est leur utilité pour la recherche comparative ? La mise en correspondance d'un ensemble lexical structuré (ou potentiellement structurable) appartenant à une langue donnée avec un ensemble lexical parallèle reconnu dans une ou plusieurs autre(s) langue(s) est toujours utile mais avant de tirer une quelconque conclusion il importe – lorsque c'est possible – de vérifier l'extension de ces structurations lexicales : une structuration universellement répandue n'apporte évidemment rien pour la comparaison entre deux langues. En conséquence, au plan méthodologique il importe de distinguer entre des *extensions localisées* et des *extensions étendues* de ces formes génériques, sans pour autant préjuger de leur éventuelle valeur universelle et/ou de leur enracinement « phono-synesthésique », voire encore (selon certains), de leur éventuelle référence à « l'origine des langues ». L'existence d'une forme générique d'extension localisée et limitée aux langues comparées, est un élément positif pour une comparaison visant à justifier une parenté de matériau[412], à l'inverse, l'existence d'une forme générique d'extension étendue est un élément plutôt négatif car les ressemblances étant également partagées entre X autres langues, *la relation établie n'a pas de force de démonstration en ce qui concerne la spécification d'un rapport d'apparentement historique ou archéologique*. C'est pourquoi la mise en évidence de formes génériques doit *aussi* être recherchée et la reconnaissance de leur extension doit être tentée[413] avant de se prononcer sur la nature d'une parenté recherchée. Et cela avec d'autant plus d'attention que l'on s'intéresse à des parentés archéologiques.

---

[412] Entendons par là une parenté qui concerne spécifiquement les formes concrètes des unités de la langue. Cf. Nicolaï (1990, 2000) pour préciser cette notion de parenté de matériau.
[413] « Tentée » et non pas « établie », tout simplement parce que, dans l'état actuel des théories et des méthodologies, nous n'avons pas les outils adéquats pour parvenir à des résultats correctement justifiés dans ce domaine. C'est probablement là, la raison essentielle qui conduit de nombreux chercheurs à se « détourner » du problème posé.

L'objectif.

Dans une *pré-analyse* il ne faut donc pas se tromper et prendre sans justification ce qui est la manifestation d'une forme générique et/ou une simple relation stratificationnelle entre des unités pour une dérivation diachronique entre des formes ! Il est évident que *c'est* un tel espace stratificationnel que la structuration préalable des champs lexico-sémantiques et des recouvrements phonétiques à laquelle je procède conduit à construire. MAIS – et c'est cela l'important – ainsi que je l'ai introduit dans l'hypothèse de travail, la possibilité de comparaisons inter-langues dans un tel espace stratificationnel, étendue à l'ensemble du vocabulaire endogène et dé-contextualisé de la langue, demande une explication.

On s'attendra à ce que cette « explication » traduise / croise *la co-articulation d'**un effet de construction par le linguiste** ET d'**une réalité linguistique particulière**, écrasée par l'évolution et renvoyant à une parenté non-généalogique, mais très forte*, qui elle-même doit être située par rapport à l'existence de potentielles formes génériques.

Ce sera l'image de cette réalité complexe que les données qui suivent auront pour fonction de mettre en évidence. Etant entendu que cette image-là, suffisante pour justifier une (ou plusieurs) vraie(s) hypothèse(s), doit ensuite être constituée en « objet », analysée et critiquée dans son détail pour tenter de distinguer le mieux possible ce qui relève de *l'effet de construction* et ce qui relève de la *probable réalité*. Mais cela ne peut être que le but d'un autre travail, effectué dans un second temps.

Horizon de l'inventaire.

La présentation qui va suivre résulte d'une recherche à grande échelle : l'ensemble complet des données lexicales disponibles de toutes les langues songhay a été utilisé, condition nécessaire pour évaluer l'intérêt des comparaisons effectuées ; corrélativement la recherche a porté de façon systématique sur les langues sémitiques, sur le berbère, le couchitique et le tchadique[414] ainsi que quelques pointages sur l'égyptien. En regard, le relevé de la présence d'unités comparables dans les langues sahariennes et mandé, en peul, en wolof et dans quelques autres langues saharo-soudanaises a été fait afin de pouvoir apprécier l'extension potentielle des unités analysées et de moduler les hypothèses en fonction

---

[414] Essentiellement à travers le hawsa, ce qui est une limite ! Mais aussi avec un premier état des rapprochements possibles effectué dans Jungraithmayr & Ibriszimow (1994), ce qui enrichit la comparaison !

de ces résultats ; bien que pour des raisons de place, de structure de l'ouvrage tout autant que de compétence, je n'ai pas développé ce dernier thème autrement qu'à travers quelques mentions dans les tableaux de données.

Les langues retenues ont été choisies, bien évidemment, en raison des disponibilités des relevés et des dictionnaires existants mais ce choix a également été guidé par le désir de mieux distinguer dans les rapprochements entre ceux qui sont susceptibles de résulter du contact plus ou moins récent de ceux pour qui il n'est pas évident (et peut-être pas possible) de décider. On trouvera ci-dessous le détail des langues les plus systématiquement retenues.

Langues de l'espace chamito-sémitique.

Domaine sémitique :
- arabe classique, arabe marocain, arabe chwa et véhiculaire tchadien, ḥassāniyya[415] ;
- guèze, harari, etc. Le guèze est la source la plus intéressante, les autres attestations (amharique, tigrigna, tigré, harari, etc.), apportent une information complémentaire ou (moyennant quelque vigilance) pallient l'absence de données guèze. C'est ainsi que l'on sait que le harari, langue urbaine limitée et fortement marquée par l'arabe, n'est pas en lui-même une source suffisante pour affirmer le statut éthio-sémitique d'une entrée mais mis en rapport avec les autres sources son intérêt devient plus grand.

Domaine berbère : tamazight, kabyle, tahaggart, tawellemmet[416].

Domaine couchitique : afar, oromo, somali, beja. Les données dans ce domaine sont moins systématiquement relevées et elles ont plutôt une valeur indicative.

Domaine tchadique : hawsa, et de façon non-systématique quelques autres langues tchadiques (cf. migama, mubi, bidiya, mokilko, etc.) ; reconstructions tchadiques[417].

---

[415] L'arabe tchadien est représenté par sa forme koinè, telle qu'elle est relevée dans Jullien de Pommerol (1999) tandis que l'arabe chwa est illustré par les formes dialectales et vernaculaires compilées dans Roth-Laly (1969). Pour quelques rares cas il m'est arrivé de mentionner le phénicien, voire, l'akkadien, lorsque l'absence d'autres données sémitiques dans ma documentation faisait de cette référence la seule ressource pour un rapprochement 'global' avec le sémitique. Si le rapprochement est utile, ce n'est alors qu'en tant qu'indice.

[416] J'ai très occasionnellement noté d'autres sources, cf. taneslemt, etc.

[417] Mais toutefois sans avoir pris la mesure de leur diffusion dans l'espace tchadique, laquelle peut être appréhendée in : Jungraithmayr & Ibriszimow (1994. II). L'intérêt des mises en comparaison devra être modulé en rapport avec cette prise en compte.

Domaine égyptien : Sans systématicité et sans préciser la première datation des mots, j'ai mentionné certains rapprochements qui me semblaient, *a priori*, mériter quelque attention en égyptien (ancien, démotique et copte).

Langues de l'espace non-chamito-sémitique.
    groupe mandé : soninké / azer, bozo, mandinka, maninka,
    groupe atlantique : peul, wolof,
    groupe saharien : kanuri, teda / daza, tubu,

    autres langues : aiki, day, etc.,
    Références au Bantou Commun : Guthrie.

Choix des langues dans l'espace chamito-sémitique et nature du corpus.

Le choix des langues.

On aura remarqué, indépendamment de la référence à l'arabe classique, que j'intègre de façon régulière les données « dialectales » et le guèze dans mes comparaisons et même, l'égyptien. Cela demande une explication. La voici.

Lorsque l'on s'intéresse à l'espace africain avec à l'arrière-plan des questions du type de celles ici posées, retenir les variétés dialectales est une nécessité dont j'ai fortement souligné l'importance pour le songhay. Dans la comparaison avec les langues du contact, la prise en compte des variétés dialectales est un peu moins importante mais toutefois c'est elle qui peut permettre d'avancer autre chose que des remarques évidentes et générales quant à l'existence d'un rapport « global » envers un arabe intemporel et non-situé, saisi à travers un inventaire de « racines » ; cette exigence de méthode est tout simplement celle-là même que j'ai déjà explicitée au tout début de ce travail. La référence au guèze est ainsi susceptible d'aider à l'élaboration d'hypothèses plus affinées que la simple référence générale à l'arabe ou au sémitique. Par exemple, dans certains domaines les données existantes peuvent montrer un rapport plus grand avec l'éthio-sémitique qu'avec les formes occidentales de l'arabe ou avec ses racines classiques ; et cela ne peut pas ne pas être retenu pour le développement d'une réflexion concernant les formes songhay étudiées. Quant aux pointages concernant l'égyptien, ils n'impliquent évidemment pas que l'on envisage de vouloir montrer une parenté généalogique avec le songhay mais il n'en reste pas moins que les rapports possibles entre les populations de l'espace égyptien et les populations négro-africaines ont pu laisser des traces linguistiques[418]. C'est pour tenter d'appréhender une partie de ces traces-là que j'ai *décidé* d'intégrer dans l'inventaire comparatif les rapprochements apparents plus ou moins manifestes. Nonobstant les risques de mésinterprétation et la force « occulte » du « tabou » en la matière. L'intérêt ou non de cette prise en compte s'évaluera, à terme, lors de l'analyse globale de l'ensemble des comparaisons.

En conclusion, et afin – si c'était encore nécessaire – d'achever de lever toute ambiguïté qu'une mauvaise lecture ce qui précède pourrait laisser subsister, je souligne ce qui suit :

- les données retenues ici sont tout simplement offertes en tant que *ressources pour ouvrir un champ d'hypothèses* : elles ne n'ont pas pour fonction de « prouver » formellement un apparentement généalogique particulier, il s'agit tout simplement de fournir les éléments les plus substantiels possibles pour ouvrir le débat sur ce qu'il est envisageable de dire et de supposer du rapport des langues en présence, sans précontraindre *a priori* l'analyse ;

- l'appel à des sources anciennes n'implique nullement une *tentative de construction* d'une quelconque généalogie des langues plaçant le songhay à un embranchement donné d'une filiation arborescente, ni une « illégitime »(!?) tentative d'investissement de citadelle ;

- l'approche ainsi conduite devrait aider à appréhender plus précisément la nature des relations potentielles entre le songhay et l'ensemble des langues chamito-sémitiques en œuvrant pour montrer l'impérative nécessité de « croisements de spécialités » et de « jonctions disciplinaires » ; tout particulièrement lorsqu'un lien précis avec les langues du contact direct n'apparaît pas (hypothèses sur la préhistoire, l'histoire, la diffusion et éventuellement la constitution des langues et populations de la région).

---

[418] On notera aussi que, pour limiter la confusion des genres et le flou conceptuel au stade présent de la recherche, j'ai décidé de ne pas utiliser ici les travaux comparatifs à grande échelle qui dépassent largement l'espace africain tels, par exemple, Diakonov & *alii*, « Historical Comparative Vocabulary of Afrasian », *St. Petersburg Journal of African Studies*, 1994 – 1997, etc., jugeant prématurée leur prise en compte. Il serait toutefois aisé d'actualiser la comparaison.

Le corpus des comparaisons.

Il comprend environ 1400 entrées. Parmi elles, environ 300 relèvent sans équivoque de ce qu'on appelle traditionnellement les *emprunts arabes*. Je retiens environ 600 unités lexicales pour fonder la comparaison dans un « Inventaire comparatif » détaillé présenté dans la troisième partie de cet ouvrage afin de soutenir mon analyse tout en préservant la facilité de lecture. Notons que, à quelques exceptions près, je n'ai pas conservé dans cet inventaire les entrées les plus exogènes et les plus contextualisés, telles que celles qui servent pour la dénomination des artefacts. On trouvera également sous le titre *'Inventaire complémentaire'* la plus grande partie de l'ensemble des lexèmes songhay qui, aujourd'hui, me paraît susceptible d'être concerné par un rapport au chamito-sémitique, quelle que soit sa nature exacte.

Unités reprises dans l'Inventaire comparatif.

Dynamique du corps humain, animal, sécrétions, déjections et connexités.

tête.

bókò	goitre
bókólò	partie molle sous la mâchoire inférieure
bòŋ	tête
dáanà (daɣna)_sept_	palais (bouche)
dèenè	langue
díinì	gencive
gàrbè ; gàgàabè	joue ; mâchoire, ouie
guffa ; kofa	touffe de cheveux au milieu de la tête
hámní ; himbiri	poil, plume
háɲá	oreille
kàabè	*barbe*[419]
kárdá	gorge, pharynx
léekà	tempe

lòŋgò	fontanelle
mê	bouche, ouverture, entrée, bout, bec
mòy, mò	œil
mòydúmà	visage, face, figure
múmúsú	pommette ; sourire
táɲá	*front*

autres.

bì	plaie
bùsbùsù ; busa	cicatrice tribale (sp.) ; cicatrice, marque indiquant l'ethnie

sécrétions du corps.

mànîi	sperme
móorú	être fatigué, être aigre
múndì	larme
sóorú	avoir la diarrhée
súŋgéy	suer ; sueur ; transpirer
tísow	éternuer
tòosì	uriner
túfà	cracher
wá	déféquer
wàa	lait
yólló	*baver ; salive*

---

[419] Les entrées mentionnées en italiques dans l'inventaire ont aussi une image en mandé.

autres désignations concernant le corps.

bándá	région lombaire, dos, derrière
bésí	pulpe, chair
bìnè	*cœur*
bìrí	os
bulla	derrière, cul, anus
bùtè	*vulve ; sexe de la femme*
buttu	sortir ; dépasser
céró̃w	côté flanc
danka	menton
fòfè	sein, mamelle, régime de dattes
fòorù	*scrotum*
gúndè (gungu)	ventre, intérieur ; dans, à l'intérieur (nom fonctionnalisé)
háfè	verge
hâm	viande avec os
honkoro	coude
hùmè	nombril
jere	côté
kàbè	bras, main, manche de vêtement
kòomá ; kòomà ; kóomá	bosse de naissance chez l'homme, épaules un peu courbées ; ce qui a une forme courbe, qui fait bosse, faucille ; termitière
kora	fond, arrière, cul
kùfú	*poumon ; écume*
kúmfù	faire de l'écume, de la mousse
kúuru	*peau, cuir*
kuuse, kuuʃe	ventre, panse, intestin, estomac
linji	nerf, ligament, racine
ŋkóró	*bassin*
sókónó, tokono	replier les jambes, coude
tásà	foie
téelí	intestin
tétéfé	omoplate

téy, taybur, taybun (Oc)	bile, fiel
tìgìnà	cul
togono	angle, coude
tògónò	menton
zékérì	fesse
zòfóló	prépuce

attestations concernant le corps animal.

díbbà	naissance de la queue
fátá	aile, aisselle
móosí	ongle
sùmfèy	queue
zùŋkà ; zúŋkù (Zrm)	bosse chez la bête ; s'asseoir en courbant le dos, la tête sur les jambes

qualifications.

báa	être nombreux, être beaucoup
béerì	être grand, grandir
ber	grand
bî	*être noir*
bóbów	nombreux, beaucoup
bòorí	beau, joli, bon
cìrêy	être rouge
dùŋgùrà	être court
fúfúlé	cuire à la vapeur, vapeur, chaleur, chaleur, avoir chaud
hènèn	être propre, pur, sans défaut
kàarêy	être blanc ; blancheur
kécò ; kócà	petit ; petit enfant
kèyná	être petit
kú	être haut, être long, allongé
wárgá	être gros, grossir

Dynamique des mouvements et des actions diverses liés aux sens et fonctions humaines

vision-parole.

baasu	regarder fixement, ouvrir grand les yeux pour fixer
bangay	*se montrer, apparaître, naître*
cèbè	montrer, conseiller
céw	étudier, lire
dàamèy	ennuyer qqn., gêner, importuner
dáŋgéy	se taire
dàrgá	tromper, escroquer
dèbèrì	donner des ordres
dèedè	annoncer ; mesurer, comparer
díi	voir, découvrir, trouver, inventer, retrouver
dóolè	forcer, contraindre
dòon	chanter
dúlméy	faire du tort à qqn.
fàalí	cajoler, calmer
gàrsàkèy	blâmer qqn., mépriser
gùllù	regarder fixement, observer, surveiller
hónnéy	apercevoir de loin
hóyréy	conseiller en bien ou en mal, faire des reproches
kòsòŋgù	parler avec violence ; faire du bruit ; bruit
láalí	maudire
nêe	dire
sèlèn	parler
sóbè	insulter, dire des grossièretés
táarí	mentir
tuhuma	soupçonner, conjecturer
yàamárù	consoler ; ordonner, commander, apaiser
záabì	répondre ; donner une réponse à une question importante

actions non-volontaires.

bákárá	avoir pitié
bémbé ; beebe	muet, être muet, devenir muet
bònè	être malheureux
búu, bun ; bén	mourir ; finir
dìrgìsì	sursauter, avoir des convulsions
dórú	*être douloureux, regretter*
dúkkúrù	se mettre en colère ; rancune
dùsù ; dùsúŋgù ; dusum (Oc)	être ankylosé; s'endormir, somnoler ; sommeiller, s'engourdir
falfal	se tordre (ventre), avoir des coliques
gàràtù	avoir des convulsions
hámbúrú	craindre, avoir peur
hándírí	rêver ; rêve
hèréy	avoir faim, être affamé
híkôw	avoir le hoquet
húná	vivre
jertu	roter
jùjì	bégayer
kòrdò	ronfler
léebù	être paralysé, infirme
tété ; tétéŋgí	tenir un enfant par la main pour lui apprendre à marcher ; tituber, vaciller
wofe	n'avoir pas de force, être faible

actions physiques volontaires.

àlhém	geindre, mécontentement, peine, souffrance
bármèy	changer, échanger, convertir ; monnaie
bérbérè	errer

bérè	retourner qqch. ; convertir, changer ; déguiser
bìlîm	se rouler par terre
bìsà	passer devant, devancer, dépasser
cíkírí	tourbillonner, sonder, faire tourner un instrument entre les mains pour creuser
cìlícìlí	chatouiller
cìrgítì ; ŋírkítí ; murkuti	pincer en roulant dans ses doigts ; pincer avec l'ongle du pouce ; pincer
dèbè	damer, tasser en frappant
débèy	village de culture, campement
dédébé ; dadaba ; dádábé	tâter, tâtonner (pour un aveugle) ; chauve-souris
déemdéemé	marcher très lentement
díbí	s'appuyer sur qqch. pour marcher parce que l'on boite
díibí	fouler, pétrir, délayer qqch. avec de l'eau ; mélanger
faalam	ramper sur le ventre
fáláŋ	se traîner à quatre pattes, ramper
fanaa	ramper sur les mains et sur les genoux (enfants)
fíttôw ; fíttórì	se lancer, sauter ; bondir, sauter, pirouetter
fùnsú	souffler
fúusú	enfler
gàasù	griffer, gratter le sol ; racler
gàrù ; gàrgàrù	trouver, rencontrer par hasard ; hériter de ses grands-parents
gérsì ; gúrsù	écraser à la meule ; égrener le coton
gòrò	s'asseoir, être assis, habiter
gûm	renverser, couvrir, se cacher, s'accroupir
gúmgúm	marcher en se courbant ; se courber
gùŋgùrèy	rouler qqch., se rouler à terre
háwrù	souper (vb.) ; prendre le repas du soir
háy	accoucher, naître (enfant), mettre bas
hìbì	s'éloigner un peu, se pousser
hiibi	traîner
jèrì	s'adosser, s'appuyer contre qqch.
káŋkám	serrer, presser, être étroit, contraindre, ennuyer ; compresser, gêner
kéní	se coucher, être couché, être calme, être caillé (lait)
kókóbé ; kòbì	taper, secouer ; épousseter ; battre des mains, frapper des mains
kokor	suivre
kókósé	peler
kólí	entourer avec les bras, embrasser, encercler du gibier ; s'enrouler, contourner
kóm	enlever de force, violer, faire brigandage
koosu	racler, gratter ; écoper l'eau dans une pirogue
kóosú	gratter, racler, raboter
kósì	se brosser les dents, bâtonnet à cet usage
kósú	arracher, cueillir des feuilles pour la sauce, cueillir des fruits ; être sevré
kóttù	déchirer, fendre, inciser, couper en lanières

kóy	*partir, aller, quitter un lieu*		súndù	absorber, s'infiltrer, pénétrer dans l'eau, couler ; priser
kùbéy	aller à la rencontre de, accueillir		súŋfù	se reposer
kúmná	ramasser un à un, ramasser qqch. à terre		súnsùm	sucer
			tàbà	goûter
kúmsì	replier une étoffe ou la main sur qqch.		tèlèŋsì	glissade ; glisser
			tútúbú	froisser, écraser, aplatir, castrer
kùskùsù	agiter, secouer, remuer		wáasú	bouillir, bouillir en faisant du bruit
kùtùbôo	boxer		wannasu	converser
kúuséy	piège		wàsà	être large, être vaste
lóogó ; lóogò	lécher ; natron		wìllì	tourner sur soi-même
			wìndì	tourner autour de qqch. ; détour, se promener, concession ; récolter le fonio
lúkkè	donner un coup sur qqch.			
lutu	boucher, calfater, être sourd		wísì	siffler
			wòfè	tirer brusquement
má ; mom, mon	entendre, sentir		wôw	injurier
			zìŋgí	secouer
màasù	retrousser, relever un habit, curer un puisard en grattant ; enlever une partie du repas		zóllò ; zóttì	jaillir ; jaillir (pus)
			zùmbù	descendre, débarquer, désenfler, camper
márgán	réunir, assembler, amasser, unir, associer, retrouver		zùrù	fuir (en parlant d'un homme), s'enfuir, courir, s'échapper
			ŋăa	manger
mòorù	caresser			
mùsèy	masser, presser dans les mains, pétrir		**actions concrètes finalisées.**	
nàarù	voyager		bàkà ; bàkbáká ; bàkù ; báká	mettre qqch. à tremper ; prendre une platée ; mettre à tremper ; platée ; portion de nourriture
nàmà ; nàmèy	aboyer, mordre, piquer (en parlant des insectes) ; python			
ɲìfì ; kafu ; ɲafu	empoigner à pleine main ; saisir brusquement ; saisir		béerí	piocher, labourer ; abattre
			cénsé	vacciner, scarifier ; faire une entaille ; vaccination, scarification, cicatrices faciales ; piqûre
níisì	se moucher			
ɲókò	coïter			
ɲóogò	faire bouger			
sárú ; sútì	sauter, bondir ; ruer			
sòkù ; zoko-zoko	trotter			
			cénsé	être jaloux
soli	boiter			
sóotè	cravacher, chicotter, flageller			
sumbu	baiser (aux lèvres)			

dáabù	fermer, enfermer, boucher, couvrir
dóbú	articulation, nœud sur une tige ; souder, joindre, raccorder, faire une épissure, une greffe
dúrú	*piler*
fasal	couper, expliquer, tailler
férsì	diviser en deux, partager, distribuer
fírká ; fìrkiti	faucher avec un bâton, faire un croche-pied ; petit bois, éclats de bois, brindilles, se débattre
firsi ; fìrsòw	asperger, arroser ; serpent cracheur
fûm	heurter, cogner
gàarèy	chasser, poursuivre, congédier ; faire partir
gándà	terre, sol, pays, en bas
górú	enfoncer, piquer, vacciner, injecter
gúŋgúm	se courber, se pencher, se baisser
gungum ; kùŋkùnì	s'incliner, se ployer ; enrouler, envelopper, replier, ourler, mettre en rouleau
guniguni	emmêler, entrelacer
gùrì ; gùŋgùrí ; kulikuli	nouer, attacher avec un nœud, amulette, semoule de mil ; enclos pour bétail ; œuf, testicule ; emballer
halassa	lécher, passer la langue sur
hèlécì	détruire
húrè ; huri(ow) ; hiri	entrer, pénétrer, rentrer ; couteau ; écharde, entaille
jéejè	charger
jésé ; jèsè	porter sur l'épaule ; épaule, bosse du bœuf
kàarù	monter sur qqch., grimper
kàrfù	lien, corde, bride
kárú	frapper, taper, claquer, jouer d'un instrument, corriger
kèlì	clôturer ; clôture
kérjí	épine, piquant, dard
kúná	intérieur, dedans ; le dedans, sexe de la femme
kùrsù, kurru, kunnu	freiner, traîner qqch.
kúusí	envelopper qqch., le mettre dans un coin d'étoffe (comme nœud de mouchoir) ; replier les jambes
làbù ; lèfì	coincer, attacher un veau pendant qu'on trait sa mère ; acculer, encercler, coincer qqn.
làsáabù	réfléchir, remarquer
law ; lullum ; lem (sept)	pelotonner ; visser ; corder, rouler, filer
lèbú ; daw	terre
lòolòm ; lóobú	imbiber de sauce une portion de nourriture ; imbiber ; pétrir du banco
múttì	se révolter, se rebeller
neesi	mesurer, peser ; mesure, poids
sáatà	coiffer avec un peigne, natter
sàŋgàntè	boule de mil pilée et lavée
sèfèrù	soigner
sooko	piler des épis pour égrener
sósóbú ; sàfa	faire le deuxième pilage du mil ; piler pour enlever le son ; céréale sans son

súfù	tremper légèrement, tremper qqch.
táabú	plier
táalá	empiler
tárù	se dépêcher
tèw	lanière, courroie
tìbì ; tifi	prendre une poignée de qqch. ; empoigner
tòntòn	ajouter, augmenter, prolonger, additionner
túrú	tresser les cheveux, natter, coiffer
túusú	oindre, enduire, essuyer, efface, crépir à l'intérieur
wàasù	mettre à part, écarter qqch., mettre à côté
wíi	tuer, assassiner, éteindre, couper l'herbe, récolter le mil
zàbù ; zèbù ; zóobù	enlever un peu d'eau d'un canari, gauler ; raboter, écorcher, retirer un peu, diminuer un prix ; mettre en jachère
zéerí	rayer, tracer des lignes, dessiner
zéŋgí	enlever un morceau
zífà	cultiver avec la pioche soŋey
zìirì	limer, frotter
zóorú	débarrasser un champ des souches de mil de l'année précédente
zow ; zogu ; zúkù	se battre ; fâcher ; bondir en l'air, secouer

actions abstraites et états.

bâ(ga)	*aimer, vouloir, valoir mieux, être préférable*
bàsù	vider, sortir de son gîte
béy	connaître
bídí	variole
bíirí	éduquer, élever
bìlìŋà ;	phacochère ; bouder, souhaiter du mal,
bílíŋá	insulter
dìrgàn	oublier
fàhâm	comprendre
fákáaréy ; fáajìkáaréy	causer, converser, causerie
fàràhâa̱	être gai
fífíítà	éruption de boutons
fíttí	bouton, petite plaie
fóomà	être orgueilleux, se vanter
foto	petite vérole, variole
fúŋ ; fuɲu (Oc) ; fúmbú	péter ; mauvaise odeur ; sentir la pourriture, être puant
futu	être mauvais, être furieux ; mauvais
gáabù	être difficile, compliqué
gêy	durer, tarder
gò	être
háaw	avoir honte, être intimidé
hànnîi	avoir l'intention
hárú	dire, avertir, aviser
hàwgêy	faire attention, surveiller
hegu	avoir le temps
híilè	feindre, ruser
hòorèy	jouer, s'amuser
hóttú	être amer, sévère, brûlant en parlant du soleil
jántè	fièvre, maladie, paludisme
kóróŋ	être chaud, avoir de la fièvre
míilà	penser
múrêy, array	négliger, s'aviser
sàajì	s'occuper de qqch.
séllé	tendre pour donner, offrir, allonger bras et jambes
séséré	mettre en rang des personnes ; aligner
sésérí	fil de fer, chaîne
síkkà	douter
síntîn	commencer

táabì	souffrir, pâtir
táalí	faire du tort à qqn.
táká	créer
tálkì	être misérable
tàmàhâ	croire que..., espérer que..., penser que...
télfî	confier
tó	arriver à atteindre, être complet, être plein
torra	indisposer, ennuyer
wáaní	savoir
wáarú	être fissuré, crevassé, se fendiller
wàŋgù	guerre, bataille, combat
wénjè	refuser, désobéir
yàafà	pardonner à qqn., donner sa part quand il manque qqch.
fãajì	seul, isolé, se languir, s'ennuyer

parenté / relation.[420]

àlmìyáalèy	famille au sens large
ànzúrèy	beaux-parents
àrù	mâle

---

[420] Je regroupe dans ce domaine les termes concernant la dénomination de la personne générique et le statut de l'individu, la filiation, la fratrie et les relations diverses (pairs, alliances, affinités) et les relations sociales de dépendance (terminologie de l'esclavage).
Le tableau ci-dessous montre par ailleurs les modalité « *apparentes* » de dérivation / composition dans ce domaine sémantique :

béerè	grand-frère	grand + dérivatif
kéynè (voir kèyná)	petit-frère, frère cadet	petit + dérivatif
wèymè	sœur (pour son frère)	pseudoformes (**wey** +)
àrmè	frère (pour sa sœur)	pseudoformes (**aru** +)
kúrɲè	époux	

arwasu	jeune homme, fiançailles
bàabà	père
bàalíjì	adulte
bàasè	cousin croisé
béɲè	captif, esclave (homme)
bòró	personne
célà ; câlè	camarade, ami de même race
hásêy	frère de la mère
hàwêy	tante paternelle
heyrey	parents (père et mère)
híijì	marier
hóndí, wondiyo	jeune fille vierge
hórsó	captif de case
ízè	fils / fille, petit de -
kàay	ancêtre
kèbî	interdit alimentaire
kódò, koddo	dernier-né
kóɲò	captive, esclave (femme)
kóy	possesseur, maître
móoyì, moy	homonyme
ɲâa	mère
sòogà	fiancé
tăm	esclave (générique)
táwéy	jumeaux
túbéy	neveu, nièce
wáddè	camarade de même âge ; membre de la même classe d'âge
wahay	esclave dont le maître a fait sa concubine et dont il a eu un enfant
wàndè	femme, épouse
wèy	femme
zàŋkà	bébé, enfant
zémmù	sorte de nom de famille ou de clan

faune.

(n)tafirfir ; fílfílí (Zrm)	chauve-souris ; voler (petit oiseau)
àdábbà, dábbè	animal
albaaji	faucon
àŋsòfò ; sòfò	poisson, sp.
bàŋá	hippopotame
bâw	varan du Nil
bèrì, bàrí	cheval
cèecè	oie d'Egypte
círôw	oiseau
dàdàarà	araignée
	margouillat
dim	sorte de chat sauvage non identifié
dóobâl	outarde
fárkéy	âne
fèejì	mouton à poils
gáadògà	charognard
gáar-gáarà	corbeau pie ; corvos albus (corvidés)
gâarú	bélier
gábù	épervier
góndì	serpent
gòròŋ	poulet
gùmbà	punaise, sp.
hámní	mouche, insecte ailé
háncín	chèvre
handi	veau
hánsì ; háŋsì	chien
háw	bovin
hérów	chevrette
jéerí	gazelle
jìndì	bouc
kàarèy	crocodile
kàsàmà	gale
kòmsí	pied de bétail
kòndò	fourmi
kóorò	hyène
kòoró ; kórbótó	crapaud
kùndûm	mouton à laine
kùunî	hérisson
màajè	chat
mbaga	margouillat
mèrì	panthère
méytólólí ; toltole	dindon
molgo	mouton à poils ras
mòllò	lézard
múusù	lion, félin
mùzúurú	chat sauvage
nòorì	fourmi
tàatágèy	autruche
tántàbàl	pigeon
wàalíyà	cigogne d'Abdim
yàarù	taureau ; être courageux, brave
yéejí	bœuf porteur
yò	chameau
zán	génisse
zèybànà	gyp africain et autres espèces pseudogyps africaus (falconidés)

environnement.

arradu	foudre
bàŋgù	mare, bassin d'eau, lac
bárú	île servant de champ
batakara	terre, argile (ex. pour confectionner des briques de terre)
béené	ciel (espace), là-haut, en haut
bólóŋgú	endroit poussiéreux
bòtògò	*boue, argile, marne, banco*
deyani	lumière
fargara	tonner, gronder (tonnerre)
gòorù	rivière, ravin ; vallée
gura	dune
gúusù	être profond
hari	eau

kàarì	dessèchement, sécheresse
mélí	éclair
nùnèy	feu
sébù	grand vent
tàasì	sable
tóndì	pierre, caillou, montagne
wéynòw	soleil

matières.

al)kirbiiti	soufre
àlhíndà	acier
ànzórfù	argent (métal)
bonni	cendres
bóosú	cendres
bòosù	fleurir, mousser
búrôw	cendres
cìirì	sel
gúurú	fer, blessure, heure
hàmnì	farine
úrà	or (métal)

flore.

albata	melon
àlbésèl	oignon
àlhínà	lawsonia inermis
àlkámà	blé
aruman	grenade (fruit)
attum	ail
bòosêy	tamarinier
búrsúm	grewia flavescens
cìcíirí	plante qui pousse au bord du fleuve
dòosì	parkia africana

dúbí	souche d'arbre, tronc d'arbre sec
dúŋgúrì / ò	haricot local ; vigna unguiculata (papilionacées)
dúrmì	ficus populifolia
gébú	menthe (labiacées) ; feuilles d'oignon séché
génsì	panicum loetum
gónéy	gymnarchus niloticus
gòrònfù	cram-cram à pointes
hàŋgûu	fruit de nénuphar
hèenì	petit mil
húrów	salvadora persica
jìsìmà	oseille de Guinée
kàanà	canne à sucre
kòŋgù	feuille de palmier doum
kúudékà	patate douce
léemè	orange
lélé	henné
naanaa	menthe
sàabàrà	guiera senegalensis
sùbù	herbe, paille, fourrage, chaume
tàlhánà	belle de jour
tèenèy	datte, dattier
tòkêy	kaki de brousse
tóŋkó	piment
túurì	arbre, médicament

divers.

bàa	part
cèmsé	tesson, débris de calebasse, de poterie utilisé pour ramasser

Premiers commentaires.

A l'inspection de ces tableaux et des données mises en regard dans l'*inventaire comparatif* de la troisième partie de cet ouvrage, l'on constatera que les entrées songhay pour lesquelles il est possible d'avancer un rapport avec le chamito-sémitique sont attestées dans tous les domaines lexicaux de la vie quotidienne : le corps, les mouvements, les actions liés aux sens, les sentiments et qualifications élémentaires. Dans ces domaines elles ne sont pas erratiques, au contraire elles manifestent des *cohérences lexicales* et témoignent de *structures clivées*[421] difficilement imputables au hasard ou à l'emprunt. Elles sont également représentées dans les domaines de la culture, de la morale ou de la religion ; enfin elles sont aussi présentes dans celui des artefacts : objets matériels et fonctionnels liés à l'ensemble des activités traditionnelles et modernes[422].

Plus précisément, on remarquera que :
1) Ce relevé concerne une partie suffisamment importante du vocabulaire 'ordinaire' de la langue pour qu'il y ait peu de chances que, s'il entre effectivement dans des comparaisons justifiées avec le lexique chamito-sémitique, cela ne puisse relever que du hasard ou de l'auto-construction.
2) Ce vocabulaire montre une structure composite : on peut identifier des couches qu'il est aisé de renvoyer à un sémitique récent

---

[421] On dira qu'il y a *cohérence lexicale* lorsque la saisie d'un champ sémantique donné (c'est-à-dire d'un espace dont la structure est donnée par ailleurs) se fait grâce à un ensemble de lexèmes référés à des étymons indépendants (structure stratifiée) mais dont, de plus, on assume qu'ils ont *la même origine* (cf. la dénomination du corps humain appréhendée à travers un stock lexical référé à une même « langue » d'origine). Ce type de distinction, sans intérêt dans le cas d'évolutions linéaires dans des contextes anthropologiques fortement monolingues, prend toute sa signification lorsque l'on s'intéresse à des contextes plurilingues et manifestant des contacts importants. Une *structure clivée* de son côté, renvoie à l'organisation particulière qui se manifeste dans certains domaines de désignation à l'intérieur desquels des formes distinguées mais phonétiquement voisines sont corrélées avec des désignations sémantiquement proches (rapprochées / rapprochables), structurant par leur existence même le domaine de signification considéré (cf. les développements sémantiques connus autour de certains étymons chamito-sémitiques, tels **BT**, **BD** « *couper* ... », etc.). Ce que j'appelle 'forme générique' se manifeste bien évidemment par une structure clivée.

[422] Une quantification des données lexicales reconnues ne peut pas être faite avec exactitude ; en effet, on peut très bien avoir omis des entrées, en revanche certains rapprochements pourraient être erronés. De plus, tout au moins en ce qui concerne le vocabulaire non 'fondamental', les processus d'emprunts sont toujours actifs ; tous ces facteurs conduisent à relativiser ce type d'évaluation, mais les inventaires de données fournissent une indication utile de son importance supposée.

mais de très nombreuses unités appartenant au vocabulaire élémentaire semblent aussi montrer d'une façon plus diffuse des affinités phonétiques et sémantiques avec le lexique chamito-sémitique.

3) Un nombre important de ces vocables pourrait correspondre à une base chamito-sémitique ancienne. Décider précisément s'il doit être référé à un sémitique ancien, au berbère ou à une autre source est encore prématuré et n'a peut-être pas de sens, toutefois une telle hypothèse ne présuppose aucunement une filiation linéaire référée à une parenté généalogique au sens classique.

4) Globalement, les rapprochements lexicaux actuels les plus nombreux semblent concerner le berbère, pas uniquement le touareg qui est la langue du contact immédiat mais tout aussi bien le kabyle ou la tamazight[423]. Cela ne veut pas pour autant dire qu'il faille supposer une base initiale berbère car la stratification des contacts au cours du temps peut introduire des modifications importantes dans le corpus des ressources lexicales et la forte présence lexicale actuellement attribuable au berbère peut n'être qu'un phénomène « moyennement » ancien. On sait par ailleurs que le berbère a beaucoup emprunté à l'arabe.

5) *A priori*, une partie des rapprochements concernant l'éthio-sémitique et le couchitique est susceptible de permettre d'affiner les hypothèses d'archéologie linguistique ; la question de savoir si tel ou tel type de vocabulaire est plus spécifiquement référé à telle ou telle sous-famille linguistique sera importante non seulement pour comprendre la genèse du songhay mais aussi pour la préhistoire de la région.

6) On peut également constater qu'une partie de ces données connaît une diffusion dans les langues mandé nord-ouest et aussi en wolof ce qui ne veut pas dire que ces langues partagent la même origine, l'existence prolongée d'une situation de contact et un contexte d'emprunt non stigmatisé peuvent très bien « expliquer » de tels faits.

En conclusion, dans l'état actuel (initial) des connaissances le probable fonds lexical chamito-sémitique semble être composite bien qu'ayant une composante berbère particulièrement forte ; il comprend aussi des entrées susceptibles d'être rapprochées de l'ensemble des langues de contact (ḥassāniyya, arabe marocain et tchadien, hawsa) mais au-delà, certaines entrées semblent pouvoir tout aussi bien être **rapprochées de l'éthio-sémitique, du couchitique ou de l'égyptien**. En tout état de cause il ouvre la voie à une recherche complexe croisant la dialectologie, la linguistique comparative et un succédané de philologie. De la documentation et de l'approfondissement du domaine ainsi défini

---

[423] Pour lesquels il est plus difficile de supposer que les formes les plus élémentaires de leur vocabulaire de base aient été influencées par le songhay !

pourront sortir des hypothèses plus élaborées (et justifiées) concernant la question du songhay.

Structures clivées et formes génériques.

La structuration du précédent inventaire lexical met en évidence l'importance des *cohérences lexicales* qui caractérisent les données retenues dans la comparaison ; en revanche, elle ne montre pas l'importance des structures clivées dans le corpus des données. Pour pallier cet état de fait, je vais présenter une série de « chaînes lexicales » qui manifestent de telles structures. Chacune des entrées retenues dans une chaîne est en rapport sémantique et formel avec les autres entrées qui la constituent. La nature du rapport n'est pas définie, il pourrait s'agir :

- du résultat d'une évolution stratifiée traduisant des phénomènes d'emprunt et de ré-emprunt impliquant des différenciations phonétiques et sémantiques ;
- de l'évolution linéaire de formes retenues indépendamment à partir d'une même racine, étymon, etc.
- de dynamiques de diversification, de spécifications lexicales (mais tout aussi bien de regroupements) actualisées dans les ensembles comparés indépendamment des phénomènes d'emprunts ;
- de l'actualisation de formes génériques manifestant leurs capacités d'attracteurs ;
- de rapprochements plus ou moins arbitraires effectués sans fondements suffisants par le linguiste, sur la base de connaissances intégrant à la fois l'effet du hasard et sa subjectivité.

En tout état de cause, il est probable que plusieurs de ces facteurs interfèrent, ce qui donne une signification d'autant plus complexe à la notion de stratification puisqu'elle ne résulte pas seulement des contingences historiques de l'emploi des formes (passivement sédimentées) mais qu'elle est aussi concernée aussi bien par les dynamiques linguistiques structurelles internes et externes que par les modes mêmes de sa mise en évidence. Ce que l'approche philologique classique permettait partiellement d'appréhender.

Quelques exemples de structures clivées en songhay :

bìlîm *se rouler par terre*, bármèy *changer, échanger* ; bérè *retourner qqch., etc.*
fáláŋ *se traîner à quatre pattes* ; fanaa *ramper sur les mains et les genoux, etc.* ; faalam *ramper sur le ventre*
dédébé *tâter, tâtonner* ; tútúbú *froisser, écraser* ; débèy *damer* ; díibí *fouler, pétrir, etc.* ; tíbí, tífí *prendre une poignée de qqch., empoigner à pleine main*
foto *variole* ; bídí *; variole ;* fífíítà *éruption de boutons, etc. ;* fìttí *petite plaie*
fùnsú *souffler* ; fúusù *enfler, etc.*
gúm *couvrir, se cacher* ; gúmgúm *se courber, se pencher, se baisser* ; kúmsì, kumsum, kúusí *replier une étoffe ou la main sur qqch.* ; kùŋkùnì *s'incliner, se ployer, etc.*
gúndè *ventre, intérieur* ; kúná *intérieur, dedans, etc.*
gùrì *amulette* ; gùrì *nouer, attacher avec un nœud* ; gùrà *dune, etc.*
jérè *côté* ; jere *s'adosser, s'appuyer contre qqch.* ; céróẃ *côté, flanc, etc.*
káŋkám *serrer, presser, contraindre* ; kóm *enlever de force, etc.*
kòomá *bosse de naissance,* kóomá *termitière,* kóomà *faucille, etc.*
kóosú *racler, gratter* ; kósì *se brosser les dents* ; kùskùsù *agiter, secouer,* gàasù *gratter le sol* ; kókósé *peler* ; kósú *arracher, cueillir, sevrer* ; kàsàmà *gale, etc.*
ŋkóró *bassin, etc.* ; honkoro *coude*
kùfú *poumon, écume* ; kúmfù *faire de l'écume, de la mousse, etc.*
lábú *attacher avec une corde* ; lèfì *coincer qqn., etc.*
mùsèy *masser, pétrir* ; màasù *curer, enlever en grattant, etc.*
ɲókò *coïter* ; ɲóogò *faire bouger, etc.*
séséré *aligner* ; sésérí *fil de fer, chaîne, etc.*
sòkù *trotter* ; sooko *piler des épis, etc.*
táabú *plier* ; dáabù *fermer, enfermer,* tèw *lanière, etc.*
wìndí *concession* ; wìndì *tourner autour de* ; wìllì *tourner sur soi-même, etc.*
zífà *piocher* ; zèbù *raboter, écorcher, etc.*
zóorú *défricher* ; zéerí *rayer, tracer des lignes* ; zìirì *limer, frotter, etc.*
Etc.

Généralement, face à un tel inventaire – qui n'est qu'illustratif – il est possible de faire correspondre dans les langues comparées des formes manifestant un certain parallélisme. Mais ce parallélisme est le plus souvent « global » et reste « approximatif ». Dans le premier état de la comparaison il serait illusoire de préjuger de sa signification : imaginer identifier là des filiations linéaires, des étymologies ou des rapprochements termes à termes que le croisement attendu / supposé des dynamiques ci-dessus mentionnées à propos de la constitution des structures clivées rend potentiellement inaccessible ou, à l'inverse, nier la réalité et la matérialité du phénomène en ne le référant uniquement qu'aux effets « malencontreux » de la subjectivité du chercheur est toutefois insuffisant. L'aspect à la fois *massif* et *problématique* du phénomène demande l'introduction d'un questionnement spécifique auquel il est important de s'attacher afin de trouver quelques éléments de réponse concernant l'évolution des langues, *qui ne soient pas* le simple « décalque » d'une démarche comparative renvoyée aux seuls principes de la généalogie des langues[424] ou bien à l'inverse, l'élémentaire application d'une prospective quantitative globale ignorant des dynamiques internes susceptibles d'articuler le matériau de ces langues.

Remarques complémentaires sur les « emprunts arabes ».

Le lexique le plus « apparemment » chamito-sémitique que l'on puisse identifier en songhay (et qui a toujours été reconnu comme tel) est celui qui résulte des « récents » emprunts arabes ; il concerne les vocabulaires bien connus de la religion, de l'organisation socio-politique, de la culture et des activités commerciales. Par ailleurs, il est caractérisé par une très grande diffusion dans l'ensemble des langues de la zone sahelo-saharienne et le travail d'inventaire effectué sur ce thème est déjà important (cf. Baldi, 1993)[425]. La comparaison dialectologique entres les langues songhay montre – sans surprise – une plus forte présence de ce lexique dans les régions urbaines : Tombouctou, Gao ou Jenné ; il faut donc s'attendre à devoir distinguer entre différentes strates du vocabulaire référé au chamito-sémitique et tout particulièrement entre ces « emprunts arabes » et un éventuel fonds lexical chamito-sémitique plus « ancien ». Toutefois la distinction n'est pas aisée car il n'y a pas une strate homogène d'emprunts arabes mais une stratification d'emprunts et de ré-emprunts[426]. Certaines entrées sont stables et largement diffusées, d'autres ne sont attestées que dans quelques dialectes. On relève aussi des variations interdialectales internes au songhay (**hóndí, wóndíyó, wándíyó** « *jeune fille* » (**ʔnt**)) ou encore des différences de cheminement dans

---

[424] Bien évidemment, c'est ce même phénomène qui est parfois abordé en rapport avec d'autres pertinences (et laissé au bord) lorsque l'on parle de morphosémantismes et autres formes génériques, cf. Guiraud (1967), Nicolaï (1990).

[425] Au plan pratique, et sauf pour quelques cas, dont les exemples du type **lóomà** sont une illustration, je retiendrai comme « emprunt arabe » les unités lexicales déjà retenues comme telles par Baldi dans ses différents travaux

[426] Cf. les remarques de Jullien de Pommerol (1997) concernant la stratification du lexique arabe tchadien. On peut aussi supposer que certains des traitements phonétiques différenciés que Baldi (1994 : 14) a identifié pour les emprunts arabes en songhay sont le résultat d'une stratification des emprunts (cf. **alḫaima** *tent* = **léemà** *ombrelle* ⇔ **alḫamīs** *jeudi* = **àlkàmíisá** ⇔ **al-aḫbār, al-ḫabar** *news* = **àlhàbáarù**).

l'introduction des unités arabes et une dispersion des origines (**múrêy, array** « *négliger, s'aviser* » (**rˀy**) ; **àlbésèl / albasa(l) / àlbásàn / albazar** « *oignon* » (**bṣl**)). Ces formes sont souvent l'objet d'une pression normative particulière ce qui peut expliquer en partie qu'une même unité soit souvent représentée par plusieurs variantes lexicales dans la langue sinon dans un même dialecte.

Cependant tout cela est encore moins simple car la critérologie utilisée pour reconnaître le vocabulaire référé à l'arabe renvoie à des zones de dénomination plus ou moins typées dans lesquelles les références culturelles, religieuses et autres qui guident / accompagnent généralement la reconnaissance des entrées en tant qu'emprunts ou non ne sont pas toujours évidentes. Dans certaines de ces zones la décision (du linguiste) d'interpréter ou non un lexème en tant que « emprunt arabe » devient d'autant plus incertaine que la base de la langue d'accueil est lexicalement chamito-sémitique. Ainsi, par exemple, l'entrée songhay **lóomà** « *bouchée* » référée à la racine **lqm** représente-t-elle un « emprunt arabe » ou une unité du « fonds songhay » ? La réponse était aisée lorsque l'on présupposait que le songhay avait une origine nilo-saharienne mais cette évidence disparaît si l'on peut montrer que ce n'est pas le cas ! L'hypothèse de la possible existence d'une base lexicale chamito-sémitique dans le fonds songhay complexifie donc l'approche puisqu'une distinction établie sur critère sémantique n'est jamais correctement fondée sauf dans les cas limites ; ainsi si l'on admet facilement que **wíddî** « *psalmodier le Coran* », **àlwàlâ** « *ablution rituelle* », **wăazù** « *prêcher, endoctriner* », **àlbárkà** « *bénédiction* », et encore **àlkámà** « *blé* », **àlhínà** « *henné* », etc. relèvent de l'emprunt, on admet moins facilement la même chose pour **bágá** « *casser, crever, détruire, se rompre* », **lóomà** « *bouchée* » et c'est peut-être « indécidable » pour des raisons diverses en ce qui concerne **bàabà** « *père, oncle paternel* ». Dans le même temps les justifications fondées sur la reconnaissance du détail de régularités phonétiques ne sont pas envisageables à ce stade en l'absence de leur mise en évidence préalable[427] et de la certitude, partiellement vérifiée sur le stock des

---

[427] Mais, *a posteriori*, on se demandera pourquoi, si l'hypothèse de l'existence d'un fonds chamito-sémitique ancien est retenue, des entrées comme **àlbárkà**, etc. qui sont tout autant 'religieuses' que 'sociales' ou même **wíddì** devraient « nécessairement » être rapportées au stock des « emprunts arabes » plutôt qu'à ce fonds chamito-sémitique : l'on pouvait probablement se saluer et se souhaiter bonne chance indépendamment de l'Islam, et la racine de **wíddì** ne renvoie pas seulement à une signification religieuse. Autrement dit, certaines entrées que l'on retient comme « emprunts arabes » en raison de leurs caractéristiques sémantiques pourraient tout aussi bien être des entrées du fonds

emprunts arabes non-problématiques, qu'une stratification et une circulation des formes lexicales a effectivement contribué à brouiller une partie des correspondances attendues.

Quant aux critères de proximité géographique (diffusion interne à l'ensemble des variétés du songhay, etc.)[428], ils ne peuvent être que partiellement utilisés : on constate ainsi que le songhay de Tombouctou ou de Gao connaît un nombre nettement plus important de lexèmes d'origine sémitique (cf. **albata** (bṭḫ) « *melon* », **albatani** (bṭn) « *ventru* », **arradu** (rʕd) « *foudre* », **aruman** (rmn) « *grenade* », etc.) ce qui s'explique sans difficulté par le contact et le statut de ces métropoles, mais la certitude se perd dès que les unités concernées s'éloignent des domaines culturels, politiques ou religieux que l'on attribue habituellement à la sphère d'influence arabe ; par ailleurs on constate bien l'existence d'unités « arabes » attestées à la fois (et uniquement) en tombouctien et en dendi (cf. **arradu** // **hàRáádù** « *foudre* », **baasu** // **bàsù** (bṣr) « *regarder fixement* », etc.) or, le dendi est la variété géographiquement la plus éloignée du tombouctien et la plus méridionale de la langue. Il s'ensuit que toute utilisation de critères de diffusion interne concernant l'arabe reste hasardeuse dans un contexte anthropologique où la mobilité est la règle et dans lequel le modèle arabe est fortement valorisé depuis quelques siècles. Il n'est pas non plus exclu de trouver dans l'espace tombouctien des unités lexicales issues du présumé fonds ancien, qui auraient disparu des autres dialectes mais se seraient conservées à Tombouctou, éventuellement en raison du contact plus étroit que les populations songhay et maures de la région entretiennent entre elles.

En ce qui concerne la diffusion externe, c'est-à-dire l'extension d'une entrée lexicale arabe à l'ensemble de la zone sahelo-saharienne et au-delà, elle fonctionne comme un indice pratique d'emprunt tout en demandant à être analysée dans son détail en raison des possibilités d'emprunts et de ré-emprunts relevant d'autres dynamiques de contact[429]. De fait, pour les données « problématiques » c'est plutôt en tant que *résultat* de l'étude que l'on s'attend à des propositions concernant la qualification des entrées étudiées par rapport à l'emprunt qu'en tant que *préalable*.

---

chamito-sémitique ultérieurement restructurées au plan phonétique à travers les contacts récents. Finalement, seule une étude phonétique détaillée permettrait d'aider la recherche.
[428] Fonctionnels lorsqu'il s'agit d'un contact avec une langue dont il n'est pas présumé qu'elle participe du 'fonds' de la langue : le hawsa ou le peul par exemple.
[429] Telle la zone de contact particulière qui concerne le songhay et les langues du mandé nord-ouest, tout particulièrement le bozo et le soninké ; Nicolaï (1984).

Le relevé ci-dessous, tiré de l'*Inventaire comparatif*[430], reprend certaines entrées identifiées comme « emprunts arabes » par Baldi (cf. 1993, 1994, 1997) ; la classification proposée et les commentaires y afférant montrent la diversité des cheminements et l'ambiguïté des décisions d'interprétation.

Emprunts arabes localisés :
Il s'agit le plus souvent d'emprunts concernant des artefacts, des objets ou des produits spécifiques ; en raison de leur nature ils ne sont pas diffusés hors d'une aire culturelle / géographique limitée :

√	sémitique	berbère	couchitique + égyptien	tchadique	extension
kbrt	ar[431] : **kibrīt** *soufre* mghb : **kbrīt** *soufre* arch : **kibrīt** *soufre* chw : **kibrīt** *soufre* gz : **kabārit** *sulphur* har : **kibriit, kirbiit** *allumette*	kbl : **akʷebri** *soufre* tmz : **akubri** *poudre de fusil* ; **lekwbrit** *soufre*	afr : **kibrit, kibriit** *allumette* orom : **kibiriti** *allumette*		shr
songhay occid.		alkirbiti	soufre		

| rmn | ar : **rummān** *grenade* mghb : **rummān** *grenade* arch : **rummān** *grenade* chw : **rummān** *grenade (fruit)* gz : **romān** *pomegranate* har : **rummaan** *grenade* | hgr : **erroummân** *grenade (fruit du grenadier)* kbl : **eṛṛemman** *grenade (fruit)* tmz : **errmman** *grenades (fruits)* | afr : **rummaana** *grenade* som : **rummaan** *melograno (pianta e frutto)* | | knr |
| songhay orient. | | aruman | grenade (fruit) | | |

---

[430] Cf. *infra*, chapitre VI.1.
[431] La signification des abréviations pour les noms de langues se trouve en en-tête de l'*Inventaire comparatif* présenté au chapitre VI.

ṭwm	ar : ṭūm *ail* mghb : ṭwm *ail* arch : tûm *ail* chw : tūm, ṭūm *ail* hsn : ṭowm *ail* gz : **tummā** *garlic* har : **tumma** *ail*	tmz : **ttuma** *ail, gousse d'ail*			ayk
songhay occid.	attum	ail			

bʔz	ar : **al-bāz** *faucon* mghb : **bāz** *faucon* chw : **bāz** *faucon, oiseau de proie* hsn : **bāz** *buse (faucon)*	kbl : **lbaz** *faucon, milan, aigle* tmz : **lbaz** *faucon, buse, rapace*	bej : **bit** *faucon*		
songhay occid.	albaaji		*faucon ; aigle pêcheur*		
songhay orient.	albazi izo		*autour gabar Melierax gabar*		

Emprunts largement diffusés :

    Comme les précédents, ils concernent des artefacts, des objets ou des produits spécifiques mais, indépendamment du vocabulaire religieux, ils désignent aussi des actions, attitudes et comportements humains généraux et montrent souvent une variation dialectale.

bṣl	ar : **al-baṣal** *oignon* mghb : **bṣl** *oignon* arch : **basal** *oignon* chw : **besel, baṣal, bōṣla** *oignon* gz : **baṣal, boṣal** *onion* har : **baḥaro** *oignon (sp.)*	hgr : **elbezar** *oignons séchés et salés* kbl : **abeṣṣal** *faux poireau* tmz : **lbṣel** *oignon* wlm : **albəsəl** *oignon*	afr : **bàsal** (bàsala) *oignons* som : **basal** *cipolla*	hw : **'àlbasàà** *oignon*	peul, shr, md
kaado	àlbásân, àlbésèl	oignon			
songhay occid.	albasal	oignon(s)			
songhay orient.	albasan, albaʃar	oignons			
songhay central	albazar	oignon(s)			
zarma	àlbásàn, albasal	oignon			
dendi	albasa	oignon			

Contexte anthropologico-linguistique

qmḥ	ar : **al-qamḥ** *blé* mghb : **qmḥ** *blé* arch : **gameh** *blé* chw : **gémḥ,** **géméḥ** *blé* hsn : **gemḥ** *blé* har : **qamädi** *blé*	hgr : **elxamra** *espèce de blé* wlm : **ălkăma** *blé*	afr : **kamadi** *blé* orom : **kamadi** *blé, froment*	hw : **'alkamàà** *blé*	shr
kaado		àlkámà	blé		
songhay occid.		alkama ; alkumia	blé ; sorte de froment sauvage		
songhay orient.		alkama	blé		
songhay central		alkamu	blé		
zarma		àlkámà	blé		

ǧwb, ǧb	ar : **ǧāba** *réponse* mghb : **ǧāwb** *répondre* arch : **ǧawāb** *lettre, correspondance, courrier* chw : **ǧāwab** *répondre ; répliquer* hsn : **ǧwāb** *réponse*	kbl : **jaweb** *répliquer* wlm : **ӡăwwăb** *répondre*			
kaado		záabì ; zăabì	répondre à une question importante		
songhay occid.		jaabi	répondre		
songhay orient.		zaabi	répondre		
songhay central		jaabe	répondre, réponse		
zarma		jáabì	conseiller		

fhm	ar : **fahm** *intelligence* mghb : **fham** *comprendre* arch : **fahham** *comprendre* chw : **fehim** *comprendre* hsn : **fhem** *comprendre*	hgr : **efhem** *comprendre* tmz : **fhem** *comprendre, entendre*	afr : **ifhime** *comprendre* som : **fahmo** *intelligenza pronta*	hw : **fàhintàa** *comprendre qqn.*	peul, shr, md
kaado		fàhâm	comprendre		
songhay occid.		faham	comprendre, saisir, discerner		
songhay orient.		faham	comprendre		
songhay central		faham	comprendre		
zarma		fàhâm	comprendre		
dendi		fàhám	comprendre		

frḥ	ar : **faraḥ** *joy* mghb : **fraḥ** *joie* arch : **farhān** *content* chw : **feriḥ** *be se réjouir de* hsn : **vṛaḥ** *se réjouir* gz : **fśḥ, tafaśśəḥa** *rejoice, be merry, enjoy oneself, be comforted* har : **afaaraḥa** *satisfaire, rendre heureux*	hgr : **ăferaha** *gai* kbl : **efreḥ** *se réjouir* tmz : **freḥ** *heureux, content*	afr : **farḥi** *bonheur* som : **farḥaan** *allegro*	hw : **fàra'à** *bonne humeur, bonhomie*	
kaado		fàràhâa̠		être gai	
songhay orient.		farhă		joie	
zarma		fărhè		se réjouir, être gai	
dendi		faRàháá		être gai	

hlk	ar : **halaka** *to perish, to be destroyed* arch : **hilik** *faire périr* chw : **halak** *périr* hsn : **hlək** *anéantir, périr* gz : **hagʷla** *be lost, be destroyed, perish, be deprived of*			hw : **halàkā** *détruire*	peul, md
kaado		hèlécì		détruire	
songhay occid.		halaci		abîmer, détruire	
songhay orient.		halaci		détruire	
songhay central		halaki		être détruit	
zarma		hàlcì ; hálícì		être gâté, être un vaurien ; gâter	
dendi		hàlàcì		gâter	

nwy	ar : nīya *intention* arch : niye *volonté, intention ferme, décision, appétit* hsn : niyye *désir, projet, intention, but* har : niya *intention*	hgr : ennyet *bonne foi ; bonne volonté ; volonté* kbl : enwu *avoir l'intention de* tmz : anwu *intention, souhait*	afr : niya *cœur, siège des affections, volonté, souhait* orom : hinafa *envie* som : niyo *intento* égyp : nḥj *souhaiter* ; ḥna *le souhait, le désir*	hw : niiyàà *intention*	wlf, shr, son, ayk
kaado		hàní ; hànnîi	avoir l'intention de..., se proposer de ...		
songhay occid.		annia	simplicité ; franchise		
songhay orient.		anniya ; aŋŋa	avoir l'intention de		
songhay central		anniya / annya	intention		
zarma		ànníyà, níyà	avoir la volonté de faire qqch.		
dendi		nííyà, niya	élan, désir		

ḥyl	ar : ḥwl, ḥyl (III) *ruser ; ḥīl-at ruse* mghb : ḥyl-aī *rusé* arch : ḥīle *ruse, tromperie, stratagème* chw : ḥila, ḥila *ruse, stratagème* hsn : ḥīle *ruse, astuce* gz : ḥallaya *consider, think, ponder, keep in mind, meditate, look after someone*	hgr : ehli *maladroit* kbl : aḥili *malin* tmz : aḥili *rusé, malin*		knr : aria *feindre*
kaado		híilè	feindre, ruser ; tromper, escroquer	
songhay occid.		hiila ; alhiila	tromper ; ruse	
songhay orient.		alhiile ; alhiila	faire la ruse ; tromperie, stratagème	
songhay central		hiila	tromper	
zarma		híilà	tromper	
dendi		hììlè ; hììllì	pêcher ; tendre une piège	

lym	ar : **laimun** *citron vert* mghb : **līmūn** *oranges* arch : **lêmūn** *citron* chw : **līm** *citronnier* hsn : **leymūn** *citron*	kbl : **llim** *citron* tmz : **llimun** *oranges, citrons, orangers, citronniers*	afr : **leemun** (**leemuùnu**) *citron* orom : **lomi** *citron, orange*	hw : **lèèmoo** *citron, citronnier*	wlf, shr, md
kaado		**lèemú**	*citron, orange*		
songhay occid.		leemun, leemur	*citron, orange*		
songhay orient.		leemur	*citron ou orange*		
songhay central		leemburu ; leemuru	*fruit, agrume*		
zarma		làymún ; lèemú	*citron, orange*		
dendi		leemunu ; léémò / léémù	*citron*		

sll, slsl	ar : **silsila** *chaîne* mghb : **slsl** *attacher à l'aide de chaînes* ; **syr** *lanière, lacet* chw : **sirsir, selsela** *chaîne* hsn : **səlsle** *chaîne (sens concret et abstrait)* gz : **sansala** *chain, link* har : **sinsilät** *chaîne*	hgr : **ésesser** *chaîne (en métal quelconque)* kbl : **asaru** *tresse plate, ceinture*			
kaado		séséri ; sìsìrí	*fil de fer, chaîne*		
songhay occid.		sasar	*chaîne en fer*		
songhay orient.		seseri / ʃeʃeri	*fil de fer*		
zarma		sìsìrí	*chaîne, fil de fer*		
dendi		sìsìrí	*fil de fer*		
dendi		síísííRì / séésééRì	*chaîne*		
kaado		sèrì	*chicotte, baguette*		
songhay occid.		sori	*gaulette que l'on tient en guise de canne à main*		
songhay orient.		ʃeri ; sori	*baguette, tige mince ; gaulette que l'on tient en main en guise de canne à main*		
songhay central		saru	*fouet, cravache*		
zarma		sàrì	*baguette, chicotte*		
dendi		sàì	*chicotte*		

Stratifications d'emprunts.

Un certain nombre d'emprunts montrent par des différences dans leurs formes qu'ils relèvent de processus d'intégration indépendants et suggèrent une stratification d'emprunts impliquant des distinctions sémantiques stabilisées :

r?y	ar : **r?y** be mindful, be regardful ; **rāʕā** show regard (for) ; **ra?y** (III) feindre, (dis)simuler chw : **ariya** inciter *(dans un mauvais sens)* ; **r̄iya** *hypocrisie* hsn : **r̄āy, ar̄āy** *conseil, avis*	kbl : **amrayi** *partial, capricieux* tmz : **mraya** *se flatter réciproquement*			
kaado		múréy ; múrêy	être lent à faire qqch. ; négliger		
songhay occid.		muray	faire semblant de ne pas entendre ou comprendre		
songhay orient.		murey	faire exprès ; être fâché en silence, bouder ; simuler, jouer un personnage		
zarma		múráy ; múràγ	s'aviser ; négliger		

songhay occid.	arrami	adroit tireur, habile à la lance ou au fusil
songhay occid.	arraya	conseil, avis, secret

D'autres variations potentielles sont plus problématiques ; ainsi les deux entrés connues pour « henné » pourraient renvoyer respectivement à une source arabe et à une source berbère :

ḥn?	ar : **ḥinnā?** *henné (Lawsonia inermis)* mghb : **ḥ-nn-at** *henné* hsn : **ḥənne** *henné* gz : **ḥənnā** *henné* har : **ḥinna** *henné*	kbl : **lḥenni** *henné (bot.)* tmz : **lḥenna, lḥenni** *henné* wlm : **əhinna** *hénné* hgr : **anella** *arbuste appelé en français henné* wlm : **ənəlla** *hénné*		hw : **lallèè** *hénné*	peul, shr, md
kaado		àlhínà, lélé	henné		
songhay occid.		alhinna, hinna	henné		
songhay orient.		alhina, alhinna	henné, Lawsonia inermis		
songhay central		alhin(a)	henné		
zarma		làllé, àlhìnnà	henné		
dendi		làllé	henné		

Une entrée comme la suivante, dont l'extension est limitée en songhay pourrait « doubler » l'entrée **hḗḛ** « *pleurer, gémir* » bien connue dans toutes les langues du groupe. L'hypothèse que **hḗḛ** soit une forme sémitique ancienne et **àlhêm** un emprunt plus récent est peut-être envisageable (d'autres formes sémitiques référées au songhay pourraient illustrer la perte d'une première radicale 'l' ; cf. *lḥm* : **hâm**$_{Sgh}$ « *viande sans os* »). Toutefois, en rapport avec **hḗḛ**$_{Sgh}$, il ne faut tout simplement pas oublier la connotation onomatopéique sous-jacente à cette entrée, que l'on trouve aussi en arabe : **ahha** « *gémir se plaindre ; tristesse, affliction, douleur* » !

ʔlm	ar : **alam, ālām** *souffrance* mghb : **alm** *souffrance* hsn : **hemm** *souci, préoccupation*	hgr : **elhem** *souci, tristesse, chagrin ;* **haall** *pleurer bruyamment en sanglotant* kbl : **lhemm** *peine, inquiétude ;* **mmel** *pleurer, pleurnicher* tbk : **ălh** *pleurer* tms : **əlhəm** *colère calme et silencieuse* tmz : **all** *pleurer, verser des larmes*	bej : **ham** *hennir* ———— égyp : **hʔmw** *la peine*	musgoy : **haŋ** weep daba : **hàn** weep gidar : **hum** weep
kaado		àlhém	geignement
songhay occid.		alhem, alhim	inquiétude
songhay orient.		alhem	sentiment d'impuissance, tristesse, mélancolie

Certains emprunts ponctuels, tel le songhay occid. **albarima**, s'insèrent dans une structure lexicale préexistante ; celle-ci relève probablement de la même « matrice ancienne » et contribue ainsi à *accentuer* sa stratification en rapport avec une forme générique potentielle :

| brm | ar : **bārim** rope, string, cord, twine
mghb : **brm** rouler, tresser
arch : **baram** tourner, retourner, rouler qqch.
chw : **baram** tourner, visser, tordre
hsn : **baṛṛam** retourner ; **bṛam** tordre (du fil) | kbl : **beṛṛem** tordre
tmz : **beṛṛem** tourner, retourner ; **bṛem** tortiller (trans.), tordre, torsader | bej : **bi'inan** roll in the dust
égyp : **bbn** ramper (pour les serpents) | | wlf, shr, md |

songhay occid.	albarima	vrille ; vilebrequin

kaado	bìlîm	se rouler par terre
songhay central	bilam	ramper
zarma	bìilîm bìilîm	une personne ou un animal qui traîne à même le sol

songhay occid.	bilim-bilim	rouler, se rouler par terre, etc.
songhay orient.	bilim-bilim	se vautrer, se rouler par terre
dendi	bilimbilim	faire rouler

kaado	fálâŋ	se traîner à quatre pattes, ramper
songhay occid.	faalam / filem	ramper sur le ventre
dendi	fáRáŋá	marcher à quatre pattes

songhay occid.	fanaa	ramper sur les genoux et les mains
songhay orient.	fanam	marcher à quatre pattes (enfants)
songhay central	fanni	ramper, marcher à quatre pattes
zarma	fánán ; fànàn ; fanaŋ	se traîner à quatre pattes
dendi	fánán	ramper

Certaines formes encore sont *données* pour des « emprunts arabes » grâce au hasard de leur identification, mais compte tenu de l'émergence de l'hypothèse d'un fonds chamito-sémitique en songhay cela a perdu de son évidence et devrait être justifié par des études complémentaires :

byn	ar : **bayān** explication, **byn** (II) mghb : **bān**, **byān** paraître, apparaître arch : **bān** apparaître, être vu, devenir visible ; **bayyan** déclarer, faire connaître, dévoiler, révéler, avouer, confesser hsn : **bān** sembler, paraître, devenir clair gz : **bayyana** discern, distinguish, remark, pay attention, notice, recognize, consider, demonstrate	wlm : **əbyəy** critiquer ; **abayăk** critique		hw : **bayyànaa** expliquer, révéler	shr
kaado		béy	connaître		
songhay occid.		bey	savoir ; connaître		
songhay orient.		bay, bey	connaître, savoir		
songhay central		bey	savoir, connaître		
zarma		báy	savoir, comprendre qqch.		
dendi		béyˁ	savoir, reconnaître, connaître		

Ce même problème concerne certainement aussi une partie des « emprunts arabes » précédemment mentionnés tels que **fàhâm**, **fàràhâ̰a̰**, etc.

Reprises.

Sur l'hypothèse de l'apparentement du songhay.

Les données lexicales ici retenues et dont on trouvera le détail dans l'*Inventaire comparatif* présenté dans la troisième partie de cet ouvrage confirment l'hypothèse avancée au début du chapitre sur la base de la critique des travaux existants : que la proposition concernant l'apparentement du songhay au nilo-saharien ne saurait plus être conservée, si l'on entend 'apparentement' dans son acception classique de filiation généalogique et par 'nilo-saharien' une famille (ou un *phylum* à vocation de famille) de langues généalogiquement apparentées organisées selon un schéma arborescent. L'analyse des données lexicales à laquelle j'ai procédé a tendanciellement orienté vers une recherche d'hypothèses où l'importance du poids lexical chamito-sémitique trouverait une explication. On a montré que ce lexique potentiellement chamito-sémitique est important et qu'il n'est pas uniquement confiné aux emprunts arabes ou à des effets ponctuels de diffusion à partir des langues de contact, qu'il touche un vocabulaire central et qu'il concerne non pas des unités lexicales isolées mais des champs lexicaux dans toute leur complexité et souvent dans le détail de leur structuration (cohérences lexicales et structures clivées). *Son étude précise devient un nouvel « objet » et* **reste à faire** afin – si possible – d'élucider la question de savoir de quelle(s) base(s) le rapprocher car, en l'état, dans de nombreux cas, ce lexique à fonds chamito-sémitique reste plus proche d'une base indéterminée ; c'est parfois directement à des racines sémitiques anciennes ou à des formes éthio-sémitiques, voire couchitiques ou égyptiennes, que certaines des unités qui le composent peuvent être utilement comparées, ce qui est le symptôme de l'importance de la stratification qui le caractérise et suggère la nécessité d'une reprise de l'étude de l'ensemble des comparaisons lexicales dans cette nouvelle perspective.

De même le groupe des langues tchadiques étant voisin et bien établi dans l'espace négro-africain on aurait pu penser que si une relation au domaine chamito-sémitique devait être retenue alors elle marquerait un rapport plus étroit avec le tchadique qu'avec le sémitique ou le couchitique. Or, dans l'état actuel des connaissances, cela ne semble pas être vraiment le cas : à part certains emprunts arabes éventuellement passés par le hawsa et/ou des emprunts récents plus ou moins spécifiques les lexèmes songhay partagés par les langues tchadiques et sémitiques semblent souvent être plus proches du sémitique que du tchadique. Il faudrait aussi probablement tenir compte – et se serait l'objet de travaux futurs – de l'existence potentielle de processus d'interférence tels ceux auxquels font référence Jungraithmayr & Ibriszimow (1994. I : XII) dans leur approche comparative des langues tchadiques pour expliquer le peu d'homogénéité lexicale qui les caractérisent en soulignant, entre autres choses, la faiblesse du degré de parenté lexicale (selon les calculs lexicostatistiques) entre le hawsa et le tangale (environ 20%) ou encore entre le sura et le migama (environ 26%). Mais le songhay n'a pas été marqué par une différenciation lexicale de cette nature ; il est aussi probable qu'il ne résulte pas du même mode de formation et que ses fonctions sociolinguistiques ont conduit à un autre type de modelage.

La conclusion de ces considérations, c'est que, sous réserve d'approfondissements, le songhay pourrait bien apparaître non pas comme un simple post-créole à base touarègue restructuré dans le moule des langues mandé ainsi que je le suggérais dans mes premières tentatives mais comme le résultat de l'évolution complexe d'une *lingua franca*, d'une variété véhiculaire ancienne de langue (dont la nature précise, berbère, sémitique plus ou moins ancien, éthio-sémitique ou autre, est encore à établir). Cette variété, pas nécessairement homogène elle-même, probablement simplifiée, se serait stabilisée après que des populations originellement de langue non-sémitique et non-chamitique se la fussent appropriée. Les deux hypothèses que j'ai précédemment suggérées sont possibles et ne peuvent pas être départagées à ce stade :

- soit une *lingua franca* disparue en tant que telle, après avoir eu une action modificatrice importante aurait très fortement relexifié une autre langue régionale existante, constituant ainsi le songhay[432] ;
- soit la *lingua franca* en question était ce qui est aujourd'hui le songhay. Dans ce cas, ce serait tout simplement la nativisation de cette *lingua franca* qui aurait constitué le songhay.

Dans ces conditions, on comprend mieux l'existence des entrées lexicales, culturelles ou « fondamentales » qui relèvent de l'ensemble des langues Niger-Congo et qui sont attestées en songhay. Parallèlement, le partage des structures typologiques propres aux langues mandé est un indice de l'origine des populations ayant « nativisé » le songhay[433]. On

---

[432] Mais peut-être aussi d'autres langues dans le même cadre régional.
[433] Tout en refusant de m'avancer dans l'hypothèse, il est vrai que si les propositions que je développe à propos du songhay sont justifiées, alors le statut du mandé lui-même (tout au moins du mandé nord-ouest) pourrait s'en trouver modifié ! Mais cela, c'est aux « mandéisants » d'y réfléchir ! Je remarque avec intérêt que, au-delà des emprunts arabes

parlera de *nativisation* pour la langue, pour les populations on parlerait probablement *d'ethnicisation*. Les ethnies, comme les langues ne se constituent pas nécessairement dans une filiation généalogique, elles peuvent très bien ne pas se *dériver* mais se *construire*. Et éventuellement, se doter *a posteriori* d'une « histoire ». Du point de vue linguistique, la structure typologique du songhay, sa parenté culturelle, sémantique et lexicale mais aussi morpho-syntaxique avec les langues mandé du nord est peut-être (probablement ?) l'exemple d'autre chose que d'un phénomène de convergence linguistique et il ne correspond pas nécessairement à celui que l'on retient sous le terme de *Sprachbund*[434], bien que le contact continu puisse accentuer cette convergence et finalement *surimposer* au phénomène existant une dynamique de *Sprachbund*.

Une telle hypothèse de constitution de langue est cohérente avec les critères généralement reconnus pour le développement de pidgins stabilisés (Stewart, 1968 : multilinguisme préexistant, asymétrie sociale entre les groupes en contact et différence importante entre les langues du contact), de même qu'elle rend compte de la parenté lexicale concernant le vocabulaire fondamental, alliée à l'impossibilité (la difficulté ?) d'établir correctement des correspondances phonétiques strictes.

Corrélativement le statut de langue véhiculaire qui est encore aujourd'hui celui du songhay, la diversité anthropologique des populations qui l'emploient, la cohérence de cette réalité avec ce que l'on sait par ailleurs du monde médiéval africain sont des indices historiques en accord avec cette hypothèse[435], laquelle peut aider à comprendre trois faits :

1. *la diversité que j'ai précédemment mentionnée concernant les sources chamito-sémitiques.* En effet on peut s'attendre à ce qu'une probable *lingua franca* à base chamito-sémitique fonctionnant en tant qu'outil de communication entre l'Afrique « blanche » et l'Afrique

---

manifestes, certaines des reconstructions proto-mandingues de Vydrine portent sur des unités qui concernent aussi le songhay et le chamito-sémitique. Ce qui fait pencher pour des relations anciennes, sans impliquer pour autant la nécessité d'une relation généalogique !

[434] Je retiens sous ce terme les effets de convergence résultant d'un contact spécifique dont un bon exemple peut être trouvé dans l'aire de convergence qui caractérise les Balkans. La référence initiale est Troubetzkoy (1931), traduite par Cantineau comme '*alliance de langues*'.

[435] On notera enfin ce fait que, sauf par leur perduration, les langues *ne laissent pas de trace*. Par exemple, en l'absence de documents historiques il y a peu de chance que la réalité de la *lingua franca* méditerranéenne ait pu être autre chose qu'une hypothèse. Remarquons enfin que la « langue », en tant qu'allant apparemment de soi, est (sauf exception) l'une des dernières choses auxquelles les descripteurs et voyageurs s'intéressent. La culture, les mœurs, l'économie, la politique, etc. ont généralement la primeur des descriptions.

« noire » ait intégré les différents apports lexicaux que son usage aura nécessité : du couchitique à l'égyptien ; de l'arabe au berbère. Les données connues sur la *lingua franca* méditerranéenne nous donnent l'exemple d'une variabilité lexicale dans le temps (vénitien, génois, provençal, etc.) qui souligne une dynamique proche et des cycles pouvant être relativement rapides.

2. *l'importance de la diffusion lexicale concernant le vocabulaire chamito-sémitique partagé entre le songhay et les langues négro-africaines voisines*. Si une (utilisation de l'arabe, du berbère ou d'une autre variété X en tant que) *lingua franca* telle celle dont je fais l'hypothèse ici a effectivement existé alors il faut s'attendre à ce que de nombreuses entrées de son lexique aient été incorporées dans les langues voisines du mandé nord-ouest tout autant que dans le wolof, le saharien et bien d'autres, y compris les langues « réellement » nilo-sahariennes ! Une telle dynamique peut être l'explication de l'importance du lexique « ancien » et partagé que montre l'étude de la diffusion lexicale dans l'ensemble de l'espace géographique ouest-africain ; et c'est effectivement ce que l'on constate, que ce soit en peul, en wolof et tout aussi bien dans de nombreuses langues qui n'ont pas un contact direct avec le songhay. Cela permet aussi de rendre compte des rapprochements qui ont pu être faits avec le mandé ou le tchadique et que j'ai mentionné au début de ce travail (cf. Creissels, 1981 ; Nicolaï, 1977, 1984 ; Mukarovsky, 1987 ; Zima, 1988).

3) La « morphologisation » de la forme pidginisée dans les cadres typologiques prédominants de l'espace mandé *versus* la « lexification » d'une forme de langue mandé (cf. Creissels, 1981 ; Lacroix, 1969 ; Nicolaï, 1977, 1984, 1990, pour des remarques sur la présence de morphèmes référés au mandé).

On s'attendra à ce que ce ne soit pas par de nouvelles hypothèses *a priori* mais par un travail méticuleux et attentif concernant *l'ensemble des données lexicales disponibles*[436], leur stratification, le clivage de leurs formes et leur diffusion que l'on puisse préciser, croiser et justifier ou contre-argumenter des propositions explicitant le détail de cette hypothèse initiale. Concrètement il y a un important travail d'analyse à faire en ce qui concerne ce qui pourrait être identifié comme un fonds lexical ancien :

---

[436] Cf. ma note précédente sur les « risques » de modification à propos du statut du mandé. On remarquera ici que l'évolution des recherches pourrait tout aussi bien donner un « sens nouveau » à certaines des intuitions de Mukarovsky ; qui a souvent été une référence « écartée ».

- appréhender le plus exhaustivement possible son détail (domaines de dénomination, champs lexico-sémantiques, etc.),
- analyser autant que faire se peut les potentialités de régularités phonétiques susceptibles de le caractériser,
- rechercher s'il existe des ressources lexicales qui fourniraient des indices pour des hypothèses plus ou moins locales « d'origine » et inventorier la présence de caractéristiques susceptibles de les conforter (importance et nature des formes sémitiques, éthio-sémitiques *mais aussi* de l'ensemble des autres familles de langues appartenant au chamito-sémitique ; existence ou non d'un rapport à définir avec les langues couchitiques, etc.),
- analyser systématiquement le vocabulaire partagé avec les langues subsahariennes voisines (de l'Atlantique à la Mer Rouge).

Parallèlement, il devient important d'appréhender le plus concrètement et précisément possible les dynamiques structurales générales identifiables dans l'espace de convergence mandé-songhay ; y compris l'inventaire de leurs effets à travers des formes génériques potentielles.

Sur le nilo-saharien.

La conséquence de cette étude qui débouche sur l'exclusion du songhay de l'ensemble des langues dites nilo-sahariennes conduit aussi à d'autres problèmes et tout particulièrement à reposer la question de l'existence du nilo-saharien en tant que famille généalogiquement apparentée. Je n'ai pas de compétence pour procéder dans ce domaine à une analyse détaillée telle celle que j'ai faite pour le songhay et je ne la tenterai pas. Toutefois les remarques qui suivent me semblent justifiées :

- il est évident qu'il existe dans l'ensemble nilo-saharien des groupes de langues généalogiquement apparentées pour lesquelles la relation qui les lie est indiscutable ;
- il est probable qu'un certain nombre de rapprochements tendant à lier ces groupes sont beaucoup plus discutables et l'exemple du songhay en fournit le cas d'école ;
- il n'est pas évident que certains des rapprochements intentés pour lesquels les liens peuvent être discutés ne traduisent pas, tout simplement, des apparentements qui ne peuvent pas être généalogiquement dérivés.

Dans ce dernier cas on en revient à la notion générale de *phylum* que Bender a prudemment conservée, sous réserve de mieux préciser ce que l'on veut bien entendre par là : on peut très bien concevoir en effet un espace nilo-saharien défini comme l'entrecroisement de familles et sous-familles généalogiquement apparentées, culturellement, sociolinguistiquement et linguistiquement re-combinées dans un *espace médian* où cet ensemble se redéfinit.

Si l'existence d'un véhiculaire ancien à base lexicale chamito-sémitique comme matériau de formation du songhay se vérifie (quelles que soient les hypothèses sur sa forme exacte) alors c'est une partie importante de l'édifice nilo-saharien qui se fragilise. En effet sans remettre en cause pour autant la cohérence des groupements nilotiques, sara-bongo-baguirmi, etc., le *lien global* articulant l'ensemble pourrait se défaire tandis que d'autres liens potentiels seraient reconnus.

L'étude générale de la diffusion lexicale devrait aussi permettre de montrer les traces de l'importance et de l'extension de ce supposé véhiculaire dans l'espace occidental (cf. mandé, atlantique) et d'avancer des hypothèses sur la nature, la force et l'importance des contacts manifestés dans cet espace sahelo-saharien. Dans cette perspective les recherches sur la stratification lexicale et les dynamiques de restructuration sont une aide, et la reconnaissance d'un nombre non-négligeable de formes partagées avec des groupes importants comme le saharien ou des groupes limités comme le maban et d'autres petites entités linguistiques de l'espace sahelo-soudanais, par exemple, pourrait aussi fournir des indications de recherche utiles.

Contre-plongée méthodologique.

Enfin, avant de conclure ce volet, quelques remarques s'imposent encore. J'ai, au début de ce travail, stigmatisé une pratique de recherche qui, partant d'une hypothèse *a priori* insuffisamment étayée, se trouvait précontrainte et déterminée dans ses résultats par la limitation des données, non pas « disponibles » mais « choisies » ; c'est la raison pour laquelle je me suis continûment intéressé à la diffusion potentielle des entrées lexicales retenues, ce qui m'a ouvert l'horizon vers les ressources chamito-sémitiques et les hypothèses y afférant.

Mais cette même *discipline* doit *aussi* s'appliquer à ma propre approche : c'est ainsi que l'on doit se poser la question de savoir si cet accent que j'ai conjoncturellement mis sur les données lexicales sémitiques et berbères et le déséquilibre qui en résulte ne risque pas, *à son tour*, de précontraindre les résultats auxquels je suis parvenu, et de prédéterminer mes hypothèses !

Je soulignerai quelques faits importants :

1) en ce qui concerne le tchadique, mes données sont très limitées, ainsi je n'ai utilisé que trop ponctuellement les ressources de Jungraithmayr & Ibriszimow (1994), or une recherche plus soutenue, menée dans le cadre d'une collaboration systématique aurait certainement conduit à des résultats mieux affirmés : un travail complémentaire effectué par les spécialistes de ces langues serait donc utile pour moduler les résultats que j'atteins aujourd'hui.

2) Je n'ai que très superficiellement exploré le domaine des langues Niger-Congo : la référence au mandé est trop spécifique et celle au « bantou commun » est trop générale[437]. Des compléments d'étude intégrant davantage de langues de ce domaine rectifieraient probablement l'équilibre des données utilisées qui, en tout état de cause, penche très (trop ?) favorablement en faveur des ressources chamito-sémitiques. Cela ne veut pas du tout dire que les résultats s'en trouveraient fortement changés mais, indépendamment de ce à quoi l'on pourrait aboutir, les hypothèses, elles, s'en trouveraient certainement mieux confortées et plus assurées.

3) En tout état de cause, l'étude du domaine mandé devrait aussi être davantage élaborée : c'est ainsi que, par exemple, si l'on retient les critères typologiques aréaux[438], l'existence d'une frontière aréale distinguant le mandé nord-ouest du reste du domaine mandé pourrait avoir son importance ici. Autant de faits dont l'analyse aiderait à appréhender la stratification dont nous devons supposer l'actualisation pour mieux comprendre l'état linguistique auquel nous avons affaire.

4) Enfin, il y aurait encore à reprendre l'analyse dans le reste de l'ensemble dit « nilo-saharien » ; et cela dans une perspective plus ouverte intégrant la dimension du contact des langues et les données anthropologiques potentiellement disponibles. Comme je l'ai suggéré, le questionnement concernant de grands ensembles comme le saharien me semble aussi pouvoir être ré-ouvert tandis que l'étude de petits groupes tels le maban devrait être très informative. Parallèlement, l'analyse des apports lexicaux avec le bloc des langues nilotiques mériterait une nouvelle attention[439].

---

[437] Cf. *infra*, chapitre II.1, mes 'Remarques sur l'utilisation des références du « bantou commun »'.
[438] Vydrine (2001b).
[439] On conçoit donc, ainsi que je le suggérais *supra*, que c'est en termes de travail d'équipe et de recherches en collaboration que pourraient se poursuivre le plus utilement les approches futures. Les recommandations de Tubiana (1974 : 80) « *Il est très imprudent de se risquer à des comparaisons entre langues dont on n'a pas une connaissance directe par l'étude et par la pratique... Il convient de solliciter l'avis des spécialistes* » sont toujours d'actualité.

IV.3. Volet numéro 3. Stratifications.

J'ai rappelé dans le premier volet de ce chapitre que le songhay est caractérisé à tous les niveaux de sa structure par des traits partagés avec les langues mandé et tout particulièrement avec celles du mandé nord-ouest, au point de parler d'aire de convergence (cf. Heine, 1970 ; Nicolaï, 2000b). Il n'en reste pas moins, ainsi que la présentation de la diversité dialectale l'a suggéré, qu'il s'est différencié dans cet espace et l'étude de cette différenciation est importante pour comprendre sa genèse, reconnaître ce qui est un trait ancien ou une évolution récente, etc. Je vais m'intéresser à certains faits d'évolution interne et à quelques parallélismes avec le mandé en tentant d'appréhender – au titre d'une typologie des dynamiques linguistiques – ce qu'ils permettent de dire en rapport avec le cadre régional dans lequel les langues de ce groupe linguistique s'insèrent ; car si ces phénomènes impliquent tous le préalable d'un contact de langues, ils n'en sont pas moins susceptibles d'être distingués au travers d'une stratification qui résulte à la fois de l'histoire et de modalités de fonctionnalisation sociolinguistique de la langue dans ce contexte particulier. Je m'appliquerai à montrer que les homologies que je retiens ne résultent pas d'un « seul » contact initial ni d'un simple effet de frontière et qu'il ne s'agit pas de les traiter dans un procès unique sous peine de les oblitérer / masquer. Toutefois, avant d'entrer dans le détail, je rappellerai les points essentiels de ma présentation concernant la morpho-syntaxe et la situation sociolinguistique de la langue.

L'espace dialectal.
- *Le songhay-zarma.* Il connaît une dérivation suffixale et possède des procédés de composition et de réduplication très actifs, la détermination des substantifs et la pluralisation se fait par suffixation de morphèmes, la détermination génitive suit l'ordre {Complétant + Complété}, inverse de celui qui est retenu pour les syntagmes qualificatifs. L'énoncé prédicatif verbal transitif est massivement du type {S-Aux-O-V}. Le système verbal se fonde sur une opposition d'aspect et il existe une conjugaison positive et une autre négative marquée sur l'auxiliaire. Enfin il ne possède ni système d'alternance, ni morphologie complexe impliquant des classes verbales, des paradigmes de conjugaison ou des classes nominales[440].
- *Le songhay occidental.* Il se distingue du précédent par une organisation de l'ordre syntaxique des constituants de l'énoncé verbal transitif qui est

---

[440] Les structures du songhay-zarma représentent probablement ce qui est le plus proche d'une forme ancienne de la langue car celles des autres groupes attestent d'importantes innovations, ce qui ne l'empêche pas d'avoir « innové » lui aussi. Mais cette question sera aussi débattue ici, à propos de l'ordre {S-Aux-O-V}.

de la forme {S-Aux-V-O} ; il connaît aussi un système de détermination des substantifs qui résulte d'une restructuration par rapport à l'état ancien que possède toujours le songhay-zarma mais qui s'organise selon le même ordre {SN + Postposition}.

- *Le dendi*. S'il suit l'ordre {S-Aux-O-V} du songhay-zarma, il connaît aussi une restructuration du système de la détermination des substantifs qui conserve l'ordre {SN + Postposition}, toutefois cette restructuration est différente de celle attestée par le songhay occidental. Il est également caractérisé par des modifications importantes du système des pronoms et des morphèmes verbaux et l'on doit noter qu'il a subi une évolution fortement divergente au plan phonologique.

- *Le songhay septentrional*. C'est certainement le groupe le plus divergent. Comme le songhay occidental il connaît l'ordre {S-Aux-V-O} ; par ailleurs il a été marqué de façon massive par le berbère dont il a retenu l'essentiel de la phonologie, une quantité importante de lexique et quelques éléments grammaticaux. Lacroix (1969) qui le premier l'a présenté d'un point de vue linguistique, parlait à son sujet de langue mixte.

L'espace sociolinguistique.
Le songhay s'insère dans un contexte où le plurilinguisme est toujours présent, tout au moins le contact avec des populations non-songhayphones est traditionnel que ce soit au plan économique, historique ou politique :

- il a fonctionné et fonctionne encore – même si ce n'est pas partout comme véhiculaire dominant
- – en tant que *lingua franca* dans quasiment tous les lieux où il est parlé ;
- si, dans les espaces régionaux où il est utilisé il est effectivement la langue de groupes différents qui participent aux mêmes structures économiques, politiques, et qui se reconnaissent par rapport à un même arrière-plan de traditions historico-culturelles, il n'est cependant jamais assignable sans réserve à un « groupe ethnique » particulier ;
- suite à son utilisation en tant que *lingua franca* des phénomènes d'appropriation se sont manifestés dans quelques communautés ethniques, qui ont eu dans certains cas des effets linguistiques ayant conduit à transformer en idiome vernaculaire propre à ces groupes ce qui était auparavant un simple outil de communication étendue ;
- ces transformations ne se sont pas produites sans laisser des *traces* dans les formes du code ; ainsi des modifications formelles et des

faits de *contamination linguistique* sont constatés, lesquels peuvent avoir une importance suffisante pour entraîner un effet de rupture typologique par rapport aux structures originelles.

Approche de l'aire de convergence mandé-songhay.

On a noté qu'il est possible de reconnaître des isomorphismes entre certaines structures songhay et certaines structures mandé qui permettent d'identifier l'espace géographique partagé comme une aire de convergence, celle-ci est donnée pour traduire la « strate » de contact la plus ancienne entre les deux groupes de langues. La plupart des homologies reconnues portent sur toutes les langues songhay sans exception toutefois certaines d'entre elles dépassent cette aire tandis que d'autres, à l'inverse, restent limitées et ne concernent qu'une partie seulement des langues songhay. Dans ces conditions il faudrait pouvoir « expliquer » cette diversité d'extension et les exceptions apparentes ; parvenir à saisir quelques modalités ou quelques spécificités des dynamiques qui les ont générées, comprendre si nous avons affaire à une strate unique ou à une stratification.

En prenant appui sur certaines évolutions partielles j'essaierai de mettre en évidence quelques aspects de ce qui apparaît plutôt comme une stratification des phénomènes qui, si elle n'était pas reconnue, risquerait de conduire à des hypothèses mal fondées et à des sur-généralisations en raison de la perte de perspective induite et de l'effet d'écrasement qui en résulte nécessairement.

Formellement, l'aire de convergence mandé-songhay est caractérisée par un faisceau de traits structuraux qui concernent les domaines suivants[441] :

Domaine prosodique.
1 Systèmes tonals « typiquement » analysables comme systèmes à deux tons.
Domaine phonématique.
2 Défectivité et fonctionnalité expressive ou marginale du phonème **p** ;
3 Présence / absence de fricatives sonores ;
4 Distribution défective (en position initiale) du phonème **r**.
Domaine morphologique.

---
[441] Pour une présentation plus détaillée, on pourra se référer à Nicolaï (2000b), sous presse.

5 Composition et dérivation suffixale très productives ;
6 Syntagme complétif défini par l'ordre {complétant-complété} ;
7 Syntagme qualificatif défini par l'ordre {qualifié-qualifiant} ;
Enoncé prédicatif.
8 Le sujet précède le prédicat verbal ; l'objet est intercalé entre un élément prédicatif et la base verbale ;
9 Le circonstant est marqué par l'adjonction d'une postposition.

Je m'intéresserai aux traits qui touchent à la phonématique (2, 3 et 4) puis au trait 8 qui relève de la syntaxe. Les deux premiers fournissent l'exemple de traits aréalement partagés, le troisième montre un cas de diffusion locale allant dans le sens d'une convergence générale tandis que le dernier pose un autre problème puisque, contre toute attente, il montre une évolution apparente qui va *en sens inverse* de la convergence attendue. Ces exemples permettront de prendre la mesure de la complexité sous-jacente à cette aire de convergence.

Affinités phonétiques et phonologiques.

La défectivité du phonème /p/. Dans de nombreuses langues d'Afrique occidentale[442] on constate l'absence ou la rareté d'un phonème /p/ corrélatif de /b/. Lorsqu'il est attesté c'est surtout dans un inventaire d'idéophones ou d'interjections, bien qu'il puisse aussi apparaître dans quelques verbo-nominaux tels que **pátápátá** « *frétiller* », **pédé** « *donner une chiquenaude* », **pùtùpútú** « *avoir des spasmes (poulet qu'on égorge)* », **pùrùtú** « *arracher avec violence* » qui partagent tous un trait sémantique d'expressivité[443].

L'intérêt de cette défectivité est double puisqu'elle concerne à la fois l'expressivité dans la langue (idéophones, exclamations) et l'organisation du sous-système consonantique. En effet si l'on prend la peine de mettre en rapport cette « absence de **p** » en tant que corrélat potentiel de /b/ avec les caractéristiques combinatoires reconnues dans la langue et l'inventaire du paradigme des consonnes possibles en position de coda où, à part /b/, ne sont possibles en songhay que des consonnes sonantes, alors on remarque que /b/ fonctionne comme les sonantes {**m**,

---

[442] Cf. en bambara, en songhay, en fon, en ewe et en anyi, mais beaucoup d'autres langues mandé nord-ouest attestent les mêmes faits, c'est le cas du djula, du maninka, du soninké (avec une complémentarité de distribution par rapport à /f/), du malinké et du mandinka ; et l'inventaire n'est pas exhaustif.
[443] Exemples repris de Houis (1974 : 35).

w, r, l, y, n, ŋ} et non pas comme une occlusive bruyante qui serait corrélative d'un phonème sourd plus ou moins défectif. Ce fonctionnement est corroboré en songhay par de nombreuses variations intra et interdialectales entre {**m, w, b**} (Nicolaï, 1977) et il est probablement commun à l'ensemble des langues retenues. *A contrario* il est aussi vrai, tout au moins en songhay, que certaines variétés dialectales de la langue peuvent montrer une tendance plus ou moins forte pour « régulariser » le statut de /p/ comme corrélat phonologique de /b/ dans une corrélation d'occlusives orales, ne serait-ce qu'à travers l'emprunt ; mais on peut toujours montrer que ces « régularisations » qui reviennent à estomper le statut expressif du phonème et à établir une organisation corrélative alternative dans la structure phonématique de la langue sont des évolutions ultérieures.

A priori donc, à l'échelle du complexe songhay-mandé et au-delà, ce qui a un caractère aréal et largement partagé ce sont ces deux phénomènes conjoints mais qualitativement différents : l'utilisation d'une forme phonétique particulière en tant que trait expressif et une caractérisation structurale des sous-systèmes phonologiques[444].

La défectivité du phonème /r/. On constate de façon régulière dans l'ensemble de toutes les langues songhay que le phonème **r** n'est pas attesté en position initiale bien qu'il existe sans ambiguïté dans les inventaires phonologiques. La défectivité se manifeste par une tendance, plus ou moins forte selon les dialectes, à restructurer les emprunts comportant cette initiale, soit par l'adjonction d'un élément prothétique (cf. hw : **òróggò** *« manioc »*, etc.), soit par métathèse. Les lexèmes 'originels' (d'origine chamito-sémitique) qui pourraient avoir possédé une consonne **r** initiale semblent tous avoir fait l'objet de modifications formelles visant à supprimer cette caractéristique (cf. **ryl** - **yóllò**

---

[444] Parallèlement, notons qu'il serait utile d'approfondir ce qu'il en est au niveau aréal de cet autre « phonème marginal » / h~/ que j'interprète en songhay comme un phonème post-nasalisé, cf. Nicolaï (2000c), mais qui à part la transcription de certains « emprunts » arabes, reste cantonné à des lexèmes à fonction plus ou moins idéophonique ou interjective. Je crois avoir remarqué – mais sans les avoir étudiés – des 'parallélismes' en bambara, cf. hɔn « *tiens !, prend !* ».
Enfin, d'autres traits phonologiques sont partagés par le songhay et au moins certaines langues mandé voisines comme le soninké. Il semble en être ainsi des règles de la gémination des consonnes à l'intérieur des mots, de la possibilité de réalisation d'une consonne syllabique nasale en position initiale de mot, du type de la structure syllabique et peut-être aussi des règles de combinaison des consonnes en position interne. Autant de phénomènes qui touchent à la fois à l'inventaire des phonèmes et aux propriétés structurales des systèmes.

« *baver* », ˤrq - **lìŋjì** « *ligament* », **rhb** - **hámbúrú** « *avoir peur* », **rḍḍ** - **dúrú** « *piler* », ˤrs - **àrwàsù** « *fiançailles* », **rwy** - **àrù** « *mâle* », etc.). Parallèlement cette même défectivité affecte une partie important des langues mandé (soninké, mandinka, bozo, etc.), elle a donc un caractère aréal évident et celui-ci est strictement formel : il n'est pas marqué par l'expressivité comme celui concernant /p/ et il concerne toutes les langues songhay et pas seulement une frange de contact géographiquement définie comme c'est le cas pour la confusion **s** ~ **z** ci-dessous présentée.

Par ailleurs le phonème **r** ne montre pas de variations importantes dans ses réalisations : on constate seulement quelques variations entre /r/ et /l/ qui semblent n'avoir aucun caractère systématique ; le dendi, mais seulement lui, atteste des affaiblissements concernant la catégorie des liquides : la variété de Gaya (Tersis, 1968) connaît un passage conditionné de /r/ vers /y/ (cf. **fóygô** « *kapokier* », **jáybù** « *roter* », etc.) et la variété utilisée à Tanda[445] semble montrer une forme plus accentuée de ce phénomène (cf. **bāī** « *cheval* », **ko:yò** « *hyène* », **ciò** « *oiseau* ») tandis que les variétés de Djougou, Kandi, Parakou et certainement d'autres, paraissent attester la perte de l'opposition entre /r/ et /l/[446] ; toutefois ces variations dépendent des évolutions subséquentes du songhay et n'ont pas de lien avec la défectivité de **r**.

L'absence d'opposition s ~ z en songhay occidental. Alors que le statut de /p/ et sa fonctionnalisation expressive est généralisé – au moins ! – à l'ensemble de l'aire songhay-mandé et que la défectivité de /r/ caractérise entièrement cette aire, on sait que tous les dialectes songhay connaissent l'opposition entre /s/ et /z/ à l'exception du songhay occidental ; ce dernier s'aligne sur le schéma typologique de nombreuses langues mandé nord-ouest (soninké, bambara, djula, soso, malinké, maninka, mandinka, bobo, …) qui ne connaissent pas d'opposition de sonorité pour les consonnes [bruyantes] et [non-occlusives]. Certaines de ces langues sont situées au contact direct du songhay ou dans un espace contigu mais d'autres sont géographiquement plus éloignées[447].

---

[445] Cf. *Southern Songhay Speech Varieties in Niger, A Sociolinguistic Survey of the Zarma, Songhay, Kurtey, Wogo, and Dendi Peoples of Niger*, performed by Byron & Annette Harrison and M. J. Rueck, SIL, Niamey (1997). N'ayant pas enquêté dans ce village, mes références au tanda sont toutes tirées de ce document.

[446] Nicolaï (1978c) ; notons aussi que Zima ne retient pas « explicitement » la confusion r/l à Djougou. Des travaux complémentaires seraient utiles pour dire si lui (ou moi) a raison sur ce point !

[447] Bien que des réalisations de [z] soient possibles en tant que variantes, cf. en bambara.

En se plaçant du point de vue songhay la comparaison interdialectale permet d'établir qu'en songhay occidental /z/ s'est confondu avec /j/ qui, lui-même, est le résultat de la phonologisation d'une variante palatalisée des occlusives vélaires ; de ce point de vue ce système est unique dans les langues songhay. La confusion généralisée entre les sons [z] et [j] qui affecte le songhay occidental ne semble pas répondre à une nécessité interne et n'entre pas dans les schémas courants de l'évolution phonétique. En effet, on penserait avoir affaire à une simple palatalisation mais l'étude détaillée des contextes conduit à rejeter cette hypothèse : le phénomène n'est lié ni à la présence d'un trait vocalique [+ antérieur], ni à celle d'un trait [+haut], ni au contact d'une semi-voyelle /y/. Aucun contexte palatalisant ne peut être retenu comme facteur déclenchant. De plus la confusion n'est pas symétrique car la consonne fricative sourde /s/, corrélative de /z/, ne se confond pas avec l'occlusive palatalisée /c/ corrélative de /j/[448] ; quant au phonème /ʃ/, peu fréquent, il n'est jamais confondu avec cette occlusive palatalisée et ne possède pas de correspondant sonore /ʒ/. Ce que l'on observe n'est donc pas seulement une généralisation de « façons de parler » selon une « norme » mandé avec, conséquemment, une simplification de surface, c'est une déphonologisation qui entraîne de véritables confusions lexicales : ainsi on confondra en songhay occidental les lexèmes **ji** « *huile* » (***gi**) et **ji** « *nager* » (***zi**). Le tout impliquant une ré-analyse de la série des consonnes fricatives de la langue[449].

Il s'ensuit que, puisque aucune explication structurale n'est disponible pour expliquer cette évolution il faut chercher ailleurs. C'est probablement à travers un contact plus intense avec les populations parlant des langues du mandé nord-ouest que le songhay occidental a dû acquérir ce trait typologique particulier, bien répandu dans la zone. On trouvera là un de ces faits bien connus de diffusion localisée, parallèle à celui qui *a priori* aurait permis, plus au sud, en pays dendi, le passage des consonnes labiovélarisées {k^w, g^w, $ŋ^w$}, aux consonnes labiovélaires {**kp, gb, ŋm**} aréalement répandues dans la zone kwa[450]. Finalement, à la différence des phénomènes concernant le phonème /p/ aréalement répandu dans tout l'espace occidental, il s'agit d'une évolution localisée, probablement récente ainsi qu'à un moment j'ai cru pouvoir le montrer[451].

---

[448] Parfois réalisée comme une affriquée.
[449] On voit bien comment, selon le point de vue choisi, on décidera de parler de la confusion z/j ou bien de la perte de l'opposition s~z.
[450] Cf. Greenberg (1983) et Nicolaï (1990) pour un commentaire sur cette dernière diffusion.
[451] Nicolaï (1980). Notons encore, ainsi que je l'ai souligné précédemment, que l'absence de cette confusion dans la variété d'Araouane plaide pour en faire un phénomène tardif,

Il est peut-être possible de l'interpréter comme le résultat d'un procès de métatypie[452] si l'on suppose que l'interprétation de [z] par [j] traduit formellement une stratégie linguistique orientée visant à réduire l'écart entre la « façon de parler » des locuteurs songhay et celle de leurs voisins, mais cette interprétation et l'appel à cette notion, intuitive mais encore trop floue, n'explique rien[453].

Stratification aréale. Pour conclure, le comportement de /p/ et de /r/ sont des traits qui montrent que le songhay participe à l'aire de convergence mentionnée précédemment, qui est phonologiquement caractérisée par plusieurs autres traits typologiques sur lesquels je ne m'étendrai cependant pas ici, ainsi que par un espace particulier de représentation expressive[454]. Quant à la confusion **z/j**, bien que son actualisation conforte cette aire puisqu'elle se manifeste en son sein et va dans le sens de l'homogénéisation des formes, *elle ne relève pas du même cadre explicatif*. Elle est clairement induite par une situation de contact spécifique car elle ne concerne pas le groupe linguistique dans sa totalité et elle s'explique comme une évolution tardive que l'on peut situer dans la chronologie relative des changements qui ont affecté la langue.

Ces trois cas montrent que toutes les frontières aréales qui peuvent être tracées sont loin d'avoir le même statut et ne sauraient résulter d'un même procès ni d'une même « conjoncture ». En l'occurrence, la conjoncture qui pourrait « expliquer / rendre compte de » la défectivité de /p/ et de son statut expressif est différente de celle qui concerne la défectivité, strictement structurale, de /r/ ; les deux étant sans rapport avec celle qui permet d'expliquer l'évolution particulière du système phonologique du songhay occidental au contact de langues mandé dans une population plurilingue. Les deux premières concernent la constitution initiale de l'aire de convergence proprement dite – et sont pertinentes pour la question de « l'origine » du songhay ! – la dernière est le résultat d'un contact ultérieur et indépendant qui, bien qu'il aille dans la même direction, n'en doit pas moins être distingué[455].

On postule ainsi non pas l'existence d'une hiérarchie mais d'une *stratification* de phénomènes dont les limites sont floues. Elle se manifeste

---

et en tout état de cause, postérieur à l'installation de cette variété comme *lingua franca* dans l'espace occidental et transsaharien.
[452] Ross (1997).
[453] Nicolaï (2001) sous presse, Leipzig, et *infra*.
[454] Mais probablement, comme je l'ai déjà suggéré *supra*, en va-t-il de même à propos de la réalisation 'h post-nasalisée' ou « voyelle nasale » (?), cf. Nicolaï (2000c).
[455] L'effet de perspective résultant de l'écrasement diachronique et sa prise en compte *a posteriori* accentue le phénomène.

par des dynamiques et des types particuliers d'évolution, des phénomènes de diffusion d'extension différentes et demande à être traitée en détail. Dans le même temps, à d'autres niveaux, elle est susceptible d'être elle-même « explicative » comme on le constatera ci-dessous dans le traitement des faits de syntaxe. Plusieurs scenarii semblent possibles pour rendre compte de ces faits qui tous, impliquent le contact, le plurilinguisme, le pluridialectalisme et sont aussi en rapport avec l'histoire régionale au plan linguistique comme sur d'autres car ce type de phénomène ne saurait se manifester hors d'un contexte d'échanges et de contacts poursuivis dans la durée.

Le cas de la distinction {S-Aux-O-V} *versus* {S-Aux-V-O} en songhay.

A la différence des traits morphologiques ou syntaxiques (5, 6, 7 ou 9) partagés de façon stable par toutes les langues considérées de l'aire mandé-songhay et qui relèvent du même type d'explication que celles fournies pour les défectivités de /p/ et de /r/, le trait 8, qui concerne l'ordre {S-aux-O-V} *versus* {S-aux-V-O}, divise l'espace songhay. On sait qu'en songhay-zarma l'énoncé prédicatif verbal transitif est massivement organisé selon le schéma {S-Aux-O-V} tandis que le songhay occidental et le songhay septentrional connaissent l'ordre {S-Aux-V-O}. En apparence, la distinction est parallèle à celle que l'on vient d'appréhender pour l'opposition **s** ~ **z**. Toutefois – et c'est là le problème posé – si l'on s'en tient à une typologie élémentaire et à la simple géographie dialectale, elle semble aller à l'encontre de l'évolution attendue. On peut en effet se demander pourquoi, alors qu'on a pu constater que le songhay occidental était le plus fortement marqué par le contact avec le mandé dans la géographie et dans l'histoire récente, *a contrario* c'était justement lui – avec le songhay septentrional – qui montre, en attestant l'ordre {S-Aux-V-O} face à l'ordre {S-Aux-O-V}, une différence « *inattendue* » l'éloignant d'un isomorphisme par ailleurs établi. Ce problème n'est en rien trivial car il ne s'explique pas par une dynamique de contact : en effet, aucune des langues du contact (touareg, arabe, peul, etc.) ne connaît cette structure {S-Aux-V-O}[456] en tant que forme canonique.

Gensler lors d'un récent Symposium[457], a tenté de répondre[458] à la question. Partant *a priori* des hypothèses que j'avais avancées[459] quant à

---

[456] C'est à Z. Frajzyngier que je dois de m'avoir fait remarquer l'intérêt et la non-trivialité de cette évolution !
[457] *Areal Typology of West African Languages Symposium*, Leipzig, 2000.
[458] Gensler (2000).

l'origine « créole » du songhay, son argumentation, construite en trois temps, était la suivante :

1) Si l'on retient que l'ordre {S-Aux-O-V} caractéristique des langues mandé et de beaucoup d'autres langues Niger-Congo est « marqué »[460] en général, est-il raisonnable qu'un créole puisse prendre les traits marqués de la syntaxe de ses voisins ? Cette position se fonde évidemment sur l'hypothèse d'une constitution du songhay en tant que « langue créole » supposant une simplification préalable des structures linguistiques, et Gensler conçoit que dans un tel cas le schéma « marqué » {S-Aux-O-V} soit n'aurait pas pu exister soit n'aurait pas pu résister à cette « épreuve créole » conséquemment son existence actuelle ne pourrait guère s'expliquer que par un tardif développement post-créole.

2) En revanche, si l'on l'admet la présence originelle du schéma {S-Aux-O-V} en songhay, force reste de constater qu'en songhay occidental c'est l'ordre {S-Aux-V-O) qui existe et, si l'on accepte les hypothèses que j'avais postulées à l'époque[461] dans lesquelles je supposais que les groupes dialectaux qui ont été les plus exposés aux influences extérieures sont ceux qui ont dû manifester la plus grande réduction (opposant ainsi le songhay oriental plus conservateur au songhay occidental et septentrional), ce serait par l'effet d'une « réduction » que ces variétés auraient perdu la construction « marquée » {S-Aux-O-V} au profit de la construction « non-marquée » {S-Aux-V-O} ; ce qui, cette fois est en accord avec ce qui est *a priori* attendu de l'évolution d'un trait « marqué » dans une situation de cette nature.

3) Mais, si cette hypothèse est retenue alors Gensler y voit une sorte de contradiction quand il constate que dans le même temps j'ai suggéré que le songhay occidental *soit justement le groupe qui a été le plus influencé par le contact avec le mandé* (influence bozo et soninké)[462]. Il reprend et résume sa position dans une autre communication[463] où, notant la rareté de la structure, il remarque qu'en songhay oriental, la structure {S-Aux-O-V} « *Is unlikely to have arisen independently of Niger-Congo ; and*

---

[459] Nicolaï (1984, 1987a, 1990).
[460] C'est-à-dire « empiriquement rare dans le monde » selon l'acception de Gensler. Notons toutefois que l'ordre SOV n'est toutefois pas si rare dans le reste du monde.
[461] Nicolaï (1987a : 470, 477 ; 1984 : 147).
[462] Nicolaï (1984 : 147).
[463] Gensler : Adpositional relative clauses and Focus fronting in Songhay and Berber ; *8th Nilo-Saharan* (Hamburg).

> *a) Spread from areally adjacent Niger-Congo (Mande), where it occurs only in part of the dialects and not with all transitive verbs*
> *b) One puzzle: when did this happen? reconstructible?*
> *- Arose in Proto-Songhay, then lost (=simplification?) in Western Songhay?*
> *- Or else arose later, e.g. specifically in Eastern Songhay?*
> *c) Second puzzle: geography is strange*
> *- East Songhay is further away from Mande than West Songhay* ».

Autrement dit, la structure {S-Aux-V-O} serait « originelle » en songhay et, en dépit de son caractère marqué – ou peut-être justement en raison de ce caractère marqué – la structure {S-Aux-O-V} se serait alors diffusée à partir des langues mandé sans toutefois avoir pu atteindre tous les verbes puisque certains transitifs ne sont pas affectés par cet ordre. Mais il remarque que l'explication n'est pas satisfaisante pour autant comme le double puzzle qu'il mentionne le souligne.

Je reconnais effectivement là un apparent paradoxe *et* un bon exemple d'une logique explicative qui conduit à oblitérer la dynamique stratificationnelle de la constitution de la langue dans sa profondeur historique tout autant que dans son épaisseur anthropologique et peut-être aussi, linguistique. Or, c'est justement le travail d'approfondissement sur cette dynamique stratificationnelle qui permet de comprendre et d'expliquer la nature et le détail de l'évolution linguistique constatée. *Et* de résoudre les puzzles.

Excursus linguistique.

Toutefois, avant d'envisager de résoudre le « puzzle » – et pour se donner les moyens de sa résolution – il faut revenir sur les données autant que l'état actuel des connaissances le permet, c'est pourquoi je présente ci-dessous quelques points pour nuancer les positions concernant la « catégoricité » de la répartition typologique entre un ordre SOV[464] et un ordre SVO. Les trois premiers concernent toutes les langues songhay possédant la structure SOV tandis que les deux derniers se fondent sur le zarma et ne sont probablement pas partagés de la même manière par les autres langues qui connaissent cet ordre SOV, ils n'en montrent pas moins les potentialités structurelles de la langue.

---

[464] Pour des raisons pratiques, je parlerai de l'ordre SOV au lieu de S-Aux-O-V, étant bien entendu qu'il s'agit là d'une facilité d'écriture.

1. La classe des verbes à objet post-posé obligatoire

Le schéma SOV est attesté dans toutes les langues du songhay méridional connues à ce jour à l'exclusion du songhay occidental, toutefois il faut moduler cette assertion car cela ne veut pas dire que cet ordre n'est pas connu hors du domaine occidental. L'existence d'une classe de verbes qui se construisent avec le complément post-posé[465] est en effet bien connue, elle forme un inventaire réduit qui avoisine les 25 unités mais il ne s'agit pas d'une classe fermée. Heath (1999a) les présente comme des « transitifs non-canoniques » (verbes à objet postposés) « *i.e. verbs that require a complement but that do not denote actions that physically impinge on the entity in question in the fashion a canonical transitives like 'cut', and 'kill'. VO verbs are generally more abstract, emphasing relationships rather than kinetic events* » (1999a : 161-2) ; on a parfois essayé de les qualifier en termes de classe sémantique sans que cela soit probant.

Il s'ensuit qu'à travers cette classe particulière de verbes qui est attestée aussi bien en dendi qu'en zarma, kaado ou songhay oriental, le schéma SVO du songhay occidental n'est pas absent des autres langues songhay[466].

2. Les constructions à deux compléments.

Dans certaines constructions avec deux compléments, en particulier celles qui sont du type « *montrer, donner quelque chose à qqn.* », etc.[467], l'ordre SOV cesse d'être la règle et devient {S-aux-Cpl2-V-O} plutôt que {S-aux-O-V-Cpl2}, dans de tels cas la place de l'objet direct dans la construction est postposée et il s'ensuit que la règle concernant l'ordre SOV doit être modulée à nouveau. Exemples :

zarma :
day a se leemu kayna   Achète-lui un citron
acheter 3Sg-Dat citron-Indef
tonton ay se safun hinza   Ajoute-moi trois savons
ajouter 1Sg-Dat savon trois
ay day a do mangu hinka   Je lui ai acheté deux mangues (à lui)
1Sg acheter 3Sg-Loc mangue deux

---

[465] Cf. la remarque de Gensler, point (a) ci-dessus.
[466] On notera aussi, en rapport avec certaines hypothèses parfois avancées concernant des corrélation possibles, que la distinction SOV // SVO qui sépare le songhay occidental des autres dialectes n'est concomitante d'aucun autre changement dans l'organisation des schémas des syntagmes nominaux en ce qui concerne l'ordre déterminant-déterminé, qualifiant-qualifié, et le comportement « postpositionnel » de la langue : ordres qui caractérisent de façon stable l'ensemble des langues songhay méridionales.
[467] Cf. Double-object constructions, in : Heath (1999a : 284-5).

songhay oriental[468] :

ay na badd-aa no hawru	J'ai donné un repas à l'enfant
1Sg Tr enfant-Def donner repas-Indef	
war mana a cebe tiir-aa	Vous ne lui avez pas montré le papier
2Pl perf. neg 3Sg montrer papier-Def	
i na badd-aa haŋandi waaw-aa	Ils ont fait boire le lait à l'enfant
3Pl Tr enfant-Def boire-Fact lait-Def	
ay na haw-o ŋandi ŋga burg-o	J'ai fait manger le bourgou à la vache
1Sg Tr vache-Def manger-Fact bourgou-Def	

Heath (1999a : 6.1.8) souligne également que « *(c)ertains verbs can be followed by NP without an adposition, functioning as a kind of secondary complement. The sequence ... V NP mimics the VO structure [...], but the verbs in question do not permit pronominal expression of the NP as a 3SgO or 3PlO suffix. Instead a third person pronoun must be used, it tke 3SgF or 3PlF form* » et fournit les exemples suivants :

a) bidoŋ-oo ga too hari	The jug is full of water
jug-DefSg Impf be-full water	
b) ay na kus-oo too hari	I filled the jar with water
1SgS Tr jar-DefSg fill water	
c) ma-cin no n n-a too-nd-aa?	What did you fill it with?
what? Foc 2SgS Tr-3SgO fill-with-3SgO	
d) cin nda n n-a too?	What did you fill it with?
what? with 2SgS Tr-3SgO fill?	

3. Les constructions avec **nda**.

Il existe encore un certain nombre de constructions fondées sur la succession d'un verbe auquel il est adjoint un complément par le biais de l'une des rares prépositions de la langue, **nda** « *avec* »[469]. Cette construction est en rapport avec une valeur instrumentale ou comitative.

a n'a kar nda gobu	Il l'a frappé avec un bâton
3Sg Tr 3Sg frapper 'avec' bâton-Indef	Il m'a frappé avec un bâton
tbk : a kar ey nda bundu	
3Sg frapper 1Sg 'avec' bâton-Indef	
a go nda bari	Il est avec un cheval (il a un cheval)
3Sg 'quasi-verbe loc' 'avec' cheval-Indef	J'ai apporté du thé pour toi
ay kaa-nda mana attee	
1Sg venir-'avec' 2Sg thé	

---

[468] Exemples tirés de H. S. Diallo, *Les substantifs Sonray dans le dialecte de Gao*, Thèse de 3ᵉ cycle, Bamako, (vers 1975 : 24-25).
[469] **nda** possède aussi de nombreuses autres fonctions permettant de lier des syntagmes, des propositions, de marquer la comparaison ou le conditionnel.

De fait, ces constructions ne sont homogènes qu'en apparence et l'on peut distinguer entre celles qui fonctionnent réellement comme prépositions et celles qui montrent un lien plus étroit avec le verbe précédent et fonctionnent plutôt comme un suffixe. Ces dernières impliquent une ré-analyse de la séquence ainsi que le suggère Heath[470] et une fois ré-analysées ces séquences donnent au syntagme postposé une fonction qui l'apparente à celle d'un objet transitif. En conséquence il est possible que cela soit un élément supplémentaire pour limiter la « prégnance » de l'ordre SOV car il conforte potentiellement une généralisation qui placerait le complément objet en position post-verbale (cf. **kaa** « *venir* (Sujet + *vient*) » > **kaa-nda** « *apporter* (Sujet + *apporte* + Objet) ».

*4. Non-catégoricité apparente du schéma **SOV** en zarma.*

Les trois points précédents concernent le comportement syntaxique de l'ensemble des dialectes songhay dits à structure SOV ; en l'absence d'information complémentaire ceux qui vont suivre ne portent que sur une partie d'entre eux : les faits ont été relevés en zarma et je n'ai pas eu les moyens de vérifier ce qu'il en était dans les autres dialectes où, sauf pour le songhay oriental, il n'existe pas une documentation grammaticale suffisamment élaborée à laquelle se référer pour une étude détaillée.

Ces faits zarma contribuent à suggérer que la rigueur de la règle concernant l'ordre des éléments dans l'énoncé transitif (SOV) mettant en jeu les verbes transitifs canoniques doit être encore davantage tempérée ; en effet on constate dans cette langue que s'il est vrai que l'ordre SOV est donné comme préférentiel en raison, semble-t-il, de sa grande fréquence, il n'en reste pas moins que les locuteurs acceptent aussi l'ordre SVO comme étant grammatical pour des énoncés qui mettent en jeu de nombreux verbes transitifs et n'appartiennent pas à la classe des verbes à objet direct postposés décrite ci-dessus.

Sur ce point, M. White (1994) a noté que cet ordre « *est possible aussi, mais moins courant en zarma, de placer ces objets directs immédiatement après le verbe* », et que « *ceci donne davantage d'emphase à l'objet* »[471]. Cette liberté potentielle dans la construction des

---

[470] Heath (1999a : 168) « *In a number of cases, sequences that may once have had the form [VERB [nda X] have been reshaped as [VERB-nda X], the nda now being phonologically fused (suffixed) to the verb. The suffixed verb now functions like a VO verb*" ; (1999b: 137) « *we discuss verbs which commonly take an instrumental-comitative complement (nda 'with' plus NP) perhaps separated from the verb by an intervening constituent. There are also some combinations where –nda seems to act as a suffix on the verb, creating a derived transitive* ».

[471] Cf. *Esquisse de grammaire zarma*, in : Bernard, Y. & White-Kaba, M., *Dictionnaire zarma-français (République du Niger)*, ACCT, 1994, Paris-Niamey. Elle propose les

énoncés zarma me paraît aussi soulignée par une étude effectuée par M. Yansambou (1991)[472] qui, « rigidifiant » l'analyse, propose un regroupement des verbes zarma en trois classes : la première autorise les deux constructions (cf. ŋwăa « *manger* », wí « *tuer* », dây « *acheter* », bármáy « *changer* », hìnà « *faire la cuisine* », dúrú « *piler* », jàrè « *porter* », dáabù « *fermer* », etc.) ; la deuxième demande obligatoirement un objet antéposé au verbe (cf. dùm « *accompagner* », fíttàw « *jeter, lancer* », gùllù « *regarder méchamment* », jírbàndì « *endormir* », lábú « *serrer, coincer* », báy « *connaître* », núkùm « *donner des coups* », etc.) et la troisième nécessite obligatoirement un objet postposé (il s'agit là de la classe bien connue des verbes à objet postposés). Exemples :

8	áy nà kùrbákùrbá ŋwà *1Sg Tr pâte de mil-Indef manger*	áy ŋwà kùrbákùrbá	J'ai mangé de la pâte de mil
9	áy nà ·èejì wí *1Sg Tr mouton-Indef tuer*	áy wí · ·èejì	J'ai égorgé un mouton
10	á nà kòocíyà fíttàw *3Sg Tr enfant-Def jeter*	* á fíttàw kòocíyà[473]	Il a jeté une pierre contre l'enfant
11	Fàatí nà kòocíyà dùm *Fati Tr enfant-Def accompagner*	* Fàatí dùm kòocíyà	Fati a accompagné l'enfant
12	* Fàatí nà àlí bâ *Fati Tr Ali aimer*	Fàatí bâ àlí	Fati aime Ali
13	ây gá kùrbákùrbá ŋwà	ây gá ŋwà kùrbákùrbá	C'est moi qui ait mangé la pâte
14	ây gá fèejì wí	ây gá wí fèejì	C'est moi qui ait égorgé un mouton
15	ŋgà gá kòocíyà fíttàw	* ŋgà gá fíttàw kòocíyà	C'est lui qui a jeté la pierre
16	Fàatí gá kòocíyà dùm	* Fàatí gá dùm kòocíyà	C'est Fati qui a accompagné l'enfant
17	* Fàatí gá àlí bâ	Fàatí gá bâ àlí	C'est Fati qui aime Ali
18	ày gá kùrbákùrbá ŋwà *1Sg Inac pâte-Indef manger*	ày gá ŋwà kùrbákùrbá	Je mange / vais manger de la pâte de mil
19	áy gò gá kùrbákùrbá ŋwà	áy gò gá ŋwà kùrbákùrbá	Je suis en train de manger de la pâte de mil
20	Fàatí gà kòocíyà dùm	* Fàatí gà dùm kòocíyà	Fati accompagne / va accompagner l'enfant
21	Fàatí gò gá kòocíyà dùm	* Fàatí gò gá dùm kòocíyà	Fati est en train d'accompagner l'enfant
22	* Fàatí gà àlí bâ	Fàatí gà bâ àlí	Fati aime Ali

---

deux exemples suivant : « *ay ga ba nin ; I ga haŋ hari* ». J'ai aussi occasionnellement constaté cette même variabilité sans avoir eu les moyens d'approfondir l'étude.
[472] Mémoire de Maîtrise, Département de linguistique, Université de Niamey.
[473] L'astérisque marque les exemples donnés par l'auteur comme inacceptables.

En l'absence d'informations complémentaires il n'est, certes, pas prudent de retenir sans autre examen cette proposition de tripartition que par ailleurs aucun autre chercheur n'a avancée mais il n'en reste pas moins que les exemples donnés attestent bien l'existence d'une variation dans certains cas définis.

De ces remarques convergentes je conclurai qu'il doit exister en zarma une certaine liberté de construction dont l'étude demandera des investigations futures[474]. Dans l'état des connaissances actuelles, comme je l'ai noté, il ne semble pas que le phénomène ait la même importance au-delà du zarma – ou bien il n'a pas été relevé. Pour le songhay oriental Prost ne l'atteste pas et Heath remarque seulement l'existence de quelques verbes (**bappa** « *porter (un enfant) dans le dos* », **barmey** « *(é)changer* », **booney** « *crave* », **fey** « *diviser, divorcer* », **saabu** « *prier (Dieu)* ») susceptibles de manifester l'ordre SVO, mais il les présente sans donner à penser que cela aille au-delà ou implique une quelconque systémacité. Il semblerait donc que le phénomène, s'il existe en songhay oriental, soit erratique ou extrêmement rare. En ce qui concerne le kaado, les données – limitées – que je possède ne me permettent pas non plus de l'établir dans cette langue. Enfin, pour le dendi sur lequel les connaissances actuelles sont très faibles, Zima (1994), tout en prenant ses distances en ce qui concerne l'hypothèse d'une typologie fondée sur un ordre SOV[475], ne présente pas d'autre exemple allant dans le sens de la mise en évidence de constructions SVO que celui, bien connu, des verbes à objet postposé.

5. Variabilité des constructions injonctives construites avec -ándì.

Sans entrer dans des commentaires détaillés, Hamani (1978) a présenté dans un article consacré aux types d'énoncés en zarma des données qui attestent que certaines constructions injonctives construites avec le suffixe **-ándì** acceptent librement un syntagme nominal postposé. Je donne ci-dessous quelques uns de ses exemples qu'il réfère, selon sa

---

[474] Parallèlement, le fait que cette liberté de construction ne soit pas toujours acceptée par tous demande aussi une étude complémentaire afin de déterminer à quoi est lié l'acceptation ou le refus : décisions idiosyncrasiques, règles partagées à propos de la grammaticalité ou des usages, ou encore cohérences sémantiques ?

[475] Zima (1994 : 39) « *L'une des thèses généralement répandues... se rapporte à la caractéristique typologique du complexe songhay comme langue à l'ordre des mots SOV (...). Or, pour la structure syntaxique du dendi de Djougou, il faut la rejeter comme une généralisation dangereuse. L'ordre des éléments syntaxique dans le cadre d'une phrase simple ou complexe de cette structure dialectale du songhay (la position de l'objet y compris) dépend de plusieurs facteurs, parmi lesquels le type de paradigme verbal utilisé (y compris l'utilisation des morphèmes de l'aspect et du temps, la signification négative ou positive du paradigme), le type de lexème verbal ainsi que le contexte syntaxique tout entier (la présence ou l'absence du sujet et les modalités de son expression, l'expression de l'objet direct ou indirect et ses modalités, etc.) jouent des rôles importants* ».

terminologie, à trois schémas d'énoncé {E = P + Ec ; E = Ec + E ; E = SCOEc P}[476].

E = P + Ec	E = Ec + E	
fáttándì kárgá	kárgá fáttándì	Sors une chaise
fáttándì wò	wò fáttándì	Sors celui-ci
fáttándì wáránká	wáránká fáttándì	Sors un billet de 100 francs
sòlàgá fáttándì wáránká	sòlàgá wáránká fáttándì	Apprête-toi à sortir un billet de 100 francs
kwárándì yáháràу	yáháràу kwárándì	Blanchis l'autre côté
nóyándì tátárí	tátárí nóyándì	Fais don d'une natte
bákándì ní bánkáráy zéněу	ní bánkáráy zéněу bákándì	Mouille tes vieux habits
(mà) fáttándì tángárá ndà záará	(mà) tángárá ndà záará fáttándì	Sors une natte et un pagne
fáttándì kárgá káŋ màná céerí	kárgá káŋ màná céerí fáttándì	Sors la chaise qui n'est pas cassée
táyándì ní kánіyaŋŏ dò	ní kánіyaŋŏ dò táyándì	Arrose l'endroit où tu te couches

On remarquera que contrairement à ce que l'on aurait attendu en rapport avec ce qui a été présenté dans le point précédent, Hamani ne parle pas de l'existence d'une variation quant à la place du complément lorsqu'il illustre le schéma E = SCOEc :

ăy nà yáháràу kwárándì	J'ai blanchi l'autre côté
ăy nà nóorŏ kúlù nóyándì	J'ai fait don de tout l'argent

Pour synthétiser, les données mentionnées dans ces deux derniers points illustrent au moins pour le zarma, que la rigidité de l'ordre SOV dans les cas où il est normalement attendu n'est pas aussi sévère qu'il y paraît.

---

[476] Dans lesquels E = énoncé, P = Prédicat, Ec = expansion conjointe, c'est-à-dire obligatoire ; S = sujet, CO = connectif **nà**. L'auteur n'a pas donné de transcription littérale, plutôt que de la rajouter dans ses exemples, je préfère me limiter à adjoindre les éléments nécessaires pour la décomposition des phrases : **fáttá** « *sortir* », **fáttándì** « *faire sortir* », **kwàaráy** « *être blanc* », **kwárándì** « *blanchir* », **nóo** (VO) « *donner* », **nóyándì** « *livrer qqn., qqch.* », **bàkà** (trans., intr.) « *tremper* », **bákándì** « *faire tremper* », **táy** (intr.) « *être humide, mouillé* », **táyándì** « *mouiller, humidifier, imbiber* », **kárgá** « *chaise* », **wáránká** « *vingt (ici l'on se réfère à l'unité de compte, le dala, qui vaut 5 centimes CFA)* », **tàŋgárá** « *natte* », **záará** « *pagne, tissu* », **zéněу** « *vieux (pl.)* », **bánkáráy** « *habits* », **kání** « *se reposer, dormir* », **céerí** « *casser, briser* ».

Conclusion sur la distinction SOV / SVO.

Après l'étude des cinq points ci-dessus je conclurai en considérant que l'ordre SOV existe de façon évidente et somme toute, massive, dans toutes les langues songhay sauf en songhay occidental et septentrional mais que l'ordre SVO y est tout aussi présent d'un point de vue structurel. L'ordre SVO est le seul qui soit syntaxiquement acceptable dans un nombre limité de constructions tandis qu'il reste possible dans un certain nombre d'autres comme les faits zarma le soulignent. En tout état de cause les deux schémas de construction coexistent dans certains cas ; il n'est donc pas possible d'opposer aussi simplement en songhay les langues à structure SOV à celles à structure SVO. Ainsi du point de vue diachronique, la question qui semblait se poser et qui était celle de savoir si l'on devait admettre originellement un ordre SVO en songhay puis supposer l'introduction et le développement ultérieur de l'ordre SOV[477] à partir – par exemple – d'une situation de contact avec le mandé ne se pose plus de la même façon si l'on retient que les deux ordres étaient présents *à l'origine*[478]. Si l'on choisit cette hypothèse beaucoup de puzzles vont être résolus, pour peu que l'on analyse correctement la nature et la stratification des phénomènes.

Les pièces du « puzzle ».
Un certain nombre de pièces du puzzle sont maintenant disponibles et l'on peut ainsi résumer :

1) il existe un état de fait qui atteste d'importantes convergences globales entre les langues mandé (tout au moins celles du mandé nord-ouest) et les langues songhay et ce phénomène touche toutes les structures de la langue. Il n'est évidemment pas possible de

---

[477] Dans ce cas les structures SVO identifiées en songhay-zarma seraient tout simplement des structures résiduelles, attachées à quelques verbes ; lesquels, pour des raisons à définir (?) n'auraient pas suivi le mouvement général vers SOV. On sait en effet qu'il n'est pas rare dans l'évolution que quelques formes résiduelles subsistent d'un état ancien ; leur existence et les irrégularités qu'elles matérialisent sont ainsi la trace de l'évolution supposée. Cf. le paradigme du verbe 'être' ou les verbes irréguliers en anglais, etc. qui permettent d'établir que l'existence de schémas défectifs et de formes irrégulières sont ainsi les traces d'un état ancien.

[478] Je voudrais noter ici que souvent c'est l'un des effets du processus descriptif lui-même – tout au moins lorsque les connaissances empiriques sont encore faibles – que de « sur-catégoriser », et donc de « simplifier » et d'accentuer le caractère de *partition* des classifications – en raison inverse même de l'importance des connaissances disponibles sur le phénomène décrit (représenté). On peut tout aussi bien se demander dans quelle mesure cette « tendance » n'est pas « structurelle » de la visée typologique, tout au moins dans ses phases initiales.

« l'expliquer » *a priori* et il est probable que sa mise en évidence globale pèche par un effet de perspective, résultat de sa saisie *a posteriori* (effet de construction de l'objet)[479] ; en conséquence il demande à être étudié en détail (à son niveau et pour lui-même) en tenant compte de toutes les dimensions (linguistiques et non-linguistiques) susceptibles d'interférer dans l'explication.

2) Indépendamment de ce phénomène d'autres faits de diffusion et d'autres effets de convergence se sont matérialisés. Au plan phonématique comme on l'a vu, la preuve en est donnée aussi bien par l'évolution particulière de l'opposition **s** ~ **z** en songhay occidental que, à l'autre extrémité du domaine, par celle qui concerne la présence de consonnes labiovélaires en dendi ; ou encore par l'évolution du songhay septentrional.

3) Les faits de diffusion et de convergence attestés ne sont pas le résultat d'un unique procès historique (l'évidence de la possibilité d'introduire une chronologie relative pour certaines des évolutions suffit à le prouver) ; ils ne résultent pas non plus d'une dynamique sociolinguistique qui serait homogène du point de vue de sa fonctionnalité (l'étude des évolutions particulières des dialectes songhay le montre sans peine)[480].

Cela autorise les propositions suivantes :

a) on admet tout d'abord un état préalable non encore très bien défini : c'est celui qui est concerné par les hypothèses sur « l'appartenance / constitution » du songhay. On se situe là au niveau de l'archéologie linguistique avec tout son intérêt et toutes ses limites.

b) La constitution / stabilisation de l'aire se manifeste par (est corrélative de) l'émergence du songhay sous sa forme potentiellement (re)constructible. L'isomorphisme général suggère l'existence sur le très long terme de contacts culturels et linguistiques mais la densité de la présence lexicale chamito-sémitique et des structures partagées avec le mandé concernant les plans aussi fondamentaux que la structuration

---

[479] Encore Nicolaï (2000a) pour des remarques sur l'effet de construction des Sprachbünde et Nicolaï (2000) pour des réflexions plus générales sur tous les « effets de construction ».

[480] Nicolaï (1987a, 1989). On sait aussi – sans que cela ait valeur de critère absolu – que certains types d'évolution sont attendus sous certaines conditions d'utilisation de la langue (simplifications, etc.) tandis que d'autres sont référées à d'autres modalités.

morpho-syntaxique et l'organisation sémantique me semblent traduire autre chose que le simple phénomène de convergence entre les langues de deux « communautés » résultant d'un procès métatypique.

c) La double construction SOV // SVO, constitutive du songhay, dont je viens de faire l'hypothèse qu'elle a (conjoncturellement) disparue en songhay occidental et septentrional en raison de la fonctionnalité véhiculaire de la langue pourrait offrir des indices pour mieux comprendre la genèse du songhay. Avons-nous affaire à un exemple de résurgence / émergence d'une structure prédicative typologiquement non-marquée ? Et dans ce cas pourquoi n'affecte-t-elle de façon catégorique qu'une sous-classe de verbes transitifs ? Ou bien avons-nous affaire à une structure d'énoncé que possédaient dans leur répertoire les locuteurs de l'éventuelle *lingua franca* en devenir[481] ? Et dans ce cas à quoi réfère-t-elle ? Surgissent ici des questions de même nature que celles que j'ai soulevées à propos du stock lexical chamito-sémitique.

d) Dès l'étape précédente la fonctionnalité véhiculaire du songhay (émergent ou établi) dans l'espace considéré est présupposée et donc, le plurilinguisme. C'est pourquoi il faut s'attendre indépendamment des procès de convergence et des effets de métatypie dans l'émergence des formes et des structures, à des procès de réduction et de simplification en rapport avec l'emploi véhiculaire (du type : suppression de la structure SOV, perte des déterminants nominaux, etc.) pour la simplification qu'ils entraînent en eux-mêmes, et des procès de diffusion en rapport avec les effets de contacts (du type : disparition de l'opposition s ~ z, etc.) également pour la simplification qu'ils entraînent dans la dynamique du contact[482].

Qu'en est-il donc du puzzle ?

1) Il y a eu un effet de simplification en songhay occidental et il résulte de l'usage véhiculaire initial de la langue mais la question est mal fondée et mal posée car la structure SOV n'a pas eu à être introduite en songhay à partir du Niger-Congo : elle est probablement *constitutive du songhay* au même titre que les autres

---

[481] A titre documentaire, on remarquera que les créoles à base arabe actuellement connus (kinubi, etc.) connaissent une structure d'énoncé SVO (Ce qui, toutefois, ne justifie pas d'avancer ici une hypothèse).
[482] Ces dernières évolutions étant effectivement interprétables comme le résultat d'un procès de métatypie.

traits typologiques qui le caractérisent dans sa globalité[483], tels ceux mentionnés plus haut.

2) *L'étrangeté* de la répartition géographique disparaît par le fait que ce n'est plus par un phénomène de *diffusion* que l'on explique les faits occidentaux mais par un phénomène de *réduction* lié à une modalité particulière d'utilisation de la langue.

En fin de compte, si l'on suit ce schéma, il apparaît que rien ni de *puzzling* ni de contradictoire ne se manifeste à propos de la présence de l'ordre {S-Aux-V-O} en songhay occidental, il a tout simplement dû généraliser à l'époque où ils assuraient cette seule fonction l'un des deux schémas dont il disposait pour traduire une prédication transitive. Le schéma le moins « marqué » dans l'acception que Gensler donne à ce terme a été choisi, ou le schéma « dominant » dans l'acception de Greenberg (1963) ; ce qui peut apparemment se concevoir et contribuer, accessoirement, à confirmer dans le cadre de pertinence d'une typologie générale (cf. Heine, 1975, par exemple), des directions évolutives qui n'ont pas nécessairement de valeur « explicative » (sauf à souscrire insidieusement à une visée téléologique !).

En revanche, on prend la mesure de l'importance des stratifications qui conduisent aux états de langues actuels et l'on apprécie l'erreur de perspective que l'on fait *lorsque l'on ne cherche pas à appréhender l'ensemble de la stratification qui permet de donner un sens aux faits, et qu'on ne la situe pas dans la globalité de son contexte anthropologique.*

Directions.

Ces exemples auront permis de mettre en évidence la multiplicité des facteurs explicatifs qui entrent en jeu dans l'explication d'une évolution (de l'évolution ?) et de souligner quelques options méthodologiques :

- Introduire la pertinence globale de l'effet du contact des langues et des populations pour rendre compte de l'évolution est une nécessité, mais parler de 'diffusion', de 'contact', de 'convergence' n'est explicatif que si l'on se donne les moyens d'affiner ce que l'on entend par là et, disons, de le « contextualiser ». La diffusion « en soi », la convergence « en

---

[483] Ou bien, si cela doit être en question, c'est alors la genèse même du songhay qui se trouve questionnée ; ce qui renvoie au point (a) ci-dessus, dont j'ai mentionné que, aujourd'hui, il se plaçait en deçà de toute hypothèse vérifiable.

soi » et le contact « en soi », pas plus que la créolisation ou la pidginisation « en soi » ne veulent dire grand chose.

- Ne retenir que les seules considérations linguistiques est insuffisant pour appréhender correctement les dynamiques évolutives. Il est probable que ne considérer que les grandes fonctionnalités sociolinguistiques sans s'intéresser aux dynamiques résultant du détail des micro-interactions individuelles est également insuffisant[484], même s'il y a lieu de reconnaître que les outils théoriques et pratiques pour prendre en compte ces pertinences demandent encore à être élaborés.

Autrement dit, prendre en compte des données pour expliquer une évolution demande non seulement de les identifier mais aussi d'avoir une approche suffisamment fine et approfondie pour ne pas les contraindre dans une typologie réductrice trop élémentaire qui masque autant de faits qu'elle en montre. Finalement rendre compte d'une évolution c'est aussi – à tous les niveaux et peut-être de façon encore plus cruciale en l'absence de documents historiques – ne pas mettre sur le même pied tous les éléments de l'explication tout en n'en négligeant aucun. L'élaboration d'hypothèses à propos de la stratification et de la dynamique de transformation des phénomènes est concernée par leur succession dans le temps, leur extension dans l'espace, leur dépendance par rapport à un contexte humain et les fonctionnalités globalement sociolinguistiques dans lesquels ils s'insèrent ; la prise en compte de l'ensemble de ces pertinences permet certainement d'approfondir la compréhension que l'on peut avoir à la fois des faits de l'évolution des langues et des processus qui les dirigent. Et la recherche dans ce sens n'en est encore qu'à ses débuts.

Sur l'hypothèse de l'appartenance du songhay, suite.

Parallèlement à l'étude lexicale qui a précédé, cette approche de l'isomorphisme songhay-mandé est importante pour l'affinement des hypothèses d'évolution :

- on constate « l'évidence » d'un ensemble de traits partagés à un niveau global (macro-analytique) : ils concernent la prosodie (1),

---

[484] Ce qui ne veut pas dire que l'on ne doive pas s'intéresser à ce qui apparaît comme l'action de « tendances générales » !

la phonématique (2, 4), la morphologie (5, 6, 7) et l'énoncé prédicatif (8, 9) ;
- on constate aussi, tout particulièrement en ce qui concerne les dérivatifs et quelques modalisateurs verbaux, que les formes d'un nombre non-négligeable de morphèmes peuvent être rapprochées du mandé (cf. Nicolaï, 1978 ; Creissels, 1981).

La mise en corrélation des résultats de ces deux saisies (diffusion lexicale et structuration aréale) non seulement n'introduit pas de contradiction mais renforce l'hypothèse du songhay comme langue émergente / stabilisée à travers son appropriation par des populations probablement « mandé »[485]. On explique ainsi l'apparente convergence aréale que le « linguiste » peut constater non pas par un subreptice effet de rapprochement, une sorte de « fonction linéaire » manifestée sur la durée du contact entre deux (groupes de) langues, – et qui aurait alors touché les structures linguistiques les plus élémentaires de ces langues au travers d'une confuse « osmose » ! – mais tout simplement par la conservation par les populations de leurs structures linguistiques premières dans un contexte *a priori* « a-normatif » ; phénomène qui est formellement identique à celui dont aujourd'hui (c'est-à-dire à date historique) le songhay septentrional fournit l'exemple ainsi que je l'ai déjà souligné, et pour lequel on peut établir sans aucune ambiguïté que les populations originellement berbères qui l'ont adopté se le sont approprié en conservant en l'absence de toute contrainte normative corrective[486] une partie importante de leurs structures linguistiques élémentaires[487].

Sur un plan général cela introduit aussi à quelques précautions pour limiter les risques de « naïveté » lorsque l'on s'intéresse à une apparente aire de convergence : il est évident que des phénomènes de convergences (*Sprachbünde*) peuvent se matérialiser dans des contextes anthropologiques tels ceux qui caractérisent les Balkans ou certains autres espaces plurilingues (en Afrique ou ailleurs), cependant il n'est pas possible d'assimiler toute manifestation d'une convergence apparente à un phénomène de cette nature. L'hypothèse ici développée à propos du songhay montre une situation plus complexe :

1) la première étape de ce qui *a posteriori* ressemble à un effet de convergence n'a rien à voir avec un tel phénomène puisqu'il s'agit du résultat de l'appropriation d'un autre code par un sous ensemble d'une population qui devait posséder les structures linguistiques élémentaires en

---

[485] Je décide ici de conserver l'imprécision du terme.
[486] Sauf que « l'état du monde » dans lequel le phénomène s'est produit conduisait au retour grégaire plutôt qu'à l'expansion véhiculaire.
[487] Nicolaï (1990).

question ; on supposera que le nouveau code qui fait l'objet de l'appropriation n'était pas défini dans la communauté par des traditions normatives contraignantes et/ou que le groupe qui se l'est approprié ne se sentait pas déterminé par ses normes éventuelles. Cela correspond à l'émergence du songhay ;

2) des effets de simplifications se manifestent dans un deuxième temps en raison de la perduration de l'usage véhiculaire de cette langue, ils conduisent à des différenciations importantes (songhay A, songhay B) en parallèle avec les évidents processus de dialectalisation qui marquent l'évolution du songhay ;

3) de nouveaux phénomènes d'appropriation par des populations exogènes se manifestent (songhay septentrional, etc.) ;

4) des phénomènes limités de contact et des effets de convergence interfèrent dans les évolutions potentielles (dendi, songhay occidental, marensé, etc.).

En conclusion, ce que « le linguiste » perçoit initialement des données[488] ne peut pas être autre chose que l'image écrasée et dépourvue de perspective de la *stratification* de ces phénomènes, c'est pourquoi la simple proposition d'une hypothèse fondée uniquement sur des données non-analysées et des principes généraux d'analyse (logiques et linguistiques) a de fortes chances de conduire à des erreurs lorsqu'il s'agit de rendre compte de l'évolution des langues.

Par ailleurs la possibilité « d'interpolation » qui a une valeur évidente dans certains domaines scientifiques n'est pas fonctionnelle ici, dans le cadre de « sciences *historiques* ». Les principes généraux de l'évolution des langues et autres principes cognitifs élémentaires ont de l'importance (sans eux, aucune « explication » n'est possible), mais lorsque ce qui est en question est la compréhension d'une évolution « située » il convient de les utiliser au coup par coup, à chaque pas de l'analyse des données – dans son détail – pour comprendre (une partie de) l'évolution *en contexte* plutôt que de faire d'eux le facteur essentiel / directif d'une explication, au risque de chercher les faits qui les illustrent plutôt que ceux qui les infirment.

Autrement dit l'évolution des langues ne suit pas la rationalité explicative des linguistes et celui qui élabore des hypothèses de nature « (pré)historique » ne peut pas faire l'impasse de regarder aussi les faits qui les fondent ... par le petit bout de la lorgnette !

Parallèlement, j'ai aussi souhaité mettre en évidence des « faits linguistiques » identifiables moyennant quelque attention et sur lesquels

---

[488] Depuis Sirius ?

on s'est encore peu questionné. J'entends par là que soit ils ont été ignorés en l'absence d'une méthodologie et d'une théorie concernant leur traitement, soit ils ont été contraints dans des cadres inadaptés, soit ils ont été rejetés. Il est utile pourtant de s'y intéresser pour eux-mêmes, même si leur délimitation et les méthodes utiles pour les approcher sont (encore ?) floues[489]. Cela passe tout d'abord par le *non-rejet des outils et méthodes existantes* qui ont fait leurs preuves dans les domaines linguistiques mieux confirmés, par l'analyse de leurs arrière-plans et présupposés et par le *non-rejet des phénomènes* eux-mêmes ; position qui permet de dépasser les précontraintes et la clôture des cadres explicatifs du moment et d'œuvrer pour une *théorisation des faits* qui ne soit pas le simple placage d'un modèle importé ou le mirage d'une pseudo-contradiction[490] (succédané de rupture épistémologique ou autre) avec les cadres préexistants[491]. J'ai ensuite abordé l'analyse détaillée des données et cherché, au fur et à mesure de leur traitement, à structurer une approche méthodologique et des outils conceptuels pour « parler » les « faits », appréhender leur stratification et, le cas échéant, les décrire au travers d'algorithmes non pas importés mais construits pour l'occasion ; ce qui ne veut pas dire qu'il s'agisse d'outils *ad hoc*.

Je reconnais toutefois qu'au-delà du rejet de l'hypothèse de l'apparentement du songhay au nilo-saharien, l'approche des données à laquelle je me suis attaché souffre de carences[492] : les mêmes que celles que j'ai dû constater, à un autre niveau, dans l'approche de Bender et de Ehret car ma connaissance des données dans l'espace chamito-sémitique, bien que reposant sur une documentation étendue, n'a pas la qualité[493] de celle que j'ai dans le domaine songhay que – au fil des ans – je finis par connaître assez bien.

---

[489] Et d'ailleurs, ce « flou » est aussi au centre du problème théorique et méthodologique : que faire ? Qu'en faire ? J'ai déjà posé cette question et commencé à y répondre dans ce qui précède car il n'est pas du tout problématique de traiter de phénomènes flous si l'on envisage de construire un cadre adéquat et des outils adaptés pour cela.

[490] La non-contradiction peut bien évidemment être résolue par une différence de niveau d'intégration, ce qui n'implique pas pour autant la référence à une théorie russellienne des types.

[491] C'est pourquoi j'ai proposé un cadre sensiblement différent en ce sens qu'il « intègre » la notion de généalogie et les modèles dépendants comme un simple cas particulier. Cf. Nicolaï (1990).

[492] Comme « garde-fou », se référer, *supra*, à mon commentaire sur la « contre-plongée méthodologique » ; et comme « horizon », se référer aux « litotes » qui ponctuent les chapitres !

[493] Supposée !

TROISIEME LITOTE.

Je reprendrai tout simplement l'une de mes remarques plus anciennes en disant que la résolution de la question de l'apparentement du songhay, et *a fortiori* celle de sa place au sein d'une sous-classification à proposer, est encore devant nous.

INTERMEDE numéro 2

Il s'appelle Armstrong et fait partie du cercle très restreint de ceux dont la trace de leur(s) pas a été l'objet de toutes les attentions, au point de faire date pour les générations futures. Avant lui, je ne connais guère que l'empreinte de Homo Erectus retrouvée à Terra Amata, du temps que c'était une plage niçoise.

Tous les deux sont à l'origine d'une épopée. Le plus ancien n'en savait rien. Quant au dernier son épopée était déjà écrite avant que son pas ne se marque.

On reconstruit l'existence de l'un, l'on construit l'existence de l'autre. Mais c'est d'ici et de maintenant que les deux prennent sens.

La cohérence dans tout cela ? Elle est dans la Lune, bien sûr !

V. LE JEU DES « QUATRE COINS ».

Soit quatre « positions » interdépendantes :

- celle qui consiste à se situer *au plus près* des données : approche dialectologique, saisie de la variation interdialectale à tous les plans où elle se laisse appréhender. Soit donc : essai de compréhension des dynamiques mises en œuvre en tenant compte de l'ensemble des pertinences inter-agissantes dans les procès de l'évolution des langues.

- celle qui consiste à se situer *au plus loin* des données : approche fondée sur l'identification d'isomorphismes, parallélismes ou concomitances dans une comparaison globale des données appréhendées. Soit donc encore (mais autrement) : essai de compréhension des dynamiques mises en œuvre en tenant compte de l'ensemble des pertinences inter-agissantes dans les procès de l'évolution des langues !

- celle qui consiste, face à ce double traitement, à *construire un arrière-plan théorique* qui ne soit posé comme alternative aux principes et traitements existants que dans la mesure exacte où l'on aura préalablement pris le soin de les critiquer[494], au premier sens du terme. Soit donc : déstabiliser, restructurer, stabiliser les cadres de l'analyse en tenant compte du détail des faits et des questions posées.

- celle qui consiste, en miroir, à *prendre pour objet ce procès même de construction théorique* pour à la fois l'assurer et le limiter quant à ses dérives possibles. Soit donc : évaluer la mesure dans laquelle les connaissances qu'il permet d'élaborer sont déterminées par un procès d'auto-construction et par des jeux de perspectives, et de quelle façon elles restent liées aux questions initiales auxquelles elles sont censées répondre et recouvrent correctement les données.

Entre ces quatre pôles, il y a le chercheur.

---

[494] C'est-à-dire, les analyser, commenter, discuter, étudier, examiner, juger...

Leçons.

Finalement qu'apporte le chantier ici ouvert ? Face aux « données », le dégagement de quelques thèmes de cristallisation intellectuelle en rapport avec le jeu des « quatre coins ». Je retiendrai les trois suivants : opérations, dimensions et perspectives. Leur pertinence pour la re-élaboration d'un cadre d'analyse de la dynamique et de l'évolution des langues se montrera dans l'explicitation qui suit.

V.1. Opérations.

Trois opérations originelles : chaînage, clôturage et entretissage

Chaînage.

Le *'chaînage'* est le résultat d'un e*nchaînement*, opération minimale de recherche de cohérence mise en œuvre à tout instant et sur tous les plans par tout un chacun « je réfère le phénomène X au phénomène Y ». Les enchaînements concernent ainsi « tout le monde », autant les acteurs que les descripteurs, les locuteurs que les linguistes, etc. et ils correspondent à une recherche élémentaire de « causalité » à des niveaux de pertinence variables non-nécessairement prédéfinis. Les chaînages que ces enchaînements induisent peuvent être déterminatifs, explicatifs ou catégoriels.

Ils sont *déterminatifs* lorsqu'ils résultent d'enchaînements qui réfèrent à la pratique, à l'actualisation de ce qui va « normalement » de soi sans que l'on ait procédé à une saisie décontextualisée ou à une catégorisation des référents de l'enchaînement.

Ils sont *explicatifs* lorsqu'ils résultent d'enchaînements qui renvoient à des référents structurés par un cadre relationnel.

Ils sont *catégoriels* lorsqu'ils résultent d'enchaînements qui renvoient à des référents caractérisés par leur « essence ».

Actualisés aux plans phonétique et sémio-sémantique, le tableau ci-dessous schématise certains des types d'enchaînements les plus évidents susceptibles d'être mis en rapport avec la dynamique de l'évolution des langues, en général.

Domaine	Chaînage	Application
plan phonétique : dynamique des formes	déterminatif (essentialisation primaire)	variations phonétiques diverses
	explicatif (détachement)	classes phonétiques naturelles matrices morphosémantiques macro-phonèmes, etc.
	catégoriel (essentialisation secondaire)	référenciation conceptuelle catégorisation sociolinguistique ideal-types
plan sémio-sémantique : dynamique des significations	déterminatif (essentialisation primaire)	étymologies populaires
	explicatif (détachement)	figures de rhétoriques
	catégoriel (essentialisation secondaire)	schématisations culturelles, fonctionnelles, conceptuelles, etc.

Clôturage.

Le *'clôturage'* est une opération qui vise à une « (re)construction sémio-cognitive ». Il se fonde sur un processus de recomposition de l'espace sociolinguistique par les interactants, ce qui se traduit par une restructuration potentielle de l'univers linguistique. Il trace une frontière symbolique qui exclut ou réunit les représentants communautaires de l'échange considéré, lesquels ne partagent pas nécessairement les mêmes « langues » ni les mêmes variétés d'usage. Sa fonctionnalité n'est jamais fondée sur une facilitation de la communication mais sur la bonne utilisation en situation d'indices et de marqueurs appropriés[495], sur la bonne performance effectuée dans un « parcours » dont les embûches sont censées être connues de tous[496], sans que cette éventualité de conduire à une facilitation de la communication ne soit exclue pour autant puisque

---

[495] La réalité du 'clôturage' peut se percevoir très concrètement au travers de n'importe quelle étude épilinguistique conduite dans une perspective sociolinguistique ; par ailleurs, la reconnaissance de l'importance des indices est bien connue, cf. Gumperz (1982).
[496] Il s'agit donc de « représentations » partagées. Il n'est pas impossible que certaines distinctions formelles de « l'univers searlien » (cf. règles normatives et constitutives) ne trouvent pas ici un champ d'application intéressant ; pour une approche sur la dynamique induite, cf. Nicolaï (1988).

des changements peuvent toujours se produire qui satisfont à la fois à une stratégie de « ghettoïsation » et à une stratégie de simplification[497].

Pour se référer à des cas concrets on peut se demander dans quelle mesure la confusion **z/j** du songhay occidental abordée au chapitre précédent est concernée par une telle notion, l'on pourrait aussi se demander si le remplacement en dendi des consonnes labiovélarisées originaires du songhay par des occlusives labiovélaires traduit ou non un effet de clôturage, un effet de métatypie[498], la conjonction des deux ou peut-être, ni l'un ni l'autre ; et la même question peut se poser à propos de certains « emprunts lexicaux » à fonction symbolique. Mais quelle que soit la réponse, ce qui « sert au jeu » dans l'opération de clôturage est le plus souvent une modification des normes existantes à partir des objets linguistiques disponibles.

Apprécier si elle traduit ou non une symbolique de marquage – et donc de démarquage – et si elle implique la (re)construction d'une nouvelle représentation partagée n'est pas quelque chose de simple ; je ne sais même pas si c'est possible autrement que par des biais conjecturaux, ce qui montre une limitation dans l'utilisation de la notion. Il n'en reste pas moins qu'il y a plusieurs « rationalités » à prendre en compte dans l'interaction des univers linguistiques et sociaux et la dynamique induite, et que plusieurs possibilités interprétatives sont souvent concurrentes (ou plus justement, *'composent'*) qui ne peuvent guère se justifier que par une approche détaillée des faits linguistiques et de leur contextualisation.

Entretissage.

L'idée d'un *entretissage* renvoie à un objet défini *a posteriori* dont les formes sont entremêlées et ne résultent pas d'une simple stratification mais d'une activité complexe résultant d'une restructuration continue de l'existant. Ce qui est « donné à voir » est un ensemble de formes structurées qui résultent de l'action de l'ensemble des dynamiques mises en œuvre, lesquelles ne sont pas toutes référées à la même mesure ; le tout mis en perspective et réinterprété. Ainsi, au-delà des références aux *fonctions de communication* et aux *fonctions symboliques* qui prennent leur sens dans la contemporanéité de leur actualisation ou dans l'approche à l'échelle historique, les dynamiques de la transformation des langues

---

[497] On notera qu'une autre notion développée par Manessy correspond à un objet proche, il s'agit du processus *d'appropriation* qui se manifeste par l'élaboration de nouvelles normes langagières dans des communautés émergentes et se fige dans leur vernacularisation potentielle.

[498] Voir *infra* V.2 pour cette notion.

semblent aussi retenir des principes qui renvoient à d'autres pertinences ; celles-ci ont une certaine indépendance parce que les mouvements qui sont mis en jeu (*recompositions* morpho-syntaxiques, *permanence* des structures lexico-sémantiques, *divergence* des unités phonologiques) ont chacun leur limite et leur « mesure » temporelle de transformation. Et que tout cela compose[499], par la « *force des choses* ».

Tout état de langue – ou plus précisément, tout *état de communication linguistique* – entre comme un *acquis*, comme un *recours*, comme un *outil* et comme un *cadre* pour la mise en œuvre de sa transformation ultérieure. L'évolution est ainsi *prédéterminée par son passé*, se construit des nécessités *générées dans son actualisation* et de l'effet des prédéterminations *induites par son histoire*[500] ; toutefois la prédétermination par le passé ne passe pas uniquement par la réponse au « coup par coup » de la nécessité interactionnelle de la communication située. En regard de cette construction et de ce jeu interactionnel, en regard de la probable action de principes cognitifs élémentaires et innés qui font assez souvent l'objet de tentatives plus ou moins arbitraires et autoritaires de modélisation, l'on doit envisager – et cela d'une façon qui n'est pas encore élaborée – l'impact tout aussi majeur *d'un ensemble de connaissances « acquises et transmises » dans et par la pratique des langues en contexte*, et qui prédéterminent leurs formes[501]. A partir de là

---

[499] Les tentatives de renouvellement théorique, Dixon (1997) et Ross (1997) par exemple, sont intéressantes de ce point de vue par leur prise de distance avec le modèle arborescent. L'idée du premier de retenir l'effet induit par de longues *périodes d'équilibre* liées à des contacts continus favorisant la dynamique d'aires linguistiques suivies de périodes plus courtes de ruptures et de changements « catastrophiques » qui *ponctuent* ces périodes et favorisent les développements arborescents est fructueuse en tant que principe explicatif pour rendre compte de la diversité des langues à l'échelle archéologique. Toutefois le modèle est encore trop élémentaire, même s'il possède l'avantage d'intégrer à la fois les effets du contact des langues et le modèle arborescent. Disons qu'il reste fondé sur une pertinence quantitative de l'approche archéologique linguistique.
L'idée du second, qui est de se démarquer du modèle de l'arbre généalogique et de développer une typologie des évolutions en référence aux facteurs retenus dans l'élaboration des réseaux sociaux, d'identifier des innovations socialement pertinentes en rapport avec l'évolution des groupes et sous-groupes linguistiques a certes, elle aussi, l'avantage d'œuvrer vers une intégration de ces différents facteurs. Toutefois, la question de savoir dans quelle mesure il est possible, à l'échelle archéologique, de procéder dans une optique linéaire, au décryptage du passé et d'en rendre compte par une mesure des faits directement référée à des pertinences sociales micro-analytiques manifestement écrasées est posée. Il nous manque encore une *théorie de « l'intégration » des phénomènes*, au sens quasi-biologique.
[500] Toutefois ces prédéterminations ne me semblent pas être actives à l'échelle micro-analytique dont la limite est celle des dimensions historiques.
[501] Les approches de Manessy sur la notion de sémantaxe dans le cadre des formations créoles et des créations de variétés linguistiques sont une première approche dans ce

on peut mieux comprendre certains aspects de ces évolutions et particulièrement de celles qui se traduisent par des phénomènes aréaux car de telles connaissances transmises ne sont justement pas limitées par la frontière d'un groupe linguistique. L'on peut aussi trouver des éléments d'explication à cette permanence lexico-sémantique déjà mentionnée qui caractérise certains ensembles linguistiques que les approches comparatives de grande extension semblent autoriser à reconnaître, mais dont le type d'explication susceptible d'en rendre compte n'est pas encore correctement théorisé car la simple mécanique du contact, pas plus que le principe de dialectalisation, pas plus que les contingences externes, n'explique tout.

Stratification des effets.

La généralité de ces considérations qui visent surtout à préciser et inventorier quelques types d'opérations et de processus fonctionnels bien connus pour mieux comprendre la complexité du jeu linguistique et social ne saurait toutefois masquer la difficulté qu'il y a à les utiliser pour conjecturer sur des états linguistiques et sociaux passés en l'absence de tout support historique et archéologique[502]. Identifier des processus et construire des concepts n'est pas élaborer des outils d'analyse ou de description et dès lors qu'on aborde les données empiriques, la multiplicité des interactions tout autant que l'effet de leur ré-application rend difficile la justification d'hypothèses ; ainsi à la question de savoir s'il est possible de retrouver dans les données empiriques les exemples de processus élémentaires et généraux qui peuvent être considérés comme « explicatifs » de l'état actuel il est probable que l'on peut répondre « oui », quant à celle de savoir s'il est possible de dénouer l'écheveau qui « expliquerait / justifierait » un état actuel particulier il est clair que la réponse est moins évidente. Cela nous ramène au concret car le besoin de prendre en compte l'impact des facteurs sociaux dans les dynamiques linguistiques ne saurait être satisfait en l'absence de travaux de terrain bien documentés et intégrant cet arrière-plan.

---

sens ; voir aussi mes considérations sur les effets de Sprachbund et mes essais de modélisation des déterminants de l'évolution.
[502] De même on peut aisément constater que la qualité intuitive des métaphores qui « aident » à « parler les 'faits' » n'est pas corrélative d'une quelconque facilité pour leur instrumentalisation.

V.2. Dimensions.

Trois espaces élémentaires : structural, emblématique et médian.

Espace structural.

En constatant l'existence des aires de convergence on peut faire la supposition, somme toute banale (mais à vérifier plutôt qu'à admettre comme un fait établi), que dans un contexte sociolinguistique, socio-économique et socio-politique particulier, le plurilinguisme et le pluridialectalisme actualisé au cours du temps conduise respectivement au rapprochement structurel des langues et à l'élaboration de *koinè* qui convergent vers une forme optimale « prototypique »[503]. Dans quelle mesure les processus actifs dans la création d'une aire de convergence manifestent-ils une évolution qui rapprocherait les formes et structures d'un quelconque « idéal linguistique » ? S'agit-il d'évolution vers des formes censées être plus proche de schémas linguistiques « profonds »[504], « d'universaux », d'invariants de nécessité, d'invariants locaux[505] ? Par exemple, le parallélisme constaté aujourd'hui dans l'ordre des constituants entre les syntagmes songhay et mandé traduit-il un rapprochement vers *un modèle sous-jacent* justifiable au niveau « profond » d'une réalité cognitive postulée, au niveau construit d'une rationalité logico-linguistique supposée ou bien s'agirait-il d'une évolution vers des formes dont *le modèle est conjoncturel*, uniquement défini par le hasard des entités en présence comme ce pourrait être le cas pour l'aire bien connue des phonèmes labiovélaires dans l'espace méridional de l'Afrique occidentale ? Ou enfin manifeste-t-il le résultat de « simplifications » indépendantes qui traduisent une fonctionnalisation due à l'usage véhiculaire de ces langues ? Dans tous les cas l'on aura affaire à une « optimisation » des structures qui met en jeu des processus de rationalisation concernant les constructions linguistiques.

---

[503] Avec ce terme, je ne reprends pas l'arrière-plan théorique issu des travaux de E. Rosch (1973, et suivants). Je ne retiens que l'idée de l'identification d'une représentation formellement justifiée par une réflexion comparative élaborée à partir des données linguistiques disponibles, et telle que, des objets à la représentation construite, il y ait une inférence directe objectivable.

[504] Quel que soit le cadre théorique utilisé pour les traduire.

[505] Je distingue entre '*invariants de nécessité*', tels par exemple, ceux susceptibles de déterminer la grammaticalisation du lexique du corps (cf. Heine, et *alii*) et '*invariants locaux*', tels ceux qui résultent d'une rencontre plus conjoncturelle, telle par exemple le choix partagé d'une réalisation phonétique. Les deux modalités d'évolution ne sont pas incompatibles.

Convergence vers un prototype. Pour une optimisation, tous les processus susceptibles de permettre une simplification contrastive ou une généralisation interlinguistique sont utiles et tout particulièrement celui de *métatypie* tel que le définit Ross (1997 : 241) [506] c'est-à-dire un type de changement qui résulte d'une 'copie' entraînée par le contact et qui entraîne à son tour une métamorphose dans un type structural : réorganisation des modèles sémantiques et des 'façons de dire les choses', restructuration syntaxique ; l'identification de la métatypie résulte d'une généralisation à partir de la notion de calque, elle est censée traduire des *habitus* et induire une homogénéité qui conduit à une simplification dans la communication et c'est peut-être une opération fondamentale de « copiage » dans le procès d'élaboration des aires de convergence.

La métatypie est neutre – me semble-t-il – par rapport à d'éventuels « universaux » linguistiques à propos desquels je ne me prononce pas, c'est donc une opération « cognitive » dont ni les opérateurs, ni la fonctionnalité ne sont concernés par autre chose qu'une « mécanique 'logico-cognitive' » et dont les cadres de prévisibilité sont ceux de l'organisation des systèmes et/ou d'éventuels « universaux » de la « mise en fonctionnement ». Aussi est-il intéressant de vérifier dans quelle mesure elle permet de rendre compte de(s) phénomènes de convergence apparente constatés dans l'espace songhay-mandé. On remarquera en premier lieu qu'il ne suffit pas de postuler / identifier une affinité pour pouvoir l'expliquer comme l'effet d'un processus métatypique ; et comme aucune comparaison interne à l'ensemble songhay ne permet de conjecturer un état antérieur qui serait marqué par d'autres dispositions morpho-syntaxiques que celles qu'il partage aujourd'hui avec les langues mandé voisines, le rapport songhay-mandé ne permet pas de se prononcer sur l'application d'un tel processus qui aurait conduit au résultat actuel. Si le processus s'est appliqué, il a concerné tout le songhay et nous sommes dans cette position paradoxale connue où l'éventuelle application réussie du processus à l'ensemble d'une langue, de par cette réussite même, aura effacé les traces qui auraient permis de reconnaître son action[507].

---

[506] Cf. « *The class of language changes which is diagnostic of contact induced change includes (a) the reorganization of language's semantic patterns and 'ways of saying things', and (b) the restructuring of its syntax [...]. This reorganization and restructuring is truly diagnostic of contact-induced change only if we can show that new patterns bring the language closer to a putative inter-community language. I have coined the term 'metatypy' for this reorganization and restructuring [...], as this kind of language change leads to a metamorphosis in structural type* ».
[507] Ce même type de conséquences d'une action réussie a aussi alimenté en son temps la controverse la question de la « diffusion lexicale » *versus* changement phonétique régulier.

En revanche en étendant l'application de la notion au domaine phonétique, il est peut-être possible, comme je l'ai suggéré, de faire appel à la métatypie à propos de la confusion z/j si l'on suppose que l'interprétation de [z] par [j] en songhay occidental traduit formellement pour les locuteurs une stratégie linguistique et cognitive orientée visant à réduire l'écart entre leurs « façons de parler » et celles de leurs voisins ; mais il s'agit là d'une hypothèse très forte, ne serait-ce que parce que l'orientation du processus, supposée grâce à la considération des données linguistiques, n'est pas nécessairement corroborée par des faits anthropologiques, historiques ou autres[508]. Dans le cas où l'on traiterait une telle modification phonétique comme un fait de métatypie on devrait aussi remarquer qu'une modification structurelle a effectivement lieu, ce qui est prévu dans la définition de l'opération, toutefois l'on devrait s'interroger sur le fait de savoir si la modification structurelle subséquente est une conséquence nécessaire ou pour le moins définitoire de la notion, ou bien si ce n'est qu'une conséquence accidentelle dont la mention relève du constat. Enfin on peut ouvrir d'autres débats : la métatypie traduit-elle uniquement une pratique symbolique contingente mais ici appliquée aux structures linguistiques ou bien traduit-elle autre chose[509] ? On voit alors que les questions qu'elle suscite méritent d'être approfondies, que son statut en tant que « notion descriptive » et/ou « opération cognitive » demande à être élaboré et que si elle « rend compte » éventuellement (de) quelque chose, il reste encore à établir quel est sa « validité psychologique », et pour qui ? Linguiste ? Locuteur ? Les deux ? Je ne sais pas si parler de métatypie est « explicatif » ou « descriptif » de quelque chose car – indépendamment du choix du modèle de description – la portée théorique de la notion risque d'être modifiée selon la façon dont on *décide* qu'elle est (doit être) liée aux transformations structurales résultantes de son application. Le cadre « anthropologico-social » nécessairement référé comme contexte de sa mise en œuvre n'est pas – à mon avis – suffisamment précisé pour une opération qui de par sa dimension cognitive est censée mettre en jeu autre chose qu'un simple formalisme linguistique.

Ainsi même lorsqu'il est *a priori* possible de caractériser formellement une dynamique linguistique par la métatypie comme dans le cas du songhay occidental, c'est néanmoins par une hypothèse

---

[508] Le procès d'inférence qui s'autorise d'un simple « symptôme » pour décider de l'hypothèse, indépendamment de son invalidité logique, s'il n'est pas fortement corroboré par la conjonction d'autres symptômes, risque d'ouvrir sur des erreurs pré-conditionnant les hypothèses subséquentes.

[509] Il est tout à fait possible (probable ?) que la métatypie a sa place dans l'étude des variations dans la communication symbolique de certains animaux !

non-vérifiable[510] que l'on peut décider d'affirmer que les locuteurs du songhay occidental possédaient « depuis le départ » cette langue comme langue première. Car s'il se trouvait qu'au lieu d'être des Songhay partageant la même aire avec des populations « mandé » nous avions eu affaire à des populations « mandé » ayant procédé à un changement de langue dans un contexte culturel qu'il n'est plus possible que de conjecturer, alors les données de (pour) l'explication seraient différentes, et le formalisme traduirait autre chose.

En conclusion : adaptée pour traiter des dynamiques de contact linguistique, la métatypie en explique certainement quelques unes qui supportent d'être détachées du contexte anthropologico-social de leur actualisation et une étude plus approfondie pourrait transformer cette notion imprécise en concept opératoire.

Espace emblématique.

Les dynamiques susceptibles d'être appréhendées par des processus métatypiques ou relevant du même type de pertinence ne sont toutefois pas les seules à se manifester en situation de contact : l'élaboration de constructions emblématiques[511], de normes et finalement la fonctionnalisation sociale des représentations linguistiques mettent en jeu d'autres modalités de transformation qui peuvent aussi avoir des effets linguistiques importants. Elles concernent les individus aussi bien que les « communautés », portent sur la totalité des codes du répertoire et sont fortement dépendantes du contexte, que celui-ci soit plurilingue ou monolingue.

C'est ainsi qu'une prise en compte de cette diversité fonctionnelle des dynamiques linguistiques se traduit dans la théorisation des effets de simplification ou de complexification linguistique qui sont conditionnés par la nature sociale de la communication et par sa fonction stratégique comme en a témoigné l'élaboration du « deuxième terme » du couple véhicularisation / *vernacularisation* tout d'abord présenté par Hymes

---

[510] Dans l'état actuel des connaissances.
[511] On entendra par « emblématique » ce qui est reconnu comme « représentant » et donné pour « représenter », et qui implique donc un « détachement » par rapport à ce qui est représenté, c'est-à-dire la non-nécessité d'une inférence directe objectivable. Par ailleurs, la valeur emblématique d'une construction, langue, etc., quelle qu'elle soit, est certainement la condition préalable – éventuellement concomitante – à son appropriation et/ou sa fonctionnalisation dans un processus identitaire pour un groupe donné. Bien qu'il n'y ait pas *a priori* de nécessité à cette succession.

(1971) puis repris et partiellement modifié par Manessy[512], et plus récemment encore l'approche de Ross qui précise et distingue les fonctions de koïnéisation, exotérogènéité, esotérogénéité[513] et leurs effets sur le code des langues. Mais là également tout n'est pas évident et il n'est pas certain que l'on pourrait sans erreur remonter de l'appréciation formelle de la 'simplicité' ou de la 'complexité' d'une modification du code de la langue à l'appréciation du type de rationalité (structurale, emblématique ou autre) qui l'a motivée[514].

Espace médian.

D'une certaine façon si des représentations de « formes linguistiques »[515] acquises et transmises autres que les *organisations structurelles* au sens structuraliste et les *schématisations cognitives élémentaires* sous-jacentes à différentes théorisations contemporaines doivent trouver une place dans l'explication du résultat empirique de l'évolution des langues alors, comme je l'ai suggéré plus haut, il s'agit de « *construits anthropologiques* » référés à un espace lui aussi construit *et non-immédiat*, que j'appellerai l'*espace médian*, à fin de le distinguer. Indépendant des deux premiers et de l'*espace substrat* qui les concerne, il définit un *cadre d'intégration* hiérarchiquement supérieur qui contribue *avec eux* à réduire dans une explication plus affinée les transformations et rétentions linguistiques empiriquement manifestées.

On peut penser que l'effet sur le devenir des langues de construits anthropologiques élaborés dans cet espace médian est en cohérence avec une échelle qui dépasse la mesure historique, ce qui ne veut pas dire qu'il s'agisse de phénomènes dont la temporalité ne concerne que la saisie

---

[512] La question de la clarté terminologique et celle de la précision des concepts se pose ici, bien qu'il ne soit pas nécessairement utile de l'approfondir outre mesure tant que les cadres conceptuels eux-mêmes et les objectifs de recherche ne sont pas clairs.

[513] Ross (1997 : 238-40) « *If a community has extensive ties with other communities and their emblematic language is also spoken as a contact language by members of those communities, then they will probably value their language for its use across communities boundaries [...] it will be an 'exoteric' lect* ». [...]. *Exoterogeny differs from koineization in an important respect. Both koineization and exoterogeny result in simplification, but koineization also entails the elimination of the emblematic features of its contributing lects. [...] Esoterogeny is the opposite process* ».

[514] Et de plus on peut s'attendre à ce que n'importe quelle modification du code puisse être affectée d'une valeur emblématique.

[515] Incluant des normes d'usage, des schémas de variabilité, des choix particuliers de lexique ou de traits phonétiques, des constructions syntaxiques, etc. Autant de caractères qui peuvent être retenus comme vecteurs d'identification et de classification socio-culturelle.

archéologique puisqu'on peut aussi penser que des restructurations très rapides comme celles impliquées par les situations créoles peuvent activer à l'échelle historique de tels « construits » (cf. Manessy : 1995).

Ceci étant, le cadre d'intégration des phénomènes suggéré par la reconnaissance de la faculté de langage et de l'existence d'opérations cognitives qui en dérivent *va de soi* en ce sens qu'il est une pré-condition de l'existence des langues ; le cadre d'intégration structuraliste *va également de soi* en ce sens qu'il est aussi la pré-condition de toute systématisation ; l'*espace substrat* qui les concerne *va encore de soi*. En revanche le cadre d'intégration ici posé, auto-construit dans la contingence « contextualisée » de l'utilisation des langues, et qui est censé prédéterminer des types d'évolution et des choix de formes indépendamment des nécessités structurelles semble moins évident. Il faut pour l'appréhender se placer aux limites de la saisie des langues : dans des contextes de « nécessité » et de « crise structurelle » ainsi que Manessy l'a fait avec la notion de sémantaxe ou dans des contextes de « saisie aréale » comme l'aura suggéré en quelques points la présente réflexion sur les problèmes « d'apparentement » du songhay, et peut-être encore dans des contextes plus « locaux » d'émergence de variétés sociolinguistiques emblématiquement marquées. Dans tous ces cas l'on est conduit à percevoir des dynamiques dont ne rendent pas compte les simples pertinences structurales et cognitives et qui dépassent chaque fois la clôture de la langue-unité-de-référence.

Pour synthétiser autrement, on pourra dire que les évolutions et les transformations des langues se manifestent au lieu d'articulation pragmatique des dynamiques cognitives (référé à l'activité de langage), structurelles (référé à l'activité structurante) et symboliques (référé à l'activité catégorisante). Et que cette triple articulation a un effet dans l'espace particulier où s'actualisent des représentations linguistiques et culturelles qui conduisent à la modification et/ou à l'actualisation de formes linguistiques partagées, non-nécessairement définies dans le cadre d'une langue pré-définie mais caractérisant une dynamique de communication plus globale, éventuellement susceptible de conduire à des entités recomposées, objets potentiels de dénomination future. On peut s'attendre à ce que la considération d'un tel espace médian ouvre des perspectives à l'analyse empirique et puisse fournir des exemples-types et des cas d'école concernant l'évolution des langues, suffisamment riches pour contribuer à justifier des arguments explicatifs et des projections d'hypothèses[516].

---

[516] Voir Stoller (1979) pour une utile réflexion sur l'importance des dimensions anthropologiques.

Pour conclure sur ce point, l'*espace médian* est donc cet espace particulier à l'intérieur duquel ce n'est ni le '*sujet*', ni '*l'individu*' qui se manifeste, ce n'est pas non plus le '*locuteur*' des linguistes, le '*groupe*', le '*réseau*' ou la '*communauté*' des sociolinguistes, c'est autre chose que je définirai comme l'*homo loquens*, dont le type d'activité est encore à décrire. Et l'*homo loquens* est alors l'acteur (cognitivement et historiquement déterminé mais non-linguistiquement déterminé) de constructions anthropologiques qui se (re)structurent et se (re)définissent à la fois nécessairement et conjoncturellement dans un espace communicationnel à travers la sélection, la mise en place et la restructuration continue de marqueurs (identifiables positivement ou non) culturellement reconnus qui se manifestent, mais pas exclusivement, aussi bien dans des effets de permanence linguistique que dans les restructurations et réorganisations des langues.

V.3. Perspectives.

Le petit bout de la lorgnette.

Il y a façons de voir et façons de voir et selon la règle commune mieux vaut ne pas se tromper sous peine d'y perdre la netteté du dessin. Mais est-ce toujours un mal ? L'on peut aussi y gagner la perspective. Ainsi l'on sait deux façons « d'écraser » les objets : y mettre le nez sus au risque de loucher, les fondre à l'horizon au risque de les perdre.

Décrite avec d'autres mots, la décision méthodologique que j'ai soutenue dans ce travail s'approche au plus près d'une étude de « bas niveau » qui contraste étrangement (?) avec les perspectives « réunitarisées »[517] et globalisantes[518] : *a priori* l'approche de « bas niveau » pourrait sembler de courte vue[519]. Mais ainsi posée l'alternative n'a guère de sens car encore faut-il savoir ce que l'on regarde, et ses propriétés ; bref : ne pas se tromper sur les objets. La « longueur de la focale », l'ampleur du champ de vision se justifie de l'objet « regardé » et de sa nature. En termes de perspective on a remarqué qu'il serait maladroit de confondre le domaine de l'archéologie et celui de l'évolution des langues[520] : reconnaître une histoire ou une préhistoire, supposer ou présupposer des états de langue et des types d'usage, envisager des

---

[517] Terminologie d'informaticiens !
[518] Tout particulièrement celles retenues par quelques courants récents concernant les recherches sur les parentés à longue distance, voire, l'origine des langues.
[519] Ce qui fait toujours « mauvais effet » !
[520] Cf. *supra* « Point de méthode numéro 2 ».

contextes anthropologiques déterminants, etc. sont des opérations pertinentes pour l'archéologie linguistique. Supposer des tendances évolutives, imaginer des dynamiques de transformation, penser à des orientations et des processus sont des opérations licites pour l'étude de l'évolution des langues. La première approche se souhaiterait parfois asymptotiquement déterministe bien qu'elle sache ne pouvoir l'être car une dimension interprétative est *toujours* partie prenante de l'analyse et de la constitution des « objets-langues » étudiés[521], la deuxième se jugerait plutôt probabiliste sans ignorer la faiblesse quantitative de son support empirique qui souffre aussi de cette limitation due aux mêmes contraintes interprétatives.

De fait il est « probable » que toutes les deux sont interprétatives et la « bonne » question qui pourrait se poser est de savoir si les systèmes / objets décrits / à décrire sont tels que, quels que soient les événements de « bas niveau » qui se manifestent, la résultante de plus « haut niveau » qui les subsume reste constante, manifestant ainsi une « indépendance » susceptible de justifier les pratiques qui font l'impasse du travail de détail sur les données ; ou à l'opposé, si l'actualisation ou l'émergence plus ou moins conjoncturelle de certains événements de « bas niveau » est susceptible de modifier / transformer les directions évolutives des structures de « haut niveau », faisant alors du hasard cet acteur structural qui réorganise la contingence et scelle les devenirs. Finalement, la réflexion porte aussi sur les propriétés des modèles : dans quelle mesure peut-on utiliser des modèles pris à d'autres domaines de connaissance sans procéder à une réflexion approfondie sur les objets et sur les opérations de leur 'saisie' ?[522]

Proposer un modèle ne dispense pas de réfléchir sur la nature des objets à modéliser c'est pourquoi il devient intéressant de reconsidérer les facteurs de l'évolution des langues[523], et le cas particulier du songhay. De ce point de vue, les données que je présente dans la troisième partie de cet ouvrage auront peut-être cette fonction de « déclencheur » : elles n'ont pas vocation directe à servir de « preuve » d'un quelconque apparentement qu'il reste à définir, elles sont seulement fournies en tant que premier recensement ... pour une analyse future.

Le mot 'papillon' n'est pas un papillon, c'est vrai...

Les autres mots non plus.

---

[521] Pas plus que l'histoire en général, cette approche ne saurait être déterministe.
[522] Nicolaï : 2000.
[523] *Versus* : il redevient intéressant de considérer les facteurs de l'évolution des langues !

FINALE

De quoi donc faire feu ? Mais de tout bois, bien sûr !

Le brigand qui coupait les pieds...

Il était une fois sur la route de Mégare un brigand nommé Prokroustês, c'était un homme sage et méthodique qui aimait l'ordre et prenait grand soin à ce qu'il faisait. Un jeune homme vint à passer, promis, semble-t-il, à un fulgurant destin. Il aimait, lui aussi, l'ordre et la méthode. Mais l'ordre et la méthode ne prennent vraiment tout leur sens qu'en rapport avec ce qu'ils servent : la limite d'un lit ou l'avenir d'Athènes. Et cela ouvre à une double distinction qui, traduite en aphorisme donne :

La rigueur ou le rigorisme : pensez le contour ou figez les formes.

Pour moi la rigueur est une exigence sur la conceptualisation des pratiques et la mise en évidence des présupposés d'une analyse tandis que le rigorisme est une exigence sur l'application des pratiques sans prise en compte de leurs présupposés.

TROISIEME PARTIE : DONNEES

... Hace quinientos años, el jefe de un hexágono superior dio con un libro tan confuso, como los otros, pero que tenía casi dos hojas de líneas homogéneas. Mostró su hallazgo a un descifrador ambulante, que le dijo que estaban redactadas en portugués ; otros le dijeron que en yiddish. Antes de un siglo pudó establecerse el idioma : un dialecto samoyedo-lituano, del guaraní, con inflexiones de árabe clásico. También se descifró el contenido : notiones de análisis combinatorio, ilustradas por ejemplos de variaciones con repetición ilimitada. Esos ejemplos permitieron que un bibliotecario de genio descubriera la ley fundamental de la Biblioteca.

Jorge Luis Borges. La Biblioteca de Babel

VI.1. Inventaire comparatif des entrées présentées[524].

On retrouvera ici un ensemble de données comparatives qui reprend (*Inventaire comparatif*)[525] et étend (*Inventaire complémentaire*) l'ensemble des données songhay utilisées dans le corps de l'ouvrage. Il ne s'agit évidemment pas d'une documentation exhaustive de toutes les données utiles pour soutenir l'argumentation que j'ai développée mais d'un simple *document de travail*, au sens propre. *Aucun* des rapprochements proposés n'est documenté de manière exhaustive pour les différentes rubriques (sémitique, berbère, etc.), *beaucoup devront être remis en question* en fonction de l'avancement de la recherche et de l'affinement des hypothèses ; d'autres manquent à l'inventaire. On ne pourrait se rapprocher d'un « travail significatif » qu'à l'issue d'une étude dialectologique et comparative beaucoup plus élaborée et conduite avec l'aide des spécialistes de l'ensemble des domaines considérés. Ce serait d'ailleurs un autre travail !

Ainsi, avec cet Inventaire, je me suis limité aux entrées que j'ai – plus ou moins arbitrairement – sélectionnées dans le « *Volet numéro 2. Cohérences lexicales : pré-analyse* »[526] ; l'*Inventaire complémentaire*, quant à lui, ne présente qu'un relevé lexical songhay et je ne lui ai pas adjoint son « pendant comparatif » car l'insertion des comparaisons aurait sans doute très fortement accru la dimension de ce travail en modifiant sa nature. Ainsi, on aura compris *qu'il ne s'agit pas ici de proposer un « ouvrage de référence », une « somme »*, mais *un simple travail d'ouverture, un domaine d'exploration*, un *premier état documentaire* et une perspective de recherche. C'est pourquoi j'ai désiré me cantonner à ne fournir que le minimum nécessaire et suffisant de ressources comparatives (parfois « problématiques ») pour assurer (la légitimité de) mes hypothèses initiales, laissant, en raison des exigences que j'ai manifestées au commencement de cet ouvrage, les travaux futurs pour un avenir qui mobiliserait – effectivement et activement – les « spécialistes » des domaines pertinents ; c'est aussi pourquoi j'ai aussi décidé de dégager les perspectives vers des domaines pour lesquels mes compétences sont fragmentaires : le couchitique ou l'égyptien. Mon ambition, si ce terme avait quelque sens ici, serait tout d'avoir *ouvert une voie et un domaine* de recherche empirique, une direction de réflexion théorique et méthodologique, plutôt que d'avoir proposé de nébuleux *résultats*.

---

[524] Les entrées qui se trouvent aussi avoir été retenues dans le *Nilo-Saharan Etymological Dictionary* de Ehret sont mentionnées en annexe sous le titre '*Inventaire des entrées croisées avec les racines PNS de Ehret*'.
[525] Environ 600 entrées sur l'ensemble de celles collationnées.
[526] *Supra*, chapitre IV.2.

Et c'est bien d'une *pré-analyse* qu'il est question. Entendons par là, ainsi que je l'ai déjà précisé, que le corpus présenté n'a pas d'autre visée que de fournir *la base initiale* pour des études comparatives approfondies susceptibles de moduler les hypothèses que j'ai risquées ; lesquelles bien que nécessaires et suffisantes pour remettre en question les apparentements linguistiques du songhay ne permettent pas pour autant d'aller beaucoup plus loin que cet élémentaire constat. Nous concevons donc la nécessité d'ouvrir ce champ de recherche empirique qui, non seulement pourrait permettre d'en savoir plus sur le songhay, le nilo-saharien et les langues d'Afrique, mais apporterait de plus, par la réflexion méthodologique et théorique qu'il suscite, par la critique des approches qu'il présuppose, une contribution aux questionnements les plus actuels dans le domaine.

Finalement, c'est plutôt par simple réflexe de réalisme que par une modestie de « bon aloi » et de convention, que je présente la documentation qui suit comme support de mon approche en soulignant à la fois sa nécessité et son infinitude.

Commentaire général de l'Inventaire comparatif.

- L'inventaire est organisé selon l'ordre alphabétique des entrées songhay (le plus souvent référé au kaado, mais pas toujours) et c'est généralement l'alphabet phonétique africain plutôt que l'API qui est retenu.

- Les transcriptions phonétiques ne sont pas homogénéisées entre les différentes langues retenues, les transcriptions originales des auteurs sont le plus souvent conservées mais parfois aménagées ; ainsi, par exemple, la pharyngale sonore est notée ʕ ou ɛ selon les cas, la spirante vélaire sourde peut être notée x ou ḥ, la sonore ɣ ou ġ, la fricative sourde est représentée par š ou ʃ mais l'on peut occasionnellement trouver le digraphe '**sh**', la voyelle fermée postérieure est notée **u** mais la transcription '**ou**' de la tahaggart a été conservée, la longueur vocalique est marquée par le redoublement de la voyelle, par ':' ou par un trait placé au-dessus, etc. Ces différences n'introduisent cependant pas de difficultés majeures de lecture car les choix de transcription ne s'éloignent pas des usages connus et traditionnellement établis dans les différents domaines linguistiques considérés, permettant ainsi aux spécialistes de s'y retrouver.

- L'explicitation mentionnée dans la colonne '**Valeur**' n'est pas une désignation générique ou générale, mais la signification de l'entrée songhay mise en regard.

- Le plus souvent j'ai indiqué une racine sémitique susceptible d'être rapprochée[527] et j'ai constamment distingué les langues éthio-sémitiques pour des raisons que j'ai déjà mentionnées. Des références couchitiques et égyptiennes sont présentées mais mes données et mes connaissances dans ces domaines sont beaucoup trop insuffisantes ; ce n'est donc qu'au titre d'une ouverture possible et d'un premier pointage que j'ai décidé de présenter quelques données à l'intérieur desquelles il s'agira de « trier ». De même, la dimension tchadique est sous-informée et sous-représentée par rapport à ce qu'elle devrait / pourrait être. Il importe d'avoir conscience de ces faits car ils sont « dangereux » pour l'analyse : en effet de telles carences peuvent toujours avoir une incidence sur l'élaboration des hypothèses.

- Sous la rubrique '**Extension**', mais le plus souvent sans les avoir exemplifiées, j'ai donné certaines indications à propos de la présence ou de l'absence de formes « potentiellement » comparables dans des langues ou des groupes de langues reconnu(e)s comme appartenant à d'autres familles généalogiques (mandé, peul, etc.) ; bien évidemment cette dernière rubrique souffre de carences encore plus prononcées que celles qui précèdent et il faut avant tout la considérer comme une « rubrique ouverte ». Je précise tout particulièrement que les indications contenues ne suggèrent pas autre chose que des « directions » : cela veut dire que j'ai relevé des formes comparables dans au moins l'une des langues de la famille (groupe) considéré(e) sans vouloir préjuger – à ce stade de la recherche – de ce que cela peut signifier exactement. Je laisse, bien entendu, aux spécialistes de ces langues et pour des travaux futurs la charge de développer ces perspectives.

- Comme je l'ai déjà noté, dans cette phase initiale l'approche *ne peut pas* ne pas être intuitive (*chacune des entrées de l'inventaire est – par définition – une proposition / hypothèse/ ouverture de recherche en quête de son évaluation et non pas une 'certitude / évidence étymologique' !*)[528]. On remarquera ainsi, dans certains cas susceptibles de

---

[527] L'« expertise » sémitique contenue dans cet inventaire comparatif doit beaucoup – dans ses aspects constructifs – à D. Ibriszimow et Silke Speckner, qu'ils s'en trouvent remerciés !
[528] La 'mise en italique' de cette parenthèse – quant à elle – veut être une aide pour réduire l'effet d'une lecture par trop cursive !

manifester des formes génériques (« macro-domaines » sémantiques et formels) que j'ai *volontairement* mis en regard non pas des lexèmes distingués mais des sous-ensembles d'unités lexicales (cf. **kólí // kèlì // kulikuli** « *entourer avec les bras, embrasser encercler du gibier ; s'enrouler, contourner // clôturer ; clôture // emballer* » ; **gàasù // kókósé // kóosú // kósú** « *griffer, gratter le sol ; racler // peler // racler, gratter ; raboter ; écoper l'eau dans une pirogue // arracher, cueillir des feuilles pour la sauce, cueillir des fruits ; être sevré* », etc.) ; bien évidemment, ce choix résulte de la reconnaissance d'un *rapprochement global non-déterministe* et qui donc, ne saurait être clairement analysé, en l'état des connaissances, à travers un ensemble de rapprochements linéaires nettement identifiés[529]. Il arrive ainsi qu'un ensemble d'entrées chamito-sémitiques soit rapproché d'une seule entrée songhay ou bien que, dans un espace comparatif particulier, l'on ait affaire à toute une série de croisements qui concernent – aussi bien en songhay que dans le domaine chamito-sémitique – non pas des entrées bien définies mais des ensembles plus ou moins flous d'unités (c'est l'une des conséquences pratiques de l'existence des phénomènes de structure clivée)[530] et j'ai de temps en temps introduit un système de confer pour souligner de telles dépendances.

Cette présentation a donc pour fonction de permettre, *dans un deuxième temps*, de faciliter l'analyse détaillée de l'ensemble des structures lexicales ainsi mises en rapport et de tenter de distinguer entre ce qui relève d'une explication diachronique et de filiations généalogiques potentielles, ce qui relève d'une explication plus cognitive et des dynamiques – contingentes ou non – des formations lexicales, ou ce qui relève de l'erreur et du hasard.

A l'inverse – bien que plus rarement – certaines unités songhay sont mentionnées sans pour autant être (nettement) représentées dans les données chamito-sémitiques (cf. **hórsó** « *captif de case* », **jìsìmà** « *oseille de Guinée* », ...). C'est là – pour moi – une façon de manifester une « intuition » à vérifier, de poser une question sur leur potentielle extension dans cet espace ; je signale ces entrées par un 'point d'interrogation entre parenthèses' dans la colonne 'Songhay'. De même certains rapprochements concernant le plus souvent des *realia* doivent certainement témoigner d'emprunts et n'ont qu'un intérêt limité

---

[529] Cf. Le développement, *supra*, chapitre III.2, sur 'Rapprochements linéaires et rapprochements globaux'.
[530] Cf. *supra*, chapitre IV.2.

(cf. **gónéy** « *gymnarchus niloticus* », **hàŋgûu** « *fruit de nénuphar* », **tàlhánà** « *belle de jour* », etc.).

Enfin – et après la lecture de mes « Remarques complémentaires sur les emprunts arabes » cela n'étonnera pas – pour des raisons méthodologiques préalablement discutées, *je sais* avoir intégré dans l'inventaire certaines entrées généralement reconnues comme « arabe ». La mention 'Bld' signale la plupart d'entre elles. A l'étape présente, comme je l'ai déjà lourdement souligné, non seulement il n'est pas possible mais encore, il n'est pas souhaitable de procéder autrement, sauf à imposer, sur décision arbitraire et justification tendancieuse, une « loi » qui justifierait un déterminisme et une linéarité ; laquelle, si elle existe, devrait être l'objet d'une démonstration plutôt que d'une position *a priori*.

La comparaison globale, avant d'être analysée dans son détail, permet aussi de mettre en évidence la présence de rapprochements intéressants, sous réserve de la vérification de leur validité. C'est ainsi que l'étude de la faune sauvage et domestiquée – ce qui n'est qu'un exemple ! – mériterait un peu d'attention. Les noms de l'âne (renvoyé au « *zèbre* » en couchitique), de l'autruche, de la vache et de bien d'autres animaux trouvent des répondants intéressants dans les domaines éthio-sémitique, couchitique, voire égyptien, tout autant que dans les langues du contact. Tout cela pourrait peut-être témoigner – après une étude appropriée – de contacts et de stratifications dont la nature reste à établir.

Il est également intéressant de constater que certains traits hautement culturels dans le monde songhay[531] ('*holley*', danses de possession, etc.) se trouvent renvoyés à des répondants possibles dans les langues couchitiques (cf. l'entrée **hòorèy** mise en rapport avec l'afar : **horra** « *danse exécutée par des hommes lors d'un mariage* ») ou encore éthio-sémitique (cf. l'entrée **bàrí** « *cheval* » utilisée dans les rites de possession (Rouch, 1960) et son rapport potentiel avec une référence guèze relevée dans Leslau (1991) : **bāryā** « *slave, one who is in the service of a demon ; epilepsy (the word in the meaning of epilepsy occurs in magical texts. According to the popular belief, the **barya** is a spirit that brings on epilepsy* »).

---

[531] On peut se référer à l'ensemble des travaux de Rouch sur les Songhay et leurs rites de possession.

En conclusion, ces données constitueront la première base empirique qui permettra(it) de « dépasser » la triple litote dont j'ai clos les parties de ce travail ! Elles auront donc une *fonction d'ouverture* vers ce qui – en rapport avec le développement d'une réflexion sur la dynamique des langues – pourrait introduire à une véritable archéologie linguistique et lexicale correctement documentée et disponible à toutes fins utiles ; orientée à la fois vers l'approfondissement des principes d'analyse et vers ce *succédané de philologie* sans lesquels je ne vois pas comment l'on pourrait construire autre chose que des édifices par trop précaires et des raisonnements par trop spécieux.

INVENTAIRE.

Inventaire comparatif

songhay	valeur	√[532]	sémitique	éthio-sémitique	berbère	couchitique	égyptien	tchadique	extension[533]
àdábbà, dábbè	animal	dbb	Bld ar : **dabba, dābah** animal ; **dubb** bear mghb : **dābb-** bête de somme hsn : **dabba** bête de somme	gz : **dəbb** bear	hgr : **dabba** bête de somme			hw : **dabbaa** animal (quadrupède)	peul ; shr ; md
albaaji	faucon	bʕz	Bld ar : **al-bāz** faucon mghb : **bāz** faucon chw : **bāz** faucon hsn : **bāz** buse (faucon)		kbl : **lbaz** faucon, milan, aigle tmz : **lbaz** faucon, buse, rapace	bej : **bit** faucon			
albata	melon	btḥ	ar : **bitfih** melon mghb : **b-tfih** melon chw : **bettéḥa**, **batfih** pastèque	gz : **batfiḥ** melon (< Ar.)	kbl : **abetṭix** melon tmz : **afetṭiḥ, abettiḥ** melon	som : **barfiḥ** melon			

[532] On trouvera ici, notées sans systématicité, les 'racines' sémitiques ; mais (sauf dans le cas d'emprunt évident) j'introduirai parfois en tant que « *pseudo-racines* » les structures consonantiques de nombreux lexèmes, même s'ils ne sont pas concernés par un thème et une variation morphologique (cf. **bṭḥ** face à **bitfih, bitfih**, etc.) : *leur fonction ici n'est pas de se "définir" dans l'espace sémitique mais dans cet autre espace où les matériaux sémitiques sont potentiellement "perçus" à travers le prisme du contact des langues* ! Je précise encore qu'il n'est en aucun cas envisagé que l'ensemble des attestations sémitiques, berbères ou autres mis en regard d'une entrée songhay doive renvoyer à une seule "racine" !

[533] Parfois, j'atteste dans cette colonne des formes tout simplement parce que j'ai pu les constater dans mes données. On notera que cette opération est « trompeuse ». En effet, par exemple, le fait de mentionner l'existence de **kibiriti** « allumette » en ateso, pourrait donner à entendre que cette forme (issue de l'arabe '**kibrît**' mais qui a de forte chance de n'avoir pas été introduite directement à partir de cette langue) n'est pas attestée dans les autres langues nilo-sahariennes ; or, pour que cela puisse être « vrai », il faudrait que des recherches exhaustives aient été conduites sur l'ensemble de ces langues, ce qui est loin d'être le cas ! La référence faite à une langue donnée ne permet pas (dans le présent relevé) de préjuger de ce qu'il en est pour la « famille » linguistique à laquelle elle est rattachée. Les fluctuations que l'on constatera pour mes références, mandé par exemple, témoignent toutes de cette incertitude (on notera ainsi que je mentionne éventuellement md, mais également, bozo, son, azr, etc.).

Inventaire comparatif

albēsèl	oignon	bṣl	Bld ar : **al-baṣal** oignon mghb : **bṣl** oignon arch : **basal** oignon chw : **besel, baṣal, bōṣla** oignon	gz : **baṣal, boṣal** onion har : **baḥaro** oignon (sp.)	hgr : **elbezar** oignons séchés et salés kbl : **abeṣṣal** faux poireau tmz : **lbṣel** oignon wlm : **albaṣal** oignon	afr : **bàsal** (bàsala) oignons som : **basal** cipolla	hw : **'albasàà** oignon	peul ; shr ; md
àlhaasirí	jaloux	ḥsd	ar : **ḥasad** envie mghb : **ḥsd** jalouser, envier qqn. arch : **ḥusud** jalousie, mal causé par la jalousie hsn : **ḥsed** envier ; **ḥased** jalousie		kbl : **eḥsed** jalouser tmz : **ḥsed** envier, jalouser	afr : **ḥasad** (ḥaṣàda) envie	hw : **ḥassadàà** envie, jalousie	md
àlhém[534]	geindre, mécontentement, peine, souffrance	ʔlm	Bld ar : **alam** (sg.), **ālām** (pl.) souffrance mghb : **alm** souffrance hsn : **ḥemm** souci, préoccupation		hgr : **elhem** souci, tristesse, chagrin ; **haall** pleurer bruyamment en sanglotant kbl : **llhemm** peine, inquiétude ; **mmel** pleurer, pleurnicher tbk : **ălh** pleurer tms : **elhəm** colère calme et silencieuse tmz : **all** pleurer, verser des larmes	bej : **ham** hennir	égyp : **hʔmw** la peine	chad : **hàn** weep musgoy : **haŋ** weep daba : **hàn** weep gidar : **hum** weep	md

[534] Voir le commentaire *infra* à propos de **héẹ** « *pleurer, gémir* ».

Inventaire comparatif

386

àlhínà ; lélé	lawsonia inermis	hnʔ	Bld ar : **hnʔa** (II) teindre en rouge avec du henné ; **al-ḥinnāʔ** henné, Lawsonia inermis mghb : **ḥ-nn-at** henné arch : **hinne** henné hsn : **ḥənne** henné	gz : **ḥənnā** ..... har : **ḥinna** henné	hgr : **anella** arbuste appelé en français henné (bot.) kbl : **lḥenni** henné tmz : **lḥenna, lḥenni** henné wlm : **əhinna** henné ; **ənəlla** henné (PL 254)	hw : **lalleè** henné	peul ; shr ; md (soso : **láalí** henné)
àlhíndà	acier	hdd	Bld ar : **al-ḥadīd** fer mghb : **hnd** acier arch : **hadīd** fer chw : **hindi** épée hsn : **hənd** acier		hgr : **elhend** acier tmz : **lhend, lhenn** acier		
àlkámà	blé	qmḥ	Bld ar : **al-qamḥ** blé mghb : **qmḥ** blé arch : **gameh** blé chw : **gémḥ, gémēḥ** blé hsn : **gemḥ** blé	har : **qamādi** blé	hgr : **elxamra** blé (sp.) wlm : **ălkăma** blé	afr : **kamadi** blé orom : **kamadi** blé, froment	hw : **ʔalkamàà** blé mgm : **gémè** blé	shr
alkirbiiti, kirbiti	soufre	kbrt	Bld ar : **kibrīt** soufre mghb : **kbrīt** soufre arch : **kibrīt** soufre chw : **kibrīt** soufre	gz : **kabārit** sulphur har : **kibrīt, kirbiit** allumette	kbl : **akʷebri** soufre tmz : **akubri** poudre de fusil ; **lekwbrīt** soufre	afr : **kibrit**, **kibriit** allumette orom : **kibiriti** allumette		shr ; ateso

Inventaire comparatif

387

àlmìyáalèy	famille au sens large	ᶜyl, ᶜwl	ar : ᶜayyil (sg.), ᶜiyāl (pl.) dépendants ; ᶜā'ila famille mghb : ᶜyāl famille arch : āyila famille proche chw : āyil qui a de nombreux enfants hsn : ᶜāyle unité familiale au sens restreint	kbl : leeyal famille ; myili être en parenté ; eeyyel, eeggel considérer comme membre de la famille	hw : ᶜyaalii famille	peul ; shr ; md
àŋsòfò ; sòfò	poisson, sp.		chw : ṣafṣaf poisson ; alestes nurse ; alestes macrolepitodus			
ànzórfù	argent (métal)	ṣrf	ar : maṣrūf money spent ; ṣirf pur, unadulterated ; ṣarf monnaie (change) mghb : ṣrf dépenser, ṣarrafa changer la monnaie arch : masārīf argent en espèces, pécule hsn : ṣarf petite monnaie, monnaie, achat-vente	har : sāräf aaʃa, ʃārāf aaʃa changer de monnaie	hgr : ăẓref argent (métal) ; par ext. argent monnayé tmz : ṣṣerf monnaie, menue monnaie, change des monnaies wlm : aẓrəf argent	afr : saroofa autorité honneur ; position, rang bej : serif débourser, dépenser som : sarraaf cambiavaluta	hw : aẑùrhwaa, aẑùffā argent (métal)	peul

Inventaire comparatif

ànzûrèy	beaux-parents	šhr	ar : **šhr** in law (I : to melt related through marriage) mghb : **šhr** beau-frère, gendre			chad : ***srk** in law hw : **sàràkutà** parenté légale ; **sìrìkū** beau-parent ; frère ou sœur aîné ; **sìrìkā** bru ; belle-mère	peul shr
	foudre	r°d	Bld ar : **ar-ra°d** tonnerre mghb : **r°d** tonnerre arch : **ra?ad** foudre hsn : **r°ad** tonnerre ; **ra°de** tremblement, frisson	gz : **ra°da** tremble, quake, shudder, shake har : **ra?di** tonnerre arg : **ra?ad** éclair, tonnerre	kbl : **eṛeed** tonner ; **eṛṛeud** tonnerre	hw : **'araadüù** coup de foudre, de tonnerre	shr
àrù // yàarù // àrmè	mâle // taureau, être courageux, brave // frère (pour la sœur)	rwy [535]	akk : **erū** être enceinte, concevoir	gz : **?arwe**, **?aḥur** ram tna : **?are** bête féroce, fauve ; **?arḥa** taureau tgr : **wəhr** taureau, leader amh : **awra**	hgr : **arou** enfanter ; **ărraou** masc. : enfant de sexe masculin ; fém. : enfant de sexe féminin ; **ahar** lion kbl : **arew** enfanter, accoucher, mettre bas ; produire, donner des fruits ; **war** lion tmz : **arew** mettre au monde wlm : **aṛəw** engendrer, accoucher, mettre bas ; produire (fruit) ; **ahar** lion	afr : **yaalo** individu, personne ; **awur**, **aûr** taureau beja : **?ôr** enfant som : **ār** lion mâle ; **aur** étalon ; **yar** bambino/a	égyp : **rḥw** hommes ; **wr** le taureau ; **rw** lion dém : **ḥl** garcon, serviteur cop : ϩⲁⲗ serviteur; ⲣⲱⲙⲉ, ⲣⲱⲙⲓ, ⲗⲱⲙⲓ (m. et f.) être humain, homme, ami, serviteur	hw : **yārõ** enfant ; domestique ; garçon ; gosse ; jeune ; petit, ite	peul ; shr (**wor** mâle) ; md (azr : **har** maître, chef bis : **yar** mâle) ; yul (**wʷl** mâle de certains animaux)

[535] Leslau (1987 : 478) pour les rapprochements avec «*fauve*». J'introduis sans «justification» le rapprochement autour du sémantisme «*enfantement*» : il y a là une recherche à faire sur des croisements phonétiques et sémantiques entre racines distinctes. On notera par ailleurs le parallélisme potentiel **wèymè**, **àrmè** face à ϩⲓⲙⲉ, ⲣⲱⲙⲉ, qui met bien évidemment en cause une analyse de ces termes en tant que formes dérivées.

Inventaire comparatif 389

aruman	grenade (fruit)	rmn	ar : **rummān** grenade mghb : **rummān** grenade arch : **rummān** grenade chw : **rummān** grenade (fruit)	gz : **romān** pomegranate har : **rummaan** grenade	hgr : **erroummān** grenade (fruit) kbl : **er̞r̞emman** grenade (fruit) tmz : **errmman** grenades (fruits)	afr : **rummaana** grenade som : **rummaan** melograno (pianta e frutto)	knr
arwasu[536]	jeune homme, fiancailles	ʕrs	Bld ar : **ʕarūs** bridgegroom mghb : **ʕrs (ʕars *)** noce arch : **arūs** fête du mariage hsn : **ʕars** mariage ; **ʕrīs** fiancé, **ʕrūs** fiancée	gz : **ros** mâle har : **aruuz** marié, maison nuptiale	hgr : **erouës** en rut ; **aales** homme ; par ext. époux tmz : **arewwaşi** célibataire, vieux garçon, individu non marié et vivant loin de sa famille wlm : **ales, ahales** mari, mâle, homme	afr : **ʕarus** (**ʕarùsu**) marié	
attum	ail	ʈwm	ar : **ṭūm** ail mghb : **ṭūm** ail arch : **tūm** ail chw : **tūm, ṭūm** ail hsn : **ṭowm** ail	gz : **tummā** garlic har : **tumma** ail	tmz : **ttuma** ail, gousse d'ail	afr : **tooma** ail	mgm : **tūm** ail ayk
bâ(ga)	aimer, vouloir, valoir mieux, être préférable	bġy	ar : **bağā** chercher quelqu'un, désirer qqch., vouloir ; **biġy-at** objet, personne qu'on recherche, désir, but mghb : **bġā** vouloir hsn : **bqa, bġa** aimer		hgr : **oubak** avoir l'intention kbl : **byu** avoir l'intention, souhaiter, vouloir, désirer wlm : **ubak** avoir l'intention, vouloir ; vouloir faire qqch.	égyp : **ꜣby** souhaiter, désirer	wlf ; md

[536] On notera avec intérêt que les étudiants songhay ont tendance à faire une « fausse étymologie » sur ce mot en l'analysant comme un probable composé de 'aru' + 'wasu' ; 'wasu' restant, en tout état de cause, non défini ! Il est possible que cela aille bien au-delà si l'on remarque, par exemple, que la forme attestée dans le dendi de Tanda est **hāiwāsù** et que l'on se rappelle que la variante dendi pour « *époux* » est **hàrù** et non pas **àrù** comme en zarma ! En ce qui concerne les attestations berbères, seule ma première racine **RWS** est correctement liée à l'entrée songhay.

Inventaire comparatif

bàa	part	bʕ	arⁿ⁵³⁷ : **bāʕ** cubit ; measure (arm span)	gz : **bāʕ** palm of the hand, cubit ; **bōʕ** a measure with the arm span (denominative)		
báa⁵³⁸	être nombreux, être abondant	ʕbw, ʕbʔ	ar : **ʕabbā** fill ; **ʕbʔ** (II) ; **ʕubāb** vagues gonflées (mer) ; **ʕabay** être rempli, (trop) épais arch : **abba** remplir, charger	gz : **ʕabya** be great, be big, large, important, become famous, be powerful, increase (intr.), prevail, be raised (voice), become flat, swell	orom : **baye** beaucoup, abondant	hw : **bàbbaa** ancien, énorme, grand, gros, important, principal, vaste	md
bàabā⁵³⁹	père	ʔbw	ar : **ab** ; **bābā** father, grand father mghb : **bābā** papa arch : **abba** chw : **baba** père hsn : **bābe** papa	gz : **ʔab** father, forefather, ancestor, propagator, possessor or owner **bābā** grand father, ancestor	hgr : **ăbba** papa kbl : **baba, ba** papa tmz : **baba** papa wlm : **abba** père, papa	hw : **ʕabbàà** père ; **bàabaa** père, personne de la même génération que le père	P B : *-**bààbá** father ; peul ; shr ; md ; ns ; sng ; volt
					afr : **bàbba** papa orom : **abba** père som : **aabbe** padre		
bàalǰi	adulte	blǧ	Bld ar : **balaǧa** atteindre la puberté mghb : **blǧ** parvenir à la puberté arch : **balaḫ** devenir adulte chw : **balaǧ** devenir adulte hsn : **bālǧ** nubile, adulte	gz : **balaqa** grow up, become sexually mature har : **baalix** adulte, d'âge pubère ; **bulug** adolescent	kbl : **ebley** devenir, être nubile	afr : **ablaage** puberté bej : **abliǧ ani** adulte, ayant atteint l'âge de la puberté	md

---

⁵³⁷ Leslau (1987 : 83).
⁵³⁸ Voir ci-dessous, la note fournie à l'entrée '**béeri**'.
⁵³⁹ Cette entrée est si largement connue et diffusée que l'on pourrait se demander à quoi peut bien servir de mentionner son rapport avec le sémitique mais la comparaison devient toutefois plus intéressante si l'on s'intéresse à *l'ensemble* des termes élémentaires de parenté.

Inventaire comparatif 391

bàasè	cousin croisé	bzw	ar : **bazū** équivalent d'un objet, chose égale à une autre ; **bazyî** frère de lait		hgr : **ăbaabah** cousin germain wlm : **əbobaz** cousin croisé (PL 32)	hw : **tabbàjii** parent à plaisanterie ; **tōbàshi** cousin
baasu	regarder fixement, ouvrir grand les yeux pour fixer	bṣr	ar : **baṣura** to look, to see, to understand ; **bassa** (égyptien mod.) regarder arch : **basar** la vue chw : **baṣṣ** regarder ; **baṣar** vue hsn : **bṣar** entrevoir	gz : **basasa** spy, investigate, hunt har : **bāssas** espion	tmz : **abeṣṣar / afeṣṣar** aveugle	afr : **boòsa** coup d'œil, visite ; **boosite** regarder	ayk
bàkà // bàkbàká // bàkà[540]	mettre qqch. à tremper // prendre une platée ; platée ; portion de nourriture	bqʕ	ar : **bqʕ** (II) tacher, salir ; **baqbaqa** glouglou d'eau arch : **bagbāg** glouglou d'un liquide, clapotis, bruit de l'eau agitée chw : **bugga** gorgée, dose de liquide	gz : **baqbaq**, in *'anbaqbaqa* cause to gargle, bubble	hgr : **ebek** se mettre dans la bouche (n'importe quel aliment, remède, etc. sec et en poudre) kbl : **abakʷer** contenance de la main wlm : **abək** se mettre dans la bouche (substance en poudre ou en grain)	afr : **bokka** mie de pain orom : **baka** fondre, se fondre, entrer en fusion	md
bàkárá (tient compte de l'absence de **r** initial en songhay)	avoir pitié	rḥm	ar : **raḥima** have mercy, be merciful arch : **raḥam** avoir de la compassion, prendre en pitié, s'attendrir (cœur) chw : **raḥam** avoir pitié	gz : **maḥara, məhra** have compassion, be compassionate, show mercy, have mercy, have pity, pardon	kbl : **erḥem** faire miséricorde tmz : **rraḥim** miséricordieux, clément (Dieu) ; **abaqqar** grand malheur, misère (employé dans des injures)		md

---

[540] Ici comme en de nombreux autres endroits, j'ai bien évidemment conscience de l'hétérogénéité des rapprochements proposés (de « *gargouiller* » à « *tremper* », de « *substance sèche* » à « *liquide* ») ; mais comme je l'ai déjà souligné, à ce stade de l'étude, le champ des rapprochements potentiellement possibles doit être ouvert – tout simplement. Il s'agit ensuite de le « rétrécir » en fonction de l'affinement des analyses !

Inventaire comparatif
392

							ayk (bùngùr)
bàŋá	hippopotame			gz : baḥe, biḥ, bih, bǝḥe hippopotame	hgr : bango, banṛo hippopotame ; ăgaanba crocodile wlm : agamba hippopotame		shr ; azr bari
bàndá	région lombaire, dos ; derrière (prép.)	bʕd	ar : baʕda après mghb : baʕd après (préposition) arch : baʕad après ; wara derrière, en arrière, après chw : warā derrière hsn : baʔd après (adv.)	gz : baʕada, bǝʕda change, alter, distinguish, separate, render alien, be altered, be separated		orom : boda après, derrière	hw : baayaa après, derrière	
bàngáy	se montrer, apparaître, naître	bqq	arch : bagga réapparaître après s'être enfoncé, ressortir	har : biq apparence soudaine ; beq baaya apparaître d'un seul coup, tout à coup arg : beqq ala apparaître	kbl : beggen montrer, démontrer			bozo ; son
bàngù	mare, bassin d'eau, lac	brk	akk : palgu canal chw : băgīr marais, marécage hsn : gǝmbe mare assez profonde	har : birka bassin	hgr : ăbankôr trou à eau très peu profond kbl : Iberka trou, cave ; abaliy dépôt (fond de liquide) tbk : ebăny rivière wlm : abayǝr roche imperméable retenant l'eau ; bănkor puisard peu profond et à débit peu important ; bangǝr fossé	afr : balige être humide som : badyaro mare bej : birga (birka) petite rivière	égyp : balĩ être inondé, inonder, inondation, terre irriguée	bdy : bergilo bassin en argile	md ; day

Inventaire comparatif

bàrù	île servant de champ	bʕl ; brr	ar : **baʕlu** terrain élevé non irrigable ; **barr** non irrigable, open land mghb : **b-rr-** pays, continent, terre ferme ; **būr** en friche chw : **berr** terre, continent hsn : **barr** continent, terre ferme	har : **baad** pays ; terre	kbl : **lberr** terre tmz : **lbur** terre non irrigable, en friche, inculte, incultivable				fur (**bàrù** pays)
basù	vider, sortir de son gîte	ybs	ar : **yabis** sec, aride arch : **yibis** / **yaybas** sécher, tarir chw : **yabēs** sécher hsn : **yābas** aride, sec, dessécher, sécher (trans.), assécher	gz : **yabsa** be dry, be arid, dry up, be withered (hand)					
batakara // bòtògò	terre, argile (ex. pour faire des briques de terre) // boue, argile, banco				hgr : **ebdeğ** mouiller ; kbl : **abaliy** dépôt (fond de liquide) tmz : **bzeg** être mouillé, se mouiller wlm : **abdag** mouiller	afr : **balige** être humide		mok : **bódògò** latrines (à l'écart du village, poubelle, déchets, engrais, saleté	bsr ; md td ; dz
bâw	varan du Nil				wlm : **abagən** varan (PL 27)				md
béené	ciel (espace), là-haut, en haut, toit	bhn		gz : **bahana** fly in the air (dust...) ; **bāḥnana** rise in the air, wake with a start			[541] cop : ⲕⲱϩⲛ, ⲕⲁϩⲛ couvrir, être couvert, à l'ombre	hw : **beenee** maison à étage, l'étage	bozo

---

[541] Je me suis référé à Vycichl (1984) pour l'essentiel de mes données coptes et j'ai conservé l'écriture copte qui ne pose pas de grands problèmes de lecture.

Inventaire comparatif

piocher, labourer ; abattre	bʔr ; bḥr	ar : baʔara creuser un puit, une fosse ; bḥr labourer mghb : bḥīr-at jardin potager ; barā tailler	gz : faḥara dig up, bury ; br(w) creuser, piocher	kbl : beḥḥer cultiver un jardin tmz : abḥir jardin, verger			md
béeri[542] // beere // beeri	brr	ar : baliya be old, be worn-out arch : barbar grossir, récupérer son poids, prospérer hsn : barṛ respecter ses parents ; buṛūṛ respect filial soq : ʕabreh old age	gz : ʔaber, ʔaber old woman, widow, unmarried woman, old man ; balya be old, grow old, age, be worn-out, be decrepit, obsolete ; balbala become old ; ʔaberāwi, ʔaberāy old man, old woman	kbl : abarar énorme, grand ; beḥḥer faire grand wlm : abar large, grand	orom : bēra old woman som : habar old woman	égyp : wr excès, en grand nombre ; grand, ancien, aîné, grandeur, suffisance,	
bèmbé ; bèébé	bhm	ar : abham bereft of articulate speech ; abhama (IV) to make sth non understandable	gz : behma be mute, be dumb, speak with difficulty	hgr : ébey muet (homme muet)		égyp : inbʔ être muet dém : ʔbw ê. muet cop : ⲘⲠⲞ, ⲘⲘⲠⲰ muet	hw : beebee sourd-muet bdy : bābam bégayer	peul ; knr ; md
bèjnè			gz : bānyān indian trader	hgr : ébeṇher esclave qui ne parle ni le touareg ni l'arabe wlm : ebāṇʒār nègre		égyp : bʔk serviteur dém : bk esclave cop : ⲂⲰⲔ, pl. ⲈⲂⲒⲀⲒⲔ serviteur	bdy : ɓèrno	son mbenja
bèrè // bèrbérè	br(y)		gz : bry, tabāraya follow successively, do by turns, alternate with one another	wlm : əbəl entourer de tous côtés, par ext. : ourler ; bāllǎw revenir, retourner	sah : baray alternation	égyp : pḥr tourner, contourner, entourer, revenir à		wlf ; md

[542] On doit s'attendre ici a plusieurs croisements sémantiques et phonétiques : une chaîne sémantique « *respect filial, obéissance, etc.* » voisine avec une chaîne sémantique « *grandeur, largeur, etc.* » et une autre chaîne « *nombre, quantité, etc.* ». Bien évidemment, au stade actuel de l'analyse, je n'envisage pas de faire autre chose que de souligner l'existence de cette « matrice ».

Inventaire comparatif

bèrì, bàrì[543]	cheval		gz : **bāryā** slave, one who is in the service of a demon ; epilepsy (the word in the meaning of epilepsy occurs in magical texts (the **barya** is a spirit that brings on epilepsy)	égyp : **ibr** étalon	shr
bésí	pulpe, chair	bšr	ar : **bašar-at** peau, épiderme ; **bašar** homme, personne mghb : **bšry** viande de bœuf arch : **bašar** l'humain, l'humanité, les êtres humains chw : **bašarī** humain	gz : **bāšor** flesh	wlm : **ablas** chair de fruit (PL 35)	brb
béy	connaître	byn	Bld ar : **bayān** explication, **byn** (II) mghb : **byān** paraître, apparaître arch : **bān** apparaître, être vu, devenir visible ; **bayyan** déclarer dévoiler, révéler, avouer, confesser hsn : **beyyen** rendre visible ; **bān** sembler, paraître, devenir clair	gz : **bayyana** discern, distinguish, remark, pay attention, notice, recognize, consider, demonstrate, decide, judge, pass judgment, expound	kbl : **beyyen** expliquer tmz : **lbeyyina** preuve, argument, indication wlm : **əbyəy** critiquer (PL 36)	hw : **bayyànaa** expliquer, révéler	shr

---

[543] Cette **entrée** est intéressante par sa **référence** à l'égyptien. Le rapprochement avec le guèze est sous-tendu par la dénomination courante en songhay, lorsqu'une **personne** est possédée par un 'holley'.

Inventaire comparatif

bì	plaie			kbl : **ebbi** pincer, couper tmz : **bbey** couper, trancher, rompre ; déchirer, user ; couper un vêtement, tailler, pincer, couper en pinçant et pass.			md
bí	noir			kbl : **esbey** noircir (trans., intr.) tmz : **bḥin** noir, noircir ; **bḥiš** noir, noircir ; **ibrin** noir, noircir	hw : **bakii** noir ; mauvais, funeste mok : **Bíríny** noir	P B *-pììpí noirceur ; peul ; md ; day
bidí // fíttí // foto // fífíítà	variole // bouton, petite plaie // petite vérole, variole // éruption de boutons	bṭr	ar : **baṭr, buṭūr** bouton ; n. un. **baṭr-at, baṭar āt** mghb : **mbr, bt** grelé, marqué par la variole	gz : **badado** smallpox tna : **bādādo, bādido** smallpoxfrom	hgr : **bedi** variole, petite vérole wlm : **badi** variole	kham : **biḍíd,** aw : **buzi** (with alt. d : z)	peul ; shr ; day
bíìrí	éduquer, élever	rbw	phen : **br** enfant ar : **rbw** (II) to educate ; **tarbiya** éducation, apprentissage mghb : **r-bbā** élever, corriger, **trbiyy-at** éducation, apprentissage	kbl : **ṭrebǧa** éducation ; **aḥebri** adolescent tmz : **aṛebba** éducation wlm : **barar** enfant (PL 40)		afr : **baritto** éducation orm : **berru** action d'apprendre, coutume ; **bersissa** éduquer, instruire	bozo ; ayk (**rábí**)

bilim // bármêy	se rouler par terre // changer, échanger, convertir	brm	Bld ar : **barama** tourner sur soi, pirouetter ; **barîm** cordon, torsade mghb : **brm** rouler, tresser arch : **baram** tourner, retourner, rouler qqch. chw : **baram** tourner, visser, tordre hsn : **barṛam** retourner ; **bṛam** tordre du fil		kbl : **beṛṛem** tordre tmz : **beṛṛem** tourner, retourner ; **bṛem** tortiller (trans.), tordre, torsader wlm : **barmay** monnaie	
biliŋà // bíliŋá	phacochère // bouder, souhaiter du mal, insulter				hgr : **begg**^{w}**eṛ** être sot, stupide wlm : **băgăr** désavouer son petit (animal) ; **abă̆ găr** homme qui abandonne sa famille (PL 41)	
bìnè // bìndí	cœur // milieu	byn	ar : **bayna** entre mghb : **bîn** entre (préposition) arch : **bên** entre, parmi chw : **bēn** hsn : **beyn** entre	gz : **bayna** between		

Inventaire comparatif

bírí	os, flèche	bry, brw	(Bld) ar : **ibār, ibar, ibra** aiguille, aiguillon, tige de fer pointue piqûre, dard ; **barā, yabrí** to sharpen a pencil ; **badaˤa** cut off > separate (or put aside) decide mghs : **barā** tailler arch : **barra / yibirr** tailler un roseau à écrire, tailler un crayon	gz : **brr, barra** pierce, penetrate, go through ; **barˤ** reed, reed pen, branch of a chandelier, stalk, stem of fruit, stubble amh : **bärrärä** pierce, make a hole in a water jug	hgr : **ebed** trouer ; **ebdu** se séparer ; **ebet** faire sauter (en coupant) ; **feḍey** percé (avoir un petit trou) kbl : **ebḍu** partager, séparer, être divisé tmz : **bḍey** crever, suppurer (abcès, plaie), percer, être percé, jaillir (source, eau) wlm : **abaḍ** trouer, percer ; **baḍbaḍ** trouer ça et là	couch : **brr** afr : **botoˤıyya** fendage, coupe bej : **bedid** os de l'avant-bras, soit le radius, soit le cubitus	chad : *b₂rw arrow, bow ; *pt cut kera : **afɔːrɔ** arrow musgum, masa : **bárɑw** arrow	shr ; brb ; ns
bisà	passer devant, devancer, dépasser	bḍd	ar : **baḍda** dépasser (qqn. à la course), surpasser quelqu'un, vaincre ; (III) devancer quelqu'un dans ce qu'il va faire)		kbl : **faz** l'emporter, être supérieur wlm : **afəs** s'ajouter	afr : **biso** en avant	hw : **bisà** sur, dessus	md
bisów	acacia raddiana et acacia dipchrosta chys ninerea	bsˤ		gz : **basˤa** flay alive ; **baṣṣala** tear, lacerate, cut, separate, strip, peel, dissolve amh : **bässa** perforate, puncture				
bóbów	nombreux, beaucoup (adv.)		ar : ˤabl gros, épais		hgr : **belel** avoir tout en abondance kbl : **bbelbel** être gros, replet wlm : **bälāl** avoir tout en abondance, être à l'aise	orom : **bala** large, grand, largeur	égyp : **wrt** très, grandement ; beaucoup, très (adv.)	hw : **balbàlaawàa** beaucoup	P B : *-buḍ- become numerous (or plentiful) ; wlf ; shr ; md

Inventaire comparatif
399

bòkò // bókólò	goitre // partie molle sous la mâchoire inférieure				kbl : **ffeqlej** être flasque, gros, mou, corpulent		bdy : **bókòloodyà** goitre	peul ; wlf ; md ; ns
bólóngú	endroit poussiéreux				hgr : **bouller** en mottes ; se mettre en mottes wlm : **abalaq** poussière	afr : **bullaaᶜe** poussière, poudre		md ; ns
bòŋ	tête				kbl : **abbay** tête ; calotte crânienne	orom : **boku** nuque		P.gbay : ***mbɔ̀ngɔ́** ; P B : ***-bɔ̀ngɔ́** ; shr ; soso
bònè	être malheureux	bḥn	gz : **bḥn, tabaḥna** be extinguished, be lost ; **bāḥnana, bāḥnana** vanish, go to waste, evaporate, withdraw, escape, perish			égyp : **bin** le mal cop : **ⲃⲱⲛ** mauvais, mal ; **ⲃⲟⲟⲛⲉ** mal, malheur, dommage		md ; peul ; knr ; wlf
bòorí (?)	beau, joli, bon	bhr ; brr ; brğ ; brh	ar : **bhr** briller, éblouir ; **birru** piété, bonté ; **barağ** beauté, grandeur, éclat (de l'œil) ; (V) se montrer dans tous ses atours (femme) ; **bariha** se rétablir (malade), reprendre bonne mine mghb : **bāhr** brillant	gz : **baᶜla** be rich, be wealthy ; **baᶜul** ; rich, wealthy ; **bahra** shine, be bright, be light, light up, be clear		afr : **bilᶜa** élégance, éclat		
bòoséy	tamarinier				wlm : **bososo** tamarinier (PL 47)			

Inventaire comparatif

bóosú (cf. bóosù)	cendres	bss ; bṭṭ ; bšw	ar : **bassa** se disperser, s'égailler (foule, etc.) ; s'émietter, pulvériser qqch. ; **baṭṭa** disperser, soulever la poussière ; **bušū** suer, transpirer ; **biš-at** cendre, poussière fine	hgr : **ibhaou** de couleur foncé, blond clair ou d'un ton intermédiaire entre les deux ; **ibzaou** gris cendre (de couleur cendre) wlm : **ibsaw** couleur cendrée (PL 48)	chad : ***bt** cendres bdy : •••• cendres mubi : ••• cendres	
bóosù (cf. bóosú)	fleurir, mousser	bzz ; bḍʕ	ar : **bazza** bourgeonner (plante) ; **bazzu** tétin ; **baḍaʕa** suinter, couler goutte à goutte (liquide) ; **baṣṣa** ooze mghb : **bšbš** suinter	gz : **basbasa** be wet, be drenched, decay ; **basbaṣa** mix up by stirring vigorously, confuse	kbl : **bbijjew** mousser wlm : **tabsit** bourgeon	dafo-butura : **bwish** flower birgit : **bôcì** flower mubi : **ficcá** flower	shr ; soso ; bgl ; basa
bòró	personne	bʕl	phen : **bal** citizen, husband, of relation ar : **baʕal** se marier ; **baʕlu** seigneur, maître, possesseur chw : **baʕl** époux	gz : **ʔabāl** flesh, piece of., member (of a community), limb, genitals, self, person **baʕāl** owner, head of family, husband **baʕla, beʕala, baʕala** marry, take a wife, be a husband	wlm : **ablal** gentilhomme, bonhomme	chad : ***b₂ln** personne, être humain kotoko : **bàlà** person wangday : **bÀr** person	day (bèrē)
bulla // fúllí	derrière, cul, anus			tmz : **afly** anus (anat.) kbl : **flu** trouer	hw : **Bullàà** percer, trouer ; bdy : **bùlàlo** anus ; **bùllo** fond ; **bùllà** trou mgm : **bàllè** anus, fesses, dessous	knr ; md

Inventaire comparatif

búrów (cf. bóosú ?)	cendres	bhr ; br	(?) chw : **bahār** flambée, feu ; (?) **abarbar** poussière	gz : **barbor** brown color, blackish, color of ashes		afr : **bora** white-faced animal orom : **bōra** brown ; **barabada** cendres chaudes	égyp : **brbr** cuire	chad : *bt bdy, mgm : **bùrúntùlle** poussière	P B : *-bų́ ashes ; md
búrsúm	grewia flavescens				hgr : **égersemmi** nom d'un arbre			hw : **gursummi** grewia villosa	
busbùsù ; busa	cicatrice tribale (sp.) ; cicatrice, marque indiquant l'ethnie	bwẓ	arch : **bawwaz** / **bawwas** abîmer, dévaluer, corrompre, gâcher	gz : **byṣ, beṣa** separate, cut in equal parts, choose ; **bayyaṣa** separate, distinguish, discern, mark out	hgr : **bouis** être blessé, se blesser wlm : **abus** blessure	afr : **baysa** destruction, gaspillage			md
bùtè	vulve ; sexe de la femme	bdˤ	ar : **budˤ** vulva	har : **bādu** croupe d'animal		afr : **buḍḍe** pénis ; **boodo** hole in the ground, sauna-type smoke hole bej : **bado** petite fente, sillon			shr ; md
buttu	sortir ; dépasser	fwt	ar : **fwt** (II) to let qs by or pass arch : **fawwat** faire passer sur, dépasser, aller au-delà, exagérer ; être enceinte, début de grossesse hsn : **būṭ, bewwaṭ** hernie ombilicale		hgr : **tebôutout** nombril kbl : **timit, imiḍ** nombril, cordon ombilical tmz : **timiṭṭ < timiḍṭ, tabuṭṭ** nombril tbk : **tabutut** nombril				md

bùu ; bun (Oc) // bén	mourir // finir	ʔfn ; fny	ar : **afana** épuiser (une femelle en la trayant trop), (V) s'affaiblir ; **afina** se gâter (nourriture) mghb : **afnā** anéantir ; **āfn** punir ; **fnā** s'anéantir, trépasser ; **fānî** éphémère arch : **fanaʔ** mort, terme, anéantissement, hsn : **vne** périr, exterminer ; **vāni** éphémère	kbl : **efnu** finir ; **efnee** être passé ; **lfani** éphémère tmz : **fnu** passer, finir, disparaître, périr wlm : **iba, aba** ne pas y avoir de, perte de (PL 53)	wlf md
cèbè // céw	montrer, conseiller / étudier, lire	ǧwb	mghb : **ǧāwb** répondre arch : **ǧawāb** lettre, correspondance, courrier chw : **ǧāwab** répondre ; répliquer hsn : **ǧwāb** réponse	har : **ǧāwaab** réponse, lettre	kbl : **jaweb** répliquer wlm : **ʒāwwāb** répondre	som : **jawaab** risposta	md
cèecè	oie d'Egypte		chw : **čukka** petits oiseaux qui mangent des graines ou céréales ou maïs		hgr : **ātyeti** petit oiseau de couleur café au lait clair		md
célà ; cálè	camarade, ami de même race	kl		gz : **ʔakāl** body, limb, substance, hypostasis, person, nature, volume	hgr, tms : **kel** gens de		knr **(kaloma)** bozo **(kalye)**

Inventaire comparatif

402

Inventaire comparatif

cēmsé	tesson, débris de calebasse, de poterie utilisé pour ramasser	tbsl	mghb : **tbsīl** (**tabṣāl** *) assiette, plat hsn : **tabsīl** assiette	kbl : **aḍebsi** ; **taḍebsit** disque, plat (ustensile), assiette		bsr
cēnsé	vacciner, scarifier ; faire une entaille ; vaccination, scarification, cicatrices faciales ; piqûre			hgr : **egeh** scarifier wlm : **əgʸəz** scarifier, inciser (PL 60 / 63)	dém : **ḳns** piquer, immoler (victime) cop : **ⲕⲱⲛⲥ** égorger, immoler	
cēnsé	être jaloux	qnʔ		gz : **qanʔa** be envious, be jealous, be zealous, be eager, emulate, imitate ; **qənʔat, qanʔat** jealousy, envy, emulation, rivality, ardor, indignation	hw : **kiifñi** jalousie mgm : **kásímiyò** jalouser, rivaliser (pour les hommes)	
cérów	côté, flanc	šrb	arch : **šārib, šawārib** bord, extrémité, côté	gz : **teedab** flanc		wlf ; shr ; md
cìcíìrí	plante qui pousse au bord du fleuve		chw : **kirikiri** cynodon dactylon			
cíìrí	sel		chw : **čurūrū** sel	wlm : **ɣəʒərʒər** sel (PL 65)	hw : **giʃirii** sel	fur : **kèrrà**

Inventaire comparatif

cikiri	tourbillonner, sonder, faire tourner un instrument entre les mains pour creuser	hrk	ar : ḥaraka hsn : ḥarrek remuer, bouger		kbl : ḥerrek remuer pour mélanger			mub : jàrjár trembler, vibrer	md
cilicili	chatouiller	kl	chw : kalkal chatouiller les côtes	har : kilkil aaſa chatouiller	kbl : kkikked être chatouilleux tmz : tishiḥad chatouiller ; chatouillement	afr : ḥintiktike chatouiller ; kittikiti chatouillement orom : kilkilla chatouillement			md
cirêy	être rouge	ʕkry	mghb : ʕkry rouge ocre	gz[544] : ʔegure red color	hgr : iṛwal brun (de couleur brune) ; ǧedew roux foncé, être rouge foncé tmz : iywal être brun wlm : gădăw roux foncé (PL 68)	sah : egarín orange			P B : *-kódà ; *-gódà ; *-kóndó red color ; bis
cirôw	oiseau	ṭyr	ar : ṭair oiseau mghb : ṭyr oiseau arch : tiyêre oisillon hsn : ṭeyṛ oiseau	gz : ṭayyara fly qeḍa oiseau de proie, phœnix tgr : ʕaqod oiseau (sp.), sereeret oiseau	kbl : igider, centir, bu tjujar oiseau (variétés imprécises) tmz : agḍiḍ, ažḍiḍ oiseau, volatile ; ṭfir, ṭṭyur oiseau, rapace wlm : agidid oiseau (PL 69)	bej : kilaʸ oiseau	égyp : gry-w oiseaux, volaille cop : ⲟⲣⲉϭ oiseaux		P B : *-gìdà bird ; shr

---

[544] Note de Leslau (1991 : 11 « perhaps from Cushitic : Sah. **egarín** 'orange' »).

Inventaire comparatif

dáabù	fermer, enfermer, boucher, couvrir	dbb	ar : ḍabba lock (a door) chw : ḍabba serrure en bois		hgr : debdeb emplir wlm : əḍəb fermer ; əḍbəy fermer, boucher (PL 74)		égyp : dbb, db?, ḍbb boucher, fermer cop : ⲱⲧⲡ enfermer	mok : dììbè couvrir, recouvrir, envelopper bdy : debèr fermer	P B : *-dib- shut ; md
dáamèy	ennuyer qqn., gêner, importuner	dym	ar : ḍāma traiter avec injustice		kbl : dmu affliger wlm : duməm menacer par rancune (PL 72)			hw : làdaamàà remords	
dáanà[545] (dayna)sept	palais (bouche)	(?)tng		amh : sənag, tənag, lanqa palais (anat.)	hgr : ǎnṛ palais (anat.) kbl : aney / iney tmz : aneg̣ wlm : anya palais (de la bouche) (PL 73)	orom : laga palais (bouche)			
dàdàarà	araignée		akk : ittūtu araignée						
dàdàarà					tmz : derrez tisser (tisserand professionnel)	orom : daa tisser			peul ; shr ; md
dángéy	se taire	(?)dk	ar : sukūt fait de se taire mghrb : sakata se taire ; sukūt silence arch : sūkat silence chw : dūki silencieux ; boudeur hsn : sekket réduire au silence, imposer le silence			orom : dagaa entendre, écouter ; dagai écoutez !			shr ; bozo

[545] La curieuse succession des entrées songhay dáanà « palais », dììnì « gencive » et dèenè « langue » mériterait peut-être plus d'attention !

Inventaire comparatif

406

						P B
danka // tògónò	menton // menton ; angle, coude	dqn	ar : **daqan** chin ; **daqn** beard, whiskers arch : **digin** barbe chw : **digen** menton ; barbe ; moustaches			*-tákųn-chew ; md
dargá // dirgàn	tromper, escroquer / oublier	drq	ar : **darɑq-at** bouclier en cuir mghb : **d-rr-g** abriter, soustraire à la vue arch : **darag** cacher, voiler, soustraire à la vue chw : **andarag** disparaître, se volatiliser ; **iddarag** couvert, se mettre à l'abri hsn : **daṛṛag** cacher qqch. ; **drag** disparaître	(?) gz : **darʕa** be annulled, be of no effect, be idle	hgr : **edreɣ** entièrement caché aux yeux, à la connaissance ; **ḍerreɣ** fuir kbl : **dderγel** être aveugle ; **gerreḍ** cacher, dissimuler ; **edreg** être caché tmz : **dreg** cacher, dissimuler wlm : **dǎryǎl** aveugle ; **dǝdrag** cacher ; **aderag** caché à la connaissance, ignoré complètement (PL 92)	afr : **duʕuuruse** tromper	hw : **dargaa** affaire litigieuse	md
dèbè // dédébé ; dadaba ; dádábé // tútúbú // déemdéemé // dɨbí	damer, tasser en frappant // tâter, tâtonner // froisser, écraser, aplatir, castrer ; marcher très lentement ; s'appuyer sur qqch. pour marcher	ʕtb ; dbb	ar : **ʕaṭiba** to be ruined, to become a ruin ; **dabba** saisir, étendre la main (en direction de) ; **dbb** to take hold, keep under lock ; **ḍbṭ** grab, grasp, seize, catch mghb : **ʕtb-at** seuil arch : **damdam** tâtonner, avancer à	gz : **dabdabba** be bloated, be blown up ; hit, strike, pound, beat, weaken	hgr : **toubbet** taper avec la main ouverte ; **tebteb** taper à plusieurs reprises kbl : **tefteftef** tâtonner ; **tteftef** tripoter ; **eḍbex** aplatir, rosser, malmener ; **dbey, bex, lebbex** écraser tmz : **teftef** tâtonner, chercher à tâtons, lanterner ; **aetteb** placer le linteau (porte)	orom : **dibba** tapoter, enduire, barbouiller bej : **tab** frapper à coups redoublés som : **dubbee** martellare qs	égyp : **ḍbḍb** écraser du pied	chad[546] : ***dbr** hand bdy : **ɗeew** taper à tour de rôle hw : **daɓee** tasser le sol d'une case ; **tààɓaa** tasser, frapper, applaudir	peul ; wlf ; shr ; md

[546] Note de Jungraithmayr & Ibriszimow (1994. I : 87) : *would seem to be a hamitosemitic root [...] which is probably present in hw : tafaa (= tapaa) 'palm of hand'.*

Inventaire comparatif

dèbéri	parce que l'on boîte		tâtons chw : **ʕatab** marche (escalier ou échelle), seuil ; tax-house ; **debb** marcher lentement ; se traîner ; ramper ; **dabb** presser (eg. fruit)		wlm : **dăbăt** niveler, aplanir ; **atəbbi** taper avec la paume de la main ; **adəbəndəbi** niveler (PL 78)	
	donner des ordres	dbr	Bld ar : **dabbara** (II) to prepare, to plan, to organize arch : **dabbar** se débrouiller, chercher, s'organiser, s'arranger pour		hgr : **debber** donner un conseil ; chercher, trouver, indiquer un moyen wlm : **ăddăbara** moyen, mesure (prise ou à prendre) possibilité ; sortilège (PL 79)	
dèedè	annoncer ; mesurer, comparer	ʕdd	ar : **ʕdd** to count ; **ʕadad** nombre, quantité mghb : **ʕ-dd-** compter arch : **adda** compter, dénombrer, considérer comme chw : **ʕadd** compter hsn : **ʕadd** compter, faire le compte de	har : **eeda** dire, informer amh : **ṭat** doigt	hgr : **aḍaḍ** doigt de la main kbl : **aḍaḍ** doigt ; **eudd** dénombrer tmz : **aḍaḍ** < **adad** doigt ; **eeddu** être nombreux, abonder	bej : **di** dire, raconter	égyp : **ḍd** dire, parler, penser	bari (**di** dire)
dèenè	langue					égyp : **nṯ, ns, sn.w** langue (Zunge)	tala : **ndéláŋ** tongue buli : **dáʌl, ndafi** tongue	shr ; md
dénféné	margouillat	dfn	chw : **daffān** serpent (sp.)				

Inventaire comparatif

deyani // taw	lumière // feu, flamme	ḍwʔ	ar : **ḍawʔ** (sg.), **aḍwāʔ** (pl.) lumière mghb : **ḍwʔ** lumière, lueur arch : **dawwa** éclairer, briller, illuminer chw : **ḍauwa** briller, étinceler ; **ḍi** lumière hsn : **ḍaww** clarté ; **šaww** lueur	gz : **ḍaʕaʕa, ṣaʕaʕa** thunder, lighten	kbl : **ḍwi** être brillant, clair	chad : ***tw** fire[547] kwan : **tòwā** fire kabl, lele : **tùwà** fire sumray : **dùwā** fire
dìbbà	naissance de la queue	dnb	ar : **ḍanab** queue, fin ; **tabiʔa** follow mghb : **ḍnab** queue arch : **danab** queue chw : **ḍanab, ḍanab** queue d'animal hsn : **tebbāʔa, sbīb** queue d'un animal	gz : **zeneb** queue, anus		
dìi	voir, découvrir, trouver, inventer, retrouver	rwy ; rʔy	ar : **rwy** réfléchir à qqch. ; **rʔy** see, watch arch : **riʔi** voir en rêve, avoir un songe, rêver chw : **ra** voir, apercevoir	gz : **raʔya** see, observe, look, look at, look on, regard, contemplate, consider, watch, have a vision, take notice of, notice, behold, perceive, explore		chad : ***ḍi** fyer : **ḍi** see bokos : **ḍiɲi** see masa : **do̧, dù:nà** see

---

[547] Jungraithmayr & Ibriszimow (1994. 1 : 66) suggèrent : « *probably an ancient areal word of NC origin. Note that in (kwan, kera, kabl et lele) [...] there is only one lexeme for 'fire' and 'sun'. If we then compare this (*dawa or *tuwa) with Bantu A.81 [...], it become plausible that this Chadic word is an ancient NC loan originally meaning 'sun', with a secondary semantic extension to 'fire'* ».

Inventaire comparatif

diibí	fouler, pétrir, délayer qqch. avec de l'eau ; mélanger	dwb	ar : **ḍwb** délayer, fondre chw : **dāb** fondre ṭāba fondre, mettre en fusion hsn : **dewweb** dissoudre	gz : **zawaba** knock, bump into	tmz : **atef** entrer, s'introduire, pénétrer wlm : **atəf** s'enfoncer, pénétrer dans (PL 87) ?	afr : **dube** fixer la pâte dans le four	égyp : **ṭḥb** tremper, mouiller cop : **ⲧⲱⲅⲃ** tremper, plonger, mouiller ; **ⲧⲁⲃ** levain (ce qui a été mouillé)	mok : **déepè** mélanger	bozo
diiní	gencive				hgr : **ṭäyne** gencive tmz : **taniwt** gencive wlm : **ṭäyne** gencive (PL 88)				td ; dz ; tb; son ; azr (**digiɲa** gencive)
dim	sorte de chat sauvage non identifié	dmm	ar : **dimm** chat	gz : **demmāt, simat** chat		afr : **dummu** chatte som : **dummad** chat			shr
dirgìsì	sursauter, avoir des convulsions				tmz : **dguws, adguws** sursauter de surprise ou de peur				
dóbú (cf. táabú, téw)	articulation, nœud sur une tige ; souder, joindre, raccorder, faire une épissure, une greffe	tbb	arch : **tābb** attelle, renforcement	har : **ṭebṭaab** ceinture fine en tissu à l'intérieur du pantalon	wlm : **attabtaṭtabt** ceinture, écharpe	afr : **otba** lien, longe afr : **aḍaw** action d'attacher, lien orom : **teba** courroie de chargement, lanière de cuir			shr
dóobâl	outarde		hsn : **ḥbāṛa** outarde		wlm : **edāber** tourterelle / pigeon (PL 345)				

Inventaire comparatif

dòolè	forcer, contraindre	dwl, dlˁ	Bld ar : **daul-at** puissance, force		(PL 96) ?	égyp : **dʔr** obliger, opprimer, dérober	hw : **dōlè** devoir ; falloir ; forcément	peul ; wlf ; shr
dòon // àlaadân	chanter // muezzim	ʔḏn	ar : **aḏn** (II) appeler à la prière, chanter (coq) chw : **addan** appeler pour la prière	(?) gz : **ʔadonāy** name of God	afr : **dano** toux bej : **nin** chanter	égyp : **snsn** le chant de louanges		shr ; md
dòosi	parkia africana		chw : **toso** arbre à beurre de karité					shr
dòrú	être douloureux, regretter	ḍrr	ar : **ḍarra** causer du mal, une douleur ; **(ta)ḍawwara** wither with pain mghb : **ḍ-rr-**, **aḍ-rr-** causer du mal, une douleur arch : **andarra** être dans le malheur, souffrir, être lésé, subir un tort, subir un dommage chw : **uḍr** nécessité, besoin hsn : **ḍarr** causer du mal (sens pr. et fig.), nuire	gz : **ḍrr**, **ʔandorara**, **ʔansorra** turn about, be turned round, be troubled, be distressed, be agitated, be restless, rave, be squint-eyed ; **naḍorār**, **naṣorār** torment, affliction	tmz : **ḍerra / ḍerr** nuire, endommager, porter préjudice, subir des pertes, faire souffrir (PL 98) ?	som : **ḍuuri** sentire dolore			P B : *-dèd- gémir ; pleurer ; md

Inventaire comparatif

dúbí	souche d'arbre, tronc d'arbre sec	dbr	ar : **dubr** fesses chw : **dumbur** souche d'un arbre	gz : **dbr, tadabbara** lie on one's back			peul ; shr ; fur
dúkkúrú	se mettre en colère ; rancune	dkr	ar : **taḥara** sigh, groan ; ḍakara remember, mention mghb : **ḍākr** rappeler, converser avec qqn. arch : **zakkar** rappeler hsn : **ḍekkar** rappeler qqch. à qqn.	gz : **taḥra** roar, snort, rage ; **zakara** remember, recollect, be mindful of, remind, bring to memory	hgr : **adker** irritation (colère persistante) kbl : **dekkʷeṛ** abuser ; berner tmz : **dakr / dašr** causer, parler, débattre, défendre un point de vue, converser wlm : **adkor** colère ; **dakare** groupe de guerriers marchant à pied dans un rezzou		shr ; bozo
dúlméy	faire du tort à qqn.	ẓlm	ar : **ẓulm** injustice arch : **zalam** pécher, commettre une faute, une injustice ; léser, nuire ; **dalam** léser faire du tort, opprimer, être injuste avec injustice, léser ; chw : **delem** traiter avec injustice, léser ; **ḍalam** opprimer, extorquer ; **ẓalam** injustice, tort ; **ẓalam** oppresser hsn : **ðlem** léser	har : **zeelāma** être injuste ; **deelāma** maltraiter	hgr : **edlem** léser injustement kbl : **edlem** obliger ; **dmu** affliger tmz : **ḍlem** opprimer wlm : **dumǝm** menacer par rancune (PL 72)	afr : **udlume** être injuste envers qqn., duper som : **dulmi** oppressione	hw : **làdaamàà** remords ; **zaalunciì** tyrannie

dùngùrà	être court	ṣġr	ar : **ṣaġura** être court, petit ; **ṣaġīr** petit, jeune arch : **saḥara** petitesse, enfance, jeune âge chw : **seġīr** petit, jeune ; **ḍūri, ḍuri** petits-enfants, descendants hsn : **sġər** devenir petit ; **saqqar** rendre plus petit		bdy : **dŭkàl** court	shr ; md
dùngùri	haricot local ; vigna unguiculata (papilionacées)		phen: **dgn** corn hsn : **ādlegān** haricot	har : **dāngullē** haricot	wlm : **iländyam** fruits de haricot vert (PL 101)	shr
dúrmì	ficus populifolia		chw : **durumi** ficus syringifolia		égyp : **dkr** fruit	
dúrú	piler	rdd	arch : **radda** broyer, écraser à la meule	hgr : **edd** piler tmz : **uduz** piler, broyer wlm : **ăddu, tidăwt** piler (PL 102)		shr chad : *d2rd grind dera **de** grind warji tsaku..: **dăr, dàr** .. grind ngizim **dərdú** grind

Inventaire comparatif

dùsù // dùsùngù // dusum (Oc)	être ankylosé // s'endormir, somnoler // sommeiller, s'endormir, s'engourdir	tss		hgr : **douhet** engourdi, s'engourdir ; **eḍḍeh** fatigué ; se fatiguer ; **eṭṭeṣ** dormir kbl : **ḍuz** être insensible ; **eṭṭeṣ** se coucher tmz : **ḍḍes** / **ṭṭes** dormir, se coucher pour dormir ; **adduz** supporter, se résigner wlm : **əddəz** se fatiguer, être fatigué ; **etas** dormir (PL 103)		**dushèè** become dim (Zima : 1992)	shr
fàajì	seul, isolé, se languir, s'ennuyer	fġġ	gz : **fagʕa, faggoʕa** live a life of pleasure, find pleasure in, live in luxury, live sumptuously, enjoy oneself, be given to delight	mghb : **f-ğğ-ğ-** se distraire, prendre le frais	dém : **pḍ** aimer, s'ennuyer de qqn cop : ⲡⲟⲝ être amoureux (*pḍai)	hw : **faada** / **fàaḍì** (Zima : 1992) ; **faḍa** tell say ?	son
faalam // fàláŋ // fanaa (?)	ramper sur le ventre // se traîner à quatre pattes, ramper // ramper sur les mains et sur les genoux (enfants)	brm		Bld ar : **barama** tourner sur soi, pirouetter **bārim** rope, cord, twine mghb : **brm** rouler arch : **baram** tourner, retourner, rouler qqch. chw : **baram** tourner, visser, tordre hsn : **baṛṛam** retourner ; **bṛam** tordre du fil	bej : **bi'inan** roll in the dust	égyp : **bbn** ramper (pour les serpents)	hw : **faRangàyta** travel slowly (Zima : 1992)	wlf ; shr ; md

kbl : **beṛṛem** tordre tmz : **beṛṛem** tourner, retourner ; **bṛem** tortiller (trans.), tordre, torsader

faalí	cajoler, calmer				hw : **lafàà** se calmer	
fahâm	comprendre	fhm	Bld ar : **fahima** intelligence mghb : **fhm** comprendre arch : **fahham** comprendre chw : **fehim** comprendre hsn : **fhem** comprendre	hgr : **efhem** comprendre tmz : **fhem** comprendre, entendre	afr : **ifhime** comprendre som : **fahmo** intelligenza pronta	hw : **fǎhintàa** comprendre qqn.	peul ; shr ; md
fákáaréy ; fáajikáaréy	causer, converser, causerie	fqr		gz : **fqr, ʾafqara** love, long for, cherish			
falfal (?)	se tordre (ventre), avoir des coliques	lff	ar : **lff** chw : **leff** plier, envelopper, entortiller ; fall dérouler hsn : **leff** empaqueter, envelopper				brb
farahâa	être gai	frh	Bld ar : **farah** joy mghb : **frah** joie arch : **farhān** content chw : **ferih** be se réjouir de hsn **vrah** se réjouir	gz : **fśh, tafaśśaha** rejoice, be merry, enjoy oneself, be comforted har : **afaaraha** satisfaire, rendre heureux	hgr : **ǎferaha** gai kbl : **efreh** se réjouir tmz : **freh** heureux, content (PL 108)	afr : **falo** sauter à la même place ; danse au rythme des tambours bej : **lifi** enrouler	
					afr : **farhi** bonheur ; **ifrihe** content, être très heureux bej : **afirh** être joyeux, se réjouir som : **farhaan** allegro	hw : **fara'à** bonne humeur, bonhomie mgm : **párhinò** se réjouir	samo ; swh

Inventaire comparatif

415

fárgàrà ; fáwrè	tonner, gronder (tonnerre)	brq	ar : **baraqa** faire des éclairs, foudre mghb : **brq** éclair, briller arch : **barag** lancer des éclairs chw : **barq** éclair	gz : **baraqa** flash, lighten, scintillate, shine, become shining, sparkle	kbl : **lebṛaq** éclair ; **ebṛeq** briller	afr : **falaalako** éclair ; **beleeleko** éclair, scintillement ; action de tourner autour	égyp : **brq**, **brg**	son
fárkéy	âne		ar : **baqar** troupeau de bœufs	tna : **berexa** âne sauvage, zèbre	hgr : **abrek** troupeau (de bœufs ou de moutons) ; **éfekraou** rosse (cheval qui ne vaut rien du tout) wlm : **efaķre** cheval de mauvaise race ; **aferəqqu** caravane d'ânes (PL 110)	som : **farqin** zebra		hw : **fàRkaa** bastard (Zim : 1992)
fasal	couper, expliquer, tailler	fṣl, fsr	ar : **fasara** (II) expliquer, commenter faṣala séparer, diviser mghb : **fsr** expliquer, commenter ; **fàṣala** qui sépare ; **fasal** expliquer en détail, détailler, choisir, découper des pièces dans un tissu, séparer chw : **faṣaḥ** expliquer ; **faṣṣaḥ** interpréter ; **faṣal** séparer hsn : **vṣal** séparer, disjoindre ; **vṣal** séparation	gz : **falaṣa** divide in two, split, separate ; **falas** depart, emigrate, go over to... ; **falaṭa** separate, put asunder, disjoin, divide, split ..	hgr : **efleh** fendre kbl : **feṣṣel** façonner tmz : **fṣel** dénouer, défaire, détacher			hw : **fassàraa** comprendre, expliquer mgm : **fàssirò** expliquer mubi : **fassàrá** expliquer

Inventaire comparatif

fátá	aile, aisselle	ʔbt	phen : **apt** flier, bird ar : **ibṭ** aisselle chw : **abāṭ** aisselle hsn : **bāṭ** aisselle	amh : **bəbbat** aisselle		égyp : **afd** un ongle	E. chad : ***p-t-** armpit (Skinner 1992)	shr
feejì	mouton à poils	bgʕ		gz : **baggəʕ** sheep, ram			bata : **bāgé**, **mbáge** sheep	
férsì	diviser en deux, partager, distribuer	frd, frd	mghb : **f-rr-d** séparer en unités, faire la monnaie d'une pièce ; **farada** répartir, payer sa quote-part ; **faraza** trier, distinguer parmi beaucoup d'autres arch : **farrad** trier, séparer, choisir en isolant chw : **faraz** trier, séparer, distinguer ; **farzaʕ** éparpiller	gz : **farasa** be desmolished, be destroyed ; **faraṣa** break, open, cut open, split ; **farada** separate, judge	som : **firirsan** essere disperso	égyp : **prṯ** séparer dém : **prḍ** séparer cop : ⲡⲱⲣⲥ égorger, couper, briser la terre avec la charrue ; ⲡⲱⲣⲝ séparer, partager	hw : **hwarsàa** moitié de qqch. de sphérique mok : **pìrzá** écraser grossièrement des grains	w/f ; md

Inventaire comparatif

firká // firkiti	faucher avec un bâton, faire un croche-pied // petit bois, éclats de bois, brindilles, se débattre	frq	ar : **faraqa** séparer mghb : **frāq** séparation (de gens), **frqt** séparer, éparpiller arch : **alfarrag** se disperser, s'éloigner, se séparer hsn : **varṛag** disperser, distribuer, éparpiller	gz : **faraqa** save redeem, divide, separate, create	kbl : **efrek** échapper tbk : **tafṛnke** écorce tms : **saffərankən** décortiquer, éplucher tmz : **lfiraq** séparation (fait de se quitter) wlm : **fărǰăk** se partager en deux ou plus (boule) (PL 121) ?		md
firsi // firsòw	asperger, arroser ; serpent cracheur	frz	ar : **rašša** arroser ; **faraza** mghb : **r-šš-** arroser, asperger ; **ršˤ** suinter hsn : **ršəv** aspirer, siroter (un liquide)		tmz : **farezza** pleurer, crier fort (bébé) wlm : **fəraz** aspersion (PL 122)	orom : **firfisa** arrosage	
fittów // fittóri	se lancer, sauter // bondir, sauter, pirouetter			arg : **fărrāṭa** éclater amh : **fenṭara** sauterelle (sp.)v	hgr : **ǎfertakoum** jeune sauterelle voyageuse n'ayant pas encore la force de voler tbk : **furṛt** voler wlm : **afrut** aile d'oiseau ; **afartatta** chauve-souris tms : **forrət** voler (oiseau) (PL 112)	égyp : **nftft** sauter, saut, bond ; **ftft** sauter	hw : **fitaṛ** vider ; écarter ; faire sortir	shr

fòfè	sein, mamelle, régime de dattes	(?) ʕbb	ar : ʕubb sein, gousset			chad : *p-ɓ breast bdy : pùupà mig : pùupí / pùupá sein mubi : fáaɓó fyer, kulere : fúf breast bokos : fóf hw : hômâ vantardise
fòomà	être orgueilleux, se vanter	fḥm	ar : faḥuma être excellent arch : faḥāma excellence hsn : vaḥḥam vanter, louer			
fòorù	scrotum	frw	ar : farw (coll.) peau, farw-at (n. un.) arch : farwa peau, cuir, prépuce chw : farwa peau ; farwa peau préparée	tgr : fərəndi testicules	afr : fale peau de chèvre séchée à plat ; parchemin ; foòru mantille	*ɡbay : *fálá testicules ; md
fùfùlé	cuire à la vapeur, vapeur, chaleur, chaleur, avoir chaud	fwr	ar : fwr cuire à la vapeur mghb : f-ww-r bouillonner, faire cuire à la vapeur ; fār dégager de la vapeur arch : fār bouillir, porter à ébullition ; gonfler, lever chw : fār bouillir hsn : āffaṛ vapeur		kbl : furr̩ être chaud, cuire	orom : afura haleine, souffle, respiration	peul ; tb ; md

---

[548] Cf. Cohen (1969 : 88) qui suggère le rattachement des formes berbères à ff « être gonflé » et « verser ».

Inventaire comparatif

fūm	heurter, cogner				kbl : **hum** / **humm** heurter, bousculer, tituber		
fūɲ ; fuɲu (Oc) ; fūmbū	péter ; mauvaise odeur ; sentir la pourriture, être puant, péter, mauvaise odeur	ʕfn	ar : **ʕafina** pourrir arch : **afin** puant chw : **ʕafan** puer, putréfier		kbl : **eefen** salir, faire ses besoins ; **fuh** puer tmz : **efen** être dégoûtant, malpropre, sale, être infect		hw : **hunhunaa** moisissure	md
fūnsū	souffler	nfs	ar : **tanaffasa** (V) respirer mghb : **n-ff-s** donner de l'air, faire respirer arch : **nafas** respiration hsn : **nevs** respiration	gz : **nafsa** blow (wind, spirit) ; **ʾanfasa** breathe, exhale, make breathe, rest, find rest, revive, refresh, give rest, give relief, soothe	hgr : **ounfas** respiration kbl : **enfes** respirer wlm : **sənfas** respirer, soupirer (PL 130) ?	afr : **fuufuse** souffler, faire respirer som : **neefso** respirare	égyp : **nfj** respirer, souffler ; **nšp** respirer, soupirer	hw : **numfaaʄii** souffle
fūtū	être mauvais, être furieux ; mauvais	bt		har : **bito** gauche ; **atbaata** faire se tromper, troubler ; **bäṭ** échec	wlm : **ăftu** accabler, causer la bronchite (PL 129)	afr : **buta** mauvais œil, fait de devenir un loup garou orom : **bita** gauche, gauche	égyp : **dw** mauvais		shr
fūusū	enfler	fš	chw : **fešfāš** poumon		kbl : **cuff** enfler tmz : **aff**, **suff** gonfler, être gonflé (PL 130) ?	afr : **ufuyise** enfler ; **fuufuse** souffler, faire respirer	égyp : **šfw** enfler	hw : **buusàà** souffler (air), gonfler qqch.	shr

Inventaire comparatif

gàabù	être difficile, compliqué			hgr : **gaafa** insanité (action dépourvue de sens) kbl : **ḥaf / ḥuf** se donner de la peine tmz : **ǧuf** oppressé, suffoquer, s'étouffer, avoir de l'asthme wlm : **ǝyǝf** importuné, ennuyé (PL 132)	afr : **güfe** souffler, respirer profondément orom : **gofa** mauvais bej : **gif** faux pas, trébuchement	wlf
gàabù // gêbù // cafu / cefu (cf. kàbè)	tenir // saisir au vol // empoigner, saisir qqn.	lqf	ar : **laqifa** saisir au vol mghb : **lqf** rattraper qqch. au vol arch **ḥamma** ramasser à pleines mains, prendre à deux mains hsn : **lgef** attraper au vol, voler, dérober	kbl : **elqef** saisir tmz : **leqqef** saisir, attraper au vol wlm : **akbab** serrer dans son sein (chose, enfant) ; **akbab** costaud, musclé ; **kábkáb** frapper à la porte d'une maison ; **kábãt** attrapé! **tǝkǝbǝttet** poignée ; **kǝbǝzzǝt** tenir dans la main avec pression, serrer dans la main ; **aymǝd** pince (PL 204)	égyp : **ḥfa** saisir, empoigner ; poing cop : ϩⲱⲡⲧ, ϩⲱⲡⲉ saisir, prendre, arrêter, etc.	
gàadògà	charognard	chw : **gudegude** dactyloctenium aegyptiacum		amh : **gədgədi** faucon, vautour (sp.)		knr

Inventaire comparatif

gàarèy	chasser, poursuivre, congédier ; faire partir	ġrb	ar : ġaraba partir, (II) exiler ; arch : ḥarrab s'exiler, s'expatrier, s'en aller ; warāb détruire, dévaster, ruiner, piller, ravager hsn : garrab bannir, exiler ; ğle faire fuir, chasser		kbl : syerreb envoyer au loin ; yewweṛ errer ; qqaqer poursuivre, courir après tmz : gʷerreb exiler, voyager au loin (PL 135) ?		hw : kooraa chasser un animal devant soi	md
gáargáarà (cf. jìndì ; jéeri)	corbeau pie ; corvos albus (corvidés)	qr		gz : qāqer crow amh : qʷəra corbeau har : kurra corbeau	wlm : ayrut corbeau (PL 136)			
gáarú	bélier	ğdy	ar : al-ğady Capricorne (< 'kid') hsn : eğayār chevreau de six mois et plus		hgr : êkrer mouton, bélier (avec ou sans laine) kbl : ikerri afelḥi bélier (mâle ovin) wlm : akarr bélier (PL 137)			shr
gàasù // kôkósé // kóosú // kósú	griffer, gratter le sol ; racler // peler // racler, raboter ; gratter ; écoper l'eau dans une pirogue // arracher, cueillir des	qṣṣ	akk : ḥaṣāsu couper ar : qaṣṣa découper, tondre ; ḥazza entailler, inciser ; qasqaṣa couper en morceaux mghb : q-ṣṣ- couper, hacher ; q-šš-r ; éplucher ; q-ss-ʕ contusionner arch : gassa couper, découper, taillader, entailler ; gassas couper avec force, cisailler,	gz : gasasa scrape away, shave off, pluck out (hair) ; gasgasa scrape away, shave off, take away by force ; qaśama harvest (grapes), pick (fruits, flowers), gather vintage, collect, reap, glean	hgr : egʷêh couper ras les crins de la crinière et de la queue ; erwês tailler en retranchant ce qu'il y a de trop ; esṛwes se couper, couper par petits morceaux ; ekkes ôter, arracher, retirer, enlever ; egzeẓ croquer (broyer entre les molaires avec bruit) kbl : hecc / ḥucc couper ; eqqes piquer	cop : ⲥⲱⲭⲉ, ⲥⲟⲭⲉ couper, casser, massacrer ; ⲥⲱⲱⲭⲉ, ⲥⲟⲭⲕⲉ couper, trancher	hw : kwàasaa houe à soie, daba ; kwaacee arracher de force ; kwàcè saisir ; arracher, confisquer ; yàkusà griffer	P B : *-kéc- couper, peul ; wlf ; shr ; md ; ns ; bag

421

Inventaire comparatif

	feuilles pour la sauce, cueillir des fruits ; être sevré	hacher ; **gašša, gašgaš** balayer chw : **ğezz** épiler ; **gašgaš** balayer ; **gešš** couper **negeš** épiler ; **qazz** piquer, enfoncer ; **ḥaṣṣ** récolter ; moissonner ; couper les épis ; **kess** broyer, piler hsn : **gaṣṣaṣ** couper net (à ras) ; **gǧe** sarcler ; **gešṣ̌er** écailler, écorcer ; **ǧazẓaẓ** croquer qqch. de dur (sur ses molaires) ; **ǧazǧaz** faire grincer	(froid) ; **eks** paître tmz : **eks** paître **kkes** ôter, enlever, retirer, cueillir, récolter ; **ekkes** ramasser, cueillir ; **eqqes** mordre **qesses** se désagréger, hacher, couper en menus morceaux ; **qqac** frapper de wlm : **ǝkkǝs** prendre, cueillir ; **ǝkkǝs** ôter, enlever ; **azwǝʃ** couper avec des ciseaux / un couteau (PL 230)			
gâbù	épervier	ar : **ʕuqāb** aigle chw : **ʕugāb, ʕagāb** oiseau de proie hsn : **ʕgāb** aigle	gz : **gippa** vautour amh : **gemb** vautour	bej : **(y)lihām** vautour sah, afr : **gūmā** vautour	égyp : **ʕḥm, ʕḥm** faucon	
gándà	terre, sol, pays, en bas	chw : **ǧalada** terre dure et sans arbres ; **karada** terre dure, difficile à creuser		som : **gawaan** terreno compatto, duro ; **qalah** terreno roccioso e arido		chad ***ktd** earth (soil) (?)[549]	peul ; md
gàràtù	avoir des convulsions	akk : **galādu, galātu** trembler		orom : **karatiti** tremblement			
gàrbè // gàgàbè	joue // mâchoire, ouïe		wlm : **gǝrǝbbat** mordre dans un corps solide (PL 142)			chad : ***grm** jaw (= beard, chin)	

[549] Voir le commentaire de Jungraithmayr & Ibriszimow (1994. I : 54) pour leur justification de cette reconstruction.

Inventaire comparatif

gàrsàkèy	blâmer qqn., mépriser		hsn : ġrís blessant, propos blessant, action blessante		wlm : gàrǰǎk jeter par le mauvais œil un sort à (PL 143)	
gàrù // gàrgàrù	trouver, rencontrer par hasard // hériter de ses grands-parents	ġr	hsn : ăğar récompenser ; gerr susciter la reconnaissance pour un acte ; eğgar verser un salaire		hgr : eğrou trouver, être trouvé kbl : lijara salaire wlm : agaraw trouver // être trouvé (PL 144)	orom : gorsa avertir, prévenir ; gursa avis	
gárzá // kérji (cf. aussi górú)	couper à l'aide d'un couteau couteau à dents de scie, faucille // épine, piquant, dard	hṛš ; hṛṣ ; hṛz	ar : haraša harceler, tourmenter, piquer, aiguillonner ; haraṣa écorcher, blesser superficiellement ; hṛz to pierce, loose ; haraza perforer ; miḥraz alêne, poinçon mghb : hṛt racler, tourner (le bois, le fer) chw : ġaras planter ; ġaras piquer, mordre ; ġaraz coudre, couture hsn : ġrís blessant	gz : garaza cut ; gazara circumcise ; gzz, gazaza, gazza cut, split, cleave asunder, slaughter ; qaraṣa incise, scar, scalp, engrave, carve, cut, chisel, shear, shave ; gʷaraṣa make an incision in the chai in order to cup, bite arg : ġarrăza circoncire	kbl : eqres être cassé ; eqres être déchiré ; qʷerrec émonder ; gʷrec, gʷerrec mordre, croquer ; ḳerreṣ mordiller ; yerṛes planter ; exṛez coudre (chaussures) tmz : qerṣu être déchiré, percé, être usé ; ġrez faufiler, coudre à gros points	bil : qaraḉ	cop : қорx couper, casser	peul ; wlf ; shr
gébú	menthe (labiacées) ; feuilles d'oignon séché				hgr : tarfert feuilles vertes d'oignon séchées et mises en pain wlm : yăfăyt herbe fraîche (PL 146)			md ; bsr
génsì	panicum loetum		chw : giǰyia panicum turgidum		wlm : agăse espèce de plante comestible (PL 147)		hw : gérji panicum laetum	peul ; shr

Inventaire comparatif

		qrṣ	ar : **qaraṣa** pincer mghb : **qrṣ** pincer, tirer la gachette chw : **haras** écraser, aplatir hsn : **herweš** piler grossièrement	gz : **ḥarada, ḥaraṣa** grind, pulverize, reduce to powder, mash, cruch, cut off ; **garaśa** eat powdery or grainy food ; **gārśā** soft or powdery food, a bite	kbl : **herres** écraser	orom : **huresa** écraser, aplatir		hw : **magurjii** égreneuse à coton (en pierre)	md
gétsì ; gùrsù	écraser à la meule ; égrener le coton								
gêy	durer, tarder				hgr : **ihag** vivre longuement (avoir une longue vie) tms : **uhag** s'attarder, rester longtemps wlm : **tahagit** durer				
gò	être				kbl : **eg, ekk** être tmz : **g** ; **gi-a** agir, réaliser, accomplir, commettre	afr : **ekke** devenir, être bej : **kai** devenir orom : **gaa** arriver ag.bil : **ag** devenir, arriver (être)			
góndi	serpent		chw : **ǧadeina** serpent venimeux et court à taches rougeâtres dont on dit qu'il a des pattes hns : **hneš** serpent	gz : **ʾakedna** serpent, vipère ; **hages**, crocodile amh : **gʷelenda** serpent	hgr : **enǧes** frapper de la tête (donner des coup(s) wlm : **anges** donner un coup de tête à, mordre (serpent, scorpion) (PL 150)	bej : **gedi** serpent venimeux	mok : **gùdiré** crocodile		P B : ***-gɔ̀ndé** crocodile ; bag bgl ayk
gónéy	gymnarchus niloticus		chw : **gāūn** cucumis melo					hw : **gunàà** melon	shr

Inventaire comparatif 425

gòorù	rivière, ravin ; vallée	ᶜql ; qrr ; krw	ar : **ḥawr** terrain plat, encaissé, golfe, embouchure ; **hawr** lac de décharge des marais ; **qarāra**, **qaᶜr** terre, dépression ; **karw** tranchée ; **ᶜaqla collect** ; **maᶜqula** place that retains rain water arch : **karkaw** berge, ravin, bord rongé par l'oued chw : **ḥōr** ravin formé par les pluies hsn : **gowd** dépression entre deux dunes ; **grāṛa** zone marécageuse	gz : **ʔaᶜqala** gather water in a basin or in a reservoir, cause to gather water ; **ᶜaql** lake, pool har : **gālu** endroit en creux sur un sol élevé ; **kuuri** étang, réservoir d'eau	hgr : **émeqqêrrer** très grand élargissement de vallée ; **égéṛou** mer ; **égéṛir** creux de terrain formé par l'eau wlm : **agirer** creux de terrain formé par l'eau ; **ayəryur** vallon ayant une végétation dense (PL 151)	afr : **golo** gorge dans laquelle coule le dàbba, vallée ; **kori** canal som : **ḥōri** rivière, ruisseau	égyp : **ḥrw** champ bas	hw : **kwarìì** vallée	peul ; shr ; md
gòrò	s'asseoir, être assis, habiter	qᶜd ; qrr	ar : **qaᶜad** s'asseoir ; **qrr** to settle down ; **ʔiqrār** settling, settlement ; **qarra** (II) domicilié, établi mghb : **qᶜd** s'asseoir arch : **guʔād, gaʔād** fait de rester, fait d'être assis, manière d'être avec chw : **gaᶜd** habiter ; s'asseoir ; être assis hsn : **gᶜad** demeurer, s'asseoir, être assis		tmz : **giwr** se mettre sur son séant ; **geed** se lever, se mettre sur son séant wlm : **gāwăr** s'asseoir, rester (PL 152)	afr : **kororriye** s'asseoir sur les talons, s'accroupir	égyp : **grg** fonder, installer (maison, ville, temple)		P B : ***kàd-** être ; demeurer ; s'asseoir ; peul ; shr ; md

Inventaire comparatif

426

gòròŋ	poulet		akk : **kurkū** poule chw : **gorongo** eggplant ; garden egg-kan				
gòrònfù	cram-cram à pointes		ar : **tagarūfite** tribulus terrestris	hgr : **ăgerouf** grain produit par la tagarof tmz : **angarf** arbuste qui pousse en abondance dans les lits des oueds wlm : **agărof** grain produit par la tagarof (PL 153)			
górú (cf. aussi gárzá // kérjí)	enfoncer, piquer, vacciner, injecter	qrˤ	ar : **qrˤ** lancer, piquer (douleur) mghb : **qrˤ** piquer, picoter (mal, blessure) arch : **garrah** vacciner ; **gurāh** vaccin chw : ˤ**agger** blesser	wlm : **agər** enfoncer en piquant, piquer, vacciner, injecter (PL 154) gz : **qʷrqʷr** rap, knock, shout, speak noisily, be confused gur : **goraa** égorger har : **goora'a** égorger		shr	
guffa (Haid) ; kofa (Prost)	touffe de cheveux au milieu de la tête ; tresse de derrière la tête	qff	ar : **qff** touffe de cheveux sur le sommet du crâne hsn : **goffe** touffe, longue chevelure traditionnelle des hommes	gz : **qobˤ** monk's hood, headband, brimless cloth cap, skullcap under a turban, tiara, miter hgr : **ếṛef** tête, chevelure kbl : **akbub** écheveau ; **akəbkub** houppe tmz : **takbubt** houppe de cheveux, poils, plumes	égyp : **krˤ** partie arrière		
gùllù	regarder fixement, observer, surveiller	klh	ar : **klh** fixer des yeux arch : **kallah** fixer des yeux	tmz : **qqel** regarder, observer, examiner du regard		bej : **gwod** regarder orom : **gori** regarde! ; **agera** to see	chad : *****gwl** see ; *****gl** (g-l) show, teach hw : **kàllā** regarder	peul

Inventaire comparatif

427

		ġm					
gùm // gùmgúm	renverser, couvrir, se cacher, s'accroupir // marcher en se courbant ; se courber		ar : **ġamma** voiler, couvrir, cacher, dissimuler hsn : **gewwem** conserver, garder	gz : **gammawa** cover, hide	kbl : **yumm** boucher (vb.), être caché ; **eknu** cacher wlm : **ayəm** être enfermé longtemps en vase clos ; **aqqam** constipation (PL 156)		shr ; ns
gùngúm	se courber, se pencher, se baisser	hnw, hny	ar : **hnw, hng** to bend o. s. ; **qanaʕ** plier, courber, cambrer chw : **hana** bend		hgr : **eǧen** accroupi, s'accroupir kbl : **eknu** s'incliner, se pencher, se courber wlm : **agən** s'accroupir		shr ; son
gùmbà	punaise, sp.			gz : **qobni** punaise tna : **gʷebib** pou de volaille	hgr : **ġoubbiin** punaise des bois		
gùngùrèy	rouler qqch., se rouler à terre		ar : **karkaba** embrouiller, emmêler, confondre, déranger ; **kull-at** boule, bille hsn : **kerkeb** rouler en boule	har : **kumbulul baaya** rouler (intr.) (expression employée par les enfants) ; **kulul** rouler	hgr : **ɼerenɼeret** rouler	égyp : **sqrqr** rouler çà et là ; hw : **gangàrã** rouler	P B : *-**gìdí** egg ; md
gura	dune		chw : **galʕa** montagne, colline hsn : **ʕkel** dunes vives enchevêtrées ; **kadye** montagne	gz : **karir, kʷarir, korär, karer** (round) hill, ravine, rock arg : **gora** montagne	hgr : **ég̣eeḍ** dune de sable ; massif de dunes kbl : **awrir** mamelon de terrain ; **taguri** montagne ; **iyil** colline tmz : **awrir** hauteur de terrain, colline wlm : **agidi** dune de sable vivant (PL 157)	afr : **gudda** colline escarpée orom : **gara** colline	P B : *-**gòdò** colline ; shr ; md ; ns

Inventaire comparatif
428

		ᶜqd	mghb : kūr-at boule, balle à jouer ; kurr-at bosse (mettre en boule) arch : ugda nœud chw : ᶜagad nouer, nœud ; kur noyau du fruit du palmier doum hsn : ᶜged nouer ; kūṛa balle, ballon ; ġāl faire une tournée	gz : grgr, ʾangargara wallow, revolve, roll, roll oneself, make roll about, spin, drive round (intr.), flop around, wriggle (one possessed by a spirit) har : kuur testicules	hgr : ṛeṛirou rouler (se mouvoir en roulant) ; ġelellet rond (être de forme circulaire) ; tĕkereourout testicule kbl : gilkez se rouler à terre ; tmz : eeqqed nouer, ficeler ; taglayt œuf, testicule ; kur être en boule ; mgulley se retourner, tourner (intr.), pivoter wlm : gəbəlləṭ rond, circulaire (PL 158)	afr : goda courbure ; kora fait d'être retourné orom : garragala tourner autour som : gadgaddi essere circolare	égyp : ḥrwy testicules cop : ϭⲟⲓ boule ; ϭⲱⲗ tourner, rouler ; ϭⲁⲗⲁ roue ; ϭⲟⲗϫⲗ entourer (d'un enclos)	hw : gooloo testicule mgm : ʾăggīdò nouer mok : kirrá tourner la boule, mélanger	P B : *-gàd- ; *-gàdod- tourner ; shr ; md ; yul ; basa
gùrì // gùŋgùrì	nouer, attacher avec un nœud, amulette, semoule de mil, enclos pour bétail // œuf, testicule							
gíurú	fer, blessure, heure				hgr : éṛir marmite métallique (en n'importe quel métal) ; par ext. cuivre rouge tmz : agari balle, coup de feu, plomb, projectile wlm : ăyar acier (PL 160)			tb ; md
gíusù	être profond	ġws, qws	ar : ġāṣa plonger ; qawisa être courbé mghb : ġās plonger ; gewwaṣ cintrer, arquer		hgr : ĕṛeḥ être creusé, se creuser ; tẹfịht trou dans la terre kbl : eyz creuser profond tmz : ġez creuser, piocher, déterrer, curer un canal wlm : teyezt trou pour planter ; eyez, taqqoz creuser, excaver (PL 161)			

Inventaire comparatif

hâaw	avoir honte, être intimidé			kbl : **ihwah** honte, déshonneur		hw : **laasàà** lécher	
halassa	lécher, passer la langue sur	lḥs	ar : **lḥs** lécher mghb : **lḥs** lécher arch : **lihis** lécher chw : **leḥas** lécher	gz : **melḥaas** tongue har : **lāḥasa** lécher arg : **lāḥasa** lécher		bej : **lehass** lécher, lécher les doigts	
hâm	viande avec os	lḥm	phen : **lḥm** bread ar : **lḥm** viande mghb : **lḥm** viande, chair arch : **laham** viande, chair chw : **leḥām** viande hsn : **lḥam** viande, chair, muscle	gz : **lāḥm**, **lāḥm** ox, bull, bullock, cow	hgr : **amlay** viande maigre wlm : **əmləy** maigre		
hámbúrú	craindre, avoir peur	rhb, hrb, rʕb	ar : **rhb** craindre ; **hrb** fuir ; **rʕb** avoir peur arch : **harab** fuir, s'enfuir, s'échapper mghb : **hrb** fuir, s'enfuir ; **rʕb** s'effrayer chw : **harab** fuir, déserter ; **irhāb** intimidation hsn : **hrab** fuir ; **rheb** impressionner qqn.	gz : **barʕa** tremble, shake, be agitated ; **bāḥrara** be startled, fear, be frightened, bolt	kbl : **ehreb** déguerpir, être intimidé ; **erḥeb** être craintif tmz : **aheṛṛab** fuyard, déserteur ; **haṛb** faire la guerre, batailler ; **rrehb** frayeur, horreur, alarme		md
hámmí	mouche, insecte ailé	hm, m	ar : **hāmm-at** ver, vermine	amh : **yəmənt** moucheron tna : **hamema** mouche	hgr : **tamné** mouche noire tmz : **tamna** mouche sacophage wlm : **temne** mouche noire-grise (PL 163)		

Inventaire comparatif

430

hàmnì	farine	rmd	ar : **ramād** cendre arch : **armad** couper et brûler le bois, défricher, débroussailler chw : **habūd** cendre blanche (d'un bois odoriférant) ; **ḥamad, hamad** éteindre un feu ; **ramad** cendre hsn : **rmād, rmäd** cendre ; **rməd** s'éteindre en donnant de la cendre	gz : ḥamad ashes har : **ḥamād** cendres	tmz : **armaḍi** gris cendre		cop: ⲥⲁⲙⲓⲧ fleur de farine, farine fine	hw : **habḍii** cendre
[550]hàmní ; himbìri // hàfē // hùmè	poil, plume // verge // nombril	hbl ; ʕbl	ar : **habl** corde ; **aʕbal** corde grosse et bien tressée, fortement tordue mghb : **ḥbl** corde arch : **habil** corde chw : **ḥabil** corde hsn : **ḥbel** corde ; **ubar** poil laine	gz : **ḥabl** rope tgr : **ḥabal** pénis ; **ḥənbart** navel, middle, center **ḥabəl madər** serpent amh : **habab** serpent ; **mətfay** ; **affatee** serpent	hgr : **éhafiilen** longs poils ; **téhafilt** poils courts wlm : **abəndal** couvert de poils (PL 162)	bej : **hamo** cheveu ; **ambir** plume orom : **gamma** crinière kham : **herbir** nombril qua : **gumbera** nombril	égyp : **ḫpʔ** nombril ; **ḥnb** mesurer un champ (à la corde?)[551] cop : ⲅⲁⲡⲉ nombril ; ⲗⲃⲏ lien, corde	zaar : **mbifaŋ** hair (of head)
hàɲā (?)	oreille	ʔdn	ar : **uḏun** oreille, anse (d'un vase) ; **aḏana** frapper quelqu'un à l'oreille			afr : **ankaḥise** écouter, entendre bej : **hagoi** branche		P B : *-yúŋgu entendre ; soso dtg

---

[550] J'ai retenu sous cette entrée à la fois les racines référées à 'nombril' et celles référées à 'poil, corde', ainsi que les extensions sémantiques possibles.
[551] Cohen (1969 : 105) propose cette forme comme 'tardive' et suggère un emprunt.

Inventaire comparatif

háncín	chèvre	ʕnz	ar : ʕanz chèvre, chevreau ; ʕanaza chèvres mghb : ʕnz chèvres arch : anzay chèvre ; niʔze capriné chw : ʕanza, ʕazza chèvre ; ʕanāg chèvre (femelle et jeune) hsn : ʕanz chèvre			chad *wk- / *kw hw : awaakii chèvres bdy : ʼàwki bouc
handi	veau	ʕǧl	ar : ʕiǧil veau arch : iǧil veau chw : ʕiǧel veau, génisse hsn : ʕəǧle génisse trois ans	gz : ʔagʷalt heifer, calf gur : anž, až veau, génisse	wlm : edăll veau de naissance à trois mois (PL 165)	afr : addi génisse de deux ans	
hándírí	rêver ; rêve	rʔy	ar : ruʔyā vision, rêve ; taʔaruʔyā voir un rêve arch : riʔi / yarʔa voir en rêve, avoir un songe	gz : tarayā constellation of stars (cf. aussi taraw) arg : hanža rêve	kbl : arǧu voir en rêve ; rrejrej rêver tbk : hurjət rêver wlm : tahargit rêver (PL 166)		
hàngûu	fruit de nénuphar				wlm : takəndit espèce de plante à tubercule comestible (PL 167)		

Inventaire comparatif

432

		nwy	Bld	har		afr	égyp	hw	wlf ; shr ; son ; ayk
hànnii	avoir l'intention		ar : **nawā** avoir l'intention ; **nīya** intention arch : **niye** volonté, intention ferme, décision, appétit chw : **nawa** vouloir dire ; avoir l'intention ; proposer hsn : **niyye** désir, projet, intention, but	har : **niya** intention	hgr : **ennyet** bonne foi ; bonne volonté ; volonté kbl : **enwu** avoir l'intention de tmz : **anwu** intention, souhait	afr : **nīya** cœur, siège des affections, volonté, souhait orom : **hinafa** envie som : **niyo** intento	égyp : **nhj** souhaiter ; **ḥna** le souhait, le désir	hw : **niiyàà** intention ; **ànniyàa** attention, effort	
hánsi	chien	ʔws	ar : **awsu** loup, chacal (poét.) chwa : **semūʕ** chacal ; **sīm** chien sauvage	amh : **wǔšša** chien	hgr : **ăhensi** loup peint (lycaon)[552] kbl : **uccen** chacal tmz : **uššen** chacal (PL 168)		égyp : **wns**, **wnš** chacal, loup cop : **ⲟⲩⲱⲛⲥ** loup, chacal		
hari	eau	rwy	ar : **rīyy, rayy** irrigation d'un terrain ; **rawiya** drink one's fill mghb : **r-rwwā** désaltérer, arroser arch : **rawyān** irrigué, arrosé, trempé, rassasié chw : **arwa** irriguer hsn : **rwe** abreuver, désaltérer	gz : **ʔarwaya** give to drink, make drink, quench thirst, saturate, inebriate, water, irrigate ; **rawaya, rawya** drink, one's fill, be satisfied with drink, be watered	kbl : **eṛṛwa** humidité du sol ; **ahrir** liquide épais (subst. et adj.) tmz : **rṛwa** eau de la pluie, pluie, humidité du sol ; **ṛwu, ṛwi** être arrosé, être saturé d'eau (terre), être humide (sol) ; **hrury** être délayé, abondamment humecté, visqueux	**àruq** humidité som : **haro** lago	égyp : **arj.t, hrm, hʔ.t, hrj** eaux	hw : **ruwaa** eau, pluie[553]	

[552] Clauzel (1962) avait supposé que l'attestation tahaggart était un emprunt fait au songhay ; la comparaison ici proposée permet aujourd'hui de reléguer ou modaliser cette hypothèse. Vycichl (1984 : 235) suit la leçon de Clauzel, à tort, à mon avis, compte tenu de l'ensemble des comparaisons ici retenues, et dont Vycichl ne disposait pas. Voir aussi Tubiana (1974 : 85) qui cite Cohen (1947 : 199, n. 514). Il faudrait aussi songer au rapport avec le nom berbère du lévrier : **uşkay** (= **uşşay, oşka,** etc.), cf. Chaker (1995b).

Inventaire comparatif

							peul
hárú	dire, avertir, aviser				hgr : **žouâl** paroles ; **haouel** dit, se dire kbl : **awal** mot, proverbe tmz : **awal** mot, parole		
háséy (?)	frère de la mère[554]	ʕsm	arch : **ašam** confiance, espérance, espoir, mépris dédain ; **usum** nom			orom : **esuma** frère de la mère, oncle	
hâw // yééji	bovin // bœuf porteur	ʔḥ ; ʔḫ		gz : **ʔaḥā, ʔaḫā** cattle, cows	hgr : **iouân** bœufs (ou vaches, sans distinction de sexe) wlm : **îwan** vaches, bœufs (PL 174)	bej : **yew** taureau, génisse égyp : **yḥ** ; **ih** bœuf cop : ⲉϩⲉ bœuf	wlf
hawey (?)	tante paternelle	ʕwn	arch : **awîniye** féminité, fait d'être femme ; **awi‾ n** femmes				

---

[553] Jungraithmayr & Ibriszimow (1994, I : 176) suggèrent un rapport avec le couchitique pour cette entrée hawsa.

[554] **hasanndahini** (**asaahin**) forme d'alliance imprescriptible (cf. **hasan-nda-hini**) ; *confiance* (grand -) *qui lie deux personnes* (Question d'étymologie, cf. Olivier de Sardan 1982 : 192. « Reste le problème de l'étymologie de hasan-nda-hini. En pays songhay et kado on dit asaahin. Hasan-nda-hini serait-il une déformation de asaahin ? Rouch propose au contraire une origine toute autre. Il s'appuie sur une devise (zaamu) des génies Tooru, qui dit « Je me confie à Dieu, je me confie à Hasan, je me confie à Hini » (R. a. p. 92) et parle de « Hasan et Hini, mystérieux ancêtres des Songhays et Djermas, dont la tradition a perdu le souvenir (...) ; jumeaux mâles primordiaux, d'où les nom d'Alasan et Ousseini donnés aux jumeaux mâles » (R. a, p.41)... Enfin faut-il rapprocher hasan de hasey (l'oncle maternel), ou/et hini de hini (pouvoir ?). C'est un problème ouvert »).

Inventaire comparatif

		wqy			
hàwgêy	faire attention, surveiller	ar : **waqā** protéger, garder, sauvegarder arch : **hawwag** contourner, tourner autour, encercler, entourer rôder chw : **hauwaš** clôturer, entourer hsn : **hawwaṭ**, **ḥawweš** entourer avec un mur	wlm : **əhəg** surprendre	afr : **hawwasuuse** surveiller ; rappeler qqch.	
háwrù	souper (vb.) ; prendre le repas du soir			kbl : **aḥrir** liquide épais, **taḥerrit** nourriture de base	
háy	accoucher, naître (enfant), mettre bas	hyy ar : **aḥyā** < **ḥyy** (IV) donner la vie, créer gz : **haywa** live, be alive, come back to life, revive (intr.), be well, be healed, be cured, recover, be restored, be saved	wlm : **ahəw** naître ; **sahəw** accoucher de (PL 175)	afr, sah : **hay** live bej : **hāy** live	chad : *ᵗyw / *wy md give birth hw : **hàyfaa** donner naissance ; **aìhù** accoucher bdy : **waa** accoucher, naître
hèenì	petit mil		hgr : **énélé** sorgho à petits grains wlm : **enalay**, **enăle** mil (PL 177)		shr
hegu	avoir le temps		hgr : **ihaĝ** vivre longuement (avoir une longue vie) tms : **uhag** s'attarder, rester longtemps wlm : **tahagit** durer		

Inventaire comparatif

hèlèci // lükkè[555]	détruire // donner un coup sur qqch.	hlk	Bld ar : **halaka** to perish, to be destroyed arch : **hilik** faire périr chw : **halak** périr hsn : **hlək** anéantir, périr	gz : **hag"la** be lost, be destroyed, perish, be deprived of	hgr : **ehlek** ruiner (détruire) ; **alek** poursuivre de près en donnant des coups de dents (animal) wlm : **əhlek** détruire, ruiner ; **ələk** disputer avec qqn. au cours d'un jugement // lutter contre (PL 261)		hw : **halàkà** détruire	peul ; md
hènèn	être propre, pur, sans défaut ; pur, sain, joli	hnn	ar : **ḥanna** tenderness part of heart	gz : **ḥannā** grace, charm, joy				
hèréy	avoir faim, être affamé	ʔrw	chw : **raggad** affamer, mal recevoir, être avare de nourriture	gz : **ʔarwaya (taʔarwaya)** become brutal, become wild, become savage, become angry, rise against like a wild animal arg : **rähaw** faim har : **raḥab** faim		bej : **haragwạ** faim	égyp : **ḥḳr, hqr** faim, affamé	peul ; shr
héröw	chevrette		ar : **ḥauli** animal, jeune animal ; agneau, mouton hsn : **ḥawliyye** chevrette		hgr : **éhéré** menu bétail (chèvres ou moutons)			

---

[555] Le rapprochement entre les deux entrées songhay est fondé sur l'hypothèse d'une stratification d'emprunts.

Inventaire comparatif
436

heyrey	ʿhl	ar : ʿahl parenté, famille mghb : ahl famille, gens arch : ahal famille, membres de la famille hsn : ehl les siens, la famille, parents		kbl : lehl parenté (d'une femme) tmz : lahl famille, parents, parenté d'une femme	afr : àhli famille, famille large
hìbì				hgr : ehef dévier involontairement	
hìibì	hlb	ar : ḫbw ramper chw : habā ramper hsn : ḫbe ramper ; habi marche à quatre pattes		hgr : houbet traîner (tirer après soi), être traîné, se traîner tmz : ḫbu marcher à quatre pattes (enfant)	mgm : yèebò traîner ; jèebò traîner derrière soi
hìijì	ʔḫd	ar : aḫḍ prendre ; aḫīd prisonnier, captif ; aḫīd-at butin arch : aḫīde mariage, noce chw : ǧadīd noce, fête de mariage	gz : ʔaḫaza take, catch, hold of, seize, seize upon, lay hold of, grasp, connect, apprehend, possess, control, constrain, restrein, occupy, dominate, take captive, make prisoner, take a pledge, sustain	tms : ażli noce	som : jaws noce moscata

Inventaire comparatif

437

hiilè	feindre, ruser	hyl, hwl	Bld ar : **hwl, hyl** (III) ruser ; **hil-at** ruse mghb : **hyl-at** rusé arch : **hile** ruse, tromperie, stratagème chw : **hila, hila** ruse, stratagème hsn : **hile** ruse, astuce	gz : **hallaya** consider, think, ponder, keep in mind, meditate, look after someone, take care of watch, reason, reflect upon, turn over in one's mind, perceive, decide, devise, imagine	hgr : **ehli** maladroit kbl : **ahili** malin tmz : **ahili** rusé, malin	cop : **ϩλλ** tromper	knr (**aria** feindre)
hikôw	avoir le hoquet	skk	arch : **sukok** hoquet hsn : **høggiyye** hoquet	har : **hiq baaya** avoir le hoquet	hgr : **heneqqet** avoir le hoquet tmz : **tiqqest** hoquet wlm : **hanaqqet** avoir le hoquet (PL 183)	orom : **hirkinfu** hoquet	wlf ; md
hónnéy	apercevoir de loin		hsn : **naʕʕat** exhiber, montrer, indiquer	arg : **hanja** voir har : **heeja** regarder, surveiller	hgr : **ăhanay** voir ; vue kbl : **sseneet** montrer ; **eayen** jeter des regards éteints tmz : **annay** ; **neet** montrer, faire voir, indiquer wlm : **ihannay** ; **hannăy** voir (PL 185)	égyp : **ḥn**	hw : **hangàà** observer à distance ayk
hòorèy	jouer, s'amuser		**haraka** mouvoir, agiter, mettre en mouvement		wlm : **ăhorəqqi** jeux de réjouissance (chants et danses) (PL 186)	afr : **horra** danse exécutée par des hommes lors d'un mariage égyp : **hr** être content, gai	

Inventaire comparatif 438

hórsó (?)	captif de case						son (**woro-so** esclave né chez le maître
hóttú // kóróŋ	être amer, sévère, brûlant en parlant du soleil // être chaud, avoir de la fièvre	hrr ; hrt	ar : **ḥarr** chaleur ; **ḥarita** être irritable, irascible ; **ḥurt-at** irritation du nez (provoquée par la moutarde, etc.) mghb : **ḥrūr** piment pilé, poivre ; **ḥ-rr-** chaleur arch : **ḥarār** épice, condiment ; **ḥarāra** chaleur, douleur chw : **ḥarrarāt** condiments ; épices ; **ḥarr** avoir chaud ; **ḥālat warad** être en chaleur ; **ḥarṛ** avoir la fièvre hsn : **ḥārṛ** pimenté ; **ḥṛūr** piment ; **ḥarṛ** chaleur du soleil brûlant	gz : **hrr, ḥarra, ḥarara** burn (intr.), be ablaze, be hot, be grilled, be dried up	kbl : **eeqqer** goût âcre, **eeqqer** épicé tmz : **ḥerṛa** piquant, relevé (au goût)	afr : **hàrri** saveur épicé ; **huùri** chaleur ; **ur** brûler orom : **korani** charbon de bois, combustible bil : **harar** brûler	cop : **ϩⲣϣⲓⲣⲉ** garcon, jeune homme, serviteur	
hóyréy	conseiller en bien ou en mal, faire des reproches				har : **hirgi** conseil		égyp : **hrj-sšt**ꜣ le conseiller privé	
húná // húndī	vivre // principe vital, souffle vital	hyw, hyy	ar : **ḥyw, ḥyy** to live ; **ḥayy** vivant, en vie chw : **yaḥyā** live (imperfect only) hsn : **ḥayāt** vie	phen : **ḥym** vie	har : **ayyaana** meilleur moment de la vie	kbl : **eḥyu** ressusciter, redonner la vie (Ar : **ḥy**) tmz : **ḥyu** donner la vie, faire vivre (Dieu), redonner la vie, ressusciter (PL 189)?	égyp : **ʿnḫ** vivre cop : **ⲱⲛϩ** vivre	mok : **'ündé** âme ; ombre d'une personne

Inventaire comparatif

	hrṭ			kbl	som	égyp	hw	
húrè ; huri(ow) ; hiri	entrer, pénétrer, rentrer ; couteau ; écharde, entaille		ar : **haraṭa** to plow, to cultivate, till chw : **haret** cultiver, travailler la terre ; **haraṭ** cultiver, bêcher hsn : **hrəd** percer ; **hreṭ** cultiver	kbl : **flu** percer tmz : **aḥerrat** laboureur wlm : **huṛət** suivre à la trace (PL 190) ?	som : **hirid** introdurre qs. nell'uso	égyp : **htj** percer à la drille ; **aḥwty** cultivateur, tenancier, contremaître agricole	hw : **hūdã** percer, crever	md
húrów	salvadora persica		ar : **arāk, harak** salvadora persica chw : **arāk, harak** salvadora persica					
ízè	fils / fille, petit de				som : **sulsul** progenitori	égyp : **sʔ, zʔ** fils, fils de cop[556] : **si- < zʔ** son		md
jántè	fièvre, maladie, paludisme	qnṭ	ar : **qnṭ** to despair, become disheartened, lose all courage mghb : **qnṭ** s'ennuyer arch : **ganat** soupirer fortement, gémir, râler, pousser hsn : **gnəd** être transi ; **igəndi** maladie occasionnée par l'abus de qqch.	gz : **genasa** be poor, be in distress ; **genās** poverty, distress, privation, hardship	hgr : **éganed** mal quelconque, matériel ou moral wlm : **teneday** avoir la fièvre		hw : **jantè** fièvre	md

[556] Cf. Diakonoff (1965). *The Hamito Semitic Languages*. Moskow.

Inventaire comparatif

					égyp : **jwh** porter, charger	hw : **gigigi** chargé	
jéejè	charger			hgr : **ġaġġ** charger (un fardeau) kbl : **aggʷay** charge tmz : **aggwa** lourde charge, fardeau wlm : **ġaggu** charger (PL 194)			shr ; md ; fur
jéerí (cf. ǧaarú ; jindi)	gazelle	ǧdy	chw : **ġadi** gazelle	hgr : **éderi** antilope oryx wlm : **ederi** d'antilope oryx (PL 195)		chad : **gd-** duiker hw : **gadaa** céphalope	
jere // jèrì	côté // s'adosser, s'appuyer contre qqch.	ǧwr	ar : **ǧar** voisin ; **ǧāwara** (III) devenir voisin mghb : **ǧāwr** devenir voisin de qqn. ; **ǧār** voisin arch : **ǧār** voisin ; **ǧāwar** être le voisin, côtoyer, jouxter, habiter à côté ; **ǧīre** voisinage chw : **ǧār** voisin, ami ; **ǧīre** voisinage hsn : **ǧāṭ** voisin	kbl : **jerreṭ** tracer ; **ljar** voisin (Ar.) tmz : **adẓar** voisin wlm : **ger** entre / au milieu (PL 196)	gz : **gwr**, **tāgawara** dwell together in a neighborly way, live in the vicinity, be a neighbor, be near amh : **gʷedǝn** flanc, côté, côte har : **qoorāra** être proche ; **qurra** voisinage, près, proche, récent	bej : **gwod** côté, bord, marge orom : **ger** côté		
jertu	roter	ǧšʕ	ar : **ǧarġara** to gurgle hsn : **tgerraʕ** éructer, roter	gz : **ġʷašʕa** belch, vomit, boil over, bubble, well up, utter	hgr : **sougri** faire roter kbl : **gurre** avoir des renvois ; **ggerǧee** roter tmz : **gerree** roter, éructer wlm : **agrǝk** roter	afr : **garraʕo** grognement du chameau ; **girrite** écumer, faire des bulles		shr ; md ; ns

Inventaire comparatif

jésé ; jèsè ; jeesi	porter sur l'épaule ; épaule, s'adosser	ar : iğāz-at position couchée la tête sur l'oreiller	gz : takesā shoulder blade	hgr : elked porter suspendu, être suspendu, se suspendre, suspendre sur le côté	qemant : käs épaule	égyp : jšš porter	shr ; samo
jùjì	bégayer	ar : qwq, qāq caqueter, glousser	har : gingee bégaiement	kbl : qqewqew bégayer			
jìndì (cf. gàarú ; jíeri)	bouc	ğdy akk : gaduu chevreau phen : gdy chevreau ar : al-ğady chèvre (pl. ğidā?, ğidyān) kid, young billy goat mghb : ğdy chevreau hsn : ğdi chevreau, cabri	gz : gadey ; (?el)žaday Capricorne (zoodiaque) from Ar. ?al-ğady amh : žeji, žedi chevreau ; jedayi capricorne (zodiaque)	hgr : éɣeyd chevreau tbk : eyāyd chevreau kbl : iyid chevreau tmz : iğid chevreau wlm : eyāyd chèvre (PL 164) (PL 199)	orom : gengaa bégayer afr : aguïda jeunes chevrettes		dtg (iȷʰ:da bouc châtré)
jìsìmà (?)	oseille de Guinée			wlm : gisma soumbala, néré			
kàabè	barbe	hsn : gəffe touffe, longue chevelure traditionnelle des hommes		hgr : éref tête, chevelure kbl : akbub écheveau ; akebkub houppe tmz : takbubt houppe de cheveux, poils, plumes wlm : ankəb tresse de cheveux avec une partie des cheveux de derrière la tête (PL 201)			chad : gdm cheek[557] hw : geemùù barbe

[557] Jungraithmayr & Ibriszimow (1994. I : 6).

Inventaire comparatif 442

kàanà	canne à sucre			tbk : **kanna** canne à sucre wlm : **kaana** tige de mil		
kàarêy	crocodile		gz : **galē** crocodile, serpent		chad : ***kdm** crocodile hw : **kadàa, kadòo** crocodile	
kàarêy	être blanc ; blancheur	krr	ar : **karra** (II) nettoyer, purifier ; améliorer, affiner arch : **karr** blanc immaculé, tout blanc chw : **kar** très blanc	gz : **qadawa** be pure, be neat, be tidy, be good-looking, be excellent, smell	afr : **qado** être blanc, être clair, être évident	mok : **kàrkár** / **kár** blanc	knr ; md azr ; bozo ; son
kàarî	dessèchement, sécheresse	krr 558	ar : **ḥarrah** stony area ; volcanic country, lava field arch : **kar !** complètement vide, entièrement sec (onomatopée invariable)	gz : **krr, karra**, **karara** be dry, dry up (spring)land	hgr : **errou** dessécher légèrement à la surface ; **iṛar** être sec, se sécher kbl : **ṭwanger** être desséché ; **qqar** être dur, être immobilisé, être insensible ; **tayeṛt, ayuṛaṛ** sécheresse tmz : **akram** dessèchement, **fanage** ; **igger** infécond, stérile wlm : **aẓar** foin ; **iỵar, əqqar** être sec, être dur		shr ; md

---

558 Voir aussi **hóttú**, *supra*.

Inventaire comparatif

kàarù	monter sur qqch., grimper	hyl	ar : **hyl** (II) to gallop (or horseback) ; **hail** (coll.) horses mghb : **hyl** chevaux ; **hyyāl** cavalier, cavalerie arch : **hēl** chevaux, cavalerie chw : **karî** chamelier ; **hayyāle** cavalerie		hgr : **arer** monter un animal de selle kbl : **axeyyal** cavalier		shr
kàay	ancêtre				hgr : **éké** toute racine de végétal quelconque wlm : **ekew, ekǎy** racine, origine (PL 202)	couch : **kky** orom : **akkakayu** grand-père, ancêtres	hw : **kààkaa** grand-parent	P B : ***-kààká** grand parent
[559]kàbè (cf. gàabù // gébù // cafu / cefu)	bras, main, manche de vêtement	kᶜb, kff, kmm	ar : **kᶜb** ankle, heel ; **kaff, kaffah** paume de la main ; **kanaf** aile ; **ᶜaqb** talon ; **kmm, kumm** sleeve mghb : **k-ff-** paume de la main ; **kumm-** manche de vêtement arch : **kaʔab** talon ; **kimm** manche d'un habit ; **kaffe** paume de la main ; **kuff** sabot chw : **ᶜageb** talon ;	gz : **kaf** heel, sole of foot ; **kanf** wing, fin (of fish), branch of tree, border... ; **qaf** shoulder blade		afr : **gaba** main, bras orom : **kuba** doigt, orteil	égyp : **hfa** saisir, empoigner, poing : **gba** bras ; **gp** (dem) prendre, tenir ; **ygp** nuage[560] cop : ϩⲓⲟⲙⲉ, ϩⲱⲙⲉ paume, main creuse ; ϩⲱϥ, ϩⲱϥⲃ main (unité de mesure)		P B : ***-kápì** armpit ; shr ; md

[559] Manifestement, je présente ici un regroupement d'unités qui ne renvoient évidemment pas à un même étymon / racine ! L'analyse est à faire.
[560] Je note cette forme sur la base du rapprochement hypothétique « *aile* » - « *nuage* » suggéré par M. Cohen (1969 : 79), sans prendre position sur sa pertinence.

Inventaire comparatif 444

kámbú	côté	ğnb	gefa revers de la main ; kaff paume de la main ; hsn : keff paume ; gve verso ar : ğanb côté arch : ğānib côté	gz : gabo side, flank, rib, loins amh : jamb côté		bil.qua : gabā side kham : geba side	égyp : gbʔ side[561]		
káŋkám	serrer, presser, être étroit, contraindre, ennuyer ; compresser, gêner	ḫm	arch : ḫamḫam ramasser à pleines mains, emporter en abondance, prendre le plus possible, rafler, saisir en abondance chw : ḫama saisir, attraper hsn : kemkem replier sans soin, entasser	hgr : ekmem serré, se serrer, presser, serrer tmz : kelkem envelopper, empaqueter, emballer wlm : əkməm serrer, entourer étroitement, être serré					shr ; bozo
kárdá	gorge, pharynx	krr	ar : krr rattle in the throat arch : kadda croquer, grignoter, broyer chw : werdān gorge ; les deux veines jugulaires	gz : gʷarʕee gorge, cou, palais (anat.) amh : gurorro gorge, oesophage, trachée	kbl : agerjuj gorge tmz : ageržum gorge, arrière-gorge (PL 208)	afr : garòyra gorge, trachée		hw : màkoogwàroo gorge	
kàrfù	lien, corde, bride	qrf	ar : qirba peau ; qirbah water skin ; qrf to peel, to pare, bark arch : karrab prendre, saisir, cueillir, fixer en	gz : qarafa peel off, skin, bark amh : qərfit peau, pelure, écorce, coquille, écaille... ; gəlfaf peau (anat, flore), peau de mue	hgr : ǎrerêfi corde à puiser ; ekref entraver kbl : ekref fermer, attacher (les cheveux) ; aqfal bande (joint) tmz : kref / šref ligoter,	afr : kirbaàya fouet	égyp : ʕrf empaqueter cop : ωpʙ ; єpϥ ; opʙ entourer, restreindre	chad *krp écorce hw : kurhuu fouet (sp.) ; kwàlhwaa peau	shr ; md ; ns

[561] Dolgopolsky (1983).

Inventaire comparatif

	frapper, taper, claquer, jouer d'un instrument, corriger	qrˤ ; ʔkd	passant plusieurs fois une corde chw : **kurbāč** cravache hsn : **šekrev** ligoter	(serpent) har : **gärāfa** fouetter ; **jiraaf** long fouet	attacher les membres à qqn. ; **aqfal** action de fermer, de boucher wlm : **əkrəf** emballer, attacher (bagages) (PL 209)		
kárú			ar : **qarˤa** to knock, rap, hit, bump, stike, beat ; **akada** battre, égruger (le blé) sur l'aire mghb : **qrˤ** heurter ; **qtˤ** couper	gz : **qaraya** hit, strike	tmz : **klu** battre les animaux, leur donner la bastonnade ; **nkul** battre, palpiter (cœur) wlm : **ənkəḍ** couper, cueillir en coupant (PL 211)		égyp : **hr** tomber, faire t. cop : ⲕⲱⲗϩ battre, frapper (à la porte) ; ⲕⲱⲣ, ⲕⲉⲣ détruire ; ϣⲁⲣ battre, frapper	hw : **karḍo** se heurter, se cogner ; **kiḍñi** frapper	shr ; md
kàsàmà	gale	qsm	ar : **qasama** diviser (en parties), morceler ; séparer ; distribuer, répartir		hgr : **oukmah** gratté kbl : **ekmez** gratter ; **exzem, xezzem** ouvrir un abcès, percer ; **qeccem** ébrancher, ébrécher, entamer tmz : **kmez** (se) gratter wlm : **ukmaz** être gratté, démangeaison (PL 212)	**xajiimee** causare prurito a qn.		shr ; md
kèbí	interdit alimentaire		akk : **ikkibu** part du dieu, tabou ar : **laqqaba** nommer, appeler, désigner (?) mghb : **kbyã** surnommer ; **lqqb** surnommer					son

kécò ; kócà	petit ; petit enfant	ar : **ktt** être maigre		égyp : **kṯ** petit ; **ktt** menu, insignifiant		P B *-**kééké** petit ; day ; ayk ; ns?
kéní	se coucher, être couché, être calme, être caillé (lait)	ar : **sakana** tranquille, calme hsn : **sākən** fixe au repos	kbl : **sgen** immobiliser ; **gen** être couché, dormir tmz : **gen** / **žen** coucher, être couché ; dormir, s'endormir		chad : **kn** sleep hw : **kwaana** passer la nuit	P B : *-**gə̀n**- dormir ; shr
kèyná	être petit	hsn : **šwęyy** petit qqch. (diminutif)	wlm : **əkyəm** régresser, être diminué (PL 215)	égyp : **nkt.w** le petit morceau, la miette ; **x.t** la petite fille	hw : **kanèè** frère / sœur cadette ; **kànkanèè** petit	shr ; yul
kódò, koddo (cf. kokor)	dernier né	ar : **qdy** terminer mghb : **qāḍā** terminer arch : **kadār** traînard ; **angurāra** dernier-né, benjamin	qdy			bozo (**kodda**) ; azr (**koda**) ; ayk (**kàıkàı**)
kókóbé // kóbì // kafu (cf. kàbè)	taper, secouer ; épousseter // battre des mains, frapper des mains // saisir brusquement	ar : **akuff** gifle, taper avec les mains ; arch : **amkaff** gifle chw : **ḥumbai** applaudissements, frappement de mains pour accompagner une danse	kff	hgr : **bekbek** secouer, se secouer tmz : **akuf** s'arracher, se déraciner tms : **inkəf** frapper d'un coup sec et bref wlm : **ankəb** heurter ; **nkəf** heurter contre, se heurter à (PL 216)	bej : **kaf** frapper des mains et danser orom : **kaba** attraper, saisir, tenir ; **kokofa** frapper à une porte	égyp : **nqf** frapper	hw : **kaɓii** frapper (avec le pied ou la main) par inadvertance	P B *-**kób**- frapper ; *-**kóp**- secouer

Inventaire comparatif

kokor (cf. kódò, koddo)	suivre	ʔhr	ar : aḫr être en retard ; aḫira (V) se mettre en retard arch : aḫḫar tarder, être en retard, retarder chw : aḫḫar retarder, remettre, différer hsn : aḫḫar retarder	gz : kawalā, kawāla, kʷāla har : aaxir dernier	berb : hrw, hry hgr : ămehrou retardataire kbl : lexxeṛ dernier (métaphoriquement) en dernier ; aneggaru, asegʷri dernier tmz : angarru dernier, qui vient en dernier ; extrême (qui est au bout)		égyp : hry-a retard	hw : màkarà être en retard	md ; day
kóli // kéli // kulikuli	entourer avec les bras, embrasser encercler du gibier ; s'enrouler, contourner // clôturer ; clôture // emballer	qrr ; ʕgl ; krr, grr	ar : karr revenir sur ses pas, revenir successivement (nuit et jour), dévider (filet en peloton) arch : garan passer autour du cou, entourer le cou avec les mains, attacher en entourant avec la corde, ligaturer, encercler chw : karr clôture - W. Sud ; gurro palissade hsn : kowrer entourer d'un tissu, tourner (intr.) , cerner, encercler	gz : kallala surround, surround for protection, cover over, protect, encompass, encircle, fence in crown ; ʕagala place in layers, place in a row, heap up, make an enclosure, surround with a wall, fence in	tms : ⱥyli entourer de, encercler wlm : ⱥyley tourner autour de / contourner / entourer ; ⱥyalla concession (PL 214, 218)	bej : gara cour, enclos ; kulèl cercle, autour	égyp : ḳdy circuler, se promener dém : ḳrr collier ; ḳty, ḳdy circuler, entourer cop : ⲕⲱⲗ collier, chaîne ; ⲕⲧⲟ retourner, entourer ; ⲭⲟⲗⲭⲗ entourer (d'un enclos) ; ⲥⲱⲗ tourner, enrouler	hw : kullii attacher, faire un nœud	shr ; md
kóm	enlever de force, violer, faire brigandage	kmm	chw : kamam tomber sur, attaquer		hgr : ekmou faire mal à tmz : akem entrer, pénétrer, s'introduire, déflorer wlm : ăkmu faire mal à, faire de la peine à (PL 219)		cop : ⲕⲟⲙ force	hw : kaamàà prendre, saisir	knr ; son

Inventaire comparatif

kòmsí	pied de bétail	kbs	akk : **kabāsu** fouler, éteindre ; **kibsu** trace ; **qimṣu** knee, shin ar : **kbs** to exert pressure ; press, squeeze, to attach	gz : **qʷayṣ, qʷaṣ** leg, shin, shinbone, thigh amh : **kebt** en composition (pied de...)		orom : **kensa** griffes, serres, sabot de cheval som : **gommod** piede del cammello	égyp : **tbs** talon cop : **ⲧⲃⲥ** talon	
kòndò	fourmi				wlm : **kədədəkkum** fourmi (sp.) (PL 220)	orom : **goonda** fourmi kam : **gonda** fourmi		peul
kòŋgù	feuille de palmier doum				hgr : **ǎkôuka** fruit du palmier d'Egypte wlm : **ǎḳoḳa** fruit de palmier doum (PL 221)			shr
kójò	captive, esclave (femme)	qwd	ar : **qny / qnw** to acquire ; **qanā** acquire	gz : **qny** adquire, buy, subjugate, dominate, ..., reduce to servitude, etc. ; **qənuy** slave, enslaved, servant, etc.			cop : ⲕⲁⲩⲟⲛ, ⲕⲁⲩⲟⲛ, ⲥⲁⲭⲁⲛ serviteur, esclave ; ⲥⲁⲩⲱⲛⲉ servante, esclave	bozo (goŋgɔ esclave)
kóorò	hyène		chw : **karăg** hyène	tgr : **keray** hyène	berb : **yr** wlm : **ǎyorǎy** hyène mâle (PL 226)	couch : **wrb, gt** omot : **gdr**		chad : **grn** hyena hw : **kuuraa** hyène
kooró ; kòrbótó	crapaud	qrr	ar : **qirra, qarra** grenouille hsn : **ğrān** grenouille	gz : **qāqer** crow, frog amh : **ənqʷərar** grenouille	hgr : **ăğerou** kbl : **amqerqur** grenouille tmz : **agru, ažru** grenouille, crapaud wlm : **aguru, agǝru** grenouille (PL 225)	orom : **qərarit** grenouille	égyp : **qrr**, **ḳrr** la grenouille cop : ⲕⲣⲟⲩⲣ, ⲭⲣⲟⲩⲣ grenouille	hw : **kwaddóo** crapaud, grenouille P B : *-**kédè** frog ; shr ; md

Inventaire comparatif

							md
kòrdò	ronfler	ḫrr	ḫarra ronfler, mâchonner, marmotter		hgr : **xereret, sunxer** ronfler kbl : **sxerxer** ronfler tbk : **săxărat** ronfler	bej : **kantur** ronfler	cop : ϩⲢϩⲢ ronfler	
kósi	se brosser les dents, bâtonnet à cet usage	swk	ar : **sāq** tronc, tige, manche, queue mghb : **s-ww-kā** se faire les dents ; écorce utilisée comme dentifrice arch : **sawwak** brosser les dents					
kòsòngù	parler avec violence. Faire du bruit ; bruit		qazza abhorrer, avoir en horreur		hgr : **eksen** haïr wlm : **aksan** haïr, détester (PL 229)			
kòttù	déchirer, fendre, inciser, couper en lanières	qrḍ ; šrt	ar : **qaraḍa** couper arch : **garraḍ** couper en rondelles ; **garaḍ** pincer, écraser, cisailler sans couper, mordre profond. ravager, piller ; **šerraṭ, šeret** déchirer, mettre en lambeaux hsn : **kraṭ**, racler, raboter, raper ; **šraṭ** scarifier, vacciner ; **kerdaʕ** contusionner	gz : **qaraḍa** lacerate, tear away, cut off, shear, shave arg : **qorrāṭa** couper, décider har : **gārāda** prendre une partie de qqch., séparer, distinguer	kbl : **exʷreḍ** affouiller, creuser ; **eqʷreḍ** couper en petits morceaux tmz : **ḥerḍ** creuser, affouiller ; **qedded** morceler, dépecer, hacher ; **qerḍ** trancher wlm : **agraḍ** écorcher avec ses dents ; **akraḍ** racler en grattant avec qqch. ; **korottaṭ** donner en grattant un coup de doigt (PL 228)	orom : **korati, koreti** épines	égyp : **ḥty** inciser, graver ; **ḥrṭ** tuer (ennemis) cop[562] ϧⲟⲧϧⲧ inciser, graver ; ϧⲱⲣⲝ (ⲥⲟⲩ ⲚϧⲰⲢⲬ de l'orge pilé, broyé?)	hw : **kirtaa** griffer mub : **kòrò Dé** gratter fort

[562] On notera le commentaire de Vycichl (1984 : 273) « Il faut écarter l'arabe **ḫaṭṭ, yaḫuṭṭ** *tirer, tracer des lignes* car **ṭ** correspond à **d** en égyptien **et** non à **t** ».

Inventaire comparatif

kóy	partir, aller, quitter un lieu			hgr : **ekk** aller à, chez kbl : **ekk** passer, venir tmz : **ekk** passer, passer par, venir de, atteindre wlm : **ăḵu** aller à, chez (PL 231)	
kóy	possesseur, maître			**ɑnkɑy** supporter, assumer (charge sociale) ; **ăyolla** chef (qqn.) (PL 232)	cop : **cϩoyı** scribe, maître (nm. de relat. cf. **cвoyı** « disciple, apprenti »)
kú	être haut, être long, allongé			hgr : **agg** au dessus de (être sur le dessus de, être plus élevé que) ; **akk** supérieur de niveau (être d'un niveau plus élevé) kbl : **ekk** surpasser tmz : **agg** voir d'un lieu élevé un endroit placé plus bas ; **ekk** surpasser wlm : **aggu** être au-dessus de, sur le dessus de, dominer (PL 234)	égyp : **qʔ** haut ; **qʔ.w**, **ḳʔw** la hauteur
kùbéy	aller à la rencontre de, accueillir	qbl	ar : **qbl** (III) rencontrer, croiser, **qabila** receive arch : **gābal** rencontrer, mettre face à, être en face de, recevoir qqn. ; **gabbal** rapporter, retourner, revenir à, mourir, rendre hsn : **tˁagəb** se croiser	gz : **qbl**, **qabbala** fetch ; **taqabbala** go out to meet, accept, receive, welcome	kbl : **erḥeb** être accueilli (PL 235)	afr : **arḥibise** accueillir un hôte

Inventaire comparatif

kùfú // kúmfù	poumon; écume // faire de l'écume, de la mousse		har : **kuuf** poumon arg : **komfa, häfa** poumon; foie	hgr : **ekef** gonflé, se gonflé kbl : **ikuftan** écume tmz : **akuffi** écume, mousse blanchâtre des liquides wlm : **takəffay** bave (PL 237)		égyp : **kff** baver; **wfa** poumon; **ḥnp** respirer (l'air) cop : ⲟⲩⲟϧ, ⲟⲩⲟв poumon	hw : **kumfa** écume	peul
kúmná // kòomá // kòomá[563]	ramasser un à un, ramasser qqch. à terre bosse chez l'homme, épaules courbées // ce qui a une forme courbe, qui fait bosse, faucille // termitière	kwm ; hwm	ar : **hwm** (II) accumuler, entasser ; arch : **kawwam** entasser ; **kôm** tas, amoncellement, amas, monceau ; chw : **kauwam** tas, pile ; hsn : **kūme** pile, tas ; **gemmen** empiler ; **kemmen** dissimuler ; **kmən** se cacher (pour éviter qqch, pour protéger)	gz : **qwm** ; **qoma** stand, stay, be present, remain, rise, arise ; **kamara** heap, acumulate	hgr : **kemet** ramasser, se ramasser, ramasser (prendre par terre et recueillir) ; kbl : **ekmen** s'accumuler ; **takumma** paquet, brassée ; tmz : **kemmem** amasser, ramasser qqch. wlm : **kǎmmǎt, akǝmmi** ramasser ; **eyǎ mnǎn** termitière ; **ekǎ mm** motte (PL 224) (PL 239)	afr : **kooma** colline, monticule ; col ; **koomime** être empilé, entassé ; **kormōdod** bosse, enflure		hw : **koomoo** ellipse ; **kōmōwā** retour	md
kùmsì // kunsum / kúusi // kúuséy	replier une étoffe ou la main sur qqch. // envelopper qqch. le	kmš ; hmš	akk : **kamāṣu** bend the knee, kneel down, squat ar : **kmš** (V), **kamaša** saisir avec la	gz : **qammaṭa** hold tightly, bind sheaves, bend ; **qunās** woolen clothing	hgr : **ekmes** serrer (dans de l'étoffe ou de la peau) et fermer avec un nœud ; kbl : **kmumes** faire un	sah : **kames** sit down bej : **kemis** sit down	égyp : **knm** envelopper (dans un vêtement)	hw : **kumʃii** couvrir ; **funsā** envelopper	

[563] Bien évidemment, l'ensemble des entrées ici regroupées et les croisements de chaînes sémantiques impliqués ont de fortes chances d'être hétérogènes. Ils n'en constituent pas moins un utile (nécessaire ?) regroupement initial, préalable à une analyse critique dont la fonction doit être de le « mettre à mal » autant que faire se peut ! Penser aussi à **ǧamaʕa** « *rassembler, récolter* ».

Inventaire comparatif

	mettre dans un coin d'étoffe (comme nœud de mouchoir) // replier les jambes // piège	main, empoigner ce qu'on peut ; **hamaša** saisir, prendre un paquet, réunir, rassembler des objets ; **gmaš** objets de rebut ; toile de coton, de lin mghb : **k-mm-š** rapetisser, ratatiner ; **kmš-at** poignée arch : **gumaš** / **gumašat** tissu, coupon hsn : **kəmše** contenance de la main fermée	nouet ; **ekmes**, **wemmes** ramasser, serrer, ficeler ; **ekmen** cacher tmz : **kmes** / **šmes** attacher, lier, serrer ; **kmumš** se ramasser sur soi, se blottir, se recroqueviller wlm : **əymas** envelopper, couvrir ; **əynas** entourer entièrement, enfermer entièrement (PL 240, 241)			
kúná // gúndè (gungu) (cf. kùŋkùni // guniguni)	intérieur, dedans ; le dedans, sexe de la femme // ventre, intérieur, dans, à l'intérieur (nom fonctionnal.)	qnʕ, knn	phen : **gnn** couvrir ar : **qannaʕa** masquer, voiler ; **knn** cacher, couvrir ; **knn** se cacher, être dissimulé ; **ġamma** recouvrir, voiler arch : **alġannaʔ** se voiler, s'envelopper, se draper ; **ġannaʔ** compenser, dédommager, couvrir la tête chw : **ganaʕ** veil	gz : **kadana** cover, wrap, clothe, hide, veil, close, protect, forgive (sins) amh : **guneesa** abdomen (animal, espace entre nombril et pattes arrière) tgr : **gangi** cavité abdominale	afr : **gona** coin intérieur orom : **guneesa** abdomen (animal, espace entre nombril et pattes arrière) bil : **kadän** cover	égyp : **ḫnw** intérieur ; **ḥn** barrer (route), garder fermé **ngy** le ventre cop : **ϩⲟⲩⲛ** intérieur, **ϧⲱⲛ** être enfermé	chad : ***gd** belly	P B : ***-gìn-** cover ; ***-kùndú** ; ***-gùndú** estomac ; shr ; md

Inventaire comparatif

453

kùndûm	mouton à laine	chw : **kundub** animal sans cornes	hgr : **ăkendem** mouton à laine tms : **akəndəm** mouton mérinos tms : **akəndəm** mouton mérinos	bdy : **kundum** vache sans cornes
kùŋkùnì // guniguni (cf. kúná // gúndè (gungu))	enrouler, envelopper, replier, ourler, mettre en rouleau // emmêler, entrelacer	gn	hsn : **gāne** rassembler, réunir (des objets)	hgr : **eqqen** se lier, lier (attacher avec un lien) ; **egen** s'accroupir ; **ekrem** replier, se replier sur lui-même kbl : **eqen** lier ; **knunneḍ** se rouler en boule tmz : **gnu** / **žni** coudre, rapiécer, raccommoder ; **aknunney** rouler (action de se déplacer en tournant sur soi-même), ébouler ; **knurrey** rouler en boule, se mettre en boule et rouler wlm : **əgən** s'accroupir ; **ayan**	P B : *-càŋgani mélanger
kùrsù, kurru, kunnu	freiner, traîner qqch.	krr ; ǧrr	ar : **ǧarra** traîner, remorquer mghb : **k-rr-** traîner (en faisant toucher le sol) arch. : **karra** traîner par terre, prendre la dernière carte, tirer en traînant par terre, rayer d'un trait hsn : **ǧarṛar** faire traîner	hgr : **gerret** traîner (tirer après soi) kbl : **kkerker** traîner (tirer) wlm : **ǧărrăt** traîner (PL 243)	shr ; md

Inventaire comparatif

		qz	mghb : **qzqz** trotter (cheval)		tmz : **qezqez** trotter, trottiner, piétiner, trépigner			
kùskùsù	agiter, remuer, secouer,							
kùtùbôo	boxer	ḥtf ; ktf	ar : **ḥatifa** voler, dérober, piller arch : **kattaf** croiser les bras, retrousser les manches chw : **ḫaṭaf** saisir d'un geste vif ; enlever ; emporter de force hsn : **ḫṭav** voler, dérober	gz : **katafa** bind firmly, tie up	tmz : **qeṭṭeb** battre la laine, battre à coups de bâton, frapper avec une baguette sur les mains	afr : **kotofe** offenser, marcher sur les pieds de qqn., provoquer		day (**kùtù põ̀õ̀** coup de poing) ; sng (**kudubâa**)
kùudèkà	patate douce		chw : **kugundugu** patate douce				hw : **kuudàkuu** patate douce	peul ; knr
kùunî	hérisson				hgr : **ékenisi** hérisson kbl : **inisi, tinisiṭ** hérisson tmz : **insi ; insan** hérisson, individu rusé, malin tms : **tekanesit** hérisson wlm : **tikinjîṭ** hérisson (PL 248)			
kùurú	peau, cuir	ǧrd	arch : **hurda** courroie chw : **nguru** peau non tannée hsn : **ǧəll (ǧəld)** peau 564hbr : **ʕwr** peau cuir	gz : **gallada** cover over, overlay, cover with hide, deck, strew over, spread… amh : **qoda** peau (anat., fruit) ; **gəld** cuir ; pièce de cuir utilisé comme jupe	hgr : **ăqqer** peau non tannée kbl : **eywed** tailler des lanières ; **agʷlim** cuir wlm : **eglem** peau ouverte, tannée assouplie et garnie de ses poils ; **eyăyt** cuir (PL 249)		égyp : **ḥʕr** cuir cop : ϣⲁⲁⲣ, ϣⲁⲁⲣⲉ, ϣⲁⲣ, ϣⲁⲁⲣⲉ, ϣⲉⲉⲗ peau, cuir, bourse, couverture, parchemin	chad : ***k-d** skin (of man) kir : **kwa:r** skin (of man) paʔa : **kurri** skin (of man) hw : **kirgii** peau séchée	md

---

[564] Cohen (1969 : 90).

Inventaire comparatif

455

kuuse, kuuʃe	ventre, panse, intestin, estomac	krš	ar : **kirš, kariš** belly (pl. **kuruš**) mghb : **krš** ventre	gz : **karś** belly, stomach, womb, abdomen, interior (of ship, ark, vessel)	hgr : **tăġehout** panse d'un ruminant wlm : **tagazoṭ** estomac			shr ; azr
láalí	maudire		hsn : **mḥàli** mauvais, méchant, dangereux		kbl : **ir / iri** mauvais tmz : **ru** pleurer, vagir, se lamenter, se plaindre tms : **haallu, əlh** pleurer	orom : **halo** rancune	hw : **láalaa** mal, mauvais	
làbù // lèfi // law // lullum // lem	coincer, attacher un veau pendant qu'on trait sa mère // acculer, encercler // pelotonner // visser // corder, rouler, filer	lb ; lwy	ar : **lawā** tordre une corde en la tressant ; **lawlab** vis, spirale mghb : **lwā** entortiller arch : **lawa** enrouler, **allawlaw** s'enrouler chw : **laulau** se tortiller, frétiller ; **lôlab** remuer (bras, queue) ; **lawa** bobiner, s'enrouler, tourner, rouler hsn : **lwe** tordre, tortiller, enrouler	gz : **lb** tie ; **lawaya** twist, wind, wrap around, err			cop : ⲗⲟϩⲗϩ tordre, enrouler ; se tordre, compliquer	
làsàabù	réfléchir, remarquer	ḥsb	ar : **ḥasab** compter, calculer ; **ḥisāb** arithmétique, mathématique mghb : **ḥsb** compter, calculer, supposer arch : **hasab** compter chw : **ḥaseb** compter ; calculer hsn : **ḥsəb** recenser	gz : **ḥasaba** think, believe, impute, consider, estimate, esteem, appreciate, regard, deem worthy, take into consideration, have regard for	kbl : **eḥṣu** penser tmz : **ḥasb** compter, calculer ; dénombrer ; énumérer wlm : **alxisab** calculer	afr : **ḥisaabise** rappeler	égyp : **ḥsb** compter	hw : **liisàptaa** réfléchir, calculer	peul ; shr ; md

	lbk ; ṭūb	ar : **labaka** mélanger, to mix, mingle, intermix ; **ṭūb** brique, brique cuite arch : **labbaḥ** enduire de glaise, étaler une pâte, poser un enduit ; **labaḥ** appliquer l'enduit, enduire chw : **tabba** plan d'eau ou mare ou flaque hsn : **ṭūb** terre argileuse	gz : **ṭamʕa** dip, immerse, plunge, dye, color arg : **ṭàbb ala** verser (goutte à goutte) har : **ṭuub** brique	hgr : **edou** imbiber (imprégner d'un liquide) ; **elbou** suinter (s'écouler presque insensiblement) ; **aalaba** pluie fine et pénétrante ; **uttib** brique (de n'importe quelle espèce) ; **eṭṭeb** laisser tomber goutte à goutte kbl : **lbubi, lbubey** être mouillé, trempé tmz : **illibi** motte de terre recouverte d'herbe ou de mousse ; **lebbeḍ** être trempé wlm : **adaw** imbiber ; **tadã wt** terre imbibée d'eau, humidité ; **ãlbu** terrain trop humide pour la marche	orom : **lafa bua** terre bej : **tib** remplir	égyp : **tʔ** la terre, le sol ; **tʔw** les terres ; **dfdf** drip		P B : *-**dɔ̀bá** terre ; peul ; shr ; md
lèbù ; daw // lòolòm // lumbu // lóobù	terre // imbiber de sauce une portion de nourriture / imbiber // pétrir du banco						
léebù être paralysé, infirme	ʕyb	ar : **ʕayb** to be defective, faulty; **ʕayb, ʕāb** insuffisant, incomplet mghb : **ʕāb** s'estropier, **ʕ-yy-b** estropier arch : **ēb** honte, pudeur, réserve, timidité, défaut chw : **ʕaib, ʕib** honte hsn : **ʕayb** travers, défaut	har : **aybi, eeb** défaut	kbl : **eeyyeb, eggeb** considérer comme honteux, rendre infirme tmz : **eeyyeb** critiquer avec méchanceté, déprécier	afr : **aymà-le** être blessé, être défiguré	égyp : **ʕbw** malheur hw : **aybii** vice, défaut	peul ; shr ; md

Inventaire comparatif

457

lèekà // làkkal	tempe // tempe ; faculté permettant de découvrir la raison des choses, leur sens	ʕql	ar : ʕaqql raisonnable, sensé ; ʕaql raison, intelligence mghb : ʕql esprit, bon sens arch : agal comprendre, saisir par l'intelligence chw : ʕagl intelligence ; raison hsn : məlqiqa cervelle	gz : ʕaql understanding, intelligence, prudence amh : angʷəla cerveau har : hangulla cerveau	hgr : akelkel cervelle tmz : qqel regarder, observer, examiner (du regard)[565] wlm : akilkil cervelle	afr : ḥangalla cerveau	égyp : ʕrq comprendre	hw : kwalkwalwaa cerveau	
lèemè	orange	lym	Bld ar : laimūn citron mghb : līmūn oranges arch : lēmūn citron chw : līm citronnier hsn : ʕrq racine d'une plante		kbl : llim citron tmz : llimun oranges, orangers, citronniers	afr : leemun (leemuṇu) citron orom : lomi citron, orange		hw : lèèmoo citron, citronnier	wlf ; shr ; md
linji	nerf, ligament, racine	ʕrq	ar : ʕirq racine mghb : ʕrq racine arch : irig racine hsn : ʕarg racine	tgr : ʕareq tendon, nerf	tmz : leerq nerf, tendon, veine, artère	afr : rigiida racine ; tronc ; relation bej : arrēg nerf			
lòngò	fontanelle				hgr : élenĝeou grosse nuque (épithète de dérision) wlm : talləka sinciput // fontanelle				bis : (lokoloko fontanelle)

[565] Rapprochement suggéré par M. Cohen (1969 : 86).

Inventaire comparatif

lóogó ; lóogò	lécher ; natron	lgw, lqlq	chw : **laglag** rincer la bouche hsn : **laqq** laper ; **jagg** avaler avec gloutonnerie	gz : **laqlaqa** cover with plaster, overlay (with metal, wood, etc.)[566] har : **alqaalàqa** rincer, se gargariser	hgr : **elleṛ** lécher ; **weleqqet** laper (boire en tirant la langue) un liquide quelconque kbl : tmz : **lleġ** lécher, laper wlm : **ellay** lécher, wlm : **iluy** ; **elləy** lécher, lécher du sel (PL 260)	dém : **lkḥ** lécher cop : ⲗⲱⲭ, ⲗⲱⲭϩ lécher	wlf ; mjk
lūtū	boucher, calfater, être sourd	lwṯ ; lwz	ar : **lāta (lwt)** soak in water or in fat ; **lawwaz** (II) farcir d'amandes (un mets) arch : **allawwas** se combler, se fermer hsn : **lowṣa** cimenter	gz : **lws, losa, lośa** knead, mingle, mix			peul ; son
má ; mom, mon	entendre, sentir	ʿny	ar : **ʿayn** (II) spécifier, détailler ; **maʿnan** sens, signification arch : **maʿna** signification hsn : **maʿne** signifier		kbl : **lmeena** signification tmz : **lmeena** signification wlm : **əməl** indiquer / informer / flatter, louer (PL 263)	afr : **maʿna** explication, sens ; type, espèce	md
màajè	chat		chw : **magrib** chat				hw : **mààgee** chat

[566] Leslau note : « perhaps Ar. **laqlaqa** 'agitate, shake' [...] possibly also Ar. **laqqa** 'lap, lick' [...] ».

Inventaire comparatif

màasù // mùsèy	retrousser, relever un habit, curer un puisard en grattant ; enlever une partie du repas // masser, presser dans les mains, pétrir	mss, msh	ar : **masaḥa** essuyer ; **maˤasa** rub (leather) vigorously ; **massa** palper, toucher mghb : **m-ss-** toucher ; **msˤ** essuyer ; **maṣṣ** * toucher, frôler arch : **massaḥ** enduire, oindre, embaumer, masser chw : **masaḥ** nettoyer, essuyer ; **maṣmaṣ** effacer, gommer ; **mass** toucher hsn : **msaḥ** balayer, déblayer, nettoyer ; **mess** tâter, toucher	gz : **masḥa** anoint ; **maḥasa** wipe out, erase ; **mazmaza** stroke, rub, smear, wipe off, wipe away, dry har : **maaʃa** effacer, gommer ; **mässä** mässä aaʃa aplatir, égaliser, niveler	hgr : **ames** essuyer (frotter doucement pour enlever, ôter en frottant doucement) kbl : **emseḥ** frotter d'huile ; **enzi** lisser ; **mass** mettre la main à, sur ; **emsu** être effacé tmz : **ames** enduire, appliquer, oindre wlm : **əməs** essuyer, effacer (PL 281)	afr : **emseḥe** raturer, effacer ; **mammaasa** action d'appuyer	chad : *b_2s wash[567]	plr ; kny ; md
mànìi	sperme	mny	Bld ar : **minan** sperme chw : **maniyi** sperme				hw : **mànî** sperme mub : **'àmmànyàny** sperme	wlf ; md
márgán	réunir, assembler, amasser, unir, associer, retrouver		hsn : **mǧre** groupe d'attaque		hgr : **megred** parler kbl : **mmaǧer** rencontrer wlm : **agrəd** distraire en parlant, converser, entretenir ; **âmâgrâd** parole, causerie (PL 267)	afr : **mangala** assemblage ; **agaarade** discuter, considérer, penser à		ns (bari)

[567] Cf. la suggestion de Jungraithmayr & Ibriszimow (1994. I : 174) à propos de cette forme.

Inventaire comparatif

mòorù	caresser	(?) mrs	ar : **mrs** (III) exercer, pratiquer ; **mārrasa** traiter (une affaire) manipuler qqch. ; exercer un art chw : **maras** masser, s'exercer, persuader ; inciter hsn : **merres** masser	gz : **mˁrr**, **ʾamāˁrara** sweeten ; **maˁarˁara** become sweet like honey			md
móosí	ongle		ar : **mūsā** rasoir (couteau) mghb : **mūs** canif, petit couteau arch : **mūs / mawasa** rasoir, lame de rasoir chw : **mūs** rasoir hsn : **mūs** rasoir	gz : **mws, moṣa, moyaḍa, moyaṣa** scrub, pick (the teeth), polish by rubbing, wash tna : **mesmar** ongle	kbl : **elmus** couteau tmz : **lmus** couteau wlm : **almoʃi** couteau	afr : **mussa** petit couteau orom : **mismari** ongle som : **muus** rasoio	hw : **almoosàa** couteau	ns ; bgl ; gul
móoyì, moy	homonyme				hgr : **ănemmeṭrou** homonyme wlm : **anammayru** homonyme	afr : **muggaˁ** homonyme orom : **mogo** homonyme		
mòy, mò	œil	mw	ar : **muḫḫ** brain, marrow; core, essence; purest and choicest part mghb : **m-mm-w** iris de l'œil		hgr : **emmaḥ** prunelle de l'œil kbl, tmz : **mummu** pupille, iris de l'œil		(?) égyp : **mwy** être humide cop : ⲙⲟⲟⲩ, ⲙⲟⲱⲩ eau	
mòydùmà	visage, face, figure				hgr : **ôudem** visage kbl, tmz : **udem** face wlm : **udəm** visage, figure, surface (PL 100)			son (**dìina** visage ; face ; mine)

Inventaire comparatif

						hw : **mùrmùţii** sourire	peul
múmúsú	pommette ; sourire						
múndi	larme	dmʕ	ar : **damʕa** larme mghb : **d-mm-ʔ-at** larme arch : **damʔe** larme hsn : **demʕa** larme	(?) gz : **nabʕa**, **ʔanbaʔa** weep, shed tears, cause to weep	bej : **melo** larme som : **ilmo** larme	égyp : **mʔwt** les larmes ; **rmy** pleurer	tmz : **smummey** sourire, faire la moue wlm : **ʃəmməʃməʃ** sourire (PL 279) hgr : **ămiṭ** larme kbl : **imeṭṭi** larme tmz : **ameṭṭ** larme wlm : **amaṭṭ** larme (PL 280)
múrêy, array	négliger, s'aviser	rʔy	Bld (**array**) ar : **rʔy** be mindful, be regardful ; **rāʕā** show regard (for) ; **raʔy** (III) feindre, (dis)simuler chw : **arīya** inciter (dans un mauvais sens) ; **riya** hypocrisie hsn : **rāy, arāy** conseil, avis	gz : **raʕya**[568] herd, tend (animal or people), feed (a flock), graze (trans., intr.), pasture (trans., intr.), take care of cattle, shepherd			kbl : **amrayi** partial, capricieux tmz : **mraya** se flatter réciproquement
mútti	se révolter, se rebeller	mrd	Bld ar : **mārid** rebel hsn : **tmarraḍ** se révolter	gz : **mərrād, mārād** uproar, rushing (n.adj.), race, assault, attack, battle, persecution, raid			kbl : **emred** agacer	md

[568] Le rapprochement guèze est suggéré par la remarque de Leslau (1991 : 460) notant que « Barth […] derives the meaning 'herd, tend' from a more general meaning of **rʔy** 'be mindful, be regardful' ».

múusù	lion, félin	mšš	mghb : **m-šš-** chat hsn : **mušs, mušš** chat	mghb : **mouchch** chat (domestique) kbl : **muc** chat tmz : **amušš, muss** chat wlm : **măss, musʃ** chat (PL 282)	hw : **mussã** chat, chatte	wlf ; son
mùzúurú	chat sauvage				chad : ***mzr** cat hw : **mùzuuruu** chat (mâle)	peul
naanaa	menthe	nˤnˤ	ar : **naˤnaˤ** menthe mghb : **nˤnˤā** menthe arch : **nāna** Mentha piperita chw : **naˤnaˤ** menthe hsn : **naˤnaˤ** menthe	hgr : **ennerṇer** menthe kbl : **nneenee** menthe poivrée, sentir, exhaler tmz : **nneenae** menthe wlm : **anăynăy** menthe (PL 285)	afr : **naqnaq** (**naqnàqa**) menthe	knr
nàarù	voyager	nhr	ar : **nahara** flow ; **nahr** river hsn : **senyer** guider	gz : **nahara** flow, go down, leap	hgr : **ener** guider ; servir de guide à une pers. wlm : **ənər** se guider sur, trouver son chemin ; **năhăl** se diriger vers, s'approcher de (PL 286)		

Inventaire comparatif

nàmà ; nàmèy	aboyer, mordre, piquer (en parlant des insectes) ; python		hgr : **enem** habituer, être habitué (accoutumé) à une pers., un an., une ch., un acte, etc. wlm : **ənəm** s'habituer à et s'attacher à / être habitué à se laisser téter par un petit dont elle n'est pas la mère (PL 288)		md ; day
nêe	dire		hgr : **enn** dire kbl : **ini** dire, demander tmz : **ini** dire, prononcer, raconter, conter wlm : **ǎṇṇu** dire (PL 289)		wlf ; shr
neesi	mesurer, peser ; mesure, poids	nṣb	ar : **niṣb** portion	gz : **nasaba** measure, count, give a share amh : **nāsib** approximate measure of grain	hw : **aunassuwàa** vendre à la mesure mgm : **níicó** mesurer du grain dans un récipient
nìisì	se moucher	nšq	ar : **nšq** to smell, sniff, inhale mghb : **nšnš** flairer arch : **annassag** renifler hsn : **nšǧ** reniflement ; **nšəg** renifler		hgr : **enseġ** aspirer avec les narines kbl : **enser**, **enzer** se moucher tmz : **nsed** se moucher ; **ansad** se moucher wlm : **ənsəy** aspirer avec les narines (PL 290)	mgm : **ŋísínyó** renifler d'une manière caractéristique (signe de mépris ou de provocation) mub : **ŋêsér** se moucher	peul

Inventaire comparatif

nòorí	fourmi				hgr : **ănelloug** fourmi wlm : **anollug** fourmi (PL 293)	
nùnèy (?)	feu		ar : **nadaʕa** put over a fire (meat)	gz : **ndd, nadda, nadada (yəndad)** burn (fire, anger), blaze, flame, become aflame, be on fire, burn up	kam : **nadaggo** burn bej : **ɲaɲe** fire heat omot : **nowa** fire heat	
ɲáa	mère		arch : **āya** mère chw : **iya** mère	har : **aay** mère	afr : **ina** mère orom : **aye** mère	hw : **'innàà** mère ; **iyằ** maman
ɲókò // ɲóogò	coïter // faire bouger	nky ; nkḥ	ar : **nky, nakā** wound, injure ; **nyk** to have sexual intercourse ; **nakaḥa** to marry (a woman) mghb : **nkʕ** épouser (terme juridique) chw : **nāka** coïter hsn : **nikāḥ** coït	gz : **naknaka** shake, agitate, hit hard, stimulate, excite, trouble ; **nakʕa** injure, harm, damage har : **niqniq aaʃa** déplacer, secouer (trans.) ; **niqniq baaya** bouger, trembler	hgr : **enki** faire les mouvements de l'acte sexuel ; **enKeh** déplacer, être déplacé (en s'éloignant, en se rapprochant, sans changer de direction kbl : **ngugi** branler	afr : **inkile, iynikile** s'accoupler	égyp : **nk** s'accoupler ; **nkjkj** inséminer une femme
ŋwăa	manger (qualifie la main droite)				wlm : **anga** valeur nutritive d'un aliment ; **yăwăn** être rassasié de (PL 284)		cop : ⲞⲨⲚⲀⲘ droit (opp. gauche) ; ⲰⲚⲘ manger

Inventaire comparatif

ŋkóró // kora	bassin (anat.) // fond, arrière, cul	ʔḫr ; krʕ	ar : ḥārikūʔ partie supérieure des épaules, garrot ; ʔḫr partie postérieure ; kurāʕ front leg, shank ; rqʕ ployer[569] arch : ḫōrān bas du dos	gz : kʷərnāʕ elbow, forearm amh : keree hanche, os à la base de la colonne vertébrale ou de la queue	kbl : aqerqur anus, cul, derrière (subst.) tmz : qerred s'accroupir, se blottir, s'asseoir sur ses talons	afr : kororriyo accroupissement bil : ingerā partie postérieure, dos ; kʷärāʕ foot of bed agw : angir partie postérieure, dos	cop : ϭρλ jambe; ⲕⲉⲗⲉⲛⲕⲉϩ coude : ⲕⲗⲉ jointure et ⲕⲉϩ "bras", donc "jointure du bras"	chad : *-kr back mgm : kòrân croupe mub : kòrkòr / kùróokúr croupe	md
ôròŋ (sept. andi)	vous (pl.)		ar : ʔanta, ʔanti vous arch : intu 2e pers. pl. hsn : əntūme vous, pron. autonome, masc.	gz : ʔanta, ʔanti vous			égyp : tn vous		shr
sāabarā	guiera senegalensis		ar : ṣubar– Opuntia ficus indica chw : sabara guiera senegalensis, arbustes		tmz : ṣṣabra aloès (plante et résine) wlm : aṣubarara arbre (sp.) (PL 296)			hw : sabara guiera senegalensis	
sāajī	s'occuper de qqch.	šğl	ar : šağala occuper, employer ; šuġl (ašġāl) travail, šul occupation, activité ; travail, affaire mghb : šğl occuper chw : šağəle tâche, travail ; sğīl nettoyage	har : ʃuqli travail	kbl : ecyʷel être occupé tmz : liğəsru être occupé wlm : uʃyal s'intéresser (PL 297)	afr : ḥaagiida affaire, affaires, question ; demande			
sāatā	coiffer avec un peigne, natter	mšṭ	ar : mašaṭa peigner chw : mešeṭ, mašaṭ peigner	gz : (ma)sʕart comb, wooden headrest	kbl : emceḍ tresser ezḍ tmz : mšeḍ peigner		égyp : mšdd le peigne ; sʕrt laine cop : ϭⲟⲣⲧ laine		shr ; md

[569] Cohen (1969 : 114) suggère le mélange de deux racines ('fermeture' et 'articulation').

Inventaire comparatif

sakane // sokono // sókónó // honkoro // tìgìnà (cf. danka // tógónò)	angle, coin // replier les jambes // jambe (os) // coude // cul	rkn ; dqn	ar : **rukn** base, coin, angle ; **swq** jambe arch : **rukun** base, coin, angle hsn : **fìne** vagin ; **tǝkke** cul	gz : **sek^wena** plante du pied ; sabot (animal), socle har : **sáxana** tibia	bej : **sukena** foot, hoof bil : **zag^wanā** foot, hoof		peul ; shr ; md (son : **tinɲe**)
sàngàntè, sákù (cf. soka)	boule de mil pilée et lavée, aliment chauffé	šqq	ar : **šaqqa** fendre, diviser, scinder, fractionner chw : **šakk** piler avec un pilon	gz : **sakak** that is crushed, that is broken into small pieces, that is scrumbled up, that is grated	hgr : **esink** bouillie épaisse de farine, grain, riz, couscous wlm : **àfink** espèce de bouillie épaisse (PL 315)	hw : **sussùkaa** écraser / battre dans le mortier mok : **sókké** tasser, damer, comprimer, manger avec avidité	peul ; wlf
sárú // sùtí	sauter, bondir // ruer	šrd	akk : **šaḫāṭu** sauter, tressaillir ; **šarāru** jaillir, filer ; **šarāru** sway, vacillate ar : **šarada** s'enfuir de la maison et errer à l'aventure (animal domestique), dévier	gz : **sarara, šarara** fly, fly forth, flee, leap up in the air, leap upon, rush upon, spring forth, assault, cover (of male animal), roam har : **zàllàla** sauter	kbl : **seḥḥel** bondir wlm : **ənṣər** être détaché violemment, être arraché de force (PL 303)	hw : **tsallee** l'action de sauter par-dessus	
sébù	grand vent	zbˤ	ar : **zaubaˤa** storm, hurricane chw : **zobaˤ** coup de vent hsn : **zowbˤa** tourbillon de poussière		kbl : **azuzwu / azuzbu** vent frais du soir tmz : **azwu** vent		

Inventaire comparatif

sèfèrù	soigner	šfy ; šfw	ar : **šaffiya** guérir mghb : **šfa** guérir arch : **šafa** guérir chw : **šefa** guérir	gz : **fawwasa** cure, heal[570] arg : **siifa** médicament	hgr : **ăsafaar** médicament (remède) kbl : **eefu** guérir ; **asafar** ingrédient (contre les sorcelleries) tmz : **asafar** médicament, remède, drogue	wlf ; shr ; bozo
sèlèn	parler	lsn ; šnʔ	ar : **lasina** to be eloquent ; **lisān** tongue, language mghb : **lsān** langue, langage ; **šanaʔa** divulguer	gz : **sanana** be abundant, speak heatedly har : **aseenäna** parler, converser, appeler qqn.	hgr : **isalaan** nouvelles (premiers avis de choses arrivées récemment) kbl : **sel** apprendre, entendre tbk : **sannəlas** raconter tmz : **sel** entendre, ouïr, écouter wlm : **ăslu** entendre, écouter, apprendre, entendre parler de (PL 306)	chad : ***s-n** know ; teach hw : **sánìì**, **shìnà** savoir
séllé	tendre pour donner, offrir, allonger bras et jambes ; allonger, étendre	ʔsl	ar : **asula** être effilé, pointu, allongé et lisse (joue) ; **asal** jonc ; pointe (d'une palme, flèche) ; extrémité du bras, poignet		hgr : **ezzel** rendu, se rendre, être, rendre droit ; **ăzala** tendre fortement les jarrets en écartant les jambes de derrière kbl : **ezzel** être allongé ; étendre (tapis, etc.) ; tendre les oreilles tmz : **zzel** étendre, s'étendre tms : **aẓẓal** tendre, étendre (bras)	

---

[570] Note de Leslau : Semitic : Dillmann 1376 (followed by Barth 1893 : 14 compares Ar. šafā (šfy) 'heal').

Inventaire comparatif

470

séséri (cf. séséri)	mettre en rang des personnes ; aligner	rṣṣ	(?) ar : ḍaraʔa, zaraʔa sow, seed arch : **rassa** aligner, ranger, ordonner chw : **šarr** étaler des vêtements pour qu'ils sèchent hsn : **šārr** aligner en rangs serrés	gz : **zarʔ** seed, seedling, plantation, sperm, offspring, progeny, race, lineage har : **sāraʔa** ranger, aligner, arranger			knr ; md
séséri (cf. séséré)	fil de fer, chaîne	ʔsr ; ʔsr ; slsl	Bld ar : **asara** lier en serrant, serrer ; **isar** attache, lanière ; **slsl** link together, connect, unite ; **işār** corde liant la tente au piquet, courroie mghb : **slsl** attacher à l'aide de chaînes ; **syr** lanière, lacet chw : **sirsir, selsela** hsn : **səlsle** chaîne (concret et abstrait)	gz : **sansala** chain, link har : **sinsilāt** chaîne	hgr : **ésesser** chaîne (en métal quelconque) kbl : **asaru** tresse plate, ceinture (PL 308)			knr ; md
sikkà	douter	škk	ar : **šakk** doute mghb : **ša-kk-ā** doute hsn : **šekk** doute	har : **ʃakki** doute	hgr : **echkou** réclamer contre kbl : **cukk** avoir des préventions tmz : **ššek** doute, incertitude tms : **asʃək** douter de	afr : **sàkki** incertitude, doute	hw : **ʃakkàà** doute	peul ; shr ; md

Inventaire comparatif

471

sínfín	commencer		hsn : **sente** commencer	gz : **ʈənt** beginning	hgr : **sent** commencer kbl : **ṣṣenti** prendre en premier, produire en primeur, profiter en premier wlm : **asənti, šănṭu** commencer (PL 312)		égyp : **snṭy** fonder cop : ⲉⲛⲧⲉ fondement, fondation, base ; ⲉⲱⲛⲧ créer, fonder	knr ; bozo
sóbè	insulter, dire des grossièretés	sbb	mghb : **s-bb-** insulter, injurier arch : **sabb** injurier chw : **sabb** abuser de, insulter, maltraiter		kbl : **sibb** injurier, maudire tmz : **sab** s'insurger, se rebeller	orom : **soba** calomnie, fausseté, hypocrisie		
soka (voir : săngânté, săkù)	piler des épis pour égrener	škk	arch : **šakka** piler, casser l'enveloppe du grain chw : **čuka** battre (agriculture) ; **šakk** piler avec un pilon (W. Sud.)	gz : **sakak** that is crushed, that is broken into small pieces, that is scrumbled up, that is grated			dém : **šḳʕ** frapper, blesser cop : ⲙⲟ϶ coup, blessure ; ⲙⲱⲟ϶, ⲙⲟⲟ϶ frapper, marteler	wlf ; son hw : **sussùkaa** écraser / battre dans le mortier
sòkù // zoko-zoko	trotter		mghrb : **šakkā** ruer arch : **ğakka** (connu au Soudan) trotter ; **ğakğak** trottiner, trottiner chw : **ğakk** courir, trotter ; hsn : **ğekk** trot (de l'h.)		hgr : **chekercheker** trottinement du trottinement spécial aux chèvres			shr ; md hw : **sukùwaa** galop
soli	boiter	dlʕ	ar : **dalaʕa** être courbé, courbé, tordu chw : **ḍelaʕ** boiter ; **dalaʕ** être boiteux hsn : **ḍlaʕ** boiter					

Inventaire comparatif

sòogà	fiancé	šwq	ar : **šwq** aspiration, désir ardent, nostalgie ; **šāqa** excite ; fill with longing mghb : **š-ww-q** faire languir, faire désirer ardemment arch : **šāwag** plaire	gz : **ṣəhqa**[571] desire eagerly, wish, long, yearn, covet, be in want of... ; ***saqʷaqʷa**, **tasaqʷaqʷa**, **tasaqqʷa** covet someone's goods, steal, misappropriate	hgr : **ăchâṛou** jeune homme ; jeune fille, jeune femme kbl : **tamsewweqt** femme coureuse wlm : **āfaywa**, **efəy** jeune homme / femme / fille (PL 317)	orom : **soko** adulte		peul ; md ; bag
sóorú (?)	avoir la diarrhée	ʿṣr	ar : **ishāl** diarrhée ; **ʿaṣara** presser qch. mghb : **ʿṣr** presser (extraire le jus), **ʿaṣāra** dysenterie arch : **usra** maux de ventre, colite chw : **ʿuṣra**, **usura** diarrhée hsn : **zṛaṭ** péter ; **ʿṣar** tordre du linge	gz : **ʿaṣara** press out, press, squeeze, wring out	kbl : **esrem** donner la diarrhée tmz : **nmarsi** diarrhée tms : **zarrat** diarrhée	afr : **uʿusure** tordre, presser ; **ʿasrat** (**ʿasràta**) coliques abdominales som : **ʃiir** emettere fetore a causa di sudore e sporcizia		peul
sóotè	cravacher, chicotter, flageller	swṭ	ar : **sāṭa** flagellate ; **sawṭ** whip mghb : **s-ww-ṭ**-fouetter arch : **sōt** cravache, chicotte, lanière, fouet chw : **sōt** fouet, cravache ; **sawwaṭ** fouetter, fustiger hsn : **sewwāṭa** fronde	gz : **swṭ**, **sawaṭa** flagellate ; **sawṭ** scourge, whip har : **fāṭ aafa** whip, strike in a straight line	tmz : **asewwed** fouettement (PL 320) ?			knr

[571] Note de Leslau : **šāqa** 'excite' suggested by Dillman 1254 […] is unlikely.

Inventaire comparatif

sósóbú ; sàfà	faire le deuxième pilage du mil, mil pilé pour enlever le son ; piler céréale sans son	ʃfʃf ; sbb	arch : **sabba** verser chw : **sebba** verser ; répandre hsn : **ṣabb** transvaser, verser (liquide ou grains)	gz : **sbb, sababa** be diffused, be spilled, be poured, spill (intr.) pour (intr.), be spread	kbl : **lemṣebb** auget, versoir de moulin à eau wlm : **asăbbăkko** fléau (nom instrumental) (PL 324)	som : **ʃub** versare qs.	hw : **sassàbee** défricher	
sùbù	herbe, paille, fourrage, chaume	ʕʃb	ar : **ʕušb** herbe chw : **ʕawīš** paille, herbe sèche, herbe séhée, foin		wlm : **esăbb** plante rampante quelconque	afr : **sabba** algue, écume et mauvaises herbes dans des eaux stagnantes	cop : **ⲥⲟⲩⲃⲉⲛ** herbe	knr
súfù	tremper légèrement, tremper qqch.	sf ; sbḥ	ar : **safā** (II) filtrer, décanter ; **sabaḥa** nager mghb : **s-ff-** avaler, manger un aliment réduit en poudre et sans sauce arch : **saffa** extraire, presser, essorer, filtrer, purifier chw : **sabah** nager	gz : **ṣfṣf, ʔanṣafṣafa** ooze, drip, drop, pour out in drops, distill	tbk : **əʃʃaf** nager wlm : **eʃaf** nager			bozo
sumbu	baiser (aux lèvres)				hgr : **zenboubet** sucer (attirer dans sa bouche en y faisant le vide et avaler un liquide) wlm : **sanbubat** aspirer au moyen d'un tuyau (liquide)	som : **ʃummee** baciare qn.		chad : *s₂b, *s₂b suck hw : **sumbaa** baiser tangale : **sumbę** suck mokulu : **sífè** to drink	shr ; md

Inventaire comparatif

sùmfey	queue	šʕb	ar : **šʕab** poil, crin, cheveu arch : **saffe** / **saffāt** crinière (connu au Soudan) ; **sabīb** crin, poil de la queue chw : **saffa** crinière ; **sabīb** poils (en particulier sur la queue des animaux) hsn : **sbīb** queue d'un animal	hgr : **tasbet** touffe de poils blancs à l'extrémité de la queue kbl : **taseffat** queue détachée	afr : **sifoofa** copeaux ; longs poils de la queue du chameau	chad : **spl** tail daba **sàpìl** tail
sùndù	absorber, s'infiltrer, couler ; priser			kbl : **ssuden** baiser, embrasser (vb.) (PL 329) ?		chad : **ʂd** suck mtk : **tsəd** suck mgm : **ʔəsídõ** suck
sùnfù	se reposer	nfs	ar : **nafas** haleine, **tanaffus** respiration arch : **naffas** respirer chw : **sanif** immobile, calme hsn : **nevs** respiration, souffle vital	gz : **nafsa** blow (wind, spirit) ; **nafs** soul, spirit, breath, a person, life, self	hgr : **ounfas** respiration kbl : **nnefs** haleine, respiration, souffle tbk : **sunf** se reposer, respirer tmz : **unfus** respiration, souffle, haleine ; **nnefs** âme, être, personne wlm : **sənfas**	
sùngéy	suer ; sueur ; transpirer		arch : **angataʔ** fondre chw : **anğaya** fondre	gz : **ʔngy**, **sngy**, **sng**, **sgd(d)**, **gy** fondre, couler, suer	hgr : **engi** ruisseler kbl : **ssengi** faire couler tmz : **angi** / **anyi** crue, inondation wlm : **səngəy** faire ruisseler, couler (PL 330)	knr

Inventaire comparatif

						knr
sŭnsŭm	sucer	šmm	ar : **šmm** to smell, to sniff ; **šamma** prise de tabac hsn : **šemm** priser du tabac, humer, flairer	hgr : **echchemma** tabac à priser ; **summ** sucer avec un bruit de lèvres kbl : **summ** sucer tmz : **summ** sucer ; **iməsru, uməsett** fumer du tabac wlm : **asuuməm** être sucé (PL 331)		
tăm (cf. tubey))	esclave (gén.)	tbʕ	ar : **tabiʕa** suivre mghb : **tbʕ** suivre arch : **tāba** suivre qqn. chw : **tebiʕ** suivre qqn., marcher derrière	gz : **tabʕa**[572] be brave, courageous	kbl : **tabee** suivre poursuivre tmz : **tabe** suivre poursuivre		
tăabì	souffrir, pâtir	tʕb ; ʕdb	ar : **taʔab** fatigue, peine, **taʕib** fatigué, las ; **ʕdāb** pain, suffering, torture mghb : **tʔb** se fatiguer arch : **taʔab** fatigue, souffrance, peine ; **azzab** torturer, blesser hsn : **ʕtab** blesser ; **ʕdāb** souffrance	har : **taʔab, taab** misère, gêne, difficile	kbl : **eeteb** fatiguer, se donner de la peine ; **eetteb** faire souffrir	afr : **taʕabe** fatigué ; être troublé ; **taʕabi** fatigue, vexation bej : **adāb** fatiguer, se fatiguer	hw : **'ăzaabàà** angoisse, douleur, peine mok : **tăăp / tăăbìyá** souffrance, peine	peul ; son

---

[572] Leslau (569) note le rapprochement de Dillmann (561) qui connecte la racine guèze avec l'arabe **tabiʕa** « *suivre* ». Rapport sémantique : '*he followed him > he served him as his man (in war)*' ; le sens '*être fort*' est alors secondaire.

táabú // tobey	plier // mettre le turban	ṭwb	ar : **ṯaub** habit mghb : **ṯwb**, pl. **ṯāb** vêtement, tissu, satinette chw : **ṯōb** tissu (terme général), rouleau de tissu	hgr : **ateb** ramener de côté ; **etbeb** se serrer dans ses vêtements wlm : **atəb** ceinturer, entourer d'une ceinture (PL 334)			bozo
táalí	faire du tort à qqn.	tltl ; ḍrr	ar : **talātil** se donner de la peine ; **ḍarra** to harm, damage, hurt arch : **taltāl** malheur, souffrance, difficulté hsn : **ḍaṛṛ** causer du tort, causer du mal, léser	kbl : **ṭṭira** malheur, interdit (ce qui est prohibé, subst.) ; **ḍeṛṛ** gêner ; **ṭṭṛuṛa** gêne tmz : **ḍerra** nuire, endommager, porter préjudice, subir des pertes			
táarí *tangari	mentir	ġrr	ar : **ġarra** to mislead, deceive hsn : **ġarr** abuser, tromper	kbl : **taguri** mensonge, histoire ; **γuṛṛ** illusionner, leurrer, décevoir			
táasì	sable		mghb : **dhs** terre silico-argileuse	hgr : **édehi** sable fin ; **tédchit** dune de sable fin tms : **edəhi** sable (rocher au Niger) ; **tedəhit** colline		chad : **dˁrs** sura : **dīyees**	peul
táatâgêy	autruche			wlm : **adaydəyu** autruche (PL 336)	gz : **sagano** ostrich (du couch.)	aw : **saganaa** autruche bilin: **sagan** kham **sagunaa**	knr

Inventaire comparatif

477

tàbá	goûter	tˤm	ar : **taˤm** to eat, to taste mghb : **tˤm** nourrir, abecquer, empoisonner (en faisant manger qqch.) arch : **taʔām** saveur, bon goût, goût salé, nourriture ; **taʔʔam** donner du goût à une sauce chw : **afˤam** nourrir hsn : **təˤme** goût, saveur	gz : **taˤma** taste (intr.), be tasty, be delicious, be savory, be sweet	hgr : **tinbe** goût (saveur) kbl : **tṭeam** nourriture de base wlm : **tenbay** goût, **anḍay** goûter (W) **tanḍay** acte sexuel (PL 337) ?	afr : **tame** goûter bej : **dam** goûter	égyp : **dp** goûter, expérimenter dém : **tp** goûter cop : ϯⲡⲉ goûter ; ⲧⲱⲡ, ⲧⲱⲡⲉ goûter	shr ; ns
tafirfir ; ntafirfir ; filfili (Zrm)	chauve-souris ; voler (petit oiseau)		ar : **furfur** oisillon hsn : **yerveṭṭi** chauve-souris	gz : **ʔafḥərt** oisillon, **fərfərt** papillon	hgr : **ăfertetta** chauve-souris ; **fereret** s'envoler kbl : **afertettu** papillon ; **fferfer** battre des ailes, voler tmz : **ferfer** battre des ailes, s'envoler ; **fertiṭu, aferṭiṭu** papillon wlm : **afartatta** chauve-souris			shr
tàká	créer	(?) kwn ; ḫlq	ar : **kwn** (II) to make, create, produce ; **kāna** (V) former, façonner ; **ḫlq** to create ; **ḫalaqa** faire, agir mghb : **tkwīn** création, action de créer hsn : **taḫlāg, tekwīn** création		hgr : **taxlek** foule, multitude (de personnes uniquement) kbl : **lxelq** qqn. tmz : **tuḥleq** être créé wlm : **axluk** créer ; **taxləṭ** gens, population, création, ensemble des êtres créés, créature (PL 338)	afr : **ankallaage** création som : **xalaq** creare qs.		hw : **taafıkkii** créature humaine	peul ; md

Inventaire comparatif

tálhánà	belle de jour				hgr : **tănăla** Ipomaea repens Lam.	
tálki	être misérable				hgr : **taleqqé** pauvre (homme, femme pauvres) wlm : **talaqqay** dénuement, pauvreté ; **tallaqqe** personne pauvre (PL 340)	hw : **talăkàà** homme pauvre, paysan, homme de la rue	peul ; shr
támăhă	croire que..., espérer que..., penser que...	ar : **(ta)mannā (mny)** wish, desire ; **manā** désirer, souhaiter ; **tmˤ** to desire, wish, crave, **tamîˤa** désirer, demander, souhaiter mghb : **tmˤ** convoiter, désirer chw : **ţamaˤ fi** désirer, convoiter ; **ˤašam** espérer hsn : **tmaˤ** convoiter qqch.	**ţmˤ**	gz : **mny**, **tamànnaya** wish, desire, be eager for	hgr : **eţţema** fait d'espérer kbl : **eḍnee** convoiter tmz : **ḍmee** < **ţmes** espérer, escompter, compter wlm : **ăţţăma** espoir (PL 341)	afr : **atmànnay** espérance ; fait des projets bil : **menà-** wish, desire	hw : **tammahaa** penser	peul ; shr
tánjá	front				hgr : **timmé** front wlm : **tekănnărt** front (PL 343)	égyp : **dhn.t** front cop : **ⲧⲉϩⲛⲉ** front		bozo (**tege** front) ; son (**teɲe**)
tántábal	pigeon				hgr : **édebir** ganga, tourterelle mâle kbl : **itbir** pigeon tmz : **atbir** pigeon wlm : **edăber** tourterelle, pigeon (PL 345)		hw : **tàntabàraa** pigeon	shr

Inventaire comparatif

tárù	se dépêcher					kbl : **atrar** courir après wlm : **tărtăr** courir précipitamment		md
tásà	foie		chw : **tis** utérus ; **taïs** mauvais, méchant			hgr : **tẽsa** ventre (de pers. ou d'an.) kbl, tmz : **tasa** foie tms : **tasa** ventre, foie wlm : **tăṣa** foie, peur incontrôlée (PL 347)		bozo
táwéy	jumeaux		ar : **tawʔam** jumeaux mghb : **twām** jumeaux arch : **tôm** chw : **tuām** jumeau hsn : **towmi(yy)** jumeau	gz : **mantawa** be twinborn, bear twins (denominative)		wlm : **tāwya** catégorie, rang social / homologue (de même rang) (PL 348)	hw : **tagwàayee** jumeaux	
téelí	intestin			har : **ṭaar baaya** digérer	orom : **terri** entrailles ; **tirru** foie			shr
téenèy	datte, dattier	tyn	ar : **fin** figue, figuier mghb : **tyn** figues chw : **fin** figues (collectif)			hgr : **téyné** dattes tmz : **tiyni, tini** dattes wlm : **tĩne, tằyne** datte(s) (PL 349)		peul ; shr
tèlèŋsí	glissade ; glisser	sls ; zḥl	ar : **salisa** liquide, fluide ; poli, lisse ; **zaḥala** se déplacer, quitter sa place arch : **zaḥlat** glisser, faire glisser chw : **zalaṭ** glisser, déraper			hgr : **selelet** glisser sur une surface glissante horizontale ou en pente kbl : **cluled** être glissant wlm : **sălălăt** surface glissante, endroit glissant (PL 353)		md

télfi	confier	trf ; klf	ar : **tarafa** mollesse, bien-être ; **kallafa** imposer à quelqu'un. qqch. de difficile mghb : **tk-ll-f** se charger ; **k-ll-f** charger (qqn de qqch) hsn : **kellef** charger qqn. de	gz : **tarfa, tarafa** left, be left behind, be left over, be abandoned, remain, survive, be spared, be in plenty, abound, be in excess, be superfluous, be excellent, be distinguished har : **atārāfa** épargner, gagner, économiser ; **tārāfa** rester, être en trop	hgr : **erḷef** chargé de kbl : **aḡlaf** butin (se dit de tout ce qui est enlevé à l'ennemi) ; **kʷellef** confier wlm : **aẓḷaf** chargé de garder ; **taylift** chose confiée (dont on a la charge), dépôt, donner à vendre, à garder (PL 354)	orom : **tirfi** avantage, gain, profit	
tété ; téténgí	tenir un enfant par la main pour lui apprendre à marcher ; tituber, vaciller	ddy	ar : **dadaya** (III) pamper, spoil (a child) ; **dādah** nourrice ; **dāyah** wet nurse, mitwife mghb : **d-dd-y** marcher (langage enfantin) chw : **dāda** stagger		hgr : **toutta** jeu d'enfant consistant à avancer en sautillant	afr : **aḍaḍe** frissonner, trembler ; **daade** entrer en transes comme un médium prédisant l'avenir	PB : *-tĩtim- ; *-tʸtem- ; *-tótom- trembler ; shr ; md ; ns
tétéfé	omoplate		ar : **katif, ktif** shoulder hsn : **ktəf** omoplate	gz : **matkaf, matkaft** shoulder, shoulder blade amh : **taffi** paume de la main		bej : **dambi** paume de la main, plante du pied	hw : **tàfí** plante du pied son

Inventaire comparatif

tèw	lanière, courroie	twy (?), twl	arch : **ṭawa** enrouler, rouler ; **fīl** corde longue et solide chw : **ṭawa** rouler, enrouler ou rouleau hsn : **ṭwe** plier, mettre en rouleau ; **tlewwe** s'enrouler autour	gz : **ṭawala** make screen from view, cover something with a screen or a piece of cloth, curtain off har : **ṭaalàla** enrouler, envelopper	hgr : **eṭṭel** s'enrouler, enrouler kbl : **eṭṭel** emmailloter, enrouler tmz : **ttel** envelopper, enrouler, emmailloter wlm : **attal** enrouler, envelopper, **tältäl** enrouler à plusieurs reprises (PL 356)		égyp : **idw** attacher		shr
tèy, taybur, taybun (Oc)	bile, fiel		ar : **fīḥāl** spleen, milt ; **ṣafraaʔ** bile, fiel mghb : **fīḥāl** rate hsn : **teyḥān** rate (organe)	gz : **ṭaffəya** rate amh : **safra** fiel		qemant : **taafiyaa** rate		hw : **saifā** rate	
tībí, tifi ; ɲifi ; ɲafu	prendre une poignée de qqch. ; empoigner à pleine main ; saisir	dff	arch : **taffa / yitiff** choisir, s'approprier, prendre, chiper ; **dabba** empoigner, attraper avec force chw : **ḍabb** presser (eg. fruit)		hgr : **eṭṭef** tenir kbl : **ṭwiṭṭef** être attrapé, prendre en premier, retenir avec force ; **adef** prendre (tenir) tmz : **ṭṭef < ḍḍef** prendre, tenir, saisir, attraper wlm : **aṭṭaf** tenir, épouser ; **iduf** saisir		égyp : **tf** verbe de mouvement : enlever par force cop : ⲈⲒϦⲒ, ⲦⲀϦ amener (de force)	hw : **Dìibaa** prendre, choisir, extraire	

Inventaire comparatif 482

		ʕts	ar : ʕaṭasa éternuer mghb : ʕṭs éternuer arch : aṭṭaš éternuer chw : ʕaṭas, ʕaṭaš éternuer hsn : ʕṭaš éternuer	gz : ʕaṭasa sneeze	hgr : tôusou tousser habituellement kbl : tusut coqueluche ; enteẓ éternuer tmz : tasutt toux, quinte de toux	ag : hetiš crachat orom : hatis-hatif éternuer	égyp : anṭaš éternuer	chad : ʔattàshá sneeze hw : ʕatiʃaawàà éternuer mgm : háddisò éternuer mub : ʔattàshá éternuer	wlf ; shr md
tísôw	éternuer								
tó // táalá	arriver à atteindre, être complet, être plein // empiler			har : attaay duq baaya atteindre la destination, jouir	hgr : at accroître, être accru ; aoud atteindre (parvenir à) kbl : awed atteindre au maximum tmz : awed atteindre, parvenir, arriver wlm : atyu, attay s'augmenter, s'accroître (PL 361)				
tòkêy	kaki de brousse				hgr : tagayt palmier d'Egypte (palmier doum) wlm : takokayt arbre (sp.)				
tóndì	pierre, caillou, montagne				hgr : tehount grosse pierre kbl : tawent grosse pierre, enclume wlm : tahunt pierre (PL 363)				peul ; wlf
tóŋkó	piment				wlm : tonka piment			hw : tankwaa piment	

Inventaire comparatif

							P B
tòntòn	ajouter, augmenter, prolonger, additionner		(?) ar : **zaʕūn** camel that carries a load chw : **ḍann** continuer	gz : **ṣaʕana, ṣaʔana** load an animal, a person …, ʔaṣaʕana load, cause to carry, make ride, saddle, harness har : **ṭaʔana, ṭaana, ṭeena** charger ; **ṭuʔun** charge, fardeau	hgr : **eḍni** entonner dans (verser un liquide) dans (une chose à orifice étroit) kbl : **eḍni** être gros, corpulent wlm : **adanay** être plein ; **ədnəy** entonner, remplir (PL 365)	bil : **čaʕan** load aw : **čān** load	hw : **dadī** ajouter	*-tónd-* devenir plein ; shr ; md
tòosì	uriner			gz : **mešyent** vessie ; **šənt** urine	hgr : **ăsĕas** vessie ; **emmeḍes** gros excrément de l'homme et des quadrupèdes carnassiers) tms : **tasəyast** vessie			
torra	indisposer, ennuyer	ṭyr	arch : **tār** en avoir assez de, fatiguer		tmz : **ttyaru** colère, emportement, impatience, nervosité, énervement			
tubey (cf. tăm)	neveu, nièce	tbʕ[573]	ar : **tabiʕa** follow mghb : **tbʕ** suivre arch : **tāba** suivre qqn., marcher derrière qqn., poursuivre chw : **tebiʕ** suivre qqn., marcher derrière lui hsn : **tbaʕ** suivre		kbl : **tbeɛ** suivre, chercher avec anxiété tmz : **tabɛ** suivre, poursuivre, exercer une poursuite, rechercher, devoir qqch. à qqn.		day : **dìvã** héritage	

[573] Cf. aussi Leslau (1991 : 569) « Semitic : Ar. **tabiʕa** 'follow', Hommel 56 … attributes to Ar. **tbʕ** an original meaning 'unablässig sein Ziel verfolgen'. Bravmann 1977 : 375 explain Gz. **tabāʕt** 'male' from Ar. **tabiʕahu** 'he followed him > he served him as his man (in war)' and considers the meaning of Gz. **tabʕa** 'be strong' to be secondary… For Ar. **tubbaʕ** '(containing the meaning of) kings having followers', see Jeffery 89 ; Blachère 998 ».

Inventaire comparatif

484

tufà	cracher	tff ; tfl	ar : **taffa (tfl)** to spit ; **tfl** to spit mghb : **dfl, tfl** cracher hsn : **dvəl** cracher	gz : **tafˤa** spit, spit out	hgr : **soutef** cracher kbl : **tteftef** écumer de colère ; **stusef** cracher tmz : **slutef** wlm : **uttaf** être craché, être rejeté (PL 367)	afr : **tufe** cracher ; **ˤunduffe** crachat, salive, cracher ; **ˤaafite** baver, faire des bulles bej : **tifo** cracher orom : **tufa** cracher	égyp : **tf** salive, cracher, **tpi** cracher, être expectoré cop : ⲉⲗⲧⲟϥ cracher ; ⲧⲁϥ salive	chad : ***tp** spit hw : **toofàà** cracher à cause de la toux	shr ; bsr ; kny ; bag ; gul
tuhuma	soupçonner, conjecturer	whm	ar : **tawahhama anna** s'imaginer que mghb : **thm** accuser, soupçonner arch : **tuhma** soupçon chw : **taham** accuser hsn : **təhme** soupçon, suspicion		tmz : **thəm** suspecter, soupçonner, accuser tms : **tuhumma** soupçon, doute	afr : **uthume** soupçonner ; blâmer som : **tuhmee** essere sospettato		hw : **tuhumaa** soupçon, enquête	peul ; shr
túrú	tresser les cheveux, natter, coiffer		hsn : **ˤzal** tresser les cheveux ; **ənˤˤzal** être tressés (cheveux)		hgr : **ésereyteǧ** peigne kbl : **ezḍ** tresser tmz : **zzulem** tresser ; **srey** se peigner, démêler (cheveux, laine)			bdy : **daa** tresser les cheveux ; **ta** tresser des sparteries	peul ; shr ; md
túurì *tugudi	arbre, médicament		ar : **šağarah** arbre, bosquet mghb : **šǧər *** arbres (collectif), **šəǧra *** arbre nom d'unité		kbl : **ttejṛa** arbre tmz : **idgel / itgel** cèdre (arbre et bois) wlm : **tagălalt** arbre (sp.) **efăyer** bois de chauffage (PL 370)			hw : **tûkùrnaa** bois (sp.)	shr

Inventaire comparatif

túusú	oindre, enduire, essuyer, effacer, crépir à l'intérieur	dss	ar : **dassa** touch, feel with the hand	gz : **dss, dassa,** **dasasa** touch, feel, grope one's way	hgr : **edẹs** toucher kbl : **edṣ** toucher tmẓ : **udus** toucher, de palper, de tripoter wlm : **edẹs** toucher	qua : **dāsās, dāse** touch, feel bil : **dahas** touch, feel	égyp : **tḥs** écraser dém : **tḥs** oindre cop : **ⲧⲱϩⲥ** oindre, enduire	shr
úrà	or (métal)	wrq	akk : **warāqu, arāqu** être vert, jaune, pâle ar : **waraq** foliage, leafage, leaves ; paper ; paper money ; thinsheet metal, laminated metal hsn : **āwrāq** jaunisse, fiel, bile	gz : **warq** gold, gold coin har : **wāriiq** vert	hgr : **irouar̥** jaune (de couleur jaune) ; **uurer̥** or kbl : **awr̥ay** jaune, pâle tmẓ : **wriġ** être jaune, jaunir, être pâle, pâlir ; **urġ** or wlm : **uray** or (métal) (PL 371)	afr : **walˤini** être jaune orom : **werke** or		
wǎ	déféquer	ˤb		gz : **ˤəbā** dung				
wàa	lait	ḥlb	ar : **ḥalaba** lait mghb : **ḥlb** traire, **ḥlîb** lait arch : **ḥalab** traire, extraire le jus chw : **ḥibb** pis, mamelle	ésem : **ˤb** lait gz : **halaba** milk arg : **hayu** har : **ḥay** < **ḥlb** gur : **eb**		orom : **elm** lait som : **h̠alab-la'** lait **uluwa** lait bej : **'a** lait bur : **ùwa** fem. breast		daba : **wà** breast fali : **uwaˤ** breast higi-nkafa : **waˤ** breast mgm : **hàlîp** lait frais
wàalíyà	cigogne d'Abdim			amh : **walya** Walia Ibex, colombe				bozo

Inventaire comparatif

waani	savoir	ʕyn	ar : **ʕyn** (II) spécifier, détailler ; **ʕain** œil, source mghb : **ʕyn** œil, source arch : **iyêne** petit œil ; **ên** œil, mauvais œil ; point d'eau, source, nappe phréatique chw : **ʕaiyina** échantillon, modèle ; **nayala** source hsn : **ʕayn** source, œil ; **ʕayyen** désigner	gz : **ʕayn** eye, spring, source ...	kbl : **ɛayen** expérimenter ; **eeyyen** faire savoir tmz : **eeyyen** viser du regard, repérer, remarquer, apercevoir	afr : **ʕáyna** dressage som : **ʕayin** specificare qs. ; **waani** consigliare qn.	égyp : **ʕn** eye ; **wn ḥr** « ouvrir la face » dém : **wnḥ** révéler cop : ⲟⲩⲱⲛϩ ⲟⲩⲉⲛϩ, ⲟⲩⲟⲛϩ montrer, révéler	hw : **ʔn** connaissance, éducation	shr ; md
wáarú	être fissuré, crevassé, se fendiller	wʕr	ar : **waʕara** be rugged, uneven	gz : **waʕara** be rough, be coarse, be amazing, ba amazed, be overawed, change, transform					
wáasú	bouillir, bouillir en faisant du bruit	ʔšš ; hws ; wsws	ar : **ašša** s'agiter, bouillir de colère ; **grésiller** ; **ḫāṣa** s'enfuir se sauver, s'échapper arch : **waswas** parler à voix basse, chuchoter, susurrer chw : **waswas** murmurer, murmure hsn : **vāḏ̣ iviḏ̣** bouillonner	gz : **ḥws, ḥosa** move (intr.), shake (intr.), wag, agitate, mix ; **wzz, ʔaswazaza** wander about aimlessly ; **wazwaza** agitate, shake	hgr : **ǎous** bouillir (être en ébullition) kbl : **wecwec** crépiter, pétiller ; **wezzee** éparpiller, répandre, être éparpillé tmz : **wezzee** dilapider, ruiner **əwəṣ, əwas** bouillir, bouillonner	afr : **waswas** (**waswaása**) hésitation, trouble som : **waswaas** esitare, essere dubbioso, essere incerto qam : **wäzäwäz** move continually		bdy : **wis** bouger ; mélanger ; remuer mgm : **wìssò** bouger mok : **ʼáwizá** ; **ʼawzá** ; **ʼáwìzìtá** remuer	

Inventaire comparatif

wàasù	mettre à part, écarter qqch., mettre à côté	wṣy	ar : **wṣy** (II) conseiller, recommander arch : **wassa** conseiller, donner un conseil, envoyer, commissionner chw : **waṣa** améliorer ; réparer ; rendre prêt hsn : **waṣṣa** léguer	gz : **wḥs**, **ʾawḥasa** lend, make a gratuitous loan ; **wḍʾa, wṣʾa** go forth, come forth, depart, exceed, emerge, leave, pass away har : **wäsiyya** dernières volontés	hgr : **aous** payer comme redevance annuelle fixe politique ou religieuse kbl : **tawsa** collecte wlm : **awəṣ** payer une redevance annuelle fixe (PL 374)	
wäddè	camarade de même âge ; membre de la même classe d'âge	ʿdw ; wdd ; wld	ar : **ʿuḍw** member, limb, organ, member (of organisation) ; **wadda** love, like, want ; **wld** to bear, to beget ; **walad** enfant, fils, garçon : mghb : **w-dd-** amour, affection arch : **uduʾ** membre	gz : **wdd**, **wadda** put into, join together, insert, lay a foundation, establish firmly ; **walada** give birth, beget, bear (a child), conceive, bring forth amh : **wäddädä** love har : **wädäda** agree with one another, join together (intr.). concur		peul (**waada** faire ensemble)
wahay	esclave dont le maître a fait sa concubine et dont il a eu un enfant				wlm : **tewähäyt** femme esclave épousée par son maître (PL 379)	

Inventaire comparatif

wàndè // hóndí, wondiyo // wèymè	ʔnṯ	ar : **unṯā** femme, femelle (pl : **nisāʔ**, niswah) mghb : **unṯ** femelle arch : **antay** femelle ; **inêtiye** jeune femelle chw : **unti, anāti** ; **unesa** femelle, femme hsn : **unṯā** femelle	gz : **ʔanəst** woman, wife, femelle ; serves also as sex marker with animals	hgr : **tāmet** femme ; par ext. épouse ; **tounté** de sexe féminin kbl : **ennta** femelle, féminin tmz : **tameṭṭuṭṭ** femme, épouse wlm : **anṯuṯ** épouse	orom : **naddi, nitti** épouse, femme	égyp : **ḥm.t** la femme cop : ⲥϩⲓⲙⲉ, ⲥϩⲓⲟⲟⲙⲉ personne féminine	hw : **mata** wife, woman
femme, épouse // jeune fille vierge // sœur (pour le frère)							
wàngù[574]	ʔǵm	Psém : **ʔǵm** grieve ar : **aḥǵala** lose (wealth) ; **haǵam** accuser ; **hǵəm** assaillir	gz : **hagʷla** be lost, be destroyed, perish, lose, make lose, waste, ruin, defraud, put off	hgr : **ahəg** razzier kbl : **hejjem** attaquer, s'élancer, se précipiter wlm : **ayu** razzier, piller, prendre par force	som : **hoog-** have a calamity ; **hujuum** attacco		
guerre, bataille, combat							
wannasu	ʔns	ar : **ʔns** to be companiable, sociable, nice, friendly arch : **wannas, annās** converser, causer, discuter, parler à, tenir compagnie à qqn. chw : **wones** causer, s'entretenir hsn : **wənse** conversation, conversation galante, flirt ; **gānəṣ** flirter		kbl : **wanes** tenir compagnie tmz : **wennes** tenir compagnie, distraire, divertir, être d'agréable compagnie	afr : **waanise** parler, discuter		mgm : **wànnìsò** causer mub : **wànnàsá** bavarder
converser							

[574] Référence protosémitique et somali (Dolgopolsky : 1973) ; nous avons ici plusieurs racines. Voir aussi l'entrée **wěnjè** ci-dessous.

Inventaire comparatif

wárgá	être gros, grossir	wrq	ar : **abǧar** personne corpulente chw : **wark** fesses arg : **bāgāra**, **fāgāra** fesses	gz : **bagara** grow, become physically developed	kbl : **werrek** abonder, être plein, regorger ; **afγul** grand, bien bâti, gros			md
wásà	être large, être vaste	wsˤ	ar : **wasaˤ** être large, spacieux, ample, **wassaˤa** élargir mghb : **w-ss-ˤ** élargir, rendre vaste arch : **wasîˀ** large, vaste, étendue hsn : **wāsaˤ** ample, large		kbl : **ewsee** être à l'aise, être ample, être trop vaste tmz : **wsee** être large, spacieux, ample, s'élargir	som : **waasaˤ** largo	égyp : **wsḫ** large cop : oγⲱⲥϭ, oγⲱϭ élargir, devenir large	bdy : **waas** enfler, gonfler mok : **wàasé** grossir, s'épanouir	md ; ayk
wénjè[575]	refuser, désobéir	hgg, hǧr	Psem : **hgg** murmur ar : **haǧara** gêner, contrarier, déranger ; obstruer	ésem : **hg**ʷ**l** ; **hg**ʷ**l** har : **ennee baaya** refuser	hgr : **ougï** refuser (ne pas vouloir) ; **iǧaou** ne rien gagner (ne faire aucun gain, ne faire aucun profit, ne rien obtenir) par une action quelconque tbk : **unjəy** refuser wlm : **ugəy** refuser (PL 378)	afr : **ḥine** refuser sid : **hog-** refuse not accept			
wey // wèymè	femme soeur pour son frère	ˤwyn	arch : **awïn** femme chw : **ˤáin** femme				égyp : **ḥym.t** femme cop : ϩⲓⲙⲉ femme		dtg (**hura** / **hawé:ga** fille)

[575] Références protosémitique et sidamo (Dolgopolsky : 1973), voir également l'entrée **wàngù** ci-dessus.

Inventaire comparatif

wéynòw	soleil	hwy		gz : **ḥawaya** become dark (due to sunset), become gloomy, become evening ; **ḥewāy, ḥawāy** evening, the red glow of the evening sky, twilight ; **waʿya** burn (intr.), burn up, be consumed by fire, blaze		bil.kham : **haū y** burn agw : **hau y** burn	égyp : **wny**, **wyn** lumière dém : **wny**[576], **ḥy** lumière du soleil cop : **ⲃⲏⲛ** lumière du soleil		shr
wîi	tuer, éteindre, couper l'herbe				wlm : **ǎnyu** tuer, mettre à bout de force, harceler, traquer (PL 380)				peul ; md
wìllí // wìndí	tourner sur soi-même ; tourner autour de qqch. ; détour, se promener, concession ; récolter le fonio	ʿwd ; ʾwd ; lwy	ar : **lwy** to turn, to crook, curve, to twist, wrench, wrap, to turn around, turn face ; **ʿwd, ʿāda** revenir, retourner, rentrer ; **awida** être courbée, recourbée (branche, etc.) arch : **lawlaw** enrouler, envelopper, enrober, bander, lover, aller çà et là, chercher qqch. ; **lōlah** balancer, remuer (bras, queue) chw : **laulau** se tortiller, frétiller ; **lōlī** bercer pour endormir ; chanter pour endormir	gz : **ʿwd, ʿoda** go around, turn around, circle, encircle, encompass, surround, circulate, revolve, return ; **walwala** doubt, hesitate ; **wlw, ʾawlawa** move (tongue), flutter, flap	hgr : **ǎoul** tourné, se tourner, tourner (changer de direction) ; **ouelenouilet** tournoyer en faisant plusieurs tours sur soi-même kbl : **welli** retourner tmz : **lley** tourner, osciller, se balancer wlm : **wǎlwǎl** tournoyer ; **əwəl** tourner, changer de direction, être penché, faire des cabrioles	afr : **filli-hee** tourner pour regarder en arrière ; **lifim-eḍḥe** vaciller ; **lalo** flottement		md

---

[576] **Rapport** potentiel avec le mot wn signifiant « ouvrir » signalé par Vycichl (1984 : 231) « *Il semble [...] qu'il y ait un rapport entre [wny et wn] : l'ouverture, c'est-à-dire la porte est la source de lumière d'une maison primitive sans fenêtres* ».

Inventaire comparatif

491

wísì[577]	siffler	wswś	ar : **waswās** insinuation diabolique, doute arch : **waswas** parler à voix basse, chuchoter, susurrer chw : **wašwaš**, **waswas** bruisser ou bruissement, murmure	gz : **wśʔ**, **ʔwśaʔa** answer, respond, respond in chant, speak, hearken (that is respond to a prayer)	tmz : **weṣṣa** recommander, faire des recommandations, conseiller	sah : **was** blow (n)		wlf ; shr
wofe	n'avoir pas de force, être faible	ʔwf ; hf	ar : **āf-at** mal (en général), mal physique ; **āfa** (pass. **uwafa**) être atteint par un mal chw (?) : **ḥāf, hāf** gâcher, avarier (mais ou céréales) (intr.), se flétrir, périr ; **wafa** décharger (dette) **weffe** terminer, mettre fin à		hgr : **ǎouf** être frapper de terreur panique par (une pers., un an., une ch.) kbl : **weffi** mourir sans postérité ; **ḥaf / ḥuf** se donner de la peine			
wòfe	tirer brusquement					som : **wif** rapido passaggio di qn. o qs. ; **wiif** girare rapidamente	égyp : **iʕf** retordre (le linge), presser (vin) cop : ⲱϥ, ⲱϥⲉ retordre	md
wôw	injurier	ʕwy	ar : **ʕawā** shout, howl	gz : **ʕawyawa**, **ʔawyawa** wail in mourning, howl, groan, moan, lament, cry, cry out	hgr : **ekouěr** injurier, maudire wlm : **ǝḵwar** injurier, maudire (PL 383)	bil : **waʕy** som : **uwo**	cop : ⲟⲩⲁ malédiction, blasphème	

---

[577] Rapport éventuel avec **wāasū** ?

Inventaire comparatif

492

		ʕfw	ʔmr	rdy	bej : **afei** pardonner	peul ; md
yàafà	pardonner à qqn, donner sa part quand il manque qqch.	arch : **afu** pardon chw : **ʕafà** pardonner hsn : **ʕavu** grâce, pardon	har : **awfi** pardon, grâce	kbl : **eefu** pardonner tmz : **efu** pardonner, absoudre		
yàamárù	consoler ; ordonner, commander, apaiser		ar : **amara** order command, **imra** pouvoir, autorité, commandement mghb : **amr** ordonner, commander arch : **amur** ordre, commandement chw : **amar** ordre hsn : **āmər** commander	gz : **ʔammara** show, indicate, tell, make a sign, make known, demonstrate, inform, instruct, refer har : **eemāra** commander, ordonner	kbl : **amer** donner des nouvelles tmz : **ameṛ** ordonner, rejoindre, décréter		hw : **ʕumurtàà** ordonner à qqn.	shr ; md
yèrdà	accepter, consentir, approuver, être d'accord, permettre		ar : **radiya** satisfait, content ; **ridā** satisfaction mghb : **rḍa** accepter, être satisfait arch : **ridi / yarda** accepter, être d'accord avec, être satisfait, consentir chw : **redi** consentir, accepter		kbl : **erḍu** consentir tmz : **raḍa** accepter, consentir, approuver wlm : **erda, ảṛḍu** accepter, agréer, consentir à (PL 384)		hw : **yàrda** acquiescer ; être d'accord	shr

Inventaire comparatif

yò		chameau		hgr : **ădyaou** troupeau de chameaux (de 100 têtes minimum) de sexe et d'âge wlm : **yoran** jeune chameau, **adyaw** troupeau de chamelles (PL 385)		
yólló	ryl	baver ; salive	arch : **rayyal** baver, écumer, saliver chw : **riyāla** radotage	hgr : **ălidda** bave kbl : **aledda** bave tmz : **aldda** bave		chad : *ylk saliva peul ; mgm : ?óló saliva wlf ; md bole : ?yúlé saliva (mnk)
záabi	ǧwb	répondre ; donner une réponse à une question importante	Bld ar : **aǧāba** répondre ; **ǧāba** réponse mghb : **ǧāwb** répondre arch : **ǧawāb** lettre, correspondance, courrier chw : **ǧāwab** répondre ; répliquer hsn : **ǧwāb** réponse	har : **ǧāwaab** réponse, lettre	kbl : **jaweb** répliquer wlm : **ẓāwwāb** répondre		hw : **zàwaabíì** / **jàwaabíì** discours, message, réponse shr ; md
zàbù ; zèbù ; zoobu	ṣbb	enlever un peu d'eau d'un canari, gauler, raboter, écorcher, retirer un peu, diminuer un prix ; mettre en jachère	har : **soofa** râper, aiguiser	hgr : **ezzef** rendre nu (mettre à nu) ; se déchausser (dent) wlm : **zăfăt** raboter ; **azăzzăfa** rabot ; **azzaf** dénuder, mettre à nu (PL 396)	orom : **sofa** raboter som : **sifid** pulire qs. ; **soofee** limare qs.	égyp : zp reste dém : sp reste cop : ceene, cern laisser, rester, le reste	

Inventaire comparatif

zán	génisse	ğdˁ	chw : **ğaḍaˁ** génisse de trois ans hsn : **ğəḍˁa** génisse de trois ans		afr : **daàha** veau sans mère ; **daheela** veaux	
zànkà	bébé, enfant			wlm : **aznəy** nouveau né, bébé (PL 392)		
zéerí (cf. zíirì)	rayer, tracer ds lignes, dessiner	ʔsr	ašāra indiquer, désigner qqch. ; marquer qqch. d'une cote, d'un signe	kbl : **jerreṛ** tracer wlm : **tasəret** ligne, trait		
zékéri	fesse	zg, zk	hsn : **zəkk** cul	kbl : **tiseqquma** fesses tmz : **tazukt** cuisse, fesse, hanche, flanc tms : **tazuk** fesse wlm : **tazuk** fesse (PL 398)		
zémmù	sorte de nom de famille ou de clan	sm	ar : **ism** nom arch : **samma** nommer, donner un nom chw : **semma** nommer hsn : **əsm** nom ; **semme** donner un nom	kbl : **semmi** nommer tmz : **semma** nommer, dénommer, appeler, donner un nom	gz : **səm** name	som : **sammi** omonimo bej : **asm** nom ; **sim, sum** nommer	cop : ⲥⲏⲧ voix, renommée ; ⲥⲙⲙⲉ appeler, accuser	chad : *s₃m name bdy : **seme** nom mgm : **sémè** nom, mot mub : **sàmè** nom	son patronyme (**jammu** (et en mandé en général))
zéŋgí	enlever un morceau			wlm : **ənzəy** écorché, être décollé		

Inventaire comparatif

zèybànà	gyp africain, pseudogyps africacus	akk : **ziibu** vautour		wlm : **zəbaw** aigle blanc (sp.) (PL 401)		soso
zifa	cultiver avec la pioche soŋey	gff			sah : **gafaf** plunder, strip	wlf
			gz[578] : **gff, gaffa** strip off	hgr : **zənzəf** défricher wlm : **zăfăt** raboter ; **azzaf** rabot ; **azzaf** dénuder, mettre à nu (PL 396)		
ziiri (cf ; zêeri)	limer, frotter	ar : **ašara** aiguiser (les dents), **ašar** finesse, forme aiguisée des dents ; **ğarra** traîner (tirer) ; **ğarğara** tirer avec violence, arracher mghb : **ğ-rr-** tirer, traîner chw : **ğarr** tirer, traîner hsn : **ğarr** tirer	ʔšr ; ğrr	gz : **gayyara** plaster with lime, whitewash ; **gir** lime	kbl : **ezzer** gratter des os wlm : **azəruru** traîner		
zìngí	secouer			tbk : **eǧǎyǎn** pilon pour mortier wlm : **ezayan** pilon		hw : **jìjìjìgà** secouer	md
zòfòlò	prépuce	ar : **ǧalama** couper, découper, démembrer ; **ǧalaf** ébrécher, égratigner arch : **galaf** couper un morceau en longueur, tailler, entailler chw : **ǧalafa** prépuce ; **ǧalam, galam** couper	ǧlf	amh : **šəffen, šelefet** prépuce	kbl : **acelbub** prépuce ; **ceffeṭ** tms : **zəfəlo** prépuce tmz : **aḥelbiš** prépuce, membrane ; **ašeffer** couper le bord		kny

[578] Note de Leslau (1991 : 194 « perhaps Ar. **ǧaffa** (VIII) 'take away everything, rob' »).

Inventaire comparatif

zòllò ; zòttì	jaillir ; jaillir (pus)	zṛt	hsn : **zṛat** péter ; **ğaṛṛat** mettre bas (pour une chienne)		tms : **zarrat** diarrhée, dyssenterie tmz : **zirt** éprouver les douleurs de la parturition wlm : **zărrăt** jaillir (liquide quelconque) ; **zərədrəḍ** cascader	
zòorù[579]	débarrasser un champ des souches de mil de l'année précédente, afin de le rendre … ; défricher	zrˤ	ar : **ḏaraʔa, zaraʕa** cultiver, sow, seed mghb : **zrˤ** semer à la volée arch : **zaraʔ** cultiver	gz : **zarʔa, zarʔa** seed, sow, scatter seed	kbl : **jerri** dépouiller tmz : **zzer** arracher (herbe, cheveux, poils) wlm : **əzər** être dépouillé de ses cheveux, poils, laine ; être dépilé (PL 409)	aw : **zāru-xʷa** seed, sow som : **jar** tagliare qs.	
zow ; // zogu // zuku	se battre // fâcher // bondir en l'air, secouer	zġğ	ar : **zağğa** jeter, lancer chw : **zagg** jeter ; **degg** battre ; frapper hsn : **dāyəg** se battre avec	har : **gaaz leeṭa** razzier, faire une razzia	hgr : **aher** piller, razzier (prendre par violence) kbl : **erẓ** briser ; **zekki** fendre, casser du bois ; **ddeqdeq** se briser tmz : **sug** piller une caravane, un convoi ; **zuḥ** arracher, ravir, enlever wlm : **əzəg** chasser ; **ayu** razzier	afr : **ʕaduwwi** querelle, argument bruyant som : **ḍaʕ** razziare qs.	égyp : **sk** la bataille navale ; **tkk** attaquer, violer ; **ʔtw** attaque, agression cop : **xokxok** piquer, marquer (au fer rouge), décorer, calomnier, chatouiller	hw : **dòkā** battre ; cogner ; frapper ; taper

---

[579] Le rapport entre le berbère et le sémitique est ici bien « hypothétique » !

Inventaire comparatif

497

zùmbù	descendre, débarquer, désenfler, camper			hgr : **zoubbet** descendre de ; **efnez** diminuer en quantité, en grandeur, en qualité, en valeur wlm : **afnaẓ** diminuer ; **zăbbăt** descendre à, de (PL 411)		shr
zùŋkà // zùŋkù (Zrm)	bosse chez la bête // s'asseoir en courbant le dos, la tête sur les jambes	znq	ar : **znq** to tighten, constrict ; to hobble (an animal) ; **zanaqa** mettre le licou, lier les pieds (du mulet) arch : **zingitte** / **zinkitte** bosse du zébu ou du chameau chw : **senkîa** bosse du chameau ; **sinkît** bosse	gz : **snk, znk, zng** hump (animal) tgr : **senekkit** bosse d'un animal..., chair de la bosse	afr : **sunku** épaule bej : **sinka** arrière de l'épaule		peul ; shr
zùrù	fuir (en parlant d'un homme), s'enfuir, courir, s'échapper	ğry	ar : **ğarra** tirer, traîner, entraîner ; remorquer mghb : **ğrä** courir, s'écouler arch : **ğara** courir, fuir, rouler en voiture, à bicyclette hsn : **ğre** courir, chasser	gz : **rws, roṣa** run, run about	hgr : **zireh** déplacer, faire se déplacer ; **ǎzzal** courir ; **esri** courir, faire courir à bride rendue un cheval ; **ahel** courir kbl : **ssersǝr, eẓhel, zzeḥwel** filer (partir) ; **zzerzer** galoper tmz : **azzel** courir, accourir, couler, s'écouler wlm : **azzal** ; **azal** courir, s'enfuir (PL 412)		bdy : **zòror** descendre une pente en courant mub : **zūr** descendre par une corde	son ; dinka

VI.2. Inventaire complémentaire : exploration lexicale.

On trouvera ici un complément d'inventaire des données lexicales songhay[580] susceptibles d'être pertinentes pour « aider » à l'analyse dans ses différentes dimensions du rapport entre le songhay et les langues chamito-sémitiques du contact ; entendons par là qu'il s'agit d'unités lexicales qui, au même titre que celles retenues dans le précédent 'Inventaire comparatif', peuvent être mises en rapport avec des entrées chamito-sémitiques. La présentation de l'ensemble des comparaisons serait particulièrement intéressante mais dépasserait largement l'objectif que je me suis ici donné, c'est pour cette raison que je me résous à ne fournir que ce simple « index » des rapprochements potentiellement pertinents, réservant pour une étape ultérieure son analyse détaillée. En tout état de cause, sans être pour autant exhaustif, il donne une première idée de l'importance du champ investigué.

Bien évidemment, toutes les entrées de cet inventaire n'ont pas vocation à être référées à des formes originellement partagées entre le songhay et le chamito-sémitique et un nombre important d'entre elles s'expliquent tout simplement par des phénomènes d'emprunts au sens « classique ». Toutefois ce ne serait que de l'analyse globale de l'ensemble que quelque chose de significatif pourrait être dit sur l'état et la nature de la stratification lexicale à laquelle nous avons affaire ainsi que je l'ai déjà largement souligné ; il s'agirait alors d'une nouvelle étape.

---

[580] Les abréviations, K, Oc, Or, C, Z, D renverront respectivement à kaado, songhay occidental, songhay oriental, songhay central, zarma et dendi. Quant aux entrées utilisées dans l'*Inventaire comparatif* précédent, elles sont marquées par une astérisque (*).

àbádá	K		jamais
àdàawâ	K		malheur
àdábbà	K	*	animal
àdákà	K		caisse
àddà	K		coupe-coupe
àddíinì	K		religion
àddùhá	K		matin, vers 9 heures
àdíîì	K		loyal, honnête, sincère
àdùɲà	K		monde, univers
àgárgâr	K		plante médicamenteuse (sp.)
àjáhíîì	K		ignorant
àjjáahíîì	K		ennemi
àláadà	K		habitude, coutume
àlàadân	K		muezzin
àláasárú	K		fin de l'après-midi
àlàatîm	K		orphelin
àlàrbá	K		mercredi
albaaji	Oc	*	faucon
àlbánnà	K		maçon
àlbàráadù	K		théière
albarraju	Oc		quartier extérieur d'une ville
albasi	Or		mal, malheur
albata	Oc	*	melon
àlbáttà	K		devinette
àlbésèl	K	*	oignon
àlbíidà	K		invention d'une histoire
àlcébù	K		étrier
àlcílà	K		moustiquaire
àlcírkà	K		prendre le repas du matin
àléesì	K		présage, augure, mauvais sort
àléewà	K		sorte de bonbon
àlfâa	K		papillon
àlfáalà	K		faire un souhait qui se réalisera
àlfáasíkì	K		blagueur, effronté
àlfàatía	K		prière de supplication
àlfágà	K		marabout
álfázárú	K		aube
àlféydà	K		valeur, avantage, profit
àlfítínà	K		dispute, querelle
àlfùkáarù	K	*	pauvre
àlgábbà	K		doublure de vêtement
àlgárgárà	K		cassia italica
àlgàríbù	K		mendier
àlgàrúllà	K		colorant
algeyta	Or		flûte
àlhàahì	K		demander pardon
àlháalì	K		état d'âme
àlháasírì	K		jaloux
àlháazì	K		pèlerin
àlhàbáarù	K		nouvelle
àlhákú	K		droit, gain (religieusement)
àlhánnà	K		demander pardon
àlhàrám	K		bâtard
alharru	Or		soie
àlhàwà	K		calomnier, calomnie
àlhém	K	*	geindre
àlhêm	K	*	mécontentement
àlhínà	K	*	lawsonia inermis
àlhíndà	K	*	acier
àlhórmà	K		grâce, faveur
àlhúuzù	K		chercher à faire peur, à effrayer par des mimiques lorsqu'on a pas d'autre moyen
àlǐyùdàncè	K		juif

aljêm	K	mors
àlkàafún	K	fenouil
àlkáaìì / alkaadi	K	cadi
alkabiila	Oc	tribu ; famille ; nation
àlkámà	K	* blé
àlkàmíìsá	K	jeudi
alkarama	Or	respect, considération
àlkàsínà	K	bruit, tapage
àlkáwlà	K	intrusion
alkirbiti, kirbiti	Oc	* soufre
àlkìyóomà	K	au-delà
alkubba	oc	coupole ; dôme
alkubba	or	capuchon de burnous
àllàgá	K	lance touarègue
àlmáaríŋ	K	soir, au coucher du soleil
àlmên	K	animal domestique
àlmèndì	K	graisse animale (sp.)
almijan	Oc	balance (sert à peser l'or ; la soie ; etc.)
àlmìyáalèy	K	* famille au sens large
àlsìláamì	K	croyant musulman
aludu	Oc	bois d'aloès
àlwáatì	K	saison
àlwàlâ	K	ablutions rituelles
àlzàkà	K	richesse
àlzâm	K	mors
àlzànáayì	K	ambiance, fête
àlzánnà	K	ciel, paradis
àlzúmá	K	vendredi
àmá	K	mais, toutefois
àmíirù	K	chef de canton
ànáamà	K	principe, cause, raison, motif
àndárkà	K	marteau
ànnábì	K	envoyé, prophète
ànnámìimátù	K	semeur de zizanie
àŋsòfò	K	* poisson (sp.)
àntámà	K	tamis
àntámà	K	petite tache noire sur la peau
ànzórfù	K	* argent (métal)
azum	Oc	jeûner
ànzúrèy	K	* beaux-parents
arradu	Oc	* foudre ; tonnerre ; pierre qui tombe du ciel
àrèccè	K	canne à sucre
àrglêm	K	bâtard (plaisanterie)
àrù	K	* mâle
aruman	Or	* grenade (fruit)
àrwàsù	Z	* jeune homme
àsíptì	K	samedi
àskérì ; éskérí	K	balance (angl. ?)
àtáay	K	thé
àtàláatà	K	mardi
àtcírì	K	nouveau-né
àtínnì	K	lundi
àtkùrmà	K	nain de brousse
attum	Oc	* ail
àyúu	K	lamantin
bâ(ga) ; bâa	K	* aimer, vouloir, valoir mieux, être préférable
báa	K	* être nombreux
bàabà	K	* père
bàakuêl	K	amande, colostrum
bàaìì	K	pulpe de fruit, lait, colostrum

bàalíjì	K	*	adulte
bàasè	K	*	cousin croisé
baasu	Or	*	regarder fixement, ouvrir grand les yeux pour fixer
bàbàkù	K		battre des ailes
bàbbà	K		doublure d'un vêtement (sp.)
bàbbà	K		porter dans le dos
bádâl	K		délivre
bàdìlà	K		plomb, étain
bágá	K		casser, crever, détruire, percer, briser un objet
bákà	K	*	platée ; portion de nourriture
bàkà	K	*	mettre qqch. à tremper
bàkàm	K		mettre une pièce sur un vêtement
bákárá	K	*	avoir pitié
bàkbáká	K	*	prendre une platée
bàkíilù	K		avare
bàkù	K		raccommoder un habit
bàkù	K	*	mettre à tremper
bàlâw	K		épidémie, malheur, calamité
bàŋá	K	*	hippopotame
bándá	K	*	région lombaire ; dos, derrière
bándè	K	*	derrière (postposition)
báŋgéy	K	*	apparaître
bàŋgù	K	*	mare, bassin d'eau, lac
bàrbàtà	K		pêcher avec les mains
bárjì	K		fibre
bármèy	K	*	changer, échanger, convertir ; monnaie
bárú	K	*	île servant de champ
bàsù	K	*	vider, sortir de son gîte
bátà	K		tam-tam (calebasse pendue à l'épaule)
bàtà	K		petite boîte
batakara	Oc	*	terre, argile (ex. pour confectionner des briques de terre)
bàtú	K		fête, foule
bayeda	K		bât (pour âne ou chameau)
bázà	K		anneau de nez
béené	K	*	ciel (espace), là-haut, en haut
béeréndì	K		faire grandir, accroître, honorer, glorifier, faire respecter
béerí	K	*	piocher, labourer ; abattre
béerì	K	*	être grand, grandir
bèllà	K		Bella
bémbé	K	*	muet, être muet, devenir muet
béɲè	K	*	captif, esclave (homme)
bérbérè	K	*	errer
bérè	K	*	retourner qqch. ; convertir, changer ; déguiser
bèrêy	K		pleurer un décès
bèrì	K	*	cheval

bérjì	K		se casser en fibres, se trouer
bèrzù	K		cravacher
bésí	K	*	pulpe, chair
bètù	K		attendre, garder qqn.
béy	K	*	connaître
bíbírí	K		corder, rouler entre ses doigts pour faire un ourlet
bídí	K	*	variole
bidi-bidi	Oc	*	petite graminée (gazon)
bíi	K		filer
bìi	K	*	plaie
bîi	K	*	être noir
bíirí	K	*	éduquer, élever
bìlà	K		croiser les pieds autour des hanches d'une monture
bìlîm	K	*	se rouler par terre
bílíŋá	K	*	bouder
bìlŋá	K	*	phacochère
bílsá	K		tacher
bímbíní	K		guêpe-maçonne
bìmbírkì	K		héméralopie
bìnè	K	*	cœur
bínéy	K		pilier central d'une case, tuteur pour arbre
bíɲjí	K		âne mâle
bìrí	K	*	os
bírjí	K		fumier, ordure, mélange de saletés
bìrjì	K		recouvrir de terre
bìrjì	K		pêcher avec un filet
bìrôw	K	*	arc

bìsà	K	*	passer devant, devancer, dépasser
bìtà	K		être pâteux, bouillie ; faire de la bouillie
bítùmbítímà	K		être brumeux, ciel couvert
bô	K		petit grenier à mil
bóbôw	K	*	beaucoup
bógótò	K		seau
bókò	K	*	goitre
bókólò	K	*	partie molle sous la mâchoire inférieure
bólóm	K		faire silence complet
bólóŋgú	K	*	endroit poussiéreux
bólséy	K		s'enorgueillir
bònè	K	*	être malheureux
bonni	Or	*	cendres
bòŋ	K	*	tête
bôŋ	K	*	sur, au-dessus de
bòorí	K	*	être beau, bon
bòosbòosù	K	*	bouillir de colère, en menaçant
bòosêy	K	*	tamarinier
bóosú	K	*	cendres
bòosù	K	*	mousser
bòosù	K	*	fleurir, bouillir en faisant de la mousse
bórá	K		rouler les brins dans la main pour faire un fil
bórgó	K		piler le mil pour faire la pâte
bòró	K	*	personne
bórú	K		fil à coudre (unité)
bótó	K		crépir

bòtògò	K	*	boue, argile, marne, banco	búttú	K		grand trou dans une pirogue
bóyréy	K		causerie du soir	búu	K	*	mourir
búbúzù	K		bourgeonner	bûu	K		grenier
bùgè	K		être ivre	búurù	K		pain
bugu	Or		case en paille de taille et de qualité inférieure pour dépendance, cuisine	cáacá	K		jouer aux cartes
				cáhàŋ	K		se hâter
				càkàtì	K		déchet après mastication
				cè	K		fois
búkà	Z		petite case en paille	cèbè	K	*	montrer, conseiller
bùkà	K		piler le mil pour faire la "boule" ; piler en farine	cèbtú	K		briquet
				cébú	K		allumer une allumette
				cébú	K		raser la tête, coiffer ; raser
búlà	K		bleu				
bulla	Or	*	derrière, cul	cée	K		appeler
bùrbûndú	K		trace de coup de fouet ou de piqûre d'insectes	cèecè	K	*	oie d'Egypte
				céemá	K		rouge de sorgho
				céerì	K		aimer la viande
				céférì	K		être non croyant
búré	K		girafe	célà	K	*	camarade, ami de même race
búrgú	K		echinochloa stagnina				
				cèmsé	K	*	carapace de tortue ; débris de calebasse, de poterie ; tesson de calebasse
búrôw	K	*	cendres				
búrsúm	K	*	grewia flavescens				
búrú	K		nuage				
bùrúutù	K		poudre à fusil	cénsé	K	*	être jaloux
busa	Or	*	tatouage en travers à partir du nez ou aux tempes	cénsé	K	*	vacciner, scarifier ; faire une entaille ; vaccination, scarification, cicatrices faciales ; piqûre
bùsbùsù	K	*	cicatrice tribale (sp.)				
bùsúŋgù	K		moisir en parlant de farine				
				céraégá	K		être à côté de
				cèrè	K		l'autre, l'un l'autre, ensemble ; camarade, ami
bùtè	K	*	vulve ; sexe de la femme				
bútì	K		soulever un vêtement pour uriner ou pour frapper qqn.				
				cèrè	K		ami
				cérów	K	*	coté, flanc
buttu	Oc	*	sortir ; dépasser	céw	K	*	lire, étudier

cìcíirí	K	* plante qui pousse au bord du fleuve
cìi	K	dire, informer
cììrì	K	* sel
cíitì	K	juger
cíkírí	K	* tourbillonner, sonder, faire tourner un instrument entre les mains pour creuser
cìlŋcílŋ	K	* chatouiller
cílíŋí	K	orage
cíllì	K	acclamer ; acclamation
címsì	K	tabaski
cín	K	bâtir
círà	K	limer ; lime
círcírà ; cîrcírà	K	épilepsie, convulsion
cìrêy	K	* être rouge
cìrgítì	K	* pincer en roulant entre ses doigts
cìríŋfì	K	maniguette
cìrkìlòndì	K	grillon
círôw	K	* oiseau
dà	K	même
dáabù	K	* fermer, enfermer, boucher, couvrir
dàabùlà	K	* voile, rideau
dáamà	K	mieux
dàamèy	K	* ennuyer qqn., gêner, importuner
dáanà	K	* palais (bouche)
dáarí	K	lit fait de baguettes liées
dàarù	K	enjamber, étendre une natte

dáasí	K	bœuf (taureau castré)
dábbè	K	* animal, bête
dàdàarà	K	* araignée
dálà	K	pièce de cinq francs
dálèy	K	cicatrice due à une blessure
dàlíilì	K	motif, raison, moyen
dálmà	D	plomb pour la pêche
daman	Oc	caution, répondant ; servir de caution, de répondant
dámbírà	K	être dans l'admiration, être étonné
dàŋ	K	mettre, placer
dáŋgà	K	remonter le fleuve
dáŋgéy	K	* se taire
danka	Or	menton
dárà	K	jeu à douze trous
dárbèy	K	pêcher à la ligne
dàrgá	K	* tromper, escroquer
dárzà	K	importance, gloire
dâw	K	encre
daw	Or	* terre, parfois sable
dèbè	K	* damer, tasser en frappant
dèbérì	K	* donner des ordres
débèy	K	* village de culture, campement
dédébé	K	* tâtonner, chercher en tâtonnant

dèedè	K	* annoncer ; mesurer, comparer	díibí	K	* fouler, pétrir, délayer qqch. avec de l'eau ; mélanger
dèejì	K	accrocher, suspendre			
			díinì	K	* gencive
déemdéemé	K	* marcher très lentement	díkà	K	panier
			dílà	K	jeu des douze trous
dèkè	K	poser sur qqch., augmenter, ajouter ; rangée de briques dans la construction d'une case	dìllân	K	intermédiaire dans la vente du bétail
			dim	Or	* sorte de chat sauvage non identifié
dèlíilì	K	moyen			
démbé	K	canari pour le couscous	dínè	K	renvoie à ce ou celui dont on vient de parler
démbé	K	boxer, donner des coups de poings	dìrà	K	marcher, voyager
déŋfé	K	couscoussière	dìrgàn	K	* oublier
dénfèné	K	* margouillat	dìrgìsì	K	* sursauter, avoir des convulsions
déŋgélé	K	paille tressée ; secco	dô	K	à l'endroit, chez
déré	K	être perdu, s'égarer, disparaître	dóbò	K	fait "miraculeux", acte de magie, prestidigitation
dèy	K	puits			
dêy	K	acheter	dóbú	K	* articulation, nœud sur une tige ; souder, joindre, raccorder, faire une épissure, une greffe ; raccorder
deyani	Or	* lumière			
díbbà	K	* naissance de la queue			
díbí	K	* s'appuyer sur qqch. pour marcher parce que l'on boite			
			dòŋ	K	jadis
dídígí	K	enrouler qqch., bander une plaie	dòndôŋ	K	tam-tam d'aisselle
			dóobâl	K	* outarde
díi	K	* voir, découvrir, trouver, inventer, retrouver	dóogò	K	arracher, déraciner, dépiquer, déterrer, cueillir
dìi	K	saisir, prendre ; attraper	dóolè	K	* forcer, contraindre
dîi	K	brûler	dòon	K	* chanter

dóoná	K	préparer un champ inondé envahi par les herbes
dòonù	K	boule de farine de mil
dòorì	K	verser, couler, transvaser, vider
dòosì	K *	parkia africana
dórú	K *	être douloureux, regretter
dúbí	K *	souche d'arbre, tronc d'arbre sec
dúdè	K	se promener sans but, errer
dúkèy	K	bruit de paroles
dúkkúrù	K *	se mettre en colère
dúlméy	K *	faire du tort à qqn.
dúlsè	K	apprendre par cœur
dùmà	K	semer en poquets, planter
dúmbú	K	couper, trancher, circoncire
dumdum	Or	laisser passer l'eau sous la porte
dùŋgùrà	K *	être court
dúŋgúrì	K *	haricot local ; vigna unguiculata (papilionacées)
dúrmì	K *	ficus populifolia
dúrú	K *	piler
dùsù	K *	être ankylosé
dùsúŋgù	K *	s'endormir, somnoler
dúumì	K	durer, être éternel
fáábà	D	aider
fàadì	K	boutique
fáajì	K *	seul, isolé, se languir, s'ennuyer
fàalà	K	être facile, bon marché
faalam	Oc *	ramper sur le ventre
fàalí	K *	cajoler, calmer
fáarú	K	vanner le mil en versant le grain d'une calebasse
fàasá	K	prendre la défense de qqn.
faati / fati yada	Or	être beaucoup, être répandu
faawa	Z	travailler la viande
fàdámà	K	cour, place publique, terrain vague
fáfaárà	K	harmattan
fàhâm	K *	comprendre
fákáaréy	K *	causer, converser
fàlà	K	poutre
fálaŋ	K *	se traîner à quatre pattes, ramper
falfal	Or *	se tordre (ventre), avoir des coliques
fanaa	Oc *	ramper sur les mains et sur les genoux (enfants)
fàndú	K	éventail
fáŋgâl	K	planche de jardinage
fannu	Or	manière de faire
fántè	K	détester
fàntù	K	nid
fàrà	K	fendre du bois
fàràhâa	K *	être gai
fàrgá	K	être fatigué
fàrgárà	K *	tonner
fárkéy	K *	âne

gàràtù	K	* avoir des convulsions	
gàrbè	K	* joue	
gàrbéy	K	dattier du désert	
gàrgàrù	K	hériter de ses grand-parents	
gàrsàkèy	K	* blâmer qqn., mépriser	
gàrsèy	K	grossier	
gàrù	K	* trouver, rencontrer par hasard	
gárzá	K	* couper à l'aide d'un couteau	
gátà	K	entraver un cheval (une patte avant et une patte arrière) ; entrave	
gàtálà	K	long bâton	
gázá	K	être incomplet, manquer	
gébú	K	* menthe (labiacées)	
gébù	K	* saisir au vol	
gèlì	K	fourche formée par deux branches	
génsì	K	* panicum loetum	
gérsì	K	* écraser à la meule	
gèrù	K	case en banco	
gêy	K	* durer, tarder	
gèzéerè	K	courtaud	
gilma	D	respecter, vénérer	
gò	K	* être	
gókò	K	frapper sur une surface dure avec les doigts repliés ; donner un coup sur la tête avec le doigt replié	
gollo	Oc	chose difficile à résoudre, travail difficile	
gólò	K	petite botte de mil	
gombol	Or	croûte d'une plaie	
góndì	K	* serpent	
gónéy	K	* gymnarchus niloticus	
góŋgóŋ	K	être courbé, tourner autour de qqch.	
góŋgôŋ	K	boucle, cercle, rond	
gòobéré	K	provoquer un incendie de case	
góobéy	K	muselière	
góorò	K	cola	
góorú	K	être abondant	
gòorù	K	* rivière, ravin ; vallée	
gòrò	K	* s'asseoir, être assis, habiter	
gòròŋ	K	* poulet	
gòrònfù	K	* cram-cram à pointes	
górú	K	* enfoncer, piquer, vacciner, injecter	
guffa	Oc	* touffe de cheveux, bouquet de cheveux	
gúllú	K	grand canari où l'on met de l'eau	
gùllù	K	* regarder fixement, observer, surveiller	
gûm	K	* renverser, couvrir, se cacher, s'accroupir	
gùmbà	K	* punaise (sp.)	
gùmbúlù	K	petite calebasse placée dans une autre pleine d'eau, portée sur la tête	

gúmgúm	K	* marcher en se courbant ; se courber
gûn	K	être stérile
gúndè	K	* ventre, intérieur ; dans, à l'intérieur (nom fonctionnalisé)
gùndù	K	parler en secret pour un complot
gùnè	K	regarder
gúŋgù	K	île, bosse sur le terrain ; île habitée
gúŋgúm	K	* se courber, se pencher, se baisser
gùŋgùrèy	K	* rouler qqch., se rouler à terre
gura	Z	* dune
gùrèygùrèy	K	onduler (eau)
gùrì	K	* nouer, attacher avec un nœud ; amulette ; semoule de mil ; enclos pour bétail
gúrsù	K	* égrener le coton
gùsàm	K	entasser
gùu	K	tas
gùugà	K	calebasse pour puiser de l'eau d'arrosage
gùurì	K	* noyau, amande, œuf, grain, nœud
gúurú	K	* fer, blessure, heure
gúusù	K	* être profond
gúutéy	K	être égoïste
hạ́	K	demander, interroger, questionner
háàw	K	* avoir honte, être intimidé
háabú	K	balayer
hàabù	K	coton, kapok
háagà	K	cuire à l'huile, rôtir, frire, griller
háfè	K	* verge
hágéy	K	vanner pour faire tomber le son ; tamiser
hál	K	jusqu'à..., sinon, si (conj.) sinon
hàlàlú	K	licite, légitime
halassa	Or	* lécher, passer la langue sur
hâm	K	* viande avec os
hámbúrú	K	* craindre, avoir peur
hámmân	K	poursuivre
hámní	K	* mouche, insecte ailé
hámní	K	* poil, plume
hàmnì	K	* farine
hámpì	K	grande jarre sans col
háŋá	K	* oreille
háncín	K	* chèvre
háncítì	K	mouchoir
hándírí	K	* rêver ; rêve
háŋgán	K	écouter
hàŋgûu	K	* fruit de nénuphar
hànnîi	K	* avoir l'intention
hànsè	K	arranger
hánsì ; háŋsì	K	* chien
hàntúm	K	écrire
hánzêl	K	fuseau
hárándéŋ ; hárándáŋ	K	rosée
hàrdâm	K	être illicite, être interdit par la religion
hárè	K	vers, du côté de ...
hárí	K	* eau, pluie

harji	Oc		javelot ou harpon fourchu dont se servent les pêcheurs, sorte de foëne, dont le fer ne se sépare pas de la hampe	hèréy	K	* avoir faim, être affamé
				hérjè	K	ouvrir avec un couteau
				hérów	K	* chevrette
				hèw	K	vent, air, odeur
				héwzá	K	flairer
hàrrâm	K		interdit religieux	hèy	K	chose
hárú	K	*	dire, avertir, aviser	héyrèy	K	parents (mère et père)
hàsárà	K		gâter, abîmer, accidenter	hìbì	K	* s'éloigner un peu, se pousser
háséy	K	*	frère de la mère	hiibi	or	* traîner
àlháasírì	K		jaloux	híilè	K	* feindre, ruser
háw	K		lier, attacher, calomnier	híirè	K	passer le début de la soirée
háw	K	*	bovin	híirí	K	tornade
háwgárà	K		grand sac en cuir	híkôw	K	* avoir le hoquet
hàwgêy	K	*	faire attention, surveiller	hìmâ	K	devoir (suivi du projectif)
hàwkà	K		génie	himbiri	Or	* cheveux ; corde de violon
háwrù	K	*	souper (vb.) ; prendre le repas du soir	hímfà	K	servir à qqch., être intéressant
				hìmmà	D	force, puissance, importance
háy	K	*	accoucher, naître (enfant), mettre bas	hírdí ; híddí	K	frontière ; limite
hây	K		ouvrir, déboucher, être large, vaste, frapper à la lance ; atteindre d'une flèche ; ouvrir	hírí	K	préparer un piège
				hízzà	K	faire un pèlerinage
				hògèy	K	lion
				hólléy	K	génie à forme humaine
hébú	K		marchander, débattre un prix	hóndí	K	* jeune fille vierge
hèenì	K	*	petit mil	hónnéy	K	* apercevoir de loin
hègêy	K		récolter ; récolte	hòobù	K	jarre d'eau à petite ouverture
hegu	Or	*	avoir le temps			
hèlécì	K	*	détruire	hòorèy	K	* jouer, s'amuser
hèllésì	K		protéger (acte propre à Dieu)	hórsó	K	* captif de case
				hósú	K	être serré (riz / cheveux)
hènèn	K		être propre, pur, sans défaut			
hèŋgérì	K		fumier de vache			

hóttú	K		être amer, sévère, brûlant en parlant du soleil	jèrè	K		porter sur la tête, transporter
hóy	K		sauce	jèrì	K	*	s'adosser, s'appuyer contre qqch.
hôy	K		journée				
hóyréy	K	*	faire des reproches, blâmer	jèrsêe	K		fil à tisser
				jertu	Oc	*	roter
hû	K		case, maison	jésé	K	*	porter sur l'épaule
húkùm	K		tente				
humbur	Or	*	avoir peur, crainte	jèsè	K	*	épaule, bosse du bœuf
húmbúrú	K		mortier pour piler	jí	K		huile, beurre, onguent
húmbúrù	K		outre en peau de chèvre	jídàl	K		s'étirer en longueur
				jífà	K		animal crevé
hùmè	K	*	nombril	jìháadì	K		dispute, querelle
húná	K	*	vivre	jíi	K		huile, beurre, onguent
húndì	K		principe vital, souffle vital				
				jìijì	K	*	bégayer
hùŋgûm	K		suffoquer, étouffer	jíjírí	K		trembler, frissonner
húŋhùŋ	K		cantharide	jíná	K		en avant, au fond, d'abord, encore ; premier
húrè	K	*	entrer, pénétrer, rentrer				
huri	Oc	*	couteau	jíndè	K		au bord de ... (nom fonctionnalisé)
húrów	K	*	salvadora persica				
húurú	K		introduire	jìndè	K		col, cou, voix, gorge extérieure
ìblísì	K		diable				
ìríibì	K		bénéfice	jìndì	K	*	bouc
ízè	K	*	fils, petit d'animal, fruit	jírám	K		enlever les grains d'un épi de mil au moyen d'un instrument spécial
jábbà	K		sorte de long boubou				
jàmâ	K		foule, peuple				
jántè	Z	*	avoir la fièvre	jìrèy	K		lèpre
jèbù	K		berge, rive	jìrmêy	K		mil arrivé à maturité mais non sec
jéejè	K	*	charger				
jéerí	K	*	gazelle	jìsìmà	K	*	oseille de Guinée
jéjèy	K		figuier				
jéŋgâl	K		impôt	júkkè	K		mettre une amende
jérbù	K		roter	jùugà	K		bosse (suite de maladie chez l'homme)
jérè	K	*	partie, côté				
				kàa	K		venir

kàají	K		racine
kàamà	K		croquer, mâcher, broyer
kàanà	K	*	canne à sucre
kàaní	K		paix, tranquillité
kàarèy	K	*	crocodile
kàarêy	K	*	être blanc ; blancheur
kăarì	K	*	tige de mil
kàarì	K	*	dessèchement, sécheresse
káaríká	K		tapis posé sous le tapis de selle
kàarù	K	*	monter sur qqch., grimper
kàarù	K		poudre des os brûlés, chaux, kaolin
kàasìm	K		mélanger
káatáakú	K		planche de bois
kàay	K	*	ancêtre
kàbè	K	*	bras, main, manche de vêtement
kábú	K		compter, faire un recensement, dénombrer
kàfáarà	K		péché
kákásé	K		saupoudrer
kàlà	K		jusqu'à...
kàlámì	K		plume pour écrire, crayon
kálmì	K		réclamer, dénoncer, accuser ; calomnier, imputer
kámbà	K		bifurquer, se ramifier, dévier
kámbè	K		embranchement, ramification, bifurcation
kámbù	K		tenailles, pinces
kàmîi	K		contracter ; plisser des yeux
kâŋ	K		qui, quoi, dont, lequel, que
kàndè	K		apporter
kàŋgèy	K		pierres du foyer
káŋkám	K	*	serrer, presser, être étroit, contraindre, ennuyer ; compresser, gêner
karabara	Oc		calebasse avec couvercle
kàràmbàanì	K		curiosité, intrusion
kárdá	K	*	gorge, pharynx
kàrdáasì	K		papier non écrit
kàrfù	K	*	lien, corde, bride
kărgà	Z		chaise
karimu	Oc		noble, généreux
káców	K		gercer
kàrôw	K		récipient pour traire
kárú	K	*	frapper, taper, claquer, jouer d'un instrument, corriger
kàsàmà	K	*	gale
kású	K		être rugueux
kàtè	K		apporter
kèbî	K	*	interdit alimentaire
kéccôw	K	*	petit
kèŕì	K	*	clôturer ; clôture
kéní	K	*	se coucher, être couché, être calme, être caillé (lait)
kèrì	K		peser ; balance, bascule
kérjí	K	*	épine, piquant, dard
kêy	K		tisser, tresser de la paille

key / kay	Or	se tenir debout, d'où demeurer (stare) ; se tenir sur, s'appuyer sur	kóm	K	* enlever de force, violer, brigander
kéyfá	K	être étonnant ; prodige, ce qui étonne	kòmà	K	s'échapper, se libérer d'un piège
kèyná	K	* être petit	kòmsí	K	* pied de bétail
kéyrí	K	briser, démolir, casser, rompre ; se casser	kóndà	K	emporter
			kòndò	K	* fourmi
			kòŋgù	K	* feuille de palmier-doum
kò	K	baobab	kóŋkò	K	boîte
kòbì	K	* battre des mains, frapper des mains	kóŋkónó	K	nuque, occiput
			kónnù	K	être chaud, être fiévreux
kócà	K	petit enfant	kóŋò	K	* captive, esclave (femme)
kòddôr	K	fatalité			
kódò, koddo	K	* dernier-né	kòofù	K	rendre lisse, débarrasser des adhérences
kòdórkò	K	pont	kóogó	K	être sec ; sécher
kofa	Or	nuque ; tresse de derrière la tête	kóomá	Z	* termitière
			kòomá	Z	* bosse de naissance chez l'homme ; épaules un peu courbées
kòfêe	K	couper les cheveux			
kófì	K	frapper sur la tête de qqn. ou sur une surface			
			kóomà	Z	* faucille
kókóbé	K	* taper, secouer ; épousseter	kòomà	K	* ce qui a une forme courbe, qui fait bosse, faucille
kòkóndó	K	grand panier			
kokor	Or	* ensuite, rester après, suivre	kòoró	Z	* crapaud
			kóorò	K	* hyène
kókórò	K	navette (tissage), bobine de fil	kóosú	K	* gratter, racler, raboter
			kora	Or	* derrière, fond de, cul
kókósé	K	* peler			
kólí	K	* entourer avec les bras, embrasser, encercler du gibier ; s'enrouler, contourner	kórbótó	K	* crapaud
			kòrdò	K	* ronfler
			kóréy	K	bouclier
			kóróŋ	K	* être chaud, avoir de la fièvre
kóllì	K	entonnoir ; jeu (sp.)	kósì	K	* se brosser les dents, bâtonnet à cet usage
kolonfeɭ	Oc	girofle (condiment)			

kòsòŋgù	K	* parler avec violence. Faire du bruit ; bruit	kúná	K	* intérieur, dedans ; le dedans, sexe de la femme
kósú	K	* arracher, cueillir des feuilles pour la sauce, cueillir des fruits ; être sevré	kùndûm	K	* mouton à laine
			kùŋgùrà	K	tortue géante
			kùŋkùnì	K	enrouler, envelopper, replier, ourler, mettre en rouleau
kósú	K	s'abîmer (lait)			
kòtô	K	tousser			
kòtté	K	* fétiche			
kóttù	K	* déchirer, fendre, inciser, couper en lanières	kunsum	Oc	* envelopper (quelque chose dans un morceau d'étoffe, un morceau de papier)
kóy	K	* partir, aller, quitter un lieu			
kòyrè	K	village			
kú	K	ramasser	kúnù	K	être enceinte
kú	K	* être haut, être long, allongé	kùrbà	K	être troublé, mélanger en remuant, perdre la tête
kùbéy	K	* aller à la rencontre de, accueillir			
			kùrbà	K	être troublé, mélanger en remuant, perdre la tête
kúbêy	K	être complet			
kúfâl	K	fermer à clé			
kùfú	K	* poumon ; écume	kùrèejè	K	petit rongeur
			kùrsà	K	démangeaison
kúgúsí	K	rincer la bouche, nettoyer légèrement un vêtement	kursi	Oc	chaise
			kùrsù	K	* freiner, traîner qqch.
kùkú	K	hibou			
kùlà	K	gourde sans col, calebasse à petite ouverture	kúrtù	K	être trop cuit, être brûlé
			kúrù	K	paître, faire paître
kùlbà	K	gourde	kùrùŋkúkù	K	roucouler
kúlú	K	tout, tous, entier	kùskùsù	K	* agiter, secouer, remuer
kúmfù	K	* faire de l'écume, de la mousse			
			kúsòw	K	poussière
kúmná	K	* ramasser un à un, ramasser qqch. à terre	kùsú	K	marmite
			kúsùm	D	totalité de qqch., entier
kúmsì	K	* replier une étoffe ou la main sur qqch.	kusur	Oc	laver un vêtement pour la première fois
			kùtùbôo	K	* boxer

kúubéy	K		obscurité	lèlékì	K		dépôt dans un liquide
kúudékà	K	*	patate douce	lélèm	K		goûter du bout de la langue
kùunî	K	*	hérisson				
kúurú	K	*	peau, cuir	lensaasu	Oc		litham en bandes teintes en violet foncé, qui est très recherché comme coiffure
kuuse	Oc	*	estomac, panse				
kúuséy	K	*	piège				
kúusí	K	*	replier les jambes				
láaká	K		banco	léptándà / à	K		cucurbita (cucurbitacées)
láalí	K	*	maudire				
làsáabù	K	*	réfléchir, remarquer	ñimáamù	K		imam
				liligi	Or		être poissant, coller ensemble, faire prise
làazíbì	K		étrangeté, bizarrerie				
làbù	K	*	coincer, attacher un veau pendant qu'on trait sa mère	lílígí	K		cire
				lìŋgì	K	*	nerf, ligament
				lòkà	K		puisette
				lókú	K		coin, angle
láka	K		sorte d'étagère	lola	Or		rue d'une ville
làkkâl	K		surveiller, faire attention	lòŋgò	K	*	fontanelle
				lóobú	K	*	pétrir du banco
làlàbà	K		digue entourant une rizière ; entourer une rizière d'une digue	lóogó	K	*	lécher
				lóogò	K		natron
				lòolòm	K	*	imbiber de sauce une portion de nourriture
lámtà	K		piège pour oiseaux	lóomò	K		bouchée
làsáabù	K		réfléchir, remarquer	luban	Or		ambre jaune
				lúkkè	K	*	donner un coup sur qqch.
law	Oc	*	pelotonner	lullum	Oc	*	vis, visser
lèbú	K	*	terre, sol, pays	lútú	K	*	boucher, calfater une barque, couvrir ; être sourd
leebe	Or		conforme, élégant				
léebù	K	*	être paralysé				
léekà	K	*	tempe	má	K		entendre, sentir
lèelè	K		rincer les plats	mâa	K	*	nom, prénom
léemà	K		ombrelle	màajè	Z	*	chat
léemè	K	*	orange	máarásà	K		malaise causé par un manque brusque dans les habitudes alimentaires
léesà	K		brisure de céréale				
lèfî	K	*	acculer, encercler, coincer qqn.				
				máasà	K		beignet
lélé	K	*	henné				

màasù	K	* retrousser, relever un habit, curer un puisard en grattant ; enlever une partie du repas	
máfáarí	K	raison d'être, utilité	
mágásà	K	ciseaux	
máláŋkésì	K	rate	
màléykò	K	ange	
málfà	K	fusil	
màn	K	s'approcher, être proche	
mân	K	où?	
mànîi	K	* sperme	
măr	Or	être gras, tout en graisse	
márèy	K	blesser, être blessé	
márgán	K	* réunir, assembler, amasser, unir, associer, retrouver	
màrjè	K	combien	
màsànî	K	migraine	
másâr	K	maladie	
màsíibà	K	malheur, détresse	
màskàlà	K	syphilis, maladies vénériennes	
mátè	K	comment	
màtè	K	manière, façon de faire	
máttè	K	faire la moue	
màzàlî	K	migraine	
mbaga	Oc	* lézard de 15 à 20 centimètres de longueur ; très commun	
mê	K	* bouche, ouverture, entrée, bout, bec	
mélí	K	* éclair	
mémésé	K	suinter, dégoutter	
mémèttè	K	faire une moue de mépris	
mènté	K	castrer	
mèrì	K	être mince, pointu, aigu	
mèrì	K	* panthère	
méy	K	qui?	
mèy	K	gouverner, régner, commander, posséder	
méytólólí	K	* dindon	
míilà	K	* penser	
mìimì	K	éperon	
mímírí	K	passer un anneau au doigt en forçant ; enfoncer	
mímísí	K	pluvioter ; bruine	
mímítí	K	pincer en roulant entre les doigts	
mírí	K	plonger ; s'immerger	
mìsáaĥ	K	façon de faire, cause	
mìsè	K	manière, moyen, affaire, sens, signification	
mìsìkíinì	K	personne sans ressources	
molgo	K	* mouton à poil, pas à laine	
mòllò	K	* lézard	
móorú	K	* être fatigué, être aigre	
mòorù	K	* caresser ; passer la main sur un animal pour le consacrer	
móosí	K	* ongle	
móoyì	K	* homonyme	
mòy	K	* œil	

mòydúmà	K	*	visage, face, figure
mudaaru	K		avoir besoin
múdì	K		sorte d'instrument de mesure
mùlèy	K		feindre, s'esquiver
múlêy	K		moisir en parlant de farine
mulfu	Oc		drap, velours
múmúsú	K	*	pommette ; sourire
mùnàafíkì	K		hypocrite
múndì	K	*	larme
múrêy	K	*	négliger
mùsèy	K	*	masser, presser dans les mains, pétrir
múttì	K	*	se révolter, se rebeller
múusù	K	*	lion, félin
mùzúurú	K	*	chat sauvage
ŋgèrî	K		grêle
ŋkóró	K	*	bassin
ŋkùâ	K		rival
ŋkùkkàaríà	K		effraie
ɲâa	K		mère, fourreau
ɲăa	K		manger
náafíilà	K		deuxième prière du soir en période de Ramadan
naanaa	Oc	*	menthe
náanéy	K		avoir confiance, espérer
nàarù	K	*	voyager
náasú	K		être gras
ɲáaw	K		miauler
nadir	Oc		rareté
nàfà	K		être utile, nécessaire
nàmà	K	*	aboyer, mordre, piquer (en parlant des insectes)
nàmèy	K	*	python
nda	K		avec
ndàamà	K		caméléon
ndeŋ	Or		moustique
nè	K		ici
nêe	K	*	dire
néesí	K	*	mesurer une quantité de grain, peser, viser ; mesure
níisì	K		se moucher
nín	K		être cuit, mûr, serrer
ŋjèerì	K		ver de case
ɲókò	K	*	coïter
ɲómtì	K		pincer
nóŋgórí	K		endroit, lieu
ɲóogò	K	*	faire bouger
nòorì	K	*	fourmi
nòorù	K		argent, moyen de paiement
núkù	K		donner de l'argent sans se faire remarquer
núkù	K		donner un coup de corne
nùnèy	K	*	feu
nuura	Oc		clarté, lumière, visage illuminé, flamboyant de clarté
òróggò	K		manioc
pétí	K		casser un fil, rompre un lien ; couper, casser
Ráwánì	D		turban, mouchoir de tête
sáaay	K		chance pour soi-même
sàabàrà	K	*	guiera senegalensis

sáabú	K		remercier, féliciter, rendre grâce	saku	Oc	* mets préparé avec du gros mil simplement décortiqué
saafi	Oc		être limpide, sans mélange			
sáafó	K		soir (terme religieux)	sàrfà	K	s'enfiler une écharde ; brochette de viande
sàafûn	K		savon			
sáagéy	K		acacia seyal	sárgà	K	faire un sacrifice, une offrande
sàagêy	K		euphorbe			
sàajì	K	*	s'occuper de qqch.	sárú	K	* sauter, bondir
sáarì	K		acheter en gros	sàtállà	K	bouilloire (pour les ablutions rituelles)
săarù	K		manger avant l'aube			
sáatà	K	*	coiffer avec un peigne, natter	sàtàrà	K	femme adulte (entre trente et cinquante ans)
sábà	K		être égal, identique, juste	sáwà	K	être égal
sábbò	K		grâce à, à cause de ...	sê	K	pour, à cause de, à (postposition marquant la destination, le but)
sàbgù	K		pioche			
sàfà	K	*	piler les épis dans le mortier, égrener, décortiquer le riz ou le mil			
				sébù	K	* grand vent
sáhạ̀	K		force	séedè	K	rendre témoignage, témoigner
sàhádù	K		profession de foi musulmane			
sàkùlèy	K		négliger son travail	séelè	K	couper la viande pour la faire sécher
sàkúllà	K		gêner, incommoder, déranger	sèfèrù	K	* soigner
				sèlèn	K	* parler
sàláatì	K		aube	séllé	K	* tendre pour donner, offrir, allonger bras et jambes
sàlâm	K		s'annoncer			
sàlàŋgà	K		cabinet, lieu d'aisance	séllî	K	invoquer le nom de Dieu
sàllámà	K		donner congé	séndígì	K	corde attachée à un piège pour prendre les oiseaux
sànà	K		aiguille			
sàndà	K		comme			
sáɲfì	K		gifler	sénní	K	langage, parole, nouvelle
sàŋgàntè	Z	*	boule de mil pilée et lavée	sèrì	K	chicotte, baguette
sáŋkéy	K		filet de pêche			

séséré	K	* mettre en rang des personnes ; aligner	
sésérí	K	* fil de fer, chaîne	
sété	K	délégation	
séwcí	K	faire des incantations	
sèytánà	K	démon, diable	
sifiri	K	arc en ciel, chérif	
síí	K	n'être pas, ne pas exister	
sìinì	K	indigo, bleu	
síkkà	K	* douter	
síllì	K	fil, écheveau de fil	
símbárú	K	boiter	
símóŋgól	K	frauder	
síŋgòw	K	planter	
síntîn	K	* commencer	
sìsìlí	K	ferment pour faire cailler le lait	
sitar	Oc	ligne d'écriture	
sóbè	K	insulter, dire des grossièretés	
sòddò	K	faire un aller retour	
sòfò	K	* hydrocyon forskali	
sògò	K	être élancé, svelte	
sógóló	K	croiser les bras	
sóhò̧	K	maintenant, il y a un instant	
sókólò	K	cuillère	
sokone	Oc	se redresser sur les coudes	
sókónó	K	* replier les jambes	
sókù	K	* cuire le mil en grains	
sòkù	K	* trotter	
sòlòŋkú	K	retirer en faisant glisser	
sóŋkòm	K	être accroupi sur les genoux, ou sur les chevilles	
soli	Oc	* boiter	
sòntì	K	tailler en pointe, appointer	
sòobù	K	fil de trame d'un tissu	
sóofú	K	rangée de personnes qui prient	
sòogà	K	* fiancé	
sóogó	K	décanter en passant dans un linge ; fondre un métal	
sóolóm	K	prendre l'épais dans un liquide	
sòolù	K	faire des préparatifs	
sóorò	K	maison à étages	
sóorú	K	* avoir la diarrhée	
sóosò	K	défibrer un tissu, tirer les fils d'un tissu	
sóotè	K	* cravacher, chicotter, flageller	
sòrkù	K	accrocher, suspendre qqch. à un arbre, à un mur	
sóróhò̧	K	honneur, gloire	
sorro	Or	ligne	
sósóbú	K	* faire le deuxième pilage du mil, mil pilé et séparer du son ; piler pour enlever le son ; céréale sans son	
sòttèy	K	être pointu, aigu	
súbà	K	demain	
súbbúkù	K	donner un lavement	

sùbù	K	* herbe, paille, fourrage, chaume	táalí	K	* faire du tort à quelqu'un
sùdúudù	K	se prosterner, adorer ; lieu où l'on se prosterne, où l'on adore	táalíbì	K	disciple d'un marabout
			tàamà	K	piétiner
			tàamì	K	chaussure
súfù	K	* tremper légèrement	táarí	K	* mentir
			táasà	K	cuvette, assiette, tasse
súfúréy	K	agir par charité, vendre au dessous du prix, louer	tàasì	K	* sable
			tàatágèy	K	* autruche
			táazírì	K	riche
súlbà	K	longue aiguille	tábà	K	tabac
sùmfèy	K	* queue	tàbà	K	* goûter
súmmú	K	* baiser, embrasser	tàbbátì	K	immobile
			tafirfir	Or	* chauve-souris
súndù	K	* absorber, s'infiltrer, pénétrer dans l'eau, couler ; priser ; prise de tabac ; poudre de tabac	táká	K	* créer
			tàkúbà	K	épée
			tàkúlà	K	galette
			tàlhánà	K	* belle de jour
			tálkì	K	* être misérable
sùndúkù	K	caisse	tàllè	K	colporter, vendre d'un endroit à l'autre
súŋfù	K	* se reposer			
súŋgéy	K	* suer ; sueur ; transpirer	tàm	K	* captif, esclave
sùnnáarà	K	bonne odeur	tàmàhậ	K	* croire que..., espérer que..., penser que...
súnsùm	K	* sucer			
súrcì	K	superstition			
sútì	K	* ruer	tàmbà	K	vite
sútúrà	K	laver un cadavre avant de l'ensevelir	támmà	K	pièce de un franc
			támtàm	K	chercher en tâtonnant
súují	K	cadeau de mariage, de fiançailles	táŋá	K	* front
			táŋká	K	trou peu profond
súurì	K	patienter	tántábàl	Or	* pigeon
táa	K	coudre	târ	K	faire qqch. de bonne heure
táabì	K	* souffrir, pâtir			
táabà	Z	signe	tàrâa	K	lit (sp.)
táabú	K	* plier	tàrbàsù	K	poursuivre qqn. d'effrayé
táalá	K	* empiler			
táalám	K	orner, parer, tatouer	táréy	K	dehors
			tárù	K	* se dépêcher

tásà	K	foie	
taw	Oc	* feu, flamme	
táwéy	K	* jumeaux	
téelí	K	* intestin	
tèenèy	K	* datte, dattier	
téférì	K	entraver	
téfèy	K	être plat	
tégélé	K	poser l'un dans l'autre, emboîter, croiser les jambes	
téké	K	arrêter qqch. ou qqn. pour éviter un accident ; caler	
tèlèŋsì	K	* glissade ; glisser	
télfì	K	* confier	
tété	K	* tenir un enfant par la main pour lui apprendre à marcher	
tétéfé	K	* omoplate	
tétéfí	K	socle de la hilaire	
tétéŋgí	K	* tituber, vaciller	
tèw	K	* lanière, courroie	
téy	K	* bile, fiel	
tèymâm	K	faire les ablutions avec du sable	
teynsi	Oc	glisser ; s'arc-bouter du pied pour ne pas glisser	
tìbì	K	* prendre une poignée de qqch.	
tìbì	K	s'enfoncer, s'embourber, être marécageux	
tifi	Or	* empoigner	
tìgìnà	K	* cul	
tílàs	K	être obligatoire, nécessaire	
tímmè	K	être achevé, être terminé, être parfait ; être complet	
tîŋ	K	être lourd	
tíntím	K	seuil d'une maison	
tìntîm	K	tasser avec les mains et les pieds	
tìntìmì	K	petit mur servant de siège	
tírà	K	papier écrit, livre lettre, gris-gris protecteur	
tísôw	K	* éternuer	
tìyáabù	K	récompense divine	
tó	K	* arriver à atteindre, être complet, être plein	
tobey	C	mettre le turban	
tògónò	K	* menton	
tòkêy	K	* kaki de brousse	
tòkò	K	tomber sur les fesses	
tókóró	K	fenêtre	
tómbí	K	point, tache	
tóndì	K	* pierre, caillou, montagne	
tóŋgó	K	carquois	
tóŋkó	K	* piment	
tòntòn	K	* ajouter, augmenter, prolonger, additionner	
tóorú	K	lieu où l'on se prosterne, où l'on adore ; égorger un poulet avec les ongles à la façon des sacrificateurs songhay ; déchirer ; fétiche	

tòosì	K	*	uriner
tórkò	K		charrette, brouette
torra	Or	*	ennuyer
tòsòbâ	K		chapelet musulman
túbélù	K		grand tam-tam
túbéy	K	*	neveu nièce, (fils ou fille de la sœur d'un homme)
túfà	K	*	cracher
túgú	K		cacher
tuhuma	Oc	*	soupçonner, conjecturer
túkúmáarèn	K		fromage touareg
tùn	K		se lever, se mettre debout
tùràarì	K		parfumer, parfum
túrú	K	*	tresser les cheveux, natter, coiffer
tútì	K		pousser qqch. en laissant glisser sur le sol
tútúbú	K	*	broyer, mâcher, croquer, castrer par écrasement, écraser
tùu	K		plat de bois, écuelle en bois
túubì	K		se soumettre à Dieu
túurì	K	*	arbre, médicament
túusú	K	*	oindre, enduire, essuyer, efface, crépir à l'intérieur
úrà	K	*	or (métal)
wá	K	*	déféquer
wà	K	*	lait
wáadù	K		volonté divine, fatalité
wáafákù	K		être d'accord, faire alliance, se réconcilier
wàalíyà	K	*	cigogne d'Abdim
wáaní	K	*	savoir (verbe)
wáarú	K	*	être fissuré, crevassé
wáasú	K	*	bouillir ; bouillir en faisant du bruit
wàasù	K	*	mettre à part, écarter qqch., mettre à côté
waasu [N-ga]	Oc		être en colère (contre N)
wáatì	K		temps, époque, moment, instant
wáazíbì	K		être indispensable, être nécessaire
wáazù	K		prêcher, endoctriner
wáddè	K	*	camarade de même âge ; membre de la même classe d'âge
wahay	Oc	*	esclave dont le maître a fait sa concubine
wàkíilù	K		représentant, responsable
wàl	K		ou bien (morphème disjonctif)
wàlàhá	K		planchette pour écrire
wàndè	K	*	femme, épouse
wáne	K		ce qui appartient à qqn.
wàŋgù	K	*	guerre, bataille, combat, armée
wannasu	Oc		causer, s'entretenir, conversation, entretien
wànzâm	K		barbier

wárgá	K	* être gros, grossir ; large, solide
wárrà	K	lancer un bâton ou des cailloux
wásà	K	* être large, être vaste
wàsà	K	ça suffit, c'est assez
wèlî	K	saint
wénjè	K	* refuser, désobéir
wèy	K	* femelle, femme
wèymèy	K	partir en fin d'après midi
wéynòw	K	* soleil
wíddì	K	psalmodier le Coran
wíi	K	* tuer, assassiner, éteindre, couper l'herbe, récolter le mil
willi	Or	* retourner
wíndí	K	* concession (terrain) quartier ; récolter le fonio
wìndì	K	* tourner autour de qqch.. Récolter le fonio
wìrì	K	excrément, fumier, fiente
wísì	K	* siffler
wó	K	ce, cet, cette, celui-ci, celle-ci, ceci
wófè	K	* n'avoir pas de force, être faible
wòfè	K	* tirer brusquement
wolfo	Or	anneau de cheville
wôw	K	* injurier
yàafà	K	* pardonner à qqn., donner sa part quand il manque qqch.
yàamárù	K	* consoler
yàarù	K	* taureau ; être courageux, brave
yáasèy	K	proverbe, conte, parabole, devinette
yaasu	Or	sécher superficiellement, se faner
yéejí	K	* bœuf porteur
yèrdà	K	* accepter, consentir, approuver, être d'accord, permettre
yò	K	* chameau
yòlkú	K	desserrer
yólló	K	* baver ; salive
zâ	K	dès que, depuis
záabì	K	* répondre ; donner une réponse à une question importante
záamà	K	vaincre, gagner sur l'ennemi
záarà	K	tissu, toile
záarîŋ	K	jour
záatì	K	justement
zàbànì	K	époque, temps
zàbù	K	* enlever un peu d'eau d'un canari ; gauler
zàhánnàm	K	enfer
zákkà	K	dîme
zàláalà	K	tapis de selle
zàmá	K	puisque, parce que, car
zàmbà	K	tricher, rouler qqn.
záŋgà	K	brisures de céréale
zán	K	* génisse
zàŋkà	K	* bébé, enfant

zárgá	K	bouillir ; bouillir en faisant du bruit, bouillir de colère
zébén	K	distribuer
zébíyú	K	albinos
zebu	C	* diminuer, se diminuer
zèbù	K	* raboter, écorcher, retirer un peu, diminuer un prix
zéerí	K	* rayer, tracer des lignes, dessiner ; trait ; faire un trait, marquer au fer
zéfè	K	frapper avec un coupe-coupe ou un sabre
zékérì	K	* fesse
zèm	K	forgeron
zémmù	K	* acclamer qqn., louer
zéŋgí	K	* enlever un morceau
zèntí	K	conter
zèybànà	K	* gyp africain et autres espèces pseudogyps africaus (falconidés)
zíbà	K	poche
zífà	K	* cultiver avec la pioche soŋey
zígí	K	monter une pente
zìgìdà	K	collier que les femmes portent autour des hanches
zìibì	K	être sale, être impur ; saleté, ordure, balayures règles (gynéco.)

zíilám	K	se rouler par terre, ramper
zìirì	K	limer, frotter
zìmmòw	K	prêtre du culte des holley
zîn	K	génie
zìnà	K	faire l'adultère
zìŋgí	K	* secouer
zòfólò	K	* prépuce
zògò	K	tourner la tête, se retourner
zògò	K	* se fâcher
zògú	K	sorte de harpon
zókòm	K	becqueter, mordre en arrachant
zóllò	K	* jaillir de l'eau
zòlò	K	gourde avec col
zòŋkèy	K	rester à l'écart
zóobù	K	lieu cultivé
zòolí	K	se balancer
zóorú	K	* débarrasser un champ des souches de mil de l'année précédente, afin de le rendre ... ; défricher
zow	C	* se battre
zú	K	bande de tissu ou de natte
zùmbù	K	* descendre, débarquer, désenfler, camper
zúmmà	K	prière du vendredi
zùŋkà	K	* bosse chez la bête
zùnúbù	K	pécher
zùrù	K	* fuir (en parlant d'un homme), s'enfuir, courir, s'échapper

ANNEXES.

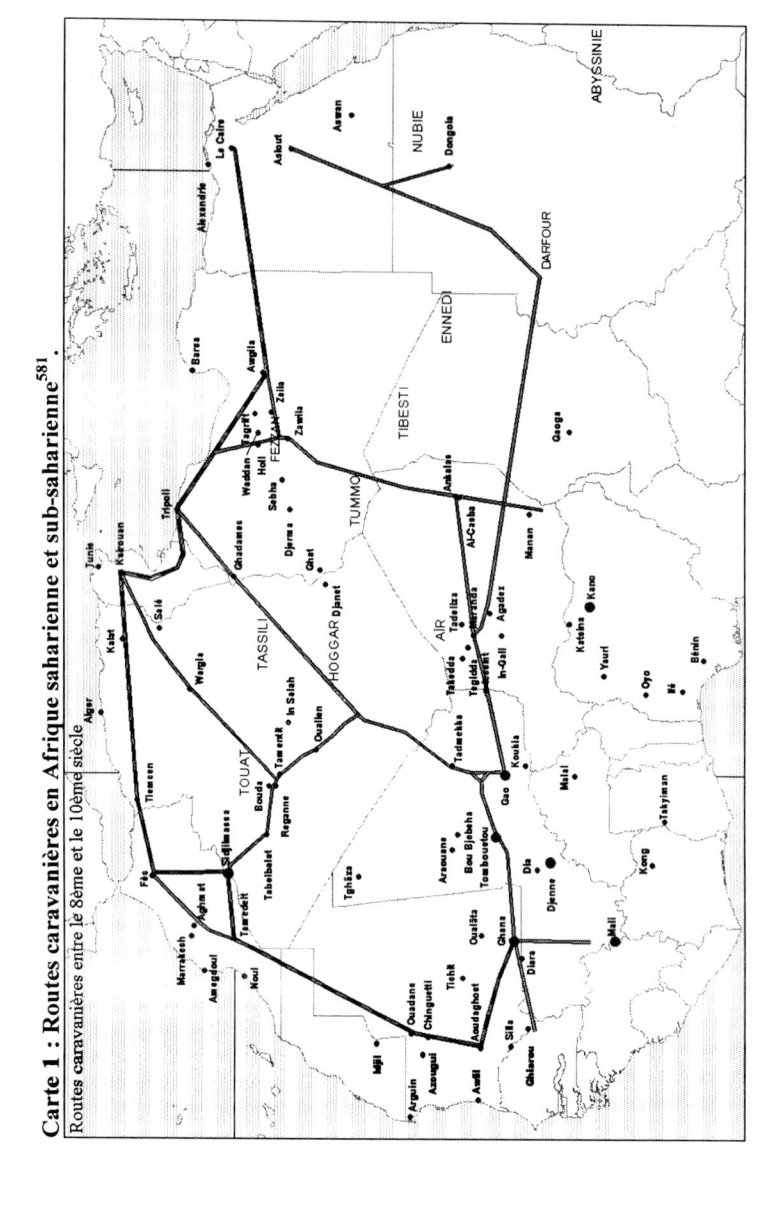

Carte 1 : Routes caravanières en Afrique saharienne et sub-saharienne[581].

Routes caravanières entre le 8ème et le 10ème siècle

[581] Carte effectuée d'après R. Mauny (1961).

Annexes

Carte 2 : Les langues chamito-sémitiques en Afrique[582].

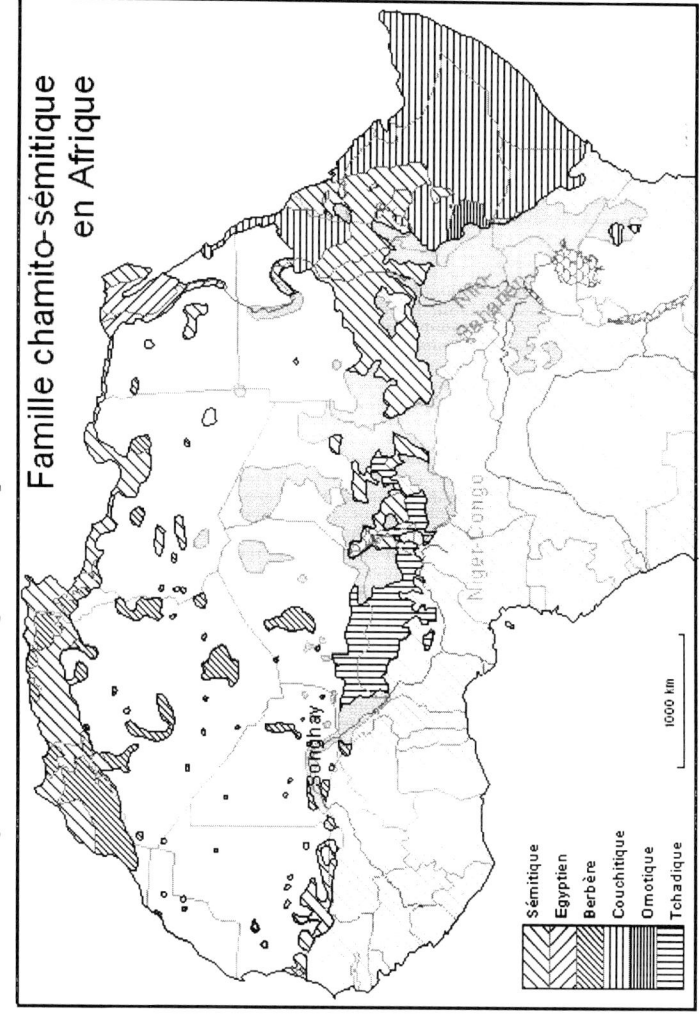

[582] Carte effectuée par K. Brunk dans Ibriszimow, D. 2001. Afroasiatisch, in MABE, J. E. (éd.). Afrika-Lexikon. Ein Kontinent in 1000 Stichwoertern. Stuttgart : Metzler, pp. 12-13.

Ethnolinguistic Situation in Bagudo Local Government[583].

APPENDIX

Ethnolinguistic Situation in Bagudo Local Government   Area (1995)

Place Names	Ethnic Groups	Languages
Bagudo	Fulbe, with a Pullo chief, Zarma; LG Chairman, a Busa, comes from Illo (1995)	Fulfulde, Hausa (as a lingua franca); Chairman's family also speaks Busa (Boko)
Bahindi	Fulbe	Fulfulde
Bakin Ruwa	Busa, some Kyanga, with a Kyanga chief, Dendi	the majority speak Busa, and only the chief still speaks Kyanga
Bakwai (near Ka'oje)	Fulbe	Fulfulde
Bani	Busa, with a Busa chief, Kyanga, Hausa newcomers	the majority (Busa and Kyanga) speak Busa
Burji	Hausa, Busa, a few Kyanga	Hausa (?); some Kyanga still speak their language
Busura (near Ka'oje)	Fulbe	Fulfulde
Buya	Fulbe	Fulfulde
Daranna	Fulbe, with a Pullo chief, Hausa, "Borgawa"	Fulfulde, spoken by both Fulbe and Hausa, "Borganci", very close to Busa, spoken by the "Borgawa"
Famfaro	Hausa, some Dendi	Hausa (?)
Ganten Fadama	Fulbe	Fulfulde
Ganten Tudu	Fulbe	Fulfulde
Gatawani	Kyanga, with a Kyanga chief, Hausa-Kabawa	Hausa
Gendene	Fulbe	Fulfulde
Geshero (near Illo)	Kyanga, with a Kyanga chief	Dendi, only the chief speaks Kyanga
Gidan Zana (near Bani)	mostly Busa, some Kyanga, with a Kyanga chief	Busa; the chief and "yaran gida" still speak Kyanga; Dendi and Hausa are also spoken
Giris	mostly Hausa of Nupe origin, with a Hausa-Nupe chief; some Dendi and Zarma	Hausa and Dendi (spoken by both Dendi and Zarma population)
Gwamba	Fulbe & Hausa	(?)
Illela (near Bahindi)	Fulbe	Fulfulde
Illo	mostly Busa, with a Busa chief, some Kyanga and Dendi as well as Hausa settlers	Dendi, only a few ("guda guda") still speak Busa, some old Kyanga people also speak Kyanga; Hausa is also spoken with some borrowings from Busa and Dendi ('Hausar Illo') Kyanga spoken by the Kyanga, Hausa Busa, only some old Kyanga still speak their language
Kabaka (near Illo)	Kyanga, Hausa settlers	Hausa (?)
Kalli (near Illo)	Busa, with a Busa chief, Kyanga, Dendi	Fulfulde
Kangiwa	Hausa, with a Hausa chief, Kyanga, Dendi Fulbe; formerly inhabited by the Shanga who were driven away by the invaders Zarma, some Dendi	Dendi Kyanga; Dendi and Hausa are also spoken
Ka'oje	Kyanga, with a Kyanga chief, Zarma, some Fulbe; an ancient Kyanga stronghold	Hausa Dendi

---

[583] Repris de Dobronravin (2000). Ce tableau est présenté pour montrer sur un exemple la complexité et la stratification ethnico-linguistique que l'on peut trouver « sur le terrain ».

Karambado	Hausa-Kabawa	Hausa
Kasati	Zarma, some Dendi	Hausa and Dendi spoken by the majority
	Hausa-Kabawa	
	Busa	Hausa, Zarma (?)
Kende		Fulfulde
Kunkuru	Hausa-Kabawa, Kalakala	(?)
Kurgu (near Kende)	Fulbe	
Kurukuru (near Illo)	Fulbe, with a Pullo chief, some Hausa	Hausa spoken "more often than Dendi"
	Hausa, Dendi	Dendi, Kyanga spoken by a few old
Kwanguwai		people; Hausa has also spread
Kwasara	Dendi, Zarma, with a Zarma chief,	Songhay (?), Fulfulde
Lafagu	Kyanga, Hausa newcomers	Hausa
	Kalakala, Fulbe	Hausa
Lani	Hausa-Kabawa	
	Hausa, with a Hausa-Zamfarawa chief	Hausa (?)
Lollo	Hausa-Kabawa, with a Bakabe chief,	(?); the old Kyanga still speak
	Fulbe	the Kyanga language
	Busa, Kyanga, Hausa	
Maitambari (near Zaga)		Fulfulde
Marake	Fulbe	
Matsinkai (near Bagudo)		Busa; Dendi is also spoken
	Busa, Kyanga, with a Kyanga chief	
Rahan Taru	Kyanga	Dendi; some people still speak Kyanga
		Hausa (?)
Sabon Gari (near Illo)	Hausa, with a Hausa chief, Fulbe	
		Hausa (?)
Sabon Gari (near Zaga)	Hausa, with a Hausa chief, Fulbe	Kyanga; Dendi (as a lingua franca);
	Kyanga	Hausa is not spoken there
Sanbe		Busa; Hausa is also spoken
		Fulfulde
Sarhu	Busa	Kyanga; Dendi and Hausa are also
	Fulbe	spoken
Sharabi (near Zaga)	Kyanga	only Hausa is spoken by the Kyanga; Dendi is also spoken
Shiba	Kyanga, with a Kyanga chief, Dendi	Hausa
Tondi	Hausa, with a Hausa chief	Hausa
	Hausa, a new village on the road from Gidan Zana to Sanbe	
Tsamiya (near Illo)	Fulbe	Fulfulde
Tuga	Dendi, some Hausa	Dendi and Hausa
Tungan Bage (near Illo)	Fulbe	Fulfulde
	Kalakala, Fulbe (both groups have their	Zarma (?), Dendi is not spoken there
Tungan Malam	own chief), Hausa	
Tungan Wahanu		
Wayekanka		
Yamusa		
Yantala (near Illo)		
Zaga (Zagga)		
Zarian Kalakala		

Récapitulatif des rapprochements analysés.

Entrées de Ehret.

1	ɓà, ɓà:	part	bàa	part	sém : bāʕ
12	ɓé:h	leave	bâ ; bâa	aimer, vouloir, valoir mieux, être préférable	sém : bġy berb : bɣ
15	ɓìh, ɓì:h	sore, ulcer, wound	bì	plaie	berb : by
17	ɓiθ	to slice thin	bísôw	acacia raddiana et acacia dipchrostachys r.	ésem : bs, bsʕ
19	ɓòɓ	to be much	bóbòw	nombreux, beaucoup (adv.)	berb : bll couch : bl
20	ɓōh	misfortune, bad happening	bònè_{Dbl} ; bòné_{Ayr} ; bónè	être malheureux ; malheur	ésem : bḥn
23	ɓó:r, ɓó:d	to be good	bòorí	bonté, beauté ; être beau, bon, bien	sém : bhr ésem : bʕl couch : blʕ
26	ɓòkʰ	to be worried by, upset by	bákárá ; bákâr	avoir pitié	sém : rḥm ésem : mḥr ; brḥ brb : tmz ; bqr
27	ɓōkʰ	to soak (trans.)	bàkà	mettre qqch. à tremper ; platée ; portion de nourriture	sém : bqʕ ésem : bq berb : bk, bkʷ couch : bk
28	ɓú:	to stay	búu	mourir	sem : fny berb : fn
108a et 108b	máwɲ	finger, toe	moosi // komsi	ongle, griffe pied de bétail	sém : mws ésem : mwṣ // sém : kbs, qmṣ ésem : qyṣ, kbt couch : gmd, gmš
116	me:ytʼ	to cover up	cemse	écaille de tortue, fragment de pot ou de calebasse	sém : tbsʾil berb : ḍbsy
248	ná	what, that	cin	quoi ?	
275a et 275b	nún	heat	nuney // konnu	feu être chaud	sém : ndʔ (?) ésem : ndd couch : ndǧ // sém : ḥrr couch : hrr
355	nḏōkʰ	anus	zékérì_{Dbl} ; zàkàrì_{Ayr}	fesse ; derrière, fesses	sém : zg, zk berb : zk
428	ɠwé:b, ɠwé:ɓ	to burn (trans.)	gòobéré	provoquer un incendie de case	hawsa : gòobaraa

565	pá:ṣ or pā:ṣ	to remove, take out or off, put out	basa	être vidé	sém : ybs
569	pɛh	hand	kabe	main	kb, kf, etc.
608	pʰár	to call out	fàrgárà_Dbl ; fáwrè_Ayr	tonner ; gronder (tonnerre)	sém : brq berb : brq égyp : brq, brg couch : flk, blk
654	phù	to blow (with mouth)			
656	pʰùh	lungs	kufu	poumon	ésem : kf, kmf
1060	kʰúmpʰ	to foam, froth, billow, bubble	kumfu	to froth, foam ; froth, foam	berb : kf couch : qnḫf égyp : kff
1284	rwíkʰ	to speak, especially forcefully ; to pester, bother verbally	dúkkúrù ; dúkkúrì	se mettre en colère ; rancune	sém : t̠ẖr ; dkr berb : dkr, dkʷr
1288	āró, àró	white	kàaro	être blanc	sém : kr ; qd ésem : qdw couch : qd
1369	wá	third person indefinite pronoun	wo koy	ceci agent de l'action	
1371	wá	to pour (trans.)	wa wà	defecate // lait	ésem : ʕb // sém : ḫlb
1376	wànt, wànṭ	side of the body	wande	part of the body between the ribs and hip	
1377	wàɲ, wāɲ	female	wèy	female	sém : : ʕwyn
1378	wánṭ	woman	wande	wife	ésem : ʔnṭ berb : nṭ, nt couch : nt, nd
1381	wāpʰ	to thrust aside	wòfè	to pull suddenly	couch : wf
1383	wár	to rise, go up	warga	to be big, thick, fat ; to grow bigger	sém : wrk ésém : bgr berb : wrk, fyl
1387	wàs	to grow large	wasa	to be wide	sém : wsʕ berb : wsʕ couch : wsʕ égyp : wsẖ
1388	wá:ṣ	to bubble	waasu	bouillir en faisant du bruit	sém : ḥsw ésem : wz ; ḥws couch : wz berb : wṣ, ws

1389	wát	close friend, comrade	wadde	comrade of the same age	sém : wdd ; wld
1390	wáyéh, wá'yéh	ten	wéy	ten	
1391	wa:y	to give off light	weete	morning	
1392	wà:yn	fire	wenow	sun	ésem : ḥwy
1395	wē:l	to shine, burn	oole ; oolo	to be yellow ; yellow	
1397	wēpʰ	to lack strength, be weak	wofe	to be weak, lack, strength	sém : ḥwf berb : wf
1398	wēnt / wīnt	to go round / to revolve	windi	to revolve around (something)	sém : ʕd, ʕwd berb : wl
1400	wèr, wèd	mud	wiri	dung	
1401	wéθ	to spill onto, wet down	wesi	to drain, scoop out (liquid)	
1403	wé	you (pl.)	oo, or	you (pl.)	
1405	wé:n	to observe	wáaní	to know	sém : ʕyn berb : ʕyn couch : ʕyn
1406	wèŋk	to disapprove of, deny	wenje	to refuse, disobey	*sém : hgg ésem : hgʷl ; hgʷl berb : wǧy, wnǧ
1408	wé:r	to crack, tear, split (intr.)	waaru	to be cracked	sém : wʕr
1410	wéy	to die	wi	to kill	
1415	wìr	to spill, flow out	kuri	blood	
1417	wís or wíṣ	to blow with the mouth	wisi	to whistle	sém : ws ésem : wś? berb : wṣ, ws couch : ws
1419	wí:y, wí:'y	to take loose, detach	wi	to cut grass, harvest grain	
1422	'wa:r	large carnivore, especially leopard or hyena	kooro	hyène	berb : ɣr
1492	yēh	to lie (down)	kaày	ancêtre	berb : ky couch : kky
1553	hámp	to be afraid	hámbúrú	craindre, avoir peur	sém : rhb, hrb, rʕb ésem : brʕ, bhr brb : rhb, hrb
1592	á:d, há:d	stem, stalk	kaari kàari	racine de nénuphar champ dans sa 3ᵉ année	sém : krr berb : ɣr, qr, gr

Entrées de Bender :

Glosse	code	valeurs liées et ensemble sémantique associé	traduction minimale			
**ar+	1	belly ; inside, liver, outside, intestines, hearth(7) *(4 : internal organs, inside, outside)*	ventre	-ra	dans	
**ar+	2	rain ; water, river, lake, rainy season (10) *(12 : water, sky)*	pluie	hari	eau	sém : rwy ésem : (ʔ)rwy berb : rw(y) couch : rwq
**bEr	3	work = cultivate ; build, make = mold = create, change, hoe, dig (8) *(40 : work/cultivation/smithy, actions)*	travailler = cultiver	beeri	piocher, bécher	sém : bḥr sém : brr ésem : bry berb : brr, bḥr
**bER	4	stick ; spear, arrow, bow, branch, stem (10) *(39 : tree/wood)*	bâton	biri, biraw		sém : bry ésem : brr couch : brr
**+bi ~=bo	5	wing ; shoulder, neck (8) *(11 : bodily appendages)*	aile	boy		
**+bi ~=bo	5	wing ; claw, foot = leg, hand = arm, head, thigh (8) *(31 : neck, back part of body)*	aile			
**bo	6	many ; all, big, deep, long (8) *(1 : quantity, size, distance)*	beaucoup, plusieurs	bobow		berb : bll couch : bl
**bo/an	7	ashes ; dust, earth, charcoal, swamp (8) *(2 : earth-like and locus)*	cendres	bonni		chad : *bt
**der?	8	rib ; horn, side (7) *(9 : bone/horn)*	côte	jere		sém : ǧwr ésem : gwr berb : gr, ǧr couch : gr
**er +	9	brother ; man or male, friend, bear child, mother (8) *(35 : persons)*	frère	aru		sém : rwy ésem : ʔrw couch : ʔwr
**+kor +	10	follow ; enter, exit, hunt or chase, dance, return, rise, turn (7) *(14 : motions)*	suivre	kokor		sém : ḥr ésem : kwl berb : hrw
**kor2 +	11	elbow ; claw, foot, hand or arm, finger (10) *(11 : bodily appendages)*	épaule	koro		sém : krˁ
**k+Ob +	12	horn ; rib, bone (9) *(9 : bone/horn)*	corne	kaba		sém : kp, kb ; knp : kf, knf etc.

**kuR	13	lake ; river, well, water (8) (12 *water, sky*)	lac	gooru		sém : ʕql ; qrr, krw berb : grw ; grr couch : gl ; kr
**nV	14	say ; ask or pray, count, insult, call (10) (36 : *speech and oral events*)	dire	ne		sém : ʕn, ʔny berb : nn, ny
**Pat	15	many ; all or completely, long, very (8) (1 : *quantity, size, distance*)	beaucoup, plusieurs	fati		
**tI+t+	16	fall or descend ; go, jump, dance, follow, return, walk (10) (14 : *motions*)	chuter ou descendre	zititi		

Les *Semantic Sets* de L. Bender.

1. quantity, size, distance
2. earth-like and locus
3. bark, skin
4. internal organs, inside, outside
5. flying animals
6. eat, burn, food, drink
7. black, dark, cold, green, grass
8. blood, red, white, yellow
9. bone / horn
10. breast, milk, armpit
11. bodily appendages
12. water, sky
13. undesirable states
14. motions
15. cut, hit, pierce, swim
16. death
17. flesh, animal, dogs and cats
18. dry, heavy, soft, etc.
19. ear, hear, leaf
20. eye, face
21. hair-like, snake-like
22. plants
23. fire, hot
24. insect-like
25. convey, find, give, take, etc.
26. desirable states, clean, wash, rub, scratch
27. know, see, cognition
28. celestial, time
29. semi-grammatical
30. mouth
31. neck, back part of body
32. new, old, frequency, fast
33. air, breathing
34. numerical, other
35. persons
36. speech and oral activity
37. sit, stand, sleep
38. smallness
39. tree / wood
40. work / cultivatgion / smithy, actions
41. herd animals
42. direction, shape
43. emotions, want
44. excretion
45. containers
46. house / yard
47. body / clothes, self
48. salt, taste
49. open, pour, put, etc.
50. animal varieties other than S.S 17, 41

Inventaire des entrées croisées avec les racines PNS de Ehret.

bàa	part	1 ɓà, ɓà: *part*
bâ(ga)	aimer, vouloir, valoir mieux, être préférable	12 ɓé:h *to leave*
bàkà ; bàkbáká ; bàkù ; bákà	mettre à tremper ; prendre une platée ; platée ; portion de nourriture	27 ɓɔ̄kʰ *to soak (tr)*
bákárá	avoir pitié	26 ɓɔ̀kʰ *to be worried by, upset by*
bàŋá	hippopotame	76 aɓoŋ *hippopotamus*
bándá	région lombaire, dos, derrière	563 pànd *lower back*
bangay	se montrer, apparaître, naître	674 p'ā:ŋk *to come in view*
bàŋgù	mare, bassin d'eau, lac	66 bɔ̄ŋk *fluid, liquid*
bármèy	changer, échanger, convertir ; monnaie	570 pèr *to turn*
bàsù	vider, sortir de son gîte	565 pá:ṣ or pā:ṣ *to remove, take out or off, put out*
béerí	piocher, labourer ; abattre	34 bà:ɗ *to knock down*
bérbérè	errer	570 pèr *to turn*
bérè	retourner qqch. ; convertir, changer ; déguiser	570 pèr *to turn*
bésí	pulpe, chair	46 bét *meat*
béy	connaître	42 bè *to understand*
bì	plaie	15 ɓìh, ɓì:h *sore, ulcer, wound*
bíírí	éduquer, élever	52 bì:ɖ *to raise*
bìnè	cœur	84 mbínéh *heart*
bìrí	os	45 bèd, bēd *pole, rod* ; 679 p'ēɖ *to pull open or apart ; to pull bow*
bìsà	passer devant, devancer, dépasser	580 píṣ *to go out*
bóbôw	nombreux, beaucoup (adv.)	19 ɓɔ̄ɓ *to be much*
bòŋ	tête	57 bō *face*
bònè	être malheureux	20 ɓōh *misfortune, bad happening*
bonni	cendres	594 pùd *ash*
bòorí	beau, joli, bon	23 ɓó:r, ɓó:d *to be good*
bòosù	fleurir, mousser	675 p'ā:wtʰ *to bubble up, foam, froth*
bòró	personne	59 bòd or bōd *body (person)*
bòtògò	boue, argile, marne, banco	650 pʰɔ́ *to ooze, seep, become liquid*
bulla	derrière, cul, anus	94 mbwè *abdominal cavity*
búrôw	cendres	594 pùd *ash*
bùtè	vulve ; sexe de la femme	94 mbwè *abdominal cavity*
búu ; bun (Oc) ; bén	mourir ; finir	28 ɓú: *to stay*
cèmsé	tesson, débris de calebasse, de poterie utilisé pour ramasser	116 me:yt' *to cover up*
cénsé	vacciner, scarifier ; entailler, scarification, cicatrices faciales ; piqûre	1022 kʰéns *to scratch, mark by scratching*
cérów	côté, flanc	1510 áyr *other*
círôw	oiseau	572 kʰiper *bird*

dáanà (daɣna)ₛₑₚₜ	palais (bouche)	182 dʼah *palate*
dàrgá	tromper, escroquer	237 ndà:ɗ *to deceive, cheat*
dèbè	damer, tasser en frappant	781 tí:p or tí:b or tí:ɓ *to step, stread*
débèy	village de culture, campement	1259 rēp *to stop (intr.)*
dédébé ; dadaba ; dádábé	tâter, tâtonner (pour un aveugle) ; chauve-souris	173 ɖέ:ɓ or ɖɛɓ *to not see*
dèedè	annoncer ; mesurer, comparer	170 ɖè:h *to speak* ; 210 deh *to look at carefully, inspect*
díbí	s'appuyer sur qqch. pour marcher parce que l'on boite	1267 rɪ́p or rɪ́ɓ *to go down, descend*
díi	voir, découvrir, trouver, inventer, retrouver	228 dí or ɖí *to look at*
díibí	fouler, pétrir, délayer qqch. avec de l'eau ; mélanger	781 tí:p or tí:b or tí:ɓ *to step, stread*
dóbú	articulation, nœud sur une tige ; souder, joindre, raccorder	1275 rɔ́p or rɔ́ɓ *to join, connect up (tr.)*
dórú	être douloureux, regretter	175 ɖód *to feel bad, hurt*
dúbí	souche d'arbre, tronc d'arbre sec	1282 rúp *thin stem*
dúkkúrù	se mettre en colère ; rancune	1284 rwík^h *to speak especially forcefully ; to pester, bother verbally*
dùŋgùrà	être court	232 dùŋk'ùr or ɖùŋk'ùr *short*
dúrú	piler	789 túr *to strike with a tool*
dùsù ; dùsúŋgù ; dusum	être ankylosé ; s'endormir, somnoler ; sommeiller, s'engourdir	872 t'wɔ̀s *to descend, go down*
fãajì	seul, isolé, se languir, s'ennuyer	601 pʰà:g or pʰà:ɟ *to divide up (intr.)*
fargara	tonner, gronder (tonnerre)	608 pʰár *to call out*
fátá	aile, aisselle	633 pʰέtʰ *feather*
fìrká ; firkiti	faucher avec un bâton, faire un croche-pied ; éclats de bois	641b pʰír *to spin (tr.)*
fìttôw ; fìttórì	se lancer, sauter ; bondir, sauter, pirouetter	635b pʰí:ɗ *to spring, leap*
fòfè	sein, mamelle, régime de dattes	672 ápʰóh *upper torso, rib cage*
fúŋ ; fuɲu (Oc) ; fúmbú	péter ; mauvaise odeur ; sentir la pourriture, être puant	595 púmp *to smell (intr.)* ; 660 pʰú:n *to smell (tr.)*
futu	être mauvais, être furieux ; mauvais	648 pʰótʰ *to call, cry out*
gàarèy	chasser, poursuivre, congédier ; faire partir	461 gwɔ̀:r *to drive away*
gêy	durer, tarder	462 gáh or ɟáh *to not do (?)*
gò	être	516 ŋgwō: *to be (in place)*
góndì	serpent	989 kònt *to wind (tr)*
górú	enfoncer, piquer, vacciner, injecter	433 ɟwór *to puncture, pierce with a blade or point*
gùllù	regarder fixement, observer, surveiller	432 ɟwìl or ɟwīl *to look at*
gûm	renverser, couvrir, se cacher, s'accroupir	997 kúm *to cover*
gúmgúm	marcher en se courbant ; se courber	996 kúm *to bend over, bend down (intr.)*
gúndè	ventre, intérieur ; dans	470 Gōnd or Gont' *to do secretly* ; 484 gwīnd or ɟwīnd *waist*

gungu gungum ; kùŋkùnì	s'incliner, se ployer ; enrouler, envelopper, replier, ourler, mettre en rouleau	473 gúŋk' or ɠúŋk' *island*
gùŋgùrèy	rouler qqch., se rouler à terre	449 góŋ *to bend*
gúusù	être profond	475 Gú:s or Gú:θ *to be deep*
háàw	avoir honte, être intimidé	1516 'yāk'w *to be fearful*
háfè	verge	1092 k'??? ???
hám	viande avec os	1550 hám *meat with bone, join of meat*
hamburu	craindre, avoir peur	1553 hámp *to be afraid*
hàmnì	farine	1552b hām *to gather food*
háɳá	oreille	1437 'wéŋ *ear*
hánsì ; háɳsì	chien	1436 'wèns *dog*
hari	eau	1559 hár *rain*
háw	bovin	1604 héw *cow, head of cattle*
háwrù	souper (vb.) ; prendre le repas du soir	1541 hàbùr *to eat up*
háy	accoucher, naître (enfant), mettre bas	1542 háh *to produce (fruit, growth, offspring)*
hèréy	avoir faim, être affamé	1433b 'wéd *to gulp* ; 1434 'wèd *hunger*
hérów	chevrette	1089 k'ér *ewe lamb, female kid*
hóttú	être amer, sévère, brûlant en parlant du soleil	1099 k'òt' *to become unpleasant (taste, condition, etc.)*
hùmè	nombril	1566 hà'wm or hàwm *belly*
húná	vivre	1100 k'ɔ́ *to be*
jìndì	bouc	405 ɗènt *he-goat*
kàabè	barbe	970 kā:p' *lower part of face*
kàarêy	être blanc ; blancheur	1288 āró, àró *white*
kàay	ancêtre	1492 yēh *to lie (down)*
kàbè	bras, main, manche de vêtement	569 peh *hand*
kárú	frapper, taper, claquer, jouer d'un instrument, corriger	1004 kʰád *to split (intr.)*
kàsàmà	gale	1051 kʰɔ́s *to itch, have a rash*
kólí	entourer avec les bras, embrasser, encercler ; s'enrouler, contourner	1035 kʰól *to curve, go round*
kòmsí	pied de bétail	108b máwɲ *finger, toe*
kòomá ; kòomà ; kóomá	bosse de naissance ; ce qui a une forme courbe, faucille ; termitière	1037 kʰōm *hump, lump, mound*
kóorò	hyène	1422 'wa:r *large carnivore, especially leopard or hyena*
koosu	racler, gratter ; écoper l'eau dans une pirogue	1052 kʰɔ́:t *to rub*
kóróŋ	être chaud, avoir de la fièvre	1050 kʰɔr *to burn (intr.)*
kòsòŋgù	parler avec violence ; faire du bruit ; bruit	1043 kʰót' *to speak loudly*
kósú	arracher, cueillir des feuilles pour la sauce, cueillir des fruits ; être sevré	1053 kʰɔ́t' *to pull off, pull out, pull apart*
kóttù	déchirer, fendre, inciser, couper en lanières	1041 kʰò:r *to tear off, rip off, cut off*
kóy	partir, aller, quitter un lieu	1070 kʰwé:k' *to get up*
kóy	possesseur, maître	1369d wá << *third person indefinite pronoun* >>
kùbéy	aller à la rencontre de, accueillir	1054 kʰúb or kʰúó *to join, meet up with*
kùfú	poumon ; écume	1060 kʰúmpʰ *to foam, froth, billow, bubble*

Annexes

kúmfù	faire de l'écume, de la mousse	1060 kʰúmpʰ *to foam, froth, billow, bubble*
kúmsì	replier une étoffe ou la main sur qqch.	1110 k'ú:ṭ or k'ú:ṭʰ *to fold, bend (especially arm of leg)*
kúná	intérieur, dedans ; le dedans, sexe de la femme	1071 kʰwíɲ *entrails*
kunsum ; kúusi	envelopper qqch. ; replier les jambes	1110 k'ú:ṭ or k'ú:ṭʰ *to fold, bend (especially arm of leg)*
kúurú	peau, cuir	1062 kʰú:r or kʰú:d *hide, skin*
láalí	maudire	1335 ɟá:'w *to harm* ; 1297 lā:l *to call out to (someone)*
làbù ; lèfi	coincer ; acculer, encercler, coincer qqn.	1306 lēpʰ *to grasp, hold*
lèbú ; daw	terre	1359 làp'úh or ɟàp'úh *soil, earth*
léebù	être paralysé, infirme	1307 lé:p' *to be feeble*
lòŋgò	fontanelle	1322 lóŋkʰ *crown of head*
márgán	réunir, assembler, amasser, unir, associer, retrouver	100 máɗ *to join together, assemble (tr)*
mê	bouche, ouverture, entrée, bout, bec	110 mày *to chew up*
mélí	éclair	117 mél *to glare, shine*
mèrì	panthère	125 mēríh *leopard*
móorú	être fatigué, être aigre	144 mɔ̀:ɗ *to become weary, tire out*
mòy, mò	œil	143 mòy or mōy *upper part of the face, area around the eyes*
múrêy, array	négliger, s'aviser	154 múr *to intend*
mùsèy	masser, presser dans les mains, pétrir	157 mùṣ *to pick up 'many things' / to pick up*
ɲâa	mère	372 ɲáh *female* ; 380 ɲéh *sheath (for weapon)*
ɲăa	manger	518 ɲɑ̀ or ɲā *to bite into*
nàmà ; nàmèy	aboyer, mordre, piquer (en parlant des insectes) ; python	253 nām *to eat up*
nêe	dire	258 nèh *to utter*
neesi	mesurer, peser ; mesure, poids	255 nàyìṣ *to pay (extented) attention to*
ɲìfi ; kafu ; ɲafu	empoigner à pleine main ; saisir brusquement ; saisir	376 ɲà:ŋ *to grow greatly*
nùnèy	feu	275a nún *heat*
sàŋgàntè, sákù	boule de mil pilée et lavée, aliment chauffé	1229 zókʰ *to roast*
séllé	tendre pour donner, offrir, allonger bras et jambes	1219 zél *to reach out (for)*
séséré	mettre en rang des personnes ; aligner	1221 zèr *to put in line, put in order*
sóbè	insulter, dire des grossièretés	1132 θòp or θòb or θòɓ *to revile*
sòkù ; zoko-zoko	trotter	1230 zòkʰ *to trot*
sóotè	cravacher, chicotter, flageller	1173 swé:ʈ *to whip, strike repeatedly*
súndù	absorber, s'infiltrer, pénétrer dans l'eau, couler ; priser	1137 θùnṭ *to inhale*
súnsùm	sucer	1135 θùm *to sniff*
táabì	souffrir, pâtir	740 ʈ'ā:p *to feel bad, have bad feeling*
táabú	plier	793 tʰá:ɓ *to fold together*
táalí	faire du tort à qqn.	843 T̰à:l *to err, do wrong*
tàasì	sable	940 ʈ'ē:ṣ *sand*

tàbà	goûter	712 ƭíáp *to examine / to look for*
tárù	se dépêcher	729 ƭʰét' *to hurry, do quickly*
tásà	foie	748 ƭ'éz *liver*
téelí	intestin	950 ƭ'ɔ́:l *front of the body, belly*
tèlèŋsì	glissade ; glisser	939 ƭ'èl *to slip, slide*
tété ; tétéŋgí	tenir un enfant pour lui apprendre à marcher ; tituber, vaciller	802 tʰéŋ / tʰíŋ *to stagger / to totter*
tèw	lanière, courroie	906 ƭeɓ or tʰeɓ or Ƭeɓ *leather strap, thong*
téy, taybur, taybun	bile, fiel	766 éƭ or éƭʰ or éƭ' *bile, gall*
tìbì ; tifi	prendre une poignée de qqch. ; empoigner	714 ƭíp *to divide into portions, distribute*
tísôw	éternuer	945 ƭ'is *to sneeze*
tóndì	pierre, caillou, montagne	733b ƭʰɔ̀ŋ *to raise*
tòntòn	ajouter, augmenter, prolonger, additionner	733a ƭʰɔ̀ŋ *to raise*
tòosì	uriner	757 ƭ'ó:θ *to pour in narrow stream*
tubey	neveu, nièce	844 T₂áwp' *nephew, niece*
túrú	tresser les cheveux, natter, coiffer	816 tʰóɖ / tʰúɖ *to plait (hair) / to tie up, bind*
túusú	oindre, enduire, essuyer, efface, crépir à l'intérieur	820 tʰó:ƭ *to rub with the fingers*
wá	déféquer	1371a wá *to pour (tr.)*
wàa	lait	1371b wá *to pour (tr.)*
waani	savoir	1405 wé:n *to observe*
wáarú	être fissuré, crevassé, se fendiller	1408 wé:r *to crack, tear, split (intr.)*
wáasú	bouillir, bouillir en faisant du bruit	1388 wá:ṣ *to bubble*
wáddè	camarade de même âge ; membre de la même classe d'âge	1389 wát *close friend, comrade*
wàndè	femme, épouse	1378 wánƭ *woman*
wárgá	être gros, grossir	1383 wár *to rise, go up*
wásà	être large, être vaste	1387 wàs *to grow large*
wénjè	refuser, désobéir	1406 wèŋk *to disapprove of, deny*
wey	femme	1377 wàɲ wáɲ *female*
weynow	soleil	1392 wà:yn *fire*
wíi	tuer, assassiner, éteindre, couper l'herbe, récolter le mil	1410 wéy *to die*
wìndì	tourner autour de qqch. ; détour, se promener, concession	1398 wēnt / wīnt *to go round / to revolve*
wísì	siffler	1417 wís or wíṣ *to blow with the mouth*
wofe	n'avoir pas de force, être faible	1397 wēpʰ *to lack strength, be weak*
wòfè	tirer brusquement	1381 wāpʰ *to thrust aside*
yàarù	taureau ; être courageux, brave	1485 yá:yr *cow, head of cattle* (root 1484 plus NS *r n. suff)
yéejí	bœuf porteur	1477 yákw or yágw or yáɗw *young person, adolescent*
záabì	répondre ; donner une réponse à une question importante	286 ɗa:p or ɗà:b or ɗà:ɓ *to speak at length*
zàbù ; zèbù ; zoobu	enlever un peu ; raboter, retirer un peu ; mettre en jachère	362 nd̃ep' *to rub (with a tool), to scrape*
zán	génisse	283 ɗa *girl, daughter*
zéerí	rayer, tracer des lignes, dessiner	292 ɗé:r *to stripe, streak, make line*

zékérì	fesse	355 nd̪ōkʰ *anus*
zífà	cultiver avec la pioche soŋey	304 ɖìːp or ɖìːp' *to dig*
zìŋgí	secouer	334 ɖìŋk' *to shake*
zóorú	débarrasser un champ des souches de l'année précédente, défricher	347 ɖwéːd or ɖwéːr *to strip, make bare*
zùmbù	descendre, débarquer, désenfler, camper	339 ɖùmp *to alight, perch*
zùŋkà ; zúŋkù (Zrm)	bosse chez la bête ; s'asseoir en courbant le dos, la tête sur les jambes	340 ɖūŋkʰ *hump, swelling (on body)*
zùrù	fuir (en parlant d'un homme), s'enfuir, courir, s'échapper	369 nðūr or nðūd *to move quickly*

REFERENCES

Classification des sources.

Les données lexicales utilisées pour le songhay ont été les inventaires lexicaux disponibles des plus anciens aux plus récents ; hors du domaine songhay un nombre important de sources ont été prises en compte dont on trouvera le détail ci-dessous. Du point de vue documentaire, c'est pour l'essentiel au travers de la base dialectologique et lexicale de la zone sahelo-saharienne intitulée SAHELIA, qui comprend aujourd'hui plus de 420 000 entrées[584] que les données ont été appréhendées. Cette base de données, initiée à l'Université de Nice, a pris de l'importance dans le cadre d'un programme que le CNRS avait ponctuellement soutenu ; il conjoignait des chercheurs issus de différentes équipes européennes[585]. Du point de vue méthodologique, c'est grâce au logiciel MARIAMA, que l'exploitation de la base de données a pu être conduite ; ce logiciel, défini comme un « *gestionnaire d'hypothèses et d'analyse* » et que j'ai conçu pour les besoins de la recherche lexicale comparative, permet non pas de « retourner automatiquement » des résultats mais de fournir de façon souple et différenciée un environnement de travail pour la recherche lexicale comparative sur de grands corpus.

Remarques complémentaire sur la nature des données.

Les données recueillies dans une base de données ne sont pas nécessairement équivalentes et elles peuvent poser d'évidents problèmes qu'il n'est pas inutile de souligner. De façon toute pragmatique, j'inventorie les catégories suivantes :

- *Ressources anciennes et historiques.*

Il existe une catégorie de relevés lexicaux anciens, entendons par là qu'ils datent du début de la pénétration européenne en Afrique subsaharienne. Généralement ces documents sont de peu d'intérêt

---

[584] Remarquons qu'un tel décompte ne veut pas dire grand chose dans la mesure où l'on peut, sur des critères plus ou moins stricts, multiplier ou réduire le nombre d'entrées comme dans n'importe quel « dictionnaire » pour peu que l'on décide ou pas de séparer des significations, des valeurs d'emploi, etc. Toutefois, la loi des « grands nombres jouant » l'indication renvoie quand même à un 'ordre de grandeur' appréciable.
[585] Soit, une fois mis à part les initiateurs niçois : l'Institut für Afrikanistik de Francfort, l'Université Charles de Prague, les sections Afrikanistik de l'Université de Bayreuth, l'Institut Afrikanistik de l'Université de Vienne, l'Istituto Universitario Orientale de Naples, le LLACAN, équipe CNRS parisienne, l'UMR de l'Université Lyon II, et plusieurs autres collaborateurs individuels dont la participation a parfois été aussi importante que les collaborations institutionnelles.

linguistique et peuvent contenir des erreurs grossières liées à la modalité de leur recueil et/ou au niveau de compétence des enquêteurs qui n'ont pas toujours une formation de linguiste ; leur valeur actuelle est donc plutôt faible[586]. Pour le songhay, c'est bien évidemment le cas des recueils de Caillé, Clapperton, Caron, Dubois, Dayan, qui concernent le songhay occidental et n'apportent aucune information qui les démarque de travaux ultérieurs beaucoup plus sûrs linguistiquement ; c'est aussi le cas du lexique de Raffenel (sur la langue arma)[587] et encore des travaux beaucoup plus élaborés sur le zarma de Ardant du Picq et de Marie.

Toutefois certains de ces travaux conservent toute leur valeur, que ce soit en raison de la qualité intrinsèque du recueil ou de la rareté de la documentation sur les langues recueillies. C'est le cas du relevé de H. Barth sur l'emghedeshie, la variété de songhay septentrional anciennement parlée à Agadès et aujourd'hui disparue, ou encore du relevé belbali du Lt Cancel qui, avec les attestations que l'on peut collationner dans l'étude ethnographique de Dominique Champault, est la seule source connue sur cette variété de songhay septentrional parlée non loin de Sijilmassa dans le sud-ouest algérien.

- *Ressources récentes.*

Il s'agit essentiellement des travaux d'africanistes effectués au début et au milieu du 20ème siècle. Certains sont beaucoup plus riches et fiables que les précédents, leurs auteurs ont parfois passé une partie importante de leur vie au contact des populations dont ils rapportent la langue ce qui donne un certain poids à leur travail, même si pour quelques uns d'entre eux, il se trouve que l'on puisse y reconnaître quelques faiblesses linguistiques. D'autres relevés de linguistes enfin n'ont ici qu'une valeur accessoire, n'ayant été obtenu que par le hasard d'une rapide rencontre avec un informateur, souvent hors de la région concernée par la langue.

- *Ressources actuelles.*

Il s'agit de travaux de linguistes professionnels non-africains qui ont recueilli leurs données au cours de séjours sur le terrain, ou bien de linguistes africains qui travaillent le plus souvent dans un cadre institutionnel de leur pays. On peut ajouter à cela les travaux universitaires (mémoires de maîtrise, DEA, doctorats) soutenus par des étudiants africains et quelques travaux à visée pédagogique dans le cadre de la

---

[586] Sauf lorsque le hasard fait qu'ils peuvent aider à conforter une hypothèse d'évolution ; par exemple, Nicolaï (1980).
[587] Songhay oriental.

production de documentation pour la promotion des langues nationales et de l'alphabétisation.

- Fichiers de terrain.

A coté des travaux publiés il y a une autre ressource documentaire constituée par des fichiers de terrain que les chercheurs, pour des raisons diverses, n'ont pas publiés. Les informations qu'ils contiennent n'ont donc pas reçu l'aval que serait le 'bon pour publication' ; toutefois, et une fois prise en compte la réserve précédente, ces travaux sont très utiles. Parfois ce sont les seuls documents accessibles, c'est ainsi que les fichiers de terrain de P. F. Lacroix sont, avec ma documentation personnelle les seules ressources dont j'ai pu disposer sur la tadaksahak, la tabarog ou la tagdalt.

- Documentation complémentaire.

Je regroupe ici des travaux dont la finalité n'est pas 'linguistique' ; il peut s'agir de travaux d'ethnographie ou de botanique par exemple. Leur intérêt linguistique est très variable, c'est ainsi que la flore de Peyre de Fabrègue est avant tout un travail de recension et d'information botanique qui ne peut être utilisé linguistiquement sans une sévère reprise tandis que *Concepts et conceptions songhay-zarma* de Olivier de Sardan à un intérêt évident pour le développement d'hypothèses de nature sémantique concernant l'arrière-plan culturel du monde songhay-zarma.

Ces cinq types de ressources ont été pris en compte dans le présent travail et il ne m'est pas paru opportun de limiter mon approche aux documents les plus récents, ou réputés les plus « sérieux », ou les mieux « documentés », etc., bien au contraire. D'un point de vue méthodologique, il m'a semblé utile d'utiliser *l'ensemble* de la production lexicographique disponible, justement *à cause de* la faiblesse constitutive de ce type de matériau qui peut contenir des erreurs dans les transcriptions et dans les définitions, ou encore de simples fautes de dactylographie ; qui peut aussi attester (ou ne pas attester) à tort telle ou telle forme. En conséquence, vérifier le niveau de recoupement des entrées recueillies dans différents relevés est important : cela permet à la fois de mieux évaluer la réalité de l'entrée, de mieux s'assurer de sa forme phonétique et aussi de mieux apprécier sa signification et les variations sémantiques qui la caractérisent. Il arrive que les définitions / traductions fournies ne se recoupent pas exactement ; dans ce cas les différences peuvent bien évidemment montrer des erreurs, mais elles peuvent aussi montrer la richesse d'un champ sémantique dont chaque recueil n'appréhende qu'une partie.

A défaut d'une inaccessible philologie, une telle approche permet d'atteindre un peu plus d'assurance quant à la valeur des entrées utilisées. Ainsi pour prendre des exemples extrêmes, faire supporter le poids d'une hypothèse à une entrée recueillie dans un document ancien obtenu dans des conditions précaires par un voyageur sans formation linguistique est quelque chose de tout à fait différent que de faire supporter cette même hypothèse par une entrée corroborée par plusieurs sources de fiabilité diverses, ou par une entrée recensée et recoupée dans un travail de référence[588].

---

[588] Bien évidemment, on concevra que fournir les attestations de Caillé, Clapperton ou tel autre « explorateur » n'apporte guère autre chose qu'un plaisir à l'auteur : il n'aura pas su se le refuser après avoir reconnu que cela ne gênait pas son approche...

Inventaire des sources.

On trouvera ci-dessous l'inventaire des sources explorées[589] :

Nicolaï, R.	Fichiers de terrain concernant l'ensemble des dialectes songhay *Songhay méridional :* kaado, songhay oriental, songhay occidental, songhay central, zarma, dendi *Songhay septentrional :* tagdalt, tabarog, tadaksahak, tasawaq	1973- 1981	partiellement, in : SAHELIA

Ensemble du songhay méridional.
Kaado.

Ducroz, J.-M. & Charles, M.-A.	*Lexique soŋey (songay) - français, parler kaado du Gorouol*	1978	Paris
Hanafiou, H. S.	*Eléments de description du kaado d'Ayorou-Goungokore (parler songhay du Niger)*	1995	Doctorat, Grenoble III

Songhay occidental.

Caillé, R.	Vocabulaire français - kissour parlé à Tombouctou et sur les bords du Dhiolibâ ... , in : *Journal d'un voyage à Tombouctou et à Jenné dans l'Afrique Centrale*, III, Paris : Anthropos, pp. 302-347	1965	Paris
Caron, E.	*De Saint-Louis à Tombouktou (voyage d'une canonnière française suivi d'un vocabulaire sonraï*	1891	Paris
Dayan, L-M.	*Petit vocabulaire français - nègre et nègre-français (Idiome de Tombouctou) à l'usage des militaires de la Colonne Expéditionnaire*	1895	Alger
Denham, D., Clapperton, H. & Oudney	Vocabulaire de Timbouktou, in : *Voyages et découvertes dans le Nord et dans les parties centrales de l'Afrique*	1826	Paris
Dubois, F.	Vocabulaire songhay, in : *Bulletin du Comité de l'Afrique française 8(5)*, pp. 177-178	1898	Paris
Dupuis (A. Yacouba)	*Essai de méthode pratique pour l'étude de la langue songoï ou songaï, langue commerciale et politique de Tombouctou et du Moyen-Niger, suivie d'une légende en songoï avec traduction et d'un dictionnaire songoï -français*	1917	Paris
Heath, J.	Timbuktu Songhay Lexicon (working version)	1990	SAHELIA
Heath, J.	Lexique de Jenne (working version)	1990	SAHELIA

---

[589] Les ressources « explorées » n'impliquent pas nécessairement que l'on trouve des attestations référées à elles dans les rapprochements tentés : le résultat de l'exploration peut très bien avoir été de n'avoir rien trouvé (su trouver ?) d'intéressant pour la comparaison !

Heath, J.	*Dictionnaire songhay - anglais - français (tome I et II)*	1998	Paris
Holst, Fr.	Lexique songhay de Tombouctou (document de travail)	1991	SAHELIA
Traoré, S.O.	Lexique songhoy, *Sankoré Spécial 7*	1976	Bamako

Songhay oriental.

Diallo, H. S.	*Les substantifs Sonray dans le dialecte de Gao*, Th. de 3ème Cycle	env. 1978	Bamako
Haïdara, Y. M., Y. B	*Kalimawey Citaabo Soŋay-Annasaara Senni Lexique Soŋay-Français*	1992	Bamako
Heath, J.	*Dictionnaire songhay - anglais - français (tome III)*	1998	Paris
Prost, R. P. A.	*La langue soŋey et ses dialectes*	1956	Dakar
Prost, R. P. A.	Supplément au dictionnaire soŋay - français (parler de Gao, Mali), in : *Bull. IFAN* 39 b3	1977	Dakar
Raffenel, A.	*Nouveau voyage au pays des nègres* (T. 2) (Linguistique. Langue arama, pp. 399-437)	1856	Paris
Williamson, K.	*Songhai word list (Gao Dialect)*	1967	Ibadan

Songhay central.

| Eguchi, P. K. | A First Look at the Hombori Dialect of the Songhay Language, *Kyoto University Studies* 8, pp. 233-244 | 1973 | Kyoto |
| Heath, J. | Lexique de Hombori (working version) | | SAHELIA |

Songhay-zarma.

| Olivier de Sardan, J.-P. | *Concepts et conceptions songhay - zarma* | 1982 | Paris |

Zarma.

Ardant du Picq, C^nel	*La langue songhay, dialecte dyerma : grammaire et lexique français -dyerme et dyerma - français*	1913	Paris
Bernard, Y. & White-Kaba, M.	*Dictionnaire zarma-français (République du Niger)*	1994	Paris - Niamey
Marie, E.	*Vocabulaire français-djerma et djerma - français*	1914	Paris
Hima, O.	Lexique zarma (document de travail)	1997	Nice
Yaro, B., O.	*Eléments de phonologie et de morphologie du zarma*	1989	Grenoble
Umaru, A. I.	*Zarma ciine kaamus kayna*	(s.d.) [1992?]	Niamey
Westermann D.	Ein Beitrag zur Kenntnis des Zarma-Songhai am Niger, *ZES* 11, pp. 188-220.	1920-21	Berlin

Dendi.

| Zima, P. | *Lexique dendi (songhay) (Djougou, Bénin), avec un index français - dendi* | 1994 | Köln |
| Harrison (B. & A.) & Rueck, M. J. | *Southern Songhay Speech Varieties in Niger, A Sociolinguistic Survey of the Zarma, Songhay, Kurtey, Wogo, and Dendi Peoples of Niger*, SIL. | 1997 | Niamey |

Ensemble du songhay septentrional.
Emghedeshie.

Barth, H.	Vocabulary of the language of Agadés, which is the same as that spoken at Timbuktu and the Eastern Part of Bambarrah, in : *Journal of the Royal Geographical Society 21, pp. 169-191*	1851	Londres

Belbali.

Cancel (Lt)	Etude sur le parler de Tabelbala, in *Revue Africaine* 270-71, Alger, pp. 308-347	1908	Alger
Champault, D.	*Une oasis du Sahara nord-occidental, Tabelbala.*	1969	Paris

Tasawaq.

Lacroix, P. F.	Lexique tasawaq, documents de terrain		microfilms
Ousseina, A. D.	*Tasawaq d'In-Gall (esquisse linguistique d'une langue dite "mixte"),* Mémoire de Maîtrise	1988	Niamey

Tadaksahak.

Lacroix, P. F.	Lexique tadaksahak, documents de terrain		microfilms

Hors du domaine songhay, les ressources utilisées sont beaucoup moins importantes et systématiques mais la même méthodologie de corroboration a été retenue.

Domaine arabe.

Baldi, S.	*Emprunts arabes (se référer à la bibliographie)*	1993, 1994, 1997	SAHELIA
Jullien de Pommerol, P.	*Dictionnaire arabe tchadien - français*	1999	Paris
Labat, R.	*Manuel d'épigraphie akkadienne (Signes, Syllabaire, Idéogrammes)*	1948	Paris
Roth-Laly, A.	*Lexique des parlers arabes tchado - soudanais* (4vol.)		Paris
Taine-Cheikh, C.	*Lexique français - ḥassāniyya*	1989	Nouakchott
Tedjini, A. B.	*Dictionnaire arabe - français [Maroc]*	1932	Paris

Domaine éthio-sémitique.

Leslau, W.	*Comparative Dictionary of Ge'ez*	[1987] 1991	Wiesbaden
Leslau, W.	*Etymological Dictionary of Harari*	1963	Berkeley

Domaine berbère.

Alojary Gh.	*Lexique touareg - français*	1980	Copenhague
Dallet, J.-M.	*Dictionnaire français - kabyle* (2 vol.)	1985	Paris
Foucault, Père Charles de	*Dictionnaire touareg - français, dialecte de l'Ahaggar* (4 vol.)	1951	Paris
Groupe d'étude du Tamasheq	*Lexique tamasheq à l'usage des centres d'alphabétisation*	1969	Niamey

Références 553

Holst, Fr.	Lexique touareg de Tombouctou (document de travail taneslemt)	1991	manuscrit
Nicolaï, R.	Fichiers de travail : tawellemmet	1973-80	SAHELIA
Taïfi, M.	*Dictionnaire tamazight - français*	1991	Paris

Domaine couchitique.

Rossi, S.	*Interrogazione Dizionario somalo - italiano*		Pisa
Foot, E. C.	*A Galla-English English - Galla Dictionary*	1913	Cambridge
Hudson, R. A.	*A Dictionary of Beja*	1996	rmb5@cam.ac.uk
Parker, E. & Hayward, R.	*An Afar – English – French Dictionary (with grammatical notes in english)*	1985	London

Domaine égyptien.

Beinlich, H. & Hoffmann, Fr.	*Aegyptische Wortliste* (GM 140, 1994, S. ...)	1988	Würzburg
Gregorio-Jones, Ch. R.	*Egyptian Lexicon Soundex Coding System*	1999	http://members.uia.net/cjones3/files.htm
Gregorio-Jones, Ch. R.	*Coptic Egyptian Lexicon Soundex Coding System*	1999	http://members.uia.net/cjones3/files.htm
Menu, B.	*Petit lexique de l'égyptien hiéroglyphique à l'usage des débutants*	1991	Paris
Vycichl, W.	*Dictionnaire étymologique de la langue copte*	1983	Leuven - Paris

Domaine tchadique.

Alio, Kh. & Jungraithmayr, H.	*Lexique bidiya*	1989	Frankfurt
Caron B.	*Le haoussa de l'Ader*	1991	Berlin
Caron B. & Ahmed H. AmfaniI	*Dictionnaire français - haoussa*	1997	Ibadan - Paris
Jungraithmayr, H.	Lexique mubi. Mubi-francais et francais-mubi.	ms.	SAHELIA
Jungraithmayr, H.	*Lexique mokilko. Mokilko-francais et francais-mokilko (Guéra, Tchad)*	1990	Berlin
Jungraithmayr, H. & Adams, A.	*Lexique migama. Migama-francais et francais-migama (Guéra, Tchad), avec une introduction grammaticale*	1992	Berlin
Person & Zima, P.	Dictionnaire hawsa		SAHELIA

Domaine mandé.

Bathily, A. & Meillassoux, Cl.	*Lexique soninké (sarakolé) - français*	1976	Dakar
Creissels, D., Jatta, S. & Jabarteh, K.	*Lexique mandinka - français*	1892	Paris
Daget J., Konipo M. & Sanankoua M.	*La langue bozo*	1953	Dakar
Dumestre, G.	*Lexique fondamental de la Côte d'Ivoire*	1974	Abidjan
Ebermann, I.	Lexique kelinga (document de travail)		SAHELIA
Ebermann, I.	lexique samo (document de travail)		SAHELIA
Grégoire, Cl.	*Le maninka de Kankan. Eléments de description phonologique*	1986	Tervuren
Keita, A.	Dictionnaire dioula de Bobo Dioulasso (document de travail inachevé)		SAHELIA
Monteil, Ch.	La langue azer. D'après les documents recueillis par Th. Monod et D. Brosset, *Bulletin du Comité d'etudes Historiques et Scientifiques de l'A.O.F.*, pp. 261-399	1932	Dakar
Prost, R. P. A.	*La langue bisa, grammaire et dictionnaire*	1950	Ouagadougou
Touré, A.	*Eléments de phonologie et de morphologie de la langue sooso*	1989	Grenoble

Domaine saharien.

Cyffer, N.	*English - Kanuri Dictionary*	1994	Köln
Le Cœur, Ch.	*Dictionnaire etnographique teda-daza*	1950	Dakar
Lukas, J.	*Die Sprache der Tubu in der Zentralen Sahara*	1953	Berlin
Lukas, J.	*A Study of the Kanuri Language*	1967	London
Mijinguini, A.	*Description du parler manga de Maine-Soroa (Niger)*	1982	Niamey
Noel, P.	*Petit manuel français kanouri*	1923	Paris
Stage Régional de formation linguistique	*Lexique kanouri à l'usage des Centres d'alphabétisation*	1969	Niamey

Domaine atlantique.

Alton d', P.	*Le palor : esquisse phonologique et grammaticale d'une langue cangin du Sénégal*	1987	Paris
CRDTO	*Dictionnaire élémentaire fulfude – français - english*	1971	Niamey
Fal, A., Santos, R. & Doneux, J.	*Dictionnaire wolof - français*	1990	Paris
Ferry, M.-P.	*Thesaurus tenda*, T 3, (bassari), (konyagi)	1970	Paris
Internet : Africa Network	*Dictionnaire wolof - français*		
The Peace Corps Gambia	*Wollof - English dictionary*	1995	Banjul

Références

Domaine nilotique.

Muller, Fr.	*Die Sprache der Bari*	1864	Wien
Nebel, A.	*Dinka - English English - Dinka Dictionary*	1979	Bologna
Rottland, Fr.	Lexique dattoga bajuta (document de travail)		SAHELIA
Rottland, Fr.	Lexique datooga bianjera (document de travail)		SAHELIA
Rottland, Fr.	Lexique datooga barabaig (document de travail)		SAHELIA
Rottland, Fr.	Lexique datooga rutitenga (document de travail)		SAHELIA
Rottland, Fr.	Lexique datooga isimijena (document de travail)		SAHELIA

Domaine bantou.

Bertoncini, E.	Liste de fréquence swahili (*Annali dell'Istituto Orientale di Napoli*, vol. 33)	1973	Napoli
Dautrey, G.	Lexique basa (internet)		Lyon
Rottland, Fr.	Lexique swahili (document de travail)		SAHELIA

Domaine nilo-saharien (non nilotique et non saharien).

Boyeldieu, P.	Lexique yulu	1991	SAHELIA
Boyeldieu, P.	*La langue bagiro (République Centrafricaine)*	1992	Paris
Boyeldieu, P.	Lexique ngbugu	1985	SAHELIA
Buis, P.	*Essai sur la langue manjako de la zone de Bassarel*	1990	Bissau
Crazarolla, J. P.	*A study of the Acooli language. Grammar and vocabulary*	(1) 1938 / (2) 1955	London...
Hilders, J.H. & Lawrance, J.C.D.	*An English-Ateso and Ateso-English vocabulary*	1958	Nairobi, Kampala, Dar es-Salam
Jakobi, A.	*A fur grammar*	1993	Hamburg
Nougayrol P.	*Le day de Bouna II - Lexique day-français, index français-day*	1980	Paris
Nougayrol, P.	*La langue des Aiki dits Rounga*	1989	Paris
Nougayrol, P.	Lexique Gbaga-nord	1987	SAHELIA
Nougayrol, P.	Lexique Wojo	1987	SAHELIA
Nougayrol, P.	Lexique Ngao	1986	SAHELIA
Nougayrol, P.	*Les parlers gula (Centrafrique, Soudan, Tchad), Grammaire et lexique*	1999	Paris

Baatonum

Père Pierre Marchand	*Lexique baatonum - français* (nouveau tirage avec les tons et complément)	1989	Parakou

Divers.

Mignot, J.-M.	*EthnoZoologie bugudum (massa)*		SAHELIA
Peyre de Fabrègues	*Lexique de noms vernaculaires de plantes du Niger* (2ème édition provisoire)	1979	Maisons Alfort-Niamey

Reconstructions, étymologies.

de Wolf, P.	*The noun class system of Proto-Benue-Congo*	1971	La Haye
Guthrie, M.	*Comparative Bantu* (Vol. 2)	1967-71	Farnborough
Jungraithmayr, H. & Ibrissimow, D.	*Chadic Lexical Roots* (Vol. I et II)	1994	Berlin
Rottland, Fr., Dimmendaal, G., Vossen, R. & Reh, M.	Reconstructions proto-nilotiques	1989	Hamburg
Skinner, N.	*Hausa Comparative Dictionary*	1996	Köln

Bibliographie[590].

Abu Manga, Al A.
    1994. « The Songhai speech communities in the Sudan with special reference to the Songhai speakers of the Blue Nile », in : R. Nicolaï & Fr. Rottland (eds.), *Actes du Cinquième Colloque de Linguistisque Nilo-Saharienne, Nice 1992*, pp. 13-27. Köln.

Amselle, J.-L.
    1990. *Logiques métisses*. Paris.

Antilla, R.
    1972. *An Introduction to Historical and Comparative Linguistics*. New-york (Cité par L. Bender).

Bachelard, G.
    1947. *La formation de l'esprit scientifique. Contribution à une Psychanalyse de la connaissance objective*. Paris.

Baldi, S.
    1993. « Sur la création d'une banque des emprunts arabes dans le cadre de la base de données lexicales et dialectologiques sahelo-saharienne gérée par Mariama », in : R. Nicolaï & Fr. Rottland (eds.), *Actes du Cinquième Colloque de Linguistisque Nilo-Saharienne, Nice 1992*, pp. 289-306. Köln.

    1994. « Le traitement phonétique des emprunts arabes dans le songhay (parler kaado du Gorouol) », in : *Deuxième Table Ronde Internationale du Réseau Diffusion lexicale en zone sahelo-saharienne (Prague 23-28 Août 1993)*, vol. 2. Textes rassemblés par P. Zima, St. Boušková & J. Urbanová. Praha.

    1997. « Hausa and Nilo-Saharan loanwords », in : S. Baldi (éd.), *Langues et Contacts de Langues en Zone Sahelo-Saharienne : Troisième Table Ronde du Réseau Diffusion Lexicale*, Napoli.

Barral, H.
    1977. *Les populations nomades de l'Oudalan et leur espace pastoral*. Paris : Travaux et documents ORSTOM, N° 77.

Barth, H.
    1851. « Vocabulary of the language of Agades, which is the same as that spoken at Timbuktu and the eastern part of Bambarrah » *Journal of the Royal Geographic Society XXI* : 169-191.

Barry, A.
    1990. « Etude du plurilinguisme au Mali : le cas de Djénné » in : Kawada Junzo (ed.), *Boucle du Niger, approches multidisciplinaires*, II, Tokyo.

Bender, M. L. (ed.).
    1976. *The Non-Semitic languages of Ethiopia*.

---

[590] Les références concernant les dictionnaires et lexiques qui ont été systématiquement utilisés sont collationnées dans le précédent « Inventaire des sources ».

1989a. « Nilo-Saharan Pronouns / Demonstratives », in : M. L. Bender (ed.) *Topics in Nilo-Saharan Linguistics* (*Nilo-Saharan Linguistic Analyses and Documentation 3)*, pp 1-34. Hamburg.

1991a. « Sub-classification of Nilo-Saharan », in : M.L. Bender (ed.) *Proceedings of the Fourth Nilo-Saharan Linguistics Colloquium* (*Nilo-Saharan Linguistic Analyses and Documentation 7)*, pp 1-35. Hamburg.

1991b. « Compte rendu de R. Nicolaï, Parentés linguistiques » *Journal of Pidgin and creole languages 6.2* : 349-50.

1992. « Classification génétique des langues nilo-sahariennes » *Linguistique Africaine* 9 : 15-39.

1997. *The Nilo-Saharan Languages, A Comparative Essay*. München.

Bernard, Y. & White-Kaba, M.
1994. *Dictionnaire zarma-français (République du Niger)*. Paris.

Bernus, S. & Gouletquer
1977. « Azelik et l'Empire Songhay » *3ème Colloque International de Niamey*, Fondation SCOA pour la recherche en Afrique Noire (Projet Boucle du Niger), 10 p., Niamey.

Blachère, R. Chouémi, M. & Denizeau, Cl.
1967. *Dictionnaire arabe - français - anglais*. Paris.

Blench, R.
1997. « Crabs, turtles and frogs : linguistic keys to early African subsistence systems », in : *Archeology and Language I : Theoretical and Methodological orientations*, pp. 166-183. London & New-York.

Bohas, G.
1997. *Matrices, Etymons, racines. Eléments d'une théorie lexicologique du vocabulaire arabe*. Orbis / Supplementa, Leuven - Paris.

Boudon, R.
1990. *L'art de se persuader des idées douteuses, fragiles ou fausses*. Paris.

Bybee, J.
1994. « A View of Phonology from a Cognitive and Functional Perspective » *Cognitive Linguistics* 5-4 : 285-305.

2000. « The Phonology of the Lexicon : Evidence from Lexical Diffusion », in : M. Barlow & S. Kemmer (eds.), *Usage-Based Models of Language* : 65-86. Stanford.

Cancel, Lt.
1908. « Etude sur le dialecte de Tabelbala » *Revue Africaine* 270/71 : 302-347.

Canut, C.
    1996a. *Dynamiques linguistiques au Mali*. Paris.

    1996b. « Instabilité des usages et non fermeté du système manding au Mali » *Mandenkan* 31 : 77-91.

    1998. « Perception des espaces plurilingues ou polylectaux et activité épilinguistique », in : P. Zima & Vl. Tax (eds.), *Language and Location in Space and Time* : 155-172. München.

Chaker, S.
    1984. *Textes en linguistique Berbère (Introduction au domaine berbère)*. Paris.

    1995a. *Linguistique berbère. Etudes de syntaxe et de diachronie*. Paris - Louvain.

    1995b. « Linguistique et préhistoire : autour de quelques noms d'animaux domestiques en berbère », in : R. Chenorkian (éd.) *L'homme méditerranéen, Mélanges offerts à Gabriel Camps*, pp. 259-264. Aix-en Provence.

Champault, D.
    1969. *Une oasis du Sahara nord-occidental, Tabelbala*. Paris.

Chen, M. Y. & Wang, W. S-Y.
    1975. « Sound change : Actuation and Implementation » *Language* 51 : 255-281.

Chretien, C.D. & Kroeber, L. A.
    1937. « Quantitative Classification of the Indo-European » *Language* 13. 1 : 83-104. (cité par L. Bender)

Cissoko, S. M.
    1975. *Tombouctou et l'Empire songhay*. Dakar.

Claudi, U.
    1994, « Word order change as category change : the Mande case », in : Wm. Pagliuca & G. Davis (eds.), *Perspectives on Grammaticalization* : 201-241. Amsterdam.

Clauzel, J.
    1962. « des noms songay dans l'Ahaggar » » *Journal of African Languages* 1 (1) : 43-44.

Cohen, D, (avec la collaboration de Fr. Bron et A. Lonnet)
    1970-1999. *Dictionnaire des racines sémitiques ou attestées dans les langues sémitiques*, fasc.1-8. Leuven.

    2001. « Langues à mots, langues à racines », in : A.-M. Loffler-Laurin (éd.) *Etudes de linguistique générale et contrastive. Hommage à Jean Perrot*, pp. 27-44. Paris.

Cohen, M.

1926. « Sur le nom d'un contenant à entrelacs dans le mode méditerranéen » *Bulletin de la Société de Linguistique* 27.

1927. « Mots d'origine présumée océanienne dans le monde méditerranéen » *Bulletin de la Société de Linguistique* 28.

1969. *Essai comparatif sur le vocabulaire et la phonétique du chamito-sémitique.* Paris

Comrie, B.

1998. « Nostratic Language and Culture : Some Methodological Reflections », *Symposium on the Nostratic Macrofamily*, The McDonald Institute for Archaelogical Research, Cambridge, July 17th-18th 1998.

Corré, A. D.

1992. « Lecture on Lingua Franca », in : A. Harrak, *Contacts between Cultures : West Asia and North Africa. Volume 1*, pp. 140-145. New York.

Creissels, D.

1981. « De la possibilité de rapprochements entre le songhay et les langues Niger-Congo (en particulier mandé) », in : Th. Schadeberg & M. L. Bender (eds.), *Nilo-Saharan*, pp. 185-199. Leyden.

Creissels, D., Jatta, S. & Jobarteh, K.

1982. « Lexique mandinka-français » *Mandenkan* 3.

Cyffer, N

1996. « Who are the ancestors of the Saharan family? », Proceedings of the 6th Nilo-saharan Linguistics Conference, *Africanistische Arbeitspapiere*, 45.

1997. "Saharien", in *Travaux du Cercle Linguistique de Nice* 19 : 157-167.

1998. *A Sketch of Kanuri*, Köln.

Dalby, D.

1966. « Levels of relationship in the comparative study of African Languages », *African Language Studies* 7 : 170-179.

Diallo, H. S.

vers 1975. *Les substantifs Sonray dans le dialecte de Gao*, Thèse de Doctorat de 3e cycle, Bamako.

Diakonoff, I.

1965. *The Hamito Semitic Languages*. An Essay in Classification. Moskow.

Dillmann, C.F.A.

1865. *Lexicon linguae aethiopicae* (Lipsiae : T.O. Weigel). [cité d'après Leslau (1987)].

Dimmendaal, G.
1988. « The Lexical Reconstruction of Proto-nilotic : A First Reconnaissance » *Afrikanische Arbeitspapiere* 16 : 5-67.

2001. « Compte rendu de J. Heath, A grammar of Koyra Chiini » *JALL* 22-1 : 108.

Dixon, R.M.W.
1997. *The rise and fall of languages*. Cambridge.

Dobronravin, N.
2000. « Hausa, Songhay and Mande Languages in Nigeria : Multilingualism in Kebbi and Sokoto », in : H.E. Wolff & O.D. Gensler (eds.) *Proceedings of the 2nd World Congress of African Linguistics, Leipzig 1997*, pp. 91-102.

Dolgopolsky, A.
1973. *Sravnitel'no-istoričeskaja fonetika kušitskich jazykov*. Moskva (ouvrage compilé dans The Afroasiatic / Cushitic Index de l'Oriental Institute de l'Université de Chicago (http://mithra-orinst.uchicago.edu/~gragg/aai/AAI.html)

1983. « Semitic and East Cushitic : Sound Correspondences and Cognate Sets », in : Segert, Stanislaus (ed.), *Ethiopica* : 123-142.

Ducroz J.-M. & Charles, M.-C.
1978. *Lexique soŋey (songay) – français, parler kaado du Gorouol*. Paris.

El-Bekri, A. O.
1965 [1ère éd. de la traduction de M. G. de Slane 1911-13] *Description de l'Afrique Septentrionale*, Paris

Ehret, Chr.
1989. « Subclassification of Nilo-saharan: A proposal », in : M. L. Bender (ed.), *Topics in Nilo-Saharan Linguistics* (*Nilo-Saharan Linguistic Analyses and Documentation 3)* : 35-50. Hamburg.

2001. A *Historical-Comparative Reconstruction of Nilo-Saharan*. Köln.

1993 . « Nilo-Saharans and the Saharan-Sudanese Neolithic », in : Shaw, Sinclair, Andah, Okpoko (eds.), *The Archeology of Africa*, pp. 104-125.

Fédry, J.
1976. « L'expérience du corps comme structure du langage, Essai sur la langue sar (Tchad) » *L'Homme* XVI (1).

Fonagy, I.
1983. *La vive voix*. Paris.

Frajzyngier, Z. & Ross, W. C.
1991. « Methodological Issues in Applying Linguistics to Study of Prehistory », in : Unwritten Testimonies of the African past, *Orientalia Varsoviensia* 2.

Fronzaroli, P.
1974. "Réflexions sur la paléontologie linguistique", in : *Actes du premier congrès international de linguistique sémitiques et chamito-sémitique* (Paris 16-19 juillet 1969), The Hague-Paris, pp. 173-180.

Gado, B.
1980. *Le Zarmatarey, contribution à l'histoire des populations d'entre Niger et Dallol Mawri*. Niamey.

Galand, L.
1997. « A propos des noms de l'écorce », *Rocznik Orientalistyczny*, L, Z. 2. : 95-102.

Galand-Pernet, P.
1984. « Sur quelques bases radicales et champs morpho-sémantiques en berbère », in : J. Bynon (ed.) *Current progress in Afro-Asiatic Linguistics : Papers of the Third International Hamito-semitic Congress*, Amsterdam – Philadelphia, pp. 291-303.

Gallais, J.
1975. *Pasteurs et paysans du Gourma, la condition sahélienne*. Paris.

Galtier, G.
1980. Problèmes dialectologiques et phonographématiques des parlers mandingues (Thèse de Doctorat de 3ème Cycle, Paris VII) Ronéotypée.

Gensler, O.
2000. « Two « marked » areal features in Songhay syntax : Implication for prehistory », in : B. Comrie & E. Wolff, (eds.) *JAWL, International Symposium « Area Typology of West Africa »*. Sous presse.

2001. « Adpositional relative clauses and Focus fronting in Songay and Berber: "Quirky" syntax and contact influence », in : *Proceedings of 8th Nilo-Saharan Linguistics Colloquium*, Hamburg, (à paraître).

Gragg, G.
The Afroasiatic / Cushitic Index compiled and maintained at the Oriental Institute of the University of Chicago (http://mithra-orinst.uchicago.edu/~gragg/aai/AAI.html)

Greenberg, J.
1950. « The Patterning of Root-Morphemes in Semitic » *Words* 162-181.

1963 . « Some Universals of grammar with particular reference to the order meaningful elements », in : Greenberg, J. (ed.) *Universals of language*, Cambridge, Massachusetts, pp. 58-90.

1964. *The Languages of Africa*. La Haye.

1981. « Nilo-Saharan Moveable-K as a Stage III Article (with Penutian Typological Parallel) » *African Languages and Linguistics* 3 : 105-112.

1983. « Some areal characteristics of African Languages », in : I.R. Dihoff (ed.), in : *Current Approaches to African Linguistics* (Vol.1), pp. 3-21.

Guiraud, P.
  1967. *Structures étymologiques du lexique français*. Paris.

Gumperz, J.
  1982. *Discourses Strategies*. Cambridge.

Gumperz, J. & Wilson, R.
  1971. « Convergence and Creolization : a case from the Indo-Aryan/Dravinian border », in : D. Hymes, (ed.), *Pidginization and Creolization of Languages*. Cambridge.

Guthrie, M.
  1948. *The Classification of the Bantu Languages*. London.

Hacquard, A. & Dupuis-Yakouba, A.
  1897. *Manuel de la langue Songay parlée de Tombouctou à Say dans la boucle du Niger*. Paris.

Hadamard, J.
  1959. *Essai sur la psychologie de l'invention dans le domaine mathématique*. Paris.

Hamani, A.
  1978. « Types d'énoncés en zarma », in : *Annales de l'Université de Niamey* : 143-191, Niamey.

Hanafiou, H. S.
  1995. Eléments de description du kaado d'Ayorou-Goungokore (parler songhay du Niger) (Thèse de Doctorat, Grenoble III).

Harris, P.G.
  1942. « The Kebbi Fishermen of Argungu » *Journal of the Royal Anthropological Institute* 72 : 23-31.

Harrison (B. & A.) & Rueck, M. J.
  1997. *Southern Songhay Speech Varieties in Niger, A Sociolinguistic Survey of the Zarma, Songhay, Kurtey, Wogo, and Dendi Peoples of Niger*, SIL, Niamey, 1997.

Heath, J.
  1999a. *A grammar of Koyra Chiini*. Berlin.

  1999b. *A grammar of Koyraboro (Koroboro) Senni*. Köln.

Heine, B.
  1970. *Status and Use of African Lingua Francas*. München.

  1975. Language typology and convergence areas in Africa. *Linguistics* 144 :26-47.

1978. *A typology of African langages based on the order of meaningful elements*. Berlin.

1997. *Cognitive Foundations of Grammar*. Oxford.

Heine, B. & Kuteva, T.
1998. « Convergence and divergence in the development of African languages : Some general observations », in : A. Y. Aikhenvald & R.M.W. Dixon (eds.) *Areal diffusion and genetic inheritence: Problems in comparative linguistics*. Oxford.

Hima, O.
2001. *Problèmes de prosodie en songhay. Recherches comparatives entre deux parlers nigériens : le zarma de Dosso et le kaado de Dolbel* (Thèse de doctorat, Nice).

Hodge, C. T.
1976. Lismaric (Afroasiatic) : An Overview, in : Bender, M. L. (ed.) *The Non-Semitic Languages of Ethiopia*. Carbondale : 43-66.

1987. *The Status of Lisramic (Hamito-Semitic) Sound Correspondences*, in : H. Jungraithmayr & W. Müller (eds.) Proceedings 4th International Hamito-Semitic Congress : 11-24. Amsterdam – Philadelphia.

Homburger, L.
1931. « Les dialectes coptes et mandés » *Bulletin de la Société de Linguistique de Paris* 31 : 1-57.

Houis, M.
1974. « A propos du phonème /p/ » *Afrique et langage* 1 : 35-38.

Hymes D.
1964. (ed.) *Language in Culture and Society : A Reader in Linguistics and Anthropology*. New-York, Evanston, and London.

1971a. (ed.) *Pidginization and Creolization of Languages*. Cambridge.

1971b. « Introduction (Part III, General conceptions od process) », in : D. Hymes, (ed.), *Pidginization and Creolization of Languages*, pp. 65-90. Cambridge.

Jullien de Pommerol, P.
1997. *L'arabe tchadien. Emergence d'une langue véhiculaire*. Paris.

Jungraithmayr, H. & Ibriszimow, D.
1994. *Chadic Lexical Roots* (2 vol.). Berlin.

Junkovic, Z. & Nicolaï, R.
1988-89. « Changement linguistique et interaction » *Travaux du Cercle Linguistique de Nice* 10-11 : 13-19.

Kastenholz, R.
1991-2. « Comparative Mande Studies : The State of the Art » *SUGIA* 12-13 : 107-158.

1996. *Sprachgeschichte im West-Mande. Methoden und Rekonstruktionen.* Köln.

Keita, B.
1984. « Le malinké de Kita (parler de Bindougouba) » *Mandenkan* 8.

Kuteva, T.
1999. « Languages and Societies : the « punctuated equilibrium » model of language development » *Language & Communication* 19 : 213-228.

Labatut, R.
1982. « La situation du peul au Nord-Cameroun » *LACITO-Documents* 8 : 15-27.

Lacroix, P.-F.
1959. « Observations sur la « koinè » peule de Ngaoundéré » *Travaux de l'Institut de Linguistique* IV : 57-71.

1962. « Distribution géographique des parlers peul du Nord-Cameroun » *L'Homme* 2.3 : 75-101.

1967. « Quelques aspects de la désintégration d'un système classificatoire (peul du sud de l'Adamawa) », in : *La classification nominale dans les langues négro-africaines.* Paris.

1969. « L'ensemble songhay-jerma : problèmes et thèmes de travail », in : *Actes du 8ᵉ Congrès SLAO*, Abidjan : 87-99.

Langacker, R.
1988. « A Usage-Based Model », in : Br. Rudzkastyn (ed.) in : *Topics in Cognitve Linguistics* : 127-164, Amsterdam.

Leslau, W.
1979. *Etymological Dictionary of Guragué (Ethiopic).* Wiesbaden.

1987 (1991). *Comparative Dictionary of Ge'ez.* Wiesbaden.

Lovejoy, P. E.
1978. « The role of the Wangara in the Economic Transformation of the Central Sudan in the Fifteenth and Sixteenth Centuries » *Journal of African History* 19-1.

Madina Ly Tall.
1977. *L'Empire du Mali.* Dakar.

Mahmoûd Kâti
1964. [1913-1914 : première édition de la traduction de O. Houdas et M. Delafosse] *Tarikh El-Fettach ou Chronique du chercheur pour servir à l'histoire des villes, des armées et des principaux personnages du Tekrour*, Paris

Manessy, G.
1990. « Du bon usage de la méthode comparative historique dans les langues africaines et ailleurs » *Travaux 8, Cercle linguistique d'Aix-en-Provence* : 89-107.

1992. « Généalogie et génétique » *Linguistique africaine* 9 : 67-75.
1995. *Créoles, pidgins, variétés véhiculaires : procès et genèse*. Paris.

Marçais, Ph.
1977. *Esquisse grammaticale de l'arabe maghrébin*. Paris.

Mauny, R.
1961. Tableau géographique de l'Ouest Africain au Moyen-Age, d'après les sources écrites, la tradition et l'archéologie. (Thèse d'Etat, Université de Dakar).

Mauss, M.
1950. « Les techniques du corps », in : *Sociologie et anthropologie* : 363-386. Paris.

Mayr, E.
1989 [1982]. *Histoire de la biologie. diversité, évolution et hérédité*. Paris.

Meillet, Antoine.
1958. *Linguistique historique et linguistique générale*. Paris.

Meeussen, A. E..
1969. Bantu Lexical Reconstructions, [manuscrit], Tervuren.

Milroy, L.
1980. *Language and Social Networks*. Oxford.

Mukarovsky, H.
1976, 1977. *A Study of Western Nigritic*, 2 vols. Wien.

Naït-Zerrad, K.
1998. *Dictionnaire des racines berbères (formes attestées)*, (2 vols. parus). Paris-Louvain.

Nichols, J.
1996. « The Comparative Method as Heuristic », in : M. Durie & M. Ross (eds.) *The Comparative Method Reviewed, Regularity and Irregularity in Language Change*. Oxford.

Nicolaï, R.
1976. « Notes sur (et à partir de) la phonologie du zarma » *Bulletin IFAN* 38b1 : 67-126.

1977. « Réinterprétation et restructuration en zarma-songhay » *Bulletin IFAN* 39b2 : 432-455.

1978. « Sur le songhay oriental » *Annales de l'Université de Niamey* 2 : 207-55.

1978. « Les parlers songhay occidentaux (Tombouctou – Jenne – Ngorku) » *Studies in African Linguistics* 9-1.

1978c. « Les parlers dendi » *African Languages/Langues Africaines* 4 : 47-79.

1979. « Le songhay central » *Etudes linguistiques* I.2 : 33-69.

1980. « Notes sur les lexiques songhay du 19ᵉ siècle et sur les attestations des Tarikh » *Afrika und Übersee* 63-2.

1981. *Les dialectes du songhay (contribution à l'étude des changements linguistiques)*. Paris.

1982. « De l'entrelac à la courbure : emprunt ou "genesis" » *Comptes-rendus du GLECS*, 24-28 (2) : 241-267.

1982. « Position, Structure and Classification of Songay », in : Bender, L. (ed.) *Nilo-Saharan Language Studies* : 11-41, Michigan.

1984. « Théorie du signe et motivation : recherche en lexicologie dynamique », in : Brunet & Bouton (eds.) *Hommage à Pierre Guiraud* : 305-318. Paris-Vancouver.

1984. *Préliminaires à une étude sur l'origine du songhay (matériaux, problématique, hypothèses)*. Berlin.

1985. « Véhicularisation, vernacularisation et situations créoles en Afrique (le cas du songhay) » *Langage et Société* 32 : 41-58.

1986. « Types d'emprunts, normes et fonctions de langue. Etude de cas : le songhay véhiculaire » *Afrikanistische Arbeitspapiere* 5 : 145-155.

1987a. « Is Songay a Creole Language ? », in : Gl. Gilbert (ed.) *Pidgin and Creole Languages : Essays in Memory of John Reinecke*, pp. 469-484. Hawaii. [version anglaise de R.N. : 1985).

1987b. "Le lexique, le sujet et sa langue (Des morphosémantismes et de l'interdisciplinarité) », in : Actes du 2ème Colloque International CIRB-IDERIC : *L'interdisciplinarité en Sciences Sociales pour l'Etude du Contact des Langues*, CIRB 88-100, Québec.

1988. « Normes, règles et changement : Remarques sur la recatégorisation des représentations » *Journal of Pragmatics* 12 : 203-216.

1989. « Revernacularisation et déterminismes évolutifs : les exemples du songhay septentrional et du dendi », in : *Current approaches to African Linguistics*, vol. 6 : 100-114. Dordrecht.

1990. *Parentés linguistiques (à propos du songhay)*. Paris.

1993. « Apparentements linguistiques : problèmes théoriques et méthodologiques » *Acta Universitatis Carolinae* : 57-74. Prague.

1993. « Remarques concernant l'utilisation du lexique pour l'étude des relations entre les langues », in : *Deuxième Table ronde du Réseau Diffusion lexicale en zone sahelo-saharienne*, fasc. 1 : 24-42. Prague.

1995-2000. Corpus des références croisées de SAHELIA (document informatique). Université de Nice.

1996a. « Problems of Grouping and Subgrouping : the Question of Songhay », in : L. Bender (ed.) *6th Nilo-saharan Conference, AAP* 45, pp. 27-52. Köln.

1996b. « Commentaires sur les méthodologies par 'ressemblances' » *Linguistique Africaine* 17 : 27-42.

1996c. « La reconstruction interne : que reconstruit-on lorsque l'on reconstruit? *Revue de Phonétique Appliquée* 120 " Changements phonétiques ".

1997a. « Ethno-taxonomies et représentations étymologiques : en regard des dénominations populaires de la faune », in : S. Mellet & *alii Colloque international « Les zoonymes »* : 311-324. Nice.

1997b. « Recherches pour un thesaurus : documentation songhay » *Travaux du Cercle Linguistique de Nice* 19, pp. 57-156.

2000. *La traversée de l'empirique*. Paris.

2000. « De l'origine des langues : relectures » *Bulletin de la Société de linguistique de Paris*, t. 43.1 : 157-180.

2000b. « Typologie des langues et questions de Sprachbünde : réflexions sur les effets linguistiques du contact et des fonctionnalités sociolinguistiques dans l'espace sahelo-saharien », in : B. Comrie & E. Wolff, (eds.) *JAWL, International Symposium « Area Typology of West Africa »*. Sous presse.

2000c. « Voyelles nasales ou consonnes aspirées nasales en songhay (approche de la marginalité) », in : E. Wolff & O. Gensler, (eds.), *Proceedings 2nd World Congress of African Linguistics* : 359-72. Köln.

2001b. « Contacts et dynamique(s) du contact : à propos des alliances de langues, des koinè et des processus de leur actualisation », in : Les *Langues de communication* : 95-119. Paris-Louvain.

Olivier de Sardan, J.-P.
1969. *Système des relations économiques et sociales chez les Wogo du Niger*. Paris.

1969. *Les voleurs d'hommes (notes sur l'histoire des Kurtey)*. Niamey.

1976. *Quand nos pères étaient captifs (récits paysans du Niger)*. Paris.

1982. *Concepts et conceptions songhay-zarma*. Paris.

Orel, Vl. & Stolbova, O.
   1995. *Hamito-Semitic Etymological Dictionary*, Leiden.

Owens, J. (ed.)
   1994. *Arabs and Arabic in the Lake Chad Region*. Köln.

   1996. « Arabic-based Pidgins and Créoles », in : S. G. Thomason (ed.), *Contact languages, a wider perspective* : 125-172. Amsterdam – Philadelphie.

Passeron, J.-C.
   1991. *Le raisonnement sociologique. L'espace non-poppérien du raisonnement naturel*. Paris

Popper, K.
   1979 [1971]. « La connaissance conjecturale », in : *La connaissance objective*. Paris.

Prasse, K.
   1972. *Manuel de grammaire touarègue (tahaggart)* I-III. Copenhague.

Prost, A.
   1956. *La langue sonay et ses dialectes*. Dakar.

Rosch, E.
   1973. « Natural Categories » *Cognitive Psychology* 4 : 328-350.

Ross, M. S.
   1997. « Social networks and kinds of speech-community event », in : R. Blench et M. Spriggs (eds.), *Archeology And Language* 1 : 207-261. London - New-York.

Roth-Laly, A.
   1969. *Lexique des parlers arabes tchado-soudanais*, 4 vols. Paris.

Rottland, Fr.
   1994. « On Lexical Relations: Nilotic-Songhay-Nilosaharan », in : *Deuxième Table ronde du Réseau Diffusion lexicale en zone sahelo-saharienne*, fasc. 2 : 43-50. Prague.

   1997. « Observations on Multilateral Lexical Affinities », in : S. Baldi (ed.), *Langues et Contacts de langues en zone sahelo-saharienne 3e Table Ronde du Réseau Diffusion Lexicale* : 170-180. Napoli.

Rouch., J.
   1950. « Les Sorkawa pêcheurs itinérants du Moyen Niger » *Africa* 20.1 : 5-25.

   1960. *La religion et la magie songhay*. Paris.

Roulon-Doko, P.
   2001a. *Cuisine et nourriture chez les Gbaya de Centrafrique*. Paris.

2001b. Approche ethnolinguistique dans le domaine des techniques culinaires : l'exemple du gbaya'bodoe de Centrafrique, in : R. Nicolaï (éd.), *Leçons d'Afrique. Filiations, ruptures et reconstitution de langues. Un hommage à Gabriel Manessy* : 285-304. Paris-Louvain.

SAHELIA
1992-2002. *Base de données lexicales et dialectologiques sur la zone sahelo-saharienne.* http://sahelia.unice.fr

Sapir, E.
1929. A study in phonetic symbolism. *Journal of Experimental Psychology* 12 : 225-239. (réédité in : Sapir, E. Linguistique, 1968, Paris).

Schuchardt, H.
1980 [1909]. *Pidgin and Creole Languages*, edited and translated by G.G. Gilbert. London. [l'article original 'Die Lingua Franca' est publié in : *Zeitscrift für Romanische Philologie*, 33 : 441-461].

Siegel, J.
1985. « Koines and koineization » *Language and Society* 14 : 357-378.

Skinner, N.
1992. « Body parts in Hausa. Comparative data », in : E. Ebermann, E.R. Sommerauer & K.E. Thomanek (eds.) *Komparative Afrikanistik*, pp. 345-357. Wien.

1996. *Hausa Comparative Dictionary*. Köln.

Stewart, W.
1968. « A sociolinguistic Typology For describing National Bilingualism », in J. Fishman (ed.) *Readings in the Sociology of Language*. The Hague.

Stoller, P.
1979. « Social Interaction and the Development of Stabilized Pidgins, in I. Hancock (ed.) *Readings in Creole Studies* : 69-79. Ghent.

Sudlow, D.
2001. *The Tamasheq of North-East Burkina Faso*. Köln.

Swadesh, M.
1964 [1961]. « Linguistics as an Instrument of Prehistory », in : D. Hymes (ed.) *Language in Culture and Society : A Reader in Linguistics and Anthropology* : 575-584. New-York, Evanston, and London.

Tersis, N.
1968. *Le dendi (Niger) : phonologie, lexique dendi-français, emprunts (arabes, hawsa, français, anglais)*. Paris.

Thomason, S. & Elgibali, A.
1986. « Before the lingua franca : Pidginized Arabic in the eleventh century A.D. » *Lingua* 68 : 317-349.

Tilmatine, M.
　　1991. « Belbala : Eine Songhaysprachinsel in der Algerschen Sahara » *Afrikanistische Arbeitspapiere Sondernummer* : 377-397.

　　1996. « Un parler berbéro-songhay du sud-ouest algérien (Tabelbala) : Eléments d'histoire et de linguistique » *Etudes et documents berbères* 14 : 163-198.

Touré-Diallo, F. B.
　　1987. Eine phonologische und phonotaktische Studie des Koyraciːni von Goundam (Ein Beitrag zur Erforschung der Songhay-Sprache), Dissertation, Bayreuth.

Troubetzkoy, N. S.
　　1931. « Phonologie et géographie linguistique » *Travaux du cercle linguistique de Prague* IV : 228-234.

Tubiana, J.
　　1974. « Le chamito-sémitique et les langues africaines », in : *IV Congresso Internazionale di Sudi Etiopici* (tomo II) : 79-103, Roma.

Vossen, R.
　　1982. *The Eastern Nilotes*. Berlin.

Vycichl, W.
　　1978. L'état actuel des études chamito-sémitiques, in: Atti del secondo P. Fronzaroli (ed.) *Congresso Internazionale di Linguistica Camito-semitica. Quaderni di semitistica* 5 : 63-76.

　　1983. *Dictionnaire étymologique de la langue copte*. Leuven.

Vydrine, V.
　　1999. « Les parties du discours en bambara : un essai de bilan » *Mandenkan* 35 : 73-93.

　　1999. *Manding-English Dictionary, 1*, Saint Pétersbourg.

　　2001a. *Mande Etymological Dictionary* (version 2001).

　　2001b. « Areal and Genetic Features in West Mande and Mani-Bandama (East Mande) Phonology: In what sense did Mande languages évolute ? », in : B. Comrie & E. Wolff, (eds.) *JAWL, International Symposium « Area Typology of West Africa »*. Sous presse.

Welmers, W.
　　1970. "language Change and Language Relationship in Africa" *Language Science* 12 : 1-8.

White-Kaba, M.
　　1994. *Esquisse de grammaire zarma*, in : Bernard, Y. & White-Kaba, M., *Dictionnaire zarma-français (République du Niger)*, ACCT, Paris-Niamey.

Whinnom, K.
1977. « The context and origins of Lingua Franca », in : J.M. Meisel, (ed.) *Langues en contacts – Pidgins – Créoles – Languages in Contact.*

Wilkins, D.
1996. « Natural Tendencies of Semantic Change and the Search for Cognates », in : M. Durie et M. Ross (eds.) *The Comparative Method Reviewed, Regularity and Irregularity in Language Change* : 264-304. Oxford.

Yansambou, M.
1991. Description grammaticale du zarma (Mémoire de Maîtrise, Université de Niamey).

Zima, P.
1975. « Research in Territorial and Social Stratification of African Languages (Hausa and Songhay) » *Zeitschrift für Phonetik Spachwissenschaft and Kommunkationforschung* 18 : 311-323.

1989. « Les langues mandé, le songhay et les langues tchadiques – où en sommes nous après Greenberg et Lacroix » *Mandenkan* 18 : 97-115.

1992. « Dendi-songhay et hawsa. Interférence et isomorphisme lexical » *Linguistique africaine* 9 : 95-114.

1993. « L'importance de la stratification dialectale et de la diffusion lexicale pour la classification des langues de l'Afrique », in : R. Nicolaï & Fr. Rottland (eds.), *Actes du Cinquième Colloque de Linguistique Nilo-Saharienne* : 413-423. Köln.

1998. « Stabilizers expressing existence, identification and localization in african languages and their rôles in the dynamics of their systems », in : P. Zima & Vl. Tax, (eds.), *Language and Location in Space and Time* : 131-149. Munich.

2000. « Hausa : a genetically related branch of dialects within Chadic cum cluster of post-creole areal varieties ? », in : P. Zima, (ed.), *Areal and genetic Factors in Language Classification and Description : Africa South of the Sahara* : 146-160.

Liste des principales abréviations[591].

Abrév.	Référent
(?) dans la colonne 'songhay' ou devant un nom de langue	rapprochement très mal justifié en l'état
afr	afar
ag	agaw
akk	akkadien
Alph	Alphabétisation
amh	amharique
ar	arabe
arch	arabe tchadien
arg	argobba
Astab	Astaboran
aw	awiya
ayk	aiki
Ayr	Ayorou
azr	azer
B	belbali / korandje
bag	bagiro
bdy	bidiya
bej	beja
berb	berbère
bgl	bangala
bil	bilin
bil.qua	bilin quara
bis	bisa
Bld[592]	Baldi
Blm	Bilma
brb	bariba / baatonum
Brt	Barth
bsr	basari
C, Cent	songhay central
chad	tchadique
chw	arabe chwa
cop	copte
couch	couchitique
Csud, CS	Central Sudanic
D, Dd	dendi
dem	démotique
Djg	Djougou
Dlb	Dolbel
dtg	datooga
dz	daza
E…	est, Eastern …
E, ghds	emghedeshie
ECS	East-Central Sudanic
ED	Nilo-Saharan Etymological Dictionary
égyp	égyptien
esém	éthio-sémitique
G	Gao[593]
Gay	Gaya
Gbr	Gabero
gul	gula
gz	guèze
har	harari
hbr	hébreu
Hbr	Hombori
hgr	tahaggart
hsn	ḥassāniyya
hw	hawsa
JH	Heath
K	kaado
kam	kambata
kbl	kabyle
kham	khamir
Kir-Abb	Kir-Abbaian
Knd	Kandi
knr	kanuri
kny	konagyi
Lac	Lacroix
Lks	Lukas
md	mandé
mér., mérid.	méridional

---

[591] Je ne reprends pas les abréviations couramment utilisées (cf., trans., intr., …) ; je ne reprends pas non plus les abréviations propres aux auteurs cités (Ehret, Bender), les informations utiles sont fournies dans les chapitres les concernant.

[592] Je note par cette abréviation les entrées identifiées par Baldi en tant qu'« emprunts arabes » dans ses travaux et intégrées dans la base de données SAHELIA. Je ne suis pas certain d'avoir été exhaustif, du moins j'ai essayé !

[593] Uniquement chez Bender, pour Songhay oriental.

mghb	arabe marocain	tb	tubu
mgm	migama	tbk	taneslemt
Mgn	Mijinguini	tbr	tabarog
mjk	manjako	td	teda
MM	Moru-Madi	Td, tdk	tadaksashak
mnk	mandinka	Tg, tgd	tagdalt
mok	mokilko	tgr	tigré
mtk	matakam	tms	tamajaq[596]
mub	mubi	tmz	tamazight
NB	North Bauci group	tna	tigrigna
N-C	Niger-Congo	Tnd	tanda
Nil	Nilotic	Ts, tsw	tasawaq
ns, N-S	nilo-saharien	ug	ougaritique
Nub	Nubian	volt	voltaïque
Oc, S.occ	songhay occidental	W ...	ouest, Western ...
Or, S.or	songhay oriental	wlf	wolof
orom	oromo / galla	wlm	tawellemmet
P B	bantou commun	WN	Western Nigritic
P...	proto-...	W. Sud	Soudan occidental
phen	phénicien	Yrw	Yerwa
PL[594]	Parentés linguistiques	yul	yulu
plr	palor	Z, zrm	zarma
PNS	proto-nilo-saharien		
qua	quara		
RN	Nicolaï		
S...	sud, Southern ...		
sah	saho		
Sah[595]	Saharan		
SAr	sud arabique épigraph.		
sém, sem	sémitique		
Sgh	Songhay		
shr	saharien		
SM	songhay méridional		
sng	sango		
SnKoman	Southern Koman		
som	somali		
son	soninké		
soq	soqotri		
SS, S.sept	songhay septentrional		
swh	swahili		
SZ	songhay-zarma		

---

[594] Cette abréviation est toujours liée à une entrée que présentée dans Nicolaï (1990) ; le numéro qui suit est celui qui permet de la retrouver dans cet ouvrage.
[595] Uniquement dans les tableaux de données repris de Ehret.

[596] Je désigne ainsi des attestations relevées dans les lexiques nigériens qui ne spécifient pas avec précision le dialecte dont il s'agit. Généralement la tawellemmet ou la tayrt, mais ce n'est pas toujours assuré.

Index

Abu Manga, 261
affinités lexicales multilatérales, 200
affinités multilatérales interlinguistiques, 190, 202
affinités multilatérales intralinguistiques, 201
aire de convergence, 274, 330, 332, 333, 337, 352, 365
artefact, 21, 93
attracteur, 224, 289
Bachelard, 203
Baldi, 242, 310, 313, 573
Barral, 261
Barth, 41, 264, 266, 547
Bernard, 343
Bernus, 266
Blench, 78
Bohas, 146
bouclage, 38, 39, 44, 54, 55, 58, 60, 62, 89, 90, 91, 93, 94, 138, 150, 157
Cancel, 266, 547
Canut, 270, 273
chaînage, 360, 361
Chaker, 50, 266, 432
Champault, 266, 547
Chen, 93
cladistique, 10, 21, 25, 80, 129
Clauzel, 432
clivage, 208, 326
clôturage, 360, 361, 362
cognacité, 25, 30, 35, 36, 38, 39, 52, 60, 96, 98, 127, 133, 137, 140, 144, 155, 157
cognats, 28
Cohen, D., 146, 196, 198, 211
Cohen, M., 256, 290, 418, 430, 443, 454, 457, 467
cohérence locale, 225
cohérences lexicales, 279, 377
comparaisons multilatérales, 16, 183, 189, 245
Comrie, 27
construction première, 30, 156, 158

construction seconde, 30, 36, 39, 156, 157, 158
construits anthropologiques, 226, 369
contamination linguistique, 267, 332
Creissels, 5, 10, 128, 172, 174, 184, 185, 326, 352
créolisation, 270, 272, 273, 351
Cyffer, 60
détachement, 275, 277
Diallo, 216, 342
dimension stratificationnelle, 246
Dimmendaal, 8
Dixon, 363
Dobronravin, 263, 265, 530
Dolgopolsky, 444, 488, 489
doute méthodologique, 40
Ducroz, 25, 34, 113, 127, 239
Elgibali, 283
emprunts arabes, 241, 242, 296, 310, 311, 312, 313, 321, 322, 323, 334
enchaînement, 202, 223, 227, 228, 235, 360
entretissage, 190, 191, 192, 193, 222, 223, 226, 246, 360, 362
espace emblématique, 368
espace médian, 369
espace structural, 365
ethnicisation, 325
évidences morphologiques, 27
évolution endogène, 284
évolution exogène, 284
extensions étendues, 291
extensions localisées, 291
faisceaux d'enchaînements, 226
filiation généalogique, 5, 13, 226, 280, 323, 325
Fonagy, 79
fonctions symboliques, 362
fonds lexical endogène, 73, 117, 137, 160
forme générique, 184, 289, 291, 292
Fronzaroli, 190
Gado, 262
Galand, 290

Galand-Pernet, 290
Gallais, 260, 261, 263
Gensler, 338, 339, 341, 350
Gouletquer, 266
grammeme, 21
Greenberg, 5, 8, 14, 16, 25, 59, 60, 62, 91, 172, 206, 254, 265, 286, 336, 350
Guiraud, 79, 146, 200
Gumperz, 361
habitus, 366
Hadamard, 225
Haïdara, 127, 128, 186, 194, 206, 242
Hamani, 345, 346
Hanafiou, 127, 262
Harrison, 335
Heath, 8, 41, 175, 176, 177, 184, 194, 206, 239, 260, 261, 263, 270, 275, 341, 342, 343, 345
Heine, 21, 274, 330, 365
heuristique, 14, 28, 37, 57, 189
Hima, 126
Hodge, 229, 256
Homburger, 155
homo loquens, 371
Houis, 333
Ibriszimow, 56, 57, 70, 188, 197, 199, 201, 207, 292, 293, 324, 329, 406, 408, 422, 433, 441, 459, 529
idéophonie, 78, 79, 157, 160, 333
innovation sémantique, 34
innovations, 20
invariants de nécessité, 365
invariants locaux, 365
isoglosses, 15
isomorphisme, 225, 239, 281, 338, 348, 351
Jullien de Pommerol, 285, 310
Jungraithmayr, 56, 57, 70, 188, 197, 199, 201, 207, 292, 293, 324, 329, 406, 408, 422, 433, 441, 459, 553, 556
Kastenholz, 274
koinè, 160, 268, 269, 365
Lacroix, 5, 41, 94, 159, 172, 269, 326, 331, 548
langue véhiculaire, 260, 261, 265, 267, 268, 272, 273
Leslau, 146, 151, 199, 212, 258, 381, 388, 390, 458, 469, 472, 475, 483, 552

lingua franca, 256, 271, 324, 325, 326, 331, 337, 349
linguistique évolutive, 202
liste lexicale, 282
Lovejoy, 265
Manessy, 21, 362, 363, 369, 370
Marçais, 169
Marie, 25, 194, 261, 263, 547
matrices, 79, 290
Mayr, 10
Meeussen, 95
métatypie, 337, 349, 362, 366, 367, 368
modèle métaphorique, 256
morphosémantisme, 196, 289, 291, 310, 361
moveable k, 59, 60, 61, 62, 65, 66, 67, 70, 73, 77, 78, 80, 82, 84, 89, 90, 91, 96, 118, 157
Mukarovsky, 5, 326
multidimensional paradigmaticity, 28, 37
nativisation, 273, 324, 325
Nichols, 28, 37
Olivier de Sardan, 262, 433, 548
opération de chaînage, 223
Owens, 283
parenté archéologique, 225, 226
parenté de matériau, 291
Passeron, 272
phylum, 7, 13, 17, 22, 166, 180, 189, 323, 328
pidginisation, 160, 256, 351
politique du joker, 67, 82, 84, 118, 139
Prasse, 286, 289
Prost, 25, 176, 177, 186, 194, 204, 206, 239, 242, 260, 262, 345, 426
rapprochements globaux déterministes, 223
rapprochements globaux non-déterministes, 223, 224, 226
rapprochements linéaires, 223, 224
recouvrement, 284, 285
régularités phonétiques, 26
relation-image, 192
ressources sémiotiques, 291
rétentions, 20
Rosch, 365
Ross, 337, 363, 366, 369
Roth-Laly, 293
Rottland, 112, 137, 189, 190, 202, 203, 208, 211, 221

Rouch, 381, 433
Roulon-Doko, 282
Rueck, 335
SAHELIA, 7, 41, 546
Sapir, 79
Skinner, 56, 140, 170, 188, 207, 233, 238
sous-classification, 11, 23
Stewart, 325
Stoller, 370
stratification, 19, 223, 229, 246, 269, 270, 274, 280, 285, 289, 307, 308, 310, 312, 319, 320, 323, 326, 328, 330, 332, 337, 347, 350, 351, 353, 354, 362
structure affine, 225, 226, 227, 234, 239, 240, 241
structure entretissée, 222
structure stratifiée, 279, 306
structures clivées, 306
Swadesh, 282

synesthésie, 79, 291
Tersis, 135, 185, 194, 206, 335
Thomason, 283
Tilmatine, 260, 266
Tubiana, 329, 432
Umaru, 100, 118, 194
véhicularisation, 6, 160, 270, 368
vernacularisation, 6, 160, 272, 273, 362, 368
Vycichl, 74, 432, 449, 490
Vydrine, 98, 134, 172, 174, 184, 195, 325, 329
Wang, 93
White-Kaba, 343
Wilkins, 190
Williamson, 194, 216
Yansambou, 344
Zima, 5, 40, 172, 194, 211, 265, 270, 326, 335, 345, 413, 551, 553, 559, 572

Rüdiger Köppe Verlag

Languages and Cultures (Selected Publications)

ALB · African Linguistic Bibliographies (ISSN 0721 - 2488)

ed. by Franz Rottland and Rainer Vossen

A. Jakobi / T. Kümmerle: *The Nubian Languages. An Annotated Bibliography* (ALB 5), 1993, X, 138 pp. ISBN 3-927620-35-1

P. Newman: *Hausa and the Chadic Language Family* (ALB 6), 1996, XX, 155 pp. ISBN 3-927620-36-X

U. Drolc / C. Frank / F. Rottland: *A Linguistic Bibliography of Uganda* (ALB 7), 1999, 114 pp. ISBN 3-89645-180-4

Cushitic Language Studies · Kuschitische Sprachstudien · KuS

ed. by Hans-Jürgen Sasse

S. Pillinger / L. Galboran: *A Rendille Dictionary. Including a Grammatical Outline and an English-Rendille Index* (KuS 14), 1999, IV, 416 pp., 122 drawings, 1 graph, numerous tables ISBN 3-89645-061-1

Tamene Bitima: *A Dictionary of Oromo Technical Terms, Oromo–English* (KuS 15), 2000, 286 pp., num. tables, app. ISBN 3-89645-062-X

H. Stroomer: *A Concise Vocabulary of Orma Oromo (Kenya). Orma–English, English–Orma* (KuS 16), 2001, XII, 157 pp., 1 map ISBN 3-89645-063-8

M. Tosco: *The Dhaasanac Language. Grammar, Texts and Vocabulary of a Cushitic Language of Ethiopia* (KuS 17), 2001, XIV, 614 pp., 1 map, 20 coloured photographs, 1 colour chart ISBN 3-89645-064-6

M. Mous / M. Qorro / R. Kießling: *Iraqw-English Dictionary. With an English and a Thesaurus Index* (KuS 18), 2002, VIII, 203 pp., 1 table ISBN 3-89645-065-4

R. Kießling: *Die Rekonstruktion der Südkuschitischen Sprachen (West-Rift). Von den systemlinguistischen Manifestationen zum gesellschaftlichen Rahmen des Sprachwandels – With an English Summary* (KuS 19), 2002, 575 pp., 1 map, 264 tables and charts ISBN 3-89645-066-2

Language Contact in Africa · Sprachkontakt in Afrika · SKA

ed. by Hans-Jürgen Sasse and Rainer Vossen

1. D. Haust: *Codeswitching in Gambia. Eine soziolinguistische Untersuchung von Mandinka, Wolof und Englisch in Kontakt*, 1995, XV, 372 pp., 20 tables, 70 diagrams, 55 tables ISBN 3-927620-24-6
2. G. Sommer: *Ethnographie des Sprachwechsels. Sozialer Wandel und Sprachverhalten bei den Yeyi (Botswana)*, 1995, 504 pp., 106 tables, 15 maps, 14 illus. ISBN 3-927620-25-4

3. M. Bechhaus-Gerst: *Sprachwandel durch Sprachkontakt am Beispiel des Nubischen im Niltal. Möglichkeiten und Grenzen einer diachronen Soziolinguistik*, 1996, 307 pp., 2 maps, 1 graph, num. tables   ISBN 3-927620-26-2

4. D. Nurse: *Inheritance, Contact, and Change in Two East African Languages*, 2000, 277 pp., 1 map, Daiso and Ilwana lex., num. tables   ISBN 3-89645-270-3

NISA · NILO SAHARAN · Linguistic Analyses and Documentation
ed. by M. Lionel Bender, Franz Rottland and Norbert Cyffer

R. Nicolaï / F. Rottland (eds.): *Actes du Cinquième Colloque de Linguistique Nilo-Saharienne / Proceedings of the Fifth Nilo-Saharan Linguistics Colloquium, Nice, 24–29 August 1992* (NISA 10), 1995, 430 pp.   ISBN 3-927620-72-6

M. Reh: *Anywa Language. Description and Internal Reconstructions* (NISA 11), 1996, XIX, 575 pp., 1 map, numerous tables, app.   ISBN 3-927620-73-4

D. Okoth Okombo: *A Functional Grammar of Dholuo* (NISA 12), 1997, VIII, 177 pp., 1 graph, numerous tables   ISBN 3-89645-130-8

G. J. Dimmendaal / M. Last (eds.): *Surmic Languages and Cultures* (NISA 13), 1998, VIII, 458 pp., 2 b/w photos, 2 maps   ISBN 3-89645-131-6

M. Reh: *Anywa-English and English-Anywa Dictionary*, with the ass. of Sam A. Akwey/Cham U. Uriat (NISA 14), 1999, XVI, 134 pp.   ISBN 3-89645-132-4

B. Heine: *Ik Dictionary* (NISA 15), 1999, 187 pp., 1 map   ISBN 3-89645-133-2

J.T. Creider / C.A. Creider: *A Dictionary of the Nandi Language* (NISA 16), 2001, 398 pp.   ISBN 3-89645-134-0

Chr. König: *Kasus im Ik* (NISA 17), 2002, XVIII, 626 pp., 1 map, 19 figures, 67 tables   ISBN 3-89645-135-9

Research in Khoisan Studies · Quellen zur Khoisan-Forschung · QKF
ed. by Rainer Vossen

M. Szalay: *The San and the Colonization of the Cape 1770–1879* (QKF 11), 1995, 151 pp., 33 b/w photos, 1 map   ISBN 3-927620-58-0

R. Vossen: *Die Khoe-Sprachen. Ein Beitrag zur Erforschung der Sprachgeschichte Afrikas* (QKF 12), 1997, 536 pp., 5 maps, num. tables   ISBN 3-927620-59-9

E. N. Wilmsen (ed.): *The Kalahari Ethnographies (1896–1898) of Siegfried Passarge* (QKF 13), 1997, 332 pp., 1 b/w photo   ISBN 3-89645-141-3

B. Sands: *Eastern and Southern African Khoisan. Evaluating Claims of Distant Linguistic Relationships* (QKF 14), 1998, 251 pp., 1 map, 5 graphs, 56 tables, appendices   ISBN 3-89645-142-1

M. Schladt (ed.): *Language, Identity, and Conceptualization among the Khoisan* (QKF 15), 1998, 503 pp., numerous graphs and tables   ISBN 3-89645-143-X

W.H.G. Haacke: *The Tonology of Khoekhoe (Nama/Damara)* (QKF 16), 1999, XVI, 233 pp., 45 illustrations, 23 tables   ISBN 3-89645-144-8

East African Languages and Dialects
ed. by Bernd Heine and Wilhelm J.G. Möhlig

2. R. Klein-Arendt: *Gesprächsstrategien im Swahili*, 1992, 400 pp.
 ISBN 3-927620-41-6
3. R. Botne: *A Lega and English Dictionary. With an index to Proto-Bantu roots*, 1994, XVIII, 138 pp., 2 maps ISBN 3-927620-39-4
4. F. Mpiranya: *Swahili Phonology Reconsidered in a Diachronical Perspective*, 1995, VIII, 87 pp. ISBN 3-927620-38-6
5. M. H. Abdulaziz: *Transitivity in Swahili*, 1996, 292 pp., 21 diagrams, 2 tables, index ISBN 3-927620-37-8
6. L. Walusimbi: *Relative Clauses in Luganda*, 1996, 100 pp. ISBN 3-89645-020-4
7. H. Neumüller: *Zwei Elefanten. Untersuchung zu den Beziehungen zwischen Sprache und Kultur anhand ausgewählter Wortfelder des Kikuyu*, 1996, 303 pp., 1 map, 18 tables, 25 graphs ISBN 3-89645-021-2
8. A. Amidu: *Classes in Kiswahili. A Study of their Forms and Implications*, 1997, XVIII, 440 pp., 11 tables, 5 diagrams ISBN 3-89645-022-0
9. L.T. Rubongoya: *A Modern Runyoro-Rutooro Grammar*, 1999, XX, 326 pp., 14 tables, subject index ISBN 3-89645-023-9
10. J. Blommaert: *State Ideology and Language in Tanzania*, 1999, 204 pp.
 ISBN 3-89645-024-7
11. Th.C. Schadeberg / F.U. Mucanheia: *Ekoti. The Maka or Swahili Language of Angoche*, 2000, XIV, 272 pp., 2 maps, 2 illustrations, 43 tables, Ekoti-English / English-Ekoti vocabulary ISBN 3-89645-025-5
12. J. Cammenga: *Phonology and Morphology of Ekegusii. A Bantu Language of Kenya*, 2002, 612 pp., 1 map, numerous tables and charts, appendices: Test Words, Informant Files ISBN 3-89645-026-3

Grammatische Analysen afrikanischer Sprachen
ed. by Wilhelm J.G. Möhlig and Bernd Heine

9. N. Cyffer: *A Sketch of Kanuri*, 1998, 80 pp., 4 graphs, 2 maps, numerous tables
 ISBN 3-89645-032-8
10. J.A. Blanchon / D. Creissels (eds.): *Issues in Bantu Tonology*, 1999, VIII, 198 pp., numerous tables ISBN 3-89645-033-6
11. K.K. Lébikaza: *Grammaire kabiyè: une analyse systématique*, 1999, 559 pp., 1 map, 23 tables, numerous graphs ISBN 3-89645-034-4
12. M. Kossmann: *Essai sur la phonologie du proto-berbère*, 1999, 316 pp., index
 ISBN 3-89645-035-2
13. F. Gbéto: *Les emprunts linguistiques d'origine européenne en Fon (Nouveau Kwa, Gbe: Bénin). Une étude de leur intégration au plan phonético-phonologique*, 2000, 90 pp., num. tables and diagrams ISBN 3-89645-036-0

14. B. Ngila: *Expérience végétale bolia (République Démocratique du Congo). Catégorisation, utilisation et dénomination des plantes*, 2000, 149 pp., 1 map, 9 tables, 6 diagrams   ISBN 3-89645-037-9
15. A. Fleisch: *Lucazi Grammar. A Morphosemantic Analysis*, 2000, 363 pp., 42 tables, appendix: a Lucazi tale with an interlinear translation, author, subject and source index   ISBN 3-89645-038-7
16. C. Griefenow-Mewis: *A Grammatical Sketch of Written Oromo*, 2001, 117 pp., 44 tables   ISBN 3-89645-039-5
17. N.M. Mutaka / S.B. Chumbow (eds.): *Research Mate in African Linguistics: Focus on Cameroon. A Fieldworker's Tool for Deciphering the Stories Cameroonian Languages Have to Tell. In Honor of Professor Larry M. Hyman*, 2001, XVI, 359 pp., 1 map, 1 b/w photo, 49 tables, 8 figures   ISBN 3-89645-041-7
18. A.A. Amidu: *Argument and Predicate Relations in Kiswahili. A New Analysis of Transitiveness in Bantu*, 2001, XX, 505 pp., num. tables   ISBN 3-89645-042-5
19. W.J.G. Möhlig / L. Marten / Jekura U. Kavari: *A Grammatical Sketch of Herero (Otjiherero)*, 2002, 127 pp., 1 map, num. tables, wordlist: English – Herero, Herero – English   ISBN 3-89645-044-1

Westafrikanische Studien
ed. by Herrmann Jungraithmayr, Norbert Cyffer and Rainer Vossen
18. A. Abu-Manga: *Hausa in the Sudan. Process of Adaptation of Arabic*, 1999, XVIII, 215 pp., 1 map, numerous tables, appendix with 9 speech samples
       ISBN 3-89645-105-7
19. J. Heath: *A Grammar of Koyraboro (Koroboro) Senni. The Songhay of Gao, Mali*, 1999, XVI, 402 pp., 1 map, morpheme and subject index, numerous tables
       ISBN 3-89645-106-5
20. A. Storch: *Das Hone und seine Stellung im Zentral-Jukunoid*, 1999, XXII, 412 pp., 2 maps, 5 graphs, 50 tables, appendix: texts and speech samples
       ISBN 3-89645-107-3
21. S. Dinslage / A. Storch: *Magic and Gender. A Thesaurus of the Jibe of Kona (Northeastern Nigeria)*, 2000, XVI, 266 pp., 13 b/w photos, 2 maps, 5 tables, 3 graphs, 18 figures, 29 wordlists, index Englisch-Jibe   ISBN 3-89645-108-1
22. G. Tucker Childs: *A Dictionary of the Kisi Language, with an English-Kisi Index*, 2000, XXIV, 524 pp., 1 map, 2 graphs, 16 tables   ISBN 3-89645-109-X
23. H. Jungraithmayr: *Sindi. Tangale Folktales*, 2002, XL, 455 pp., 1 transcription table, 2 b/w photos   ISBN 3-89645-110-3
24. R. Kawka (ed.): *From Bulamari to Yerwa to Metropolitan Maiduguri. Interdisciplinary Studies on the Capital of Borno*, 2002, 187 pp., 4 maps, 30 graphs, 46 tables   ISBN 3-89645-460-9
25. A. Haruna: *A Grammatical Outline of Gùrdùŋ / Gùrùntùm. (Southern Bauchi, Nigeria)*, 2003, XIV, 144 pp., 1 map, numerous tables   ISBN 3-89645-461-7